TI 杯全国大学生电子设计竞赛系列教材

ARM Cortex-M4F 控制器原理与创新设计

——基于 TI SimpleLink^{TM} MSP432 处理器

李胜铭　吴振宇　卢湖川　编著

電子工業出版社

Publishing House of Electronics Industry

北京 · BEIJING

内 容 简 介

本书根据作者多年MSP432微控制器开发设计经验，从实用性和先进性出发，遵循由浅入深、循序渐进的原则，较全面地讲解了MSP432微控制器的知识体系。全书主要内容包括：Cortex-M4F内核、MSP432微控制器特点、硬件结构与软件设计开发基础、通用输入/输出端口、复位控制器、系统控制器、中断系统、时钟系统、定时器、常用通信接口eUSCI、电源管理、内部存储、模拟转换与比较器、高级加密标准模块（AES256）、循环冗余校验模块（CRC32）、MSP432E401设计与开发、基于MSP432的简易电路特性测试仪系统——2019年全国大学生电子设计竞赛最高奖（TI杯）作品。

本书在讲解MSP432微控制器开发必要理论知识的同时，结合各种应用及经典的设计案例，并均经过实际电路测试。本书配套设计有课件、视频教程、硬件平台。此外，本书还介绍了MSP432微控制器C程序设计开发工具平台Keil（Keil Embedded Development Tools for Arm，MDK-ARM），并基于MDK-ARM设计了本书程序。

本书以培养学生的MSP432微控制器的应用能力为目标，理论联系实际，可操作强。本书既可作为高等学校自动化、电气工程、电子信息、仪器仪表、机电一体化及计算机相关专业的单片机课程基础教材，也可供相关领域的工程技术人员学习、参考。

图书在版编目（CIP）数据

ARM Cortex-M4F控制器原理与创新设计：基于TI SimpleLinkTM MSP432处理器 / 李胜铭，吴振宇，卢湖川编著. —北京：电子工业出版社，2021.7

ISBN 978-7-121-41601-9

Ⅰ. ①A… Ⅱ. ①李… ②吴… ③卢… Ⅲ. ①微处理器—系统设计 Ⅳ. ①TP332

中国版本图书馆CIP数据核字（2021）第142521号

责任编辑：王羽佳　　文字编辑：底　波
印　　刷：三河市鑫金马印装有限公司
装　　订：三河市鑫金马印装有限公司
出版发行：电子工业出版社
　　　　　北京市海淀区万寿路173信箱　邮编　100036
开　　本：787×1 092　1/16　印张：27.75　字数：820千字
版　　次：2021年7月第1版
印　　次：2021年7月第1次印刷
定　　价：85.00元

凡所购买电子工业出版社图书有缺损问题，请向购买书店调换。若书店售缺，请与本社发行部联系，联系及邮购电话：（010）88254888，88258888。

质量投诉请发邮件至zlts@phei.com.cn，盗版侵权举报请发邮件至dbqq@phei.com.cn。

本书咨询联系方式：（010）88254535，wyj@phei.com.cn。

前　言

MSP432 微控制器由德州仪器公司于 2015 年推出，它继承了 MSP430 单片机低功耗设计理念，同时采用 Cortex-M4F 内核，处理器的计算能力大幅提升，是功耗与性能的完美结合。作为低功耗、高性能的控制器，MSP432 微控制器应用前景广阔，可满足对微控制器性能与功耗都严格要求的场合，包括工业与自动化领域、计量、测试、医疗健身和可穿戴设备等。

目前，MSP432 微控制器具有 P4xx 与 E4xx 两个系列，正朝着高性能与多品种发展，在当前及以后相当长的时间内，它会持续活跃在市场上。作为 MSP430 单片机的升级版本，MSP432 微控制器的学习已经成为电子信息相关专业学生及从事嵌入式设计开发人员的首要选择。

本书的特色如下。

（1）为达到快速入门的目的，本书从基础知识开始讲解，由浅入深、重点突出，并提供了大量详细的实例。从介绍 MSP432 微控制器开始，第 1 章讲解如何进行 MSP432 微控制器设计的第一个实例，介绍了 MSP432 微控制器最小系统的设计、MDK-ARM 软件的安装与使用。本书理论联系实际，能够让读者快速上手，学以致用。

（2）为降低学习难度及提高后期设计开发能力，本书的内容编排是，从 MSP432 微控制器的基本外设到复杂外设，从寄存器基础编程到库函数高级编程。对于基础部分尽可能详细介绍，对于复杂部分尽可能重点突出，读者可充分打牢基础，为后期的系统设计提供助力。

（3）为达到实用性强、易于操作的目的，本书对 MSP432 微控制器的汇编指令不进行详细阐述与实例设计，而是以 C 语言为软件编程基础，系统地介绍了 MSP432 微控制器 C 语言程序设计的基础知识与原理，并给出了实例。语言通俗易懂、结构清晰，符合教学内容的要求。

（4）为达到指引性强的目的，本书每章的前端均有导读，为不同层次的读者提供阅读学习参考；每章的后端进行本章内容的小结与思考，并给出了习题与思考（除了第 14 章），可让读者实践与理论思考统筹兼顾，从而更好地掌握 MSP432 微控制器设计与开发。

（5）本书对程序代码进行了详细注释，并提供 PPT 课件、配套视频教程与硬件实验平台。不仅可让读者掌握 MSP432 微控制器的理论原理、程序编写方法及结构，更可通过丰富的样例与教程资料加深读者对开发设计的理解。硬件平台可让读者通过修改程序实现其他功能，进行微控制器系统的设计与开发。

本书分为 14 章，从易学和易用的角度出发，较全面地介绍了 MSP432 微控制器的基本理论和设计应用，主要内容如下。

第 1 章主要介绍 MSP432 微控制器的内核，并以一个实例的形式介绍 MSP432 微控制器开发的软、硬件环境，使读者对 MSP432 微控制器的开发有感性认识并快速入门。

第 2 章主要介绍 MSP432 微控制器 C 语言开发基础知识、软件编程规范、基于寄存器和库函数的 MSP432 微控制器编程，从而让读者充分理解 MSP432 微控制器初级原理与设计。

第 3 章主要介绍 MSP432 微控制器的输入/输出端口（I/O 口），包括通用输入/输出端口（GPIO）、端口映射控制器（PMAP）和端口电容触摸（CAPTIO）。

第 4 章主要介绍 MSP432 微控制器的复位控制器（ResetCtl）和系统控制器（SysCtl）。

第 5 章主要介绍 MSP432 微控制器的中断系统，包括中断基本概念、中断源、库函数，以及应用定时器中断实例讲解如何使用中断。

第 6 章主要介绍 MSP432 微控制器的时钟系统与低功耗模式。

第 7 章主要介绍 MSP432 微控制器的定时器，包括 16 位定时器（Timer_A）、32 位定时器（Timer32）、滴答定时器（SysTick）、看门狗定时器（WDT_A）和实时时钟（RTC_C）。

第 8 章主要介绍 MSP432 微控制器的增强型通用串行通信接口 eUSCI，介绍其所支持的 UART、SPI 及 IIC 三种模式。

第 9 章主要介绍 MSP432 微控制器的电源管理，包括电源控制模块（PCM）、供电系统（PSS）和参考模块（REF_A）。

第 10 章主要介绍 MSP432 微控制器的存储系统，包括 DMA 控制器、Flash 控制器、浮点处理单元（FPU）、内存保护单元（MPU）。

第 11 章主要介绍 MSP432 微控制器的模数转换器（ADC14）与模拟比较器（COMP_E）。

第 12 章主要介绍 MSP432 微控制器的高级加密标准模块（AES256）和循环冗余校验模块（CRC32）。

第 13 章主要介绍 MSP432 微控制器的库函数编程，并且对部分功能外设的库函数进行举例说明，给出采用库函数编程的实例。

第 14 章以 2019 年全国大学生电子设计竞赛最高奖（TI 杯）赛题为例，介绍了基于 MSP432 微控制器的简易电路特性测试仪。

本书语言简明扼要、通俗易懂，案例清晰、以示例引导，兼顾实用性与专业性，适合作为高等学校开展创新实践训练相关专业的实践课程教材。对于从事 MSP432 微控制器开发、嵌入式设计的初学者，本书也可以帮助他们快速跨越 MSP432 微控制器开发的门槛。本书还可以作为高等学校自动化、电气工程、电子信息等专业的微控制器课程基础教材。对于有志于参加全国大学生电子设计竞赛等创新创业竞赛的高校学生，本书也具有借鉴指导意义。

在本书编写过程中，吴振宇、卢湖川老师分别承担了部分章节内容的编写及校核工作。全书由李胜铭负责整体大纲制定与具体内容编写，并进行最终的整理与统稿。学生兼好友李论为书中实例的验证做了大量工作，在此表示衷心的感谢！

本书得到德州仪器公司大学计划部谢胜祥的宝贵建议，感谢德州仪器公司大学计划部的王承宁、潘亚涛、王沁，以及电子工业出版社王羽佳编辑对本书创作的支持与帮助。

本书的编写参考了大量近年来出版的相关著作、文献及技术资料，吸取了许多专家和同人的宝贵经验，在此向他们深表谢意。

由于 MSP432 单片机技术发展迅速，作者学识有限，书中难免有不完善和不足之处，敬请广大读者批评指正。

李胜铭

目　录

第 1 章　概　　述

MSP432 微控制器由德州仪器公司于 2015 年推出，它继承了 MSP430 单片机低功耗设计理念，同时采用 Cortex-M4F 内核，处理器的计算能力大幅提升，是功耗与性能的完美结合。MSP432 微控制器内核使用 32 位的 Cortex-M4F 内核，具有 32 位的数据总线、32 位的寄存器组和 32 位的存储器接口，支持硬件浮点运算。Cortex-M4F 内核采用哈佛结构，数据总线和地址总线独立分开，对指令和数据的访问可同时进行，提升了处理性能。

作为低功耗、高性能的控制器，MSP432 微控制器应用前景广阔，主要针对性能与功耗都严格要求的场合，包括工业与自动化领域、计量、测试、医疗健身和可穿戴设备等。

本章介绍 MSP432 微控制器的内核，并以一个实例的形式介绍 MSP432 微控制器开发的软件、硬件环境，使读者对 MSP432 微控制器的开发有感性认识。

本章导读：建议初学者粗读 1.1 节与 1.2 节，动手实践 1.3 节并做好笔记，完成习题。

1.1　Cortex-M4F 内核

1.1.1　Cortex-M4F 内核简介

Cortex-M4F 是一个建立在 Cortex-M4 基础上的高性能处理器内核，它具有 3 级流水线哈佛架构，非常适合嵌入式应用设计。Cortex-M4F 内核通过高效指令集和优化设计，提供高性能处理硬件，包括符合 IEEE 754 标准的单精度浮点计算、一系列单周期和 SIMD 乘法指令、带累加的乘法功能、饱和算法和专用硬件除法。

Cortex-M4F 内核的主要特点如下。

- 16 位和 32 位混合的 Thumb-2 指令集。
  - 单周期乘法指令和硬件除法。
  - 原子位操作（位带），提供最大的内存利用率和精简的外围控制。
  - 未对齐的数据访问，使数据能够有效地打包到内存中。
- 符合 IEEE 754 标准的单精度浮点计算。
- 16 位 SIMD 向量处理单元。
- 堆栈指针（SP）。
- 硬件整数除指令，SDIV 和 UDIV。
- 处理器操作的处理程序和线程模式。
- Thumb 状态和调试状态。
- 支持中断持续指令 LDM、STM、PUSH 和 POP，以降低中断延迟。
- 为中断服务程序（ISR）的进入和退出低延迟设计的处理器自动保存和恢复状态。

- 支持 ARM 未对齐访问。

MSP432P4xx 以 Cortex-M4F 为内核，包含以下内容。

- 基于 ARMV7-M 架构的 ARM Cortex-M4F 处理器内核。
- 与处理器内核紧密集成的嵌套向量中断控制器（NVIC），实现低延迟中断处理；支持多达 64 个中断源。
- 多种高性能总线接口。
- 低成本的调试解决方案，能够通过 FPB 实现断点，以及通过 DWT 实现观察点、跟踪和系统概要。
- 内存保护单元（MPU）支持 8 个区域。
- IEEE 754 兼容浮点单元（FPU），用于快速浮点处理。
- 对 SRAM 和外围设备的位带支持。
- 用于周期性定时的 SysTick 计数器。

以 MSP432P4xx 为例，其配置 Cortex-M4F 可选参数如表 1.1.1 所示。

表 1.1.1　MSP432P4xx 中配置 Cortex-M4F 可选参数

序　号	配置功能	Cortex-M4F 选项	MSP432P4xx 配置
1	用户中断数量	1～240	64
2	中断优先级	8～256 级	8 级
3	内存保护单元	支持或取消	支持
4	浮点单元	支持或取消	支持
5	支持位带	支持或取消	支持
6	字节顺序	大端或小端	小端
7	唤醒中断控制器	支持或取消	取消（取而代之的是 MSP432P4xx 唤醒控制器）
8	复位所有寄存器	只复位结构条件符合的寄存器或复位所有寄存器	复位所有寄存器
9	SysTick 校准	预定义的校准值为 10ms 计数。支持或取消	缺乏该项。不支持校准，值取决于控制器的工作频率
10	JTAG 调试接口	支持或取消	支持
11	支持调试等级	没有调试，最小调试，没有数据匹配的完全调试，有数据匹配的完全调试	有数据匹配的完全调试。支持 AHB-AP，FPB 和 DWT 调试接口
12	支持跟踪等级	没有跟踪，标准跟踪，全跟踪，加上 HTM 接口的全跟踪	标准跟踪：支持 ITM、TPIU 和 DWT 触发器和计数器。不支持 ETM 和 HTM

1.1.2　Cortex-M4F 内核结构

为了便于设计与降低成本，Cortex-M4F 处理器紧密耦合各系统组件，减少处理器面积，同时显著提高中断处理和系统调试能力。Cortex-M4F 处理器采用基于 Thumb-2 技术的 Thumb 指令集，确保高代码密度并减少程序内存需求。Cortex-M4F 指令集提供现代 32 位体系结构所期望的卓越性能，并具有 8 位和 16 位单片机的高代码密度。

Cortex-M4F 处理器紧密集成一个嵌套向量中断控制器（NVIC），提供业界领先的中断性能。例如，MSP432P4xx 系列的 NVIC 包括一个不可屏蔽中断（NMI），并提供 8 个中断优先级。

处理器核心和 NVIC 的高度集成可使中断服务例程（ISRs）快速执行，极大降低中断延迟，主要体现在：

（1）寄存器的硬件堆栈允许多重装载与多重存储；

（2）中断处理程序可不需要任何汇编程序，消除了 ISRs 中的代码开销；

（3）尾链优化显著降低了中断切换时的开销；

（4）NVIC 集成睡眠模式，包括深睡眠模式，使整个设备能够快速关机。

Cortex-M4F 内核结构如图 1.1.1 所示，内核主要包含总线、调试和系统模块。

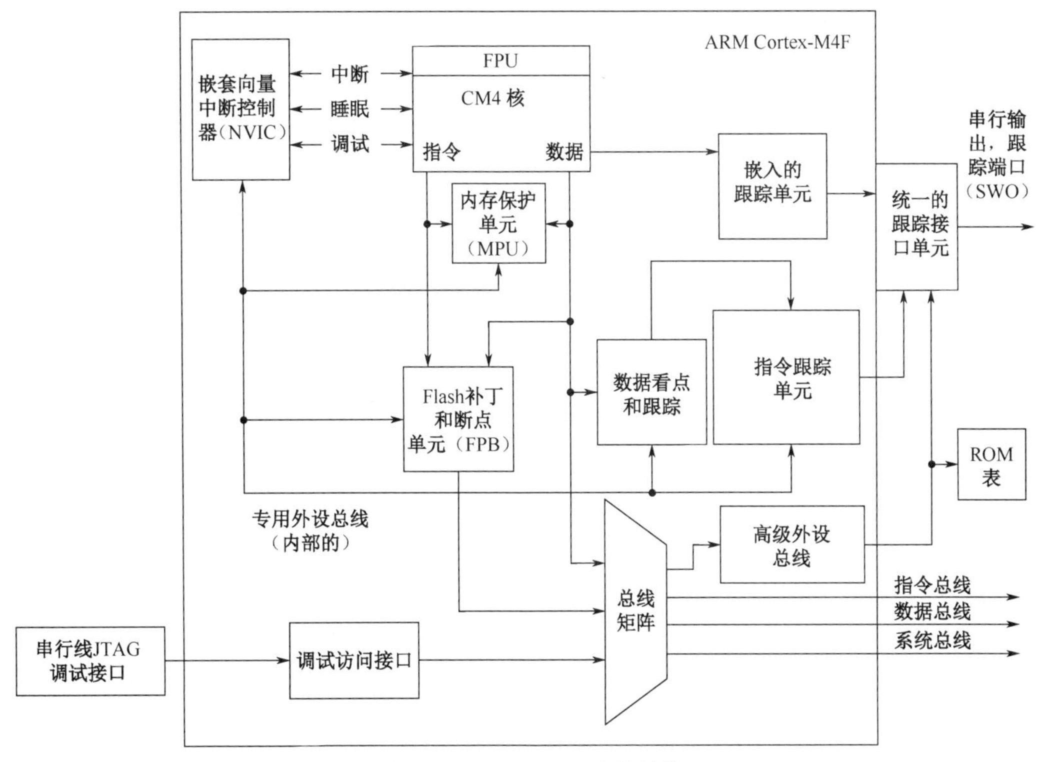

图 1.1.1　Cortex-M4F 内核结构

1．总线

Cortex-M4F 内核采用高速的 AMBA 技术和 AHB-Lite 总线接口来实现总线设计，包括指令总线（ICODE）、数据总线（DCODE）和系统总线（SBUS），还包括一个专用外设总线 PPB。指令总线（ICODE）连接到 Flash、ROM 和 SRAM，用来访问指令；数据总线（DCODE）连接到 Flash、ROM 和 SRAM，用于访问数据；系统总线（SBUS）连接到 SRAM 和片上外设，用于数据访问；专用外设总线（PPB）连接到系统重要的模块如 RSTCTL 和 SYSCTL，以及内部的模块如 NVIC 和 MPU。

2．调试

Cortex-M4F 处理器实现了一个完整的硬件调试解决方案，通过传统的 JTAG 调试接口或 2 针串行线调试接口（SWD）提供了处理器和内存的可视性。

对于系统跟踪，处理器集成了一个仪表跟踪宏单元（ITM）以及数据观察点和一个分析单元。串行线路查看器（SWV）可以通过一个引脚导出软件生成的消息流、数据跟踪和分析信息。

Flash 补丁和断点单元（FPB）提供多达 8 个硬件断点比较器，调试器可使用它们。

TPIU（跟踪端口接口单元）充当来自 ITM 的 Cortex-M4F 跟踪数据与芯片外跟踪分析器之间的桥梁。

3．系统模块

系统模块包括浮点单元 FPU、内存保护单元 MPU、嵌套向量中断控制器 NVIC、系统控制模块 SCB 及系统定时器 SysTick。

1.2 Cortex-M4F 外设

1.2.1 功能外设

Cortex-M4F 内核的功能外设包括 SysTick、NVIC、SCB、MPU、FPU，分别介绍如下。

1．SysTick（System Timer）

Cortex-M4F 包括一个集成的系统定时器 SysTick，该定时器提供一个 24 位计数器，具有灵活的控制机制。

定时器由 3 个寄存器组成。

- SysTick 控制状态寄存器（STCSR）：用于配置时钟、启用计数器、启用 SysTick 中断并确定计数器状态。
- SysTick 重载值寄存器（STRVR）：计数器的重载值，用于提供更新计数器的重载值。
- SysTick 当前值寄存器（STCVR）：计数器的当前值。

当 SysTick 启用时，计数器在每个时钟向下计数，从重载值到零，在下一个时钟边缘重新加载 STRVR 寄存器中的值，然后在随后的时钟上递减。当计数器达到零时，设置计数状态位 COUNT，COUNT 在读取时清除。

写入 STCVR 寄存器清除寄存器和计数状态位 COUNT。写入不会触发 SysTick 异常逻辑。在读取时，当前值是寄存器在被访问时的值。

复位时 SysTick 计数器重新加载值，但此时值不确定；SysTick 计数器的正确初始化顺序为：

（1）写入 STRVR 重载值；

（2）写入 STCVR 寄存器来清除它；

（3）为所需的操作配置 STCSR 寄存器。

注意：当处理器调试时挂起，计数器不会递减。

2．NVIC（Nested Vectored Interrupt Controller）

嵌套向量中断控制器（NVIC）支持如下功能。

- 64 个中断源。
- 每个中断的可编程优先级为 0～7。较高的级别对应较低优先级，因此 0 级为最高中断优先级。
- 低延迟异常和中断处理。
- 中断信号的电平和脉冲检测。
- 动态地重新确定中断的优先级。
- 将优先级值分组为组优先级和子优先级字段。
- 尾链技术。
- 外部不可屏蔽中断（NMI）。

3．SCB（System Control Block）

系统控制块（SCB）提供系统执行信息和系统控制，包括系统异常的配置、控制和报告。

4. MPU（Memory Protection Unit）

内存保护单元（MPU）将内存映射划分为多个区域，并定义每个区域的位置、大小、访问权限和内存属性。MPU 支持为每个区域、重叠区域设置独立的属性，并将内存属性导出到系统。

MPU 支持如下功能。

- 保护区域——支持 8 个不同的区域。
- 保护区域重叠，区域优先级递增，7 为最高优先级，0 为最低优先级。
- 访问权限。
- 把内存属性导出到系统。

5. FPU（Floating-Point Unit）

浮点单元（FPU）能极大地提升处理器的运算性能，FPU 的功能如下。

- 用于单精度（C 浮点数）数据处理操作的 32 位指令。
- 结合乘法和累加指令，提高精度（融合 MAC）。
- 硬件支持转换、加法、减法、乘法，可选累加、除法和平方根。
- 硬件支持保留和所有 IEEE 凑整模式。
- 32 个专用 32 位单精度寄存器，也可作为 16 个双字寄存器寻址。
- 三级流水线解耦。

1.2.2　调试外设

Cortex-M4F 内核的调试外设包括 FPB、DWT、ITM、TPIU，分别介绍如下。

1. FPB（Flash Patch and Breakpoint unit）

Flash 补丁和断点单元（FPB）支持用于断点的 6 个指令比较器和 2 个文字比较器。只有当设备安全特性（JTAG 和 SWD 锁或 IP 保护）未启用时，MSP432P4xx 控制器才支持通过 FPB 进行代码修补。当启用设备安全性时，使用 FPB 进行修补的任何尝试都会造成系统内部复位。

2. DWT（Data Watchpoint and Trace unit）

数据观察点和跟踪单元（DWT）包含 4 个观察点单元。它可用于以下用途。

- 硬件观察点。
- 一个 PC 采样器事件触发器。
- 数据地址采样器事件触发器。

DWT 包含计数器，可用于以下用途。

- 时钟周期（CYCCNT）。
- 折叠指令。
- 加载存储单元（LSU）操作。
- 睡眠周期。
- CPI，即除第一个周期外的所有指令周期。
- 中断开销。

DWT 可以配置为规定的间隔生成 PC 采样，并生成中断事件信息。DWT 为 ITM 和 TPIU 的协议同步提供周期性请求。

3. ITM（Instrumentation Trace Macrocell）

测量跟踪宏单元（ITM）是一个可选的应用程序驱动跟踪源，它支持 printf 风格的调试来跟踪操作系统和应用程序事件，并生成诊断系统信息。

ITM 以包的形式生成跟踪信息，有多个源可以生成包。如果多个源同时生成包，则 ITM 仲裁包输出的顺序。按优先次序递减的不同来源如下。

- 软件跟踪：软件可以直接写入 ITM 刺激寄存器（Stimulus Registers）来生成数据包。
- 硬件跟踪：DWT 生成这些包，ITM 输出它们。
- 时间戳：时间戳是相对于包生成的。ITM 包含一个 21 位计数器来生成时间戳。Cortex-M4F 时钟或串行线查看器（SWV）的位时钟作为该计数器时钟。

4．TPIU（Trace Port Interface Unit）

跟踪端口接口单元（TPIU）是一个可选组件，它充当从测量跟踪宏单元（ITM）的片上跟踪数据到数据流之间的桥梁。TPIU 在使用时会封装唯一标识（ID），然后由跟踪端口分析器（TPA）捕获数据流。

TPIU 可以以串行线输出格式输出跟踪数据。TPIU 的结构如图 1.2.1 所示。

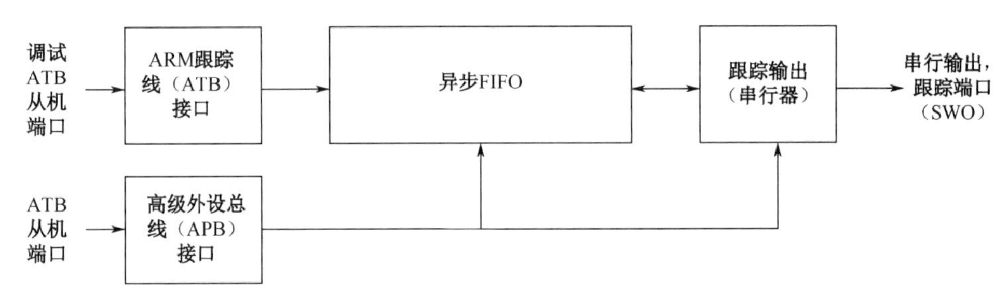

图 1.2.1 TPIU 的结构

其中，异步 FIFO 允许以不依赖于核心时钟的速度驱动跟踪数据。

程序格式化器：它将源 ID 信号插入数据包流中，以便跟踪数据可与其跟踪源重新关联。当跟踪端口（Trace Port）模式处于活动状态时，程序格式化器始终处于活动状态。

跟踪输出：跟踪输出在数据离开芯片之前对其格式化。在 MSP432P4xx 控制器中，只有一个跟踪端口（SWO）可用，不能使用跟踪数据（Trace Data）端口。

注意：MSP432P4xx 控制器中的 SWO 端口与 JTAG TDO 端口复用，因此，JTAG 和跟踪功能不能一起使用。要使用跟踪功能，就必须使用串行调试模式。

1.3 第一个 MSP432 实例

1.3.1 MSP432P401 简介

截至目前，MSP432 具有 Pxx 与 Exx 两个系列。这里以 MSP432P401 为例进行讲解。它是最早推出的 MSP432 微控制器，具有集成 16 位精密 ADC 的优化型无线主机微控制器（MCU），可借助 FPU 和 DSP 扩展提供超低功耗性能，其中包括 80μA/MHz 的工作功率和 660nA 的待机功耗。作为优化的无线主机 MCU，MSP432P401 可让开发人员向基于 SimpleLink 无线连接解决方案的应用中添加高精度模拟和存储器扩展。同时，它作为 SimpleLink MCU 平台的一部分，包括 WiFi、低功耗 Bluetooth®、低于 1GHz 器件和主机 MCU。它们都公用配有单核软件开发套件（SDK）和丰富工具集的通用、易用型开发环境。一次性集成 SimpleLink 平台后，用户可以将产品组合中器件的任何组合添加至设计中。

MSP432P401 的主要特性如下。

- 内核
  - –ARM 32 位 Cortex-M4F CPU，具有浮点单元和存储器保护单元。
  - –频率最高达 48MHz。
  - –ULPBench 基准：192.3 ULPMark-CP。
  - –性能基准：3.41 CoreMark/MHz；1.22 DMIPS/MHz（Dhrystone 2.1）。
- 高级低功耗模拟特性
  - –具有 16 位精度和高达 1Msps 速率的 SAR 模数转换器（ADC）。
  - –差分和单端输入。
  - –两个窗口比较器。
  - –多达 24 个输入通道。
  - –内部电压基准，典型稳定度为 10ppm/℃。
  - –两个模拟比较器。
- 存储器
  - –高达 256KB 的闪存主存储器（分为两组，支持擦除期间同时读取/执行）。
  - –16KB 的闪存信息存储器，用于引导加载程序（BSL）、标签长度值（TLV）和闪存邮箱。
  - –高达 64KB 的静态随机存取存储器（SRAM）（包括 6KB 的备用存储器）。
  - –32KB 的 ROM，具有 MSP432 外设驱动程序库。
- 超低功耗工作模式
  - –工作状态：80μA/MHz。
  - –低频工作状态：128kHz 时为 83μA。
  - –LPM3（带 RTC）：660nA。
  - –LPM3.5（带 RTC）：630nA。
  - –LPM4：500nA。
  - –LPM4.5：25nA。
- 工作特性
  - –宽电源电压范围：1.62～3.7V。
  - –温度范围（环境）：−40～85℃。
- 灵活计时特性
  - –可调内部数控振荡器（DCO）（最高达 48MHz）。
  - –32.768kHz 低频晶振支持（LFXT）。
  - –支持最高达 48MHz 的高频晶体（HFXT）。
  - –低频内部基准振荡器（REFO）。
  - –超低功耗低频内部振荡器（VLO）。
  - –模块振荡器（MODOSC）。
  - –系统振荡器（SYSOSC）。
- 代码安全性特性
  - –JTAG 和 SWD 锁定机制。
  - –IP 保护（多达 4 个安全闪存区，每个区均可配置起始地址和大小）。
- 增强型系统特性
  - –可编程的电源电压监控与监测。
  - –多级复位，能够更好地控制应用及调试。

–8 通道直接存储器访问（DMA）。
–具备日历和报警功能的 RTC。

- 时序和控制

–多达 4 个 16 位定时器，每个定时器都有多达 5 个捕捉/比较/PWM 功能。
–2 个 32 位定时器，每个定时器都有中断生成功能。

- 串行通信

–多达 4 个 eUSCI_A 模块，支持如下功能。
　–支持自动波特率侦测的通用异步接收发送（UART）。
　–IrDA 编码和解码。
　–串行通信接口（SPI）（最高达 16Mbps）。
–多达 4 个 eUSCI_B 模块，其支持如下功能。
　–IIC（支持多从器件寻址）。
　–SPI（最高达 16Mbps）。

- 灵活的输入/输出（I/O）特性

–超低泄漏电流 I/O（最大值为±20nA）。
–所有 I/O 都具有电容式触控功能。
–多达 48 个具有中断和唤醒功能的 I/O。
–多达 24 个具有端口映射功能的 I/O。
–8 个具有毛刺脉冲滤波功能的 I/O。

- 加密和数据完整性加速器

–128 位、192 位或 256 位高级加密标准（AES）加密和解密加速器。
–32 位硬件循环冗余校验（CRC）引擎。

- JTAG 和调试支持

–4 引脚 JTAG 和 2 引脚 SWD 调试接口。
–串行线迹。
–电源调试和应用性能评测。

从以上特性可知，无论是从功耗还是功能的角度来衡量，MSP432P401 都是一款优秀的微控制器。MSP432P401 微控制器的内部功能结构如图 1.3.1 所示。

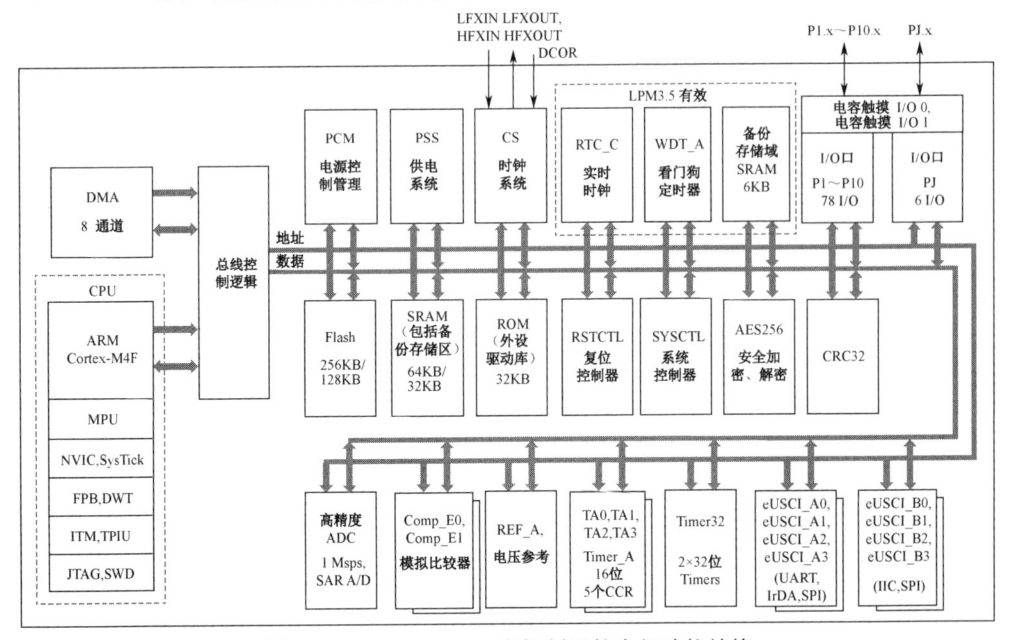

图 1.3.1　MSP432P401 微控制器的内部功能结构

MSP432P401 微控制器有多种封装格式，如 100 引脚的 PZ 封装、80 引脚的 ZXH 封装及 64 引脚的 RGC 封装等。其 100 引脚的 PZ 封装分布如图 1.3.2 所示。

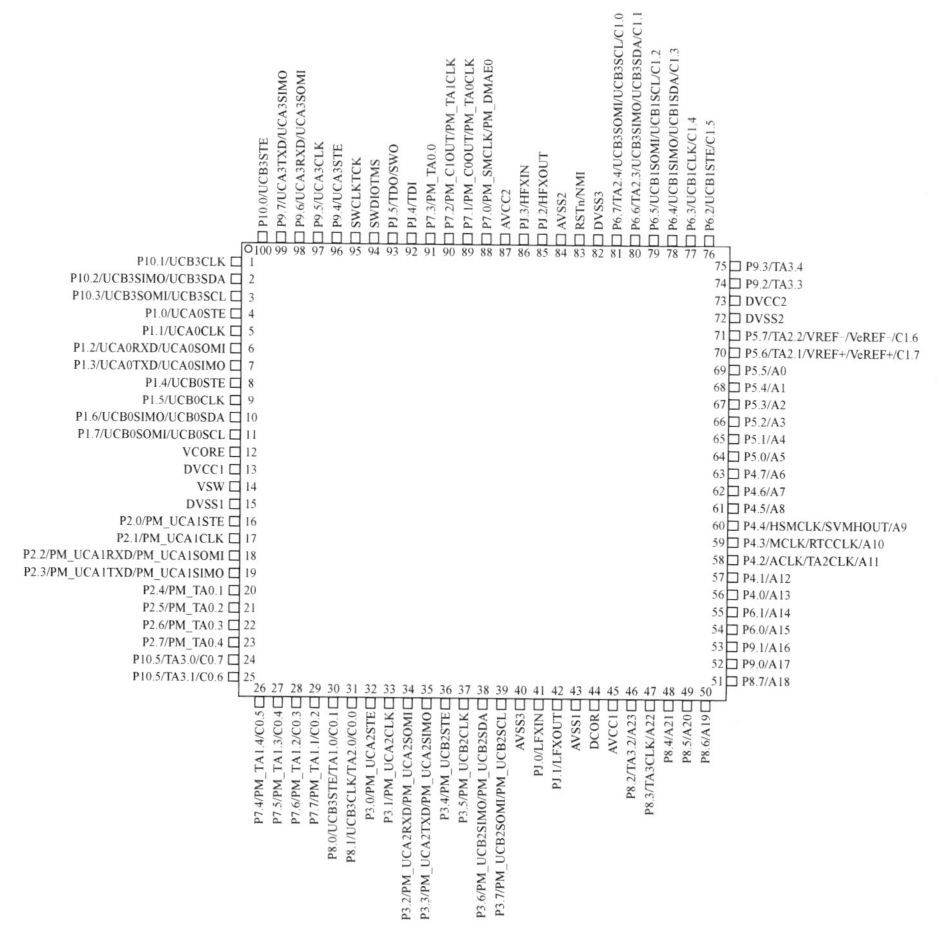

图 1.3.2　MSP432P401 微控制器 100 引脚的 PZ 封装分布

从图 1.3.2 中可知，MSP432P401 的引脚分为 3 大类：电源引脚、数字引脚和模拟引脚。其中电源引脚包括 DVCC、AVCC、DVSS、AVSS、VCORE、VSW，通过这些引脚为控制器供电；数字引脚包括 P1～P9，每个端口有 8 个引脚，即 Px.0～Px.7，此外还包括 P10 和 PJ，每个端口有 6 个引脚，即 Px.0～Px.5，这些数字引脚除能作为通用输入/输出端口（GPIO）使用外，还可复用为时钟、定时器、串口等的引脚，数字引脚也包括一些特殊功能的引脚，如串行调试接口 SWCLKTCK 与 SWDIOTMS；模拟引脚包括模数转换器和比较器的输入引脚，它们和 P1～PJ 中部分数字引脚公用，使用时需进行配置实现复用。

以第 58 引脚为例，其功能如表 1.3.1 所示。

表 1.3.1　第 58 引脚的功能

引　脚　号	信 号 名 称	信 号 类 型	缓 冲 类 型	供　　电	复 位 状 态
58	P4.2(RD)	输入/输出	LVCMOS	DVCC	OFF
	ACLK	输出	LVCMOS	DVCC	N/A
	TA2CLK	输入	LVCMOS	DVCC	N/A
	A11	输入	LVCMOS	DVCC	N/A

其中：（RD）表示该引脚的复位默认信号名称；LVCMOS 表示缓冲的电压为低电平 CMOS（一般为 3.0V）；DVCC 表示数字电源供电；N/A 表示在此封装上不可用。

从表 1.3.1 中可知，第 58 引脚复位后默认的功能为通用输入/输出端口，也可通过配置变为辅助时钟输出（ACLK）、定时器 2 时钟输入（TA2CLK）、模数转换器的第 11 通道（A11）。其余各引脚详细描述请查阅其数据手册。

1.3.2　MSP432P401 最小系统设计

最小系统是指微控制器工作所需的最少的功能电路。MSP432P401 最小系统设计主要包括电源电路、复位电路、晶振电路和调试接口电路。下面以 MSP432P401 为例进行设计，说明如下。

1. 电源电路

MSP432P401 微控制器供电电压范围是 1.62～3.7V，但这只能保证 CPU 正常工作，一些外设模块的工作电压可能远高于 3.7V。MSP432P401 微控制器电源供电电路如图 1.3.3 所示。

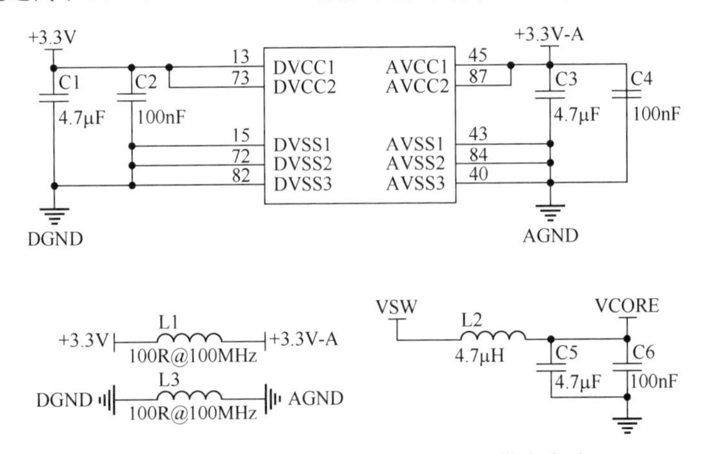

图 1.3.3　MSP432P401 微控制器电源供电电路

其中，数字电源部分（DVCC、DVSS）、模拟电源部分（AVCC、AVSS）均用低 ESR 陶瓷电容 4.7μF、100nF 进行滤波（部分电容未列出），考虑到微处理器上具有模拟外设，进行电源隔离，数字电源与模拟电源通过磁珠 L1、L2 进行连接。此外，MSP432P401R 还具有 DC-DC 开关输出 VSW 引脚，可通过设计进一步降低处理器功耗。如果想使用其为处理器内核 VCORE 引脚供电，则需外接电感与电容。如果不让 DC-DC 部分工作，则让该两引脚悬空。

2. 复位电路

根据 MSP432P401 数据手册，它在上电时，如果复位引脚有超过 15μs 的低电平，则会产生上电复位信号，从而复位控制器。这里设计成上电自动复位与手动复位相结合的方式，复位电路如图 1.3.4 所示。

图 1.3.4 中采用 RC 积分电路来实现上电自动复位。MSP432 的 I/O 口使用的是 LVCMOS 电平标准，在 3.3V 电源系统下，输入电平小于 0.7V 被判断为低电平。这里选择 47kΩ 上拉电阻和 2nF 下拉电容来实现，由 RC 积分电路的计算公式可知，RC 充电时间约为 90μs，满足复位低电平条件。此外按键可实现手动复位，按键按下时，微控制器复位。

3. 晶振电路

MSP432P401 微控制器片上拥有丰富的时钟资源：DCO、VLO、REFO、MODOSC、SYSOSC。DCO 是一种低功耗的可调谐内部振荡器，可产生高达 48MHz 的时钟信号，当使用外部精密电阻时，DCO 还支持高精度模式（建议 DCOR 引脚外接 91kΩ 高精度电阻到地）；VLO 是一种超低功耗的内部振荡器，典型值为 9.4kHz，可产生低功耗低精度的时钟；REFO 可以作为 32.768kHz 低功耗低精度的时钟源，REFO 还可以产生 128kHz 时钟信号；MODOSC 是一个内部时钟源，具有非常低的延迟唤醒时间，频率为 25MHz，可用于 1 Msps 采样速率的 A/D 转换；SYSOSC 是一个内部时钟源，工厂校准到 5MHz，也可以作为时钟源用于 A/D 转换工作，采样速率为 20ksps，SYSOSC 还用于各种系统级控制和管理操作的定时。

除了片上时钟，MSP432P401 也可外接晶振以提供精度更高的时钟，可外接高频晶振和低频晶振，晶振电路如图 1.3.5 所示。

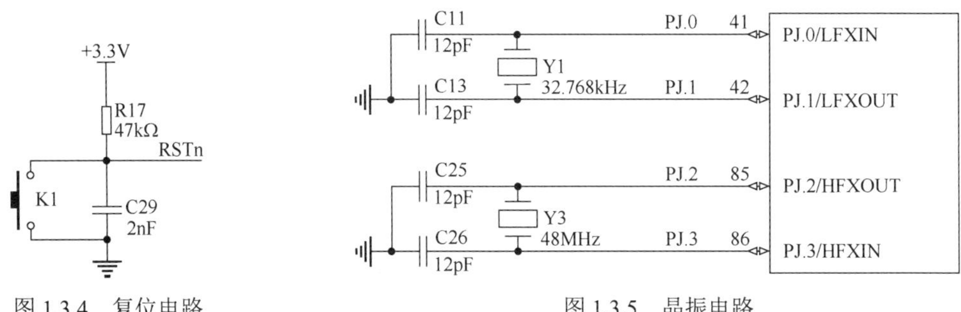

图 1.3.4　复位电路　　　图 1.3.5　晶振电路

在图 1.3.5 中，高频晶振支持的最高频率为 48MHz，低频晶振支持 32.768kHz。在设计使用外部晶振时，需要晶振起振的外部旁路电容，这和所选择的晶振类型有关。这里高频晶振采用 48MHz 的石英无源晶振，其起振电容为 12pF。低频晶振采用 32.768kHz 的石英无源晶振，其负载电容为 12pF。

4．调试接口电路

MSP432P401 支持 2 线串行 SWD（未计入 SWO）和 4 线标准 JTAG 调试接口。用仿真器连接微控制器和计算机即可进行在线调试，其中 JTAG 调试接口所用引脚可复用成一般端口，为节约端口，这里采用 SWD 调试接口，其定义与连接示意图如图 1.3.6 所示。

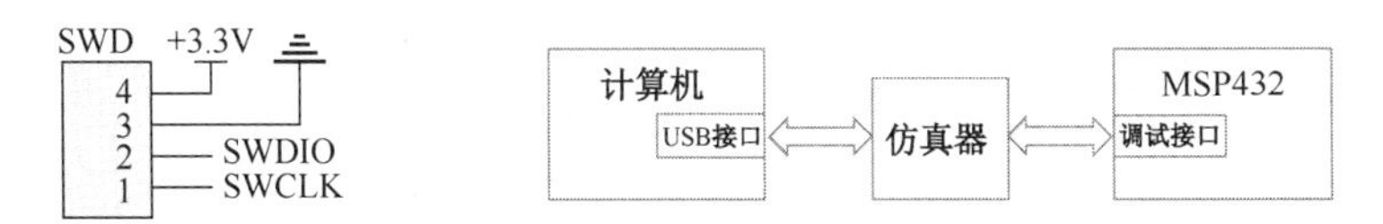

图 1.3.6　SWD 调试接口的定义与连接示意图

在线调试需要使用仿真器，如 CMSIS-DAP Debugger、J-Link、ULINK 等。MSP432 上电执行的复位称为 POR（Power On/Off Reset），在这种状态下，控制器中的所有组件都被重置，仿真调试器失去与设备的连接与控制，控制器将重新启动并且片上 SRAM 的值不被保留。

1.3.3　Keil MDK 软件安装

支持 MSP432 微控制器的集成软件开发环境有很多，如 CCS、IAR 及 Keil 等。本书选择使用 Keil 进行 MSP432 微控制器的软件开发。Keil MDK 软件版本众多，安装大同小异，这里以 MDK-Arm V5 版本为例，介绍如何安装 Keil MDK 软件开发环境。

第 1 步：首先在 Keil 公司官网 https://www.keil.com/download/product/下载对应的软件安装包，如图 1.3.7 所示，选择 MDK-Arm 版本。

第 2 步：安装 Keil5，双击 Keil5 安装包或利用右键菜单运行，软件会弹出欢迎安装对话框，如图 1.3.8 所示，此时单击“Next”按钮。

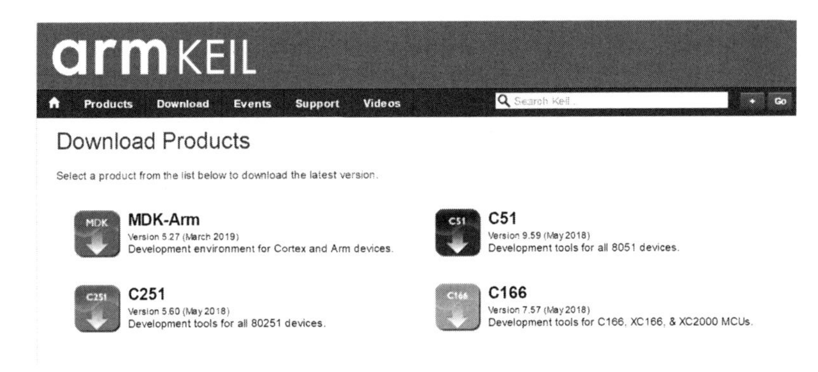

图 1.3.7　MDK-Arm 软件下载页面

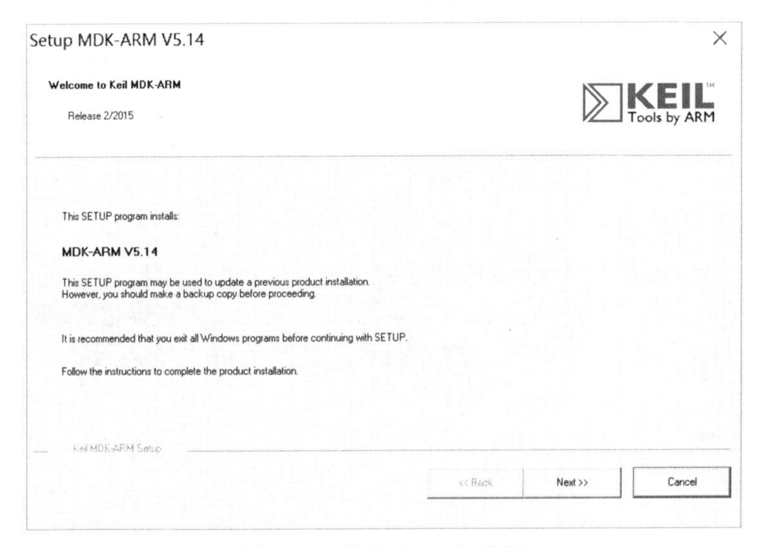

图 1.3.8　单击“Next”按钮

第 3 步：软件安装时会提示同意软件的相关条款。只有同意才可以进行下一步。因此要先勾选“I agree…”复选框，然后单击“Next”按钮，如图 1.3.9 所示。

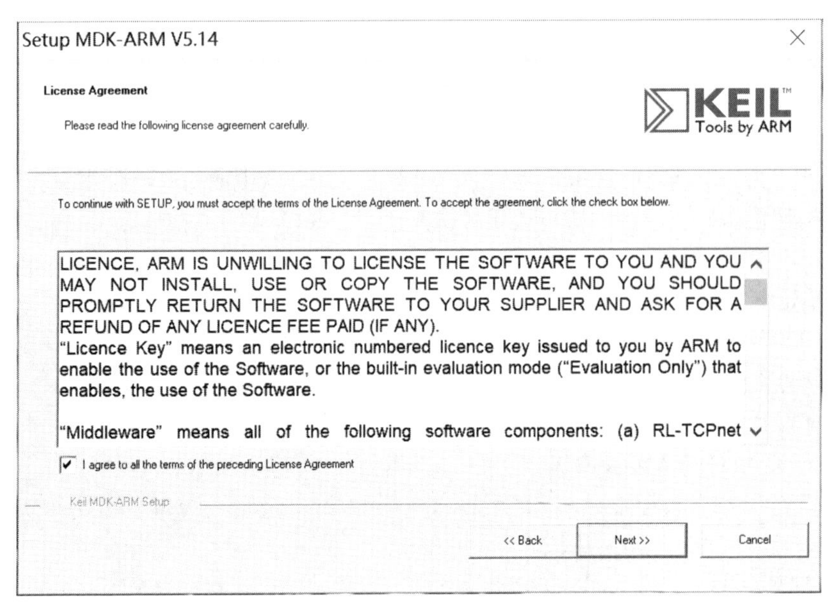

图 1.3.9　勾选同意条款后才可继续安装

第 4 步：选择安装路径，注意路径不能带中文，选择好软件内核与软件支持包的安装路径后，单击“Next”按钮，如图 1.3.10 所示。

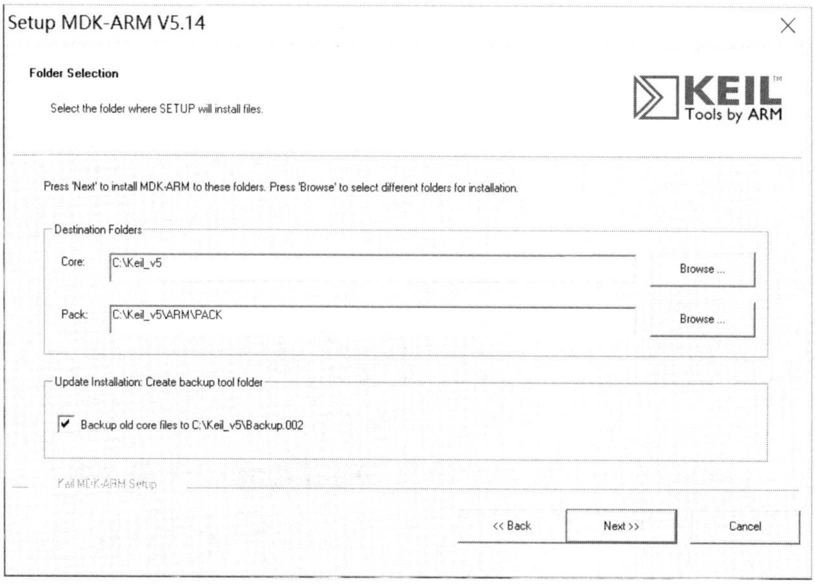

图 1.3.10　选择安装路径

第 5 步：软件提示填写用户信息，对应填写软件使用人的名字、公司、邮箱信号后，单击“Next”按钮，如图 1.3.11 所示。

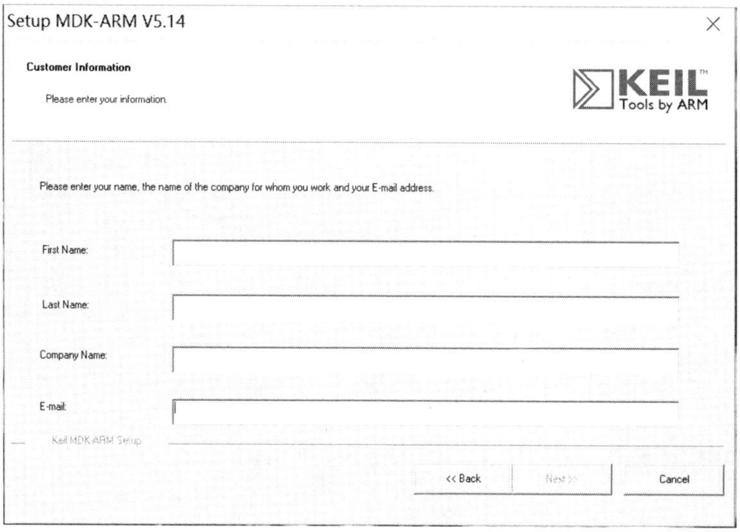

图 1.3.11　填写用户信息

第 6 步：开始安装，此时的对话框如图 1.3.12 所示，需等待安装完成。

第 7 步：等待安装完成后，MDK 会显示图 1.3.13 所示的安装成功对话框。

单击“Finish”按钮，安装完毕。随后，MDK 会自动弹出“Pack Installer”（器件与软件支持包）窗口，找到 TexasInstruments 的 MSP432P4xx_DFP，选择一个最新的版本，单击“Install”按钮，安装完成后即可看到 MSP432P4xx 系列软件包，如图 1.3.14 所示。

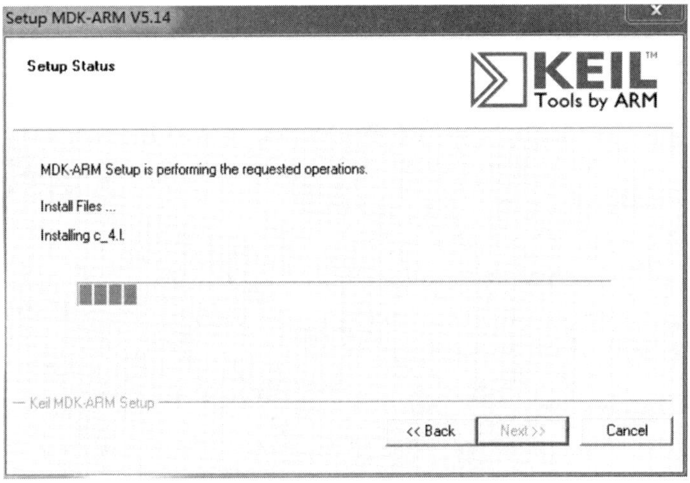

图 1.3.12　安装过程对话框

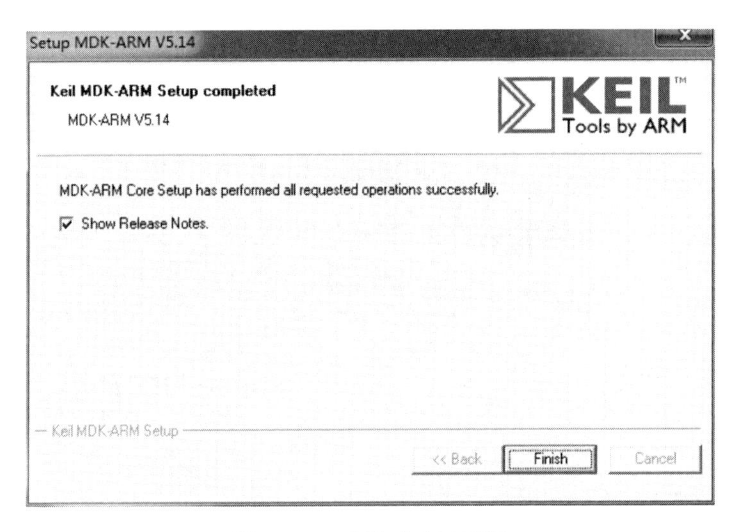

图 1.3.13　安装成功对话框

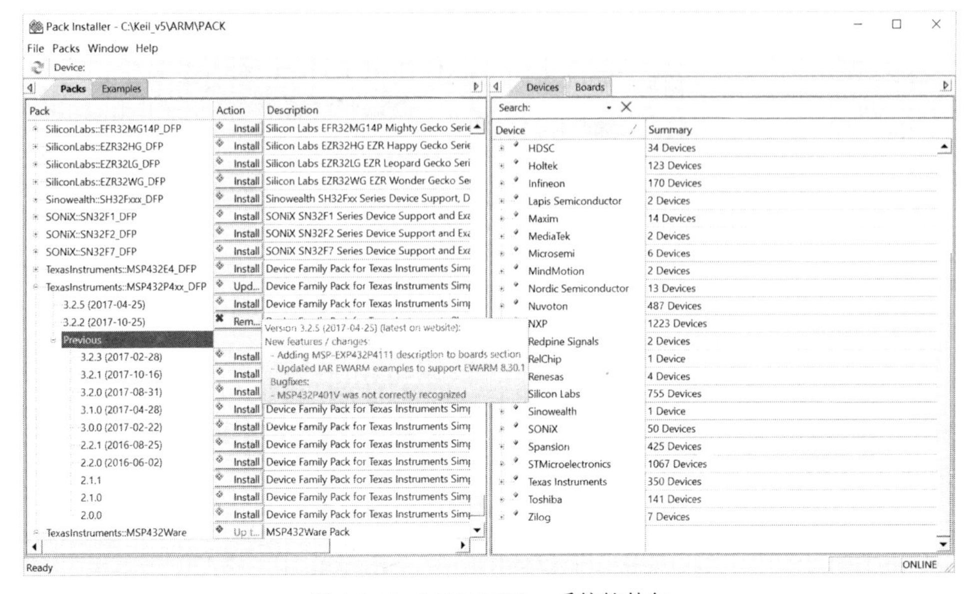

图 1.3.14　MSP432P4xx 系统软件包

“Pack Installer”安装包也可以在打开软件后，选择 Project→Manage→Pack Installer 进行安装；或者在 Keil 公司官网上直接下载对应的软件包进行安装。

1.3.4 SimpleLink™ MCU SDK 简介与安装

SimpleLink™ MCU 软件开发工具包（SDK）是 TI 公司推出的针对 SimpleLink 系列微控制器的含有库函数、专用模块软件包等软件开发工具。它针对 SimpleLink 系列微控制器进行优化，提供单独的安装包，方便用户开发应用程序。其内部组件结构如图 1.3.15 所示。

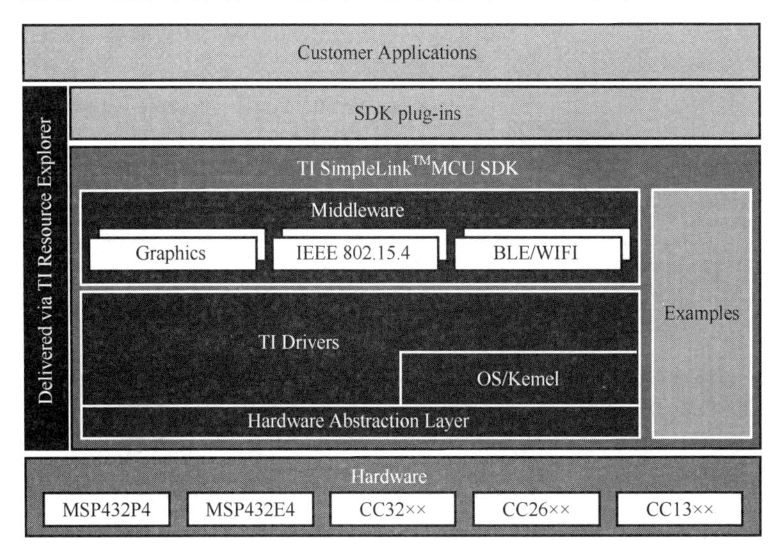

图 1.3.15 SimpleLink™ MCU 软件开发工具包内部组件结构

从该软件工具包框架底部开始，各组件介绍如下。

Hardware：SimpleLink 系列微控制器，包括 MSP432P4、MSP432E4 等。

Hardware Abstraction Layer（HAL）：硬件驱动层，通过封装写入硬件寄存器的 C 函数，也就是寄存器库函数。

OS/Kernel：操作系统内核层，内核提供如任务定时、调度等服务。所有的 TI SimpleLink SDK 都带有 TI-RTOS 内核。一些 SDK 也支持可选的 RTOS 内核（如 FreeRTOS）。SDK 还支持“NoRTOS”选项，即允许在没有底层操作系统的情况下使用。

TI Drivers：外设驱动 API，提供基于一些硬件外设的驱动应用程序接口。

Middleware：中间件，在驱动程序层上添加功能。例如，通信栈和图形库。

Examples：SDK 的使用示例。可让用户参考，从而简化应用程序的编写。

总之，软件工具包将必要的软件组件和易于使用的示例打包，共享大多数组件，支持创建可移植应用程序，可为用户提供简单易用、规范性的软件设计体验。更多关于 SDK 的介绍可查阅其自带的文档说明与 TI E2E™ Community 技术支持社区。

下面介绍如何安装 SDK。

第 1 步：进入 TI 官网 www.ti.com.cn，找到 MSP432 的 SDK 软件包（可通过搜索 MSP432，在搜索结果中查找），打开相关网页，如图 1.3.16 所示。

第 2 步：根据自己的计算机操作系统选择对应版本的安装包。进入下载页面，下载 SDK 软件包，等待下载完成，如图 1.3.17 所示。

软件 (2)

名称	器件型号	软件类型
MSP 图形库	MSP-GRLIB	软件库
SimpleLink MSP432 软件开发套件 (SDK)	SIMPLELINK-MSP432-SDK	软件开发套件 (SDK)

图 1.3.16　查找 SDK 软件包

Title	Version	Description	Size
SimpleLink SDK Installers			
Windows Installer for SimpleLink MSP432P4 SDK	3.10.00.08	Windows Installer for SimpleLink MSP432P4 SDK	200869 K
macOS Installer for SimpleLink MSP432P4 SDK	3.10.00.08	macOS Installer for SimpleLink MSP432P4 SDK	206303 K

图 1.3.17　选择对应的 MSP432 的 SDK 软件包下载

第 3 步：安装 SDK 软件包，双击下载的文件，选择安装路径，如图 1.3.18 所示。

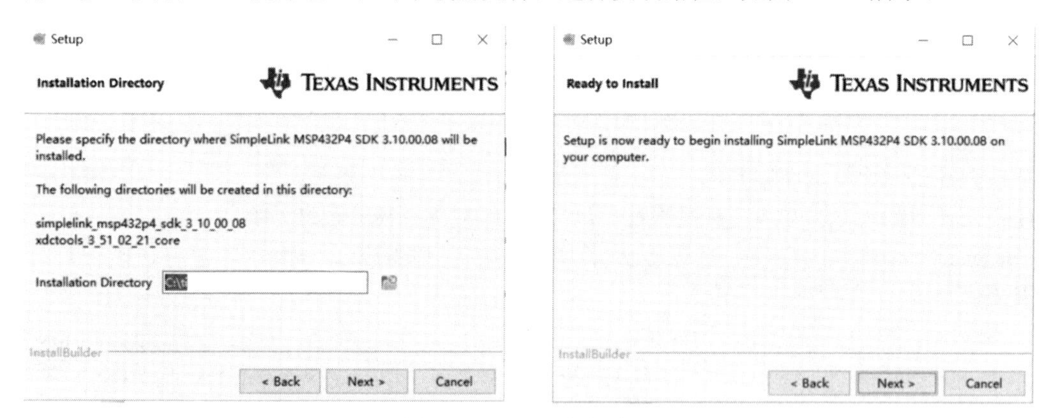

图 1.3.18　选择安装路径

第 4 步：等待安装完成后，可以在所选择的路径中找到对应的新文件夹，里面是各种开发资源，包括演示例程、外设驱动库及一些功能模块，如图 1.3.19 所示。

nk_msp432p4_sdk_3_10_00_08 › examples › nortos › MSP_EXP432P401R　　搜索"MSP...

名称	修改日期	类型	大小
demos	2019/5/9 19:12	文件夹	
driverlib	2019/5/9 19:12	文件夹	
drivers	2019/5/9 19:12	文件夹	
iqmathlib	2019/5/9 19:12	文件夹	
lz4	2019/5/9 19:12	文件夹	
registerLevel	2019/5/9 19:12	文件夹	
makefile	2019/3/28 6:56	文件	1 KB

图 1.3.19　SDK 安装完成后所生成的文件

1.3.5 Keil MDK 软件编译与调试

安装完毕 Keil MDK 和 SDK 软件后，可使用 Keil MDK 软件对 SDK 中示例程序进行编译和调试。使用数据线连接 MSP432 板卡与计算机，以控制 LED 闪烁为例，主要分为以下步骤。

第 1 步：在 SDK 软件包中打开 blinkled_msp432p401r 实例，安装路径为：

E:\ti\simplelink_msp432p4_sdk_3_10_00_08\examples\nortos\MSP_EXP432P401R\demos\blinkled_msp432p401r\keil，打开该文件夹，如图 1.3.20 所示。

nortos > MSP_EXP432P401R > demos > blinkled_msp432p401r > keil　　搜索"keil"

名称	修改日期	类型	大小
Listings	2019/5/12 17:19	文件夹	
Objects	2019/5/12 17:19	文件夹	
blinkLED_msp432p401r.uvoptx	2019/3/28 6:56	UVOPTX 文件	8 KB
blinkLED_msp432p401r	2019/3/28 6:56	Vision5 Project	15 KB
MSP432P401R	2019/3/28 6:56	Windows Script Co...	1 KB
startup_msp432p401r_uvision.s	2019/3/28 6:56	S 文件	14 KB

图 1.3.20　SDK 中的 Keil 工程项目

第 2 步：选择 Keil 工程文件(.uvprotx 文件)，双击它之后打开 Keil 软件的操作窗口，如图 1.3.21 所示。

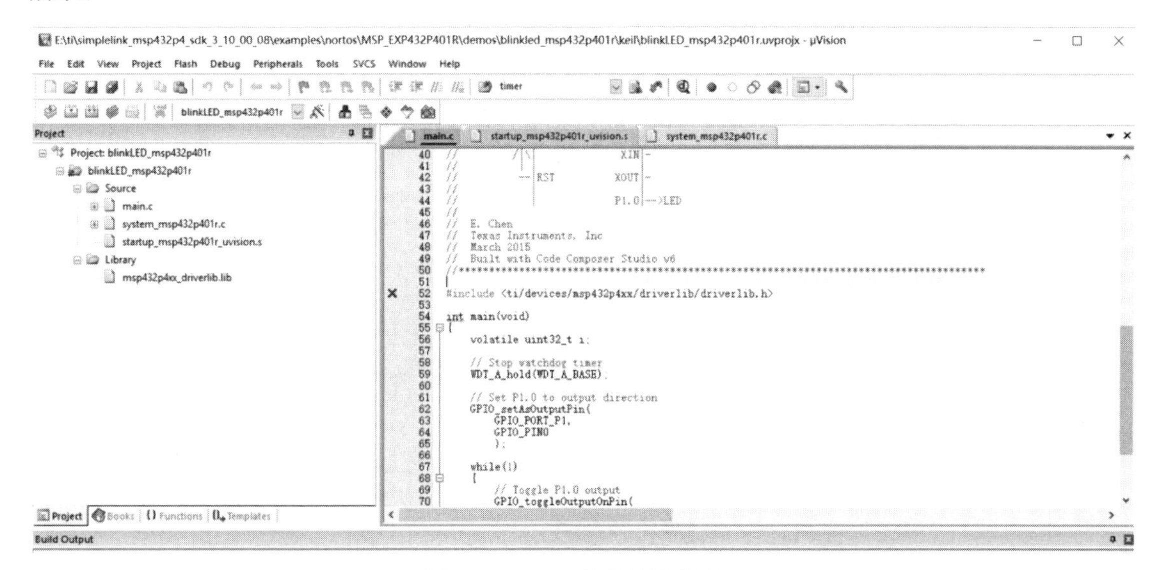

图 1.3.21　Keil 软件的操作窗口

Keil 软件中常用的调试图标含义如下。

：编译修改后文件。

：编译全部文件。

：下载。

：调试。

单击编译全部文件图标，在“Buil Output”栏中没有错误和警告提示，即表明编译通过。然后进行调试仿真，首先单击目标器件配置菜单 Options for Target 图标，会弹出“Target”配置界面，在“Target”选项卡下勾选“Use Custom File”复选框，如图 1.3.22 所示。

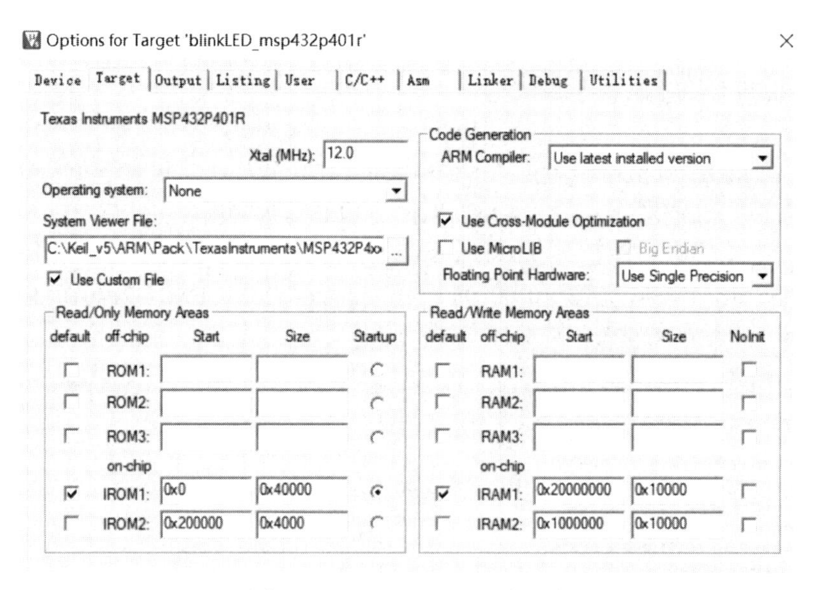

图 1.3.22　“Target”配置界面

单击“Debug”选项卡，选择准备使用的仿真器，这里使用的是“CMSIS-DAP Debugger”，如图 1.3.23 所示，单击“OK”按钮确认。

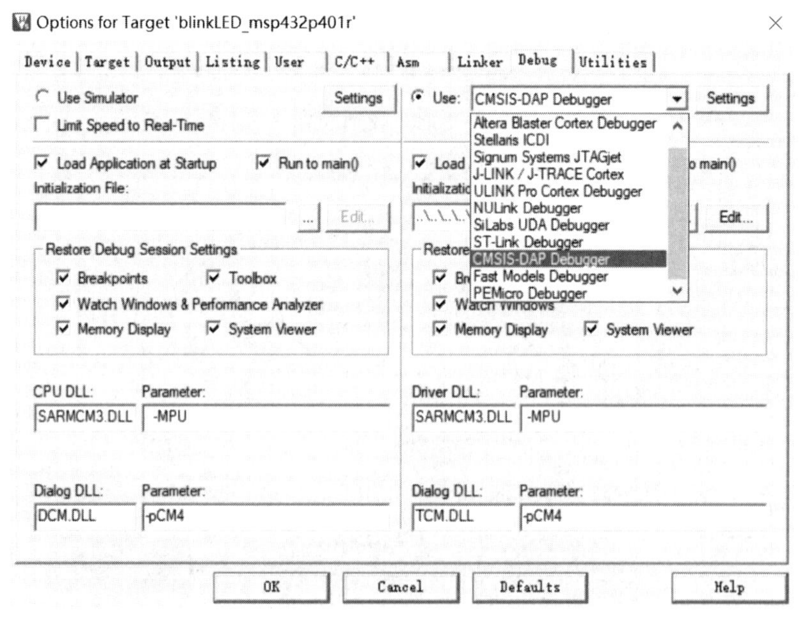

图 1.3.23　“Debug”配置界面

配置完成后，即可进行在线调试仿真，单击调试图标开始仿真，调试界面如图 1.3.24 所示。

主界面是 C 语言程序，Registers 栏中显示了内核寄存器的状态值，Disassembly 栏显示反汇编指令，右下部分的“Call Stack+Locals”选项卡显示调用堆栈和局部变量，“Memory 1”选项卡用于跟踪查看变量。

调试中常用的操作图标及含义如下。

：复位 CPU。

：全速运行。

：暂停运行。

为调试步骤操作，第一个为进入本行，第二个为执行完本行，第三个为跳出本行，第四个为执行到下一个断点。

为断点操作，第一个为设置断点、第二个为禁止断点、第三个为禁止所有断点、第四个为取消所有断点。

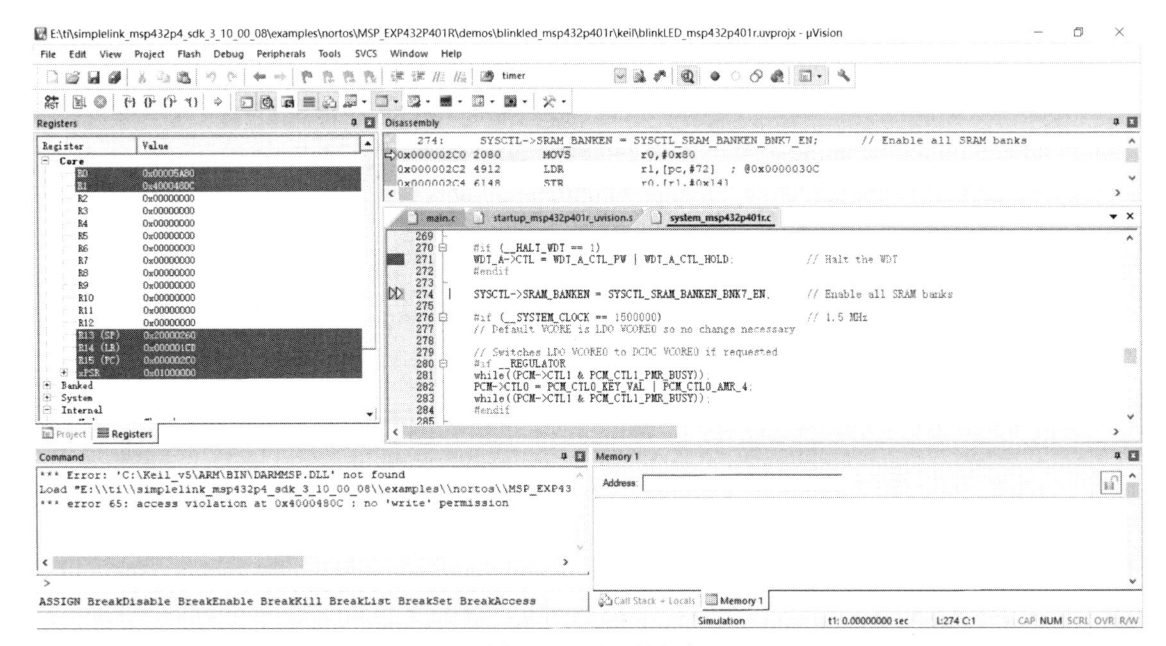

图 1.3.24　调试界面

选择 Peripherals→System Viewer，可查看外设寄存器，如图 1.3.25 所示。

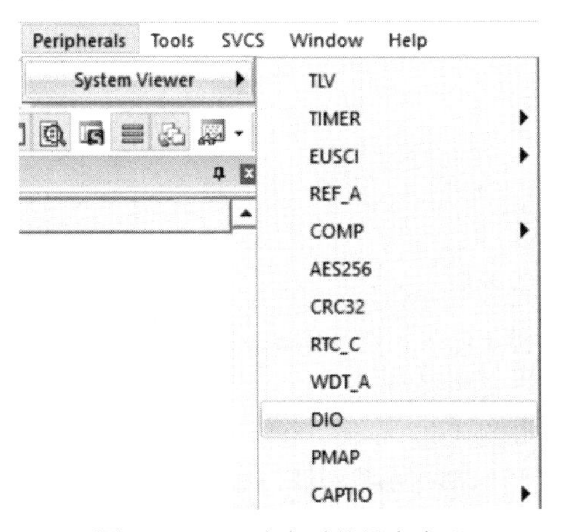

图 1.3.25　跟踪查看外设寄存器

本例程是 LED 闪烁程序，用到了 I/O 口，单击“DIO”选项可看到 GPIO 相关寄存器的状态值，如图 1.3.26 所示。

在仿真状态时，可选择单步调试或全速运行来跟踪程序运行状态。如果不需要调试，则再次单击调试图标即可退出调试状态。

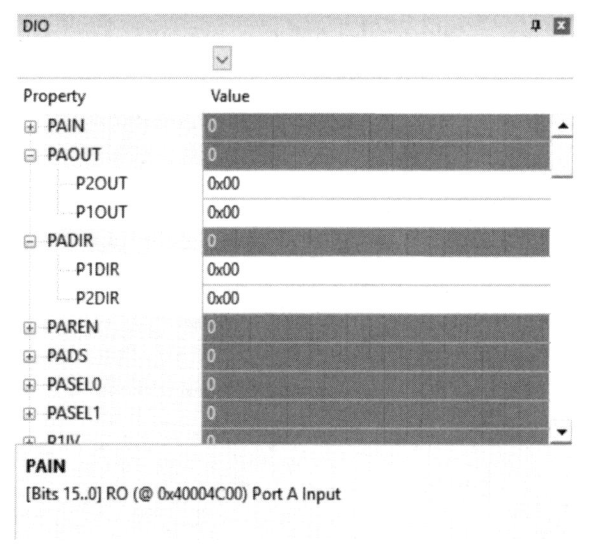

图 1.3.26 GPIO 相关寄存器

1.4 小结与思考

本章首先对 Cortex-M4F 的内核，即总线、调试及系统模板进行了简要介绍，要求读者重点了解系统模块的一些功能单元如 SysTick、NVIC、SCB、MPU、FPU；然后对 MSP432P401 微控制器简单地做了介绍，读者应熟悉并掌握器件的功能框图，这是本书后续内容的脉络；最后介绍了集成开发环境 MDK 的安装使用，以及 MSP432 的 SDK 软件包，使读者能够实际动手操作实现第一个 MSP432 实例。

习题与思考

1-1 Cortex-M4F 处理器有哪些特点？

1-2 Cortex-M4F 内核结构是什么？请画出相应框图。

1-3 Cortex-M4F 功能外设有哪些？

1-4 MSP432P401 微控制器有哪些特性？可以应用到哪些场合？

1-5 MSP432 MCU SDK 里面都有哪些资源？如何有效地利用这些资源？

1-6 使用 Keil 软件打开 SDK 中的一个例子，进行编译和调试，查看相关寄存器状态。

第 2 章　软硬件设计基础

MSP432 微控制器作为 Cortex-M4F 内核处理器，采用的是 Thumb-2 指令集。它具有强大易用、简洁高效的特点。在 Thumb-2 指令集中，16 位指令首次与 32 位指令并存，可适应各类场合，同时其需要的指令周期数也明显下降。它为支持高级语言所设计，因此初学者完全可以在不深入了解汇编指令系统的情况下，直接使用 C 语言来进行软件开发。

本章介绍 MSP432 微控制器 C 语言开发基础知识、软件编程的规范、基于寄存器和库函数的 MSP432 编程，从而让读者理解 MSP432 的原理与初步设计。

本章导读：如果读者已经有 C 语言开发经验，2.1 节可以略读，细读 2.2 节、2.3 节，动手实践 2.4 节、2.5 节并做好笔记，完成习题。

2.1　C 语言基础知识

2.1.1　标识符与关键字

1．标识符

C 语言的标识符是指用来识别某个实体（如变量、数组、结构体、指针、函数等）的一个符号。标识符由用户自己定义，如 i、j、data1、LED_blink 等。简单来说就是对变量、函数等命名所用到的字符串或字符。标识符只能由字母（A～Z、a～z）、数字（0～9）和下画线（_）组成，并且第一个字符必须是字母或下画线，不能是数字。例如：

```
char num=10;                //定义一个字符型的变量num，该变量初值为10
int _num[2]={0,1};          //定义一个整型数组_num，该数组有两个元素0和1
double num1=20.0;           //定义一个双精度浮点变量num1，该变量初值为20.0
```

使用标识符需要注意以下几点。

（1）C 语言虽然不限制标识符的长度，但是它受到不同编译器和操作系统的限制。若某个编译器规定标识符前 128 位有效，则当两个标识符前 128 位相同时，会被认为是同一个标识符。

（2）C 语言标识符有大小写区分，如 LED 和 led 是两个不同的标识符。

（3）标识符虽然可以由用户自定义，但是标识符的命名应尽量有意义，命名尽量贴合对象的功能和特点，以便于阅读和理解。对于使用次数较少或较为直观的变量，可以简单命名。

2．关键字

C 语言的关键字是 C 语言中规定的具有特定意义的字符串，通常也称为保留字，如 int、char 等。用户定义的标识符不可以与关键字相同，否则会出现错误。标准 C 语言一共规定了 32 个关键字，如表 2.1.1 所示。

表 2.1.1　关键字列表

关 键 字	说　明	关 键 字	说　明
auto	声明自动变量	static	声明静态变量
short	声明短整型变量或函数	volatile	说明变量在程序执行中可能被隐含地改变
int	声明整型变量或函数	void	声明函数无返回值或无参数，声明无类型指针
long	声明长整型变量或函数	if	条件语句
float	声明浮点型变量或函数	else	条件语句否定分支（与 if 连用）
double	声明双精度变量或函数	switch	用于开关语句
char	声明字符型类型	case	开关语句分支
struct	声明结构体变量或函数	for	一种循环语句
union	声明共用数据类型	do	循环语句的循环体
enum	声明枚举类型	while	循环语句的循环条件
typedef	用以给数据类型取别名	goto	无条件跳转语句
const	声明只读变量	continue	结束当前循环，开始下一轮循环
unsigned	声明无符号类型变量或函数	break	跳出当前循环
signed	声明有符号类型变量或函数	default	开关语句中的“其他”分支
extern	声明变量在其他文件已经声明	sizeof	计算数据类型长度
register	声明寄存器变量	return	子程序返回语句（可以带参数也可以不带）

每个关键字有其独特的用法和作用，会在后面逐步介绍。例如：

```
unsigned int a=10;          //定义一个无符号整型变量a，a的初值为10
long int b=sizeof (a) ;     //定义一个长整型变量b，b的初值为a所占用的字节数
                            //对于32位微控制器该值为4
```

2.1.2　数据基本类型

C 语言的数据基本类型分为数值类型和字符类型，数值类型又分为整型和浮点型。不同位数的系统（如 16 位或 32 位），其数据类型的大小是不同的。32 位系统的数据类型分类见表 2.1.2，其他位数系统的数据类型可查阅相关资料。

表 2.1.2　32 位系统的数据类型分类

分　类				定　义	大小/B	表示的数字范围
C语言数据基本类型	字符类型			（signed）char	1	$-2^{7}\sim2^{7}-1$
				unsigned char	1	$0\sim2^{8}-1$
	数值类型	整型	短整型	（signed）short int	2	$-2^{15}\sim2^{15}-1$
				unsigned short int	2	$0\sim2^{16}-1$
			整型	（signed）int	4	$-2^{31}\sim2^{31}-1$
				unsigned int	4	$0\sim2^{32}-1$
			长整型	（signed）long int	4	$-2^{31}\sim2^{31}-1$
				unsigned long int	4	$0\sim2^{32}-1$
			超长整型	（signed）long long	8	$-2^{63}\sim2^{63}-1$
				unsigned long long	8	$0\sim2^{64}-1$
		浮点型	单精度浮点	float	4	±1.401298E-45～±3.402823E+38
			双精度浮点	double	8	±2.23E-308～±1.79E+308

其中，圆括号中的内容可以省略，其表示的意义不变。在某些情况下，“int”也可以省略，如“short int”与“short”均代表定义有符号短整型。E 是指数（Exponent），表示 10 的多少次方。如 7.896E5=789600，54.32E-2=0.54320。

在运算过程中，每个数据都要转换为标准类型以提高运算精度。例如，如果一个数据是 float 型，则首先应转换为 double 型。如果一个数据是 short 型或 char 型，则首先应转换为 int 型。通过上述转换后，如果参与运算的数据类型仍不同，则不同类型的数据要先转换为同一类型的数据，然后进行运算。转换的规则是“由低向高”，也就是说一个表达式的值的类型是其中各个参与运算的数据中级别最高的类型。表 2.1.3 说明了类型转换的标准和级别。

表 2.1.3　类型转换的标准和级别

一 般 类 型	转换为标准类型	级　　别
char、short int、int	int	低
unsigned int、unsigned short int	unsigned int	
long int	long int	
unsigned long	unsigned long	
float、double	double	高

上述运算过程中的数据自动转换称为隐式类型转换。还有一种转换称为强制类型转换（即显式数据类型转换）。强制类型转换一般形式为：（类型说明符）表达式。使用强制类型转换要注意运算符的优先级，在适当位置加圆括号防止运算出错。例如：

```
int k; double x, y;
(double) k;        //将k的值转换为double型
(int) (x+y) ;      //将表达式(x+y)的值转换为int型
(int) x+y;         //将x的值转换为int型，然后和y的值相加，最后结果是double型
(int) x%k          //将x的值转换为int型，然后和k的值求余，最后结果是int型
```

2.1.3　运算符

运算是对数据进行处理和操作的过程，描述各种处理和操作的符号称为运算符（也称操作符）。C 语言把除了控制语句和输入、输出以外的几乎所有的基本处理和操作都作为运算符处理，因此 C 语言的运算符的作用范围很宽泛。按照运算符的作用将其分为 11 类，如表 2.1.4 所示。

表 2.1.4　运算符列表

<table>
<tr><th>序　　号</th><th>类　　别</th><th>运　算　符</th></tr>
<tr><td>1</td><td>算术运算符</td><td>*、/、%、+、-
自增运算符++、自减运算符--</td></tr>
<tr><td>2</td><td>关系运算符</td><td>>、<、==、>=、<=、!=</td></tr>
<tr><td>3</td><td>逻辑运算符</td><td>!、&&、||</td></tr>
<tr><td>4</td><td>位运算符</td><td><<、>>、~、|、^、&</td></tr>
<tr><td>5</td><td>赋值运算符、复合赋值运算符</td><td>=、+=、-=、*=、/=、%=
<<=、>>=、&=、^=、|=</td></tr>
<tr><td>6</td><td>条件运算符</td><td>?:</td></tr>
<tr><td>7</td><td>逗号运算符</td><td>,</td></tr>
<tr><td>8</td><td>指针运算符</td><td>*、&</td></tr>
<tr><td>9</td><td>强制类型转换运算符</td><td>（类型），如（int）、（double）等</td></tr>
<tr><td>10</td><td>分量运算符</td><td>->、.、[]</td></tr>
<tr><td>11</td><td>其他运算符</td><td>如函数调用运算符（）等</td></tr>
</table>

通过运算符将操作对象连接起来，组成符合 C 语言语法的式子称为表达式。任何一个常量和变量都可称为表达式，运算符的类型对应表达式的类型，每一个表达式都有自己的值。表达式在运算过程中要遵循优先级和结合性，从而避免表达式中出现多个运算符引起的矛盾。运算符的优先级和结合方向如表 2.1.5 所示，其中同一优先级运算次序由结合方向决定。

表 2.1.5　运算符的优先级和结合方向

<table>
<tr><th>优 先 级</th><th>运 算 符</th><th>运算符功能</th><th>运 算 类 型</th><th>结 合 方 向</th></tr>
<tr><td>最高
15</td><td>()
[]
->
.</td><td>圆括号、函数参数表
数组元素下标
指向结构体成员
结构体成员</td><td></td><td>从左至右</td></tr>
<tr><td>14</td><td>!
~
++、--
+
-
*
&
（类型名）
sizeof</td><td>逻辑非
按位取反
自增 1、自减 1
求正
求负
取内容运算符
取地址运算符
强制类型转换
求所占字节数</td><td>单目运算</td><td>从右至左</td></tr>
<tr><td>13</td><td>*、/、%</td><td>乘、除、整数求余</td><td>双目算术运算</td><td>从左至右</td></tr>
<tr><td>12</td><td>+、-</td><td>加、减</td><td>双目算术运算</td><td>从左至右</td></tr>
<tr><td>11</td><td><<、>></td><td>左移、右移</td><td>移位运算</td><td>从左至右</td></tr>
<tr><td>10</td><td><、<=、>、>=</td><td>小于、小于或等于、大于、大于或等于</td><td>关系运算</td><td>从左至右</td></tr>
<tr><td>9</td><td>==、!=</td><td>等于、不等于</td><td>关系运算</td><td>从左至右</td></tr>
<tr><td>8</td><td>&</td><td>按位与</td><td>位运算</td><td>从左至右</td></tr>
<tr><td>7</td><td>^</td><td>按位异或</td><td>位运算</td><td>从左至右</td></tr>
<tr><td>6</td><td>|</td><td>按位或</td><td>位运算</td><td>从左至右</td></tr>
<tr><td>5</td><td>&&</td><td>逻辑与</td><td>逻辑运算</td><td>从左至右</td></tr>
<tr><td>4</td><td>||</td><td>逻辑或</td><td>逻辑运算</td><td>从左至右</td></tr>
<tr><td>3</td><td>?:</td><td>条件运算</td><td>三目运算</td><td>从右至左</td></tr>
<tr><td>2</td><td>=、+=、-=、*=、/=、%=、
&=、^=、|=、<<=、>>=</td><td>赋值、运算且赋值</td><td>双目运算</td><td>从右至左</td></tr>
<tr><td>1</td><td>,</td><td>顺序求值</td><td>顺序运算</td><td>从左至右</td></tr>
</table>

1．算术运算符

算术运算符中，+、-、*与数学中的意义相同。除法运算中，两个整数相除的结果为靠近 0 的整数，即向 0 取整（如 9/2 的结果为 4），舍弃小数部分，4 比 4.5 更靠近 0，故结果为 4。-9/2 的运算结果是-4。

%是取余运算符或取模运算符，该运算只能作用于两个整型数，运算结果是两个整数相除后的余数，运算结果为整数。同时，规定运算结果的正负号与被除数的正负号一致，如果被除数小于除数，则运算结果等于被除数。例如，9%2 的运算结果为 1，2%9 的运算结果为 2，-9%2 的运算结果为-1，9%-2 的运算结果为 1，而 9.5%2 是不合法的。

自增运算符++和自减运算符--是 C 语言特有的单目运算符，它们只能和一个单独的变量组成表达式。其一般形式为："++变量或变量++""--变量或变量--"。其作用是使变量的值增 1 或减 1。经过 x++或++x 后，x 的值均会加 1，但 x++与++x 作为表达式时，两个表达式的结果不同。表达式++x 的值等于 x 的原值加 1，表达式 x++的值等于 x 的原值。自减运算与自增运算类似，只是把加 1 改成减 1 而已。例如：

```
int i=1,j=1;
int a=i++;                //定义变量a，其初值为1
int b=++j;                //定义变量b，其初值为2
```

2．赋值运算符

赋值运算符是符号"="，它的作用是将一个数据赋给一个变量。由赋值运算符将一个变量和一个表达式连接起来的式子称为赋值表达式。赋值表达式的一般形式为"变量=表达式"。其作用是把赋值运算符右边表达式的值赋给赋值运算符左边的变量。

赋值表达式的值也就是赋值运算符左边变量得到的值，若右边表达式的值的类型与左边变量的类型不一致，则以左边变量的类型为基准，将右边表达式的值的类型无条件地转换为左边变量的类型，相应的赋值表达式的值的类型与被赋值变量的类型一致。例如：

```
int i;                    //定义变量i
i=1;                      //将1赋值给变量i。赋值操作后，变量i的值为1
```

3．复合赋值运算符

为使程序书写简洁和便于代码优化，可在赋值运算符的前面加上其他常用的运算符，构成复合赋值运算符。复合赋值运算符如表 2.1.6 所示。

+=、−=、*=、/=、%=（与算术运算有关）

&=、^=、|=、<<=、>>=（与位运算有关）

表 2.1.6　复合赋值运算符

序　号	表达式（算术运算）	等　价　于	序　号	表达式（位运算）	等　价　于
1	a+=b	a=a+b	6	a<<=b	a=a<<b
2	a−=b	a=a−b	7	a>>=b	a=a>>b
3	a*=b	a=a*b	8	a&=b	a=a&b
4	a/=b	a=a/b	9	a^=b	a=a^b
5	a%=b	a=a%b	10	a|=b	a=a|b

例如：

```
int a=1,b=1,c=3;        //定义整型变量a=1，b=1，c=3
a+=c;                   //a的值为a+c=4
b=b+c;                  //b的值为4
```

4．逗号运算符

在 C 语言中，逗号不仅可以作为分隔符出现在变量定义、函数的参数表中，还可以作为一个运算符把多个表达式连接起来，形成逻辑上的一个表达式。逗号表达式的一般形式如下。

```
表达式1,表达式2,表达式3,…,表达式n
```

逗号运算符的优先级是所有运算符中最低的，结合方向为"从左到右"。逗号运算符的功能是使得逗号表达式中的各个表达式从左到右逐个运算一遍，逗号表达式的值和类型就是最右边的"表达式 *n*"的值和类型。例如：

```
int a=1,b=2,c=3,d=4;        //定义4个变量a、b、c、d，初值分别为1、2、3、4
a= (b+c,b++,b-c) ;          //从左到右运算圆括号中的内容，b+c、b++和b-c
```

```
                                  //在运算b++后，b=2+1=3，则b-c=0。故a的值为0
a=d+c,b++,b-c;                    //因为逗号优先级最低，故a=d+c=4+3=7，其余两式各自计算
```

5. 位运算符

C 语言提供了操作二进制数的功能，即位运算。位运算只适用于整型数据。

（1）按位取反运算符～。

- 一般形式：～A。
- 功能：把 A 的各位都取反（0 变 1、1 变 0）。
- 举例：int A=179（十六进制 0x00B3、二进制 0000000010110011），则～A 的值等于 1111111101001100（0xFF4C），A 的低 8 位如下。

A=	1	0	1	1	0	0	1	1
～A	0	1	0	0	1	1	0	0

（2）按位与运算符&。

- 一般形式：A&B。
- 功能：将 A 的各位与 B 的对应位进行比较，如果两者都为 1，则 A&B 对应位上的值为 1，否则为 0。
- 举例：若 char A=179（十六进制 0xB3、二进制 10110011），char B=169（十六进制 0xa9、二进制 10101001），则 A&B 值等于 10100001（0xA1 或 161）

A=	1	0	1	1	0	0	1	1
B=	1	0	1	0	1	0	0	1
A&B	1	0	1	0	0	0	0	1

（3）按位或运算符|。

- 一般形式：A|B。
- 功能：将 A 的各位与 B 的对应位进行比较，如果两者中至少有一个为 1，则 A|B 对应位上的值为 1，否则为 0。
- 举例：char A=179（十六进制 0xB3、二进制 10110011），char B=169（十六进制 0xA9、二进制 10101001），则 A|B 的值等于 10111011（0xBB 或 187）。

A=	1	0	1	1	0	0	1	1
B=	1	0	1	0	1	0	0	1
A|B	1	0	1	1	1	0	1	1

（4）按位异或运算符^。

- 一般形式：A^B。
- 功能：将 A 的位与 B 的对应位进行比较，若两者不同，则 A^B 对应位上的值为 1，否则为 0。
- 举例：char A=179（十六进制 0xB3、二进制 10110011），char B=169（十六进制 0xA9、二进制 10101001），则 A^B 的值等于 00011010（0x1A 或 26）。

A=	1	0	1	1	0	0	1	1
B=	1	0	1	0	1	0	0	1
A^B	0	0	0	1	1	0	1	0

（5）左移运算符<<。

- 一般形式：A<<*n*，其中 *n* 为一个整型表达式，且大于 0。

- 功能：把 A 的值向左移动 *n* 位，右边空出的 *n* 位用 0 填补。当左移移走的高位中全都是 0 时，这种操作相当于对 A 进行 *n* 次乘以 2 的运算。
- 举例：如 char A=27（二进制 00011011），则 A<<2 的值等于 108（二进制 01101100）。

A=	0	0	0	1	1	0	1	1
A<<2	0	1	1	0	1	1	0	0

（6）右移运算符>>。

- 一般形式：A>>*n*，其中 *n* 为一个整型表达式，且大于 0。
- 功能：把 A 的值向右移动 *n* 位，左边空出的 *n* 位用 0（或符号位，因设备而不同）填补。
- 举例：若 char A=0xB3（二进制 10110011），则 A>>3 的值等于 22（二进制 00010110）。

A=	1	0	1	1	0	0	1	1
A>>3	0	0	0	1	0	1	1	0

6．关系运算符

所谓“关系运算”就是进行“比较运算”，关系运算符的功能是对两个操作数进行比较产生运算结果 0（假）或 1（真）。关系运算符常用于程序中选择结构的判断条件。C 语言提供的关系运算符有“>、>=、<、<=、==、!=”，说明如下。

（1）在以上 6 种关系运算符中，前 4 种（>、>=、<、<=）的优先级相同，后 2 种（==、!=）的优先级也相同，前 4 种的优先级高于后 2 种。例如，a>=b!=b<=3 等价于(a>=b)!=(b<=3)。

（2）关系运算符的结合性为从左到右。

（3）在 C 语言中，使用等号“=”代替关系运算符“==”进行关系相等判断是常见的错误。

7．逻辑运算符

C 语言提供了 3 种逻辑运算符：&&、||、!。逻辑运算符通常也用于程序中选择结构的判断条件，说明如下。

（1）“&&”和“||”为双目运算符，要求有两个操作数（运算量）。当“&&”两边的操作数（运算量）均为非 0 时，运算结果为 1（真），否则为 0（假）。当“||”两边的操作数（运算量）均为 0 时，运算结果为 0（假），否则为 1（真）。

（2）“!”为单目运算符，只要求有一个操作数（运算量），其运算结果是使操作数（运算量）的值为非 0 的变为 0，为 0 的变为 1。

2.1.4　程序基本结构

在 C 语言程序中，一共有 3 种程序结构：顺序结构、选择结构（分支结构）、循环结构。顺序结构就是从头到尾一句接着一句往下执行。顺序结构很简单，一般我们遇到的除选择结构和循环结构外，都是顺序结构。

1．选择结构

选择结构就是在计算机程序设计过程中，通过判断特定的条件，从多个分支中选择一个分支执行。选择结构包括 if 语句和 switch 语句。

（1）if 语句。

if 语句是条件选择语句，它能够根据对给定条件的判断（结果为真或假）来决定所要执行的操作。if 语句的一般形式为：

```
if (表达式)
{
    语句序列1;
}
else
{
    语句序列2;
}
```

if 语句执行流程如图 2.1.1 所示。其执行过程是：首先计算表达式的值，然后判断表达式的值，若表达式的值为真（非 0）则执行语句 1，然后退出整个 if 语句；否则执行语句 2，然后退出该语句，接着执行选择语句下面的语句。例如：

```
int a=1,b=0;
if (a==b)  a++;
else  b++;
```

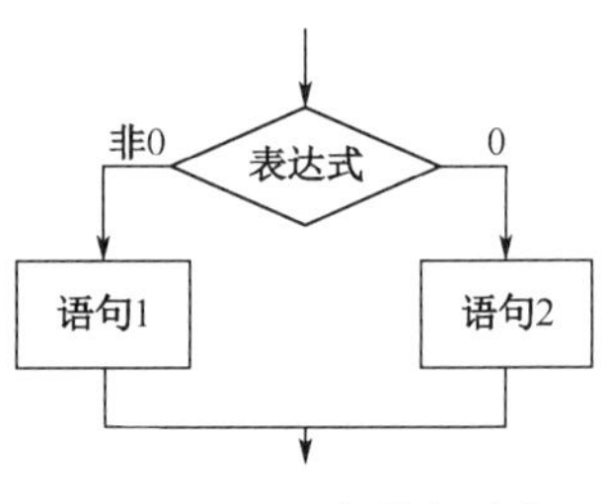

图 2.1.1　if 语句执行流程

该代码功能为：定义 a=1 和 b=0；如果 a 等于 b，则执行 a++，否则执行 b++。显然 a 不等于 b，故程序会运行 else 语句，执行 b++。

使用 if 语句有 4 点注意事项和拓展，说明如下。

① 使用 if 语句时，可以不使用 else 语句。当没有 else 语句时，其执行过程是：当表达式的值为真（非 0）时，执行语句 1，并退出选择语句；否则直接跳过语句 1，执行后面的程序。

② if 后面圆括号里的表达式可以为关系表达式、逻辑表达式、算术表达式等。

③ 在 if 语句中，语句 1 和语句 2 均可以为一条或多条语句，当为多条语句时，需要用“{}”将这些语句括起来，构成复合语句，否则将导致程序逻辑错误。

④ 阅读程序时，常遇到如下格式的 if 语句。

```
if (表达式1)          {语句序列1;}
else if (表达式2)     {语句序列2;}
else if (表达式3)     {语句序列3;}
  ……                   ……
else if (表达式n)     {语句序列n;}
else                  {语句序列n+1;}
```

该结构为 if 语句的多层嵌套，其程序流程是，从上至下判断表达式的值，一旦某个表达式的值为真（非 0），则执行该表达式后的语句，然后跳出整个选择结构，执行选择结构之后的内容。若表达式的值均为 0，则执行 else 后的语句。例如：

```
int a=20;
if (a<15)          a+=10;
else if (a<25)     a+=20;
else if (a<35)     a+=30;
else          a=0;
```

该代码功能为，定义 a=20，并判断 a 的值，若 a＜15，则执行 a+=10，退出选择结构；若 a＜25，则执行 a+=20……。故程序最终运行到 else if（a<25），执行 a+=20，然后退出选择结构。

（2）switch 语句。

上面介绍的 if 语句常用于两种条件的选择结构。要表示两种以上的条件选择，可采用 if 语句的嵌套形式，但如果 if 语句嵌套层次太多，会使得程序的可读性大大降低。C 语言中的 switch 语句，给多分支的条件选择带来了极大的方便。switch 语句的一般形式为：

```
switch (表达式)
```

```
{
    case 常量表达式1: [语句序列1]
    case 常量表达式2: [语句序列2]
    ……
    case 常量表达式n: [语句序列n]
    [default: 语句序列n+1]
}
```

其中，方括号“[]”括起来的内容是可选项。

switch 语句的执行过程是：首先计算 switch 后表达式的值，然后将其结果值与 case 后常量表达式的值依次进行比较，若此值与某 case 后常量表达式的值一致，则转去执行该 case 后的语句序列；若没有找到与之相匹配的常量表达式，则执行 default 后的语句序列。

使用 switch 有 7 点注意事项和拓展，说明如下。

① switch 后的表达式和 case 后的常量表达式必须为整型、字符型或枚举类型。

② 同一个 switch 语句中的各个常量表达式的值必须互不相等。case 后的常量表达式一定不能带有变量。

③ case 后的语句序列可以是一条语句，也可以是多条语句，此时多条语句不必用花括号括起来。

④ 由于 case 后的“常量表达式”只起语句标号的作用，而不进行条件判断，故在执行完某个 case 后的语句序列后，将自动转移到下一个 case 继续执行，直到遇到 switch 语句的右花括号或 break 语句为止。因此通常在每个 case 执行完毕后，增加一个 break 语句来达到终止 switch 语句执行的目的。例如：

```
int a=10;
switch (a)
{case 5: a=a+6;
case 10: a=a+1;
case 20: a=a-9;
default: a=0;}
```

该程序的执行顺序为，执行 case 10 之后的 a=a+1；然后执行 a=a−9；a=0；最终得到 a=0。若每一个 case 和 default 都加上 break，如：

```
int a=10;
switch (a)
{case 5: a=a+6;break;
case 10: a=a+1; break;
case 20: a=a-9;break;
default: a=0;;break;}
```

则程序执行完 a=a+1 后，运行 break 并退出。最终 a 的值为 11。

⑤ case 和 default 的次序可以交换，也就是说，default 可以位于 case 前面。并且，改变 case 后常量出现的位置，也不影响程序的运行结果，但从执行效率考虑，一般将发生频率高的 case 常量放在前面。

⑥ 多个 case 可以执行同一个语句序列，在合适位置放置 break 即可。

⑦ switch 语句可嵌套使用，其执行过程与简单 switch 语句类似。值得注意的是，嵌套 switch 语句中的 break 语句仅对当前的 switch 语句起作用，并不会跳出外层的 switch 语句。

2. 循环结构

编写实用程序时，一般会遇到一个语句或一段程序被重复执行的问题。重复执行一个语句或一段程序，称为循环。C 语言提供了解决此类问题的方法，可以利用 goto 语句（也称无条件转向语句）与标号的配合使用、while 循环语句、do-while 循环语句和 for 循环语句实现一个语句或一段程序的重复执行。

（1）goto 语句与标号。

goto 语句与标号配合使用的一般形式为：

```
goto 标号;
……
标号：语句序列;
……
```

功能：当程序执行到 goto 语句时，改变程序自上而下的执行顺序，执行语句标号指定的语句，并从该语句继续往下顺序执行程序。例如：

```
int i=1; sum=0;
L:if (i<=10)
{
   sum=sum+i;
   i++;
   goto L;
}
```

该代码功能为：判断 i 是否小于或等于 10，若是，则进入 if 语句，执行 sum=sum+i;i++，然后执行 goto L，跳到 if 语句，再次判断 i，直到 i 大于 10 为止，最后得到 sum=1+2+3+⋯+10。

使用 goto 语句和标号有 5 点注意事项和拓展，说明如下。

① 标号与 goto 语句配合使用才有意义，单独存在没有意义，不起作用。

② 标号的构成规则与标识符相同。

③ 与 goto 语句配合使用的标号只能存在于该 goto 语句所在的函数内，并且唯一；不可以利用 goto 语句将执行的流程从一个函数中转移到另一个函数中去。

④ 允许多个 goto 语句转向同一标号。

⑤ 结构化程序设计方法限制 goto 语句的使用，但 goto 语句使用灵活，有时可简化程序，因此不应排斥 goto 语句的使用。

（2）while 循环语句。

while 循环语句的一般形式为：

```
while (表达式)
{
   语句序列;
}
```

while 循环语句执行流程如图 2.1.2 所示，其执行过程如下。

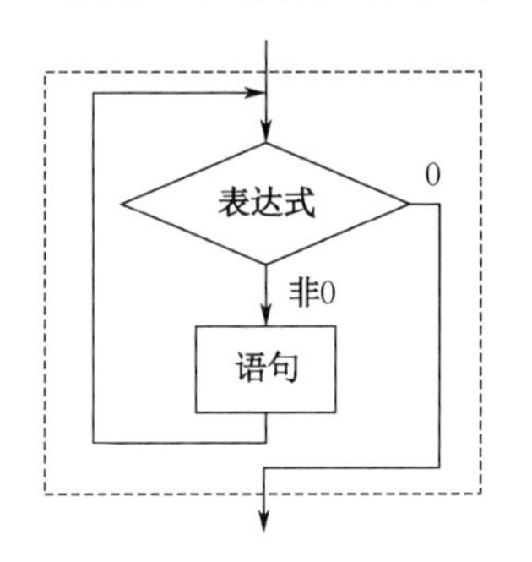

图 2.1.2　while 循环语句执行流程

① 计算表达式并检查表达式的值是否为 0，如果为 0，则 while 循环语句结束执行，接着执行 while 循环语句的后继语句；如果表达式的值为非 0，则执行②。

② 运行 while 循环语句的内嵌语句，然后执行①。例如：

```
int i=5，j;
while (i--)
j+=i;
```

该代码功能为：初始化整型变量 i=5 和 j。运行 while 循环，先检查 i--的值，之后执行 j+=i；往复循环，直到 i--的值为 0，跳出循环。最终 j=4+3+2+1。

使用 while 循环语句有 3 点注意事项和拓展，说明如下。

① while 循环语句中的内嵌语句也称为循环体，内嵌语句可以是单语句，也可以是复合语句。多条语句要用{}括起来。

② 执行 while 循环语句时，如果表达式的值第一次计算就等于 0，则循环体一次也不被执行。

③ 发生下列情况之一时，while 循环结束执行。

- 表达式的值为 0。
- 循环体内遇到 break 语句。
- 循环体内遇到 goto 语句，且与该 goto 语句配合使用的标号所致的语句在本循环体外。
- 循环体内遇到 return 语句。

前两种情况退出 while 循环后，执行循环体下面的后继语句。第三种情况退出 while 循环后，执行与 goto 语句配合使用的标号所指定的语句。第四种情况退出 while 循环后，执行的流程从包含该 while 循环语句的函数返回到调用函数，从调用函数的调用点处继续执行调用函数。

（3）do-while 循环语句。

do-while 循环语句的一般形式为：

```
do
{
    语句序列;
}
while (表达式);
```

do-while 循环语句的执行过程如下。

① 执行夹在关键字 do 和 while 之间的内嵌语句。

② 计算表达式，如果该表达式的值为非 0，则转到①继续执行；如果表达式的值为 0，则 do-while 循环语句结束执行，执行 do-while 循环语句的后继语句。do-while 循环语句执行流程如图 2.1.3 所示，程序举例如下。

```
int i=5,j=0;
do
j+=i;
while (i--);
```

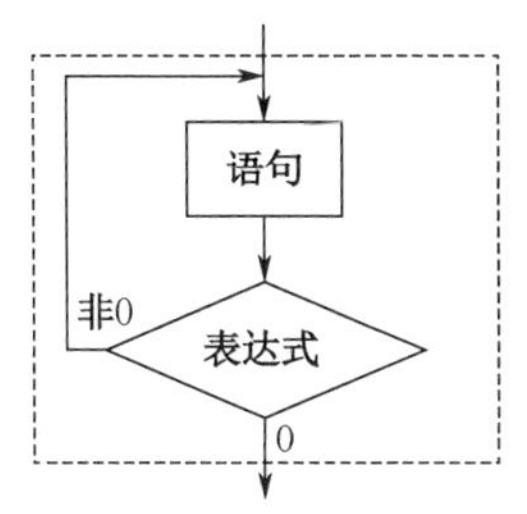

图 2.1.3　do-while 循环语句执行流程

该代码功能为：初始化整型变量 i=5 和 j=0。运行 do 之后的内容，执行 j+=i；再检查 i--的值，之后往复循环，直到 i--的值为 0，跳出循环。最终 j=5+4+3+2+1。

使用 do-while 循环语句有 3 点注意事项和拓展，说明如下。

① 在关键字 do 和 while 之间的语句，也称为循环体，可以是单语句，也可以是复合语句。

② do-while 循环语句首先执行循环体，然后计算表达式并检查循环条件，所以循环体至少被执行一次。

③ 退出 do-while 循环的条件与退出 while 循环的条件相同。前两种情况，退出 do-while 循环后继续执行“while(表达式)”后面的语句；后两种情况，退出 do-while 循环后继续执行的语句与退出 while 循环后继续执行的语句相同。

（4）for 循环语句。

for 循环语句的一般形式为：

```
for（表达式1；表达式2；表达式3）
{
    语句序列;
}
```

for 循环语句的执行过程如下。

① 计算表达式 1。

② 计算表达式 2，如果表达式 2 的值为非 0，则执行内嵌语句，计算表达式 3，然后重复②；如果表达式 2 的值为 0，则结束执行 for 循环语句，执行 for 循环语句的后继语句。for 循环语句执行流程如图 2.1.4 所示，程序举例如下。

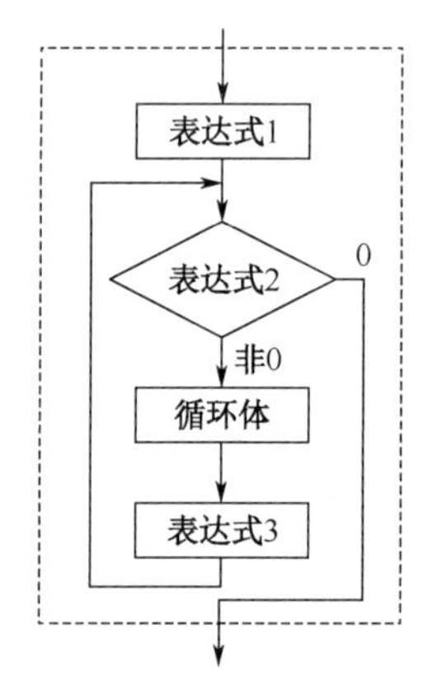

图 2.1.4　for 循环语句执行流程

```
int j=0;
for (int i=5;i>0;i--)
{
    j+=i;
}
```

该代码功能为：初始化 j=0，在 for 的语句 1 初始化 i=5，运行 j+=i；之后运行 i--，然后检查 i>0 是否为真，若结果为真，则循环运行 j+=i 和 i--，直到 i>0 不成立。

使用 for 循环语句有 5 点注意事项和拓展，说明如下。

① “表达式 3”后面的内嵌语句也称为循环体，循环体可以是单语句，也可以是复合语句。

② 三个表达式都可以省略，但是起分隔作用的两个分号不可省略。可以把“表达式 1”放在 for 循环语句之前，把“表达式 3”放在循环体中。如省略“表达式 2”，则计算机默认其值非 0，for 循环语句将循环不止（称为“死循环”）。为防止产生“死循环”，循环体中应有退出循环的语句。

③ “表达式 1”只被执行一次，可以是设置循环控制变量初值的赋值表达式，也可以是与循环控制变量无关的其他表达式。“表达式 2”的值决定是否继续执行循环。“表达式 3”的作用通常是不断改变循环控制变量的值，最终使“表达式 2”的值为 0。

④ 退出 for 循环的条件与退出 while 循环的条件相比，除 for 循环是“表达式 2”的值等于 0 而 while 循环是“表达式”的值等于 0 外，其余都是相同的。退出 for 循环后继续执行的语句与退出 while 循环后继续执行的语句相同。

⑤ 由于第一次计算“表达式 2”时，其值可能就等于 0，所以 for 循环语句的循环体可能一次也不被执行。

（5）break 语句和 continue 语句。

break 语句的一般形式为：

```
break;
```

功能：终止执行包含在该语句的最内层的 switch、for、while 或 do-while 语句。

使用 break 语句有 3 点注意事项和拓展，说明如下。

① break 语句只能出现在 switch、for、while 或 do-while 四种语句中。

② 若循环嵌套，则 break 语句只能终止执行该语句所在的一层循环，并使执行流程跳出该层循环体。

③ 当 break 语句出现在循环体中的 switch 语句体内时，其作用只是使执行流程跳出该 switch 语句体；若循环体中包含有 switch 语句，当 switch 语句出现在循环体中，但并不在 switch 语句体内时，则在执行 break 语句后，使执行流程跳出本层循环体。

continue 语句的一般形式为：

```
continue;
```

功能：终止循环体的本次执行，继续进行是否执行循环体的检查判定。对于 for 循环语句，跳过循环体中 continue 语句下面尚未执行的语句，转去执行表达式 3，然后执行表达式 2；对于 while 和 do-while 循环语句，跳过循环体中 continue 语句下面尚未执行的语句，转去执行关键字 while 后面圆括号中的表达式。

2.1.5　函数

程序设计应遵循模块化程序设计原则，一个较大的程序一般要分为若干个小模块，每个模块实现一个比较简单的功能。在 C 语言中，函数是一个基本的程序模块。为了提高程序设计的质量和效率，C 语言提供了大量的标准函数，供程序设计人员使用。根据实际需要，程序设计人员也可以自己定义一些函数来完成特定的功能。

1．函数的定义

函数由函数名、参数和函数体组成。函数名是用户为函数起的名字，用来唯一识别一个函数；函数的参数用来接收调用函数传递给它的数据。函数体则是函数实现自身功能的一组语句。函数定义的一般形式为：

```
类型说明符 函数名（形式参数声明）
{
    [说明与定义部分]
    语句序列;
}
```

举例如下：

```
int addx_y (int x,int y)      //定义一个函数addx_y
```

```
{
    int z;
    z=x+y;
    return z;                    //返回z的值
}
int main ()
{
    int a=1,b=5,c;
    c=addx_y (a,b) ;             //调用addx_y
}
```

该代码功能为：定义一个返回值为整型的 addx_y 函数，对输入到该函数的两个参数进行加和运算，然后返回加和的值。主函数定义了变量 a、b、c，调用函数 addx_y 计算出 a 加 b 的值并赋值给 c。

函数的定义有 4 点注意事项和拓展，说明如下。

① 类型说明符用来说明函数的返回值的类型。

② 函数名是用户自定义的用于标识函数的名称，其命名规则与变量的命名规则相同。为便于识别，通常将函数名定义为函数体完成的功能的概括性单词，且在同一个编译单元中不能有重复的函数名。函数名本身也有值，它代表了函数的入口地址。

③ 形式参数声明（简称形参表）用于指明调用函数和被调用函数之间的数据传递，传递给函数的参数可以有多个，也可以没有。当函数有多个参数时，必须在形参表中对每个参数进行类型说明，每个参数之间用逗号隔开。形参的主要作用是接收来自函数外部的数据，一般情况下，函数执行需要多少个原始数据，函数的形参表中就有多少个形参，每个形参存放一个数据。一个函数可以定义的形参并无明确的数量限制，用户可以根据需要定义。若函数没有参数，则形参表为空，此时函数名后的圆括号不能省略。

④ 用{}括起来的部分是函数体，即函数的定义主体，由说明部分、定义部分及语句组成。在函数体中，可以有变量定义，也可以没有，在函数体中定义的变量只有在执行该函数时才起作用。函数体中的语句描述了函数的功能。

2. 函数的调用

所谓函数调用，是指一个函数（调用函数）暂时中断本函数的运行，转去执行另一个函数（被调用函数）的过程。被调用函数执行完毕后，返回到调用函数中断处继续调用函数的运行，这是一个返回过程。函数的一次调用必定伴随着一个返回过程。在调用和返回这两个过程中，两个函数之间通常发生信息的交换。函数调用的一般形式为：

```
函数名（实际参数表列）； //用于独立的语句
```

或

```
函数名（实际参数表列）   //用于表达式
```

函数的调用有 4 点注意事项和拓展，说明如下。

① 第一种调用格式是以语句形式调用函数，用于调用无返回值的函数，如“nop();”。第二种调用格式是以表达式的形式调用函数，用于调用有返回值的函数，通过调用函数的表达式接收被调用函数送回的返回值，如“y=cube(x);”。

② 实际参数表列（简称实参表）中实参的类型与形参的类型相对应，必须符合赋值兼容的规则，实参个数必须与形参个数相同，并且顺序一致，当有多个实参时，参数之间用逗号隔开。

③ 实参可以是常量、有确定值的变量或表达式及函数调用。当函数调用时，系统计算出实参的值，然后按顺序传给相应的形参。

④ 在进行函数调用时，要求实参与形参个数相等，类型和顺序也一致。但在 C 语言的标准中，实参表的求值顺序并不是确定的。有的系统按照自右向左的顺序计算，而有的系统则相反。

3. 函数参数的传递方式

（1）值传递。

在函数调用时，实参将其值传递给形参，这种传递方式即为值传递。C 语言规定，实参对形参的数据传递是“值传递”，即单向传递，只能由实参传递给形参，而不能由形参传回给实参。这是因为，内存中实参与形参占用不同的存储单元。在调用函数时，给形参分配存储单元，并将实参对应的值传递给形参，调用结束后形参单元被释放，实参单元仍保留并维持原值。因此，在执行一个被调用函数时，形参的值如果发生变化，并不会改变调用函数中的实参值。上述 addx_y 中的参数传递就是值传递。

（2）地址传递。

地址传递指的是调用函数时，实参将某些量（如变量、字符串、数组等）的地址传递给形参。这样实参和形参指向同一个内存空间，在执行被调用函数的过程中，对形参所指向的空间中内容的改变，就是对调用函数中对应实参所指向内存空间内容的改变。

举例如下：

```
void move_x2y (int *x,int *y)         //定义一个函数move_x2y，其形参为指针变量
{
    int z;
    z=*x;
    *x=*y;
    *y=z;
}
int main ()
{
    int a=1,b=5;
    move_x2y (&a,&b) ;                      //调用move_x2y
}
```

该代码功能为：定义函数 move_x2y，其形参为指针变量，函数内容为将 x 和 y 所指向的地址存储的数值进行互换操作。在主函数中，定义了变量 a 和 b，并调用了函数 move_x2y，将 a 和 b 的地址赋值给了指针变量 x 和 y。对*x 和*y 的赋值操作均是对 a 和 b 存储地址处的值（即 a 和 b 的值）进行的操作。

4. 函数的返回值

有时，通过函数调用希望得到一个确定的值。在 C 语言中，是通过 return 语句来实现的。例如，上述例子中的函数 addx_y 的“return z”语句，就使用了返回值。

return 语句的一般形式：

```
return (表达式) ;
```

函数的返回值有 6 点注意事项和拓展，说明如下。

① return 语句有双重作用：从函数中退出，返回到调用函数中并向调用函数返回一个确定的值。return 语句也可以没有表达式，此时它的作用仅是使执行的流程返回到调用函数的调用位置继续执行调用函数。

② return 语句后表达式两边的圆括号可以省略。

③ 当函数有返回值时，凡是允许表达式出现的地方，都可以调用该函数。

④ 一个函数中可以有多个 return 语句，执行到哪一个 return 语句，哪一个语句起作用。

⑤ 在定义函数时应当指定函数值的类型，并且函数的类型一般应与 return 语句中表达式的类型一致，当二者不一致时，应以函数的类型为准，即函数的类型决定返回值的类型。对于数值型数据，可以自动进行类型转换。

⑥ 若函数中无 return 语句，则函数也并非没有返回值，而是返回一个不确定的值。为了明确表示函数没有返回值，可以用 void 将函数定义为“空类型”。

5. 函数的原型声明

C 语言要求函数先定义后使用，就像变量应先定义后使用一样。如果被调用函数的定义位于调用函数之前，可以不必声明。如果自定义的函数被放在调用函数的后面，就需要在调用函数之前，加上函数原型声明。如果在调用该函数之前，既不定义也不声明，则程序编译就会给出错误信息。

函数声明的主要目的是通知编译系统所定义的函数类型，也就是函数的返回值类型及函数形参的类型、个数和顺序，以便在遇到函数调用时，编译系统能够判断对该函数的调用是否正确。函数原型声明的一般形式：

```
类型说明符 函数名（参数表）；
```

举例如下：

```
int addx_y (int x,int y) ;    //声明一个函数addx_y
int main ()
{
    int a=1,b=5,c;
    c=addx_y (a,b) ;          //调用addx_y
}
int addx_y (int x,int y)      //定义一个函数addx_y
{
    int z;
    z=x+y;
    return z;                 //返回z的值
}
```

函数的原型声明有 4 点注意事项和拓展，说明如下。

① 要注意函数“定义”和“声明”的区别。函数“定义”是指对函数功能的确定，包括指定函数名、函数值的类型、形参及其类型、函数体等，它是一个完整的、独立的函数单位。而“声明”则是对已定义函数的函数名、函数类型及形参的类型、个数和顺序进行说明，其功能是在调用函数中根据此信息进行相应的语法检查。

② 函数声明中函数名后的圆括号内可以只给出形参类型，省略形参的变量名字：

```
类型说明符 函数名(类型说明符 [形参1]，…，类型说明符 [形参n]);
```

③ 如果所用函数定义之前，在源程序文件的开头，即在函数的外部已经对函数进行了声明，则在各个调用函数中不必对所调用函数进行声明。

④ 函数的声明一般写在程序的开头或放在头文件中。当被调用的函数与调用的函数不在一个文件中时，必须使用函数声明，以保证程序编译时能够找到该函数，并使程序正确运行。通常将多文件编译时的函数声明放在自定义的.h 文件中，然后在调用函数头部包含该.h 文件。此外，各种 C 语言都提供了许多标准库函数，当程序中调用 C 语言提供的库函数时，也应对所要调用的库函数进行声明。对库函数的声明，已写在 C 语言提供的相应扩展名为.h 的文件中，故在调用函数时，也应在源程序文件的开头部分，用文件包含命令将含有被调用函数声明的头文件包含到源程序文件中。

2.1.6　数组与指针

数组是具有相同数据类型的变量的集合，每一个数组元素都用同一个数组名和相应下标来标识。数组的维数是指数组元素的下标个数，而下标代表元素在数组中的位置序号。当程序需要对一组类型相同的数据进行操作时，采用数组是一种方便可行的办法。

1．一维数组的定义

数组在引用之前，必须事先定义。定义的作用是通知编译程序在内存中分配连续的存储单元供数组使用。一维数组定义的一般形式：

```
类型说明符 数组名[正整型常量表达式]
```

一维数组的定义有 4 点注意事项和拓展，说明如下。

① 正整型常量表达式也可以是符号常量和字符常量。

② 数组名后面的下标用方括号括起来，而不用圆括号。

③ 数组名的命名规则与变量名的命名规则相同。

④ 数组定义中常量表达式的值表示数组元素的个数。

2．一维数组的引用

定义数组后就可以使用它了。C 语言规定，只能引用单个元素，而不能一次性引用整个数组。引用数组元素的形式为：

```
数组名[下标]
```

举例如下：

```
int a[3]={0,1,2};
int b;
b=a[0]+a[1];
```

该代码功能为：定义一维数组 a，数组 a 中有 3 个元素，即 3 个整型变量，这 3 个变量存储在连续的内存地址中，执行 b=a[0]+a[1]，其中 a[0]=0，a[1]=1。故 b 的值为 0+1=1。

一维数组的引用有 3 点注意事项和拓展，说明如下。

① 下标是整型表达式，可以是数值常量、符号常量、字符常量、变量、算术表达式、函数返回值。若是实型常量，系统将自动按舍弃小数位保留整数位处理。

② 下标变量的下标值就是数组元素在数组中的序号，且系统默认下标变量的下标值从 0 开始。对于 n 个元素的数组，系统默认下标值变化范围为 0～n−1，下标最大值为 n−1。使用过程中要注意数组下标不能越界，若下标越界，则系统会生成警告，执行程序时，下标越界的数组元素会指向其他内存区域，引起程序混乱。

③ 在使用数组时，注意区分数组定义和数组元素的引用，在定义数组时出现在数组名后面的方括号中的数值是定义数组元素的个数，即数组的长度，在程序运行中是不可以改变的。而在其他语句中出现在数组名后面方括号中的数值是下标，指出该元素在数组中的位置。

3．一维数组的初始化

定义数组是给数组赋值，称为数组的初始化，具体实现的方法如下。

（1）定义时初始化，例如：

```
int a[3]={1,2,3};          //其中a[0]=1,a[1]=2,a[2]=3
```

（2）给数组中部分元素置初值，其他元素则系统默认其值为 0，例如：

```
int b[5]={4,5};            //a[0]=4,a[1]=5,a[2]～a[4]均为0
```

（3）初值的个数不允许大于定义数组时限定的元素个数，否则系统会报错。

（4）对数组全部元素的赋值，可以不指定数组的长度，例如：

```
int c[5]={1,2,3,4,5};     //定义有5个元素的数组，元素分别为数值1、2、3、4、5
int c[]={1,2,3,4,5};      //与上一条语句意义相同
```

4．二维数组的定义和引用

具有两个下标的数组元素构成的数组称为二维数组。二维数组的元素在内存中的存储顺序是“按行优先原则顺序存放”。二位数组定义的一般形式为：

```
类型说明符 数组名[正整型常量表达式][正整型常量表达式]
```

例如：

```
int a[2][3]={{1,2,3},{4,5,6}};
```

该代码功能为：定义了具有 6 个元素的二维数组，这些元素在内存中的存储顺序为 a[0][0]、a[0][1]、a[0][2]、a[1][0]、a[1][1]、a[1][2]，这些元素的初值依次为 1、2、3、4、5、6。

5．二位数组引用的一般形式

```
数组名[下标1][下标2]
```

其中，下标 1 和下标 2 对本身值的范围和类型的要求与一维数组的下标一致，要注意数组的下标不能越界，例如：

```
int a[2][2]={{0,1},{2,4}};
a[1][1]=a[0][1]+a[1][0];
```

该代码功能为：定义一个二维数组 a[2][2]，并进行元素之间的相加和赋值运算。其中，a[0][1]就是第 1 行第 2 列的元素，其值为 1；a[1][0]是第 2 行第 1 列的元素，其值为 2；a[1][1]是第 2 行第 2 列的元素，其初值为 4，经过赋值运算后，其值为 3。

6．二维数组的初始化

（1）按行给二维数组赋初值，在赋值号后边的一对花括号中，第一对花括号代表第一行的数组元素，第二对花括号代表第二行的数组元素，例如：

```
int a[2][3]={{1,2,3},{4,5,6}};
```

（2）将所有的数组元素按行顺序写在一个花括号内，系统会按照定义的数组自动排列下标，例如：

```
int a[2][3]={1,2,3,4,5,6};
```

（3）对部分数组元素赋初值，其中没有被赋值的数组元素初值为 0，例如：

```
int a[2][3]={{1,2,},{4}};         //其中a[0][0]=1，a[0][1]=2，a[1][0]=4
                                  //其余元素均为0
```

（4）如果对全部数组元素赋初值，则二维数组的第一个下标可以省略，但第二个下标不能省略。系统会按照定义的数组自动排列下标，例如：

```
int a[][3]={1,2,3,4,5,6};         //该代码的效果与第1、2种初始化方法效果相同
```

7．指针

计算机或微控制器的内存是以字节为单位的连续的存储空间，每个字节都有一个编号，这个编号称为地址。一个变量的内存地址称为该变量的指针。如果一个变量用来存放指针（即内存地址），则称该变量是指针类型的变量（一般也简称为指针变量或指针）。

（1）指针变量的定义方法。

指针变量定义的一般形式：

```
类型说明符 *标识符;
```

功能：定义了名为“标识符”的指针变量；该指针变量只可以保存类型为“类型说明符”的变量地址，例如：

```
int a=10;      //定义一个整型变量（假设该变量存储位置的地址编号为0xFFFA）
int *b=a;      //定义一个指向整型变量的指针变量，并将其初始化为指向整型变量a
```

该代码功能为：定义整型变量 a，初值为 10，定义指针 b，并指向 a，则指针 b 的数值为 0xFFFA，即整型变量 a 的地址。而*b 则表示 a 的地址处所储存的数据，也就是 10。之后对该指针进行操作就可以间接对 a 进行操作了。

指针变量的定义有 3 点注意事项和拓展，说明如下。

① 指针变量定义形式中的星号“*”不是变量名的一部分，它的作用是说明该变量是指针变量。

② 如果一个表达式的值是指针类型的，也就是内存地址，则称这个表达式是指针表达式。指针变量是指针表达式。数组名代表数组的地址，是地址常量，所以数组名也是指针表达式。

③ 无论指针变量指向何种类型，指针变量本身也有自己的地址，占 2B 或 4B 存储空间（具体根据程序运行的软件、硬件环境而定）。

（2）指针运算。

赋值运算的一般形式：

```
指针变量=指针表达式;
```

功能：将指针表达式的值赋给指针变量，即用指针表达式的值取代指针变量原来存储的地址值。例如：

```
int a[3]={1,2,3};      //定义数组a
int *b;                //定义指向整型变量的指针变量b
b=a;                   //将a赋值给b，即将数组a的第一个元素所在的地址赋值给b
```

该代码功能为：定义数组 a 和指针变量 b，经过赋值操作后，b 指向了 a 的第一个元素。

说明：进行赋值运算时，赋值运算符右侧的指针表达式指向的数据类型和左侧指针变量指向的数据类型必须相同。

（3）取地址运算。

取地址运算的一般形式：

```
&标识符
```

其中，“&”是取地址运算符。

功能：执行该表达式后，返回“&”后面名为“标识符”的变量（或数组元素）的地址。例如：

```
int *a,*b;             //定义指向整型变量的指针变量a和b
int c=2;               //定义整型变量c
int d[3]={0,1,2};      //定义数组d
b=d;                   //将数组d的首地址赋值给b
a=&c;                  //将整型变量c的地址赋值给a
```

该代码功能为：定义指针变量 a 和 b，定义整型变量 c=2，数组变量 d。运行指针运算，将 a 指向 c，将 b 指向数组 d 的第一个元素。运行完上述代码，则“*a”的值为 2，“*b”的值为 0。

取地址运算有 3 点注意事项和拓展，说明如下。

① “标识符”只能是一个除 register 类型之外的变量或数组元素。

② 表达式“&标识符”的值就是取地址运算符“&”后面变量或数组元素的地址，因此“&标识符”是一个指针表达式。

③ 取地址运算符“&”必须放在运算对象（即“标识符”）的左边。若将指针表达式“&标识符”的值赋给一个指针变量，则运算对象（即“标识符”）的数据类型与被赋值的指针变量所指向的数据类型必须相同。

（4）取内容运算。

取内容运算的一般形式：

```
*指针表达式
```

其中，“*”是取内容运算符，“指针表达式”是取内容运算符的运算对象。

功能：“*指针表达式”的功能与“*”后面“指针表达式”所指向的变量或数组元素等价。例如：

```
int a=10,c=0;     //定义整型变量a和c
int *b;           //定义指针变量b
b=&a;             //将a的地址赋值给b
c=*b;             //将b所指变量的值赋给c，即将a的值赋给c。经过该运算后，c的值为10
*b=5;             //将数值5赋给b所指变量，经过该运算后，a的值为5
```

取内容运算有 5 点注意事项和拓展，说明如下。

① 取内容运算符“*”是单目运算符，也称为指针运算符或间接访问运算符。

② 取内容运算符“*”必须出现在运算对象的左边，其运算对象可以是地址或存放地址的指针变量。

③ 取内容运算符“*”与乘法运算符“*”的书写方法相同，但二者之间没有任何联系。由于二者出现在程序中的位置不同，所以编译系统会自动识别“*”是指针运算符还是乘法运算符。同理，位运算符“&”和取地址运算符“&”之间也没有任何联系。

④ 设 m 是一个指针表达式，如果“*m”出现在赋值运算符“=”的左边，则代表 m 所指向的那块内存区域，即表示给 m 所指向的变量赋值；如果“*m”不出现在赋值运算符“=”的左边，则“*m”代表 m 所指向的那块内存区域中保存的值，即表示 m 所指向的变量的值。

⑤ 指针进行定义和赋初值时，会使用如“int *a=&b”的形式，这里的“*”只是声明 a 是一个指针变量，然后将 b 的地址赋值给 a，这里的“*”不是取内容运算符。

（5）指针表达式与整数相加减运算。

指针表达式与整数相加减运算的一般形式：

```
p+n或p-n
```

其中，p 是指针表达式，n 是整型表达式。

指针表达式与整数相加减运算的规则如下。

① 表达式 p+n 的值等于 p 的值+p 所指向的类型长度乘以 n。

② 表达式 p−n 的值等于 p 的值−p 所指向的类型长度乘以 n。

指针表达式与整数相加减运算的结果值：从所指向的位置算起，内存地址值大或地址值小方向上第 n 个数据的内存地址。例如：

```
int a[5]={1,2,3,4,5};     //定义数组a
int x,y;                  //定义整型变量x和y
int *b=a,*c=&（a[2]）;    //定义指针变量b和c并赋初值
x=*（b+1）;               //b+1的值是b的值再加int型变量所占的字节数
y=*（c-1）;
```

该代码功能为：定义数组 a，定义整型变量 x 和 y。定义指针变量 b，并指向数组 a 的首地址。定义指针变量 c，并指向数组 a 的第 3 个元素，则当前*b 的值就是 1，*c 的值就是 3。经过指针的加减运算后，x 的值是 b 所指地址向增方向移动 1 个整型变量所占内存字节数，即 x=a[1]。同理，y=a[1]。

指针表达式与整数相加减运算有 3 点注意事项和拓展，说明如下。

① C 语言规定，p+n 与 p−n 都是指针表达式，p+n 与 p−n 所指向的类型与 p 所指向的类型相同。

② 只有当 p 和 p+n 或 p−n 都指向连续存放的同类型数据区域时，如数组，指针加减整数才有意义。

③ 自增自减运算 p++、++p、p--、--p 运算的结果值：p++或 p--运算使 p 增或减了一个 p 所指向的类型长度值，即与赋值表达式 p=p+1 等价。表达式 p++的值等于没有进行加 1 运算前的 p 值，表达式++p 的值等于进行加 1 运算后的 p 值。p--和--p 同理。

同类型指针相加减的一般形式：

```
m-n
```

其中，m 与 n 是两个指向同一类型的指针表达式。同类型指针相加减运算的结果值是 m 与 n 两个指针之间数据元素的个数。

（6）关系运算。

关系运算的一般形式：

```
指针表达式 关系运算符 指针表达式
```

结果值：若关系式成立（为真），则其值为 int 型的 1，否则其值为 int 型的 0。例如：

```
int a[5]={3,3,3,3,3};
int x;
int *b=&a[2];*c=&a[4];
x=（b==c）;
```

该代码功能为：将 b 和 c 的值进行比较，将比较结果 0 或 1 赋值给 x。

说明：==（相等）和！=（不相等）是比较两个表达式是否指向同一个内存单元，地址值是否相同；<、<=、>=、>是比较两个指针所指向内存区域的先后顺序。

（7）强制类型转换运算。

强制类型转换运算的一般形式：

```
（类型说明符*）指针表达式
```

功能：将“指针表达式”的值转换成“类型说明符”类型的指针。例如：

```
char a[5]={0x01,0x02,0x03,0x04,0x05};          //定义字符型数组
int*c;                                          //定义整型指针变量
c=（int *）a;                                   //强制类型转换
```

该代码功能为：将字符型数组的首地址转换为整型变量地址，并赋值给指针 c。经过该运算后，*c 的值就是 0x0102，*(c+1)的值就是 0x0304。即将数组 a 存储区域连续的 2B（int 型数据所占字节数，在不同的系统中，int 型数据所占字节数有所不同）作为一个 int 型变量来处理。

（8）空指针。

在没有对指针变量赋值（包括赋初值）之前，指针变量存储的地址值不是确定的，它存储的地址值可能是操作系统程序在内存中占据的地址空间里的一个地址。因此，没有对指针变量赋地址值而直接使用指针变量 p 进行“*p=表达式;”形式的赋值运算时可能会产生不可预料的后果，甚至导致系统不能正常运行。

为了避免发生上述问题，通常给指针变量赋初值 0，并把值为 0 的指针变量称作空指针变量。例如：

```
p='\0';          //将p定义为空指针
p=0;             //将p定义为空指针
p=NULL;          //将p定义为空指针
```

以上三种定义空指针的方式等价。空指针变量表示不指向任何地方，而表示指针变量的一种状态。如果给空指针变量所指内存区域赋值，则会得到一个出错的信息。

2.1.7　预处理

预处理是 C 语言编译程序的组成部分，它用于解释处理 C 语言源程序中的各种预处理命令。

如常用的#include 和#define 命令等。该功能不是 C 语言的组成部分，而是在 C 语言编译之前对程序中的特殊命令进行的“预处理”，处理的结果和程序一起再进行编译处理，最终得到目标代码。使用预处理功能，可以增强 C 语言的编程功能，提高程序的可读性，改进 C 语言设计的环境，提高程序设计效率。

C 语言提供的预处理功能主要有宏定义、文件包含和条件编译 3 种，为了与其他语句区分，所有的预处理命令均以“#”开头，语句结尾不使用分号“;”，每条预处理命令需要单独占一行。

1．宏定义

宏定义是指用一个指定的标识符来定义一个字符序列。宏定义是由源程序中的宏定义命令完成的，宏替换是由预处理程序完成的。宏定义分为无参宏定义和带参数宏定义两种。

（1）无参宏定义。

无参宏定义的一般形式：

```
#define 宏名 替换文本
```

如果程序中使用了宏定义，则在对源程序进行编译预处理时，自动将程序中所有出现的“宏名”用宏定义中的文本替换，通常称之为宏替换或宏展开，宏替换是纯文本替换。例如：

```
#define LED0 BIT0  //将C语言中所有标识符为LED0的文本替换成BIT0
```

无参宏定义有 7 点注意事项和拓展，说明如下。

① 宏名按标识符书写规定进行命名，为区别于变量名，宏名一般习惯用大写字母表示。无参宏定义常用来定义符号常量。

② 替换文本是一个字符序列，也可以是常量、表达式、格式串等。为保证运算结果的正确性，在替换文本之中若出现运算符，则通常需要在合适的位置加圆括号。

③ 宏名用于替换，文本之间用空格隔开。

④ 宏定义可以出现在程序的任何位置，但必须是在引用宏名之前。

⑤ 在进行宏定义时，可以引用之前已定义过的宏名。

⑥ 如果程序中用双直撇括起来的字符串内包含有与宏名相同的名字，则预处理时并不进行宏替换。

⑦ 宏定义通常放在程序开头、函数定义之外，其有效范围是从宏定义语句开始至源程序文件结束。

（2）带参数宏定义。

C 语言允许宏带有参数，在宏定义中的参数称为形式参数，简称形参。在宏调用中的参数称为实参，对带参数的宏，在调用时，不仅要将宏展开，而且要用实参去替换形参。

带参数宏定义的一般形式：

```
#define 宏名(形参表) 替换文本
```

如果定义带参数的宏，在对源程序进行预处理时，将程序中出现宏名的地方均用替换文本进行替换，并用实参代替替换文本中的形参。例如：

```
#define delay_us(x) __delay_cycles(x*1000)
```

该代码功能为：使用宏定义的方法进行延时，其中“__delay_cycles(参数)”是内联函数，功能为延时“参数”个主时钟周期。对于主时钟为 1MHz 的系统，上述代码 delay_us 则可以实现延时 x 微秒个时钟周期。

带参数宏定义有 7 点注意事项和拓展，说明如下。

① 函数在定义和调用中所使用的形参和实参都受数据类型的限制，而带参数宏的形参和实参可以是任意数据类型。

② 函数有一定的数据类型，且数据类型是不变的。而带参数的宏一般是一个运算表达式，它

没有固定的数据类型，其数据类型就是表达式运算结果的数据类型。同一个带参数的宏，随着使用实参类型的不同，其运算结果的类型也不同。

③ 函数调用时，先计算实参表达式的值，然后替换形参。而宏定义展开时，只是纯文本替换。

④ 函数调用是在程序运行时处理的，进行分配临时的存储单元。而宏定义展开是在编译时进行的，展开时不分配内存单元，不传递值，也没有返回值的概念。

⑤ 函数调用影响运行时间，源程序无变化。宏展开影响编译时间，通常使源程序加长。

⑥ 对于宏定义的形参要根据需要加上圆括号，已免发生运算错误

⑦ 定义带参数的宏时，在宏名和带参数的圆括号之间不应该有空格，否则空格之后的字符序列都将被作为替换文本。

2．文件包含

文件包含也是一种预处理语句，它的作用是使一个源程序文件将另一个源程序文件全部包含进来，其一般形式为：

```
#include <文件名>或#include"文件名"
```

文件包含有 6 点注意事项和拓展，说明如下。

① 一个#include 命令只能包含一个执行文件，若要包含多个文件，则需要使用多个#include 命令。

② 采用<>形式，C 语言编译系统将在系统指定的路径（即 C 库函数头文件所在的子目录）下搜索<>中执行文件，称为标准方式。

③ 采用双直撇" "形式，系统首先在用户当前工作的目录中搜索要包含的文件，若找不到，再按系统指定的路径搜索包含文件。

④ 在 C 语言编译系统中，有许多扩展名为.h（h 为 head 的缩写）的头文件。设计程序时，所用到的系统提供的库函数，通常需要在程序中包含相应的头文件。

⑤ 根据需要，用户可以自定义包含类型声明、函数原型、全局变量、符号常量等内容的头文件，采用这种方法包含到程序中，可以减少不必要的重复工作，提高编程效率。若需要修改头文件内容，则修改后所有包含此头文件的源文件都要重新进行编译。用户自己定义的文件与系统头文件本质上是一样的，都是为编译提供必要的信息来源，使编译能够正常进行下去。通常习惯将自己所编写的包含文件放在自己所建立的目录下，所以一般采用标准方式。

⑥ 文件包含可以嵌套，嵌套多少层与预处理器的实现有关。如果文件 1 包含文件 2，而文件 2 要用到文件 3 的内容，则可以在文件 1 中用两个#include 命令分别包含文件 2 和文件 3，但包含文件 3 的命令必须在包含文件 2 的命令之前。

3．条件编译

一般情况下，C 源程序的所有行都参与编译过程，所有的语句都生成到目标程序中，如果只想把源程序中的一部分语句生成目标代码，则可以使用条件编译。

利用条件编译，可以方便地调试程序，增强程序的可移植性，从而使程序在不同的软硬件环境下运行。此外，在大型应用程序中，还可以利用条件编译选取某些功能进行编译，生成不同的应用程序，供不同用户使用。

条件编译命令主要有两种形式。

① if 格式。

```
#if 表达式
程序段1;
#else
程序段2;
```

```
#endif
```

功能：首先计算表达式的值，如果为非 0（真），就编译“程序段 1”，否则编译“程序段 2”。如果没有#else 部分，则当“表达式”的值为 0 时，直接跳过#endif。

② ifdef 格式。

```
#ifdef 宏名
程序段1;
#else
程序段2;
#endif
```

功能：首先判断“宏名”在此之前是否被定义过，若已被定义，则编译“程序段 1”，否则编译“程序段 2”。如果没有#else 部分，则当宏名未定义时直接跳过#endif。

2.1.8　结构体

1. 结构体类型的定义

结构体类型由不同类型的数据组成。组成结构体类型的每一个数据称为该结构体类型的成员。在程序设计中使用结构体类型时，首先要对结构体类型的组成（即成员）进行描述，这就是结构体类型的定义。其一般形式：

```
struct 结构体类型名
{
    数据类型 成员名1;
    数据类型 成员名2;
    ……
    数据类型 成员名n
};
```

其中“struct”是定义结构体类型的关键字，其后是所定义的“结构体类型名”，这两部分组成了定义结构体类型的标识符。在“结构体类型名”下面的花括号中定义组成该结构体的成员项，每个成员项由“数据类型”和“成员名”组成。例如：

```
struct abc
{
    int a;
    char b;
    double c;
}
```

结构体类型的定义有 2 点注意事项和拓展，说明如下。

① 结构体类型定义以关键字 struct 开头，其后是结构体类型名，结构体类型名由用户自定义，命名规则与变量名的命名规则相同。每个成员项后用分号结束，整个结构体的定义也用分号结束。

② 定义一个结构体类型只是描述结构体数据的组织形式，它的作用只是告诉 C 语言编译系统所定义的结构体类型由哪些类型的成员构成，各占多少字节，按什么形式存储，并且把它们当成一个整体来处理。

2. 结构体变量的定义

当结构体类型定义之后，就可以指明使用该结构体类型的具体对象了，即定义结构体类型的变量，简称结构体变量。结构体变量的定义可以采用以下三种方法。

（1）先定义结构体类型再定义结构体变量，一般形式为：

```
struct 结构体变量名 结构体变量名表;
```

例如，前面已经定义了结构体类型 abc，则通过如下代码可以定义两个结构体变量。

```
struct abc abc1,abc2;          //定义两个abc类型的结构体变量：abc1和abc2
```

（2）在定义结构体类型的同时定义结构体变量，一般形式为：

```
struct 结构体类型名
{
    数据类型 成员名1;
    数据类型 成员名2;
    ……
    数据类型 成员名n;
}结构体变量名表;
```

举例如下：

```
struct abc
{
    int a;
    char b;
    double c;
}abc1,abc2;
```

该代码功能为：定义了结构体类型 abc 和两个结构体变量 abc1 和 abc2。

（3）直接定义结构体变量，该方法不需要定义结构体类型名，而是直接给出结构体类型并定义结构体变量。

```
struct
{
    数据类型 成员名1;
    数据类型 成员名2;
    ……
    数据类型 成员名n;
}结构体变量名表;
```

举例如下：

```
struct
{
    int a;
    char b;
    double c;
}abc1,abc2;
```

结构体变量的定义有 3 点注意事项和拓展，说明如下。

① 结构体中的成员可以单独使用，它的作用和地位相当于普通变量。成员名也可以与程序中的变量名相同，但二者不代表同一对象，互不干扰。

② C 语言编译系统只对变量分配单元，不对类型分配单元。因此，在定义结构体类型时，不分配存储单元。

③ 结构体成员也可以是一个结构体变量，即一个结构体的定义中可以嵌套另一个结构体的结构。

3．结构体变量的引用

在定义了结构体变量后，就可以引用结构体变量了，如赋值、存取和运算等。结构体变量的引用应遵循以下规则。

（1）在程序中使用结构体变量时，不能将一个结构体变量作为一个整体进行处理。“.”运算符是分量运算符，它在所有运算符中的优先级最高，例如：

```
abc1.a=100;        //将abc1中的a成员赋值为100
```

（2）如果结构体变量成员又是一个结构体类型，则访问一个成员时，应采用逐级访问的方法，即通过成员运算符逐级找到底层的成员时再引用。

（3）结构体变量成员可以像不同的变量一样进行各种运算。

（4）可以引用结构体成员地址和结构体变量地址。

4．结构体变量的初始化

结构体类型是数组类型的扩充，只是它的成员项可以具有不同的数据类型，因此，结构体变量的初始化和数据的初始化一样，在定义变量的同时对其成员赋初值。其方法是通过将成员的初值置于花括号内完成。

结构体数组就是数组中的每一个数组元素都是结构体类型的变量，它们都是具有若干个成员的项。定义和引用与数组及结构体特征相同，例如：

```
struct abc
{
    int a;
    char b;
    double c;
}abc1={120,'a',10.5};
```

5．结构体变量指针

结构体变量指针就是指向结构体变量的指针，一个结构体变量的起始地址就是这个结构体变量的指针。该指针与之前所述指针特性和用法完全相同。对于结构体变量指针，有指向运算符“->”。

6．结构体指针变量

其一般形式为：

```
struct 结构体类型 *结构体指针;
```

举例如下：

```
struct abc abc1;
*p=&abc1;
```

对于结构体指针变量的引用，以下三种形式等价：

```
结构体变量名.成员名
*（p）.成员名
p->成员名
```

举例如下：

```
abc1.a=100;            //将结构体abc1中的成员a赋值为100
（*p）.a=100;          //将结构体abc1中的成员a赋值为100
p->a=100;              //将结构体abc1中的成员a赋值为100
```

7．共用体类型的定义

union 称为共用体，又称联合、联合体。它是一种特殊的类，也是一种构造类型的数据结构。在一个共用体内能够定义多种不同的数据类型。共用体的定义方式与结构体的定义方式一样，但二者有根本的区别。结构体中各成员有各自的内存空间，一个结构变量的总长度是各成员长度之和。而共用体变量从同一起始地址开始存放各个成员的值，所有成员共享同一段内存空间，在某一时刻只有一个成员起作用。共用体所占内存的大小为最大的成员项的大小。

```
union 共用体类型名
```

```
{
    数据类型 成员名1;
    数据类型 成员名2;
    ……
    数据类型 成员名n;
};
```

举例如下：

```
union abc
{
    int a;
    char b;
    float c;
};
```

8．共用体变量的定义

共用体变量的定义形式与结构体变量的定义形式类似，可采用以下三种方法。

（1）先定义共用体类型再定义共用体变量，一般形式为：

```
union 共用体变量名 共用体变量名表;
```

例如，前面已经定义了共用体类型 abc，则通过如下代码可以定义两个共用体变量。

```
union abc abc1,abc2;
```

（2）在定义共用体类型的同时定义共用体变量，该定义方法的一般形式为：

```
union 共用体类型名
{
    数据类型 成员名1;
    数据类型 成员名2;
    ……
    数据类型 成员名n;
}共用体变量名表;
```

举例如下：

```
union abc
{
    int a;
    char b;
    double c;
}abc1,abc2;
```

该代码功能为：定义了共用体类型 abc 和两个共用体变量 abc1 和 abc2。

（3）直接定义共用体变量，该方法不需要定义共用体类型名，而是直接给出共用体类型并定义共用体变量。

```
union
{
    数据类型 成员名1;
    数据类型 成员名2;
    ……
    数据类型 成员名n;
}共用体变量名表;
```

举例如下：

```
union
{
```

```
    int a;
    char b;
    double c;
}abc1,abc2;
```

9. 共用体变量的引用

共用体变量的引用方式如下。

（1）引用共用体变量的一个成员：

```
共用体变量名.成员名
共用体指针变量->成员名
```

例如，引用 abc1 中的 a，代码如下：

```
union abc abc1,*p=&abc1;
abc1.a=100;          //通过共用体变量名引用成员a
p->a;                //通过共用体变量指针引用成员a
```

（2）共用体变量的整体引用。

可以将一个共用体变量作为一个整体赋给另一个同类型的共用体变量。注意两个变量成员类型必须完全相同。例如：

```
union abc abc1,abc2;
abc1=abc2;
```

10. 共用体变量的初始化

在共用体变量定义的同时只能用第一个成员的类型值进行初始化，并给共用体变量的第一个成员进行赋值。共用体变量初始化的一般形式：

```
union 共用体类型名 共用体变量={第一个成员的类型值};
```

举例如下：

```
union abc abc1={10};//定义一个abc型共用体变量abc1，并将abc1的成员a赋值为10
```

共用体变量的初始化有 4 点注意事项和拓展，说明如下。

① 对成员进行一系列赋值后，只有最近的那次赋值生效。共用体不能在初始化时赋值。

② 共用体变量的地址及其各成员的地址都是同一地址，因为各成员地址的分配都是从同一地址开始的。

③ 不能使用共用体变量作为函数参数，也不能使用函数返回共用体变量，但可以使用指向共用体变量的指针。

④ 共用体变量可以出现在结构体类型定义中，也可以定义共用体数组。

11. 枚举类型

当一个变量的取值只限定为几种可能时，如星期几，就可以使用枚举类型。枚举是将可能的取值一一列举出来，那么变量的取值范围也就在列举值的范围之内，枚举类型不占用空间，但枚举类型的数据占用整型的内存空间。

声明枚举类型的一般形式：

```
enum 枚举类型名{枚举值1,枚举值2,…}
```

举例如下：

```
enum weekday{sun,mon,tue,wed,thu,fri,sat};
```

枚举类型的声明只是规定了枚举类型和该类型只允许的几个值，它并不分配内存。若不进行特殊声明，枚举类型的第一个成员的值为 0，第二个成员的值为 1，以此类推。

枚举类型变量定义的一般形式：

```
enum{枚举值1,枚举值2,…}变量名表;
```

包括以下几种合法定义。

（1）进行枚举类型说明的同时定义枚举类型变量。

```
enum flag{true,false}a,b;
```

（2）用无名枚举类型。

```
enum {true,false}a,b;
```

（3）枚举类型说明和枚举变量定义分开。

```
enum flag{true,false};
enum flag a,b;
```

枚举类型的说明和定义有4点注意事项和拓展，说明如下。

① 枚举类型说明中的枚举值本身就是常量，不允许对其进行赋值操作。

② 在C语言中，枚举值被处理成一个整型常量，此常量的值取决于说明时各枚举值排列的先后次序，第一个枚举值序号为0，因此它的值为0，以后依次加1。

③ 枚举值可以进行比较。

④ 整数不能直接赋给枚举变量，但可以经过类型转换后赋值。

12. 用typedef定义类型

在C语言中，可以用typedef定义新的类型名来代替已有的类型名。定义的一般形式为：

```
typedef 类型名 新名称;
```

其中"typedef"是类型定义的关键字，"类型名"是C语言中已有的类型（如int、float），"新名称"是用户自定义的新名称，"新名称"习惯上用大写字母表示。例如：

```
typedef struct
{
    char month;
    char day;
    int year
}DATE;
DATE d1,d2;           //定义两个DATE类型的变量d1和d2
typedef int ARR[10];
ARR m,n               //定义两个ARR类型的变量，即定义两个一维数组，都含有10个元素
```

用typedef定义类型有3点注意事项和拓展，说明如下。

① 用typedef可以声明各种类型名，但不能用来定义变量。

② 用typedef只是对已经存在的类型增加一个类型的新名称，而没有构造新的类型。

③ 如果在不同源文件中使用同一类型数据，常用typedef说明这些数据类型，并把它们单独放在一个文件中，当需要时，用#include命令把它们包含进来。

2.1.9　MSP432 C语言扩展特性

通过C语言编写微控制器程序时，通常需要包含其头文件。微控制器编程都遵循C语言的基本语法规范，而且具有很多扩展功能。不同微控制器具有不同的扩展特性，对于MSP432而言，其扩展特性主要在于头文件与预定义。

一个C语言工程一般包含源文件和头文件。头文件一般进行宏定义、结构体和函数的声明。源文件则定义具体的变量，并编写函数体具体内容。函数只能在声明之后才能使用，因此，调用函数最简便的方法就是在头文件中声明，在源文件中包含该头文件，然后再进行调用。在许多个包含了该头文件的源文件中，只要有一个源文件中编写了该函数的函数体即可。

1. 头文件

在对 MSP432 进行编程的过程中，不同的编程方式包含的头文件是不同的，如果使用库函数进行编程，则必须包含头文件"driverlib.h"，该文件包含了 MSP432 所有的系统及外设寄存器和对应的驱动库文件。从 driverlib.h 中摘抄部分代码如下：

```
#ifndef __DRIVERLIB__H_
#define __DRIVERLIB__H_
#include <adc14.h>
#include <aes256.h>
#include <comp_e.h>
#include <cpu.h>
#include <crc32.h>
    ……
#endif
```

以 adc14 为例介绍这些外设头文件，打开 adc14.h，摘抄其中的部分代码如下：

```
#ifndef ADC14_H_
#define ADC14_H_
#ifdef __cplusplus
extern "C"
{
#endif
#include <stdint.h>
#include <stdbool.h>
#include <msp.h>
#define ADC_CLOCKSOURCE_ADCOSC   (ADC14_CTL0_SSEL_0)
#define ADC_CLOCKSOURCE_SYSOSC   (ADC14_CTL0_SSEL_1)
#define ADC_CLOCKSOURCE_ACLK     (ADC14_CTL0_SSEL_2)
#define ADC_CLOCKSOURCE_MCLK     (ADC14_CTL0_SSEL_3)
……
extern void ADC14_enableModule(void);
extern bool ADC14_disableModule(void);
#ifdef __cplusplus
}
#endif
#endif
```

该文件包含了 C 语言的标准文件及 msp.h 文件，定义了 ADC14 相关寄存器的位操作，还声明了一些函数。

2. 预定义

为了便于开发和调试，微控制器制造商和编程工具制造商一般会将微控制器内对应功能模块的寄存器地址编写为头文件。编程时，只需调用对应芯片型号的头文件即可完成对整个微控制器功能模块的配置。msp.h 包含 MSP432P4xx 系列处理器的头文件，这些头文件中预定义了一些常用的寄存器、寄存器配置等。对于大部分外设而言，都是通过结构体+共用体的形式来实现的，下面以 GPIO 为例说明。

msp432p401r.h 中定义的端口：P1、P2、P3、P4、P5、P6、P7、P8、P9、P10、PA、PB、PC、PD、PE、PJ，这些都是结构体指针，对应的结构体成员有 DIR、DS、IE、IES、IFG、IN、IV、OUT、REN、SEL0、SEL1、SELC，这些都是 GPIO 相关的寄存器。因此通过结构体指针就能实现对端口寄存器的读写操作。例如，读取 P1 端口的输入寄存器：

```
data=P1->IN;
```

设置 P1.0 输出高电平，其余引脚保持不变，把 P1 端口输出寄存器的第 0 位置 1 即可：

```
P1->OUT |=0x01;
```

此外还有位定义：BITx。

其中 x 取值范围为 0～F，BIT0～BITF 分别代表寄存器的第 0 到 F 位。MSP432 是不支持位操作的，如果想进行位操作，则最好的方法就是通过位屏蔽来实现，通过查看宏定义可知，BIT0=00000001b、BIT1=00000010b，以此类推。使用该宏定义可以非常简单地对寄存器进行配置。

例如，设置 P1.0 输出高电平，其余端口保持其原有的状态，代码如下：

```
P1->OUT|=BIT0;
```

通过该方式为寄存器赋值，不会影响该寄存器其他位的配置，语句方便直观。使用“|=”可以实现寄存器置位操作，使用“&=～”则可以实现寄存器清零操作。

例如，设置 P1.0 输出低电平，其余端口保持其原有的状态，代码如下：

```
P1->OUT &=~BIT0;
```

此外，头文件中还定义了其他 MSP432 外围模块相关的寄存器。

- ADC14_BASE：ADC14 结构体指针。
- AES256_BASE：AES256 结构体指针。
- CAPTIO0_BASE：CAPT IO0 结构体指针。

通过这些指针就能直接访问对应寄存器。头文件中还定义了大量寄存器的配置位。

- ADC14_CTL0_ON：该宏定义的意义是控制 ADC14_CTLO 寄存器的 ON 位，查看该寄存器的解释，可以得知该位的作用为启动 ADC14 模块。使用方法如下：

```
ADC14->CTL0 |= ADC14_CTL0_ON;        //启动ADC14模块
```

2.2　规范化编程

2.2.1　微控制器基本程序框架

最常见的微控制器程序框架为主循环顺序执行，其程序框架如图 2.2.1 所示。

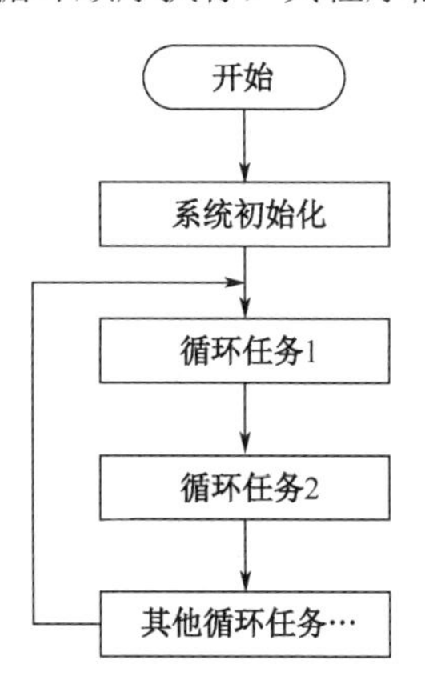

图 2.2.1　主循环顺序执行程序框架

主循环中各任务依次或通过查询相关标志位的方式执行，其基本伪代码框架如下：

```
void main ()
```

```
{
    Init () ;/*模块初始化*/
    while (1)
   {
     Fun1 () ;      //执行函数1
     Fun2 () ;      //执行函数2
      ……            //执行其他函数模块
    }
}
```

其中，main 函数先完成一些初始化操作，然后在主循环里周期性地调用一些函数。Fun1()、Fun2()等完成简单功能，顺序执行组合完成系统功能。while(1)循环称为“主循环”，main 函数及其调用的所有子函数，以及子函数调用的函数等都在一个“主进程”里。

这类顺序执行程序的代码有如下特点。

（1）任务之间的运行顺序固定不变，没有优先级区别，只适合完成周期性循环工作。

（2）在某个任务运行时，其他任务得不到运行。并且如果该任务由于某种原因停止，则它将阻塞整个主进程运行。例如，某一个任务中的延时函数会造成整个进程被延时。

为了能够及时响应相关任务，主循环加入了中断系统。让需要马上响应的任务可通过中断方式来实现。主循环加中断系统程序框架如图 2.2.2 所示。

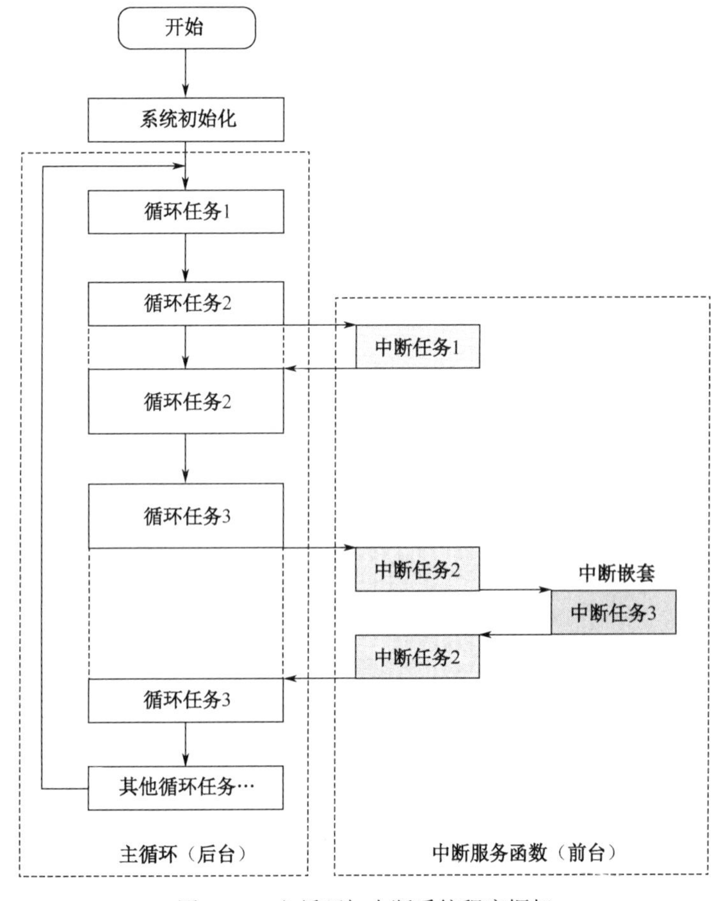

图 2.2.2 主循环加中断系统程序框架

此时程序的框架包括一个主循环和若干个中断服务函数：主循环中调用各功能函数完成所需任务，称之为后台。中断服务函数用于处理系统的异步事件，称之为前台。前台是中断级，后台是任务级。其中任务的优先级，可通过中断嵌套方式来实现，高优先级的任务中断优先级别高。在不考虑使用操作系统时，前后台是微控制器程序框架最常用的方式。

编写程序时，需要打开相关中断及设置中断优先级，主循环中各任务依次执行的同时可响应相关中断请求，进而进入相关中断服务函数，其基本伪代码框架如下：

```
void main ()
{
    Init () ;/*模块初始化*/
    while (1)
   {
     Fun1 () ;              //执行函数1，响应相关中断
     Fun2 () ;              //执行函数2，响应相关中断
     Fun3 () ;              //执行函数3，响应相关中断
      ……                    //执行其他函数模块，响应相关中断
    }
}
IRQHandler_1 ()             //中断服务函数1
{
                            //执行中断任务处理
}
IRQHandler_2 ()             //中断服务函数2
{
   //执行中断任务处理
}
IRQHandler_... ()           //其他中断服务函数
{
                            //执行中断任务处理
}
```

对于 MSP432 而言，其拥有出色的低功耗性能，因此为节省功耗，其程序框架中一般还加入低功耗（LPM）模式进程，其程序框架如图 2.2.3 所示。

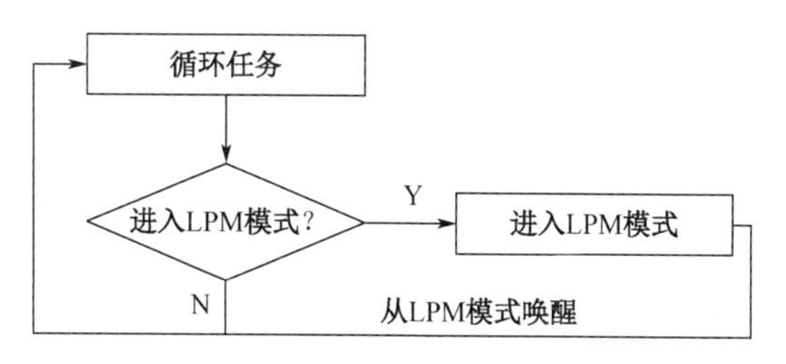

图 2.2.3　MSP432 加入低功耗模式程序框架

具体编程实现时，MSP432 的低功耗模式一般从主循环中进入，通过中断的方式退出。

此外，MSP432 的开门狗功能默认是开启状态，若未在规定时间内执行喂狗操作（对计数寄存器清零），则会触发复位。因此在一般程序设计中，在主函数执行功能之前，均会先编写关闭看门狗语句。

2.2.2　编程规范

良好的编程习惯是编写质量优良代码的前提，初学者如果在编程风格、程序文件工程管理方面养成良好的习惯，对于后续的学习会有非常大的帮助。对于微控制器程序设计而言，其需要遵循的两个基本原则如下。

（1）可读性强：程序设计者要对程序每一步有精准的把握，知道每一条程序的执行内容及其结果。程序（代码）的可读，不仅对自己可读，也要对他人可读。可读性强的代码，不仅方便移植与修改，更给调试带来便利。以采用 C 语言为例，其提供有限的 32 个关键字，为变量、函数等的命名提供了极大的自由度，因此需要将代码进行可读性处理，如代码能够望文生义（如采用主谓宾结构），即使不懂编程的人，也能明白代码的功能。这正是代码可读性强所带来的好处。

（2）可移植性好：为避免重复性工作，程序设计中代码的可移植性也是代码设计时很关键的一个因素。质量优良的代码要求模块化封装，只留出必要的输入/输出端口，代码与代码之间尽可能减少耦合性。例如，在跨平台移植操作时，希望只修改部分的底层代码，而且修改的代码量越少越好。

编程习惯的养成在项目设计与管理时尤为关键，通常一个项目由多个成员共同完成，需要进行分工与协作。在调用其他成员代码时，如果彼此编程风格与习惯差异显著，则将极大地影响工作效率，甚至无法进行对接。

编程规范并没有绝对统一的标准，不同厂家或机构有自己单独的一套编程规范要求。微控制器程序设计以 C 语言为主，其主要要求如下。

（1）文件夹管理：因为目前绝大部分嵌入式编程平台采用国外英文软件，不默认支持中文甚至没有中文版本，所以尽可能采用英文来管理文件夹。例如，采用纯英文盘符，将编程软件、程序源文件、工作目录等均放入该盘符中，进而避免使用英文软件时所带来的中文兼容性问题。

每个不同集成开发环境（IDE）、项目、程序包均应进行独立文件夹管理。文件夹的命令应合理且精准，能够望文生义，避免混乱以方便查找，如只是对发光二极管的操作，文件夹可命名为 LED。自己编写的第一个程序，可命名为 First 或 Hello World。必要时可通过记录文档的方式进一步管理文件夹。

（2）命名风格与习惯：使用英文进行命名，养成良好的书写习惯。常见命名方式有驼峰命名法，下画线命名法等。命名中不能以数字开头，建议以英文字母开头，不能出现英文字母、下画线、数字外的其他字符，如 LED on.c 文件需要将空格要用下画线“_”代替，写成 LED_on.c（下画线命名法）。具体而言，命名规则建议如下。

① 编程文件命名。

文件名要精确地反映文件内容，一律使用小写字母。如键盘文件采用 keyboard.c。缩写单词使用大写，如 LED_flash.c、UART.c。其中 LED 是 Light-Emitting Diode（发光二极管）缩写，UART 是 Universal Asynchronous Receiver/Transmitter（通用异步收发器，串口）缩写。对于有约定俗成的术语或缩写单词可使用缩写。文件名尽可能使用名词，而不应该使用动词或形容词。例如，LED_flash.c 而非 LED_ flashy.c。

② 变量与数组命名。

变量命名一律小写，缩写词汇用大写，且全部使用名词，可以使用形容词修饰，用“_”表示从属关系。指针变量用“p_”开头，后面接指向内容。

局部循环体控制变量可使用 i、j、k，如 for(i=0;i<200;i++)。但在局部或全局变量时，应坚决不使用 i、j、k 或 a、b、c 等简单字母来命名，而是使用一个单词表达其含义。

全局变量往往跨文件调用，命名时建议先写所属模块名称。例如，传感器文件 sensor.c 中的一个全局变量代表温度，则命名为 sensor_temperature。

数组命名建议单词首字母大写，其他的与变量相同。数组名作为实参传递数组首地址时，往往会省略[]符号，此时数组名就是数组的首地址。数组首字母大写，这样可与变量区分。

③ 函数命名。

函数命名建议单词首字母大写，写成主谓语形式，主语用名词，谓语用动词，缩写词汇用大写，用“_”表示从属关系。主语通常为模块名，谓语是描述模块的动作。

如串口发送函数命名 UART_TXD()（发送数据 Transmit Data 简写为 TXD），调用时：UART_TX (temperature)；显而易见，该语句的意思为串口发送温度数据。

主谓格式的命名大大增加了代码的可读性，必要时可出现宾语，多用于函数没有参数情况下。例如，一个函数的功能是 LCD 显示温度，而温度是全局变量，该函数不需要参数，此时可直接定义成 void LCD_Display_Temperature(void)。

④ 宏定义命名。

宏定义命名全部使用大写字母，单词数不限，但也不建议太长。可以加入数字和下画线，但不能以数字开头。由于宏定义的特殊性，所以建议宏定义函数时，采用动词性质，而宏定义常数时，采用名词性质。

⑤ 自定义类型命名。

自定义类型命名主要包括 typedef 定义新类型及结构体、共用体的类型名（非该类型变量名）。自定义的新类型名，建议首字母大写，只使用一个单词。定义该新类型变量时，命名规则参照变量命名规则。

（3）表达式编写风格：表达式编写最重要的问题是意义明确。C 语言中的不同运算符有不同结合顺序与优先级，为避免歧义导致运算不正常，建议用优先级最高的括号来明确运算顺序。为增加代码阅读性，运算符与其操作数之间建议添加空格。如“a=a+b;”写成“a　=　a　+　b;”，但需注意复合赋值运算符的两个运算符不能分开，如“+=”不能写成“+　=”。

（4）源程序文件编写：单个函数代码量过长及单个文件中代码量过多严重影响阅读，因此应根据所设计的功能进行模块划分。一个模块对应一个源文件（.c 文件）与一个或多个库文件（.h 文件），一个函数只完成单一功能。

库文件起到对外接口的作用，因此常使用预处理指令如宏定义（#define）、条件编译（#ifdef、#ifndef、#endif）、头文件包含（#include），源文件与库文件程序设计内容如表 2.2.1 所示。

表 2.2.1　源文件与库文件程序设计内容

源文件（.c）	库文件（.h）
库文件包含指令（#include）	库文件包含指令（#include）
条件编译	条件编译
根据实际需要使用宏定义	宏定义（#define）
所有函数定义（必须有函数体） 内部函数声明（static，没有函数体）	外部函数声明（extern，不定义，没有函数体）
外部变量定义（必须赋初值） 静态外部变量定义（static，必须赋初值） 外部数组定义 静态内部数组定义（static）	外部变量声明（extern，不能赋值） 不定义内部变量 外部数组声明（const）
	自定义类型（typedef）

从表 2.2.1 中可知，库文件存放对外可见的变量、函数、数组等的声明。为防止多次包含库文件导致编译出错，库文件必须在文件开头和末尾加入条件编译，格式如下：

```
#ifndef __全大写文件名_H__
#define __全大写文件名_H__
…（库文件内容）
#enif
```

在定义外部变量、数组和函数时，不需要写 extern，因为默认是 extern。而在声明外部变量、数组和函数时，必须使用 extern 显式声明，这样做是为了让代码更直观。

其中，函数均应添加注释，写清楚函数入口、出口参数及其功能，甚至应用举例说明。

2.3　MSP432 硬件平台介绍

实践出真知，学习 MSP432，必要的硬件实验平台非常重要。针对 MSP432，TI 公司推出了 MSP432P401R LaunchPad 等硬件平台，但它是基于最小系统的方式，扩展外设较少。考虑到学习的便利与成本，本书所使用的硬件平台是基于 MSP432P401R 自主设计开发的，同时板载支持 CMSIS-DAP 协议仿真器，MSP432P401 硬件平台如图 2.3.1 所示。

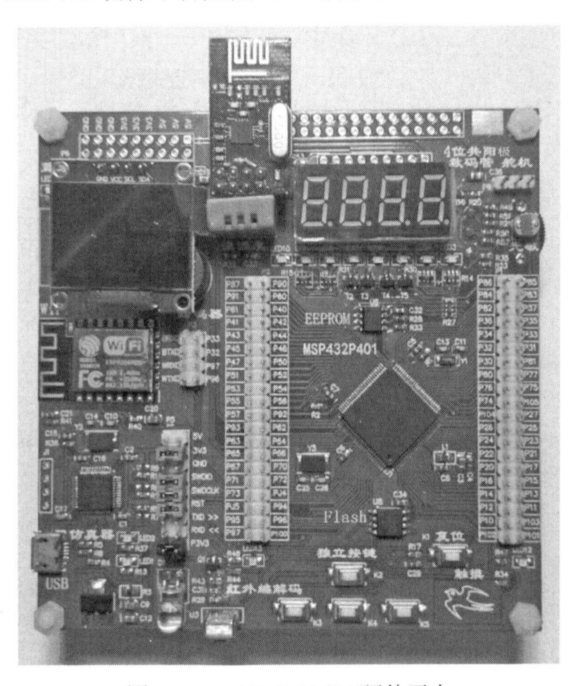

图 2.3.1　MSP432P401 硬件平台

2.3.1　基本输入/输出外设

MSP432P401 硬件平台的输入/输出外设主要包括 8 个 LED、4 个独立按键、1 路电容触摸按键、4 位共阳极数码管、蜂鸣器、舵机、光强传感器、温湿度传感器、OLED 显示屏、TFT 显示屏、Flash 闪存。下面对各部分电路进行说明。

LED 指示电路如图 2.3.2 所示。它具有 8 个 LED，采用灌电流的方式进行驱动，MSP432 对应的连接引脚输出低电平时点亮，输出高电平时熄灭。

按键电路如图 2.3.3 所示。按键可实现输入、中断等功能，其电路主要包括 4 路按键开关电路与 1 路电容触摸电路。在 4 路按键开关电路中，考虑到控制器端口可设置内部上拉或下拉，因此采用 1 路接电源正端（按下时端口连接到电源为高电平，因此需要默认下拉），3 路接地端（按下时端口连接到地为低电平，因此需要默认上拉）。控制器端口还支持电容触摸功能，1 路电容触摸按键的触摸端外接电容充电的电阻（一般采用较大阻值实现较大充电时间）1MΩ 到电源正端。

数码管显示电路如图 2.3.4 所示。它可实现显示、动态扫描功能。它采用 4 位共阳极数码管，其中公共端 a、b、c、d、e、f、g、dp 通过限流电阻连接到控制器端口。位选端通过 PNP 三极管 8550 进行控制，控制器端口输出低电平时，对应的三极管导通，该位选中点亮。控制器端口输出高电平时，对应的三极管截止，该位不选中。

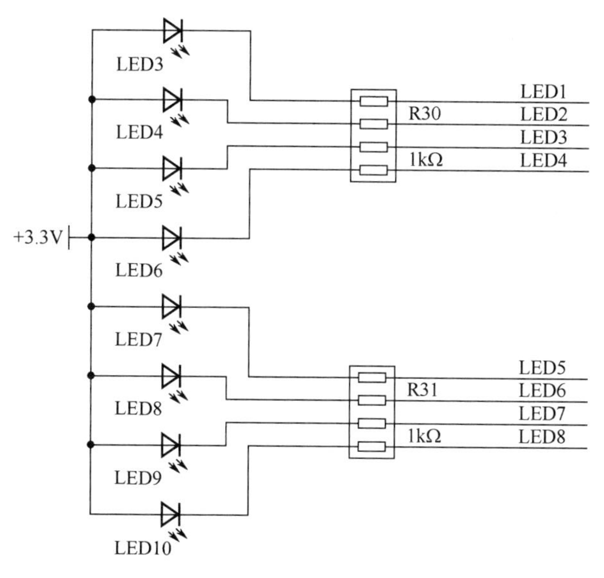

图 2.3.2　LED 指示电路

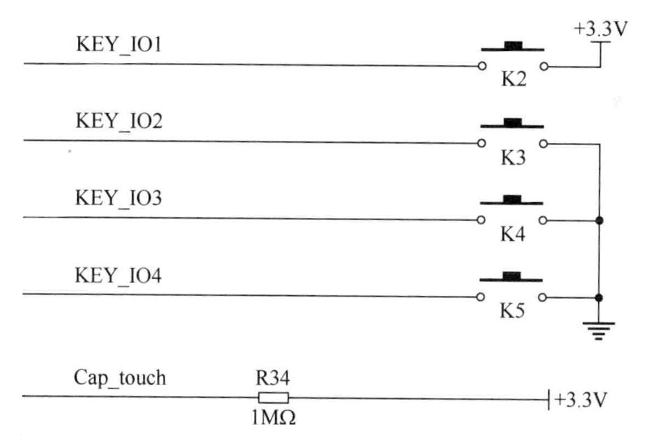

图 2.3.3　按键电路

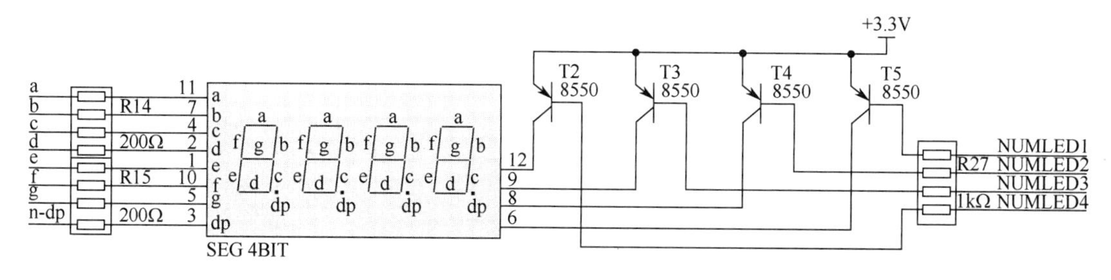

图 2.3.4　数码管显示电路

蜂鸣器驱动电路如图 2.3.5 所示。蜂鸣器可实现声音指示功能。其驱动电路使用有源蜂鸣器（其内部具有振荡、驱动电路，通电即可工作），采用 PNP 三极管 8550 进行控制，控制器端口输出低电平时，三极管导通，蜂鸣器鸣叫。控制器端口输出高电平时，三极管截止，蜂鸣器不工作。

为方便进行 A/D 转换实验，设计有电压输入电路，如图 2.3.6 所示。其中 1 路采用电位器可调获得一个变化的电压，1 路采用两个 100kΩ 电阻分压获得电源电压的一半电压，1 路采用 100kΩ 电阻与光敏电阻分压获得当前光照环境的电压。

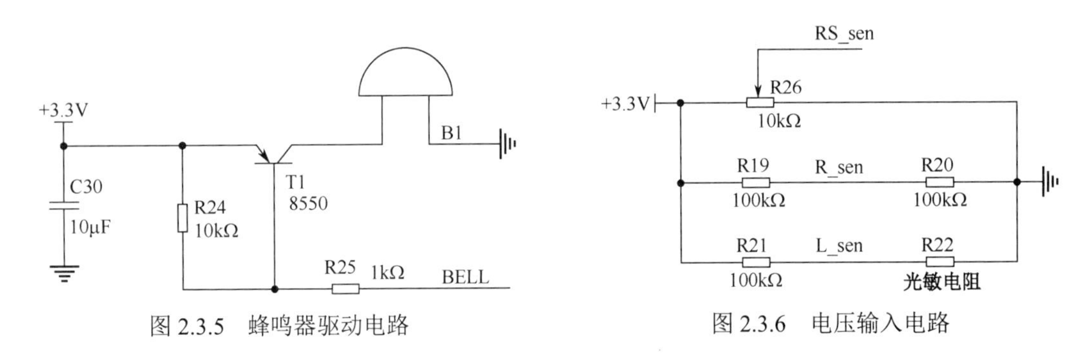

图 2.3.5　蜂鸣器驱动电路

图 2.3.6　电压输入电路

舵机可以通过发送伺服编码信号（PWM）来定位到特定的角度位置。它具有三个接口，电源正端、负端、控制信号端。舵机接口电路如图 2.3.7 所示。它除供电电路外，其控制端口连接到控制器的 PWM 输出引脚。

温湿度传感器接口电路如图 2.3.8 所示。它可获取当前环境的温度、湿度信息，采用 DHT11 温湿度传感器，单根数据线的方式传输数据。除电源电路外，还需要外接上拉电阻。

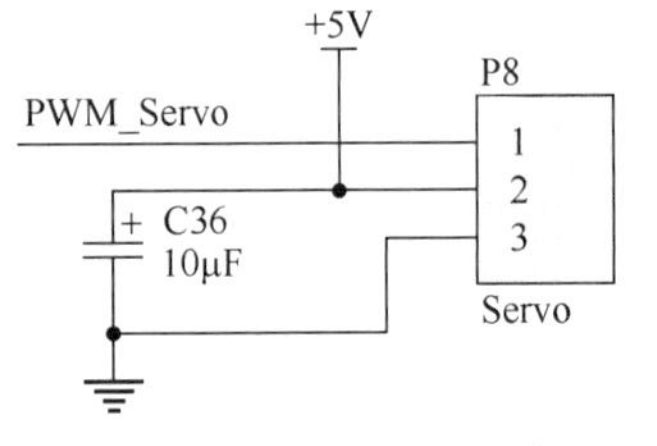

图 2.3.7　舵机接口电路

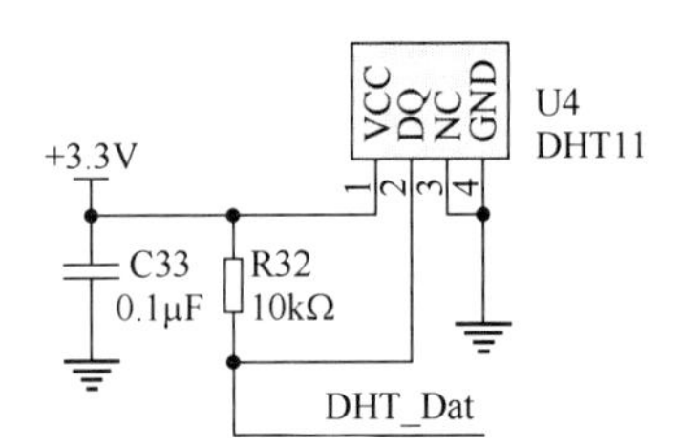

图 2.3.8　温湿度传感器接口电路

OLED 显示技术与传统的 LCD 显示方式不同，无须背光灯，采用非常薄的有机材料涂层和玻璃基板（或柔性有机基板），当有电流通过时，这些有机材料就会发光。OLED 显示屏可以更轻更薄，可视角度更大，并且能够显著节省耗电量。这里采用 IIC 接口的 0.96 英寸（1 英寸=25.4 毫米）OLED 显示屏，其分辨率为 128 像素×64 像素，除供电接口电路外，IIC 控制端接有上拉电阻。OLED 显示屏接口电路如图 2.3.9 所示。

TFT（Thin Film Transistor）即薄膜场效应晶体管，属于有源矩阵液晶显示器，它可以“主动地”对显示屏上各个独立的像素进行控制，大大提高反应时间。一般 TFT 的反应时间比较短，在毫秒级；而且可视角度大，一般可达到 130°左右，主要运用在高端产品中。从而可以做到高速度、高亮度、高对比度显示屏信息。这里采用 SPI 的 2.2 英寸 TFT 显示屏，其分辨率为 320×240 像素，可支持高达 262K 色彩。除供电接口、SPI 电路外，背光端接入限流电阻。TFT 显示屏接口电路如图 2.3.10 所示。

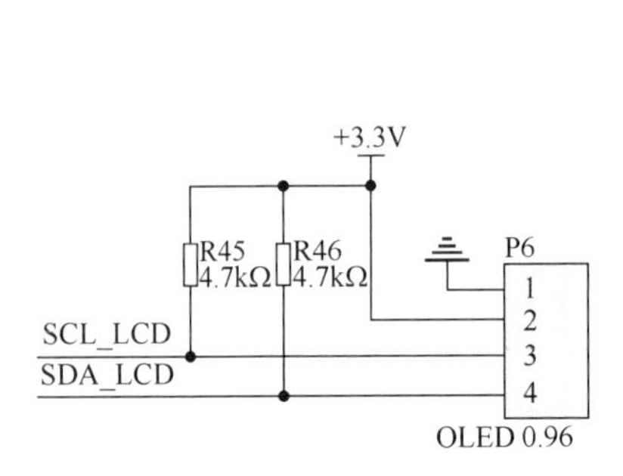

图 2.3.9　OLED 显示屏接口电路

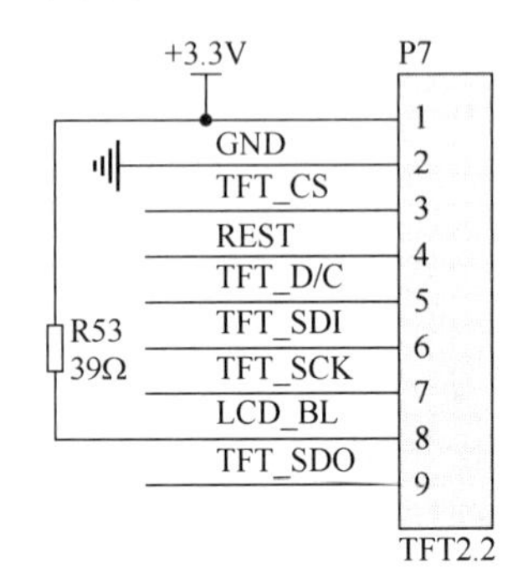

图 2.3.10　TFT 显示屏接口电路

EEPROM（Electrically Erasable Programmable Read Only Memory）是指电擦除可编程只读存储器，是一种非易失性（Non-Volatile）存储器，掉电后数据不丢失。这里采用 IIC 接口的 EEPROM

芯片 AT24LC02，其内部含有 2KB 存储空间，除供电接口电路外，IIC 控制端接有上拉电阻。地址选择引脚 A0、A1、A2 接地（为 0），写保护引脚 WP 接高（从而可读可写）。EEPROM 存储器电路如图 2.3.11 所示。

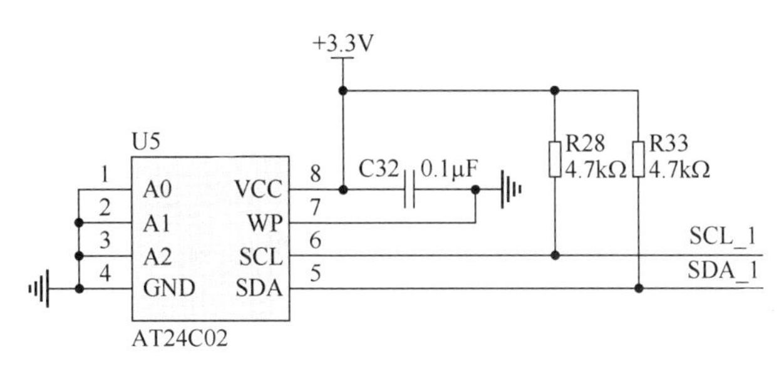

图 2.3.11　EEPROM 存储器电路

Flash 闪存（Flash Memory），也是是一种非易失性（Non-Volatile）存储器。它比 EEPROM 芯片容量大，读写速度快。这里采用 SPI 的芯片 W25Q64，其内部含有 8MB（128 块，每块 64KB，每块 16 个扇区，每个扇区 4KB，每个扇区 16 页，每页 256B）存储空间，除供电接口、SPI 电路外，W25Q64 芯片的写保护引脚 WP 与保持引脚 HOLD 均接高，从而可读可写。Flash 存储器电路如图 2.3.12 所示。

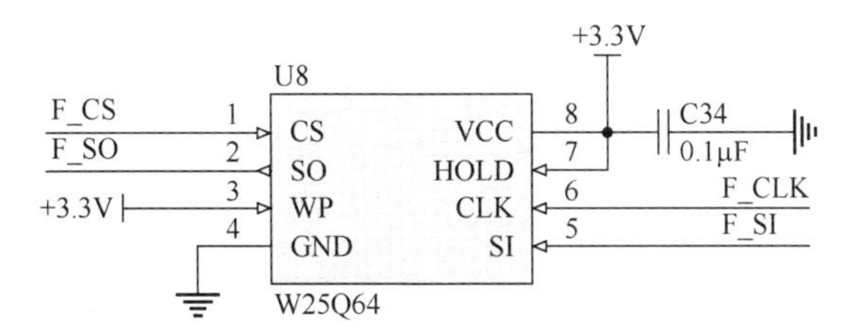

图 2.3.12　Flash 存储器电路

2.3.2　通信接口外设

MSP432 硬件平台的通信接口外设具有串口通信（与 DAP 仿真器转换串口）、无线通信，包括支持 UART 协议的 CC2541 蓝牙与 WiFi 模块、NRF24L01 无线通信模块和红外通信接口电路。

CC2541 是一款针对低能耗及私有 2.4GHz 应用的功率优化的蓝牙解决方案。它非常适合应用于需要超低能耗的系统，具有多种不同的运行模式。蓝牙模块因为采用串口通信，因此只需连接控制器串口即可，此外，除供电接口电路外，CC2541 蓝牙支持连接状态指示、掉电控制与复位等功能。因此对连接指示端加入 LED 指示电路，并将掉电控制与复位引脚连到控制器引脚。蓝牙通信接口电路如图 2.3.13 所示。

WiFi 模块采用 ESP8266 芯片，使用串口通信，因此只需连接控制器串口即可，此外，除供电接口电路外，WiFi 模块还需连接外部复位电路与相关配置电路（EN、GPIO0、GPIO2 需上拉，GPIO15 需下拉）。WiFi 通信接口电路如图 2.3.14 所示。

NRF24L01 是工作在 2.4～2.5GHz 的 ISM 频段的单片无线收发器芯片。其内部集成有：频率发生器、增强型“Schock Burst”模式控制器、功率放大器、晶体振荡器、调制器和解调器。NRF24L01 模块通过 SPI 的方式与微控制器相连，并采用中断的方式对数据进行读取。NRF24L01 通信接口电路如图 2.3.15 所示。

MSP432 支持红外的编解码，这里红外发射端采用 NPN 三极管 2N3904 进行驱动，接收端采用 38kHz 的 HS0038 红外接收头进行数据接收。红外通信接口电路如图 2.3.16 所示。

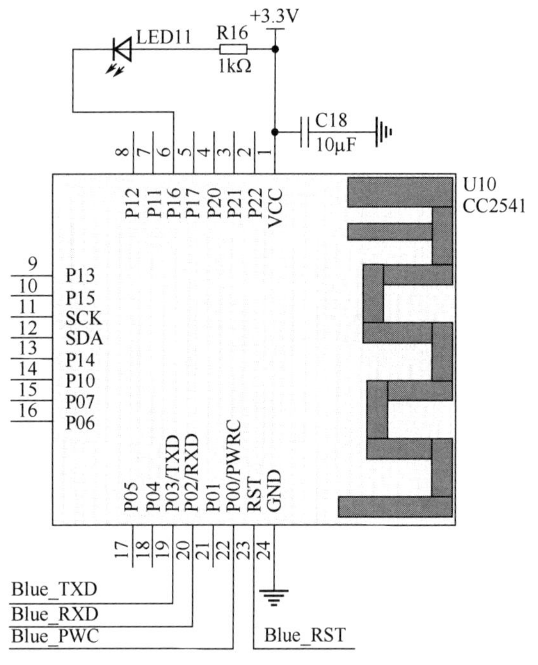

图 2.3.13　蓝牙通信接口电路

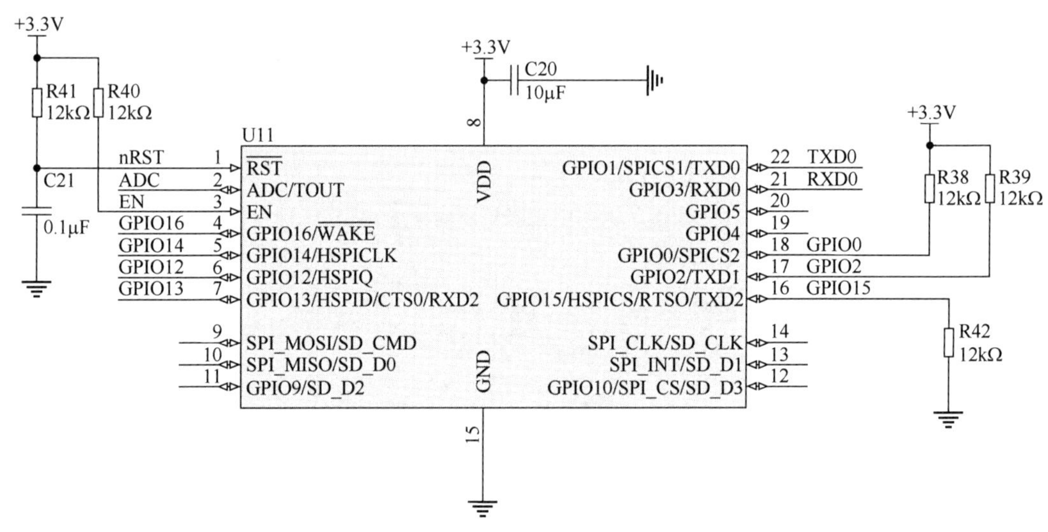

图 2.3.14　WiFi 通信接口电路

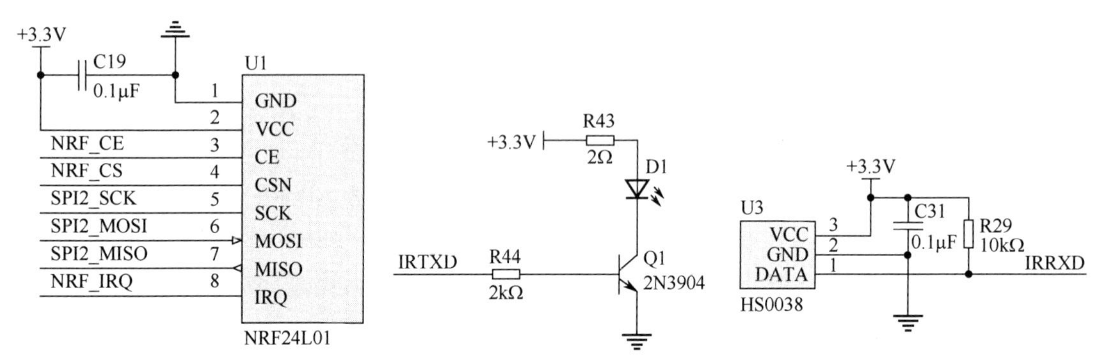

图 2.3.15　NRF24L01 通信接口电路

图 2.3.16　红外通信接口电路

2.4　基于寄存器的 MSP432 编程

在 MSP432 的程序设计上，采用直接寄存器编程的方式，具有直接简捷、代码执行效率高的特点，有助于了解底层工作原理，这里对 MSP432 的寄存器编程进行简要说明。

2.4.1　新建工程

基于寄存器编程，需要从工程建立开始，主要分为如下几个步骤。

第 1 步：打开 Keil MDK，单击“Project”菜单栏，在下拉列表中选择“New μVision Project”选项，新建一个工程，如图 2.4.1 所示。

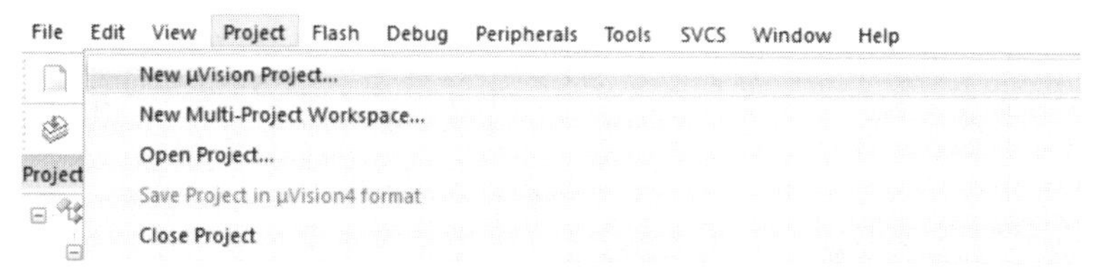

图 2.4.1　新建工程第 1 步

第 2 步：保存工程（快捷键 Ctrl+S），需要选择工程所保存路径，并对工程命名，这里命名为 MSP432P4，单击“保存”按钮，如图 2.4.2 所示。

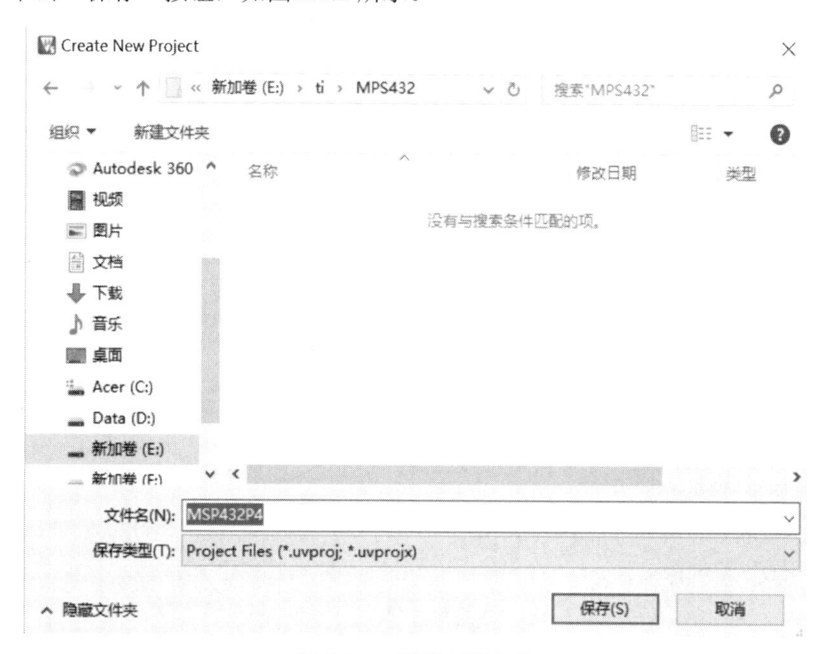

图 2.4.2　保存工程文件

第 3 步：选择对应的 MSP432 芯片型号，这里选择 MSP432P401R，单击“OK”按钮，如图 2.4.3 所示。

第 4 步：添加控制器运行所需的内核文件和启动文件，单击绿色方块图标，如图 2.4.4 所示。

弹出“Manage Run-Time Environment”对话框，如图 2.4.5 所示。

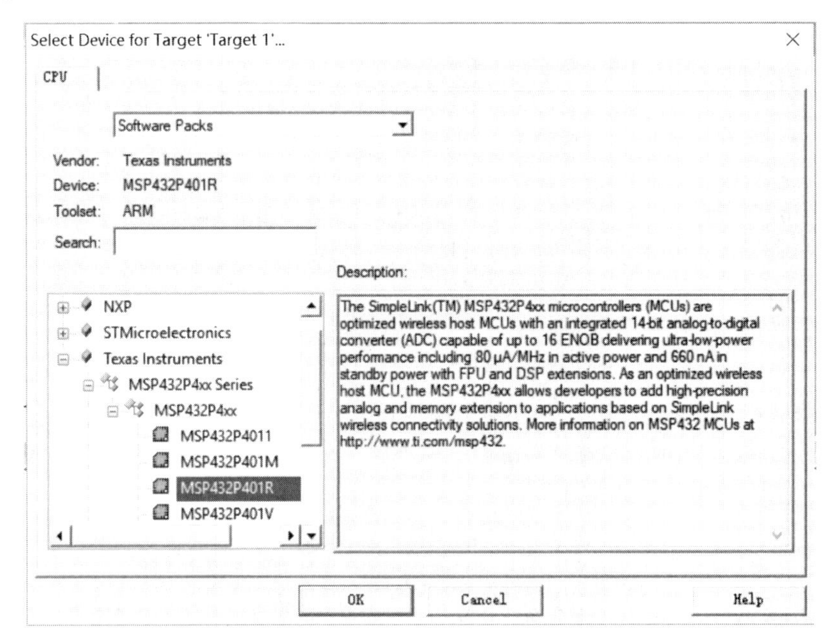

图 2.4.3　选择芯片型号

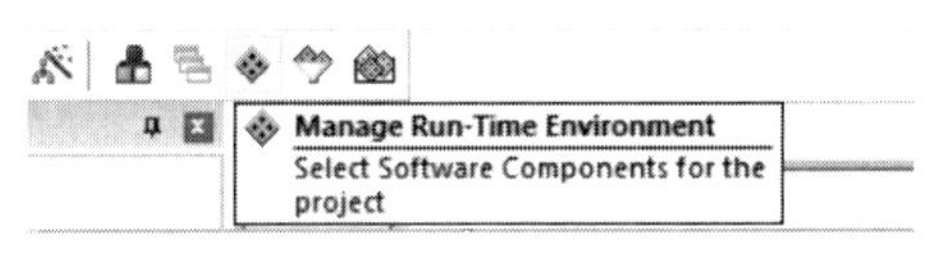

图 2.4.4　软件组件图标

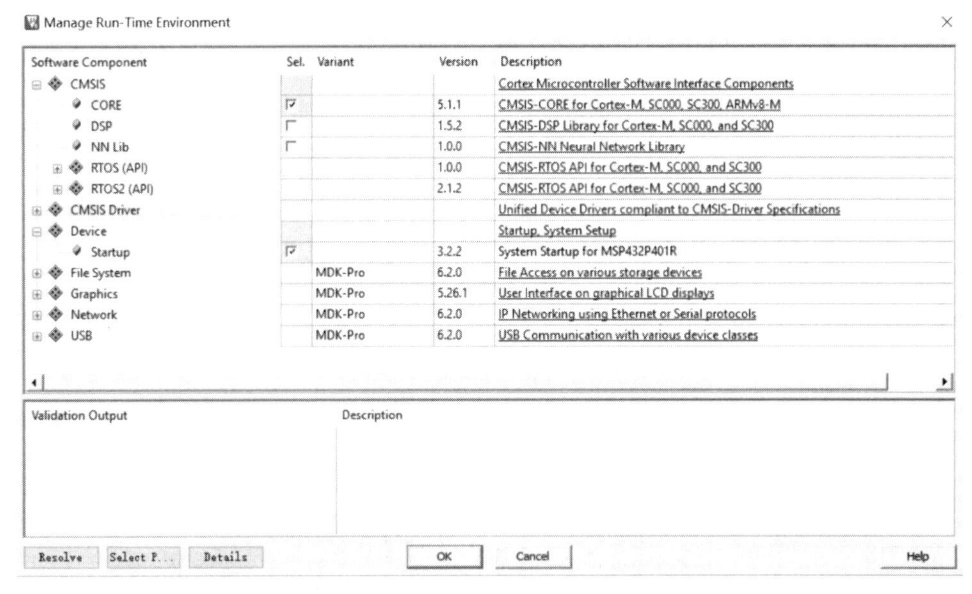

图 2.4.5　“Manage Run-Time Environment”对话框

选中 CMSIS 栏下的 CORE 和 Device 栏下的 Startup，单击“OK”按钮，如图 2.4.6 所示。

第五步：新建源文件，单击“File”菜单栏，在下拉列表中选择“New”选项，新建一个文件。

保存新建的文件，需要对其命名，注意文件后缀为.c，这里命名为 main.c，单击“保存”按钮，如图 2.4.7 所示。

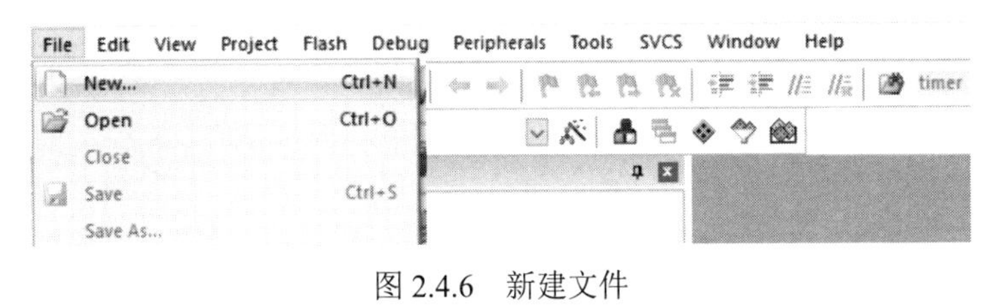

图 2.4.6　新建文件

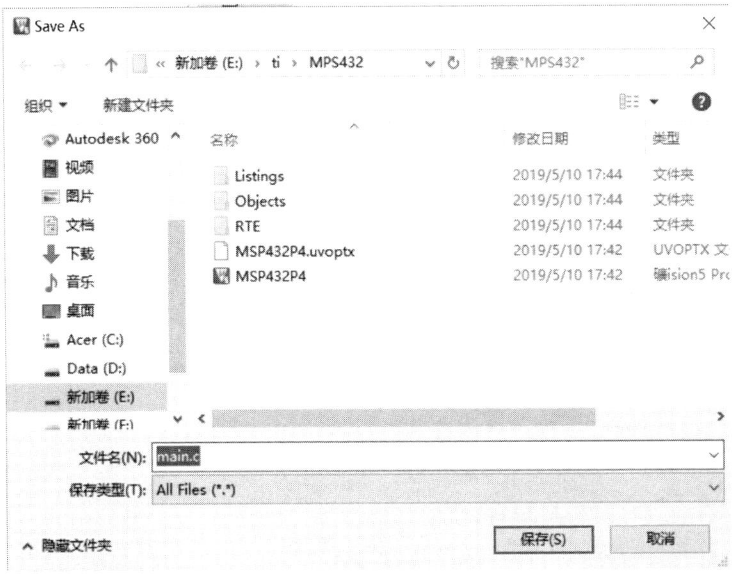

图 2.4.7　保存文件

第六步：将新建文件添加到工程中，单击三色方块图标，如图 2.4.8 所示，弹出“Manage Project Items”对话框，如图 2.4.9 所示。

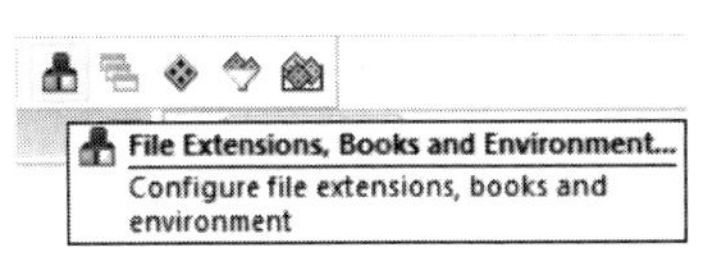

图 2.4.8　工程文件管理图标

可以看到，当前这个工程目前有 1 个目标器件（Target 1），在这个对象下有一个文件组（Group），目前在这个文件组下没有任何文件，单击“Add Files”按钮。

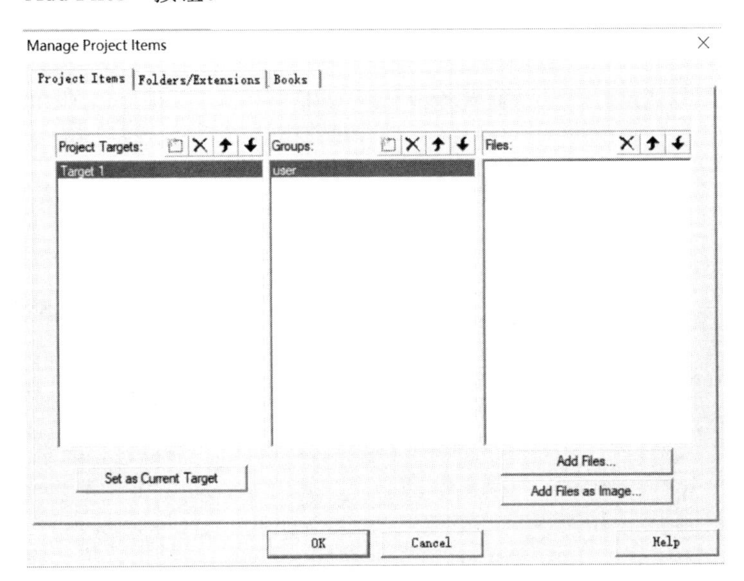

图 2.4.9　“Manage Project Items”对话框

选择新建的文件路径，然后添加新建的文件，单击“Add”按钮，如图 2.4.10 所示。然后单击“OK”按钮确认。

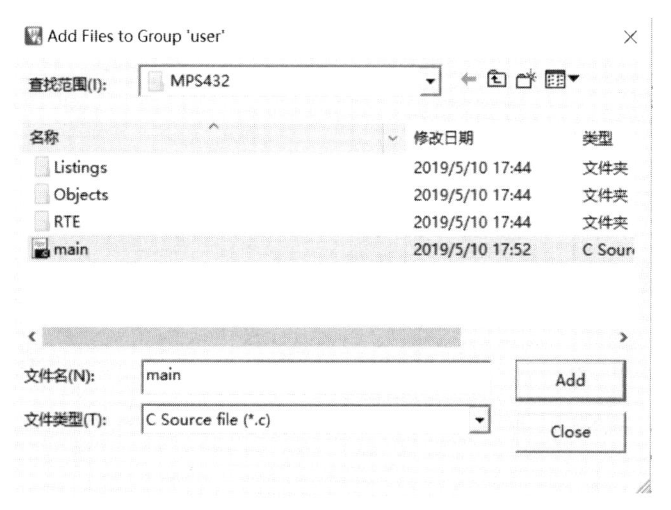

图 2.4.10　添加文件

文件添加成功后，可在工程文件栏中看到添加的文件，如图 2.4.11 所示。

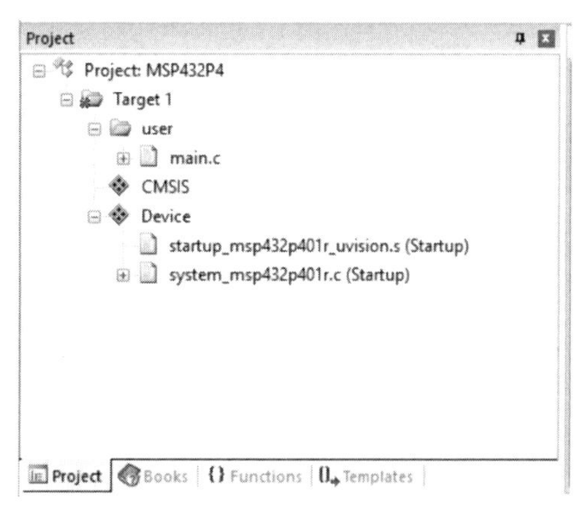

图 2.4.11　工程文件栏

第七步：编写测试代码。这里以编写 P1.0 控制 LED 的测试代码为例，在 main.c 文件中写入以下内容。

```
#include "msp432p401r.h"
int main()
{
    volatile uint32_t ii;
    WDT_A->CTL = WDT_A_CTL_PW |             //写入WDTPW密钥解锁看门狗寄存器
            WDT_A_CTL_HOLD;                 //置高WDTHOLD位，关闭看门狗
    P1->DIR |= BIT0;                        //置高P1.0 I/O方向控制位，设为输出
    while (1)
    {
      P1->OUT ^= BIT0;                      //P1.0输出值与BIT0异或输出
      for (ii = 20000; ii > 0; ii--);       //计数延时
    }
}
```

代码输入完成后，可单击编译按钮 （快捷键 F7），如果无错误无警告，如图 2.4.12 所示，则表明工程配置与代码编写正确，即可进行下载验证。

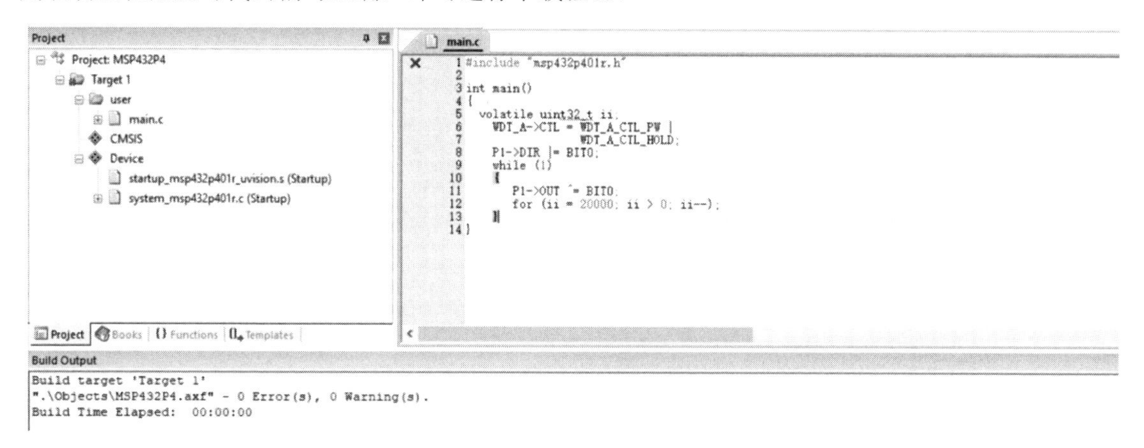

图 2.4.12　编译代码无错误

2.4.2　程序下载与调试

编译完成后无错误无警告就可以把程序下载到微控制器验证。需要用 Micro USB 线连接开发板和计算机，然后单击“Target”图标，如图 2.4.13 所示。

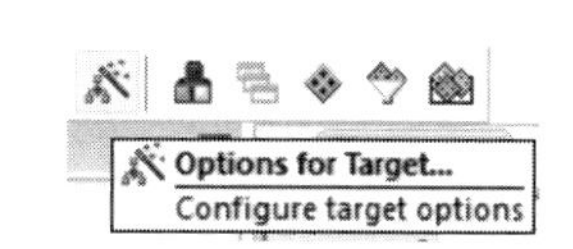

图 2.4.13　“Target”图标

在“Debug”选项卡下选择仿真器类型，这里选择“CMSIS-DAP Debugger”如图 2.4.14 所示，然后单击“Settings”按钮。

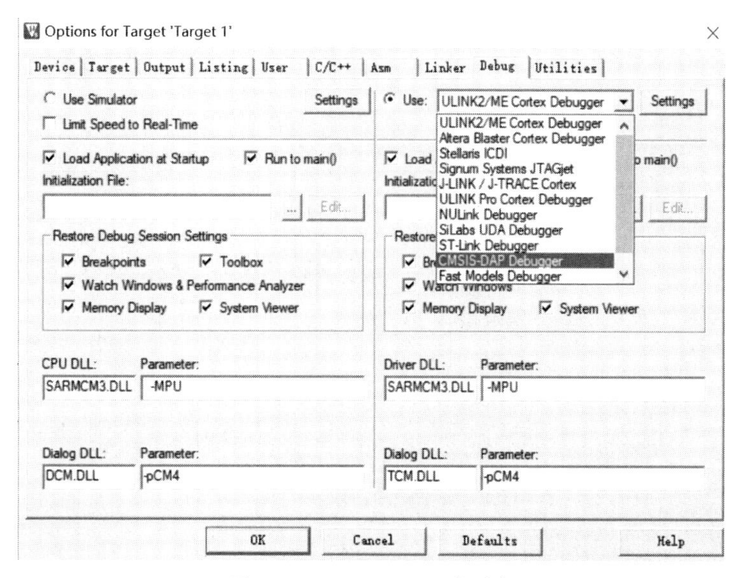

图 2.4.14　“Debug”选项卡

可以在“SW Device”选项中看到它已经连接上微控制器，这里采用仿真器的配置接口为“SW”，其最大时钟频率一般不超过 10MHz，如图 2.4.15 所示。

单击“Flash Download”选项卡进行烧写的芯片设置，单击“Add”按钮添加对应的 MSP432 微控制器，如图 2.4.16 所示。

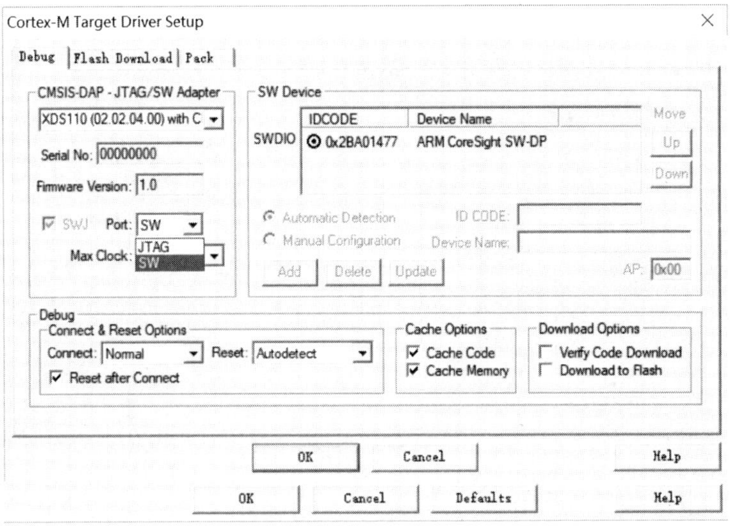

Cortex-M Target Driver Setup
Debug
Flash Download
Pack
CMSIS-DAP - JTAG/SW Adapter
XDS110 (02.02.04.00) with C
Serial No: 00000000
Firmware Version: 1.0
SWJ
Port: SW
JTAG
SW
Max Clock:
SW Device
IDCODE
Device Name
SWDIO
0x2BA01477
ARM CoreSight SW-DP
Move
Up
Down
Automatic Detection
Manual Configuration
ID CODE:
Device Name:
Add
Delete
Update
AP: 0x00
Debug
Connect & Reset Options
Connect: Normal
Reset: Autodetect
Reset after Connect
Cache Options
Cache Code
Cache Memory
Download Options
Verify Code Download
Download to Flash
OK
Cancel
Help
OK
Cancel
Defaults
Help

图 2.4.15　调试接口选择

Cortex-M Target Driver Setup
Debug
Flash Download
Pack
Download Function
LOAD
Erase Full Chip
Erase Sectors
Do not Erase
Program
Verify
Reset and Run
RAM for Algorithm
Start: 0x01000000
Size: 0xE000
Programming Algorithm
Description
Device Size
Device Type
Address Range
Start:
Size:
Add
Remove
OK
Cancel
Help

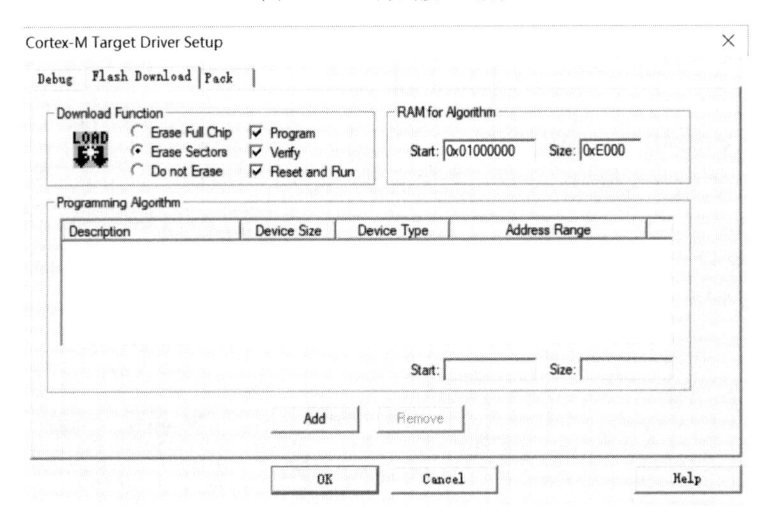

图 2.4.16　添加存储器

因为这里使用的是 MSP432P401R 控制器，所以选择 MSP432P4xx 256KB，单击“Add”按钮添加，然后单击“OK”按钮确认，如图 2.4.17 所示。

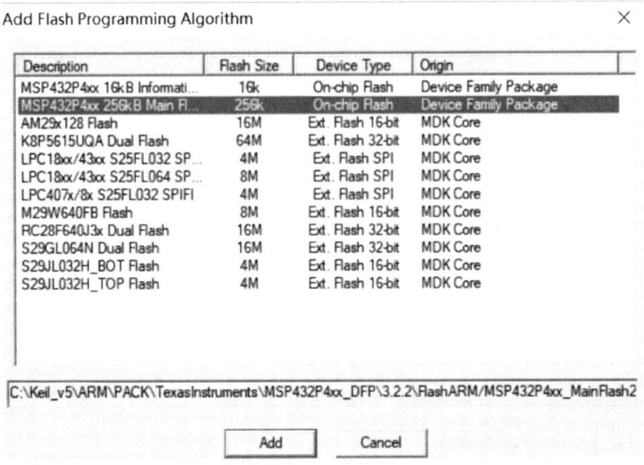

Add Flash Programming Algorithm
Description
Flash Size
Device Type
Origin
MSP432P4xx 16kB Informati...
16k
On-chip Flash
Device Family Package
MSP432P4xx 256kB Main Fl...
256k
On-chip Flash
Device Family Package
AM29x128 Flash
16M
Ext. Flash 16-bit
MDK Core
K8P5615UQA Dual Flash
64M
Ext. Flash 32-bit
MDK Core
LPC18xx/43xx S25FL032 SP...
4M
Ext. Flash SPI
MDK Core
LPC18xx/43xx S25FL064 SP...
8M
Ext. Flash SPI
MDK Core
LPC407x/8x S25FL032 SPIFI
4M
Ext. Flash SPI
MDK Core
M29W640FB Flash
8M
Ext. Flash 16-bit
MDK Core
RC28F640J3x Dual Flash
16M
Ext. Flash 32-bit
MDK Core
S29GL064N Dual Flash
16M
Ext. Flash 32-bit
MDK Core
S29JL032H_BOT Flash
4M
Ext. Flash 16-bit
MDK Core
S29JL032H_TOP Flash
4M
Ext. Flash 16-bit
MDK Core
C:\Keil_v5\ARM\PACK\TexasInstruments\MSP432P4xx_DFP\3.2.2\FlashARM/MSP432P4xx_MainFlash2
Add
Cancel

图 2.4.17　选择对应烧写的微控制器

单击下载按钮（快捷键 F8），可将程序下载到控制器中。下载完成后，可以看到开发板上的 P1.0 所连接的 LED 闪烁。此时也可单击调试按钮（快捷键 Ctrl+F5）进行调试，设置断点等跟踪程序运行状态，调试界面如图 2.4.18 所示。

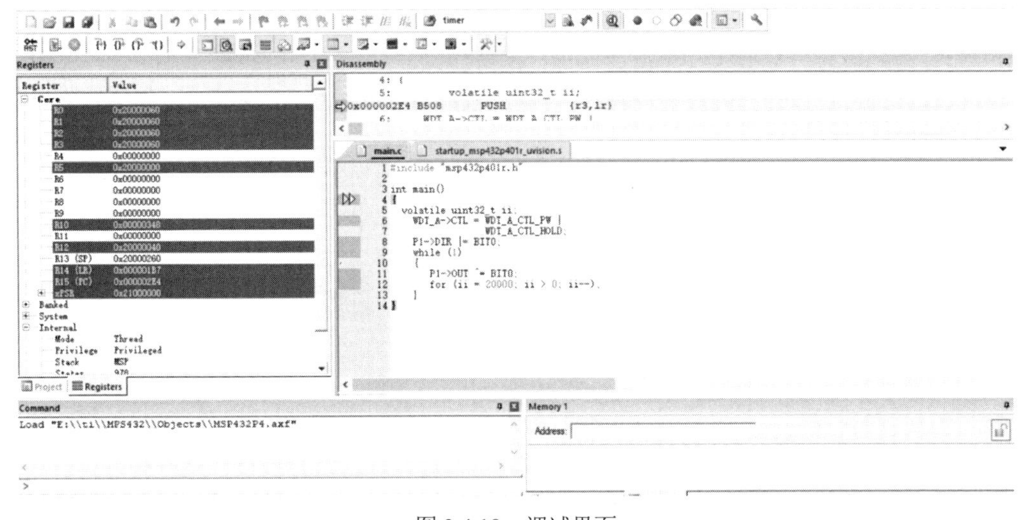

图 2.4.18　调试界面

2.4.3　寄存器程序设计相关注意事项

1. MSP432 启动文件

启动文件由汇编语言编写，是系统上电后第一个执行的程序，它主要完成以下工作：初始化堆栈指针 SP=__initial_sp、初始化 PC 指针=Reset_Handler、初始化中断向量表、配置系统时钟、调用 C 库函数_main 初始化用户堆栈，并最终调用 main 函数。这里对其代码进行简要说明，以便于读者理解。

启动文件中用到的汇编指令如表 2.4.1 所示。

表 2.4.1　汇编指令

指 令 名 称	作　用
EQU	给数字常量取一个符号名，相当于 C 语言中的 define
AREA	汇编一个新的代码段或数据段
SPACE	分配内存空间
PRESERVE8	当前文件堆栈需按照 8 字节对齐
EXPORT	声明一个符号具有全局属性，可被外部文件使用
DCD	以字为单位分配内存，4 字节对齐，并初始化这些内存
PROC	定义子程序，与 ENDP 成对使用，表示子程序结束
IMPORT	声明标号来自外部文件，和 C 语言 EXTGERN 关键字类似
B	跳转到一个标号
END	到达文件末尾，文件结束
WEAK	弱定义，如果外部文件声明了一个标号，则优先使用外部文件定义的标号，如果外部文件没有定义也不出错
ALIGN	编译器对指令或数据的存放地址进行对齐，一般需要跟一个立即数，默认表示 4 字节对齐
IF,ELSE,ENDIF	汇编条件分支语句，和 C 语言的 if else 类似

（1）Stack，栈。

```
Stack_Size    EQU       0x00000200

              AREA      STACK, NOINIT, READWRITE, ALIGN=3
Stack_Mem     SPACE     Stack_Size
__initial_sp
```

开辟栈的大小为 0x00000200（512B），名字为 STATCK，NOINIT 表示不初始化，可读可写，8（2^3）字节对齐。

栈用于局部变量、函数调用、函数形参等的开销，栈的大小不能超过内部 SRAM 的大小。如果编写的程序比较大，定义的局部变量很多，那么就需要修改栈的大小。如果某一天，自己编写的程序出现了莫名的错误，并进入了硬错误时，就要考虑是不是栈不够大，溢出了。

标号__initial_sp 紧挨着 SPACE 语句放置，表示栈的结束地址，即栈顶地址，栈是由高向低生长的。

（2）Heap，堆。

```
Heap_Size         EQU    0x00000000

                  AREA   HEAP, NOINIT, READWRITE, ALIGN=3
__heap_base
Heap_Mem          SPACE  Heap_Size
__heap_limit
```

堆主要用来动态内存的分配，像 malloc()申请的内存就在堆上面。在 MSP432 中堆用得比较少，所以这里没有分配堆空间，若在应用中使用了堆，则必须分配一定的堆空间。__heap_base 表示堆的起始地址，__heap_limit 表示堆的结束地址。堆是由低向高生长的，与栈的生长方向相反。

```
PRESERVE8
THUMB
```

PRESERVE8：指定当前文件的堆栈按照 8 字节对齐。

THUMB：表示后面指令兼容 THUMB 指令。THUBM 是 ARM 以前的指令集，16 位。

现在 Cortex-M 系列都使用 THUMB-2 指令集，THUMB-2 是 32 位的，兼容 16 位和 32 位的指令，是 THUMB 的集合。

（3）向量表。

```
AREA    RESET, DATA, READONLY
EXPORT  __Vectors
EXPORT  __Vectors_End
EXPORT  __Vectors_Size
```

定义一个数据段，名字为 RESET，可读，并且声明__Vectors、__Vectors_End 和__Vectors_Size 这三个标号具有全局属性，可供外部的文件调用。

当内核响应了一个发生的异常后，对应的异常中断服务程序（ISR）就会执行。为了决定 ISR 的入口地址，内核使用了向量表查表机制。这里使用一张向量表。向量表其实是一个 Word（32 位整数）数组，每个下标对应一种异常，该下标元素的值则是 ISR 的入口地址。向量表在地址空间中的位置是可以设置的，通过 NVIC 中的一个重定位寄存器来指出向量表的地址。在复位后，该寄存器的值为 0。因此，在地址 0（即 Flash 地址 0 处）必须包含一张向量表，用于初始时的异常分配。

```
__Vectors     DCD    __initial_sp          ; Top of Stack
              DCD    Reset_Handler         ; Reset Handler
              DCD    NMI_Handler           ; NMI Handler
              DCD    HardFault_Handler     ; Hard Fault Handler
              DCD    MemManage_Handler     ; MPU Fault Handler
```

```
        DCD     BusFault_Handler     ; Bus Fault Handler
        DCD     UsageFault_Handler   ; Usage Fault Handler
        DCD     0                    ; Reserved
        DCD     0                    ; Reserved
        DCD     0                    ; Reserved
        DCD     0                    ; Reserved
        DCD     SVC_Handler          ; SVCall Handler
        DCD     DebugMon_Handler     ; Debug Monitor Handler
        DCD     0                    ; Reserved
        DCD     PendSV_Handler       ; PendSV Handler
        DCD     SysTick_Handler      ; SysTick Handler

        ; External Interrupts
        DCD     PSS_IRQHandler       ;  0:  PSS Interrupt
        DCD     CS_IRQHandler        ;  1:  CS Interrupt
        DCD     PCM_IRQHandler       ;  2:  PCM Interrupt
        DCD     WDT_A_IRQHandler     ;  3:  WDT_A Interrupt
        DCD     FPU_IRQHandler       ;  4:  FPU Interrupt
        DCD     FLCTL_IRQHandler     ;  5:  Flash Controller Interrupt
        DCD     COMP_E0_IRQHandler   ;  6:  COMP_E0 Interrupt
        DCD     COMP_E1_IRQHandler   ;  7:  COMP_E1 Interrupt
        DCD     TA0_0_IRQHandler     ;  8:  TA0_0 Interrupt
        DCD     TA0_N_IRQHandler     ;  9:  TA0_N Interrupt
        DCD     TA1_0_IRQHandler     ; 10:  TA1_0 Interrupt
        DCD     TA1_N_IRQHandler     ; 11:  TA1_N Interrupt
        DCD     TA2_0_IRQHandler     ; 12:  TA2_0 Interrupt
        DCD     TA2_N_IRQHandler     ; 13:  TA2_N Interrupt
        DCD     TA3_0_IRQHandler     ; 14:  TA3_0 Interrupt
        DCD     TA3_N_IRQHandler     ; 15:  TA3_N Interrupt
        DCD     EUSCIA0_IRQHandler   ; 16:  EUSCIA0 Interrupt
        DCD     EUSCIA1_IRQHandler   ; 17:  EUSCIA1 Interrupt
        DCD     EUSCIA2_IRQHandler   ; 18:  EUSCIA2 Interrupt
        DCD     EUSCIA3_IRQHandler   ; 19:  EUSCIA3 Interrupt
        DCD     EUSCIB0_IRQHandler   ; 20:  EUSCIB0 Interrupt
        DCD     EUSCIB1_IRQHandler   ; 21:  EUSCIB1 Interrupt
        DCD     EUSCIB2_IRQHandler   ; 22:  EUSCIB2 Interrupt
        DCD     EUSCIB3_IRQHandler   ; 23:  EUSCIB3 Interrupt
        DCD     ADC14_IRQHandler     ; 24:  ADC14 Interrupt
        DCD     T32_INT1_IRQHandler  ; 25:  T32_INT1 Interrupt
        DCD     T32_INT2_IRQHandler  ; 26:  T32_INT2 Interrupt
        DCD     T32_INTC_IRQHandler  ; 27:  T32_INTC Interrupt
        DCD     AES256_IRQHandler    ; 28:  AES256 Interrupt
        DCD     RTC_C_IRQHandler     ; 29:  RTC_C Interrupt
        DCD     DMA_ERR_IRQHandler   ; 30:  DMA_ERR Interrupt
        DCD     DMA_INT3_IRQHandler  ; 31:  DMA_INT3 Interrupt
        DCD     DMA_INT2_IRQHandler  ; 32:  DMA_INT2 Interrupt
        DCD     DMA_INT1_IRQHandler  ; 33:  DMA_INT1 Interrupt
        DCD     DMA_INT0_IRQHandler  ; 34:  DMA_INT0 Interrupt
        DCD     PORT1_IRQHandler     ; 35:  Port1 Interrupt
```

```
                DCD     PORT2_IRQHandler    ; 36: Port2 Interrupt
                DCD     PORT3_IRQHandler    ; 37: Port3 Interrupt
                DCD     PORT4_IRQHandler    ; 38: Port4 Interrupt
                DCD     PORT5_IRQHandler    ; 39: Port5 Interrupt
                DCD     PORT6_IRQHandler    ; 40: Port6 Interrupt

__Vectors_End

__Vectors_Size  EQU     __Vectors_End - __Vectors
```

__Vectors 为向量表起始地址，__Vectors_End 为向量表结束地址，两个相减即可算出向量表大小。

向量表从 Flash 的 0 地址开始放置，以 4 字节为一个单位，地址 0 存放的是栈顶地址，0X04 存放的是复位程序的地址，以此类推。从代码上看，向量表中存放的都是中断服务程序的函数名，我们知道 C 语言中的函数名就是一个地址。

（4）复位程序。

```
                AREA    |.text|, CODE, READONLY
```

定义一个名称为.text 的代码段，可读。

```
Reset_Handler    PROC
                EXPORT  Reset_Handler             [WEAK]
                IMPORT  SystemInit
                IMPORT  __main
                LDR     R0, =SystemInit
                BLX     R0
                LDR     R0, =__main
                BX      R0
                ENDP
```

复位子程序是系统上电后第一个执行的程序，调用 SystemInit 函数初始化系统时钟，然后调用 C 库函数_mian，最终调用 main 函数进入 C 语言的世界。

SystemInit()是一个标准的库函数，在 system_msp432p401r.c 中定义。其主要作用是配置系统时钟和初始化一些其他系统模块。

__main 是一个标准的 C 库函数，其主要作用是初始化用户堆栈，最终调用 main 函数进入 C 语言的世界。

（5）中断服务程序。

在启动文件里面已经帮我们写好所有的中断函数，但这些函数都是空的，真正的中断服务程序需要我们在外部的 C 文件里面重新实现，这里只是提前占了一个位置而已。

如果我们在使用某个外设时，开启了某个中断，但是又忘记编写配套的中断服务程序或把函数名写错，那么当中断来临时，程序就会跳转到启动文件预先写好的空的中断服务程序中，并且在这个空程序中无限循环，即程序死循环。

```
NMI_Handler     PROC
                EXPORT  NMI_Handler               [WEAK]
                B       .
                ENDP
...             ...
SysTick_Handler PROC
                EXPORT  SysTick_Handler           [WEAK]
                B       .
                ENDP
```

```
Default_Handler PROC
                EXPORT  PSS_IRQHandler          [WEAK]
                EXPORT  CS_IRQHandler           [WEAK]
                EXPORT  PCM_IRQHandler          [WEAK]
…               …
PSS_IRQHandler
CS_IRQHandler
PCM_IRQHandler
…               …
B       .
                ENDP
```

（6）用户堆栈初始化。

ALIGN：对指令或数据存放的地址进行对齐，后面会跟一个立即数。默认表示 4 字节对齐。

```
;用户堆栈初始化

                IF      :DEF:__MICROLIB

                EXPORT  __initial_sp
                EXPORT  __heap_base
                EXPORT  __heap_limit

                ELSE

                IMPORT  __use_two_region_memory
                EXPORT  __user_initial_stackheap

__user_initial_stackheap PROC
                LDR     R0, =  Heap_Mem
                LDR     R1, =(Stack_Mem + Stack_Size)
                LDR     R2, = (Heap_Mem +  Heap_Size)
                LDR     R3, = Stack_Mem
                BX      LR
                ENDP

                ALIGN

                ENDIF
                END
```

判断是否定义了__MICROLIB，如果定义了则赋予标号__initial_sp（栈顶地址）、__heap_base（堆起始地址）、__heap_limit（堆结束地址）全局属性，可供外部文件调用。

如果没有定义__MICROLIB（实际的情况就是我们没定义），则使用默认的 C 库函数，然后初始化用户堆栈大小，这部分由 C 库函数__main 来完成，当初始化完堆栈之后，就调用 main 函数，从而执行 C 语言程序。

2．寄存器映射

寄存器编程直接操作寄存器，那么这个寄存器名称是在哪里定义的？又如何找到其余的寄存器定义呢？在 msp432p401r.h 文件中，TI 公司已经把处理器外设寄存器定义为相应的物理地址了，通过对这些定义的名称进行读写就能直接操作寄存器了。

在定义外设寄存器时，通常以某个完整功能单元作为结构体定义，单元名作为结构体指针名称，如 ADC14、P0：

```
#define  P1      ((DIO_PORT_Odd_Interruptable_Type*)  (DIO_BASE + 0x0000))
```

相应地，这个单元中的寄存器作为结构体的内容，DIO_PORT_Odd_Interruptable_Type 的定义如下：

```
typedef struct {
  __I uint8_t IN;                          /*!< Port Input */
  uint8_t RESERVED0;
  __IO uint8_t OUT;                        /*!< Port Output */
  uint8_t RESERVED1;
  __IO uint8_t DIR;                        /*!< Port Direction */
  uint8_t RESERVED2;
  __IO uint8_t REN;                        /*!< Port Resistor Enable */
  uint8_t RESERVED3;
  __IO uint8_t DS;                         /*!< Port Drive Strength */
  uint8_t RESERVED4;
  __IO uint8_t SEL0;                       /*!< Port Select 0 */
  uint8_t RESERVED5;
  __IO uint8_t SEL1;                       /*!< Port Select 1 */
  uint8_t RESERVED6;
  __I  uint16_t IV;                        /*!< Port Interrupt Vector Value */
  uint8_t RESERVED7[6];
  __IO uint8_t SELC;                       /*!< Port Complement Select */
  uint8_t RESERVED8;
  __IO uint8_t IES;                        /*!< Port Interrupt Edge Select */
  uint8_t RESERVED9;
  __IO uint8_t IE;                         /*!< Port Interrupt Enable */
  uint8_t RESERVED10;
  __IO uint8_t IFG;                        /*!< Port Interrupt Flag */
  uint8_t RESERVED11;
} DIO_PORT_Odd_Interruptable_Type;
```

因此，P1 口的输入数据寄存器为 P1->IN，输出数据寄存器为 P1->OUT，其余类似。而其他单元寄存器结构体定义，可以在头文件中查找。

2.5 基于库函数的 MSP432 编程

为了让开发人员从底层复杂的寄存器操作中解放出来，将精力专注于应用程序设计，TI 公司针对 MSP432 微控制器提供了一套完整的标准库函数。标准库函数通过对寄存器进行函数封装，提供标准的应用函数接口（Application Program Interface，API）。对开发人员而言，库函数编程不需要了解具体的底层寄存器功能，只需会调用接口即可。

2.5.1 库函数与寄存器程序开发比较

直接寄存器开发一般采用 C 语言或汇编语言，是传统单片机硬件驱动层程序设计中常见的方式。其开发流程如下。

（1）查看芯片手册寄存器，确认功能配置位。

（2）针对函数功能，对寄存器进行直接操作或封装函数。

随着科技发展与生活生产需要，单片机功能逐步增强。与传统的单片机（特别是 8 位机）相比，如今 ARM 类单片机的寄存器功能复杂度大大提升。采用直接寄存器程序设计的方式，面临如下几个方面难点。

（1）开发周期长，需要针对每一个寄存器每一位功能进行确认。

（2）程序可读性差，直接读写寄存器或不同风格的寄存器封装导致程序难以直观理解。

（3）移植、维护复杂度高，因为程序驱动层直接读写寄存器。

（4）协同开发困难，不同风格的寄存器函数接口难以实现开发的多任务同时进展。

为简化开发复杂度，缩短开发周期，各大单片机厂商陆续推出基于库函数开发的解决方案。其开发流程如下。

（1）查看库函数 API 功能，了解输入/输出参数。

（2）调用库函数 API，进行硬件功能配置。

库函数与直接寄存器开发的程序框架如图 2.5.1 所示。

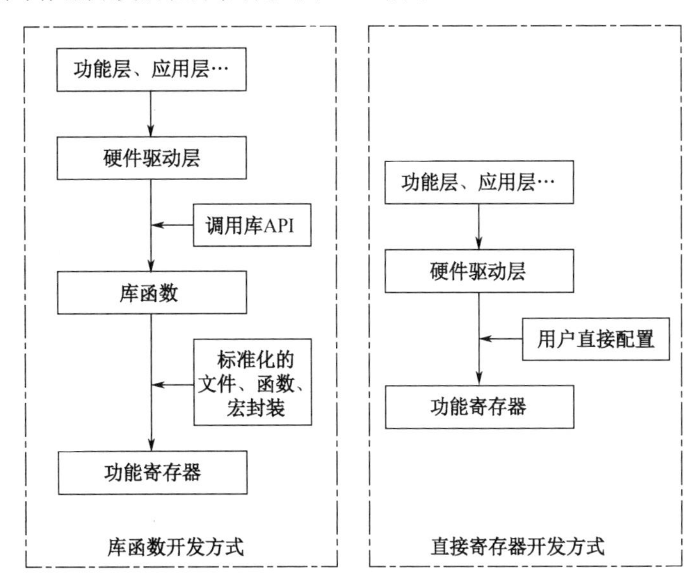

图 2.5.1 库函数与直接寄存器开发的程序框架

从图 2.5.1 中可知，库函数开发方式与直接寄存器开发方式相比，其底层寄存器的配置与封装操作由厂家所提供的库函数完成，用户只需要调用库函数对应的 API，即可完成对寄存器的操作，省去了了解具体寄存器每一位的工作。厂家所提供的库函数包能够对单片机内部资源完全操作，甚至带有特定的集成化软件功能，如文件系统、数字信号处理等。

直接寄存器开发具有参数直观、代码量少的优点，但需要对底层寄存器十分了解，开发周期长，常用于内部资源较少的单片机或对功耗、代码容量有苛刻要求的场合。

库函数及相关软件包是由厂家开发人员使用 C 语言或 C++语言对单片机功能寄存器或具体功能进行封装的优秀代码。其 API 函数编写规范，可读性与可移植性强，可让用户省去了解功能寄存器及自己编写寄存器功能函数的时间。库函数开发由于厂家已经帮助用户对寄存器进行了封装，所以用户通过调用库函数的 API 来实现寄存器功能，代码量比直接寄存器开发方式多，运行效率也相对略低。但其规范化的函数接口，可让用户省去大量阅读寄存器的时间，大大缩短开发周期，让快速实现单片机的资源应用甚至复杂系统设计成为可能。

对于 MSP432 微控制器而言，它拥有大容量存储与高速运算能力，也拥有极佳的功耗性能。追求极致的工作效率场合可使用直接寄存器开发方式编程，但对于绝大部分的应用场景，建议使用库函数开发方式编程。特别是进行项目式开发时，避免重复的底层寄存器程序编写，缩短开发周期。

2.5.2 驱动库 DriverLib 说明

1. DriverLib 简介

MSP432 微控制器 SDK 包中带有驱动库（DriverLib），它可配置、控制和操作 MSP432 硬件接口，是一组功能齐全的 API。除了能够控制 MSP432 外设，DriverLib 还允许用户控制常见的 ARM 外设，如中断（NVIC）和内存保护单元（MPU）；以及传承 MSP430 微控制器的外设，如 eUSCI 串行外设和 Watchdog 定时器（WDT）等。

MSP432 微控制器 DriverLib 能够为用户提供一个“软件”层，提供比直接寄存器访问更高级的编程。使用 DriverLib 的 API 几乎可完全配置与驱动 MSP432 微控制器的每个硬件资源。通过使用 DriverLib 提供的高级软件 API，用户可创建功能强大、直观的代码，不仅可在 MSP432 系列微控制器之间移植，还可在 MSP430/MSP432 的不同处理器之间移植。

用 DriverLib 可编写得到清晰的用户代码，便于在项目团队中共享。下面用如下两段代码进行举例对比（两段代码均实现 MCLK 取自 VLO，4 分频）。

传统直接寄存器开发方式：

```
CSKEY  =  0x695A;
CSCTL1 |= SELM_1 | DIVM_2;
CSKEY  =  0;
```

采用库函数开发方式：

```
CS_initClockSignal(CS_MCLK, CS_VLOCLK_SELECT, CS_CLOCK_DIVIDER_4);
```

显而易见，DriverLib 的 API 对软件设计人员来说，库函数代码可读性好、合理、易于编程。此外，使用驱动库 API 编写的代码可移植性更高。

2. DriverLib 不提供的功能

DriverLib 不提供用户应用程序级别上的功能，它的目的是帮助用户将其成为复杂系统解决方案的一部分，但不是解决方案本身。中断处理程序也不包含在 DriverLib 的 API 中，但提供用于管理、启用、禁用中断的 API。例如，采用 DriverLib 的 API 编写的外部中断服务程序如下：

```
void port6_isr(void)
{
    uint32_t status = GPIO_getEnabledInterruptStatus(GPIO_PORT_P6);
    GPIO_clearInterruptFlag(GPIO_PORT_P6, status);
    if (status & GPIO_PIN7)
    {
        if (powerStates[curPowerState] == PCM_LPM3)
        {
            curPowerState = 0;
        }
        stateChange = true;
    }
}
```

3．DriverLib 各模块的交叉性

在大多数情况下，每个 DriverLib 模块只交互与配置其所设计模块。任何跨模块的交互都由用户决定。例如，当使用电源控制模块（PCM）将电源模式更改为低频模式时，用户必须确保使用时钟系统（CS）模块配置了适当的频率条件（低频模式要求系统频率不大于 128kHz）。

当 MCLK 频率大于 128kHz 时，单独调用以下 API 会导致系统错误：

```
PCM_setPowerState(PCM_AM_LF_VCORE1);
```

这是因为 DriverLib 不考虑整个系统的频率，必须先调用时钟系统的 API：

```
CS_setReferenceOscillatorFrequency(CS_REFO_128KHZ);
CS_initClockSignal(CS_MCLK, CS_REFOCLK_SELECT, CS_CLOCK_DIVIDER_1);
PCM_setPowerState(PCM_AM_LF_VCORE1);
```

因此，DriverLib 提供耦合度低的代码，在使用 DriverLib 进行综合功能编程时，应注意是否需要使用多个模块。

4．ROM 中固化 DriverLib

对于 MSP432 微控制器而言，其 ROM 存储空间中固化有 DriverLib。因此用户使用这些高级 API 时，不用担心主存储块 Flash 的额外内存开销。除可以实现更优化的执行效果外，当使用 ROM 中可用的 DriverLib 时，还可以大大减少应用程序的内存占用。

在 ROM 中访问驱动程序库 API 非常简单，只需用 ROM_前缀替换普通的 API 调用。例如，pcm.c 模块中将电源状态更改为 PCM_AM_DCDC_VCORE1 的 API 为：

```
PCM_setPowerState(PCM_AM_DCDC_VCORE1);
```

要切换到与该 API 等价的 ROM，只需在 API 中添加 ROM_前缀，如下：

```
ROM_PCM_setPowerState(PCM_AM_DCDC_VCORE1);
```

虽然大多数 DriverLib 的 API 都可在 ROM 中使用，但由于架构的限制，一些 API 在 ROM 中被省略。当需要使用这些 API 时，可以将其放到 Flash 中。用户只需包含 rom_map.h 头文件并在 API 前面使用 MAP_前缀，头文件就将自动使用预处理宏来决定是使用 ROM 还是 Flash 版本的 API，例如：

```
MAP_PCM_setPowerState(PCM_AM_DCDC_VCORE1);
```

5．与 MSP430 共享 API

MSP432 平台可由 MSP430 平台上许多模块构建而成，因此 MSP430 驱动程序库和 MSP432 驱动程序库之间存在许多共享模块。

- AES256
- COMP_E
- CRC32
- GPIO
- EUSCI_A_SPI (SPI)
- EUSCI_A_UART (UART)
- EUSCI_B_I2C (I2C)
- EUSCI_B_SPI (SPI)
- PMAP
- REF_A
- RTC_C
- TIMER_A
- WDT_A

要使用这些共享 API，不需要额外操作，只需包含想要使用的模块头文件即可，此时旧 API 和新 API 都可用。例如，对于看门狗模块 WDT_A：

```
#include <wdt_a.h>
```

通过包含这个头文件，用户可以从 MSP430 驱动程序库访问所有遗留的 API。有关 MSP430 驱动库的更多文档可参阅 MSP430 ware 网站。

对于 MSP432 驱动程序库，许多 API 均进行了简化和重构。例如，要停止一个 MSP430F5xx 系列处理器的看门狗模块，需要使用以下 API：

```
WDT_A_hold(WDT_A_BASE);
```

对于 MSP432 驱动程序库，同样的 API 被简化为：

```
WDT_A_holdTimer();
```

值得注意的是，虽然许多驱动程序库 API 在 MSP430 和 MSP432 之间共享，但这两种处理器的内核结构存在潜在差异。例如，集成有 ARM 架构嵌套向量中断控制器（NVIC）的 MSP432，其中断与 MSP430 中断略有不同。虽然每个模块仍然有各自的状态（IFG）、启用/禁用和清除位，但在使用之前，中断服务必须先与 ARM NVIC 关联。

2.5.3　基于库函数的工程模板

SDK 带有丰富的样例，但对于初学者而言，其结构庞大、内容复杂，学习难度较大。同时其文件数量众多，体积较大，难以管理。而对于常见的中小型应用设计开发，往往只要用到其中一部分。因此，本小节以 MSP432P401R 微控制器为例来介绍如何基于 SDK 中的库函数建立工程，从而达到降低学习难度、轻量化管理用户程序的目的。读者也可以直接使用 SDK 中所带的工程模板，进行修改使用。

第一步：打开 Keil μVision5 软件，选择 Project→New μVision Project，新建 MDK 工程，如图 2.5.2 所示。

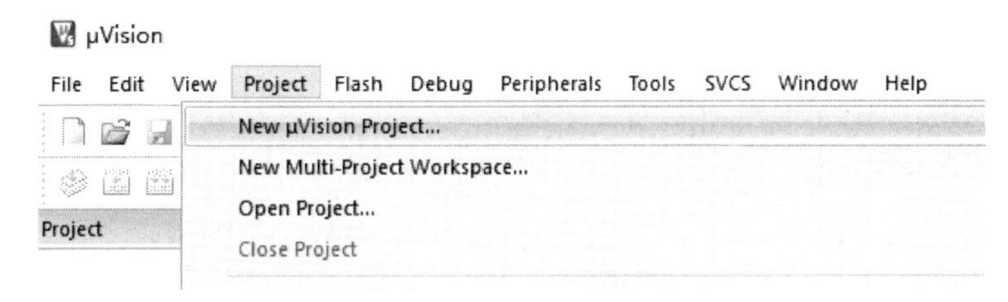

图 2.5.2　新建 MDK 工程

第二步：命名工程文件并保存。这里工程名字命名为：MSP432P401_Test。选择保存到 D:\soft_test\MSP432P401_1 目录中，如图 2.5.3 所示。

第三步：选择对应的 MSP432 微控制器，这里选择 MSP432P401R，如图 2.5.4 所示。

第四步：将 SDK 中关于芯片的库函数部分复制到工程目录下，其中库函数默认路径为 C:\ti\simplelink_msp432p4_sdk_2_40_00_10\source\ti\devices\msp432p4xx。

所需复制的文件夹有 driverlib、inc、startup_system_files。

将 SDK 中关于 Cortex-M4 处理器的库文件部分（CMSIS）复制到工程目录下，其默认路径为 C:\ti\simplelink_msp432p4_sdk_2_40_00_10\source\third_party。

在工程文件夹中新建 user 文件夹，此时工程文件夹内容如图 2.5.5 所示。

图 2.5.3　保存 MDK 工程

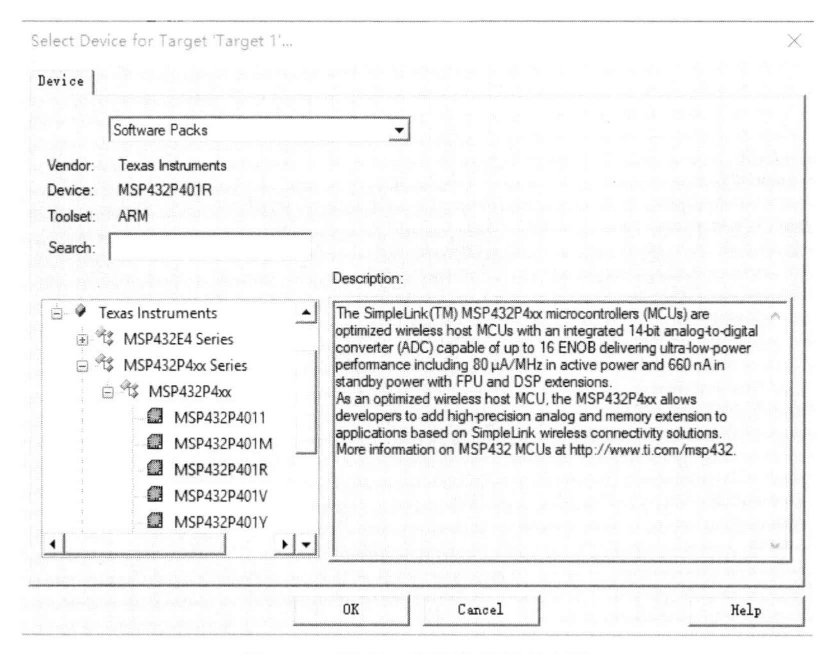

图 2.5.4　选择工程所使用微控制器

脑 › 新加卷 (D:) › soft_test › MSP432P401_1

名称	修改日期	类型	大小
CMSIS	2019/4/2 16:17	文件夹	
driverlib	2019/4/2 16:15	文件夹	
inc	2019/4/2 15:02	文件夹	
Listings	2019/4/2 15:00	文件夹	
Objects	2019/4/2 16:15	文件夹	
startup_system_files	2019/4/2 16:14	文件夹	
user	2019/4/2 15:51	文件夹	
MSP432P401R.uvoptx	2019/4/2 15:00	UVOPTX 文件	5 KB
MSP432P401R.uvprojx	2019/4/2 15:00	礦ision5 Project	16 KB

图 2.5.5　工程所在文件夹目录

第五步：选择 File→New，新建文档，然后命名为 main.c，保存到 user 文件夹中，如图 2.5.6 所示。

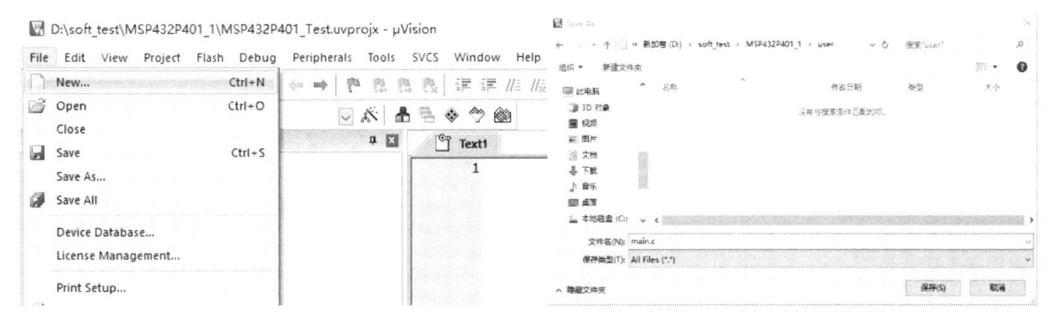

图 2.5.6　建立主函数所在源文件 main.c

第六步：在 Target1 上右击后选择“Manage Project Items”选项，进行工程文件目录管理。建立不同的程序组，对应添加源文件与库文件。其中 startup_system_files 组中需要添加对应文件中子文件 Keil 的 startup_msp432p401r_uvision.s 文件，如图 2.5.7 所示。

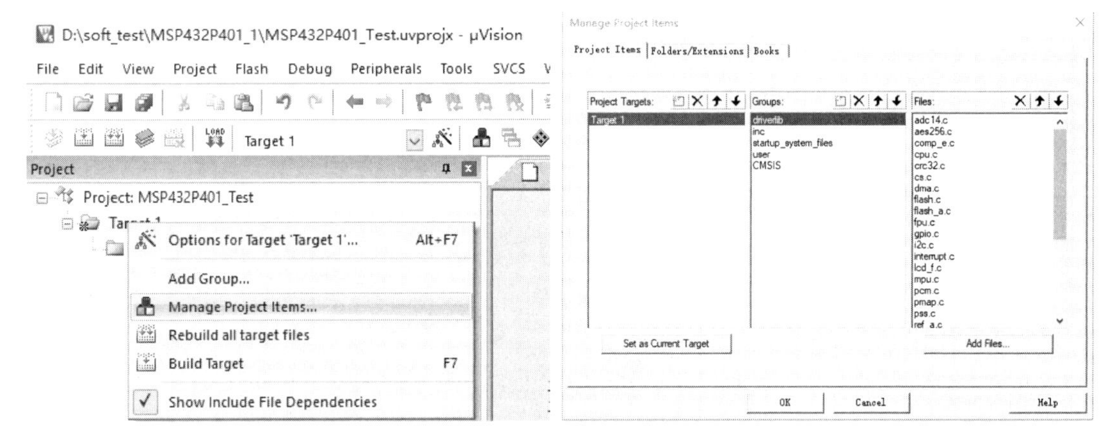

图 2.5.7　程序目录添加源文件与库文件

第七步：在 Target1 上右击后选择“Options for Target ‘Tatget1’”选项，进行工程选项设置。在“Output”选项卡中勾选“Create HEX File”复选框，产生烧写文件。在“C/C++”选项卡中设置预定义与库文件包含路径，如图 2.5.8 和图 2.5.9 所示。

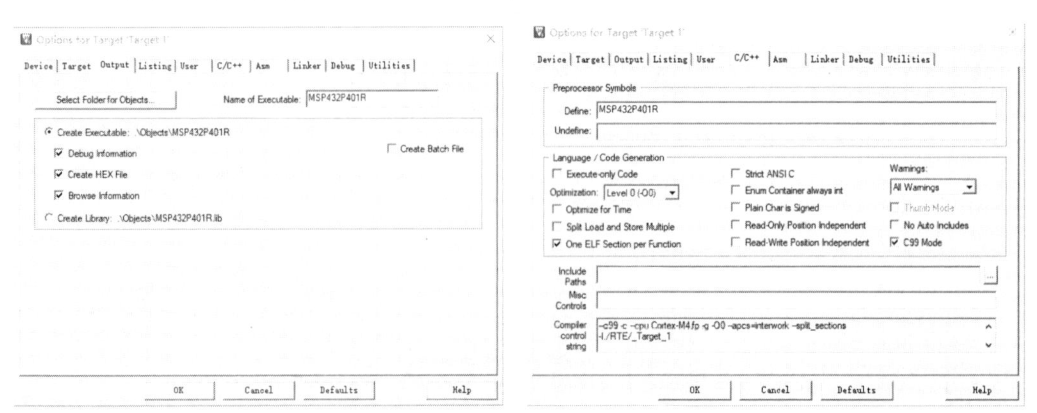

图 2.5.8　勾选产生烧写文件与预定义

其中预处理命令__MSP432P401R__表示选择 MSP432P401R。

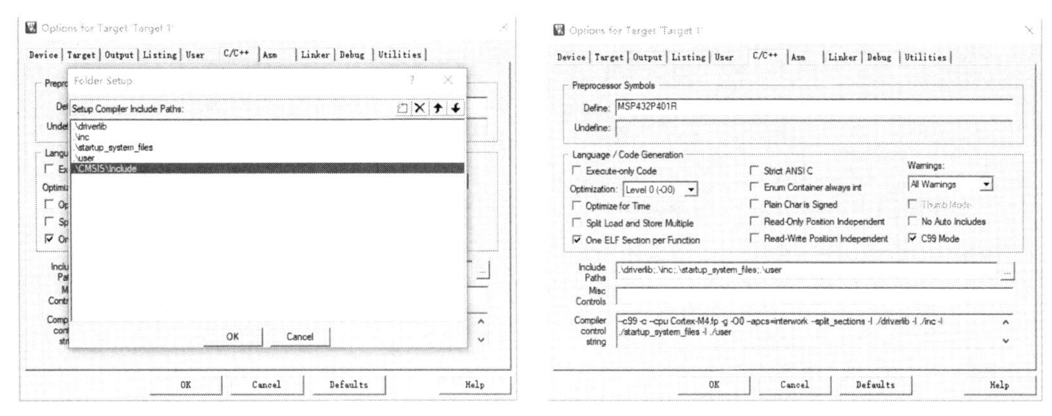

图 2.5.9　包含库文件路径

第八步：修改库函数文件中的文件路径定义。这是因为 SDK 安装后，库函数文件中文件路径均为其安装路径。主要有以下两个操作。

（1）将包含路径为 ti/devices/msp432p4xx/driverlib/的文件路径直接改成当前路径。

（2）将包含路径为 ti/devices/msp432p4xx/inc/的文件路径直接改成当前路径。

例如，<ti/devices/msp432p4xx/driverlib/adc14.h>改为<adc14.h>，#include<ti/devices/msp432p4xx/inc/msp.h>改为< msp.h>。

为修改方便，可采用替换的方式更改库函数中的文件路径，如图 2.5.10 所示。

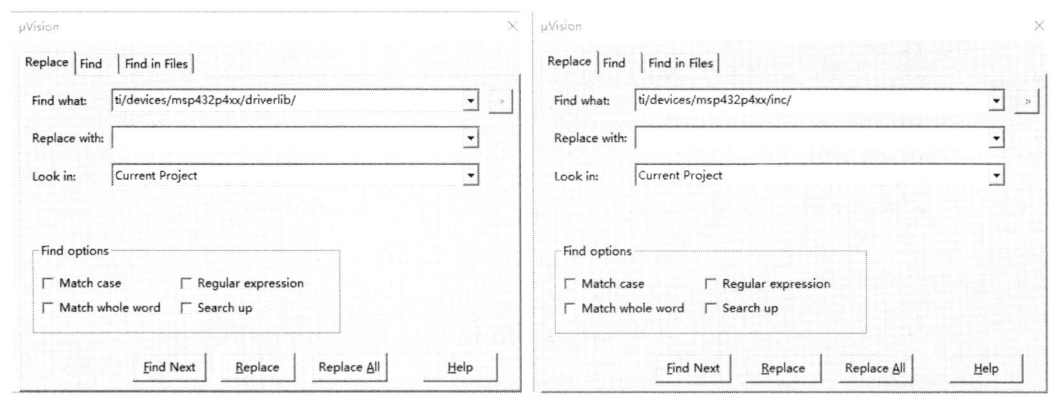

图 2.5.10　采用替换的方式更改库函数中的文件路径

第九步：在 main.c 源文件中输入代码，测试工程，代码如下：

```
#include <driverlib.h>
int main(void)
{
    uint32_t ii;
    /* 关闭看门狗 */
    MAP_WDT_A_holdTimer();
    /* 将P1.0 设置为输出 */
    MAP_GPIO_setAsOutputPin(GPIO_PORT_P1, GPIO_PIN0);
    while (1)
    {
        /* 计数实现延时 */
        for(ii=0;ii<50000;ii++)
        {
```

```
            }
            /* P1.0 输出端口状态翻转*/
            MAP_GPIO_toggleOutputOnPin(GPIO_PORT_P1, GPIO_PIN0);
        }
    }
```

对所输入代码进行编译链接，没有错误，即可进行下载调试。

回顾基于库函数的工程建立，需要掌握如下几个要点。

（1）各大文件夹功能。其中 driverlib 文件夹 MSP432 系列微控制器函数库。inc 文件夹为 MSP432 系列微控制器头文件。startup_system_files 文件夹为 MSP432 系列微控制器软件工程的相关启动文件。CMSIS 为 Cortex-M4 处理器的库文件。user 文件夹放置用户自己的软件文件。

（2）掌握 Keil 软件的程序文件分组管理、库文件路径设置等方法。好的项目文件管理是实现项目功能的有力手段。本小节中所建立库函数工程模板所采用的 SDK 版本为 SimpleLink™ 3.10.00.08。工程模板因人而异，没有绝对统一的标准，读者可参考本小节内容建立其他 MSP432 微控制器的基于库函数工程模板，也可以建立不同的库函数工程模板。

（3）TI 官方提供基于库函数的工程模板，用户可直接使用其所提供的 SDK。例如，第 1 章中所提到的样例，可以在样例的基础上修改程序。这里通过自己建立工程，然后添加官方驱动库的意义是让读者对库函数有更深的理解，进而轻量化管理程序。

编译程序如图 2.5.11 所示。

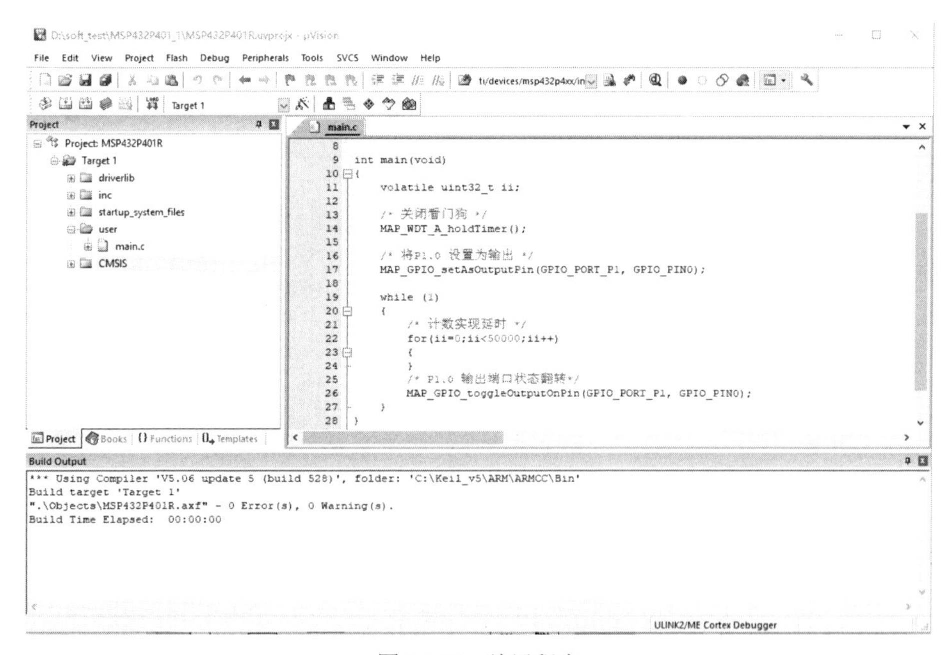

图 2.5.11　编译程序

2.6　小结与思考

本章首先介绍了 C 语言的基本知识，包括数据基本类型、运算符、程序基本结构、函数、数组、指针和结构体，这部分内容是微控制器开发的基础，读者要做到熟练掌握，然后演示了如何用 Keil 软件新建一个工程，包括寄存器版本和库函数版本，以及如何配置仿真器并进行下载与调试，这些操作在以后的开发中会经常遇到，要多加练习重点掌握。

习题与思考

2-1　C 语言有哪些基本数据类型？每种数据类型表示的数据范围是多大？每种数据类型占据多少字节空间？

2-2　程序基本结构有哪些？该如何正确使用？

2-3　使用函数有哪些注意事项？

2-4　数组和指针是什么关系？

2-5　使用 Keil 软件新建一个 MSP432 寄存器版本的工程包含哪些步骤？

2-6　为什么要使用库函数开发？

2-7　如何新建一个库函数版本的工程？

第 3 章　输入/输出端口

输入/输出端口（I/O 口）是微控制器最基本的外设之一，微控制器通过 I/O 口实现与外部设备的通信、控制等功能。MSP432 微控制器的 I/O 口有通用输入/输出端口（GPIO）、端口电容触摸（CAPTIO），这些端口是微控制器与外界沟通的桥梁，此外，还能够通过端口映射控制器（PMAP）把一个端口的功能映射到另一个端口。

本章介绍 MSP432 微控制器的 I/O 口，主要包括 GPIO、CAPTIO 和 PMAP。

本章导读：细读并理解 3.1 节，动手实践 3.2 节、3.3 节，细读 3.4 节、3.5 节并做好笔记，完成习题。

3.1　通用输入/输出端口（GPIO）

3.1.1　GPIO 原理

MSP432 微控制器最多能提供 11 个数字 I/O 口（P1～P10，PJ），大部分端口能提供 8 个引脚，少部分少于 8 个引脚。

MSP432 微控制器的 GPIO 特性如下。

- 可对单个 I/O 口独立地编程。
- 每个 I/O 口可独立配置为输入或输出。
- 可配置为外部中断（部分 I/O 口）。
- 独立的输入和输出数据寄存器。
- 可配置上拉或下拉电阻。
- 具有从低功耗模式唤醒的能力（部分 I/O 口）。
- 独立配置为输出驱动增强模式（部分 I/O 口）。

以 P1 端口为例，其内部结构框图如图 3.1.1 所示。

P1.0～P1.7 引脚功能如表 3.1.1 所示。

对于 MSP432P401 而言，每个 I/O 口都能独立地配置为输入或输出模式，独立地读或写，独立地配置上拉或下拉电阻。其中 P1～P6 端口都可配置为外部中断，并且具有从 LPM3、LPM3.5、LPM4、LPM4.5 唤醒的能力，P2.0～P2.3 可提供高达 20mA 的输出电流。

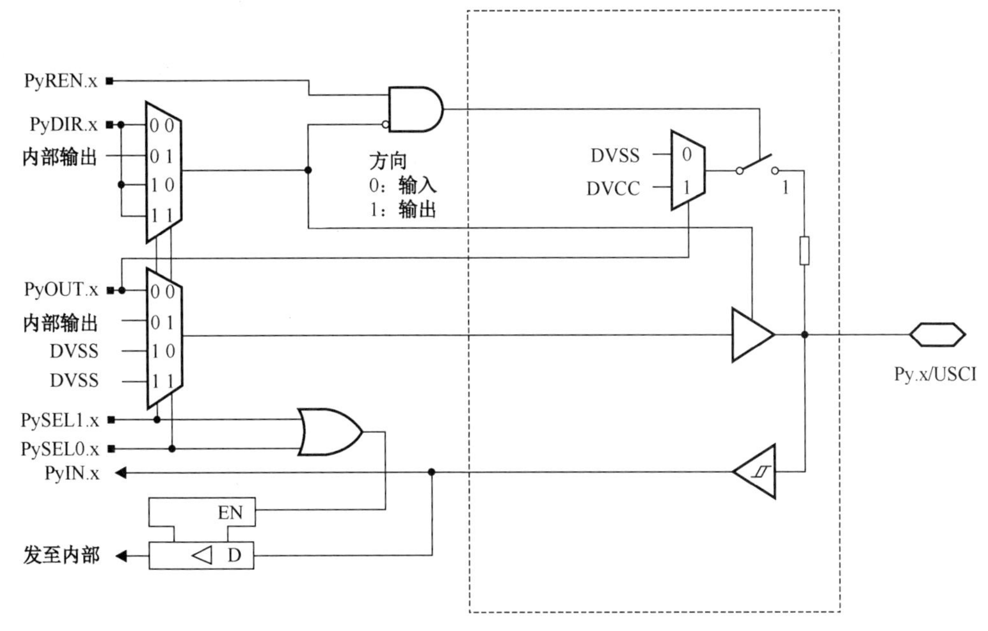

图 3.1.1　P1 端口内部结构框图（Py.x/USCI 引脚）

表 3.1.1　P1.0～P1.7 引脚功能

引 脚 名 称	x	功　能	控制位或信号		
			P1DIR.x	P1SEL1.x	P1SEL0.x
P1.0/UCA0STE	0	P1.0 (I/O)	I: 0; O: 1	0	0
		UCA0STE	X(2)	0	1
		N/A	0	1	0
		DVSS	1		
		N/A	0	1	1
		DVSS	1		
P1.1/UCA0CLK	1	P1.1 (I/O)	I: 0; O: 1	0	0
		UCA0CLK	X(2)	0	1
		N/A	0	1	0
		DVSS	1		
		N/A	0	1	1
		DVSS	1		
P1.2/UCA0RXD/UCA0SOMI	2	P1.2 (I/O)	I: 0; O: 1	0	0
		UCA0RXD/UCA0SOMI	X(2)	0	1
		N/A	0	1	0
		DVSS	1		
		N/A	0	1	1
		DVSS	1		
P1.3/UCA0TXD/UCA0SIMO	3	P1.3 (I/O)	I: 0; O: 1	0	0
		UCA0TXD/UCA0SIMO	X(2)	0	1
		N/A	0	1	0
		DVSS	1		
		N/A	0	1	1
		DVSS	1		

续表

引脚名称	x	功能	控制位或信号		
			P1DIR.x	P1SEL1.x	P1SEL0.x
P1.4/UCB0STE	4	P1.4 (I/O)	I: 0; O: 1	0	0
		UCB0STE	X(3)	0	1
		N/A	0	1	0
		DVSS	1		
		N/A	0	1	1
		DVSS	1		
P1.5/UCB0CLK	5	P1.5 (I/O)	I: 0; O: 1	0	0
		UCB0CLK	X(3)	0	1
		N/A	0	1	0
		DVSS	1		
		N/A	0	1	1
		DVSS	1		
P1.6/UCB0SIMO/UCB0SDA	6	P1.6 (I/O)	I: 0; O: 1	0	0
		UCB0SIMO/UCB0SDA	X(3)	0	1
		N/A	0	1	0
		DVSS	1		
		N/A	0	1	1
		DVSS	1		
P1.7/UCB0SOMI/UCB0SCL	7	P1.7 (I/O)	I: 0; O: 1	0	0
		UCB0SOMI/UCB0SCL	X(3)	0	1
		N/A	0	1	0
		DVSS	1		
		N/A	0	1	1
		DVSS	1		

其中：

① X(2)表示方向控制由 eUSCI_A0 模块决定。

② X(3)表示方向控制由 eUSCI_B0 模块决定。

端口 P1/P2、P3/P4、P5/P6、P7/P8、P9/P10 分别与 PA、PB、PC、PD、PE 关联，即把两个半字节操作合为一个半字操作，也就是说，P1.1 等同于 PA1，P2.1 等同于 PA9，除了中断向量寄存器外，其他所有端口寄存器都可使用这种命名规则，即只能使用 P1IV、P2IV，而 PAIV 无效。

每个外部中断都能被独立地使能，触发方式可配置为上升沿或下降沿。需要注意的是，同一个端口所有引脚的中断公用一个中断向量寄存器 PxIV 向 CPU 提出中断请求，CPU 通过查询中断标志寄存器从而得知具体是哪个端口的引脚产生的中断。

3.1.2 GPIO 寄存器

以 P1 端口为例，列出 GPIO 相关寄存器，如表 3.1.2 所示（GPIO 基地址：0x4000_4C00)。

表 3.1.2 GPIO 相关寄存器

地址偏移量	缩写	寄存器名称
00h	P1IN 或 PAIN_L	输入寄存器
02h	P1OUT 或 PAOUT_L	输出寄存器
04h	P1DIR 或 PADIR_L	方向寄存器

续表

地址偏移量	缩　写	寄存器名称
06h	P1REN 或 PAREN_L	上拉/下拉使能寄存器
08h	P1DS 或 PADS_L	输出驱动强度寄存器
0Ah	P1SEL0 或 PASEL0_L	功能选择寄存器 0
0Ch	P1SEL1 或 PASEL1_L	功能选择寄存器 1
16h	P1SELC 或 PASELC_L	功能选择补充寄存器
18h	P1IES 或 PAIES_L	中断边沿选择寄存器
1Ah	P1IE 或 PAIE_L	中断使能寄存器
1Ch	P1IFG 或 PAIFG_L	中断标志寄存器
0Eh	P1IV	中断向量寄存器

P1～P6 端口都具有上述寄存器，而 P7～P10、PJ 不具有中断能力，因此没有和中断相关的 PxIES、PxIE 和 PxIFG 寄存器。

（1）输入寄存器 PxIN 如表 3.1.3 所示。

表 3.1.3　输入寄存器 PxIN

BIT7	BIT6	BIT5	BIT4	BIT3	BIT2	BIT1	BIT0
PxIN							

I/O 口方向配置为输入，通过读取该寄存器即可获取端口输入信号。输入寄存器的某一位为 0 表明该位引脚输入低电平，为 1 表明输入高电平。例如，P1IN & 0x01 == 0x01，表明 P1.0 引脚输入的是高电平。

（2）输出寄存器 PxOUT 如表 3.1.4 所示。

表 3.1.4　输出寄存器 PxOUT

BIT7	BIT6	BIT5	BIT4	BIT3	BIT2	BIT1	BIT0
PxOUT							

该寄存器用于给 I/O 口配置输出，把需要输出的电平状态写入该寄存器中；当配置为输入时该寄存器用于选择上拉或下拉电阻。例如，P1OUT |= BIT0，表明 P1.0 引脚输出高电平。

（3）方向寄存器 PxDIR 如表 3.1.5 所示。

表 3.1.5　方向寄存器 PxDIR

BIT7	BIT6	BIT5	BIT4	BIT3	BIT2	BIT1	BIT0
PxDIR							

该寄存器用于选择 I/O 口方向，为 0 时作为输入，为 1 时作为输出。PxDIR 和 PxREN、PxOUT 控制输入、输出方式，I/O 口功能选择如表 3.1.6 所示。

表 3.1.6　I/O 口功能选择

PxDIR	PxREN	PxOUT	I/O 口功能
0	0	×	输入
0	1	0	下拉输入
0	1	1	上拉输入
1	×	×	输出

例如，P1DIR &= ～BIT0，P1REN |= BIT0，P1OUT |= BIT0，P1.0 配置为上拉输入。

（4）上拉/下拉使能寄存器 PxREN 如表 3.1.7 所示。

表 3.1.7　上拉/下拉使能寄存器 PxREN

BIT7	BIT6	BIT5	BIT4	BIT3	BIT2	BIT1	BIT0
PxREN							

0：禁止上拉/下拉；1：允许上拉/下拉

例如，P1REN |= BIT0，允许 P1.0 上拉。

（5）输出驱动强度寄存器 PxDS 如表 3.1.8 所示。

表 3.1.8　输出驱动强度寄存器 PxDS

BIT7	BIT6	BIT5	BIT4	BIT3	BIT2	BIT1	BIT0
PxDS							

0：弱驱动模式；1：强驱动模式

例如，P1DS |= BIT0，设置 P1.0 为强驱动模式。

（6）功能选择寄存器 PxSEL 如表 3.1.9 所示。

表 3.1.9　功能选择寄存器 PxSEL

BIT7	BIT6	BIT5	BIT4	BIT3	BIT2	BIT1	BIT0
PxSEL							

PxSEL0、PxSEL1、PxSELC 用于选择 I/O 口的复用方式，默认为 GPIO 功能，当 I/O 口作为其他外设模块的输入/输出引脚时，需要按照数据手册进行配置。例如，P1SEL0 |= BIT0，P1SEL1 &= ～BIT0，P1.0 复用为 UCA0STE 引脚功能。

（7）中断边沿选择寄存器 PxIES 如表 3.1.10 所示。

表 3.1.10　中断边沿选择寄存器 PxIES

BIT7	BIT6	BIT5	BIT4	BIT3	BIT2	BIT1	BIT0
PxIES							

0：上升沿触发；1：下降沿触发。

例如，P1IES |= BIT0，设置 P1.0 为下降沿触发。

（8）中断使能寄存器 PxIE 如表 3.1.11 所示。

表 3.1.11　中断使能寄存器 PxIE

BIT7	BIT6	BIT5	BIT4	BIT3	BIT2	BIT1	BIT0
PxIE							

0：该位禁止中断；1：该位允许中断。

例如，P1IE |= BIT0，允许 P1.0 请求中断。

（9）中断标志寄存器 PxIFG 如表 3.1.12 所示。

表 3.1.12　中断标志寄存器 PxIFG

BIT7	BIT6	BIT5	BIT4	BIT3	BIT2	BIT1	BIT0
PxIFG							

0：没有中断请求；1：有中断请求。

例如，P1IFG & BIT0 == BIT0，表明 P1.0 有中断请求。

3.2　GPIO 寄存器编程

3.2.1　GPIO 输出

GPIO 作为 I/O 口输出功能时，需要首先配置 I/O 口功能选择寄存器 PxSEL 为 0（默认状态下为 0），让其作为 GPIO 功能使用；然后配置方向寄存器 PxDIR，把相应位写 1 配置 I/O 口方向为输出；最后在 PxOUT 写值即可输出高/低电平。

【例 3.2.1】 GPIO 输出实验

以点亮 LED 并且闪烁为例演示 GPIO 输出。

（1）硬件设计。

8 路 LED 的控制端连接到 P7 端口，采用灌电流的方式进行驱动。引脚输出低电平时点亮 LED，输出高电平时 LED 熄灭。LED 硬件原理图如图 3.2.1 所示。

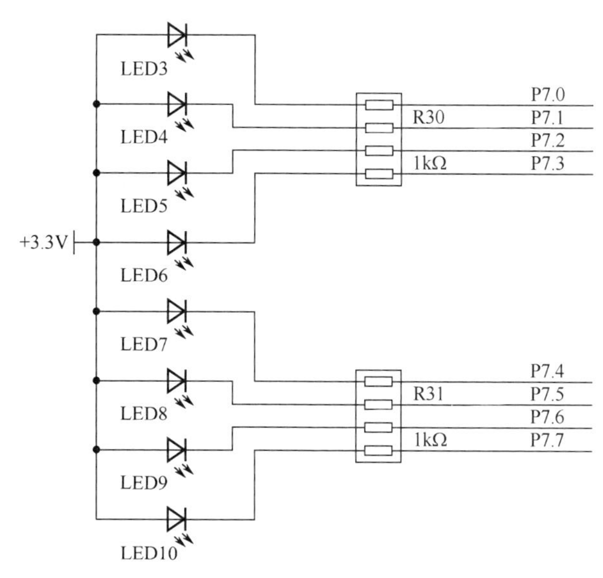

图 3.2.1　LED 硬件原理图

（2）软件设计。

```
int main()
{
   uint32_t  ii;
   WDT_A->CTL = WDT_A_CTL_PW |   //写入看门狗寄存器密钥
            WDT_A_CTL_HOLD;      //暂停看门狗计时
   P7->DIR |= BIT0;              //P7DIR的BIT0置高，P7.0配置为输出
   while (1)
   {
      P7->OUT ^= BIT0;           //P7.0输出值和BIT0异或后输出
      for (ii = 200000; ii > 0; ii--);   //计数延时
   }
}
```

3.2.2 GPIO 输入

GPIO 作为 I/O 口输入功能时，与输出功能类似。PxSEL 保持默认状态，方向寄存器 PxDIR 写 0 配置 I/O 口方向为输入，然后根据电路原理修改 PxREN 和 PxOUT 配置电阻上拉/下拉方式，最后读取 PxIN 寄存器即可得知输入引脚电平的高低。

【例 3.2.2】 GPIO 输入实验

为避免浮空输入，按键连接的引脚配置为上拉或下拉输入，在按键没有按下时 I/O 口为高电平，当有按键按下时 I/O 口为低电平，或者没有按键按下时 I/O 口为低电平，有按键按下时 I/O 口为高电平。每按下一次按键，P7.0 引脚输出翻转一次。

（1）硬件设计。

4 路按键采用 1 路接电源正极，连接到 P1.3，按下时端口连接到电源为高，因此需要默认下拉；3 路接地端，分别连接到 P1.2、P1.1、P1.0，按下时端口连接到地为低，因此需要默认上拉。按键原理图如图 3.2.2 所示。

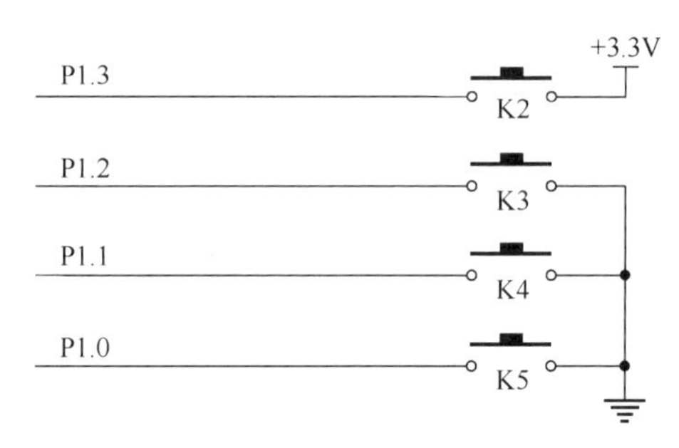

图 3.2.2 按键原理图

（2）软件设计。

```
int main()
{
    uint32_t ii;
    WDT_A->CTL = WDT_A_CTL_PW |          //写入看门狗寄存器密钥
                 WDT_A_CTL_HOLD;         //暂停看门狗计时
    P7->DIR |= BIT0;                     //P7DIR的BIT0置高，P7.0配置为输出
    P1->DIR &= ~BIT3;                    //P1DIR的BIT3置低，P1.3配置为输入
    P1->REN|= BIT3;                      //P1REN的BIT3置高，允许P1.3上拉/下拉
    P1->OUT|= ~BIT3;                     //P1OUT的BIT3置低，P1.3下拉
    while (1)
    {
        if(P1->IN & BIT3)                //查询P1IN，判断P1.3是否输入高电平
        {
            for (ii = 10000; ii > 0; ii--);    //计数延时按键消抖
            if(P1->IN & BIT3)            //查询P1IN，判断P1.3是否输入高电平
            P7->OUT ^= BIT0;             //P7.0输出值和BIT0异或运算后输出
        }
       for (ii = 100000; ii > 0; ii--);        //计数延时
    }
}
```

3.2.3　GPIO 中断

MSP432P401R 微控制器 P1～P6 端口支持中断功能，PxIES 用于选择中断触发边沿，0 为上升沿触发，1 为下降沿触发。PxIE 用于中断使能，PxIFG 是中断标志寄存器，在中断服务程序中查询该寄存器获知哪个引脚触发。使用中断除了使能 PxIE 相应位，还要使能 Portx 中断及总中断。这里需要注意的是，同一个 Portx 的 8 位公用一个中断向量 PxIV，当 Portx 任何一个引脚有中断触发时，都会进入同一个中断服务程序。在中断服务程序中，首先通过 PxIFG 判断是哪一个引脚触发的中断，然后执行相应的程序，最后注意要清除相应的 PxIFG 标志位。

【例 3.2.3】 GPIO 外部中断实验

配置 P1.3 外部中断，下降沿触发，每触发一次在中断服务程序里翻转 LED。

（1）硬件设计：见按键电路说明。

（2）软件设计。

```
int main()
{
    WDT_A->CTL = WDT_A_CTL_PW |           //写入看门狗寄存器密钥
                 WDT_A_CTL_HOLD;          //暂停看门狗计时
    P7->DIR |= BIT0;                      //P7DIR的BIT0置高，P7.0配置为输出
    P1->DIR &= ~BIT3;                     //P1DIR的BIT3置低，P1.3配置为输入
    P1->REN |= BIT3;                      //P1REN的BIT3置高，允许P1.3上拉/下拉
    P1->OUT|= ~BIT3;                      //P1OUT的BIT3置低，P1.3下拉
    P1->IES &=~BIT3;                      //P1IES的BIT3置低，P1.3上升沿触发
    P1->IFG=0;                            //P1IFG置0，清除P1中断标志位
    P1->IE|=BIT3;                         //P1IE的BIT3置高，允许P1.3请求中断
    NVIC->ISER[1] = 1 << ((PORT1_IRQn) & 31);
    //NVIC_ISER的PORT1_IRQn位置高，使能P1中断
    __enable_irq();                       //打开全局中断
    while (1)
    {
    }
}

//PORT1中断服务程序
void PORT1_IRQHandler(void)
{
     uint32_t ii;
    __disable_irq();                      //关闭全局中断
    /*中断处理*/
    if(P1->IFG & BIT3)                    //查询P1.3是否在请求中断
    {
        for (ii = 10000; ii > 0; ii--);  //计数延时按键消抖
        if(P1->IN & BIT3)                 //查询P1IN，判断P1.3是否输入高电平
        P7->OUT ^= BIT0;                  //P7.0输出值和BIT0异或运算后输出
        P1->IFG &= ~BIT3;                 //清除P1.3中断标志
    }
    __enable_irq();                       //打开全局中断
}
```

3.3 GPIO 驱动库编程

3.3.1 库函数说明

GPIO 模块相关的库函数为 GPIO 供了丰富的 API，使用这些 API 能够方便地设置输入及输出、中断控制、读写数据等。下面给出 GPIO 模块相关的库函数及其功能说明。

（1）void GPIO_clearInterruptFlag (uint_fast8_t selectedPort, uint_fast16_t selectedPins)

功能：清除中断标志

参数 1：端口

参数 2：引脚

返回：无

使用举例：

```
GPIO_clearInterruptFlag(GPIO_PORT_P1,GPIO_PIN0);//清除P1.0中断标志位
```

（2）void GPIO_disableInterrupt (uint_fast8_t selectedPort, uint_fast16_t selectedPins)

功能：禁止中断

参数 1：端口

参数 2：引脚

返回：无

使用举例：

```
GPIO_disableInterrupt(GPIO_PORT_P1,GPIO_PIN0);//禁止P1.0请求中断
```

（3）void GPIO_enableInterrupt (uint_fast8_t selectedPort, uint_fast16_t selectedPins)

功能：使能中断

参数 1：端口

参数 2：引脚

返回：无

使用举例：

```
GPIO_enableInterrupt(GPIO_PORT_P1,GPIO_PIN0);//使能P1.0请求中断
```

（4）uint_fast16_t GPIO_getEnabledInterruptStatus (uint_fast8_t selectedPort)

功能：读取使能的中断状态

参数：端口

返回：各引脚号的逻辑或

使用举例：

```
GPIO_getEnabledInterruptStatus(GPIO_PORT_P1);//读取P1端口使能的中断状态
```

（5）uint8_t GPIO_getInputPinValue (uint_fast8_t selectedPort, uint_fast16_t selectedPins)

功能：得到输入引脚的值

参数 1：端口

参数 2：引脚

返回：输入引脚的值

使用举例：

```
    GPIO_getInputPinValue(GPIO_PORT_P1,GPIO_PIN0);//读取P1.0输入电平
```

（6）uint_fast16_t GPIO_getInterruptStatus (uint_fast8_t selectedPort, uint_fast16_tselectedPins)

功能：读取中断状态

参数 1：端口

参数 2：引脚

返回：各引脚号的逻辑或

使用举例：

```
    GPIO_getInterruptStatus(GPIO_PORT_P1,GPIO_PIN0);//读取P1.0中断状态
```

（7）void GPIO_interruptEdgeSelect (uint_fast8_t selectedPort, uint_fast16_t selectedPins, uint_fast8_t edgeSelect)

功能：中断边沿选择

参数 1：端口

参数 2：引脚

参数 3：边沿选择

返回：无

使用举例：

```
    GPIO_interruptEdgeSelect(GPIO_PORT_P1,GPIO_PIN0,GPIO_HIGH_TO_LOW_TRANSIT
ION);//P1.0下降沿触发中断
```

（8）void GPIO_setAsInputPin (uint_fast8_t selectedPort, uint_fast16_t selectedPins)

功能：配置引脚为输入

参数 1：端口

参数 2：引脚

返回：无

使用举例：

```
    GPIO_setAsInputPin(GPIO_PORT_P1,GPIO_PIN0);//把P1.0配置为输入
```

（9）void GPIO_setAsInputPinWithPullDownResistor (uint_fast8_t selectedPort, uint_fast16_t selectedPins)

功能：配置引脚为下拉输入

参数 1：端口

参数 2：引脚

返回：无

使用举例：

```
    GPIO_setAsInputPinWithPullDownResistor(GPIO_PORT_P1,GPIO_PIN0);
//把P1.0配置为下拉输入
```

（10）void GPIO_setAsInputPinWithPullUpResistor (uint_fast8_t selectedPort,uint_fast16_t selectedPins)

功能：配置引脚为上拉输入

参数 1：端口

参数 2：引脚

返回：无

使用举例：

```
    GPIO_setAsInputPinWithPullUpResistor(GPIO_PORT_P1,GPIO_PIN0);
//把P1.0配置为上拉输入
```

（11）void GPIO_setAsOutputPin (uint_fast8_t selectedPort, uint_fast16_t selectedPins)

功能：配置引脚为输出

参数 1：端口

参数 2：引脚

返回：无

使用举例：

```
GPIO_setAsOutputPin(GPIO_PORT_P1,GPIO_PIN0);//把P1.0配置为输出
```

（12）void GPIO_setAsPeripheralModuleFunctionInputPin (uint_fast8_t selectedPort,uint_fast16_t selectedPins, uint_fast8_t mode)

功能：配置输入引脚复用方式

参数 1：端口

参数 2：引脚

参数 3：复用方式

返回：无

使用举例：

```
GPIO_setAsPeripheralModuleFunctionInputPin(GPIO_PORT_P1,GPIO_PIN0,GPIO_
PRIMARY_MODULE_FUNCTION);//把P1.0复用为基础外设输入接口
```

（13）void GPIO_setAsPeripheralModuleFunctionOutputPin (uint_fast8_t selectedPort,uint_fast16_t selectedPins, uint_fast8_t mode)

功能：配置输出引脚复用方式

参数 1：端口

参数 2：引脚

参数 3：复用方式

返回：无

使用举例：

```
GPIO_setAsPeripheralModuleFunctionOutputPin(GPIO_PORT_P1,GPIO_PIN0,GPIO_
PRIMARY_MODULE_FUNCTION);//把P1.0复用为基础外设输出接口
```

（14）void GPIO_setDriveStrengthHigh (uint_fast8_t selectedPort, uint_fast8_t selectedPins)

功能：设置 I/O 口强驱动

参数 1：端口

参数 2：引脚

返回：无

使用举例：

```
GPIO_setDriveStrengthHigh(GPIO_PORT_P1,GPIO_PIN0);//把P1.0设置为强驱动
```

（15）void GPIO_setDriveStrengthLow (uint_fast8_t selectedPort, uint_fast8_t selectedPins)

功能：设置 I/O 口弱驱动

参数 1：端口

参数 2：引脚

返回：无

使用举例：

```
GPIO_setDriveStrengthLow(GPIO_PORT_P1,GPIO_PIN0);//把P1.0设置为弱驱动
```

（16）void GPIO_setOutputHighOnPin (uint_fast8_t selectedPort, uint_fast16_t selectedPins)

功能：设置输出为高电平

参数 1：端口

参数 2：引脚

返回：无

使用举例：

```
GPIO_setOutputHighOnPin(GPIO_PORT_P1,GPIO_PIN0);//P1.0输出高电平
```

（17）void GPIO_setOutputLowOnPin (uint_fast8_t selectedPort, uint_fast16_t selectedPins)

功能：设置输出为低电平

参数 1：端口

参数 2：引脚

返回：无

使用举例：

```
GPIO_setOutputLowOnPin(GPIO_PORT_P1,GPIO_PIN0);//P1.0输出低电平
```

（18）void GPIO_toggleOutputOnPin (uint_fast8_t selectedPort, uint_fast16_t selectedPins)

功能：翻转输出电平

参数 1：端口

参数 2：引脚

返回：无

使用举例：

```
GPIO_toggleOutputOnPin(GPIO_PORT_P1,GPIO_PIN0);//翻转P1.0输出电平
```

3.3.2　GPIO 库函数编程实例

前面介绍的 GPIO 模块相关的库函数，实际上也是通过操作寄存器实现的，只是用函数封装好之后更易于理解。下面通过库函数编程来完成上面的实验任务。

【例 3.3.1】 GPIO 输出实验

软件设计：

```
int main()
{
    uint32_t ii;
    /*关闭看门狗*/
    WDT_A_holdTimer();
    /*P7.0配置为输出*/
    GPIO_setAsOutputPin(GPIO_PORT_P7, GPIO_PIN0);
    while (1)
    {
        /*计数延时*/
        for(ii=0;ii<100000;ii++)
        { }
        /*P7.0输出翻转*/
        GPIO_toggleOutputOnPin(GPIO_PORT_P7, GPIO_PIN0);
    }
}
```

【例 3.3.2】 GPIO 输入实验

软件设计：

```
int main()
{
    uint32_t ii;
    /*关闭看门狗*/
```

```
    WDT_A_holdTimer();
    /*P7.0配置为输出*/
    GPIO_setAsOutputPin(GPIO_PORT_P7, GPIO_PIN0);
    /*P1.3配置为下拉输入*/
    GPIO_setAsInputPinWithPullDownResistor(GPIO_PORT_P1, GPIO_PIN3);
    while (1)
    {
        /*查询P1.3输入电平是否为高*/
        if(GPIO_getInputPinValue(GPIO_PORT_P1, GPIO_PIN3)==
GPIO_INPUT_PIN_HIGH)
        {
            for (ii = 10000; ii > 0; ii--);   //计数延时按键消抖
            /*查询P1.3输入电平是否为高*/
            if(GPIO_getInputPinValue(GPIO_PORT_P1,
    GPIO_PIN3)==GPIO_INPUT_PIN_HIGH)
            /*按键按下，翻转P7.0输出*/
            GPIO_toggleOutputOnPin(GPIO_PORT_P7, GPIO_PIN0);
        }
        for (ii = 100000; ii > 0; ii--);   //计数延时
    }
}
```

【例 3.3.3】GPIO 外部中断实验

软件设计：

```
int main()
{
    uint32_t ii;
    /*关闭看门狗*/
    WDT_A_holdTimer();
    /*P7.0配置为输出*/
    GPIO_setAsOutputPin(GPIO_PORT_P7, GPIO_PIN0);
    /*P1.3配置为下拉输入*/
    GPIO_setAsInputPinWithPullDownResistor(GPIO_PORT_P1, GPIO_PIN3);
    /*清除P1.3中断标志*/
    GPIO_clearInterruptFlag(GPIO_PORT_P1, GPIO_PIN3);
    /*P1.3上升沿触发中断*/
    GPIO_interruptEdgeSelect ( GPIO_PORT_P1, GPIO_PIN3,
 GPIO_LOW_TO_HIGH_TRANSITION );
    /*P1.3中断使能*/
    GPIO_enableInterrupt(GPIO_PORT_P1, GPIO_PIN3);
    /*PORT1中断使能*/
    Interrupt_enableInterrupt(INT_PORT1);
    /*打开全局中断*/
    Interrupt_enableMaster();
    while (1)
    {
    }
}
//PORT1中断服务程序
void PORT1_IRQHandler(void)
```

```
    {
        uint32_t ii;
        uint32_t status;
        /*关闭全局中断*/
        Interrupt_disableMaster ();
        /*读取中断状态*/
        status = GPIO_getEnabledInterruptStatus(GPIO_PORT_P1);
        /*清除中断标志*/
        GPIO_clearInterruptFlag(GPIO_PORT_P1, status);
        /*中断处理*/
        if(status & BIT3)
        {
            for (ii = 10000; ii > 0; ii--);  //计数延时按键消抖
            /*查询P1.3输入电平是否为高*/
            if(GPIO_getInputPinValue(GPIO_PORT_P1, GPIO_PIN3)==
GPIO_INPUT_PIN_HIGH)
            /*按键按下，翻转P7.0输出*/
            GPIO_toggleOutputOnPin(GPIO_PORT_P7, GPIO_PIN0);
        }
        /*打开全局中断*/
        Interrupt_enableMaster();
    }
```

【例 3.3.4】OLED 显示实验

OLED，即有机发光二极管（Organic Light-Emitting Diode），OLED 由于同时具备自发光，不需背光源、对比度高、厚度薄、视角广、反应速度快、可用于挠曲性面板、使用温度范围广、构造及制程较简单等优异特性，被认为是下一代平面显示器的新兴应用技术。

在本实验中，我们使用两个 I/O 口模拟 IIC 时序来控制 OLED，实现简单人机界面显示。

（1）硬件设计。

这里采用 IIC 接口的 0.96 英寸（1 英寸=25.4 毫米）OLED 屏幕，其分辨率为 128 像素×64 像素，除供电接口电路外，IIC 控制端接有上拉电阻。IIC 的时钟引脚连接到 P6.5，数据引脚连接到 P6.4。OLEO 连接原理如图 3.3.1 所示。

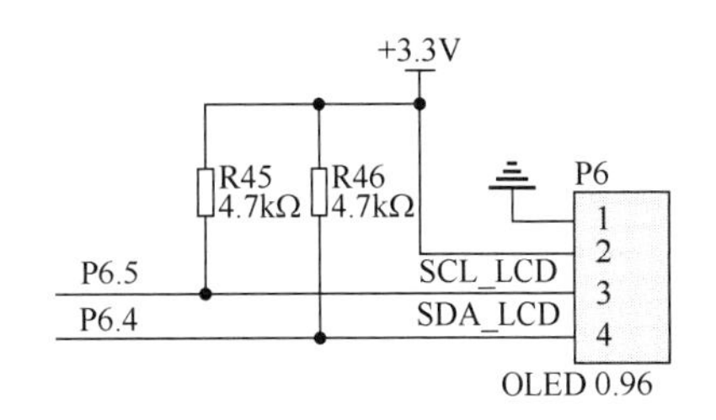

图 3.3.1　OLED 连接原理

（2）软件设计。

本实验新建 oled.c、oled.h、oledfont.h 这 3 个文件，oled.c 包含了底层驱动及应用层函数，oled.h 则是相关宏定义和函数声明，oledfont.h 是 ASCII 6×8 和 8×16 字库及部分汉字字库。该 3 个文件的详细内容请见配套程序，在此不做赘述。

本实验通过按键控制 OLED 的显示，这里对 main.c 文件进行说明。

```
int main(void)
{
    uint32_t ii;
    /* 关闭看门狗 */
    WDT_A_holdTimer();
    /* 将P7.0 设置为输出 */
    GPIO_setAsOutputPin(GPIO_PORT_P7, GPIO_PIN0);
    /*P1.3配置为下拉输入*/
    GPIO_setAsInputPinWithPullDownResistor(GPIO_PORT_P1, GPIO_PIN3);
```

```
    /*OLED初始化*/
    OLED_Init();
    /*OLED清屏*/
    OLED_Clear();
    /*OLED显示字符及汉字*/
    OLED_ShowString(0,0,"MSP432",16);
    OLED_ShowCHinese(48,0,11); //原
    OLED_ShowCHinese(64,0,12);//理
    OLED_ShowCHinese(80,0,13);//及
    OLED_ShowCHinese(96,0,14);//使
    OLED_ShowCHinese(112,0,15);//用
    OLED_ShowString(0,2,"OLED",16);
    OLED_ShowCHinese(32,2,16); //显
    OLED_ShowCHinese(48,2,17);//示
    OLED_ShowCHinese(64,2,18);//实
    OLED_ShowCHinese(80,2,19);//验
    while (1)
    {
            /*查询P1.3输入电平是否为高*/
            if(GPIO_getInputPinValue(GPIO_PORT_P1,
GPIO_PIN3)==GPIO_INPUT_PIN_HIGH)
            {
                for (ii = 10000; ii > 0; ii--);   //计数延时按键消抖
                /*查询P1.3输入电平是否为高*/
                if(GPIO_getInputPinValue(GPIO_PORT_P1,
GPIO_PIN3)==GPIO_INPUT_PIN_HIGH)
                {
                    /*按键按下，翻转P7.0输出*/
                    GPIO_toggleOutputOnPin(GPIO_PORT_P7, GPIO_PIN0);
                    /*根据P7.0输出电平判断是否显示*/
                    if((P7->OUT & BIT0) != BIT0)  //低电平,不显示
                    {
                        OLED_ClrarPage(2);
                        OLED_ClrarPage(3);
                    }
                    else                          //高电平，显示
                    {
                        OLED_ShowString(0,2,"OLED",16);
                        OLED_ShowCHinese(32,2,16); //显
                        OLED_ShowCHinese(48,2,17);//示
                        OLED_ShowCHinese(64,2,18);//实
                        OLED_ShowCHinese(80,2,19);//验
                    }
                }
            }
            for (ii = 50000; ii > 0; ii--);   //计数延时
    }
}
```

3.4 端口映射控制器（PMAP）

3.4.1 PMAP 原理

端口映射控制器允许将数字功能灵活地映射到端口引脚。

端口映射控制器的特点如下。

- 配置受写访问密钥保护。
- 为每个端口引脚提供默认映射。
- 映射可以在运行时重新配置。
- 每个输出信号可以映射到多个输出引脚。

要使能对端口映射控制器寄存器的写操作，必须将正确的密钥写入 PMAPKEYID 寄存器，PMAPKEYID 寄存器总是读取 096A5h。写入密钥 02D52h 授予对所有端口映射控制器寄存器的写访问权。读取访问没有权限限制。如果在授予写访问权限时写入了无效的密钥，则会阻止任何进一步的写访问，建议应用程序通过写入无效密钥来完成端口映射控制器配置。在配置过程中应该禁止中断，或者应用程序应该保证中断服务程序不会意外导致端口寄存器永久锁定。

访问权状态通过 PMAPLOCK 位表示。默认情况下，端口映射控制器在每次硬件复位之后只允许配置一次。第二次通过写入正确的密钥来使能写访问权限将无效，并且寄存器将保持锁定状态，需要硬件复位才能再次禁用永久锁。如果需要在运行时重新配置映射，则必须在第一次写访问时置位 PMAPRECFG 位。如果在稍后的配置中清除 PMAPRECFG 位，则不可以再继续进行配置。

对每个可以进行映射的端口引脚 Px.y 提供一个寄存器 PxMAPy，将该寄存器设置为某个值，把模块的输入和输出信号映射到相应的端口引脚 Px.y。通过把相应的 PxSEL.y 位置为 1，端口引脚从通用 I/O 口切换到所选的外设（或辅助）功能。如果使用模块的输入或输出功能，则通常通过设置 PxDIR.y 位来定义。如果 PxDIR.y = 0，则引脚是输入；如果 PxDIR.y = 1，则引脚是输出。

使用端口映射功能，可以将模块的输出映射到多个引脚。模块的输入还可以从多个引脚接收输入。当将多个输入映射到一个模块时，输入信号通过逻辑或连在一起，而没有任何优先级，因此，任何输入上的逻辑 1 都会导致模块上的逻辑 1。当通过更改 PxSEL0.y 位和 PxSEL1.y 位到 0 而将引脚配置从外设功能更改为输入/输出功能时，设备引脚上的外部输入必须位于逻辑 0。

端口映射针对不同型号的微控制器有所不同，对于 MSP432P401x 微控制器而言，P2、P3 和 P7 端口可以进行映射，端口映射关系如表 3.4.1 所示。

表 3.4.1　端口映射关系

值	PxMAPy 助记符	输入引脚功能	输出引脚功能
0	PM_NONE	无	DVSS
1	PM_UCA0CLK	eUSCI_A0 时钟输入/输出（方向由 eUSCI 控制）	
2	PM_UCA0RXD	eUSCI_A0 UART RXD（方向由 eUSCI 控制，输入）	
	PM_UCA0SOMI	eUSCI_A0 SPI slave out master in（方向由 eUSCI 控制）	
3	PM_UCA0TXD	eUSCI_A0 UART TXD（方向由 eUSCI 控制，输出）	
	PM_UCA0SIMO	eUSCI_A0 SPI 从机输入主机输出（方向由 eUSCI 控制）	
4	PM_UCB0CLK	eUSCI_B0 时钟输入/输出（方向由 eUSCI 控制）	

续表

值	PxMAPy 助记符	输入引脚功能	输出引脚功能
5	PM_UCB0SDA	eUSCI_B0 I2C 数据（开漏和方向由 eUSCI 控制）	
	PM_UCB0SIMO	eUSCI_B0 SPI 从机输入主机输出（方向由 eUSCI 控制）	
6	PM_UCB0SCL	eUSCI_B0 I2C 时钟（开漏和方向由 eUSCI 控制）	
	PM_UCB0SOMI	eUSCI_B0 SPI 从机输出主机输入（方向由 eUSCI 控制）	
7	PM_UCA1STE	eUSCI_A1 SPI 从机发送使能（方向由 eUSCI 控制）	
8	PM_UCA1CLK	eUSCI_A1 时钟输入/输出（方向由 eUSCI 控制）	
9	PM_UCA1RXD	eUSCI_A1UART RXD（方向由 eUSCI 控制，输入）	
	PM_UCA1SOMI	eUSCI_A1 SPI 从机输出主机输入（方向由 eUSCI 控制）	
10	PM_UCA1TXD	eUSCI_A1 UART TXD（方向由 eUSCI 控制，输出）	
	PM_UCA1SIMO	eUSCI_A1 SPI 从机输入主机输出（方向由 eUSCI 控制）	
11	PM_UCA2STE	eUSCI_A2 SPI 从机发送使能（方向由 eUSCI 控制）	
12	PM_UCA2CLK	eUSCI_A2 时钟输入/输出（方向由 eUSCI 控制）	
13	PM_UCA2RXD	eUSCI_A2 UART RXD（方向由 eUSCI 控制，输入）	
	PM_UCA2SOMI	eUSCI_A2 SPI 从机输出主机输入（方向由 eUSCI 控制）	
14	PM_UCA2TXD	eUSCI_A2 UART TXD（方向由 eUSCI 控制，输出）	
	PM_ UCA2SIMO	eUSCI_A2 SPI 从机输入主机输出（方向由 eUSCI 控制）	
15	PM_UCB2STE	eUSCI_B2 SPI 从机发送使能（方向由 eUSCI 控制）	
16	PM_UCB2CLK	eUSCI_B2 时钟输入/输出（方向由 eUSCI 控制）	
17	PM_UCB2SDA	eUSCI_B2 I2C 数据（开漏和方向由 eUSCI 控制）	
	PM_UCB2SIMO	eUSCI_B2 SPI 从机输入主机输出（方向由 eUSCI 控制）	
18	PM_UCB2SCL	eUSCI_B2 I2C 时钟（开漏和方向由 eUSCI 控制）	
	PM_UCB2SOMI	eUSCI_B2 SPI 从机输出主机输入（方向由 eUSCI 控制）	
19	PM_TA0CCR0A	TA0 CCR0 捕获输入 CCI0A	TA0 CCR0 比较输出 Out0
20	PM_TA0CCR1A	TA0 CCR1 捕获输入 CCI1A	TA0 CCR1 比较输出 Out1
21	PM_TA0CCR2A	TA0 CCR2 捕获输入 CCI2A	TA0 CCR2 比较输出 Out2
22	PM_TA0CCR3A	TA0 CCR3 捕获输入 CCI3A	TA0 CCR3 比较输出 Out3
23	PM_TA0CCR4A	TA0 CCR4 捕获输入 CCI4A	TA0 CCR4 比较输出 Out4
24	PM_TA1CCR1A	TA1 CCR1 捕获输入 CCI1A	TA1 CCR1 比较输出 Out1
25	PM_TA1CCR2A	TA1 CCR2 捕获输入 CCI2A	TA1 CCR2 比较输出 Out2
26	PM_TA1CCR3A	TA1 CCR3 捕获输入 CCI3A	TA1 CCR3 比较输出 Out3
27	PM_TA1CCR4A	TA1 CCR4 捕获输入 CCI4A	TA1 CCR4 比较输出 Out4
28	PM_TA0CLK	Timer_A0 外部时钟输入	无
	PM_C0OUT	无	比较器—E0 输出
29	PM_TA1CLK	Timer_A1 外部时钟输入	无
	PM_C1OUT	无	比较器—E1 输出
30	PM_DMAE0	DMAE0 输入	无
	PM_SMCLK	无	SMCLK
31 (0FFh)	PM_ANALOG	禁止输出驱动器和输入施密特触发器避免在应用模拟信号时寄生交叉电流	

3.4.2 PMAP 寄存器

端口映射控制器（PMAP）寄存器如表 3.4.2 所示（PMAP 基地址：0x4000_5000）。

表 3.4.2　PAMP 寄存器

寄存器名称	缩　写	地 址 偏 移
端口映射密钥	PMAPKEYID	00h
端口映射控制寄存器	PMAPCTL	02h
端口映射 P2.0	P2MAP0	10h
端口映射 P2.1	P2MAP1	11h
端口映射 P2.2	P2MAP2	12h
端口映射 P2.3	P2MAP3	13h
端口映射 P2.4	P2MAP4	14h
端口映射 P2.5	P2MAP5	15h
端口映射 P2.6	P2MAP6	16h
端口映射 P2.7	P2MAP7	17h
端口映射 P3.0	P3MAP0	18h
端口映射 P3.1	P3MAP1	19h
端口映射 P3.2	P3MAP2	1Ah
端口映射 P3.3	P3MAP3	1Bh
端口映射 P3.4	P3MAP4	1Ch
端口映射 P3.5	P3MAP5	1Dh
端口映射 P3.6	P3MAP6	1Eh
端口映射 P3.7	P3MAP7	1Fh
端口映射 P7.0	P7MAP0	38h
端口映射 P7.1	P7MAP1	39h
端口映射 P7.2	P7MAP2	3Ah
端口映射 P7.3	P7MAP3	3Bh
端口映射 P7.4	P7MAP4	3Ch
端口映射 P7.5	P7MAP5	3Dh
端口映射 P7.6	P7MAP6	3Eh
端口映射 P7.7	P7MAP7	3Fh

3.4.3　PMAP 库函数

void PMAP_configurePorts (const uint8_t *portMapping, uint8_t pxMAPy, uint8_t numberOfPorts, uint8_t portMapReconfigure)

功能：配置端口映射

参数 1：指向初始化数据的指针

参数 2：需要初始化的端口映射器

参数 3：需要初始化的端口数量

参数 4：用于使能/禁止再配置

返回：无

3.4.4　PMAP 应用实例

【例 3.4.1】端口映射配置

把定时器 A1 CCR1 输出映射到 P2.4（默认为 P7.7），配置为 PWM 波输出，用示波器观察输出信号。

软件设计：

```
    /* 端口映射配置寄存器 */
    const uint8_t port_mapping[] =
    {
        // P2:
        PM_NONE, PM_NONE, PM_NONE, PM_NONE, PM_TA1CCR1A, PM_NONE,PM_NONE,
PM_NONE
    };
    /* Timer_A 循环计数模式配置参数 */
    const Timer_A_UpDownModeConfig upDownConfig =
    {
        TIMER_A_CLOCKSOURCE_SMCLK,                //SMCLK作为时钟源,默认1.5MHz
        TIMER_A_CLOCKSOURCE_DIVIDER_1,            //时钟分频系数为1
        127,                                      //计数值为127
        TIMER_A_TAIE_INTERRUPT_DISABLE,           //禁止计数器中断
        TIMER_A_CCIE_CCR0_INTERRUPT_DISABLE, //禁止CCR0中断
        TIMER_A_DO_CLEAR                          //定时器清零
    };
    /* Timer_A 比较输出配置参数 */
    const Timer_A_CompareModeConfig compareConfig_PWM1 =
    {
        TIMER_A_CAPTURECOMPARE_REGISTER_1,                //使用CCR1
        TIMER_A_CAPTURECOMPARE_INTERRUPT_DISABLE,         //禁止CCR1中断
        TIMER_A_OUTPUTMODE_TOGGLE_RESET,                  //PWM模式为翻转复位模式
        32                                                //比较值为32
    };
    u8 tbuf[40];
    int main()
    {
        float frequency,duty; //PWM频率、占空比
        /*关闭看门狗*/
        WDT_A_holdTimer();
        /*把P2.4映射为PM_TA1CCR1A输出*/
        PMAP_configurePorts((const uint8_t *) port_mapping, PMAP_P2MAP, 1,
                PMAP_DISABLE_RECONFIGURATION);
        /*P2.4引脚复用为PM_TA1CCR1A输出*/
        GPIO_setAsPeripheralModuleFunctionOutputPin(GPIO_PORT_P2,
                GPIO_PIN4, GPIO_PRIMARY_MODULE_FUNCTION);
        /*定时器比较模式初始化*/
        Timer_A_initCompare(TIMER_A1_BASE, &compareConfig_PWM1);
        /*配置定时器为循环计数模式*/
        Timer_A_configureUpDownMode(TIMER_A1_BASE, &upDownConfig);
        /*开始计数*/
        Timer_A_startCounter(TIMER_A1_BASE, TIMER_A_UPDOWN_MODE);
        /*OLED初始化*/
        OLED_Init();
        /*OLED清屏*/
        OLED_Clear();
        /*OLED显示字符及汉字*/
```

```
    OLED_ShowString(0,0,"MSP432",16);
    OLED_ShowCHinese(48,0,11); //原
    OLED_ShowCHinese(64,0,12);//理
    OLED_ShowCHinese(80,0,13);//及
    OLED_ShowCHinese(96,0,14);//使
    OLED_ShowCHinese(112,0,15);//用
    OLED_ShowCHinese(0,2,16); //端
    OLED_ShowCHinese(16,2,17);//口
    OLED_ShowCHinese(32,2,18);//映
    OLED_ShowCHinese(48,2,19);//射
    OLED_ShowCHinese(64,2,20);//器
    OLED_ShowCHinese(80,2,21);//实
    OLED_ShowCHinese(96,2,22);//验
    OLED_ShowString(0,4,"PWM",16);
    OLED_ShowCHinese(24,4,25);//频
    OLED_ShowCHinese(40,4,26);//率
    frequency = 1500000 / 127;    //计算PWM频率
    duty = 32/127.0f;             //计算PWM占空比
    /*把浮点变量转换为字符串*/
    sprintf((char*)tbuf,":%.1fkHz",frequency/1000);
    OLED_ShowString(56,4,tbuf,16);
    OLED_ShowCHinese(0,6,27);//占
    OLED_ShowCHinese(16,6,28);//空
    OLED_ShowCHinese(32,6,29);//比
    /*把浮点变量转换为字符串*/
    sprintf((char*)tbuf,":%.1f%%",duty*100);
    OLED_ShowString(48,6,tbuf,16);
    while(1)
    {
        PCM_gotoLPM0();    //进入睡眠状态
    }
}
```

3.5　端口电容触摸（CAPTIO）

3.5.1　CAPTIO 原理

CAPTIO 能够实现一个简单的电容触摸应用。该模块利用集成的上拉电阻、下拉电阻和外部电容，将输入施密特触发器感知的反向输入电压反馈到上拉、下拉控制，形成振荡器。图 3.5.1 所示为 CAPTIO 原理。

图 3.5.2 所示为 CAPTIO 模块内部结构。

从图 3.5.2 中可知，设置 CAPTIOEN=1 启用电容式触摸功能，并使用 CAPTIOPOSELx 和 CAPTIOPISELx 选择一个端口。所选端口引脚切换到电容触控状态，所产生的振荡信号由定时器测量。通过将 CAPTIO 控制寄存器 CAPTIOCTL_L 的低字节增加，可以扫描到连续的端口引脚。

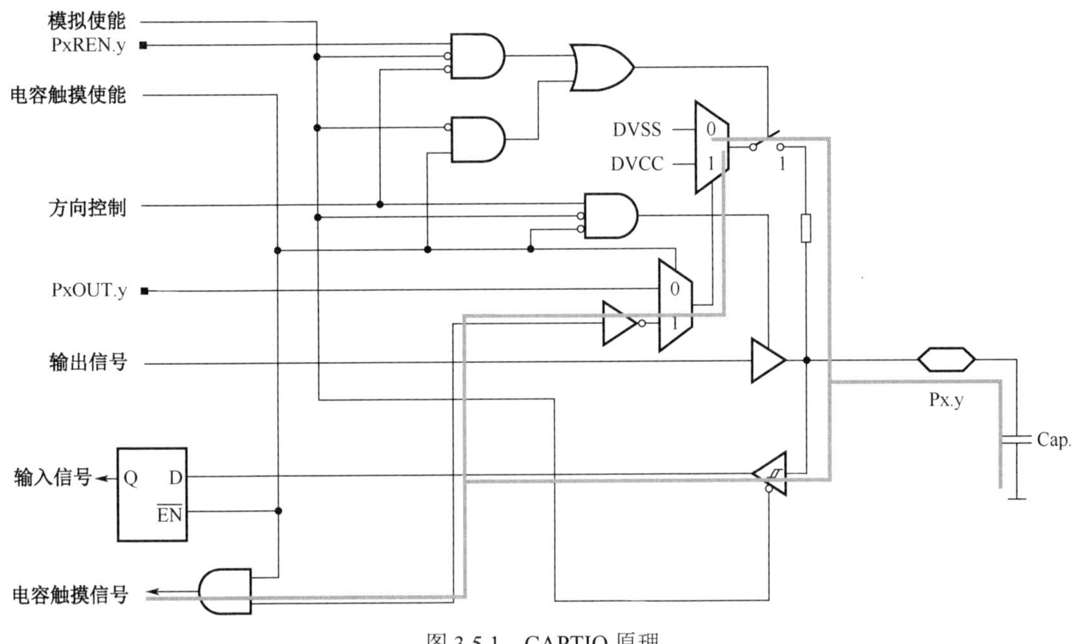

图 3.5.1 CAPTIO 原理

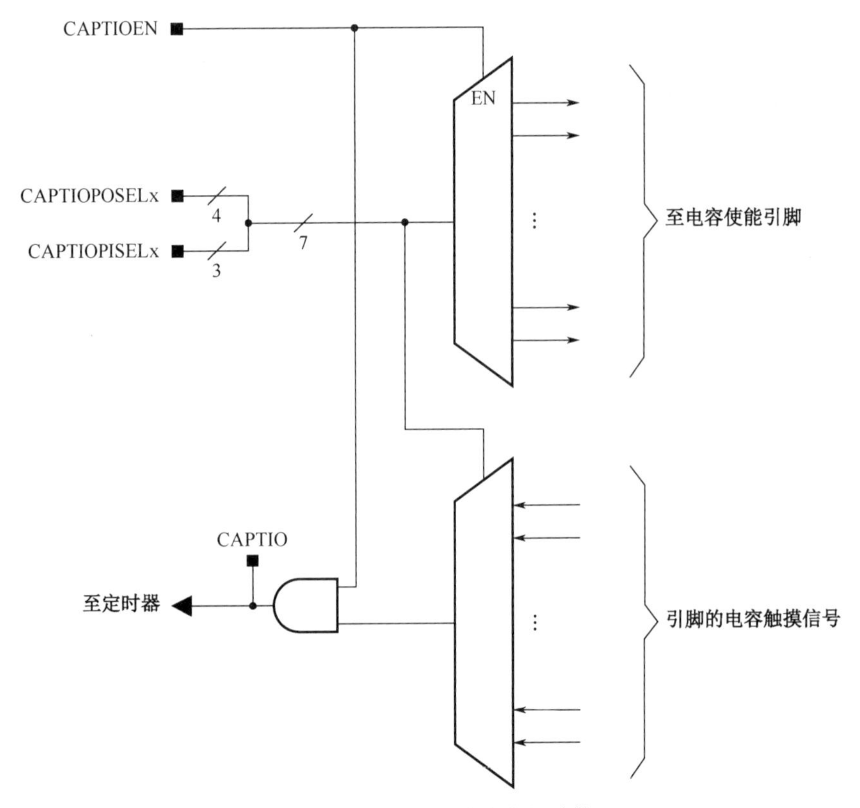

图 3.5.2 CAPTIO 模块内部结构

CAPTIO 只有一个寄存器，即 CAPTIOxCTL，对该寄存器的描述如表 3.5.1 所示。

表 3.5.1　CAPTIOxCTL 寄存器

<table>
<tr><td>15</td><td>14</td><td>13</td><td>12</td><td>11</td><td>10</td><td>9</td><td>8</td></tr>
<tr><td colspan="6">保留</td><td>CAPTIO</td><td>CAPTIOEN</td></tr>
<tr><td>7</td><td>6</td><td>5</td><td>4</td><td>3</td><td>2</td><td>1</td><td>0</td></tr>
<tr><td colspan="4">CAPTIOPOSELx</td><td colspan="3">CAPTIOPISELx</td><td>保留</td></tr>
</table>

9：CAPTIO，电容触摸 I/O 口状态。

8：CAPTIOEN，电容触摸 I/O 口使能。

7～4：CAPTIOPOSELx，I/O 口选择。

0000b = Px = PJ

0001b = Px = P1

0010b = Px = P2

0011b = Px = P3

0100b = Px = P4

0101b = Px = P5

0110b = Px = P6

0111b = Px = P7

1000b = Px = P8

1001b = Px = P9

1010b = Px = P10

1011b = Px = P11

1100b = Px = P12

1101b = Px = P13

1110b = Px = P14

1111b = Px = P15

3～1：CAPTIOPISELx，引脚号。

000 b = Px.0

001 b = Px.1

010 b = Px.2

011 b = Px.3

100 b = Px.4

101 b = Px.5

110 b = Px.6

111 b = Px.7

3.5.2　CAPTIO 库函数

CAPTIO 并无库函数，需要通过直接操作寄存器的方式实现。应用电容触摸功能可配合使用别的功能模块库函数，如定时器。

3.5.3 CAPTIO 应用实例

【例 3.5.1】电容触摸开关

CAPTIO 的输出信号内部连接到定时器，使用定时器对该信号进行计数，测量其振荡周期，即可获知外部电容大小信息，实现电容触摸功能。以 MSP432P40 微控制器为例，该微控制器提供两个电容触摸模块，CAPTIO0 和 CAPTIO1，输出信号分别连接到 Timer_A2 和 Timer_A3 的 INCLK。本例中启用 CAPTIO，外部端口选为 P10.1，定时器对振荡信号进行计数，然后再使用 Timer_A1 定时读取 Timer_A2 计数值，通过计算得到信号的周期。周期越大，频率越小，表明外部电容越大。触摸会引起电容变小，测得的周期值会比较小（本例中数值设为 5000），通过判断就能实现电容触摸开关功能。

软件设计：

```
//定时器计数值
uint16_t CountlastValue = 0;
uint16_t CountValue;
//定时器溢出中断计数
int Ta2IsrCount = 0;
//振荡周期
int Period;
//Timer_A2连续计数模式配置
const Timer_A_ContinuousModeConfig continuousModeConfig =
{
    TIMER_A_CTL_SSEL__INCLK,             //内部时钟源
    TIMER_A_CLOCKSOURCE_DIVIDER_10,      //10分频
    TIMER_A_TAIE_INTERRUPT_ENABLE,       //中断使能
    TIMER_A_DO_CLEAR                     //清空计数器
};
//Timer_A1间隔定时
const Timer_A_UpModeConfig upConfig =
{
    TIMER_A_CLOCKSOURCE_ACLK,            //ACLK
    TIMER_A_CLOCKSOURCE_DIVIDER_1,       //1分频
    1000,                                //计数值为1000
    TIMER_A_TAIE_INTERRUPT_DISABLE,      //禁止计数器中断
    TIMER_A_CCIE_CCR0_INTERRUPT_ENABLE,  //使能CCR0中断
    TIMER_A_DO_CLEAR                     //清空计数器
};
int main()
{
    /*关闭看门狗*/
    WDT_A_holdTimer();
    /*P7.0配置为输出*/
    GPIO_setAsOutputPin(GPIO_PORT_P7, GPIO_PIN0);
    /*P10.1配置为输入*/
    GPIO_setAsInputPin(GPIO_PORT_P10, GPIO_PIN1);
    /*配置CAPTIO,启动CAPIO, 选择端口P10.1*/
```

```
    CAPTIO0->CTL |= CAPTIO_CTL_EN | CAPTIO_CTL_POSEL_10 |
CAPTIO_CTL_PISEL_1;
    /*配置Timer_A2连续计数模式*/
    Timer_A_configureContinuousMode(TIMER_A2_BASE, &continuousModeConfig);
    /*使能Timer_A2中断*/
    Interrupt_enableInterrupt(INT_TA2_N);
    /*配置Timer_A1向上计数模式*/
    Timer_A_configureUpMode(TIMER_A1_BASE, &upConfig);
    /*使能Timer_A1，CCR0中断*/
    Interrupt_enableInterrupt(INT_TA1_0);
    /*启动使能Timer_A2*/
    Timer_A_startCounter(TIMER_A2_BASE, TIMER_A_CONTINUOUS_MODE);
    /*启动使能Timer_A1*/
    Timer_A_startCounter(TIMER_A1_BASE, TIMER_A_UP_MODE);
    /*打开总中断*/
    Interrupt_enableMaster();
    /*OLED初始化*/
    OLED_Init();
    /*OLED清屏*/
    OLED_Clear();
    /*OLED显示字符及汉字*/
    OLED_ShowString(0,0,"MSP432",16);
    OLED_ShowCHinese(48,0,11); //原
    OLED_ShowCHinese(64,0,12);//理
    OLED_ShowCHinese(80,0,13);//及
    OLED_ShowCHinese(96,0,14);//使
    OLED_ShowCHinese(112,0,15);//用
    OLED_ShowCHinese(0,2,16); //电
    OLED_ShowCHinese(16,2,17);//容
    OLED_ShowCHinese(32,2,18);//触
    OLED_ShowCHinese(48,2,19);//摸
    OLED_ShowCHinese(64,2,20);//实
    OLED_ShowCHinese(80,2,21);//验
    while(1)
    {
        PCM_gotoLPM0();     //进入睡眠状态
    }
}
//Timer_A2中断服务程序
void TA2_N_IRQHandler(void)
{
    /*清除Timer_A2中断标志*/
  Timer_A_clearInterruptFlag(TIMER_A2_BASE);
    /*计数*/
    Ta2IsrCount++;
}
// Timer_A1中断服务程序
```

```
void TA1_0_IRQHandler(void)
{
    /*清除Timer_A1中断标志*/
    Timer_A_clearCaptureCompareInterrupt(TIMER_A1_BASE,
                    TIMER_A_CAPTURECOMPARE_REGISTER_0);
    /*读取TimerA2计数器值*/
    CountValue = Timer_A_getCounterValue(TIMER_A2_BASE);
    /*计算周期*/
    Period = 65535 * Ta2IsrCount + CountValue - CountlastValue;
    CountlastValue = CountValue;
    Ta2IsrCount = 0;
    /*判断电容触摸按键是否按下，通过LED指示*/
    if(Period > 5000)
        GPIO_setOutputHighOnPin(GPIO_PORT_P7, GPIO_PIN0);
    else
        GPIO_setOutputLowOnPin(GPIO_PORT_P7, GPIO_PIN0);
}
```

3.6 小结与思考

本章重点介绍了 GPIO 原理，并讲解了端口映射控制器与端口电容触摸。建议读者重点掌握 GPIO 相关寄存器功能及读写操作，以及掌握 GPIO 库函数编程、库函数的功能及使用。对于端口映射控制器与端口电容触摸，读者可通过实践来理解。端口是 MSP432 微控制器设计开发的第一步，需要扎实掌握。若条件许可，读者可自行设计功能更多的实验练习。

习题与思考

3-1 GPIO 相关的寄存器有哪些？这些寄存器各有什么作用？

3-2 配置 GPIO 一般有哪些步骤？

3-3 如何使用 GPIO 驱动库编程？

3-4 GPIO 中断如何使用？有什么注意事项？

3-5 自己设计一个 GPIO 输入/输出实验，要求使用寄存器操作。

3-6 电容触摸按键的原理是什么？请基于 MSP432 编写一个电容按键的程序。

第 4 章　复位控制器与系统控制器

MSP432 的系统控制包括复位控制（Reset）、供电系统（PSS）、电源控制模块（PCM）、时钟系统（CS）和系统控制器（SYSCTL），这些单元的有效运行是 MSP432 正常工作的必要条件，了解并掌握如何配置系统在 MSP432 的开发中是有必要的。

本章介绍复位控制器（ResetCtl）和系统控制器（SysCtl），这部分内容在 MSP432 学习初期建议初学者了解并实践练习，从而在进行具体设计时具有针对性。

本章导读：细读 4.1 节、4.2 节，实践例程并做好笔记，完成习题。

4.1　复位控制器（ResetCtl）

4.1.1　ResetCtl 原理

MSP432P4xx 控制器的复位分为 4 类：上电/断电复位（POR）、重启复位（Reboot Reset）、硬复位（Hard Reset）和软复位（Soft Reset），优先级依次降低。每种类别复位后将会产生不同的初始化状态，同时每个类有不同的复位触发源，使用时根据情况进行选择，如图 4.1.1 所示。

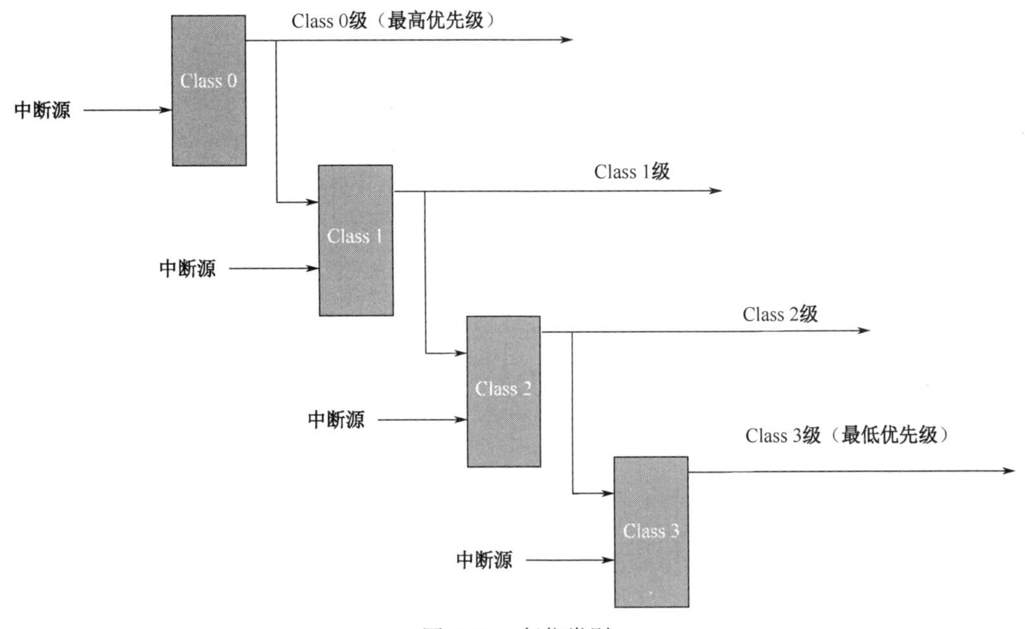

图 4.1.1　复位类别

图 4.1.1 中展示了复位生成机制及其优先级。复位优先级从左到右依次递减，这意味着每次复

位都会自动启动所有较低优先级的复位（如果有的话）。但是，低优先级的复位不会触发高优先级的复位。

1. Class 0：上电/断电复位

POR 是指任何可以帮助获得对处于完全未初始化（或随机）状态设备的控制复位。在下列情况中，设备可能需要 POR。

- 真正的上电或断电条件（向设备供电或断电）。
- 电源供应系统（PSS）产生的“电压异常”条件。这种情况可能由电压控制逻辑或核心域电压引起。
- 退出 LPM3.5 或 LPM4.5 操作模式（由 PCM 启动）。
- 用户驱动的全芯片复位。此重置可以通过 RSTn 引脚、调试器和 SYSCTL 启动。
- 外部电阻工作模式下的 DCO 短路故障。

从用户应用程序的角度来看，上述所有源都导致相同的重置状态，因此被归为一个重置类别，称之为 POR。POR 上的设备状态如下。

- 设备中的所有组件都被重置。
- 调试器失去与设备的连接和对设备的控制。
- 设备将重新启动。
- 片上 SRAM 值不能保证被保留。

2. Class 1：重启复位

从设备应用程序的角度来看，重启复位与 POR 相同，只是它没有重置 CPU 的调试组件。这是一种特殊类型的重置，仅通过软件控制启动。重启复位是一种模拟设备完全启动（通常通过 POR）的方法，无须更改或重置设备的启动模式。此类重置允许用户强制“受控”重新执行引导代码，而不需要发出完整的 POR。因此，调试器或用户应用程序可以请求启动覆盖操作模式（如请求保护一段代码）。

3. Class 2：硬复位

硬复位是在用户应用程序控制下启动的，是一个确定性事件。这意味着设备已经处于已知状态，开发人员或应用程序希望重新初始化系统，作为对特定事件或条件的响应。应用程序驱动的重新启动需求，无须重新启动。这可能是由于应用程序检测到灾难性事件，或者调试场景（希望通过调试器或 BSL 重新启动应用程序的开发人员）。

从应用程序的角度来看，硬复位执行以下操作。

- 重置处理器和系统中配置的所有应用程序外围设备，包括总线系统，从而终止任何挂起的总线事务。
- 将控制权返回给用户代码。
- 保持设备的调试器连接。
- 不会重新启动设备。
- 片上 SRAM 值被保留。

4. Class 3：软复位

软复位是在用户应用程序控制下启动的，是一个确定性事件。该类只复位系统中与执行相关的组件。维护所有其他与应用程序相关的配置，从而保留应用程序对设备的视图。应用程序配置的外围设备通过软复位继续其操作。

从应用程序的角度来看，软复位具有以下含义。

- 重置系统中与执行相关的组件：
  Cortex-M4 的 SYSRESETn，M4 中的所有总线事务（调试 PPB 空间除外）都将中止；
  WDT 模块。
- 维持所有系统级总线事务。
- 维持所有外设配置。
- 将控制权返回给用户代码。
- 维护设备的调试器连接。
- 不会重新启动设备。
- 片上 SRAM 值被保留。

5. RSTCTL 寄存器

RSTCTL 寄存器如表 4.1.1 所示。

表 4.1.1　RSTCLT 寄存器

寄存器名称	缩　写	地 址 偏 移
复位请求	RSTCTL_RESET_REQ	000h
硬复位状态	RSTCTL_HARDRESET_STAT	004h
清除硬复位状态	RSTCTL_HARDRESET_CLR	008h
设置硬复位状态	RSTCTL_HARDRESET_SET	00Ch
软复位状态	RSTCTL_SOFTRESET_STAT	010h
清除软复位状态	RSTCTL_SOFTRESET_CLR	014h
设置软复位状态	RSTCTL_SOFTRESET_SET	018h
PSS 复位状态	RSTCTL_PSSRESET_STAT	100h
清除 PSS 复位状态	RSTCTL_PSSRESET_CLR	104h
PCM 复位状态	RSTCTL_PCMRESET_STAT	108h
清除 PCM 复位状态	RSTCTL_PCMRESET_CLR	10Ch
引脚复位状态	RSTCTL_PINRESET_STAT	110h
清除引脚复位状态	RSTCTL_PINRESET_CLR	114h
重启复位状态	RSTCTL_REBOOTRESET_STAT	118h
清除重启复位状态	RSTCTL_REBOOTRESET_CLR	11Ch
CS 复位状态	RSTCTL_CSRESET_STAT	120h
清除 CS 复位状态	RSTCTL_CSRESET_CLR	124h

4.1.2　ResetCtl 库函数

（1）void ResetCtl_clearHardResetSource (uint32_t mask)

功能：清除硬复位源

参数 1：复位源

返回：无

应用举例：

```
ResetCtl_clearHardResetSource(RESET_SRC_0);//清除硬复位源0
```

（2）void ResetCtl_clearPCMFlags (void)

功能：清除 PCM 复位源标志

参数 1：无

返回：无

（3）void ResetCtl_clearPSSFlags (void)
功能：清除 PSS 复位源标志
参数 1：无
返回：无
（4）void ResetCtl_clearSoftResetSource (uint32_t mask)
功能：清除软复位源
参数 1：复位源
返回：无
应用举例：

```
    ResetCtl_clearSoftResetSource (RESET_SRC_0);//清除软复位源0
```

（5）uint32_t ResetCtl_getHardResetSource (void)
功能：检索以前的硬复位源
参数 1：无
返回：复位源
（6）uint32_t ResetCtl_getPCMSource (void)
功能：指示由于 PCM 操作而导致开机复位的最后一个原因
参数 1：无
返回：RESET_LPM35 或 RESET_LPM45
（7）uint32_t ResetCtl_getPSSSource (void)
功能：指示由于 PSS 操作而导致开机复位的最后一个原因
参数 1：无
返回：RESET_VCCDET、RESET_SVSH_TRIP 或 RESET_BGREF_BAD
（8）uint32_t ResetCtl_getSoftResetSource (void)
功能：检索以前的软复位源
参数 1：无
返回：复位源
（9）void ResetCtl_initiateHardReset (void)
功能：初始化系统硬复位
参数 1：无
返回：无
（10）void ResetCtl_initiateHardResetWithSource (uint32_t source)
功能：使用给定的特定源启动硬系统重置
参数 1：复位源
返回：无
使用举例：

```
    ResetCtl_initiateHardResetWithSource (RESET_SRC_0)//启动硬复位源0
```

（11）void ResetCtl_initiateSoftReset (void)
功能：初始化一个系统软件复位
参数 1：无
返回：无
（12）void ResetCtl_initiateSoftResetWithSource (uint32_t source)
功能：使用给定的特定源启动软系统重置
参数 1：复位源

返回：无

使用举例：

```
ResetCtl_initiateSoftResetWithSource (RESET_SRC_0);//启动软复位源0
```

4.1.3　ResetCtl 应用实例

【例 4.1.1】 ResetCtl 应用举例

使用外部中断启动硬复位，通过 LED 指示发生复位。

软件设计：

```
int main()
{
    /*关闭看门狗*/
    WDT_A_holdTimer();
    /*P7.0配置为输出*/
    GPIO_setAsOutputPin(GPIO_PORT_P7, GPIO_PIN0);
    /*P7.0输出低电平，点亮LED*/
    GPIO_setOutputLowOnPin(GPIO_PORT_P7, GPIO_PIN0);
    /*P1.3配置为下拉输入*/
    GPIO_setAsInputPinWithPullDownResistor(GPIO_PORT_P1, GPIO_PIN3);
    /*清除P1.3中断标志*/
    GPIO_clearInterruptFlag(GPIO_PORT_P1, GPIO_PIN3);
    /*P1.3上升沿触发中断*/
     GPIO_interruptEdgeSelect ( GPIO_PORT_P1, GPIO_PIN3, GPIO_LOW_TO_HIGH_
TRANSITION );
    /*P1.3中断使能*/
    GPIO_enableInterrupt(GPIO_PORT_P1, GPIO_PIN3);
    /*PORT1中断使能*/
    Interrupt_enableInterrupt(INT_PORT1);
    /*打开全局中断*/
    Interrupt_enableMaster();
    /*OLED初始化*/
    OLED_Init();
    /*OLED清屏*/
    OLED_Clear();
    /*OLED显示字符及汉字*/
    OLED_ShowString(0,0,"MSP432",16);
    OLED_ShowCHinese(48,0,11); //原
    OLED_ShowCHinese(64,0,12);//理
    OLED_ShowCHinese(80,0,13);//及
    OLED_ShowCHinese(96,0,14);//使
    OLED_ShowCHinese(112,0,15);//用
    OLED_ShowCHinese(0,2,16); //复
    OLED_ShowCHinese(16,2,17);//位
    OLED_ShowCHinese(32,2,18);//控
    OLED_ShowCHinese(48,2,19);//制
    OLED_ShowCHinese(64,2,20);//器
    OLED_ShowCHinese(80,2,21);//实
    OLED_ShowCHinese(96,2,22);//验
```

```
    while(1)
    {
        PCM_gotoLPM0();    //进入睡眠状态
    }
}
//PORT1中断服务程序
void PORT1_IRQHandler(void)
{
    uint32_t ii;
    uint32_t status;
    /*关闭全局中断*/
    Interrupt_disableMaster ();
    /*读取中断状态*/
    status = GPIO_getEnabledInterruptStatus(GPIO_PORT_P1);
    /*清除中断标志*/
      GPIO_clearInterruptFlag(GPIO_PORT_P1, status);
    /*中断处理*/
    if(status & BIT3)
    {
        for (ii = 10000; ii > 0; ii--);              //计数延时按键消抖
        /*查询P1.3输入电平是否为高*/
        if(GPIO_getInputPinValue(GPIO_PORT_P1, GPIO_PIN3)== GPIO_INPUT_PIN_
HIGH)
        /*按键按下，P7.0输出高电平，关闭LED并延时*/
        {
            GPIO_setOutputHighOnPin(GPIO_PORT_P7, GPIO_PIN0);
            for (ii = 500000; ii > 0; ii--);       //计数延时
            ResetCtl_initiateHardReset();          //产生硬复位
        }
    }
    /*打开全局中断*/
    Interrupt_enableMaster();
}
```

4.2 系统控制器（SysCtl）

4.2.1 SysCtl 原理

系统控制器 SysCtl 具有如下功能。

- 内存配置和状态。
- NMI 源配置和状态。
- 看门狗配置，生成硬复位或软复位。
- 调试模式下，时钟针对各个模块的运行或停止配置。
- 用于设备调试的复位重写控制。

- 安全配置。
- 通过设备描述符进行设备配置和外设校准信息。

下面阐述其部分功能及相关内容。

1. 内存配置和状态

可以通过 SYSCTL 获取设备存储器信息。读取 SYS_FLASH_SIZE 寄存器获取设备 Flash 大小，读取 SYS_SRAM_SIZE 寄存器获取设备 SRAM 大小。

SysCtl 能够禁止 SRAM 的一些 Bank 来降低系统功耗，在使能 SRAM 时的原则是，如果使能某个 Bank，则所有编号小于它的 Bank 也会被迫使能，其中 Bank0 总被使能而不能被禁止。

在 LPM3 和 LPM4 低功耗模式下，SysCtl 能够保留 SRAM Bank 的数据。为了降低功耗，可以禁止一些 SRAM Bank 在低功耗模式下的数据保留，只保留那些重要的 Bank，其中 Bank0 总是被保留的，不会断电。

2. NMI 源配置和状态

系统的 NMI 源有：NMI 引脚、时钟系统、PSS、PCM。SYS_NMI_CTLSTAT 寄存器配置不同 NMI 源，这些 NMI 也可以通过 NVIC 配置为可屏蔽中断。

3. 看门狗配置

看门狗定时器模块在运行看门狗定时器模式时，在密码错误或定时器溢出时生成复位。可以通过 SYS_WDTRESET_CTL 寄存器将这些看门狗定时器模块复位源配置为硬复位或软复位。

4. 外设暂停控制

在开发调试阶段可以通过 SysCtl 控制外设模块，禁止外设的操作，如发送接收，但是外设模块的寄存器仍可访问，这是通过编写 SYS_PERIHALT_CTL 寄存器实现的。

5. 数字 I/O 口的毛刺滤波

一些具有中断和唤醒功能的数字 I/O 口可以通过使用模拟故障滤波器来抑制故障，以防止在设备运行期间意外中断或唤醒。模拟滤波器可以抑制至少 250ns 宽的小故障，默认情况下，这些选中的数字 I/O 口上的毛刺过滤器是启用的。如果应用程序中不需要故障过滤功能，则可以使用 SYS_DIO_GLTFLT_CTL 寄存器绕过它。当清除此寄存器中的 GLTFLT_EN 位时，将绕过所有数字 I/O 口上的故障过滤器。当为外设或模拟功能配置数字 I/O 口时，通过对相应的 PySEL0.x 和 PySEL1.x 寄存器进行编程，故障过滤器将自动绕过该数字 I/O 口。

6. 安全配置

SYSCTL 可以保护设备不受调试器访问（JTAG 和 SWD 锁）。此外，SYSCTL 还支持对设备的不同可配置区域进行安全控制（IP 保护特性）。应用程序可以将一段安全代码（IP 软件/中间软件）加载到 Flash 中，并将该存储区配置为安全的，任何对安全区的访问都会返回一个错误。

7. 引导覆盖

引导覆盖是系统中特殊的引导模式，应用程序可以向设备引导代码发送命令，引导覆盖主要用于：

- 设置设备 JTAG 和 SWD 锁；
- 设置 IP 保护；
- 设置设备出厂复位配置；
- 设置设备 BSL 配置。

8. 设备描述符

每个设备在存储器中提供一个 TLV 数据结构记录设备信息。TLV 数据结构包含一些校准值来提高各种功能的测量能力，如 DCO 的相关校准值、温度传感器校准值、Flash 信息、随机数种子、BSL 配置。

9. SYSCTL 寄存器

SYSCTL 寄存器如表 4.2.1 所示。

表 4.2.1　SYSCTL 寄存器

寄存器名称	缩　写	地址偏移
重启控制器	SYS_REBOOT_CTL	0000h
NMI 控制和状态	SYS_NMI_CTLSTAT	0004h
看门狗复位控制	SYS_WDTRESET_CTL	0008h
外设暂停控制	SYS_PERIHALT_CTL	000Ch
SRAM 大小	SYS_SRAM_SIZE	0010h
SRAM 块使能	SYS_SRAM_BANKEN	0014h
SRAM 块保留控制	SYS_SRAM_BANKRET	0018h
Flash 大小	SYS_FLASH_SIZE	0020h
数字 I/O 口毛刺滤波器控制	SYS_DIO_GLTFLT_CTL	0030h
IP 保护的安全区数据访问解锁	SYS_SECDATA_UNLOCK	0040h
主解锁	SYS_MASTER_UNLOCK	1000h
Boot 重载请求 0	SYS_BOOTOVER_REQ0	1004h
Boot 重载请求 1	SYS_BOOTOVER_REQ1	1008h
Boot 重载应答	SYS_BOOTOVER_ACK	100Ch
复位请求	SYS_RESET_REQ	1010h
复位状态和重载	SYS_RESET_STATOVER	1014h
系统状态	SYS_SYSTEM_STAT	1020h

4.2.2 SysCtl 库函数

（1）void SysCtl_disableGlitchFilter (void)

功能：禁用设备复位引脚上的故障抑制

参数 1：无

返回：无

（2）void SysCtl_disableNMISource (uint_fast8_t flags)

功能：禁止不可屏蔽 NMI 源，禁用时，当对应模块出现故障时，不会出现 NMI 标志

参数 1：NMI 源

返回：无

使用举例：

```
SysCtl_disableNMISource(SYSCTL_NMIPIN_SRC);//禁止NMI引脚产生NMI标志
```

（3）void SysCtl_disablePeripheralAtCPUHalt (uint_fast16_t devices)

功能：禁止外设在 CPU 停止后继续运行

参数 1：外设

返回：无

使用举例：

```
    SysCtl_disablePeripheralAtCPUHalt(SYSCTL_PERIPH_DMA);
//禁止DMA在CPU停止后继续运行
```

（4）void SysCtl_disableSRAMBank (uint_fast8_t sramBank)

功能：禁止内存中的一个块（不能禁止内存块 0）

参数 1：内存块

返回：无

使用举例：

```
    SysCtl_disableSRAMBank(SYSCTL_SRAM_BANK1);//禁止内存块1
```

（5）void SysCtl_disableSRAMBankRetention (uint_fast8_t sramBank)

功能：当设备进入 LPM3 模式时，禁止保留指定的 SRAM 块寄存器的值

参数 1：内存块

返回：无

使用举例：

```
    SysCtl_disableSRAMBankRetention(SYSCTL_SRAM_BANK1);
//在LPM3时，不保留内存块1的值
```

（6）void SysCtl_enableGlitchFilter (void)

功能：使能复位引脚上的故障抑制

参数 1：无

返回：无

（7）void SysCtl_enableNMISource (uint_fast8_t flags)

功能：使能 NMI 源，当对应模块出现故障时，出现 NMI 标志

参数 1：NIM 源

返回：无

使用举例：

```
    SysCtl_enableNMISource (SYSCTL_NMIPIN_SRC);//允许NMI引脚产生NMI标志
```

（8）void SysCtl_enablePeripheralAtCPUHalt (uint_fast16_t devices)

功能：使能外设在 CPU 停止后继续运行

参数 1：外设名称

返回：无

使用举例：

```
    SysCtl_enablePeripheralAtCPUHalt (SYSCTL_PERIPH_DMA);
//允许DMA在CPU停止后继续运行
```

（9）void SysCtl_enableSRAMBank (uint_fast8_t sramBank)

功能：使能 SRAM 内存块

参数 1：内存块

返回：无

使用举例：

```
    SysCtl_enableSRAMBank (SYSCTL_SRAM_BANK1);//允许内存块1
```

（10）void SysCtl_enableSRAMBankRetention (uint_fast8_t sramBank)

功能：当设备进入 LPM3 模式时，使能保留指定的 SRAM 块的值

参数 1：内存块

返回：无

使用举例：

```
    SysCtl_enableSRAMBankRetention (SYSCTL_SRAM_BANK1);//在LPM3时，保留内存块1的值
```

（11）uint_least32_t SysCtl_getFlashSize (void)

功能：读取 Flash 大小

参数 1：无

返回：Flash 总字节数

（12）uint_fast8_t SysCtl_getNMISourceStatus (void)

功能：返回当前使能的 NMI 源

参数 1：无

返回：使能的 NMI 源

（13）uint_least32_t SysCtl_getSRAMSize (void)

功能：读取 SRAM 的大小

参数 1：无

返回：SRAM 总字节数

（14）uint_fast16_t SysCtl_getTempCalibrationConstant (uint32_t refVoltage, uint32_t temperature)

功能：查询温度传感器校准常数

参数 1：无参考电压

参数 2：温度

返回：校准值

使用举例：

```
    SysCtl_getTempCalibrationConstant(SYSCTL_1_2V_REF,SYSCTL_30_DEGREES_C);
//读取在1.2V参考电压下，30℃时温度传感器的校准参数
```

（15）void SysCtl_getTLVInfo (uint_fast8_t tag, uint_fast8_t instance, uint_fast8_t *length, uint32_t **data_address)

功能：查询 TLV 中的信息，返回标签值和长度

参数 1：标签名

参数 2：一个标签有多个实例时，这个参数选择哪一个实例

参数 3：标签长度

参数 4：数据地址

返回：无

使用举例：

```
    SysCtl_getTLVInfo(TLV_TAG_ADC14,0,4,data_address);
//查询TLV中ADC14部分前4字节数据，并把结果保存在data_address所指的位置
```

（16）void SysCtl_rebootDevice (void)

功能：重启设备

参数 1：无

返回：无

（17）void SysCtl_setWDTPasswordViolationResetType (uint_fast8_t resetType)

功能：设置看门狗密码错误时的复位类型

参数 1：复位类型

返回：无

使用举例：

```
    SysCtl_setWDTPasswordViolationResetType(SYSCTL_HARD_RESET);
//密码错误产生硬复位
```

（18）void SysCtl_setWDTTimeoutResetType (uint_fast8_t resetType)

功能：设置看门狗溢出时间复位类型

参数 1：复位类型

返回：无

使用举例：

```
    SysCtl_setWDTTimeoutResetType (SYSCTL_HARD_RESET);
//看门狗定时器溢出时产生硬复位
```

4.2.3　SysCtl 应用实例

【例 4.2.1】 SysCtl 操作

通过 SysCtl 读取 Flash 和 SRAM 的大小。

软件设计：

```
    u8 tbuf[40];
    u32 sram_size=0,flash_size=0;//SRAM、Flash大小，以字节为单位
    int main()
    {

        /*关闭看门狗*/
        WDT_A_holdTimer();
        /*P7.0配置为输出*/
        GPIO_setAsOutputPin(GPIO_PORT_P7, GPIO_PIN0);
        /*P7.0输出低电平，点亮LED*/
        GPIO_setOutputLowOnPin(GPIO_PORT_P7, GPIO_PIN0);
        /*P1.3配置为下拉输入*/
        GPIO_setAsInputPinWithPullDownResistor(GPIO_PORT_P1, GPIO_PIN3);
        /*清除P1.3中断标志*/
        GPIO_clearInterruptFlag(GPIO_PORT_P1, GPIO_PIN3);
        /*P1.3上升沿触发中断*/
       GPIO_interruptEdgeSelect ( GPIO_PORT_P1, GPIO_PIN3, GPIO_LOW_TO_HIGH_
TRANSITION );
        /*P1.3中断使能*/
        GPIO_enableInterrupt(GPIO_PORT_P1, GPIO_PIN3);
        /*PORT1中断使能*/
        Interrupt_enableInterrupt(INT_PORT1);
        /*打开全局中断*/
        Interrupt_enableMaster();
        /*OLED初始化*/
        OLED_Init();
        /*OLED清屏*/
        OLED_Clear();
        /*OLED显示字符及汉字*/
        OLED_ShowString(0,0,"MSP432",16);
        OLED_ShowCHinese(48,0,11);//原
        OLED_ShowCHinese(64,0,12);//理
        OLED_ShowCHinese(80,0,13);//及
        OLED_ShowCHinese(96,0,14);//使
```

```
    OLED_ShowCHinese(112,0,15);//用
    OLED_ShowCHinese(0,2,16); //系
    OLED_ShowCHinese(16,2,17);//统
    OLED_ShowCHinese(32,2,18);//控
    OLED_ShowCHinese(48,2,19);//制
    OLED_ShowCHinese(64,2,20);//器
    OLED_ShowCHinese(80,2,21);//实
    OLED_ShowCHinese(96,2,22);//验
    sprintf((char*)tbuf,"SRAM:%dKB",sram_size/1024);     //转换为KB显示
    OLED_ShowString(0,4,tbuf,16);
    sprintf((char*)tbuf,"FLASH:%dKB",flash_size/1024);   //转换为KB显示
    OLED_ShowString(0,6,tbuf,16);
    while(1)
    {
       PCM_gotoLPM0();    //进入睡眠状态
    }
}
//PORT1中断服务程序
void PORT1_IRQHandler(void)
{
    uint32_t ii;
    uint32_t status;
    /*关闭全局中断*/
    Interrupt_disableMaster ();
    /*读取中断状态*/
    status = GPIO_getEnabledInterruptStatus(GPIO_PORT_P1);
    /*清除中断标志*/
      GPIO_clearInterruptFlag(GPIO_PORT_P1, status);
    /*中断处理*/
    if(status & BIT3)
    {
       for (ii = 10000; ii > 0; ii--);  //计数延时按键消抖
       /*查询P1.3输入电平是否为高*/
       if(GPIO_getInputPinValue(GPIO_PORT_P1,GPIO_PIN3)== GPIO_INPUT_ PIN_HIGH)
       /*按键按下，P7.0输出高电平，关闭LED*/
       {
          GPIO_setOutputHighOnPin(GPIO_PORT_P7, GPIO_PIN0);
          sram_size = SysCtl_getSRAMSize();          //读取SRAM大小
          flash_size = SysCtl_getFlashSize();        //读取Flash大小
          sprintf((char*)tbuf,"SRAM:%dKB",sram_size/1024);//转换为KB显示
          OLED_ShowString(0,4,tbuf,16);
          sprintf((char*)tbuf,"FLASH:%dKB",flash_size/1024);//转换为KB显示
          OLED_ShowString(0,6,tbuf,16);
       }
    }
    /*打开全局中断*/
    Interrupt_enableMaster();
}
```

4.3　小结与思考

本章介绍了复位控制器和系统控制器，MSP432 的复位类型有 4 种，优先级由高到低分别是 POR、Reboot Reset、Hard Reset 和 Soft Reset。每种复位类型对应不同的条件和复位操作，使用时需要注意：系统控制器是一组设备的各种杂项功能，包括 SRAM 配置、RSTn/NMI 功能选择和外设停机控制。此外，SYSCTL 支持 JTAG 和 SWD 锁等设备安全特性及 IP 保护，这些特性可用于保护对整个设备内存映射或对 Flash 的某些选定区域未经授权的访问。

习题与思考

4-1　POR 在哪些条件下会发生？发生 POR 后会有哪些后果？

4-2　Reboot Reset 和 POR 的区别是什么？

4-3　硬复位和软复位各有什么特点？

4-4　如何使用系统控制器读取标签长度值（Tag Length Value，TLV）？

4-5　如何使用系统控制器对 SRAM 进行配置？

第 5 章　内嵌向量中断控制器

中断是 MSP432 的重要特点，合理有效地利用中断能够提高程序运行效率。在 MSP432 中，几乎所有的外设都能产生中断，并且中断条件多样，满足各种需求。MSP432 在没有任务执行时进入睡眠状态，有任务需求时产生中断唤醒，中断处理后继续睡眠，能够在很大程度上降低功耗。

本章首先介绍中断概述，接着介绍中断源与库函数，最后用定时器中断实例讲解如何使用中断。

本章导读：5.1 节、5.2 节细读并理解，动手实践 5.3 节并做好笔记，完成习题。

5.1　中断概述

5.1.1　中断基本概念

1. 中断定义

中断是指在运行过程中，出现某些意外情况需 CPU 干预时，CPU 暂停正在运行的程序并转入处理新情况的程序，处理完毕后又返回原被暂停的程序继续运行。

2. 中断源

把引起中断的原因或能够发出中断请求的信号源统称为中断源。中断首先需要由中断源发出中断请求，并征得 CPU 允许后才会发生。在转去执行中断服务程序前，程序需保护中断现场；在执行完中断服务程序后，应恢复中断现场。中断源一般分成两类：外部硬件中断源和内部软件中断源。外部硬件中断源包括可屏蔽中断和不可屏蔽中断。内部软件中断源产生于控制器内部。

3. 中断向量表

中断向量是指中断服务程序的入口地址，为了让 CPU 方便地查找对应的中断向量，就需要在内存中建立一张查询表，即中断向量表。中断向量的地址就是中断服务程序的入口地址。

4. 中断优先级

一个系统中存在多种中断请求，为了能够管理这些不同的中断请求，给它们赋予不同的优先级。在某一时刻有几个中断源同时发出中断请求时，CPU 只响应其中优先级最高的中断源。在 CPU 运行某个中断服务程序期间出现另一个中断源的请求时，如果后者的优先级低于前者，则 CPU 不予理睬；反之，CPU 立即响应后者，进入“嵌套中断”。中断优先级的排序按其性质、重要性及处理的方便性来决定，由硬件的优先权仲裁逻辑或软件的顺序询问程序来实现。

5．断点和中断现场

断点是指 CPU 执行现场程序被中断时的下一条指令的地址，又称断点地址。

中断现场是指 CPU 在转去执行中断服务程序前的运行状态，包括 CPU 状态寄存器和断点地址等。

6．中断嵌套

中断系统正在执行一个中断服务程序时，有另一个优先级更高的中断提出中断请求，这时会暂时终止当前正在执行的级别较低的中断源的服务程序，去处理级别更高的中断源，待处理完毕，再返回被中断的中断服务程序继续执行，这个过程就是中断嵌套。

7．中断过程

按照事件发生的先后顺序，中断过程包括：

（1）中断源发出中断请求；

（2）判断当前 CPU 是否允许中断和该中断源是否被屏蔽；

（3）优先级排队；

（4）CPU 执行完当前指令或当前指令无法执行完，则立即停止当前程序，保护断点地址和 CPU 当前状态，转入相应的中断服务程序；

（5）执行中断服务程序；

（6）恢复被保护的状态，执行“中断返回”指令回到被中断的程序或转入其他程序。

上述过程中前四项操作是由硬件完成的，后两项是由软件完成的。

5.1.2　嵌套向量中断控制器（NVIC）

ARM Cortex-M4F 的嵌套向量中断控制器（NVIC）用于中断控制，具有如下功能。

- 64 个中断。
- 每个中断的可编程优先级为 0～7。较高的级别对应较低的优先级，因此 0 级是最高的中断优先级。
- 低延迟异常和中断处理。
- 电平和脉冲信号的中断检测。
- 动态地重新分配中断的优先级。
- 将优先级值分组为组优先级和子优先级字段。
- 中断尾链技术。
- 外部不可屏蔽中断（NMI）。

1．电平敏感和脉冲中断

MSP432 的 CPU 支持电平敏感和脉冲中断。脉冲中断也称边缘触发中断。

一个电平敏感的中断一直保持，直到外设取消中断信号为止。这是因为中断服务程序（ISR）访问外设，导致需要清除中断请求。脉冲中断是在 CPU 时钟上升沿上同步采样的中断信号。为了确保 NVIC 检测到中断，外设必须保持中断信号至少一个时钟周期，在此期间，NVIC 检测到脉冲并锁定中断。

当 CPU 进入 ISR 时，它会自动从中断中移除挂起状态。对于一个电平敏感中断，如果在 CPU 从 ISR 返回之前信号没有被取消保持，那么中断将再次被挂起，CPU 将再次执行它的 ISR。因此，外设可以保持中断信号，直到它不再需要 ISR。

2. 中断的硬件和软件控制

Cortex-M4 锁定所有中断，一个外设中断可能由于以下原因被挂起：NVIC 检测到中断信号为高电平但是中断处于不活跃状态，NVIC 检测到中断信号的上升沿，软件写入相应的中断挂起寄存器位，或者写入软件触发器中断寄存器（STIR）生成软件中断挂起。

一个挂起的中断保持为挂起状态直到以下状况发生为止。

• CPU 进入 ISR，将中断由挂起状态转换为活跃状态。

对于电平检测的中断，当 CPU 从 ISR 返回时，NVIC 对中断信号进行采样。如果信号被断言，则中断的状态将变为挂起状态，这可能会导致 CPU 立即重新进入 ISR。否则，中断的状态将变为非活动状态。对于一个脉冲中断，NVIC 继续监视中断信号，如果这个信号被脉冲化，则中断将由挂起状态变为活跃状态。在这种情况下，当 CPU 从 ISR 返回中断状态又变为挂起状态时，可能会导致 CPU 立即重新进入 ISR。如果中断信号在 CPU 处于 ISR 时没有被脉冲化，那么当 CPU 从 ISR 返回时，中断将变为非活跃状态。

• 软件写入相应的中断清除挂起寄存器位。

对于电平检测的中断，如果中断信号仍然被断言，则中断的状态不会改变；否则，中断将变为非活跃状态。对于脉冲中断，中断将变为非活跃状态。

5.2 中断源与库函数

5.2.1 中断源说明

从应用程序角度来看，中断可分为不可屏蔽中断 NMI 和用户中断两大类。NMI 是指发出中断请求后 CPU 必须响应，而对于用户中断请求可以不响应。对于 MSP432P401x 而言，NMI 可能的中断源如下。

• 外部 NMI 引脚。
• 时钟振荡器错误条件。
• 供电系统（PSS）产生的中断。
• 电源控制管理器（PCM）产生的中断。

NVIC 中断源如表 5.2.1 所示。

表 5.2.1　NVIC 中断源

NVIC 中断输入	中　断　源	标　　志
INTISR[0]	PSS	
INTISR[1]	CS	
INTISR[2]	PCM	
INTISR[3]	WDT_A	
INTISR[4]	FPU_INT	
INTISR[5]	FLCTL	Flash 控制器中断标志
INTISR[6]	COMP_E0	比较器 E0 中断标志
INTISR[7]	COMP_E1	比较器 E1 中断标志
INTISR[8]	Timer_A0	TA0CCTL0.CCIFG
INTISR[9]	Timer_A0	TA0CCTLx.CCIFG（x :1～4），TA0CTL.TAIFG

续表

NVIC 中断输入	中　断　源	标　　志
INTISR[10]	Timer_A1	TA1CCTL0.CCIFG
INTISR[11]	Timer_A1	TA1CCTLx.CCIFG（x :1～4），TA0CTL.TAIFG
INTISR[12]	Timer_A2	TA1CCTL0.CCIFG
INTISR[13]	Timer_A2	TA1CCTLx.CCIFG（x :1～4），TA0CTL.TAIFG
INTISR[14]	Timer_A3	TA1CCTL0.CCIFG
INTISR[15]	Timer_A3	TA1CCTLx.CCIFG（x :1～4），TA0CTL.TAIFG
INTISR[16]	eUSCI_A0	UART 或 SPI 模式，发送、接收和状态标志
INTISR[17]	eUSCI_A1	UART 或 SPI 模式，发送、接收和状态标志
INTISR[18]	eUSCI_A2	UART 或 SPI 模式，发送、接收和状态标志
INTISR[19]	eUSCI_A3	UART 或 SPI 模式，发送、接收和状态标志
INTISR[20]	eUSCI_B0	SPI 或 IIC 模式，发送、接收和状态标志
INTISR[21]	eUSCI_B1	SPI 或 IIC 模式，发送、接收和状态标志
INTISR[22]	eUSCI_B2	SPI 或 IIC 模式，发送、接收和状态标志
INTISR[23]	eUSCI_B3	SPI 或 IIC 模式，发送、接收和状态标志
INTISR[24]	高精度 ADC	IFG[0-31], LO/IN/HI-IFG, RDYIFG, OVIFG, TOVIFG
INTISR[25]	Timer32_INT1	Timer32 定时器 1
INTISR[26]	Timer32_INT2	Timer32 定时器 2
INTISR[27]	Timer32_INTC	Timer32 组合中断
INTISR[28]	AES256	AESRDYIFG
INTISR[29]	RTC_C	OFIFG, RDYIFG, TEVIFG, AIFG, RT0PSIFG, RT1PSIFG
INTISR[30]	DMA_ERR	DMA 错误中断
INTISR[31]	DMA_INT3	DMA 完成中断 3
INTISR[32]	DMA_INT2	DMA 完成中断 2
INTISR[33]	DMA_INT1	DMA 完成中断 1
INTISR[34]	DMA_INT0	DMA 完成中断 0
INTISR[35]	I/O P1 端口	P1IFG.x (x：0～7)
INTISR[36]	I/O P2 端口	P2IFG.x (x：0～7)
INTISR[37]	I/O P3 端口	P3IFG.x (x：0～7)
INTISR[38]	I/O P4 端口	P4IFG.x (x：0～7)
INTISR[39]	I/O P5 端口	P5IFG.x (x：0～7)
INTISR[40]	I/O P6 端口	P6IFG.x (x：0～7)
INTISR[41…63]	保留	

5.2.2　库函数说明

（1）void Interrupt_disableInterrupt (uint32_t interruptNumber)

功能：禁止中断

参数 1：中断号

返回：无

使用举例：

```
    Interrupt_disableInterrupt(INT_PORT1);//禁止PORT1中断
```

（2）bool Interrupt_disableMaster (void)

功能：禁止总中断

参数 1：无

返回：如果调用函数时中断已被禁用，则返回 true；如果最初启用中断，则返回 false
（3）void Interrupt_disableSleepOnIsrExit (void)
功能：退出 ISR 时禁用处理器休眠
参数 1：无
返回：无
（4）void Interrupt_enableInterrupt (uint32_t interruptNumber)
功能：使能中断
参数 1：中断号
返回：无
使用举例：

```
    Interrupt_enableInterrupt (INT_PORT1);//使能PORT1中断
```

（5）bool Interrupt_enableMaster (void)
功能：使能总中断
参数 1：无
返回：如果在调用函数时禁用中断，则返回 true；如果最初启用中断，则返回 false
（6）void Interrupt_enableSleepOnIsrExit (void)
功能：使处理器在退出 ISR 时休眠
参数 1：无
返回：无
（7）uint8_t Interrupt_getPriority (uint32_t interruptNumber)
功能：获取中断的优先级
参数 1：中断号
返回：中断优先级
使用举例：

```
    Interrupt_getPriority (INT_PORT1);//读取PORT1中断优先级
```

（8）uint32_t Interrupt_getPriorityGrouping (void)
功能：获取中断控制器的优先级分组
参数 1：无
返回：可抢占优先级的位数
（9）uint8_t Interrupt_getPriorityMask (void)
功能：获取优先级屏蔽级别
参数 1：无
返回：中断优先级掩码的值
（10）uint32_t Interrupt_getVectorTableAddress (void)
功能：返回中断向量表的地址
参数 1：无
返回：向量表的地址
（11）bool Interrupt_isEnabled (uint32_t interruptNumber)
功能：判断外设中断是否使能
参数 1：中断号
返回：如果中断使能，则返回一个非 0 值
使用举例：

```
    Interrupt_isEnabled (INT_PORT1);//读取PORT1中断使能状态
```

（12）void Interrupt_pendInterrupt (uint32_t interruptNumber)

功能：挂起一个中断

参数 1：中断号

返回：无

使用举例：

```
Interrupt_pendInterrupt (INT_PORT1);//挂起PORT1中断
```

（13）void Interrupt_registerInterrupt (uint32_t interruptNumber, void(*intHandler)(void))

功能：注册一个当中断发生时要调用的函数

参数 1：中断号

参数 2：调用函数的指针

返回：无

（14）void Interrupt_setPriority (uint32_t interruptNumber, uint8_t priority)

功能：设置中断优先级

参数 1：中断号

参数 2：优先级

返回：无

使用举例：

```
Interrupt_setPriority (INT_PORT1,0x04);//设置PORT1中断优先级为4
```

（15）void Interrupt_setPriorityGrouping (uint32_t bits)

功能：设置优先级分组

参数 1：可抢占优先级的位数

返回：无

使用举例：

```
Interrupt_setPriorityGrouping(3);//设置可抢占优先级位数为3
```

（16）void Interrupt_setPriorityMask (uint8_t priorityMask)

功能：设置优先级屏蔽级别

参数 1：被屏蔽的优先级

返回：无

使用举例：

```
Interrupt_setPriorityMask (2);//设置优先级屏蔽等级为2
```

（17）void Interrupt_setVectorTableAddress (uint32_t addr)

功能：设置向量表的地址

参数 1：新向量表的地址

返回：无

（18）void Interrupt_unpendInterrupt (uint32_t interruptNumber)

功能：一个挂起的中断

参数 1：中断号

返回：无

（19）void Interrupt_unregisterInterrupt (uint32_t interruptNumber)

功能：当中断发生时，注销要调用的函数

参数 1：中断号

返回：无

5.3 NVIC 应用实例

【例 5.3.1】NVIC 配置

初始化 Timer32 产生 1s 的周期中断，并在中断函数中翻转 LED。其中 Timer32 的中断优先级设为 0x40，外部中断优先级为 0x20。要求设置优先级屏蔽等级为 0x40，低于该优先级的中断不响应，因此，此时 Timer32 的中断不会被响应，LED 状态无法翻转。外部中断触发后，在外部中断函数中修改优先级屏蔽为 0，即关闭优先级屏蔽，此时 Timer32 的中断被响应，LED 翻转。

软件设计：

```
    int main()
    {
        /*关闭看门狗*/
        WDT_A_holdTimer();
        /*P7.0配置为输出*/
        GPIO_setAsOutputPin(GPIO_PORT_P7, GPIO_PIN0);
        /*P7.0输出低电平，点亮LED*/
        GPIO_setOutputLowOnPin(GPIO_PORT_P7, GPIO_PIN0);
        /*P1.3配置为下拉输入*/
        GPIO_setAsInputPinWithPullDownResistor(GPIO_PORT_P1, GPIO_PIN3);
        /*清除P1.3中断标志*/
        GPIO_clearInterruptFlag(GPIO_PORT_P1, GPIO_PIN3);
        /*P1.3上升沿触发中断*/
        GPIO_interruptEdgeSelect ( GPIO_PORT_P1, GPIO_PIN3, GPIO_LOW_TO_HIGH_
TRANSITION );
        /*P1.3中断使能*/
        GPIO_enableInterrupt(GPIO_PORT_P1, GPIO_PIN3);
        /* 使能Timer32定时器 */
        Timer32_enableInterrupt(TIMER32_BASE);
        /* 配置Timer32，预分频系数为1,32位，间隔定时*/
        Timer32_initModule(TIMER32_BASE, TIMER32_PRESCALER_1, TIMER32_32BIT,
                    TIMER32_PERIODIC_MODE);
        /*设置计数值,1000000*/
        Timer32_setCount(TIMER32_BASE,1000000);
        /*配置中断优先级，P1为0x20,Timer32为0x40,
         *设置屏蔽优先级为0x40
         *优先级低于0x40中断不会响应
         */
        Interrupt_setPriority(INT_PORT1, 0x20);
        Interrupt_setPriority(INT_T32_INT1, 0x40);
        Interrupt_setPriorityMask(0x40);
        /*使能PORT1中断*/
        Interrupt_enableInterrupt(INT_PORT1);
        /*使能Timer32中断*/
        Interrupt_enableInterrupt(INT_T32_INT1);
        /*启动Timer32定时器*/
```

```
    Timer32_startTimer(TIMER32_BASE, true);
    /*打开全局中断*/
    Interrupt_enableMaster();
    /*OLED初始化*/
    OLED_Init();
    /*OLED清屏*/
    OLED_Clear();
    /*OLED显示字符及汉字*/
    OLED_ShowString(0,0,"MSP432",16);
    OLED_ShowCHinese(48,0,11); //原
    OLED_ShowCHinese(64,0,12);//理
    OLED_ShowCHinese(80,0,13);//及
    OLED_ShowCHinese(96,0,14);//使
    OLED_ShowCHinese(112,0,15);//用
    OLED_ShowCHinese(0,2,16); //系
    OLED_ShowCHinese(16,2,17);//统
    OLED_ShowCHinese(32,2,18);//中
    OLED_ShowCHinese(48,2,19);//断
    OLED_ShowCHinese(64,2,20);//配
    OLED_ShowCHinese(80,2,21);//置
    OLED_ShowCHinese(96,2,22);//实
    OLED_ShowCHinese(112,2,23);//验
    OLED_ShowCHinese(0,4,24); //屏
    OLED_ShowCHinese(16,4,25);//蔽
    OLED_ShowCHinese(32,4,26);//优
    OLED_ShowCHinese(48,4,27);//先
    OLED_ShowCHinese(64,4,28);//级
    OLED_ShowString(80,4,":0x40",16);
    OLED_ShowString(0,6,"Timer32",16);
    OLED_ShowString(56,6,":0x40",16);
    while(1)
    {
        PCM_gotoLPM0();     //进入睡眠状态
    }
}
//PORT1中断服务程序
void PORT1_IRQHandler(void)
{
    uint32_t ii;
    uint32_t status;
    static u8 Flag =0;
    /*关闭全局中断*/
    Interrupt_disableMaster ();
    /*读取P1中断状态*/
    status = GPIO_getEnabledInterruptStatus(GPIO_PORT_P1);
    /*清除P1中断标志*/
    GPIO_clearInterruptFlag(GPIO_PORT_P1, status);
    /*中断处理*/
    if(status & BIT3)
```

```
    {
        for (ii = 10000; ii > 0; ii--);  //计数延时按键消抖
        /*查询P1.3输入电平是否为高*/
        if(GPIO_getInputPinValue(GPIO_PORT_P1, GPIO_PIN3)== GPIO_INPUT_PIN_HIGH)
        {
            if(Flag == 0)
            {
                /* 设置优先级屏蔽等级为0,即关闭优先级屏蔽 */
                Interrupt_setPriorityMask(0);
                Flag =1;
                OLED_ClrarPageColumn(4,88);
                OLED_ShowString(88,4,"0x00",16);
            }
            else
            {
                /* 设置优先级屏蔽等级为0x40,低于该优先级的中断不响应 */
                Interrupt_setPriorityMask(0x40);
                Flag =0;
                OLED_ClrarPageColumn(4,88);
                OLED_ShowString(88,4,"0x40",16);
            }
        }
    }
    /*打开全局中断*/
    Interrupt_enableMaster();
}
// Timer32 中断服务程序
void T32_INT1_IRQHandler(void)
{
    /*清除Timer32中断标志*/
    Timer32_clearInterruptFlag(TIMER32_BASE);
    /*翻转P7.0输出,LED闪烁*/
    GPIO_toggleOutputOnPin(GPIO_PORT_P7, GPIO_PIN0);
    /*设置Timer32计数值为1000000*/
    Timer32_setCount(TIMER32_BASE,1000000);
}
```

5.4 小结与思考

本章介绍了 MSP432 中断的基本概念、嵌套向量中断控制器（NVIC）、MSP432 中断源及相应的库函数，最后通过实例介绍如何使用中断。因此，读者要理解中断的基本概念，了解中断控制器的基本原理，掌握中断相关库函数的使用。

习题与思考

5-1　什么是中断优先级？

5-2　一个完整的中断过程是怎样的？

5-3　NVIC 有哪些功能特点？

5-4　MSP432 有哪些中断源？优先级怎么排布？

5-5　如何使用中断？有哪些需要注意的地方？请使用一个外设的中断完成某项功能。

第 6 章　时钟系统与低功耗模式

时钟系统（简称 CS）是控制器的心脏，控制器能有条不紊地工作，离不开时钟。MSP432 时钟资源丰富，支持从几十 kHz 的低频到几十 MHz 的高频时钟信号，同时内置多种振荡器，保证 MSP432 在没有外部时钟信号的情况下正常工作。MSP432 的低功耗是和时钟紧密联系的，时钟的配置非常关键，直接影响到性能和功耗。

本章介绍 MSP432 的时钟系统和低功耗模式。

本章导读：6.1 节、6.2 节细读并理解，动手实践 6.3 节、6.4 节并做好笔记，完成习题。

6.1　时钟系统（CS）

6.1.1　时钟系统原理

对于 MSP432 而言，其可用于时钟模块的时钟源有外部的 LFXTCLK、HFXTCLK，内部的 DCOCLK、VLOCLK、REFOCLK、MOD CLK 和 SYSOSC，它们的描述如表 6.1.1 所示。

表 6.1.1　时钟源及其描述

名　称	类　别	描　述
LFXTCLK	外部低频时钟	32kHz 以下的外部低频时钟
HFXTCLK	外部高频时钟	1～48MHz 的外部高频时钟
DCOCLK	内部数字控制时钟	频率可编程，3MHz 默认
VLOCLK	内部低功耗时钟	9.4kHz 典型频率
REFOCLK	内部低功耗时钟	32.768kHz 或 128kHz 典型频率
MODCLK	内部低功耗时钟	典型频率为 25MHz
SYSOSC	内部时钟	5MHz 典型频率

从表 6.1.1 中可以看到，MSP432 的时钟资源丰富，足以满足低功耗高性能设计需求。时钟模块提供 5 个时钟信号供 CPU 和外设模块使用，但不是任何时钟源都能作为时钟信号，如系统低频时钟信号 ACLK 不能选择高频时钟源 HFXTCLK，它们之间的连接关系如表 6.1.2 所示。

表 6.1.2　时钟信号连接关系

	LFXTCLK	HFXTCLK	DCOCLK	VLOCLK	REFOCLK	MODCLK	SYSOSC
ACLK	√			√	√		
MCLK	√	√	√	√	√	√	
HSMCLK	√	√	√	√	√	√	
SMCLK	√	√	√	√	√	√	
BCLK	√				√		

ACLK（辅助时钟）和 BCLK（低速备份域）都是系统的低频时钟信号，不能选择高频时钟源 HFXTCLK、DCOCLK 和 MODCLK，而 MCLK（主时钟）、HSMCLK（子系统主时钟）、SMCLK（低速子系统主时钟）则可以选择除 SYSOSC 外的时钟源，SYSOSC 在 HFXT 失效时为 ADC 提供直接时钟。时钟系统结构框图如图 6.1.1 所示。

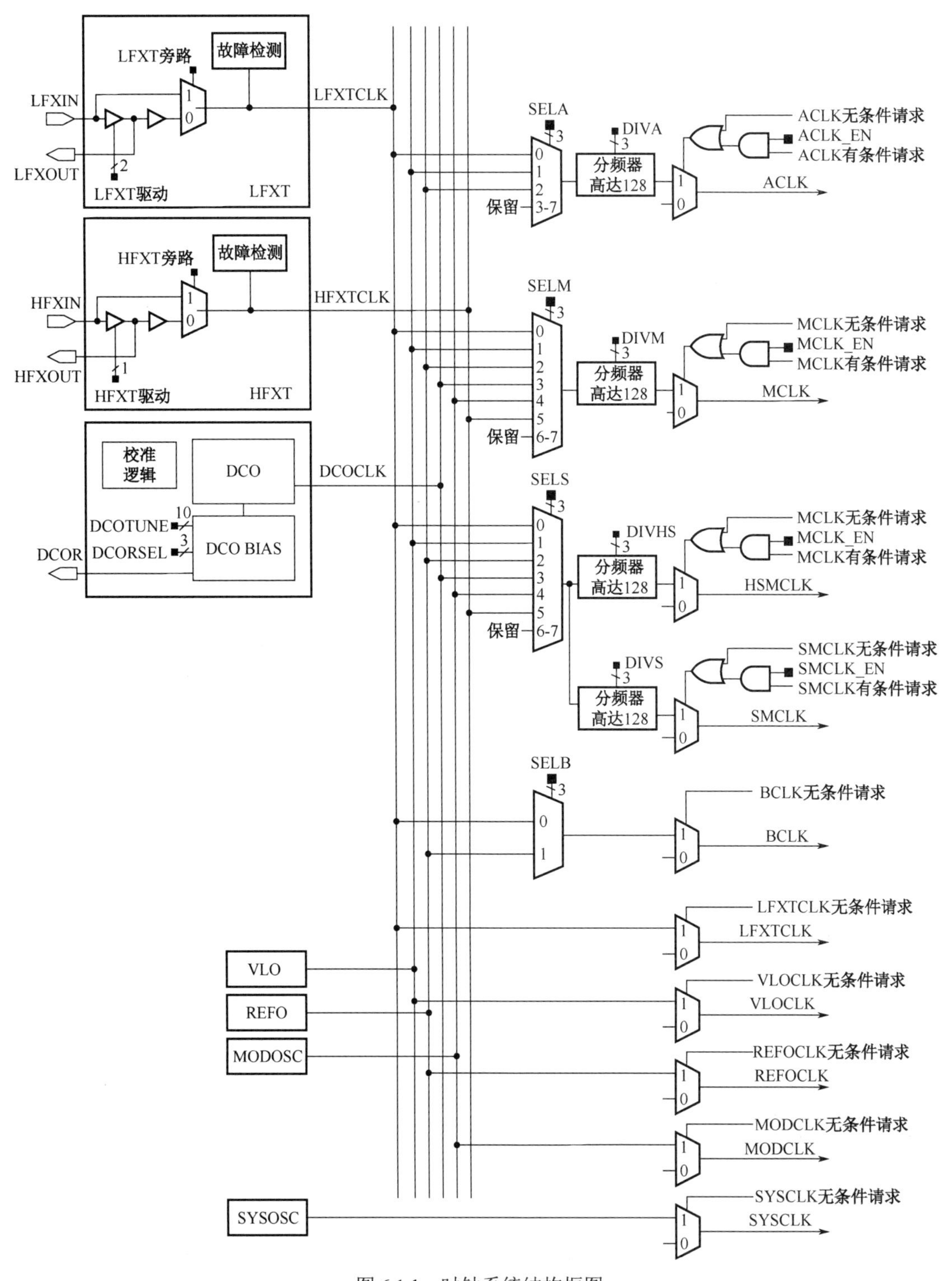

图 6.1.1　时钟系统结构框图

从图 6.1.1 中可以清晰地看出时钟系统各种信号之间的关系，还能看出 ACLK、MCLK、SMCLK

和 HSMCLK 均能进行分频，最高分频系数可达 128。

6.1.2　低频振荡器（LFXT）

LFXT 是外部低频振荡器，支持 32.768kHz 的晶振以实现低功耗。晶振连接到 LFXIN 和 LFXOUT 引脚，并且两端并联电容，电容的大小根据振荡器选择。可以通过 LFXTDRIVE 为外部晶体选择合适的驱动能力，频率越高，需要的驱动能力越强。

LFXT 的引脚和 GPIO 公用，上电后默认为 LFXT 操作。但此时 LFXT 仍不能使用，只有通过配置 PSEL 把引脚复用为 LFXT 操作后才有效。LFXT 还支持旁路操作，通过置位 LFXTBYPASS 实现。旁路模式下只需要通过 LFXIN 输入方波信号，LFXOUT 可作为普通 I/O 口使用。

在下面的任何一个条件下，LFXT 有效。

（1）活跃模式或 LPM0。

- LFXT_EN=1。
- LFXT 作为 ACLK 的时钟源。
- LFXT 作为 BCLK 的时钟源。
- LFXT 作为 MCLK 的时钟源。
- LFXT 作为 HSMCLK 的时钟源。
- LFXT 作为 SMCLK 的时钟源。
- LFXT 作为在活跃模式或 LPM0 下的有效外设模块的直接时钟源。

（2）LPM3 和 LPM3.5。

- LFXT_EN=1。
- LFXT 作为 BCLK 的时钟源并且 BCLK 请求有效。
- LFXT 作为在 LPM3 或 LPM3.5 下的有效外设模块的直接时钟源。

在以下条件下，LFXT 无效。

LPM4.5 模式时：

- LFXT 关闭，LFXT_EN 无效。

6.1.3　高频振荡器（HFXT）

HFXT 是外部高频振荡器，提供 1～48MHz 的高频时钟信号。不同的频率范围需要的驱动能力有所不同，通过 HFXTFREQ 来选择，如表 6.1.3 所示，在 1～4MHz 的频率范围驱动强弱选择位 HFXTDRIVE 必须清零，在 4～48MHz 的频率范围 HFXTDRIVE 必须置 1，其余类推。

表 6.1.3　HFXTFREQ 配置

频率范围/MHz	HFXTFREQ[2:0]
1～4	000
4～8	001
8～16	010
16～24	011
24～32	100
32～40	101
40～48	110

HFXT 引脚的配置同 LFXT 引脚，也支持旁路模式，旁路模式下 HFXTDRIVE 和 HFXTFREQ

都不再起作用。

在以下条件下，HFXT 有效。

活跃模式（AM_LDO_VCOREx 和 AM_DCDC_VCOREx）或 LPM0(LPM0_LDO_VCOREx 和 LPM0_DCDC_VCOREx)。

- HFXT_EN=1。
- HFXT 是 MCLK 的时钟源。
- HFXT 是 HSMCLK 的时钟源。
- HFXT 是 SMCLK 的时钟源。

在以下条件下，HFXT 无效。

（1）活跃模式 AM_LF_VCOREx 或 LPM0 模式下 LPM0_LF_VCOREx。

- HFXT 禁止，HF_EN 无效。

（2）LPM3、LPM4、LPM3.5 和 LPM4.5。

- HFXT 禁止，HF_EN 无效。

6.1.4　内部超低功率低频振荡器（VLO）

VLO 提供 9.4kHz 时钟频率，VLO 是超低功耗，在没有使用时是关闭的，使用时才会启动。

在下面的任何一个条件下，VLO 有效。

（1）活跃模式或 LPM0。

- VLO_EN=1。
- VLO 作为 ACLK 的时钟源。
- VLO 作为 MCLK 的时钟源。
- VLO 作为 HSMCLK 的时钟源。
- VLO 作为 SMCLK 的时钟源。
- VLOCLK 作为在活跃模式或 LPM0 下的有效外设模块的直接时钟源。

（2）LPM3 和 LPM3.5。

- VLO_EN=1。
- VLOCLK 作为在 LPM3 或 LPM3.5 下的有效外设模块的直接时钟源。

在以下条件下，VLO 无效。

LPM4.5 模式时：

- VLO 关闭，VLO_EN 无效。

6.1.5　内部低功率低频振荡器（REFO）

REFO 可提供 32.768kHz 或 128kHz 时钟信号，通过 REFOFSEL 选择，默认为 32.768kHz，可用于无须外部晶振的场合。REFO 比 VLO 精度更高，为了实现低功耗，REFO 在不使用时关闭，需要时开启。

在下面的任何一个条件下，REFO 有效。

（1）活跃模式或 LPM0。

- REFO_EN=1。
- REFO 作为 ACLK 的时钟源。
- REFO 作为 BCLK 的时钟源。

- REFO 作为 MCLK 的时钟源。
- REFO 作为 HSMCLK 的时钟源。
- REFO 作为 SMCLK 的时钟源。
- REFOCLK 作为在活跃模式或 LPM0 下的有效外设模块的直接时钟源。

（2）LPM3 和 LPM3.5。

- REFO_EN=1。
- REFO 作为 BCLK 的时钟源并且 BCLK 请求有效。
- REFOCLK 作为在 LPM3 或 LPM3.5 下的有效外设模块的直接时钟源。

在以下条件下，REFO 无效。

LPM4.5 模式时：

- REFO 关闭，REFO_EN 无效。

当 HFXT 被启动作为系统时钟源（MCLK、SMCLK、HSMCLK）时，会启动 REFO，这样在检测到 HFXTCLK 不稳定时会及时把 REFO 作为时钟源。

6.1.6 模块振荡器（MODOSC）

时钟模块提供了一个内部振荡器 MODOSC，可作为 MCLK、HSMCLK、SMCLK 和其他外设的时钟源。

在以下条件下，MODOSC 有效。

活跃模式（AM_LDO_VCOREx 和 AM_DCDC_VCOREx）或 LPM0（LPM0_LDO_VCOREx 和 LPM0_DCDC_VCOREx）。

- MODOSC_EN=1。
- MODOSC 是 MCLK 的时钟源。
- MODOSC 是 HSMCLK 的时钟源。
- MODOSC 是 SMCLK 的时钟源。
- MODOSC 作为在活跃模式或 LPM0 下的有效外设模块的直接时钟源。

在以下条件下，MODOSC 无效。

LPM3、LPM4、LPM3.5、LPM4.5 模式时：

- MODOSC 禁止，MODOSC_EN 无效。

6.1.7 系统振荡器（SYSOSC）

系统中的一些模块需要集成的振荡器用于普通定时，但不需要 MODOSC 那样的精度和启动条件。为了降低功耗，在不需要时 SYSOSC 是关闭的。

SYSOSC 在系统中有以下用途。

- 存储控制器（Flash 和 SRAM）状态机时钟。
- HFXT 失效后的备用时钟。
- 电源控制管理器（PCM）和电源供电系统（PSS）状态机时钟。

6.1.8 数字可控振荡器（DCO）

DCO 是一个内部集成的数字可控振荡器，支持的频率范围很大。DCO 有 6 个厂家校准好的中心频率。频率范围通过 DCORSEL 位来选择，DCOTUNE 位按 0.2%的步长细调频率。DCO 可作为 MCLK、HSMCLK 或 SMCLK 的时钟源。

在以下条件下 DCO 有效。

对于活跃模式（AM_LDO_VCOREx 和 AM_DCDC_VCOREx）和 LPM0 模式（LPM0_LDO_VCOREx and LPM0_DCDC_VCOREx）。

- DCO_EN =1。
- DCO 是 MCLK 的时钟源。
- DCO 是 HSMCLK 的时钟源。
- DCO 是 SMCLK 的时钟源。

在以下条件下，DCO 无效。

LPM3、LPM4、LPM3.5、LPM4.5 模式时：

- DCO 禁止，DCO_EN 无效。

6.1.9　时钟系统寄存器

与时钟系统相关的寄存器如表 6.1.4 所示（CS 基地址：0x4001_0400）。

表 6.1.4　时钟系统寄存器

寄存器名称	缩　写	地 址 偏 移
密钥	CSKEY	00h
控制寄存器 0	CSCTL0	04h
控制寄存器 1	CSCTL1	08h
控制寄存器 2	CSCTL2	0Ch
控制寄存器 3	CSCTL3	10h
时钟使能	CSCLKEN	30h
状态	CSSTAT	34h
中断使能	CSIE	40h
中断标志	CSIFG	48h
清除中断标志	CSCLRIFG	50h
设置中断标志	CSSETIFG	58h
DCO 外部电阻校准 0	CSDCOERCAL0	60h
DCO 外部电阻校准 1	CSDCOERCAL1	64h

6.2　低功耗模式（LPM）

6.2.1　LPM 原理

MSP432 继承了 MSP430 的低功耗特性，其基本原理就是关闭没有使用到的时钟及外设模块，在一些情况下还会关闭 CPU，进入睡眠模式，在需要的时候再唤醒。

MSP432 支持的低功耗模式包括 LPM0、LPM3、LPM4、LPM3.5 和 LPM4.5，功耗逐渐降低，性能也逐渐下降。LPM0 根据稳压电源形式不同分为线性的 LDO LPM0、开关的 DC-DC LPM0，以及低频的 LPM0。

LPM0 有 3 种不同的状态，LDO、DC-DC 和低频，不同状态下的功耗不同。表 6.2.1 列出了在 DCO 作为 MCLK 时钟源，线性电源 LDO 状态下 LPM0 的电流消耗。

表 6.2.1　LDO 状态下 LPM0 的电流消耗

参　数	V_{CC}	MCLK = 1MHz		MCLK = 8MHz		MCLK = 16MHz		MCLK = 24MHz		MCLK = 32MHz		MCLK = 40MHz		MCLK = 48MHz		单位
		典型	最大	典型	最大	典型	最大	典型	最大	典型	最大	典型	最大	典型	最大	
$I_{LPM0\_LDO\_VCORE0}$	2.2V	355	485	465	605	590	735	710	860							μA
	3.0V	355	485	465	605	590	735	710	860							
$I_{LPM0\_LDO\_VCORE1}$	2.2V	365	530	495	665	640	820	775	970	965	1160	1130	1330	1235	1450	μA
	3.0V	365	530	495	665	640	820	775	970	965	1160	1130	1330	1230	1450	

可以看出，随着主时钟频率减小，消耗的电流也逐步减小，即使是效率较低的线性电源，MSP432 的电流消耗也很小，只有几百 μA。表 6.2.2 列出了在 DC-DC 状态下 LPM0 的电流消耗。

表 6.2.2　DC-DC 状态下 LPM0 的电流消耗

参　数	V_{CC}	MCLK= 1MHz		MCLK= 8MHz		MCLK= 16MHz		MCLK= 24MHz		MCLK= 32MHz		MCLK= 40MHz		MCL= 48MHz		单位
		典型	最大	典型	最大	典型	最大	典型	最大	典型	最大	典型	最大	典型	最大	
$I_{LPM0\_DCDC\_VCORE0}$	2.2V	330	425	400	510	485	600	570	690							μA
	3.0V	325	400	380	460	440	530	510	610							
$I_{LPM0\_DCDC\_VCORE1}$	2.2V	350	485	445	590	555	710	660	820	810	970	935	1110	1020	1200	μA
	3.0V	345	450	420	530	500	620	585	720	700	830	800	940	870	1020	

通过和 LDO 状态下的电流消耗对比可以看出，DC-DC 状态电流消耗降低不少。表 6.2.3 列出了低频状态下 LPM0 的电流消耗。

表 6.2.3　低频状态下 LPM0 的电流消耗

参　数	V_{CC}	-40℃		25℃		60℃		85℃		单位
		典型	最大	典型	最大	典型	最大	典型	最大	
$I_{LPM0\_LF\_VCORE0}$	2.2V	58		63		78		94		μA
	3.0V	61		66	82	81		97	180	
$I_{LPM0\_LF\_VCORE1}$	2.2V	60		66		84		104		μA
	3.0V	63		69	90	87		107	220	

低频状态下电流消耗更低，只有几十 μA，足见 MSP432 的低功耗特性。除了 LPM0 模式，MSP432 还有 LPM3 和 LPM4 模式，表 6.2.4 列出了 LPM3 和 LPM4 的电流消耗。

表 6.2.4　LPM3 和 LPM4 的电流消耗

参　数	V_{CC}	-40℃		25℃		60℃		85℃		单位
		典型	最大	典型	最大	典型	最大	典型	最大	
$I_{LPM3\_VCORE0\_RTCLF}$	2.2V	0.52		0.64		1.11		2.43		μA
	3.0V	0.54		0.66		1.13		2.46		
$I_{LPM3\_VCORE0\_RTCREFO}$	2.2V	0.85		1.07		1.55		2.89		μA
	3.0V	0.95		1.16		1.64		2.98		

续表

参　数	V_{CC}	-40℃	25℃	60℃	85℃	单位
		典型　最大	典型　最大	典型　最大	典型　最大	
$I_{\text{LPM3\_VCORE1\_RTCLF}}$	2.2V	0.72	0.93	1.47	2.95	μA
	3.0V	0.75	0.95	1.5	2.98	
$I_{\text{LPM3\_VCORE1\_RTCREFO}}$	2.2V	1.04	1.3	1.87	3.34	μA
	3.0V	1.14	1.4	1.96	3.44	
$I_{\text{LPM4\_VCORE0}}$	2.2V	0.37	0.48	0.92	2.19	μA
	3.0V	0.4	0.5	0.94	2.2	
$I_{\text{LPM4\_VCORE1}}$	2.2V	0.54	0.7	1.2	2.58	μA
	3.0V	0.56	0.72	1.23	2.6	

MSP432 在 LPM3 和 LPM4 待机模式下消耗电流相当小，只有几 μA，功耗是相当低的。表 6.2.5 列出了 LPM3.5 和 LPM4.5 的电流消耗。

表 6.2.5　LPM3.5 和 LPM4.5 的电流消耗

参　数	V_{CC}	-40℃	25℃	60℃	85℃	单位
		典型　最大	典型　最大	典型　最大	典型　最大	
$I_{\text{LPM3.5\_RTCLF}}$	2.2V	0.48	0.6	1.07	2.36	μA
	3.0V	0.5	0.63	1.1	2.38	
$I_{\text{LPM3.5\_RTCREFO}}$	2.2V	0.82	1.03	1.52	2.81	μA
	3.0V	0.92	1.12	1.61	2.9	
$I_{\text{LPM4.5}}$	2.2V	10	20	45	125	nA
	3.0V	15	25	50	150	

LPM3.5 和 LPM4.5 待机模式下电流消耗不足 3μA，在常温下只有几百 nA，是非常小的。可以说 MSP432 继承了 MSP430 的低功耗特性，与其他微控制器相比，MSP432 在低功耗方面的表现相当突出。

6.2.2　LPM 编程

低功耗模式的编程与电源控制管理模块（PCM）息息相关，如 PCM_gotoLPM0 () 语句即表示进入 LPM0 工作模式，这将在介绍 PCM 内容的章节中详细讲述。

6.3　CS 库函数说明

（1）void CS_clearInterruptFlag (uint32_t flags)

功能：清除 CS 中断标志

参数 1：中断标志

返回：无

使用举例：

```
CS_clearInterruptFlag(CS_LFXT_FAULT);//清除外部低频时钟错误标志
```

（2）void CS_disableClockRequest (uint32_t selectClock)

功能：禁止时钟请求

参数 1：时钟信号名称

返回：无

使用举例：

```
CS_disableClockRequest (CS_ACLK);//禁止ACLK时钟请求
```

（3）void CS_disableDCOExternalResistor (void)

功能：禁止 DCO 模式下外部电阻

参数 1：无

返回：无

（4）void CS_disableFaultCounter (uint_fast8_t counterSelect)

功能：禁止错误计数器

参数 1：HFXT 或 LFXT 错误计数器

返回：无

使用举例：

```
CS_disableFaultCounter (CS_HFXT_FAULT_COUNTER);//禁止外部高频时钟信号错误计数器
```

（5）void CS_disableInterrupt (uint32_t flags)

功能：禁止 CS 中断

参数 1：中断类型

返回：无

使用举例：

```
CS_disableInterrupt(CS_LFXT_FAULT);//禁止外部低频时钟信号错误中断
```

（6）void CS_enableClockRequest (uint32_t selectClock)

功能：使能时钟请求

参数 1：时钟信号名称

返回：无

使用举例：

```
CS_enableClockRequest (CS_ACLK);//使能ACLK时钟请求
```

（7）void CS_enableDCOExternalResistor (void)

功能：使能 DCO 模式下外部电阻

参数 1：无

返回：无

（8）void CS_enableFaultCounter (uint_fast8_t counterSelect)

功能：使能错误计数器

参数 1：HFXT 或 LFXT 错误计数器

返回：无

使用举例：

```
CS_enableFaultCounter (CS_HFXT_FAULT_COUNTER);//使能外部高频时钟信号错误计数器
```

（9）void CS_enableInterrupt (uint32_t flags)

功能：使能 CS 中断

参数 1：中断类型

返回：无

使用举例：

```
    CS_enableInterrupt (CS_LFXT_FAULT);//使能外部低频时钟信号错误中断
```

（10）uint32_t CS_getACLK (void)

功能：读取 ACLK 频率

参数 1：无

返回：ACLK 频率，单位是 Hz

（11）uint32_t CS_getBCLK (void)

功能：读取 BCLK 频率

参数 1：无

返回：BCLK 频率，单位是 Hz

（12）uint32_t CS_getDCOFrequency (void)

功能：读取 DCO 频率

参数 1：无

返回：DCO 频率，单位是 Hz

（13）uint32_t CS_getEnabledInterruptStatus (void)

功能：读取 CS 模块使能的中断状态

参数 1：无

返回：中断标志

（14）uint32_t CS_getHSMCLK (void)

功能：读取 HSMCLK 频率

参数 1：无

返回：HSMCLK 频率，单位是 Hz

（15）uint32_t CS_getInterruptStatus (void)

功能：读取 CS 模块中断状态

参数 1：无

返回：中断标志

（16）uint32_t CS_getMCLK (void)

功能：读取 MCLK 频率

参数 1：无

返回：MCLK 频率，单位是 Hz

（17）uint32_t CS_getSMCLK (void)

功能：读取 SMCLK 频率

参数 1：无

返回：SMCLK 频率，单位是 Hz

（18）void CS_initClockSignal (uint32_t selectedClockSignal, uint32_t clockSource, uint32_t clockSourceDivider)

功能：初始化时钟信号

参数 1：时钟信号

参数 2：信号源

参数 3：分频系数

返回：无

使用举例：

```
    CS_initClockSignal(CS_MCLK,CS_HFXTCLK_SELECT,CS_CLOCK_DIVIDER_1);
//MCL时钟源为外部高频时钟，1分频
```

（19）void CS_resetFaultCounter (uint_fast8_t counterSelect)

功能：复位错误计数器

参数 1：HFXT 或 LFXT 错误计数器

返回：无

使用举例：

```
    CS_resetFaultCounter(CS_HFXT_FAULT_COUNTER);//复位外部高频时钟信号错误计数器
```

（20）void CS_setDCOCenteredFrequency (uint32_t dcoFreq)

功能：设置 DCO 中心频率

参数 1：中心频率

返回：无

使用举例：

```
    CS_setDCOCenteredFrequency(CS_DCO_FREQUENCY_1_5);//设置DCO中心频率为1.5MHz
```

（21）void CS_setDCOExternalResistorCalibration (uint_fast8_t uiCalData, uint_fast8_t freqRange)

功能：设置 DCO 外部电阻模式下校准

参数 1：校准常量

参数 2：频率范围

返回：无

（22）void CS_setDCOFrequency (uint32_t dcoFrequency)

功能：设置 DCO 频率

参数 1：DCO 频率，单位是 Hz

返回：无

使用举例：

```
    CS_setDCOFrequency(3000000);//设置DCO频率为3MHz
```

（23）void CS_setExternalClockSourceFrequency (uint32_t lfxt_XT_CLK_frequency, uint32_t hfxt_XT_CLK_frequency)

功能：设置外部时钟源频率

参数 1：LFXT 频率，单位是 Hz

参数 2：HFXT 频率，单位是 Hz

返回：无

使用举例：

```
    CS_setExternalClockSourceFrequency(48000000,32000);
//外部高频时钟为48MHz，低频为32kHz
```

（24）void CS_setReferenceOscillatorFrequency (uint8_t referenceFrequency)

功能：设置参考振荡器频率

参数 1：REFO 频率

返回：无

使用举例：

```
    CS_setReferenceOscillatorFrequency(CS_REFO_32KHZ);
//设置REFO时钟频率为32kHz
```

（25）void CS_startFaultCounter (uint_fast8_t counterSelect, uint_fast8_t countValue)

功能：启动错误计数器

参数 1：HFXT 或 LFXT 错误计数器

参数 2：循环次数

返回：无

使用举例：

```
    CS_startFaultCounter (CS_HFXT_FAULT_COUNTER,CS_FAULT_COUNTER_4096_CYCLES);
//启动外部高频信号错误计数器，循环4096次
```

（26）bool CS_startHFXT (bool bypassMode)

功能：启动 HFXT

参数 1：是否是旁路模式

返回：启动成功返回 true，否则 false

使用举例：

```
    CS_startHFXT(false);//非旁路模式启动HFXT
```

（27）bool CS_startHFXTWithTimeout (bool bypassMode, uint32_t timeout)

功能：超时启动 HFXT

参数 1：是否是旁路模式

参数 2：超时时间

返回：启动成功返回 true，否则 false

使用举例：

```
    CS_startHFXTWithTimeout (false,1000);//非旁路模式启动HFXT，超时1000
```

（28）bool CS_startLFXT (uint32_t xtDrive)

功能：启动 LFXT

参数 1：驱动强度

返回：启动成功返回 true，否则 false

使用举例：

```
    CS_startLFXT (CS_LFXT_DRIVE0);//启动LFXT，驱动强度为0
```

（29）bool CS_startLFXTWithTimeout (uint32_t xtDrive, uint32_t timeout)

功能：超时启动 LFXT

参数 1：驱动强度

参数 2：超时时间

返回：启动成功返回 true，否则 false

使用举例：

```
    CS_startLFXTWithTimeout (false,1000);//驱动强度0启动LFXT，超时1000
```

（30）void CS_tuneDCOFrequency (int16_t tuneParameter)

功能：调整 DCO 频率

参数 1：调整参数

返回：无

6.4　CS 编程实例

1. DCO 配置

前面提到，DCO 能提供 6 个标准的中心频率（1.5MHz、3MHz、6MHz、12MHz、24MHz、48MHz），要以这些频率为中心进行调整需要电阻，可以是内部电阻（默认），也可以是外部电阻。在外部电阻模式下，通过一个电阻连接 DCOR 引脚和地即可（推荐采用 91kΩ 电阻），该模式下 DCO 频率精

度要高于内部电阻。DCO 外部模式下还提供故障监测机制：当发现 DCOR 引脚和地开路时，自动切换到内部电阻模式，同时置位 DCOR_OPNIFG 标志，触发中断；当发现 DCOR 引脚和地短路时，产生 POR 复位，置位 DCOR_SHTIFG 标志。要使用这些功能可以利用提供的相关库函数。

DCO 具有 6 个可选的频率范围，这保证了 DCO 可配置到任何需要的频率。例如，范围从 1～2MHz 中选择，默认中心频率为 1.5MHz。通过设置 DCOTUNE 可以选择一个范围内的不同频率，DCOTUNE 以二进制补码格式表示。默认情况下，DCOTUNE 为 0。DCOTUNE 的每个二进制位都会导致 DCO 周期的正负变化，因此分别降低或增加整体 DCO 频率。该标称频率计算公为

$$F_{\text{DCO,nom}}=\frac{F_{\text{RSELx\_CTR，nom}}}{1-\dfrac{K_{\text{DCOCONST}}\times N_{\text{DCOTUNE}}}{1+K_{\text{DCOCONST}}\times(768-F_{\text{CALCSDCO*RCAL}})}}$$

式中，$F_{\text{DCO, nom}}$为目标标称频率；$F_{\text{RSELx\_CTR, nom}}$=DCO 频率范围×校准标称中心频率；$K_{\text{DCOCONST}}$为 DCO 常量（浮点值）；$N_{\text{DCOTUNE}}$为 DCO 调整十进制值；$F_{\text{CALCSDCO*RCAL}}$为内部或外部电阻模式范围的 DCO 频率校准值。

通过上式得到 DCOTUNE 的计算公式为

$$N_{\text{DCOTUNE}}=\frac{(F_{\text{DCO,nom}}-F_{\text{RSELx\_CTR,nom}})\times\left[1+K_{\text{DCOCONST}}\times(768-F_{\text{CALCSDCO*RCAL}})\right]}{F_{\text{DCO,nom}}\times K_{\text{DCOCONST}}}$$

【例 6.4.1】 DCO 配置

配置 DCO 为非中心频率 9330000Hz，初始化系统各时钟信号，并把 ACLK、MCLK 和 HSMCLK 信号通过 I/O 口输出。

软件设计：

```
u8 tbuf[40];
uint32_t DCO_Freq = 5000000;//DCO频率
int main()
{
    /*关闭看门狗*/
    WDT_A_holdTimer();
    /*P7.0配置为输出*/
    GPIO_setAsOutputPin(GPIO_PORT_P7, GPIO_PIN0);
    /*P7.0输出低电平，点亮LED*/
    GPIO_setOutputLowOnPin(GPIO_PORT_P7, GPIO_PIN0);
    /*P4.2、P4.3、P4.4复用为时钟信号输出
     *P4.2输出ACLK
     *P4.3输出MCLK
     *P4.4输出HSMCLK*/
    GPIO_setAsPeripheralModuleFunctionOutputPin(GPIO_PORT_P4,GPIO_PIN2|
GPIO_PIN3|GPIO_PIN4,GPIO_PRIMARY_MODULE_FUNCTION);
    /*P1.3配置为下拉输入*/
    GPIO_setAsInputPinWithPullDownResistor(GPIO_PORT_P1, GPIO_PIN3);
    /*清除P1.3中断标志*/
    GPIO_clearInterruptFlag(GPIO_PORT_P1, GPIO_PIN3);
    /*P1.3上升沿触发中断*/
    GPIO_interruptEdgeSelect ( GPIO_PORT_P1, GPIO_PIN3,
GPIO_LOW_TO_HIGH_TRANSITION );
    /*P1.3中断使能*/
    GPIO_enableInterrupt(GPIO_PORT_P1, GPIO_PIN3);
    /*设置DCO频率*/
```

```
        CS_setDCOFrequency(DCO_Freq);
        /*时钟系统初始化，设置时钟源及分频系数*/
        CS_initClockSignal(CS_MCLK, CS_DCOCLK_SELECT, CS_CLOCK_DIVIDER_4);
//MCLK源于DCO，4分频
        CS_initClockSignal(CS_ACLK, CS_VLOCLK_SELECT, CS_CLOCK_DIVIDER_1);
//ACLK源于VLO，1分频
        CS_initClockSignal(CS_HSMCLK, CS_DCOCLK_SELECT,
CS_CLOCK_DIVIDER_4);//HSMCLK源于DCO，4分频
        CS_initClockSignal(CS_SMCLK, CS_DCOCLK_SELECT, CS_CLOCK_DIVIDER_4);
//SMCLK源于DCO，4分频
        CS_initClockSignal(CS_BCLK, CS_REFOCLK_SELECT, CS_CLOCK_DIVIDER_1);
//BCLK源于REFO，1分频
        /*使能PORT1中断*/
        Interrupt_enableInterrupt(INT_PORT1);
        /*打开全局中断*/
        Interrupt_enableMaster();
        /*OLED初始化*/
        OLED_Init();
        /*OLED清屏*/
        OLED_Clear();
        /*OLED显示字符及汉字*/
        OLED_ShowString(0,0,"MSP432",16);
        OLED_ShowCHinese(48,0,11); //原
        OLED_ShowCHinese(64,0,12);//理
        OLED_ShowCHinese(80,0,13);//及
        OLED_ShowCHinese(96,0,14);//使
        OLED_ShowCHinese(112,0,15);//用
        OLED_ShowString(0,2,"DCO",16);
        OLED_ShowCHinese(24,2,20);//配
        OLED_ShowCHinese(40,2,21);//置
        OLED_ShowCHinese(56,2,22);//实
        OLED_ShowCHinese(72,2,23);//验
        OLED_ShowString(0,4,"DCO:",16);
        sprintf((char*)tbuf,"%dkHz",DCO_Freq/1000);   //转换为kHz显示
        OLED_ShowString(32,4,tbuf,16);
        OLED_ShowString(0,6,"MCLK:",16);
        sprintf((char*)tbuf,"%dkHz",DCO_Freq/4/1000);//MCLK由DCO的4分频得到
        OLED_ShowString(40,6,tbuf,16);
        while(1)
        {
            PCM_gotoLPM0();     //进入睡眠状态
        }
    }
    //PORT1中断服务程序
    void PORT1_IRQHandler(void)
    {
        uint32_t ii;
        uint32_t status;
        /*关闭全局中断*/
```

```
        Interrupt_disableMaster ();
        /*读取P1中断状态*/
        status = GPIO_getEnabledInterruptStatus(GPIO_PORT_P1);
        /*清除P1中断标志*/
        GPIO_clearInterruptFlag(GPIO_PORT_P1, status);
        /*中断处理*/
        if(status & BIT3)
        {
            for (ii = 10000; ii > 0; ii--);   //计数延时按键消抖
            /*查询P1.3输入电平是否为高*/
            if(GPIO_getInputPinValue(GPIO_PORT_P1,GPIO_PIN3)==GPIO_INPUT_PIN_
HIGH)
            {
                DCO_Freq += 1000000;             //DCO频率增加1MHz
                if(DCO_Freq > 48000000)          //最高48MHz
                    DCO_Freq = 1000000;
                CS_setDCOFrequency(DCO_Freq); //设置DCO频率
                OLED_ClrarPageColumn(4,32);
                sprintf((char*)tbuf,"%dkHz",DCO_Freq/1000);   //转换为kHz显示
                OLED_ShowString(32,4,tbuf,16);
                OLED_ClrarPageColumn(6,40);
                sprintf((char*)tbuf,"%dkHz",DCO_Freq/4/1000);
                //MCLK由DCO的4分频得到
                OLED_ShowString(40,6,tbuf,16);
                /*P7.0输出翻转*/
                GPIO_toggleOutputOnPin(GPIO_PORT_P7, GPIO_PIN0);
            }
        }
        /*打开全局中断*/
        Interrupt_enableMaster();
    }
```

在设置 DCO 频率时，由于这里直接调用库函数设定目标值，并没有去计算调整参数，受环境影响，实际的频率值可能会有误差，把输出信号接到示波器上进行观察，可以看到 MCLK 信号的频率为 9330kHz 左右，这时可以通过函数 void CS_tuneDCOFrequency (int16_t tuneParameter)把时钟频率调整到需要的值。

2．HFXT 配置

如果应用对性能有更高的要求，这时应配置外部时钟 HFXT 作为 MCLK 时钟源，因为它的精度要比同频率下的 DCO 高。当配置 HFXT 时，I/O 口要复用为时钟引脚模式，如果在应用程序中要读取系统时钟频率值，还需要调用 void CS_setExternalClockSourceFrequency(uint32_t lfxt_XT_ CLK_frequency,uint32_t hfxt_XT_CLK_frequency)设定外部时钟频率值，最后启动 HFXT 即可。

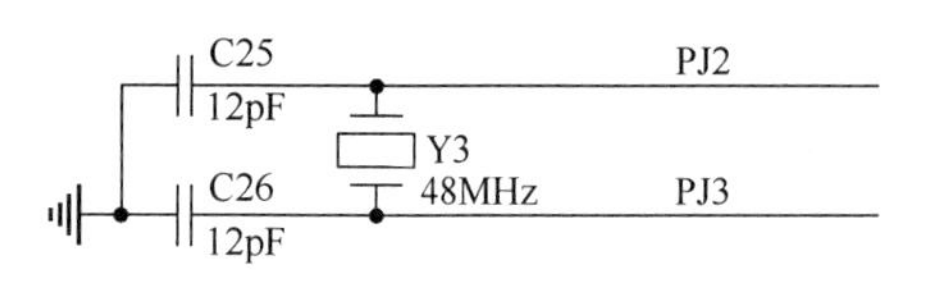

图 6.4.1　HFXT 连接原理

【例 6.4.2】HFXT 配置

配置外部高频时钟信号（非旁路模式），并通过 I/O 口输出系统时钟。

（1）硬件设计：HFXT 连接原理如图 6.4.1 所示。

（2）软件设计：

```
    u8 tbuf[40];
    uint32_t MCLK_Freq ; //MCLK频率
    int main()
    {
        u32 ii;
        /*关闭看门狗*/
        WDT_A_holdTimer();
        /*P7.0配置为输出*/
        GPIO_setAsOutputPin(GPIO_PORT_P7, GPIO_PIN0);
        /*P7.0输出低电平，点亮LED*/
        GPIO_setOutputLowOnPin(GPIO_PORT_P7, GPIO_PIN0);
        /*PJ2、PJ3复用为HFXT时钟输入*/
        GPIO_setAsPeripheralModuleFunctionOutputPin(GPIO_PORT_PJ,GPIO_PIN3 |
    GPIO_PIN2, GPIO_PRIMARY_MODULE_FUNCTION);
        /*P4.2、P4.3、P4.4复用为时钟信号输出
         *P4.2输出ACLK
         *P4.3输出MCLK
         *P4.4输出HSMCLK
         */
        GPIO_setAsPeripheralModuleFunctionOutputPin(GPIO_PORT_P4,GPIO_PIN2|
    GPIO_PIN3|GPIO_PIN4,GPIO_PRIMARY_MODULE_FUNCTION);
        /*P1.3配置为下拉输入*/
        GPIO_setAsInputPinWithPullDownResistor(GPIO_PORT_P1, GPIO_PIN3);
        /*清除P1.3中断标志*/
        GPIO_clearInterruptFlag(GPIO_PORT_P1, GPIO_PIN3);
        /*P1.3上升沿触发中断*/
        GPIO_interruptEdgeSelect ( GPIO_PORT_P1, GPIO_PIN3,
    GPIO_LOW_TO_HIGH_TRANSITION );
        /*P1.3中断使能*/
        GPIO_enableInterrupt(GPIO_PORT_P1, GPIO_PIN3);
        /*设置外部时钟频率，LFXT:32kHz,HFXT:48MHz*/
        CS_setExternalClockSourceFrequency(32000,48000000);
        /*启动HFXT,非旁路模式*/
        CS_startHFXT(false);
        /*时钟系统初始化，设置时钟源及分频系数*/
        CS_initClockSignal(CS_MCLK, CS_HFXTCLK_SELECT, CS_CLOCK_DIVIDER_2);
//MCLK源于HFXT，2分频
        CS_initClockSignal(CS_ACLK, CS_VLOCLK_SELECT, CS_CLOCK_DIVIDER_1);
//ACLK源于VLO，1分频
        CS_initClockSignal(CS_HSMCLK, CS_HFXTCLK_SELECT,
CS_CLOCK_DIVIDER_64);//HSMCLK源于DCO，4分频
        CS_initClockSignal(CS_SMCLK, CS_HFXTCLK_SELECT, CS_CLOCK_DIVIDER_64);
//SMCLK源于DCO，4分频
        CS_initClockSignal(CS_BCLK, CS_REFOCLK_SELECT, CS_CLOCK_DIVIDER_1);
//BCLK源于REFO，1分频
        MCLK_Freq =CS_getMCLK();//读取MCLK频率
        /*使能PORT1中断*/
        Interrupt_enableInterrupt(INT_PORT1);
```

```
    /*打开全局中断*/
    Interrupt_enableMaster();
    /*OLED初始化*/
    OLED_Init();
    /*OLED清屏*/
    OLED_Clear();
    /*OLED显示字符及汉字*/
    OLED_ShowString(0,0,"MSP432",16);
    OLED_ShowCHinese(48,0,11); //原
    OLED_ShowCHinese(64,0,12);//理
    OLED_ShowCHinese(80,0,13);//及
    OLED_ShowCHinese(96,0,14);//使
    OLED_ShowCHinese(112,0,15);//用
    OLED_ShowString(0,2,"HFXT",16);
    OLED_ShowCHinese(32,2,20);//配
    OLED_ShowCHinese(48,2,21);//置
    OLED_ShowCHinese(64,2,22);//实
    OLED_ShowCHinese(80,2,23);//验
    OLED_ShowString(0,4,"MCLK_Divid:",16);
    sprintf((char*)tbuf,"%d",2); //显示MCLK分频系数
    OLED_ShowString(88,4,tbuf,16);
    OLED_ShowString(0,6,"MCLK:",16);
    sprintf((char*)tbuf,"%dkHz",MCLK_Freq/1000); //转换为kHz显示
    OLED_ShowString(40,6,tbuf,16);
    while(1)
    {
        for(ii=0;ii<2000000;ii++);          //计数延时
        /*P7.0输出翻转*/
        GPIO_toggleOutputOnPin(GPIO_PORT_P7, GPIO_PIN0);
    }
}
//PORT1中断服务程序
void PORT1_IRQHandler(void)
{
    uint32_t ii;
    uint32_t status;
    static u8 Flag=0;
    /*关闭全局中断*/
    Interrupt_disableMaster ();
    /*读取P1中断状态*/
    status = GPIO_getEnabledInterruptStatus(GPIO_PORT_P1);
    /*清除P1中断标志*/
    GPIO_clearInterruptFlag(GPIO_PORT_P1, status);
    /*中断处理*/
    if(status & BIT3)
    {
        for (ii = 10000; ii > 0; ii--);  //计数延时按键消抖
        /*查询P1.3输入电平是否为高*/
        if(GPIO_getInputPinValue(GPIO_PORT_P1, GPIO_PIN3)== GPIO_INPUT_
```

```
PIN_HIGH)
            {
                if(Flag ==0)
                {
                    Flag =1;
                    CS_initClockSignal(CS_MCLK, CS_HFXTCLK_SELECT,
    CS_CLOCK_DIVIDER_8);                                //MCLK源于HFXT，8分频
                    MCLK_Freq =CS_getMCLK();            //读取MCLK频率
                    OLED_ClrarPageColumn(4,88);
                    sprintf((char*)tbuf,"%d",8);        //显示MCLK分频系数
                    OLED_ShowString(88,4,tbuf,16);
                    OLED_ClrarPageColumn(6,40);
                    sprintf((char*)tbuf,"%dkHz",MCLK_Freq/1000); //转换为kHz显示
                    OLED_ShowString(40,6,tbuf,16);
                }
                else
                {
                    Flag =0;
                    CS_initClockSignal(CS_MCLK, CS_HFXTCLK_SELECT,
    CS_CLOCK_DIVIDER_4);  //MCLK源于HFXT，4分频
                    MCLK_Freq =CS_getMCLK();            //读取MCLK频率
                    OLED_ClrarPageColumn(4,88);
                    sprintf((char*)tbuf,"%d",4);        //显示MCLK分频系数
                    OLED_ShowString(88,4,tbuf,16);
                    OLED_ClrarPageColumn(6,40);
                    sprintf((char*)tbuf,"%dkHz",MCLK_Freq/1000); //转换为kHz显示
                    OLED_ShowString(40,6,tbuf,16);
                }
            }
        }
        /*打开全局中断*/
        Interrupt_enableMaster();
    }
```

把 MCLK 信号接到示波器观察，发现时钟频率为 48MHz 左右，精度很高，误差很小，使用外部高速时钟能提高 CPU 处理速度，在高性能场合中建议这样配置。

3. LFXT 配置

LFXT 的使用和 HFXT 一样，LFXT 常用于低功耗模式，这会在后面的章节中讲到。

【例 6.4.3】LFXT 配置

配置外部低频时钟信号，并通过 I/O 口输出系统时钟。

（1）硬件设计：LFXT 连接原理如图 6.4.2 所示。

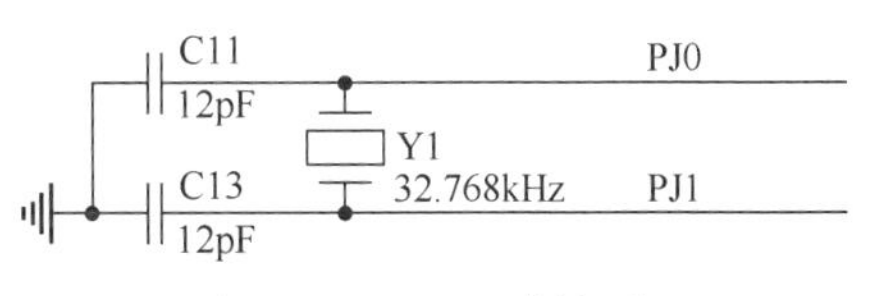

图 6.4.2　LFXT 连接原理

（2）软件设计：

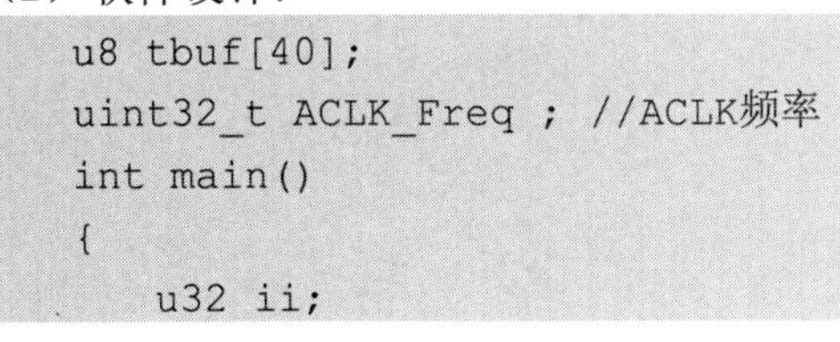

```
    u8 tbuf[40];
    uint32_t ACLK_Freq ; //ACLK频率
    int main()
    {
        u32 ii;
```

```
    /*关闭看门狗*/
    WDT_A_holdTimer();
    /*P7.0配置为输出*/
    GPIO_setAsOutputPin(GPIO_PORT_P7, GPIO_PIN0);
    /*P7.0输出低电平，点亮LED*/
    GPIO_setOutputLowOnPin(GPIO_PORT_P7, GPIO_PIN0);
    /*PJ0、PJ1复用为LFXT时钟输入*/
    GPIO_setAsPeripheralModuleFunctionOutputPin(GPIO_PORT_PJ,GPIO_PIN0 |
GPIO_PIN1, GPIO_PRIMARY_MODULE_FUNCTION);
    /*P4.2、P4.3、P4.4复用为时钟信号输出
     *P4.2输出ACLK
     *P4.3输出MCLK
     *P4.4输出HSMCLK
     */
    GPIO_setAsPeripheralModuleFunctionOutputPin(GPIO_PORT_P4,GPIO_PIN2|
GPIO_PIN3|GPIO_PIN4,GPIO_PRIMARY_MODULE_FUNCTION);
    /*P1.3配置为下拉输入*/
    GPIO_setAsInputPinWithPullDownResistor(GPIO_PORT_P1, GPIO_PIN3);
    /*清除P1.3中断标志*/
    GPIO_clearInterruptFlag(GPIO_PORT_P1, GPIO_PIN3);
    /*P1.3上升沿触发中断*/
    GPIO_interruptEdgeSelect ( GPIO_PORT_P1, GPIO_PIN3,
GPIO_LOW_TO_HIGH_TRANSITION );
    /*P1.3中断使能*/
    GPIO_enableInterrupt(GPIO_PORT_P1, GPIO_PIN3);
    /*设置外部时钟频率，LFXT:32.768kHz,HFXT:48MHz*/
    CS_setExternalClockSourceFrequency(32768,48000000);
    /*启动LFXT,非旁路模式*/
    CS_startLFXT(false);
    /*设置DCO频率:12MHz*/
    CS_setDCOFrequency(12000000);
    /*时钟系统初始化，设置时钟源及分频系数*/
    CS_initClockSignal(CS_MCLK, CS_DCOCLK_SELECT, CS_CLOCK_DIVIDER_2);
//MCLK源于DCO，2分频
    CS_initClockSignal(CS_ACLK, CS_LFXTCLK_SELECT, CS_CLOCK_DIVIDER_1);
//ACLK源于LFXT，1分频
    CS_initClockSignal(CS_HSMCLK, CS_DCOCLK_SELECT, CS_CLOCK_DIVIDER_4);
//HSMCLK源于DCO，4分频
    CS_initClockSignal(CS_SMCLK, CS_DCOCLK_SELECT, CS_CLOCK_DIVIDER_4);
//SMCLK源于DCO，4分频
    CS_initClockSignal(CS_BCLK, CS_REFOCLK_SELECT, CS_CLOCK_DIVIDER_1);
//BCLK源于REFO，1分频
    ACLK_Freq =CS_getACLK();//读取ACLK频率
    /*使能PORT1中断*/
    Interrupt_enableInterrupt(INT_PORT1);
    /*打开全局中断*/
    Interrupt_enableMaster();
    /*OLED初始化*/
    OLED_Init();
```

```
    /*OLED清屏*/
    OLED_Clear();
    /*OLED显示字符及汉字*/
    OLED_ShowString(0,0,"MSP432",16);
    OLED_ShowCHinese(48,0,11);//原
    OLED_ShowCHinese(64,0,12);//理
    OLED_ShowCHinese(80,0,13);//及
    OLED_ShowCHinese(96,0,14);//使
    OLED_ShowCHinese(112,0,15);//用
    OLED_ShowString(0,2,"LFXT",16);
    OLED_ShowCHinese(32,2,20);//配
    OLED_ShowCHinese(48,2,21);//置
    OLED_ShowCHinese(64,2,22);//实
    OLED_ShowCHinese(80,2,23);//验
    OLED_ShowString(0,4,"ACLK_Divid:",16);
    sprintf((char*)tbuf,"%d",1);                //显示ACLK分频系数
    OLED_ShowString(88,4,tbuf,16);
    OLED_ShowString(0,6,"ACLK:",16);
    sprintf((char*)tbuf,"%dHz",ACLK_Freq);    //单位为Hz显示
    OLED_ShowString(40,6,tbuf,16);
    while(1)
    {
        for(ii=0;ii<500000;ii++);              //计数延时
        /*P7.0输出翻转*/
        GPIO_toggleOutputOnPin(GPIO_PORT_P7, GPIO_PIN0);
    }
}
//PORT1中断服务程序
void PORT1_IRQHandler(void)
{
    uint32_t ii;
    uint32_t status;
    static u8 Flag=0;
    /*关闭全局中断*/
    Interrupt_disableMaster ();
    /*读取P1中断状态*/
    status = GPIO_getEnabledInterruptStatus(GPIO_PORT_P1);
    /*清除P1中断标志*/
    GPIO_clearInterruptFlag(GPIO_PORT_P1, status);
    /*中断处理*/
    if(status & BIT3)
    {
        for (ii = 10000; ii > 0; ii--);       //计数延时按键消抖
        /*查询P1.3输入电平是否为高*/
        if(GPIO_getInputPinValue(GPIO_PORT_P1, GPIO_PIN3)==GPIO_INPUT_
PIN_HIGH)
        {
            if(Flag ==0)
            {
```

```
                Flag =1;
            CS_initClockSignal(CS_ACLK, CS_LFXTCLK_SELECT,
CS_CLOCK_DIVIDER_2);                                //ACLK源于LFXT，2分频
                ACLK_Freq =CS_getACLK();            //读取ACLK频率
                OLED_ClrarPageColumn(4,88);
                sprintf((char*)tbuf,"%d",2);        //显示ACLK分频系数
                OLED_ShowString(88,4,tbuf,16);
                OLED_ClrarPageColumn(6,40);
                sprintf((char*)tbuf,"%dHz",ACLK_Freq); //单位为Hz显示
                OLED_ShowString(40,6,tbuf,16);
            }
            else
            {
                Flag =0;
                CS_initClockSignal(CS_ACLK, CS_LFXTCLK_SELECT,
CS_CLOCK_DIVIDER_1);                                        //ACLK源于LFXT，1分频
                ACLK_Freq =CS_getACLK();                    //读取ACLK频率
                OLED_ClrarPageColumn(4,88);
                sprintf((char*)tbuf,"%d",1);                //显示ACLK分频系数
                OLED_ShowString(88,4,tbuf,16);
                OLED_ClrarPageColumn(6,40);
                sprintf((char*)tbuf,"%dHz",ACLK_Freq); //单位为Hz显示
                OLED_ShowString(40,6,tbuf,16);
            }
        }
    }
    /*打开全局中断*/
    Interrupt_enableMaster();
}
```

6.5　小结与思考

本章介绍了 MSP432 的时钟系统和低功耗模式，时钟是 MSP432 正常运行的基本条件，时钟的配置显得尤为重要，读者应了解 MSP432 各时钟源，掌握各种工作模式下有效的时钟信号及系统时钟信号配置。对于时钟系统的请求机制、失效管理、同步、状态等内容本章没有阐述，感兴趣的读者可查阅用户指南。

习题与思考

6-1　MSP432 有哪些时钟源？各有什么特点？每种时钟源的频率范围是多少？

6-2　在 LPM0、LPM3、LPM3.5、LPM4、LPM4.5 模式下对时钟的要求分别是什么？

6-3　MSP432 有哪些系统时钟信号？这些时钟信号的源有哪些？

6-4　HFXT、LFXT、DCO 怎么配置？

6-5　配置系统时钟信号并通过复用引脚输出，观察时钟信号，分析存在的差异，如何调整？

第 7 章　定 时 器

定时器是 MSP432 中非常重要的资源，可以用来实现定时控制、延时、频率测量、脉宽测量及产生信号等。

一般来说，MSP432 中的定时功能可以通过软件和硬件两种方法获得。软件定时根据所需要的时间常数设计延时子程序，延时子程序包含一些指令，设计者需要对这些指令的执行时间进行严格的测量或计算，保证延时的精度。这种做法可以方便地更改延时时间，缺点是占用 CPU 资源，在延时阶段 CPU 一直被占用，导致 CPU 的利用率降低，这种方法一般在延时较短的情况下使用。硬件定时通过专门的定时器来实现，根据需要的定时时间确定定时常数，用指令启动定时器，使定时器开始计数，计数到确定值，便自动产生一个输出。在定时器开始工作后，CPU 不去管它，而去做别的事情。这种方法能极大提高 CPU 的利用率，得到了广泛应用。

MSP432 的定时器资源很丰富，包括 Cortex-M4F 内核的滴答定时器 SysTick、16 位定时器 Timer_A、32 位定时器 Timer32、看门狗定时器 WDT_A 和实时时钟 RTC_C。这些模块除具有定时功能外，还具有各自的特殊功能，在应用中可根据需要选择。

本章将配合实例对 MSP432 各定时器模块进行介绍，让读者能够明白各种定时器的工作原理及如何使用。

本章导读：7.1 节介绍 MSP432 的功能定时器 Timer_A，它在定时控制中应用最多，建议精读；7.2～7.5 节介绍特点突出的定时器，它们常用于特殊场景，读者可根据自己的情况进行学习与实践，并完成习题。

7.1　16 位定时器（Timer_A）

7.1.1　Timer_A 原理

Timer_A 是 16 位定时器/计数器，最多有 7 个捕获/比较寄存器。Timer_A 可以支持捕捉/比较、PWM 输出及间隔定时。Timer_A 还具有中断能力，中断来自溢出事件或捕获/比较事件。

Timer_A 的特点如下。

- 16 位 4 种操作模式的定时器/计数器。
- 可选择可配置的时钟源。
- 多达 7 个可配置的捕获/比较寄存器。
- PWM 输出能力。
- 同步输入和输出锁存。

Timer_A 内部结构如图 7.1.1 所示。

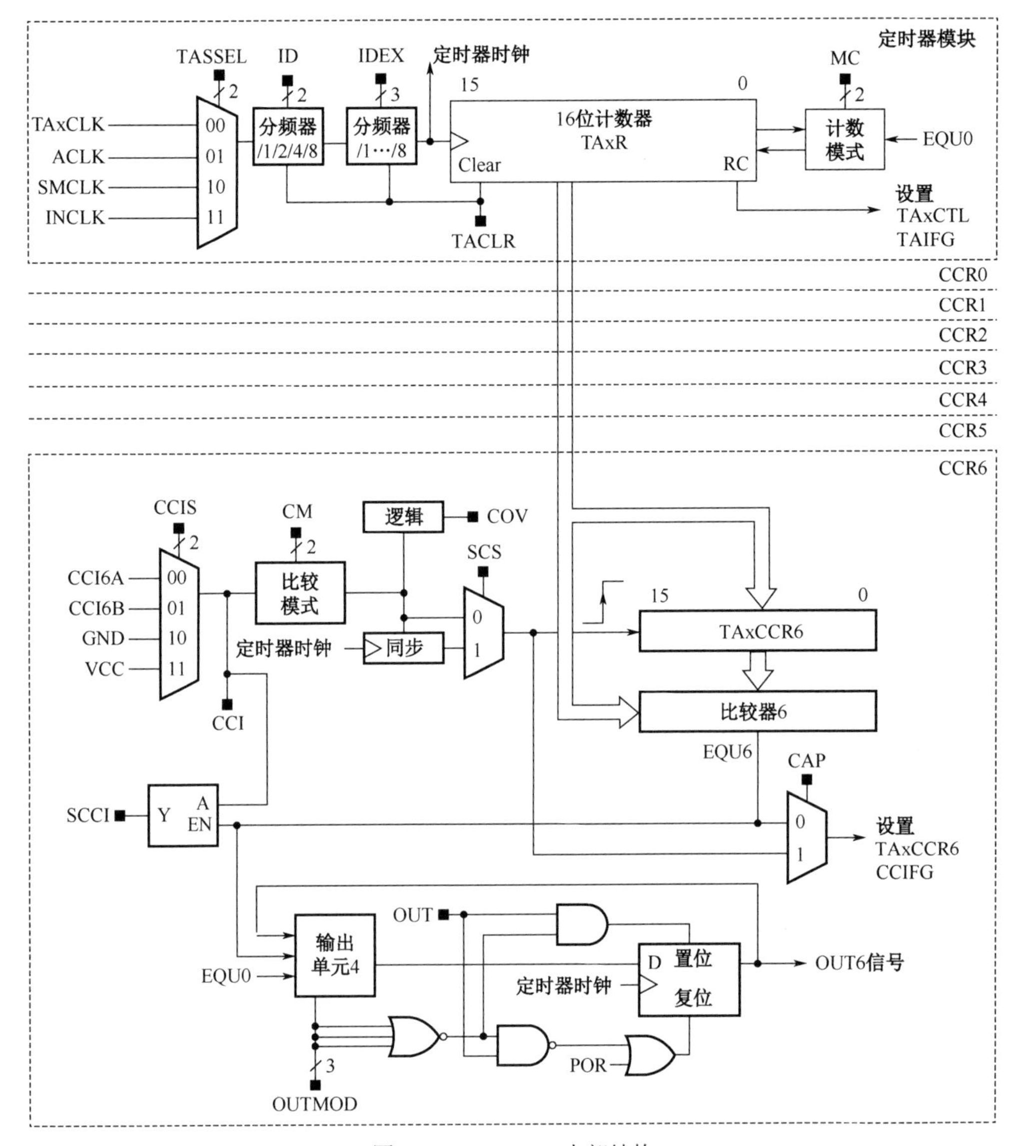

图 7.1.1 Timer_A 内部结构

1. 16 位定时器/计数器

16 位定时器/计数器寄存器——TAxR，在每个时钟信号的上升沿到来时增大或减小（取决于操作模式）。TAxR 可以用软件读写。此外，它可以在溢出时生成中断。

注意：修改 Timer_A 寄存器

建议在修改定时器的操作（中断启用、中断标志和 TACLR 除外）之前停止计数器，以避免错误的操作条件。当计数器时钟与 CPU 时钟异步时，任何读取 TAxR 的操作都可能造成值不可靠。此时建议通过多次读取，并在软件中进行多数表决以确定正确的读取结果。任何给 TAxR 的写入都会立即生效。

2. 时钟源选择和分频器

Timer_A 有 4 个时钟源可选，内部的 ACLK、SMCLK 和 INCLK，外部的 TAxCLK，通过 TASSEL 位选择。选择的时钟源可以直接传递到定时器，还可以通过 ID 位进行 2、4、8 分频。时钟还能通过 TAIDEX 位进行 2、3、4、5、6、7、8 分频。当置高 TACLR 位时，时钟分频逻辑会置位。

注意：定时器分频器

编程 ID 位或 TAIDEX 位后，设置 TACLR 位。这将清除 TAxR 的内容，并将时钟分频器逻辑重置为定义的状态。时钟分频器被实现为向下计数器。因此，当 TACLR 位被清除时，计数器时钟立即开始在通过 TASSEL 位选择的时钟源的第一个上升沿开始计时，并继续在 ID 位和 TAIDEX 位设置的分频器时钟计时。

3. 计数模式

Timer_A 有 4 种计数模式，停止模式、递增模式、连续模式和循环模式，通过 MC 位选择，如表 7.1.1 所示。

表 7.1.1　Timer_A 计数模式

MC	模　式	描　述
00	停止	计数器暂停
01	递增	计数器重复地从 0 到 TAxCCR0 寄存器的值计数
10	连续	计数器重复地从 0 到 0xFFFFh 计数
11	循环	计数器重复地从 0 到 TAxCCR0 又减到 0 计数

（1）递增模式。

计数周期由 TAxCCR0 中的值决定，计数器从零开始逐一增加，直到和 TAxCCR0 中的值相等，又继续从零开始，如图 7.1.2 所示。这时 CCR0 不能作为捕获/比较功能使用，只能使用其他的捕获/比较寄存器。

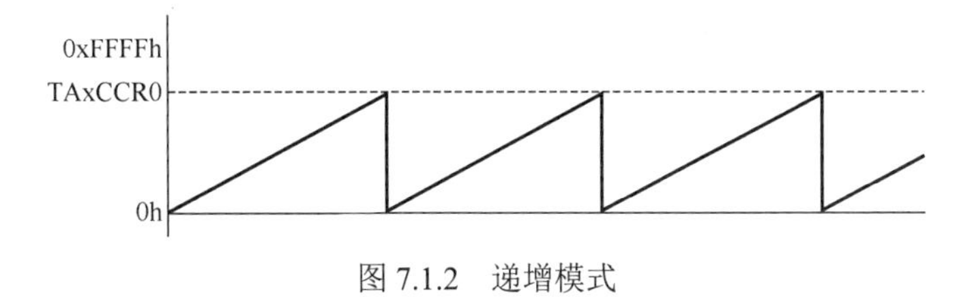

图 7.1.2　递增模式

当计数值和 TAxCCR0 中的值相等时，TAxCCR0 CCIFG 标志位置 1；当计数值从 TAxCCR0 中的值变为 0 时，TAIFG 中断标志置 1，如图 7.1.3 所示。

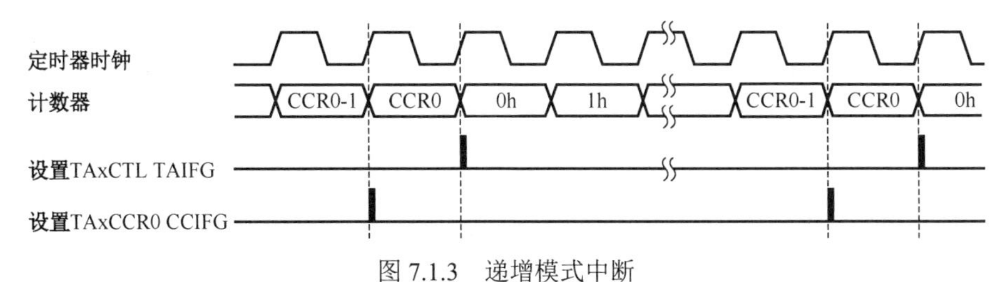

图 7.1.3　递增模式中断

（2）连续模式。

连续模式和递增模式的区别在于计数周期为 0xFFFFh 个定时器时钟周期，不需要由 TAxCCR0 设定，如图 7.1.4 所示。

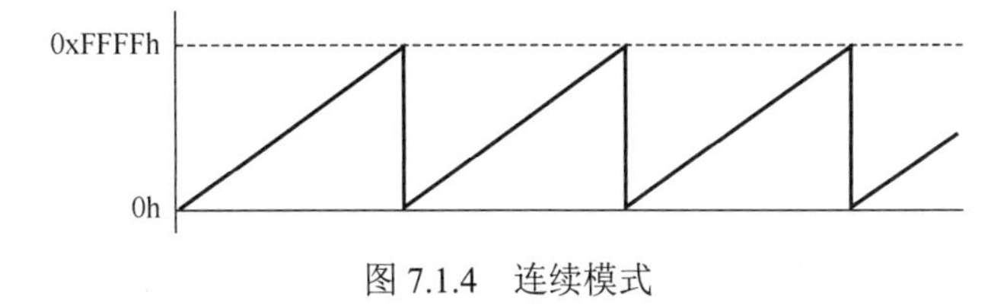

图 7.1.4　连续模式

当计数值从 0xFFFFh 变为 0 时，TAIFG 中断标志置 1，如图 7.1.5 所示。

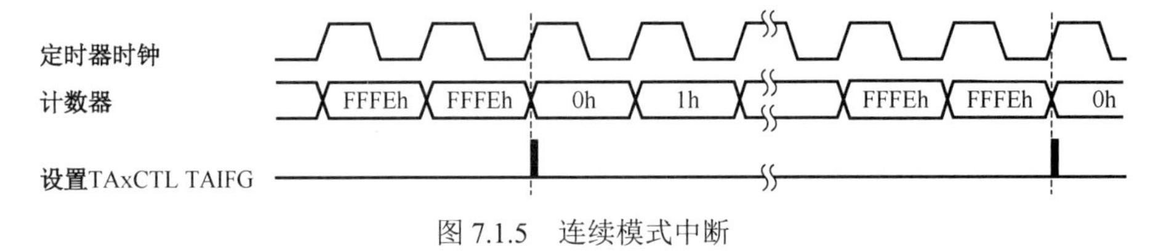

图 7.1.5　连续模式中断

（3）循环模式。

计数器从零开始逐一增加，直到和 TAxCCR0 中的值相等，又从 TAxCCR0 开始逐一减小直到零，如此循环，如图 7.1.6 所示。

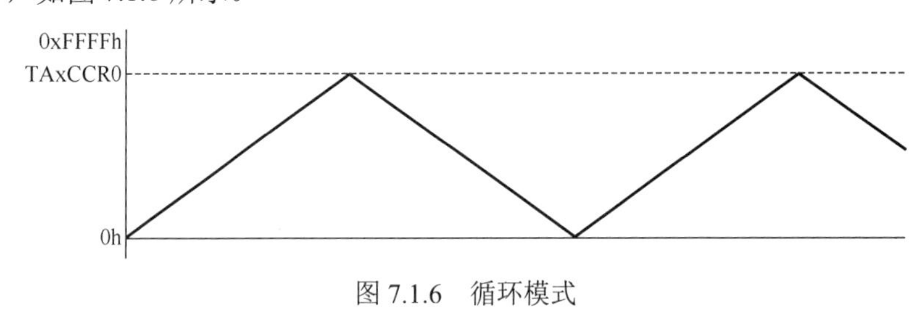

图 7.1.6　循环模式

当计数值由 TAxCCR0-1 到 TAxCCR0 时，产生 TAxCCR0 CCIFG 中断标志位，由 1 到 0 时，产生 TAxCTL TAIFG 中断标志位，如图 7.1.7 所示。

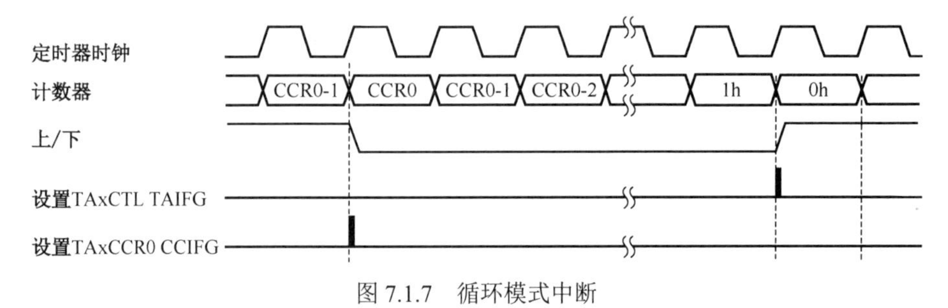

图 7.1.7　循环模式中断

4．输入捕获模式

当 CAP=1 时用于输入捕获，捕获模式用于记录时间事件，常用于速度计算和时间测量。捕获输入通道 CCIxA 和 CCIxB 连接外部输入的信号或内部模块输出的信号，通过 CCIS 位选择。CM 选择捕获输入信号上升沿、下降沿或两者都捕获。当捕获到选择的边沿信号时，计数器的值被写入 TAxCCRn 中，同时中断标志 CCIFG 会被置 1。

输入信号的电平可以通过 CCI 位读取。此外，每个捕获/比较寄存器还提供溢出逻辑以表征第二次捕获发生而第一次捕获值没有被读取的情况，这时 COV 会置 1。COV 必须通过软件清除。

5．比较模式

当 CAP=0 时工作在比较模式，比较功能常用于生成 PWM 波，也用于产生间隔定时中断，当计数器的值和 TAxCCRn 相等时，发生比较事件：

- 中断标志 CCIFG 被置 1；
- 内部信号 EQUn = 1；
- EQUn 会改变输出信号；
- 输入信号 CCI 锁存到 SCCI。

Timer_A 捕获比较控制寄存器 TAxCCTLx 各位的定义如表 7.1.2 所示。

表 7.1.2　TAxCCTLx 各位的定义

15	14	13	12	11	10	9	8
CM		CCIS		SCS	SCCI	Reserved	CAP
nw-0	nw-0	nw-0	nw-0	nw-0	r-0	r-0	rw-0
7	6	5	4	3	2	1	0
OUTMOD			CCIE	CCI	OUT	COV	CCIFG
nw-0	nw-0	nw-0	nw-0	r	r-0	r-0	rw-0

TAxCCTLx 位描述如表 7.1.3 所示。

表 7.1.3　TAxCCTLx 位描述

位	描述
CM	捕获模式： 00b=不捕获 01b=上升沿 10b=下降沿 11b=上升沿和下降沿
CCIS	捕获比较输入信号选择： 00b=CCIxA 01b=CCIxB 10b=GND 11b=VCC
SCS	同步捕获源。该位用于同步捕获输入信号与定时器时钟： 0b=异步捕获 1b=同步捕捉
SCCI	同步捕获/比较输入。选定的输入信号 CCI 通过 EQUn 锁存，通过该位读取
CAP	捕获模式： 0b=比较模式 1b=捕获模式
OUTMOD	输出模式： 000b=OUT 001b=置 1 010b=翻转/复位 011b=置 1/复位 100b=翻转 101b=复位 110b=翻转/置 1 111b = 复位/置 1
CCIE	捕获比较中断使能，设定 CCIFG 是否请求中断： 0b=中断禁止 1b=中断使能
CCI	捕获比较输入，通过该位读取输入信号
OUT	输出 0 模式时，该值确定输出： 0b=输出低电平 1b=输出高电平
COV	捕获溢出。该位表示发生了捕获溢出，必须用软件重置： 0b=未发生捕获溢出 1b=发生捕获溢出
CCIFG	捕获比较中断标志： 0b=无中断 1b=有中断

6．定时器中断

每个 Timer_A 提供两个中断向量：

- TAxCCR0 中断向量用于 TAxCCR0 CCIFG；
- TAxIV 中断向量用于所有其他的 CCIFG 和 TAIFG。

在捕获模式下，当 TAxCCRn 寄存器捕获计数器值时，将设置相应的 CCIFG 标志。在比较模式下，如果 TAxR 计数到相关的 TAxCCRn 值，则设置相应的 CCIFG 标志。软件也可以设置或清除任何 CCIFG 标志。当设置了相应的 CCIE 位时，CCIFG 标志会请求中断。

7．Timer_A 相关寄存器

以 Timer_A0 为例列出其相关寄存器，如表 7.1.4 所示（Timer_A0 基地址：0x4000_0000）。

表 7.1.4　Timer_A0 相关寄存器

寄存器名称	缩　写	地址偏移
Timer_A0 控制寄存器	TA0CTL	00h
Timer_A0 捕获/比较控制寄存器 0	TA0CCTL0	02h
Timer_A0 捕获/比较控制寄存器 1	TA0CCTL1	04h
Timer_A0 捕获/比较控制寄存器 2	TA0CCTL2	06h
Timer_A0 捕获/比较控制寄存器 3	TA0CCTL3	08h
Timer_A0 捕获/比较控制寄存器 4	TA0CCTL4	0Ah
Timer_A0 计数器	TA0R	10h
Timer_A0 捕获/比较 0	TA0CCR0	12h
Timer_A0 捕获/比较 1	TA0CCR1	14h
Timer_A0 捕获/比较 2	TA0CCR2	16h
Timer_A0 捕获/比较 3	TA0CCR3	18h
Timer_A0 捕获/比较 4	TA0CCR4	1Ah
Timer_A0 中断向量寄存器	TA0IV	2Eh
Timer_A0 扩展寄存器 0	TA0EX0	20h

7.1.2　Timer_A 库函数

1．结构体

（1）连续模式定时器配置：

```
typedef struct _Timer_A_ContinuousModeConfig
{
    uint_fast16_t clockSource;/*时钟源*/
    uint_fast16_t clockSourceDivider;/*分频系数*/
    uint_fast16_t timerInterruptEnable_TAIE;/*定时器中断使能*/
    uint_fast16_t timerClear;/*计数器清零*/
} Timer_A_ContinuousModeConfig;
```

（2）递增模式定时器配置：

```
typedef struct _Timer_A_UpModeConfig
{
    uint_fast16_t clockSource;/*时钟源*/
    uint_fast16_t clockSourceDivider;/*分频系数*/
    uint_fast16_t timerPeriod;/*计数周期*/
    uint_fast16_t timerInterruptEnable_TAIE;/*定时器中断使能*/
```

```
    uint_fast16_t captureCompareInterruptEnable_CCR0_CCIE;/*CCR0中断使能*/
    uint_fast16_t timerClear;/*计数器清零*/
} Timer_A_UpModeConfig;
```

（3）循环模式定时器配置：

```
typedef struct _Timer_A_UpDownModeConfig
{
    uint_fast16_t clockSource;/*时钟源*/
    uint_fast16_t clockSourceDivider;/*分频系数*/
    uint_fast16_t timerPeriod;/*计数周期*/
    uint_fast16_t timerInterruptEnable_TAIE;/*定时器中断使能*/
    uint_fast16_t captureCompareInterruptEnable_CCR0_CCIE;/*CCR0中断使能*/
    uint_fast16_t timerClear;/*计数器清零*/
} Timer_A_UpDownModeConfig;
```

（4）捕获模式配置：

```
typedef struct _Timer_A_CaptureModeConfig
{
    uint_fast16_t captureRegister;/*捕获寄存器*/
    uint_fast16_t captureMode;/*捕获模式*/
    uint_fast16_t captureInputSelect;/*输入通道*/
    uint_fast16_t synchronizeCaptureSource;/*同步捕获源*/
    uint_fast8_t captureInterruptEnable;/*捕获中断使能*/
    uint_fast16_t captureOutputMode;/*捕获输出模式*/
} Timer_A_CaptureModeConfig;
```

（5）比较模式配置：

```
typedef struct _Timer_A_CompareModeConfig
{
    uint_fast16_t compareRegister;/*比较寄存器*/
    uint_fast16_t compareInterruptEnable;/*比较中断使能*/
    uint_fast16_t compareOutputMode;/*比较输出模式*/
    uint_fast16_t compareValue;/*比较值*/
} Timer_A_CompareModeConfig;
```

（6）PWM 配置：

```
typedef struct _Timer_A_PWMConfig
{
    uint_fast16_t clockSource;/*时钟源*/
    uint_fast16_t clockSourceDivider;/*时钟分频系数*/
    uint_fast16_t timerPeriod;/*周期*/
    uint_fast16_t compareRegister;/*比较寄存器*/
    uint_fast16_t compareOutputMode;/*比较输出模式*/
    uint_fast16_t dutyCycle;/*占空比*/
} Timer_A_PWMConfig;
```

2．库函数

（1）void Timer_A_clearCaptureCompareInterrupt(uint32_t timer, uint_fast16_t captureCompareRegister)

功能：清除捕获比较中断标志

参数 1：定时器编号

参数 2：捕获比较寄存器编号

返回：无

使用举例：

```
    Timer_A_clearCaptureCompareInterrupt(TIMER_A0_BASE,TIMER_A_CAPTURECOMPAR
E_REGISTER_0);//清除定时器0的捕获比较寄存器0的中断标志
```

（2）void Timer_A_clearInterruptFlag (uint32_t timer)

功能：清除定时器 TAIFG 中断标志

参数 1：定时器编号

返回：无

使用举例：

```
    Timer_A_clearInterruptFlag(TIMER_A0_BASE);//清除定时器0中断标志
```

（3）void Timer_A_clearTimer (uint32_t timer)

功能：复位/清除定时器时钟分频、计数方向、计数值

参数 1：定时器编号

返回：无

使用举例：

```
    Timer_A_clearTimer(TIMER_A0_BASE);//清除定时器0的配置参数
```

（4）void Timer_A_configureContinuousMode (uint32_t timer, const Timer_A_ContinuousModeConfig* config)

功能：配置定时器连续模式

参数 1：定时器编号

参数 2：连续模式结构体

返回：无

（5）void Timer_A_configureUpDownMode (uint32_t timer, const Timer_A_UpDownModeConfig* config)

功能：配置定时器循环模式

参数 1：定时器编号

参数 2：循环模式结构体

返回：无

（6）void Timer_A_configureUpMode (uint32_t timer, const Timer_A_UpModeConfig*config)

功能：配置定时器上升模式

参数 1：定时器编号

参数 2：上升模式结构体

返回：无

（7）void Timer_A_disableCaptureCompareInterrupt (uint32_t timer, uint_fast16_t captureCompare Register)

功能：禁止定时器捕获比较中断

参数 1：定时器编号

参数 2：捕获比较寄存器编号

返回：无

使用举例：

```
    Timer_A_disableCaptureCompareInterrupt(TIMER_A0_BASE,TIMER_A_CAPTURECOMP
ARE_REGISTER_0);//禁止定时器0的捕获比较寄存器0请求中断
```

（8）void Timer_A_disableInterrupt (uint32_t timer)

功能：禁止定时器中断

参数 1：定时器编号

返回：无

使用举例：

```
    Timer_A_disableInterrupt(TIMER_A0_BASE);//禁止定时器0中断
```

（9）void Timer_A_enableCaptureCompareInterrupt (uint32_t timer, uint_fast16_t captureCompare Register)

功能：允许定时器捕获比较中断

参数 1：定时器编号

参数 2：捕获比较寄存器编号

返回：无

使用举例：

```
    Timer_A_enableCaptureCompareInterrupt(TIMER_A0_BASE,TIMER_A_CAPTURECOMPA
RE_REGISTER_0);//允许定时器0的捕获比较寄存器0请求中断
```

（10）void Timer_A_enableInterrupt (uint32_t timer)

功能：允许定时器中断

参数 1：定时器编号

返回：无

使用举例：

```
    Timer_A_enableInterrupt(TIMER_A0_BASE);//允许定时器0中断
```

（11）void Timer_A_generatePWM (uint32_t timer, const Timer_A_PWMConfig*config)

功能：上升模式下产生 PWM 波

参数 1：定时器编号

参数 2：PWM 结构体

返回：无

（12）uint_fast16_t Timer_A_getCaptureCompareCount (uint32_t timer, uint_fast16_t captureCompare Register)

功能：读取现在的捕获比较值

参数 1：定时器编号

参数 2：捕获比较寄存器编号

返回：捕获比较值

使用举例：

```
    Timer_A_getCaptureCompareCount(TIMER_A0_BASE,TIMER_A_CAPTURECOMPARE_REGI
STER_0);//读取定时器0的捕获比较值
```

（13）uint32_t Timer_A_getCaptureCompareEnabledInterruptStatus (uint32_t timer, uint_fast16_t captureCompareRegister)

功能：读取使能的捕获比较寄存器中断标志

参数 1：定时器编号

参数 2：捕获比较寄存器编号

返回：捕获比较中断标志

使用举例：

```
    Timer_A_getCaptureCompareEnabledInterruptStatus(TIMER_A0_BASE,TIMER_A_CA
PTURECOMPARE_REGISTER_0);//读取使能状态下的定时器0的捕获比较寄存器0的中断标志
```

（14）uint32_t Timer_A_getCaptureCompareInterruptStatus (uint32_t timer, uint_fast16_t captureCompareRegister, uint_fast16_t mask)

功能：中断边沿选择

参数 1：定时器编号

参数 2：捕获比较寄存器编号

参数 3：中断选择

返回：捕获比较中断标志

使用举例：

```
    Timer_A_getCaptureCompareInterruptStatus(TIMER_A0_BASE,TIMER_A_CAPTURECO
MPARE_REGISTER_0);//读取定时器0的捕获比较寄存器0的中断标志
```

（15）uint16_t Timer_A_getCounterValue (uint32_t timer)

功能：读取计数器值

参数 1：定时器编号

返回：计数器值

使用举例：

```
    Timer_A_getCounterValue(TIMER_A0_BASE);//读取定时器0的计数器值
```

（16）uint32_t Timer_A_getEnabledInterruptStatus (uint32_t timer)

功能：读取定时器使能的中断标志

参数 1：定时器编号

返回：定时器中断标志

使用举例：

```
    Timer_A_getEnabledInterruptStatus(TIMER_A0_BASE);
//读取使能状态下的定时器0中断标志
```

（17）uint32_t Timer_A_getInterruptStatus (uint32_t timer)

功能：读取定时器中断标志

参数 1：定时器编号

返回：定时器中断标志

使用举例：

```
    Timer_A_getInterruptStatus(TIMER_A0_BASE);//读取定时器0中断标志
```

（18）uint_fast8_t Timer_A_getOutputForOutputModeOutBitValue (uint32_t timer, uint_fast16_t captureCompareRegister)

功能：输出模式下读取输出值

参数 1：定时器编号

参数 2：捕获比较寄存器编号

返回：输出值

使用举例：

```
    Timer_A_getOutputForOutputModeOutBitValue(TIMER_A0_BASE,TIMER_A_CAPTUREC
OMPARE_REGISTER_0);//读取输出模式下定时器0的捕获比较寄存器0的输出值
```

（19）uint_fast8_t Timer_A_getSynchronizedCaptureCompareInput (uint32_t timer, uint_fast16_t captureCompareRegister, uint_fast16_t synchronizedSetting)

功能：读取同步捕获比较输入

参数 1：定时器编号

参数 2：捕获比较寄存器编号

参数 3：捕获比较输入方式选择

返回：输入值

使用举例：

```
    Timer_A_getSynchronizedCaptureCompareInput(TIMER_A0_BASE,TIMER_A_CAPTURE
COMPARE_REGISTER_0,TIMER_A_READ_CAPTURE_COMPARE_INPUT);
//读取捕获比较状态下的定时器0的捕获比较寄存器0的输入
```

（20）void Timer_A_initCapture (uint32_t timer, const Timer_A_CaptureModeConfig*config)

功能：初始化捕获模式

参数 1：定时器编号

参数 2：捕获模式结构体

返回：无

（21）void Timer_A_initCompare (uint32_t timer, const Timer_A_CompareModeConfig*config)

功能：初始化比较模式

参数 1：定时器编号

参数 2：比较模式结构体

返回：无

（22）void Timer_A_setCompareValue (uint32_t timer, uint_fast16_t compareRegister, uint_fast16_t compareValue)

功能：设置比较值

参数 1：定时器编号

参数 2：捕获比较寄存器编号

参数 3：比较值

返回：无

使用举例：

```
    Timer_A_setCompareValue(TIMER_A0_BASE,TIMER_A_CAPTURECOMPARE_REGISTER_0,
1000);//设置比较模式下定时器0的捕获比较寄存器0的比较值为1000
```

（23）void Timer_A_setOutputForOutputModeOutBitValue (uint32_t timer, uint_fast16_t captureCompareRegister, uint_fast8_t outputModeOutBitValue)

功能：设置输出模式下的输出值

参数 1：定时器编号

参数 2：捕获比较寄存器编号

参数 3：输出值

返回：无

使用举例：

```
    Timer_A_setOutputForOutputModeOutBitValue(TIMER_A0_BASE,TIMER_A_CAPTUREC
OMPARE_REGISTER_0,TIMER_A_OUTPUTMODE_OUTBITVALUE_HIGH);
//设置输出模式下定时器0的捕获比较寄存器0的输出为高电平
```

（24）void Timer_A_startCounter (uint32_t timer, uint_fast16_t timerMode)

功能：启动定时器计数

参数 1：定时器编号

参数 2：定时器计数模式

返回：无

使用举例：

```
    Timer_A_startCounter(TIMER_A0_BASE,TIMER_A_CONTINUOUS_MODE);
//启动定时器0，连续计数模式
```

（25）void Timer_A_stopTimer (uint32_t timer)

功能：停止定时器计数

参数 1：定时器编号

返回：无

使用举例：

```
Timer_A_stopTimer(TIMER_A0_BASE);//停止定时器0计数
```

7.1.3　Timer_A 编程实例

1．间隔定时

【例 7.1.1】间隔定时

让定时器工作在递增模式，每计数 1000 次产生中断，在定时器捕获比较 0 的中断服务程序里翻转 LED，如此循环。

软件设计：

```
/* Timer_A递增模式配置参数 */
const Timer_A_UpModeConfig upConfig =
{
    TIMER_A_CLOCKSOURCE_ACLK,             //ACLK作为Timer_A时钟源
    TIMER_A_CLOCKSOURCE_DIVIDER_1,        //Timer_A分频系数为1
    32768,                                //Timer_A计数值为32768
    TIMER_A_TAIE_INTERRUPT_DISABLE,       //禁止Timer_A计数器中断
    TIMER_A_CCIE_CCR0_INTERRUPT_ENABLE,   //使能CCR0中断
    TIMER_A_DO_CLEAR                      //计数器清零
};
int main()
{
    /*关闭看门狗*/
    WDT_A_holdTimer();
    /*P7.0配置为输出*/
    GPIO_setAsOutputPin(GPIO_PORT_P7, GPIO_PIN0);
    /*P7.0输出低电平，点亮LED*/
    GPIO_setOutputLowOnPin(GPIO_PORT_P7, GPIO_PIN0);
    /*P1.3配置为下拉输入*/
    GPIO_setAsInputPinWithPullDownResistor(GPIO_PORT_P1, GPIO_PIN3);
    /*清除P1.3中断标志*/
    GPIO_clearInterruptFlag(GPIO_PORT_P1, GPIO_PIN3);
    /*P1.3上升沿触发中断*/
    GPIO_interruptEdgeSelect ( GPIO_PORT_P1, GPIO_PIN3,
GPIO_LOW_TO_HIGH_TRANSITION );
    /*P1.3中断使能*/
    GPIO_enableInterrupt(GPIO_PORT_P1, GPIO_PIN3);
    /*设置DCO频率:12MHz*/
    CS_setDCOFrequency(12000000);
    /*时钟系统初始化，设置时钟源及分频系数*/
    CS_initClockSignal(CS_MCLK, CS_DCOCLK_SELECT, CS_CLOCK_DIVIDER_2);
//MCLK源于DCO，2分频
    CS_initClockSignal(CS_ACLK, CS_REFOCLK_SELECT, CS_CLOCK_DIVIDER_1);
```

```
//ACLK源于REFO，1分频
        CS_initClockSignal(CS_HSMCLK, CS_DCOCLK_SELECT, 
CS_CLOCK_DIVIDER_4);//HSMCLK源于DCO，4分频
        CS_initClockSignal(CS_SMCLK, CS_DCOCLK_SELECT, CS_CLOCK_DIVIDER_4);
//SMCLK源于DCO，4分频
        CS_initClockSignal(CS_BCLK, CS_REFOCLK_SELECT, CS_CLOCK_DIVIDER_1);
//BCLK源于REFO，1分频
        /*初始化Timer_A0*/
        Timer_A_configureUpMode(TIMER_A0_BASE, &upConfig);
        /*使能Timer_A0，CCR0中断 */
        Interrupt_enableInterrupt(INT_TA0_0);
        /*Timer_A0开始计数*/
        Timer_A_startCounter(TIMER_A0_BASE, TIMER_A_UP_MODE);
        /*使能PORT1中断*/
        Interrupt_enableInterrupt(INT_PORT1);
        /*OLED初始化*/
        OLED_Init();
        /*OLED清屏*/
        OLED_Clear();
        /*OLED显示字符及汉字*/
        OLED_ShowString(0,0,"MSP432",16);
        OLED_ShowCHinese(48,0,11); //原
        OLED_ShowCHinese(64,0,12);//理
        OLED_ShowCHinese(80,0,13);//及
        OLED_ShowCHinese(96,0,14);//使
        OLED_ShowCHinese(112,0,15);//用
        OLED_ShowString(0,2,"Timer_A",16);
        OLED_ShowCHinese(56,2,16);//间
        OLED_ShowCHinese(72,2,17);//隔
        OLED_ShowCHinese(88,2,18);//定
        OLED_ShowCHinese(104,2,19);//时
        OLED_ShowCHinese(0,4,16);//间
        OLED_ShowCHinese(16,4,17);//隔
        OLED_ShowString(32,4,":1s",16);
        /*打开全局中断*/
        Interrupt_enableMaster();
        while(1)
        {
            PCM_gotoLPM0();     //进入睡眠状态
        }
    }
    //PORT1中断服务程序
    void PORT1_IRQHandler(void)
    {
        uint32_t ii;
        uint32_t status;
        static u8 Flag=0;
        /*关闭全局中断*/
        Interrupt_disableMaster ();
```

```
    /*读取P1中断状态*/
    status = GPIO_getEnabledInterruptStatus(GPIO_PORT_P1);
    /*清除P1中断标志*/
    GPIO_clearInterruptFlag(GPIO_PORT_P1, status);
    /*P1中断处理*/
    if(status & BIT3)
    {
        for (ii = 10000; ii > 0; ii--);  //计数延时按键消抖
        /*查询P1.3输入电平是否为高*/
        if(GPIO_getInputPinValue(GPIO_PORT_P1, GPIO_PIN3)==GPIO_INPUT_PIN_HIGH)
        {
            if(Flag ==0)
            {
                Flag =1;
                /*设Timer_A0 计数值为16384，定时间隔为0.5s*/
                Timer_A_setCompareValue(TIMER_A0_BASE,
TIMER_A_CAPTURECOMPARE_REGISTER_0,16384);
                OLED_ClrarPageColumn(4,32);
                OLED_ShowString(32,4,":0.5s",16);
            }
            else
            {
                Flag =0;
                /*设Timer_A0 计数值为32768，定时间隔为0.5s*/
                Timer_A_setCompareValue(TIMER_A0_BASE,
TIMER_A_CAPTURECOMPARE_REGISTER_0,32768);
                OLED_ClrarPageColumn(4,32);
                OLED_ShowString(32,4,":1s",16);
            }
        }
    }
    /*打开全局中断*/
    Interrupt_enableMaster();
}
// Timer_A0中断服务程序
void TA0_0_IRQHandler(void)
{
    /*清除Timer_A0中断标志*/
    Timer_A_clearCaptureCompareInterrupt(TIMER_A0_BASE,
           TIMER_A_CAPTURECOMPARE_REGISTER_0);
/*P7.0输出翻转*/
    GPIO_toggleOutputOnPin ( GPIO_PORT_P7, GPIO_PIN0);
}
```

2. 捕获实验

【例 7.1.2】捕获实验

Timer_A 以 SMCLK（12MHz）为时钟源，工作在连续模式，捕获 ACLK（32.768kHz）时钟信号的上升沿，计算 ACLK 频率，再和理论值进行比较，同时通过按键修改 ACLK 的分频系数，测量 ACLK 频率。

（1）硬件设计：需要将 P4.2 和 P2.4 连接起来。

（2）软件设计：

```
uint16_t LastCaptureValue=0,CurrentCaptureValue=0;//捕获计数值
uint16_t IrsCount;                          //中断次数
uint32_t AclkFreq=0;                        //ACLK时钟频率
/* Timer_A连续模式配置参数 */
const Timer_A_ContinuousModeConfig continuousModeConfig =
{
    TIMER_A_CLOCKSOURCE_SMCLK,              //SMCLK作为Timer_A时钟源
    TIMER_A_CLOCKSOURCE_DIVIDER_1,          //Timer_A分频系数为1
    TIMER_A_TAIE_INTERRUPT_ENABLE,          //Timer计数中断使能
    TIMER_A_DO_CLEAR                        //计数器清零
};
/* Timer_A捕获模式配置参数*/
const Timer_A_CaptureModeConfig captureModeConfig =
{
    TIMER_A_CAPTURECOMPARE_REGISTER_1,          //捕获比较器1
    TIMER_A_CAPTUREMODE_RISING_EDGE,            //上升沿捕获
    TIMER_A_CAPTURE_INPUTSELECT_CCIxA,          //A通道
    TIMER_A_CAPTURE_SYNCHRONOUS,                //同步
    TIMER_A_CAPTURECOMPARE_INTERRUPT_ENABLE,  //捕获中断使能
    TIMER_A_OUTPUTMODE_OUTBITVALUE              //位模式输出
};
u8 tbuf[40];
int main()
{
    /*关闭看门狗*/
    WDT_A_holdTimer();
    /*P7.0配置为输出*/
    GPIO_setAsOutputPin(GPIO_PORT_P7, GPIO_PIN0);
    /*P7.0输出低电平，点亮LED*/
    GPIO_setOutputLowOnPin(GPIO_PORT_P7, GPIO_PIN0);
    /*P4.2复用为ACLK时钟输出*/
    GPIO_setAsPeripheralModuleFunctionOutputPin(GPIO_PORT_P4,
GPIO_PIN2,GPIO_PRIMARY_MODULE_FUNCTION);
    /*P2.4复用为TA0.CCI1A输入通道*/
    GPIO_setAsPeripheralModuleFunctionInputPin(GPIO_PORT_P2,
         GPIO_PIN4,GPIO_PRIMARY_MODULE_FUNCTION);
    /*P1.3配置为下拉输入*/
    GPIO_setAsInputPinWithPullDownResistor(GPIO_PORT_P1, GPIO_PIN3);
    /*清除P1.3中断标志*/
    GPIO_clearInterruptFlag(GPIO_PORT_P1, GPIO_PIN3);
    /*P1.3上升沿触发中断*/
    GPIO_interruptEdgeSelect ( GPIO_PORT_P1, GPIO_PIN3,
GPIO_LOW_TO_HIGH_TRANSITION );
    /*P1.3中断使能*/
    GPIO_enableInterrupt(GPIO_PORT_P1, GPIO_PIN3);
    /*设置DCO频率:12MHz*/
    CS_setDCOFrequency(12000000);
    /*时钟系统初始化，设置时钟源及分频系数*/
    CS_initClockSignal(CS_MCLK, CS_DCOCLK_SELECT, CS_CLOCK_DIVIDER_2);
```

```
//MCLK源于DCO，2分频
        CS_initClockSignal(CS_ACLK, CS_REFOCLK_SELECT, CS_CLOCK_DIVIDER_1);
//ACLK源于REFO，1分频
        CS_initClockSignal(CS_HSMCLK, CS_DCOCLK_SELECT,
CS_CLOCK_DIVIDER_4);//HSMCLK源于DCO，4分频
        CS_initClockSignal(CS_SMCLK, CS_DCOCLK_SELECT, CS_CLOCK_DIVIDER_4);
//SMCLK源于DCO，4分频
        CS_initClockSignal(CS_BCLK, CS_REFOCLK_SELECT, CS_CLOCK_DIVIDER_1);
//BCLK源于REFO，1分频
        /*初始化Timer_A0，连续模式*/
        Timer_A_configureContinuousMode(TIMER_A0_BASE, &continuousModeConfig);
        /*初始化Timer_A0，捕获模式*/
        Timer_A_initCapture(TIMER_A0_BASE, &captureModeConfig);
        /*OLED初始化*/
        OLED_Init();
        /*OLED清屏*/
        OLED_Clear();
        /*OLED显示字符及汉字*/
        OLED_ShowString(0,0,"MSP432",16);
        OLED_ShowCHinese(48,0,11); //原
        OLED_ShowCHinese(64,0,12);//理
        OLED_ShowCHinese(80,0,13);//及
        OLED_ShowCHinese(96,0,14);//使
        OLED_ShowCHinese(112,0,15);//用
        OLED_ShowString(0,2,"Timer_A",16);
        OLED_ShowCHinese(56,2,16);//捕
        OLED_ShowCHinese(72,2,17);//获
        OLED_ShowCHinese(88,2,18);//实
        OLED_ShowCHinese(104,2,19);//验
        OLED_ShowString(0,4,"ACLK_Divid:",16);
        sprintf((char*)tbuf,"%d",1); //显示ACLK分频系数
        OLED_ShowString(88,4,tbuf,16);
        OLED_ShowString(0,6,"ACLK:",16);
        sprintf((char*)tbuf,"%dHz",AclkFreq); //单位为Hz显示
        OLED_ShowString(40,6,tbuf,16);
        /*使能Timer_A0 中断 */
        Interrupt_enableInterrupt(INT_TA0_N);
        /*Timer_A0开始计数*/
        Timer_A_startCounter(TIMER_A0_BASE, TIMER_A_CONTINUOUS_MODE);
        /*使能PORT1中断*/
        Interrupt_enableInterrupt(INT_PORT1);
        /*打开全局中断*/
        Interrupt_enableMaster();
        while(1)
        {
            PCM_gotoLPM0();     //进入睡眠状态
        }
    }
    //PORT1中断服务程序
    void PORT1_IRQHandler(void)
    {
```

```
        uint32_t ii;
        uint32_t status;
        static u8 Flag=0;
        /*关闭全局中断*/
        Interrupt_disableMaster ();
        /*读取P1中断状态*/
        status = GPIO_getEnabledInterruptStatus(GPIO_PORT_P1);
        /*清除P1中断标志*/
        GPIO_clearInterruptFlag(GPIO_PORT_P1, status);
        /*P1中断处理*/
        if(status & BIT3)
        {
            for (ii = 10000; ii > 0; ii--);  //计数延时按键消抖
            /*查询P1.3输入电平是否为高*/
            if(GPIO_getInputPinValue(GPIO_PORT_P1, GPIO_PIN3)==
GPIO_INPUT_PIN_HIGH)
            {
                if(Flag ==0)
                {
                    Flag =1;
                    CS_initClockSignal(CS_ACLK, CS_REFOCLK_SELECT,
    CS_CLOCK_DIVIDER_2);  //ACLK源于REFO，2分频
                    OLED_ClrarPageColumn(4,88);
                    sprintf((char*)tbuf,"%d",1);
//显示ACLK分频系数,因为此时测的AclkFreq是在1分频条件下的
                    OLED_ShowString(88,4,tbuf,16);
                    OLED_ClrarPageColumn(6,40);
                    sprintf((char*)tbuf,"%dHz",AclkFreq); //单位为Hz显示
                    OLED_ShowString(40,6,tbuf,16);
                }
                else
                {
                    Flag =0;
                    CS_initClockSignal(CS_ACLK, CS_REFOCLK_SELECT,
    CS_CLOCK_DIVIDER_1);  //ACLK源于REFO，1分频
                    OLED_ClrarPageColumn(4,88);
                    sprintf((char*)tbuf,"%d",2);
//显示ACLK分频系数,因为此时测的AclkFreq是在2分频条件下的
                    OLED_ShowString(88,4,tbuf,16);
                    OLED_ClrarPageColumn(6,40);
                    sprintf((char*)tbuf,"%dHz",AclkFreq); //单位为Hz显示
                    OLED_ShowString(40,6,tbuf,16);
                }
                /*P7.0输出翻转*/
                GPIO_toggleOutputOnPin(GPIO_PORT_P7, GPIO_PIN0);
            }
        }
        /*打开全局中断*/
        Interrupt_enableMaster();
    }
    // Timer_A0中断服务程序
```

```
void TA0_N_IRQHandler(void)
{
    uint32_t status;
    /*定时器计数溢出中断*/
    if(Timer_A_getInterruptStatus(TIMER_A0_BASE)==TIMER_A_INTERRUPT_
PENDING)
    {
        IrsCount++;//中断次数计数
        Timer_A_clearInterruptFlag(TIMER_A0_BASE);//清除中断标志
    }
    /*CCR1捕获中断*/
    status=Timer_A_getCaptureCompareInterruptStatus(TIMER_A0_BASE,
TIMER_A_CAPTURECOMPARE_REGISTER_1,TIMER_A_CAPTURECOMPARE_INTERRUPT_FLAG);
    if(status==TIMER_A_CAPTURECOMPARE_INTERRUPT_FLAG)
    {
        /*清除中断标志*/
        Timer_A_clearCaptureCompareInterrupt(TIMER_A0_BASE,TIMER_A_
CAPTURECOMPARE_REGISTER_1);
        /*读取捕获值*/
        CurrentCaptureValue=Timer_A_getCaptureCompareCount(TIMER_A0_BASE,
TIMER_A_CAPTURECOMPARE_REGISTER_1);
        /*计算ACLK频率*/
        AclkFreq=3000000/(CurrentCaptureValue-LastCaptureValue+65535*
IrsCount);
        IrsCount=0;//中断计次清零
        LastCaptureValue=CurrentCaptureValue;//保存捕获值
    }
}
```

在线调试可以发现，理论上的 ACLK 频率和用定时器测量出的频率相差很近，因为定时器工作在连续模式，要考虑计数器溢出的情况，所以程序中使用了变量 IrsCount 来记录溢出次数，这点尤其重要。

3. 比较实验

【例 7.1.3】比较实验

定时器工作在循环模式，使用两个捕获比较寄存器设定不同比较值，每触发一次比较中断翻转 LED，通过按键修改比较值，可以发现 LED 由不同时翻转变为同时翻转。

软件设计：

```
    /* Timer_A连续模式配置参数 */
const Timer_A_ContinuousModeConfig continuousModeConfig =
{
    TIMER_A_CLOCKSOURCE_ACLK,           //ACLK作为Timer_A时钟源
    TIMER_A_CLOCKSOURCE_DIVIDER_1,      //Timer_A分频系数为1
    TIMER_A_TAIE_INTERRUPT_ENABLE,      //Timer计数中断使能
    TIMER_A_DO_CLEAR                    //计数器清零
};
/* Timer_A比较模式配置参数*/
const Timer_A_CompareModeConfig compareConfig1 =
{
    TIMER_A_CAPTURECOMPARE_REGISTER_1,            //捕获比较器1
    TIMER_A_CAPTURECOMPARE_INTERRUPT_ENABLE,      //中断使能
```

```
    TIMER_A_OUTPUTMODE_OUTBITVALUE,                //位输出模式
    10000                                          //比较值为10000
  };
  const Timer_A_CompareModeConfig compareConfig2 =
  {
    TIMER_A_CAPTURECOMPARE_REGISTER_2,             //捕获比较器2
    TIMER_A_CAPTURECOMPARE_INTERRUPT_ENABLE,       //中断使能
    TIMER_A_OUTPUTMODE_OUTBITVALUE,                //位输出模式
    40000                                          //比较值为40000
  };
  u8 tbuf[40];
  int main()
  {
    /*关闭看门狗*/
    WDT_A_holdTimer();
    /*P7.0、P7.1配置为输出*/
    GPIO_setAsOutputPin(GPIO_PORT_P7, GPIO_PIN0|GPIO_PIN1);
    /*P7.0、P7.1输出低电平，点亮LED*/
    GPIO_setOutputLowOnPin(GPIO_PORT_P7, GPIO_PIN0|GPIO_PIN1);
    /*P4.2复用为ACLK时钟输出*/
    GPIO_setAsPeripheralModuleFunctionOutputPin(GPIO_PORT_P4,
  GPIO_PIN2,GPIO_PRIMARY_MODULE_FUNCTION);
    /*P2.4复用为TA0.CCI1A输入通道*/
    GPIO_setAsPeripheralModuleFunctionInputPin(GPIO_PORT_P2,
        GPIO_PIN4,GPIO_PRIMARY_MODULE_FUNCTION);
    /*P1.3配置为下拉输入*/
    GPIO_setAsInputPinWithPullDownResistor(GPIO_PORT_P1, GPIO_PIN3);
    /*清除P1.3中断标志*/
    GPIO_clearInterruptFlag(GPIO_PORT_P1, GPIO_PIN3);
    /*P1.3上升沿触发中断*/
    GPIO_interruptEdgeSelect ( GPIO_PORT_P1, GPIO_PIN3,
  GPIO_LOW_TO_HIGH_TRANSITION );
    /*P1.3中断使能*/
    GPIO_enableInterrupt(GPIO_PORT_P1, GPIO_PIN3);
    /*设置DCO频率:12MHz*/
    CS_setDCOFrequency(12000000);
    /*时钟系统初始化，设置时钟源及分频系数*/
    CS_initClockSignal(CS_MCLK, CS_DCOCLK_SELECT, CS_CLOCK_DIVIDER_2);
//MCLK源于DCO，2分频
    CS_initClockSignal(CS_ACLK, CS_REFOCLK_SELECT, CS_CLOCK_DIVIDER_1);
//ACLK源于REFO，1分频
    CS_initClockSignal(CS_HSMCLK, CS_DCOCLK_SELECT, CS_CLOCK_DIVIDER_4);
//HSMCLK源于DCO，4分频
    CS_initClockSignal(CS_SMCLK, CS_DCOCLK_SELECT, CS_CLOCK_DIVIDER_4);
//SMCLK源于DCO，4分频
    CS_initClockSignal(CS_BCLK, CS_REFOCLK_SELECT, CS_CLOCK_DIVIDER_1);
//BCLK源于REFO，1分频
    /*初始化Timer_A0，连续模式*/
    Timer_A_configureContinuousMode(TIMER_A0_BASE, &continuousModeConfig);
    /*初始化Timer_A0，比较模式*/
    Timer_A_initCompare(TIMER_A0_BASE, &compareConfig1);
```

```
    Timer_A_initCompare(TIMER_A0_BASE, &compareConfig2);
    /*OLED初始化*/
    OLED_Init();
    /*OLED清屏*/
    OLED_Clear();
    /*OLED显示字符及汉字*/
    OLED_ShowString(0,0,"MSP432",16);
    OLED_ShowCHinese(48,0,11); //原
    OLED_ShowCHinese(64,0,12);//理
    OLED_ShowCHinese(80,0,13);//及
    OLED_ShowCHinese(96,0,14);//使
    OLED_ShowCHinese(112,0,15);//用
    OLED_ShowString(0,2,"Timer_A",16);
    OLED_ShowCHinese(56,2,16);//比
    OLED_ShowCHinese(72,2,17);//较
    OLED_ShowCHinese(88,2,18);//实
    OLED_ShowCHinese(104,2,19);//验
    OLED_ShowString(0,4,"CCR1:",16);
    sprintf((char*)tbuf,"%d",10000); //显示CCR1比较值
    OLED_ShowString(40,4,tbuf,16);
    OLED_ShowString(0,6,"CCR2:",16);
    sprintf((char*)tbuf,"%d",40000); //显示CCR2比较值
    OLED_ShowString(40,6,tbuf,16);
    /*使能Timer_A0 中断 */
    Interrupt_enableInterrupt(INT_TA0_N);
    /*Timer_A0开始计数*/
    Timer_A_startCounter(TIMER_A0_BASE, TIMER_A_CONTINUOUS_MODE);
    /*使能PORT1中断*/
    Interrupt_enableInterrupt(INT_PORT1);
    /*打开全局中断*/
    Interrupt_enableMaster();
    while(1)
    {
        PCM_gotoLPM0();     //进入睡眠状态

    }
}
//PORT1中断服务程序
void PORT1_IRQHandler(void)
{
    uint32_t ii;
    uint32_t status;
    static u8 Flag=0;
    /*关闭全局中断*/
    Interrupt_disableMaster ();
    /*读取P1中断状态*/
    status = GPIO_getEnabledInterruptStatus(GPIO_PORT_P1);
    /*清除P1中断标志*/
    GPIO_clearInterruptFlag(GPIO_PORT_P1, status);
    /*P1中断处理*/
    if(status & BIT3)
```

```
        {
            for (ii = 10000; ii > 0; ii--);  //计数延时按键消抖
            /*查询P1.3输入电平是否为高*/
            if(GPIO_getInputPinValue(GPIO_PORT_P1, GPIO_PIN3)== GPIO_INPUT_PIN_
HIGH)
            {
                if(Flag ==1)
                {
                    Flag =0;
                    /*设置Timer_A0, CCR1比较值10000*/
      Timer_A_setCompareValue(TIMER_A0_BASE,TIMER_A_CAPTURECOMPARE_REGISTER_1,10
000);
                    OLED_ClrarPageColumn(4,40);
                    sprintf((char*)tbuf,"%d",10000); //显示CCR1比较值
                    OLED_ShowString(40,4,tbuf,16);
                    OLED_ClrarPageColumn(6,40);
                    sprintf((char*)tbuf,"%d",40000); //显示CCR2比较值
                    OLED_ShowString(40,6,tbuf,16);
                }
                else
                {
                    Flag =1;
                    /*设置Timer_A0, CCR1比较值40000*/
                    Timer_A_setCompareValue(TIMER_A0_BASE,
      TIMER_A_CAPTURECOMPARE_REGISTER_1,40000);
                    OLED_ClrarPageColumn(4,40);
                    sprintf((char*)tbuf,"%d",40000); //显示CCR1比较值
                    OLED_ShowString(40,4,tbuf,16);
                    OLED_ClrarPageColumn(6,40);
                    sprintf((char*)tbuf,"%d",40000); //显示CCR2比较值
                    OLED_ShowString(40,6,tbuf,16);
                }

                GPIO_toggleOutputOnPin(GPIO_PORT_P7, GPIO_PIN0);
            }
        }
        /*打开全局中断*/
        Interrupt_enableMaster();
    }

    //定时器A0中断服务程序
    void TA0_N_IRQHandler(void)
    {
        uint32_t status;
        /*捕获比较1中断*/
        status=Timer_A_getCaptureCompareInterruptStatus(TIMER_A0_BASE,
TIMER_A_CAPTURECOMPARE_REGISTER_1,TIMER_A_CAPTURECOMPARE_INTERRUPT_FLAG);
        if(status==TIMER_A_CAPTURECOMPARE_INTERRUPT_FLAG)
        {
            /*清除捕获比较器1中断*/
            Timer_A_clearCaptureCompareInterrupt(TIMER_A0_BASE,
```

```
    TIMER_A_CAPTURECOMPARE_REGISTER_1);
            /*P7.0输出翻转*/
            GPIO_toggleOutputOnPin(GPIO_PORT_P7, GPIO_PIN0);
        }
        /*捕获比较2中断*/
        status=Timer_A_getCaptureCompareInterruptStatus(TIMER_A0_BASE,
TIMER_A_CAPTURECOMPARE_REGISTER_2,TIMER_A_CAPTURECOMPARE_INTERRUPT_FLAG);
        if(status==TIMER_A_CAPTURECOMPARE_INTERRUPT_FLAG)
        {
            /*清除捕获比较器2中断*/
            Timer_A_clearCaptureCompareInterrupt(TIMER_A0_BASE,
    TIMER_A_CAPTURECOMPARE_REGISTER_2);
            /*P7.1输出翻转*/
            GPIO_toggleOutputOnPin(GPIO_PORT_P7, GPIO_PIN1);
        }
    }
```

4. PWM 输出

使用定时器输出 PWM 波，在实际应用中很广泛。Timer_A 有多种输出模式，很多模式都可以用于输出 PWM 波。

递增输出模式如图 7.1.18 所示。

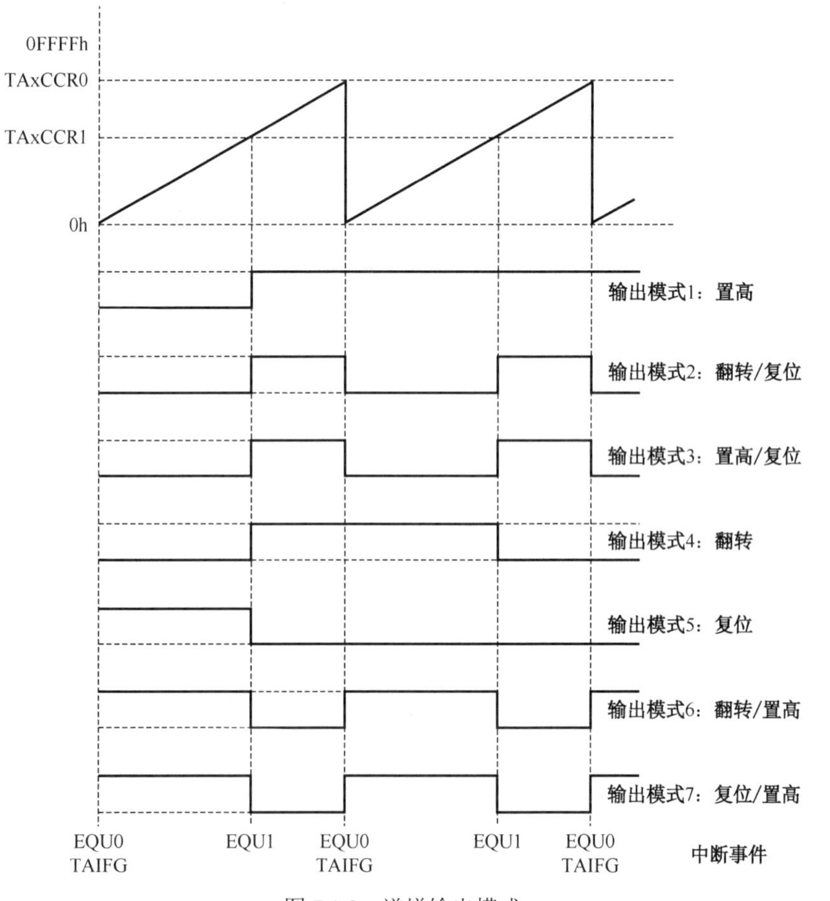

图 7.1.8　递增输出模式

连续输出模式如图7.1.9所示。

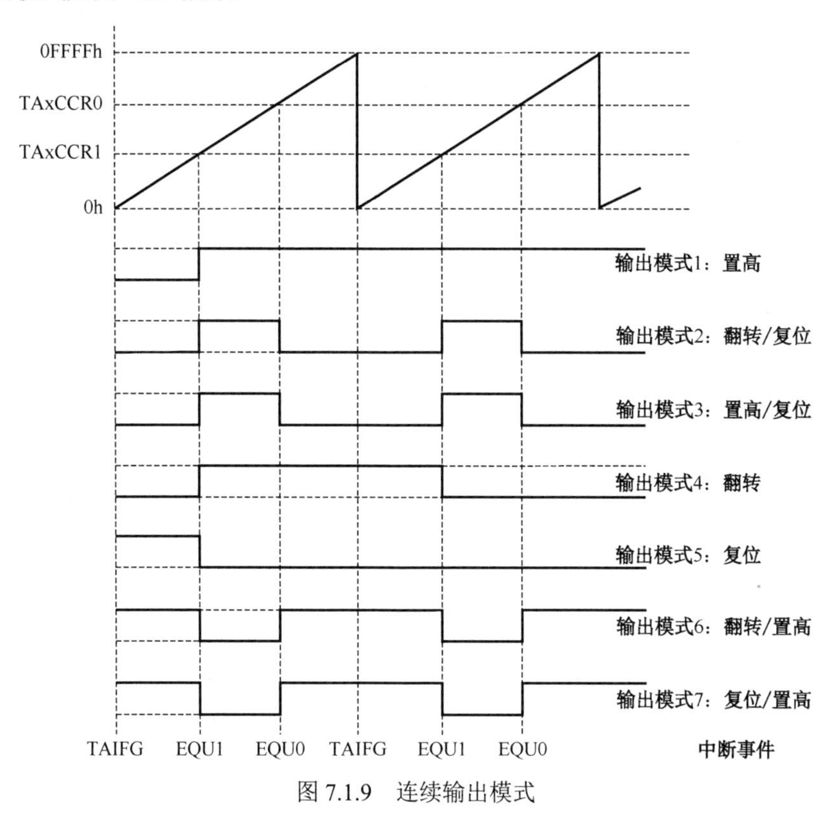

图7.1.9 连续输出模式

循环输出模式如图7.1.10所示。

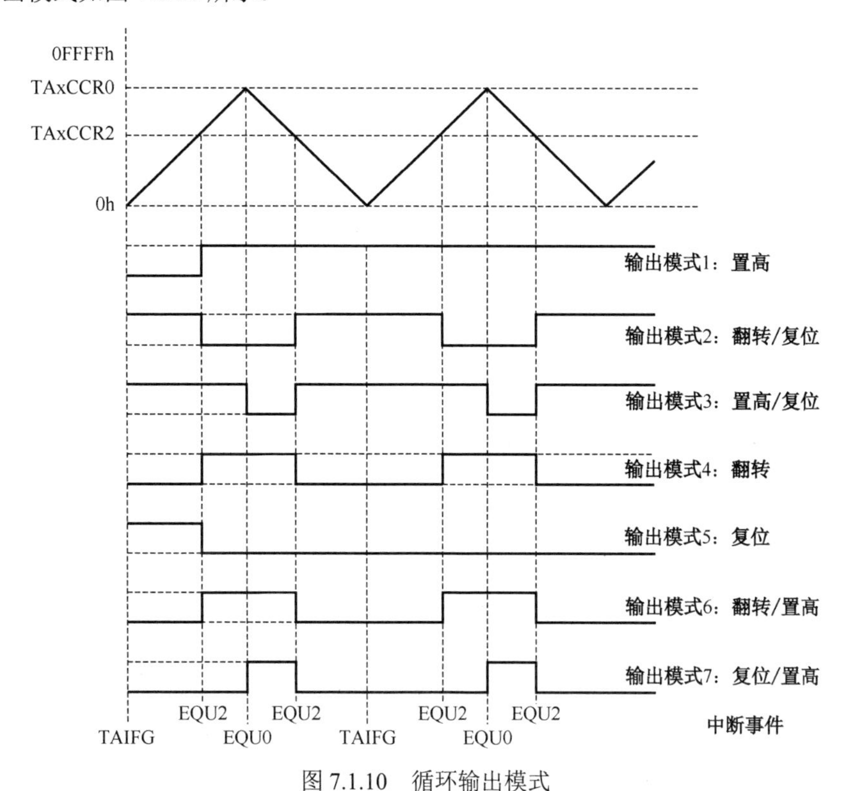

图7.1.10 循环输出模式

【例 7.1.4】 PWM 输出

使用定时器产生两路 1kHz 的 PWM 波，用示波器观察。

（1）硬件设计：用示波器观察 P2.4、P2.5 的 PWM 信号。

（2）软件设计：

```
/* Timer_A PWM输出配置参数 */
const Timer_A_PWMConfig pwmConfig_1=
{
    TIMER_A_CLOCKSOURCE_SMCLK,              //SMCLK作为Timer_A时钟源
    TIMER_A_CLOCKSOURCE_DIVIDER_3,          //Timer_A时钟分频系数为3
    1000,                                   //Timer_A计数值为1000
    TIMER_A_CAPTURECOMPARE_REGISTER_1,      //使用捕获比较器1
    TIMER_A_OUTPUTMODE_RESET_SET,           //输出模式为复位置位模式
    750                                     //比较值为750
};
float PWM1Freq,PWM1Duty;                    //PWM频率和占空比
u8 tbuf[40];
int main()
{
    /*关闭看门狗*/
    WDT_A_holdTimer();
    /*P7.0配置为输出*/
    GPIO_setAsOutputPin(GPIO_PORT_P7, GPIO_PIN0);
    /*P7.0输出低电平，点亮LED*/
    GPIO_setOutputLowOnPin(GPIO_PORT_P7, GPIO_PIN0);
    /*P2.4复用为TA0.CCI1A输出通道*/
    GPIO_setAsPeripheralModuleFunctionOutputPin(GPIO_PORT_P2,
            GPIO_PIN4,GPIO_PRIMARY_MODULE_FUNCTION);
    /*P1.3配置为下拉输入*/
    GPIO_setAsInputPinWithPullDownResistor(GPIO_PORT_P1, GPIO_PIN3);
    /*清除P1.3中断标志*/
    GPIO_clearInterruptFlag(GPIO_PORT_P1, GPIO_PIN3);
    /*P1.3上升沿触发中断*/
    GPIO_interruptEdgeSelect ( GPIO_PORT_P1, GPIO_PIN3,
GPIO_LOW_TO_HIGH_TRANSITION );
    /*P1.3中断使能*/
    GPIO_enableInterrupt(GPIO_PORT_P1, GPIO_PIN3);
    /*设置DCO频率:12MHz*/
    CS_setDCOFrequency(12000000);
    /*时钟系统初始化，设置时钟源及分频系数*/
    CS_initClockSignal(CS_MCLK, CS_DCOCLK_SELECT, CS_CLOCK_DIVIDER_2);
//MCLK源于DCO，2分频
    CS_initClockSignal(CS_ACLK, CS_REFOCLK_SELECT, CS_CLOCK_DIVIDER_1);
//ACLK源于REFO，1分频
    CS_initClockSignal(CS_HSMCLK, CS_DCOCLK_SELECT,
CS_CLOCK_DIVIDER_4);//HSMCLK源于DCO，4分频
    CS_initClockSignal(CS_SMCLK, CS_DCOCLK_SELECT, CS_CLOCK_DIVIDER_4);
//SMCLK源于DCO，4分频
    CS_initClockSignal(CS_BCLK, CS_REFOCLK_SELECT, CS_CLOCK_DIVIDER_1);
//BCLK源于REFO，1分频
```

```
    /*初始化Timer_A0，PWM输出*/
    Timer_A_generatePWM(TIMER_A0_BASE, &pwmConfig_1);
    /*OLED初始化*/
    OLED_Init();
    /*OLED清屏*/
    OLED_Clear();
    /*OLED显示字符及汉字*/
    OLED_ShowString(0,0,"MSP432",16);
    OLED_ShowCHinese(48,0,11); //原
    OLED_ShowCHinese(64,0,12);//理
    OLED_ShowCHinese(80,0,13);//及
    OLED_ShowCHinese(96,0,14);//使
    OLED_ShowCHinese(112,0,15);//用
    OLED_ShowString(0,2,"PWM",16);
    OLED_ShowCHinese(24,2,16);//输
    OLED_ShowCHinese(40,2,17);//出
    OLED_ShowCHinese(56,2,18);//实
    OLED_ShowCHinese(72,2,19);//验
    /*计算PWM频率和占空比*/
    PWM1Freq = 1000000 /1000;
    PWM1Duty = 750.0f /1000;
    OLED_ShowString(0,4,"Freq:",16);
    sprintf((char*)tbuf,"%.2fkHz",PWM1Freq/1000);     //显示PWM频率
    OLED_ShowString(40,4,tbuf,16);
    OLED_ShowString(0,6,"Duty:",16);
    sprintf((char*)tbuf,"%.1f%%",PWM1Duty*100);       //显示PWM占空比
    OLED_ShowString(40,6,tbuf,16);
    /*使能PORT1中断*/
    Interrupt_enableInterrupt(INT_PORT1);
    /*打开全局中断*/
    Interrupt_enableMaster();
    while(1)
    {
    }
}
//PORT1中断服务程序
void PORT1_IRQHandler(void)
{
    uint32_t ii;
    uint32_t status;
    static u8 Flag=0;
    /*关闭全局中断*/
    Interrupt_disableMaster ();
    /*读取P1中断状态*/
    status = GPIO_getEnabledInterruptStatus(GPIO_PORT_P1);
    /*清除P1中断标志*/
    GPIO_clearInterruptFlag(GPIO_PORT_P1, status);
    /*P1中断处理*/
    if(status & BIT3)
```

```
        {
            for (ii = 10000; ii > 0; ii--);        //计数延时按键消抖
            /*查询P1.3输入电平是否为高*/
            if(GPIO_getInputPinValue(GPIO_PORT_P1,
GPIO_PIN3)==GPIO_INPUT_PIN_HIGH)
            {
                if(Flag ==1)
                {
                    Flag =0;
                    /*设置Timer_A0，CCR0比较值500,修改频率*/
                    Timer_A_setCompareValue(TIMER_A0_BASE,
    TIMER_A_CAPTURECOMPARE_REGISTER_0,500);
                    /*设置Timer_A0，CCR1比较值250,修改占空比*/
                    Timer_A_setCompareValue(TIMER_A0_BASE,
    TIMER_A_CAPTURECOMPARE_REGISTER_1,250);
                    /*计算PWM频率和占空比*/
                    PWM1Freq = 1000000 /500;
                    PWM1Duty = 250.0f /500;
                }
                else
                {
                    Flag =1;
                    /*设置Timer_A0，CCR0比较值500,修改频率*/
                    Timer_A_setCompareValue(TIMER_A0_BASE,
    TIMER_A_CAPTURECOMPARE_REGISTER_0,1000);
                    /*设置Timer_A0，CCR1比较值250,修改占空比*/
                    Timer_A_setCompareValue(TIMER_A0_BASE,
    TIMER_A_CAPTURECOMPARE_REGISTER_1,750);
                    /*计算PWM频率和占空比*/
                    PWM1Freq = 1000000 /1000;
                    PWM1Duty = 750.0f /1000;
                }
                OLED_ClrarPageColumn(4,40);
                sprintf((char*)tbuf,"%.2fkHz",PWM1Freq/1000); //显示PWM频率
                OLED_ShowString(40,4,tbuf,16);
                OLED_ClrarPageColumn(6,40);
                sprintf((char*)tbuf,"%.1f%%",PWM1Duty*100);    //显示PWM占空比
                OLED_ShowString(40,6,tbuf,16);
                /*P7.0输出翻转*/
                GPIO_toggleOutputOnPin(GPIO_PORT_P7, GPIO_PIN0);
            }
        }
        /*打开全局中断*/
        Interrupt_enableMaster();
    }
```

【例 7.1.5】定时扫描数码管显示实验

MSP432 硬件开发平台配有 4 位共阳极数码管，这里使用定时器定时扫描，驱动数码管显示。新建 DigTube.c 和 DigTube.h 文件，里面是数码管驱动相关内容，下面讲解 DigTube.c 和 main.c 文件。本实验通过按键修改数码管显示的数值，范围为 0～9999。

（1）硬件设计：P7 连接到段码端（P7.0 连接 a…P7.7 连接 n-dp），公共端分别连接 P2.4～P2.7（P2.4 连接 NUMLED4…P2.7 连接 NUMLED1），其连接原理如图 7.1.11 所示。

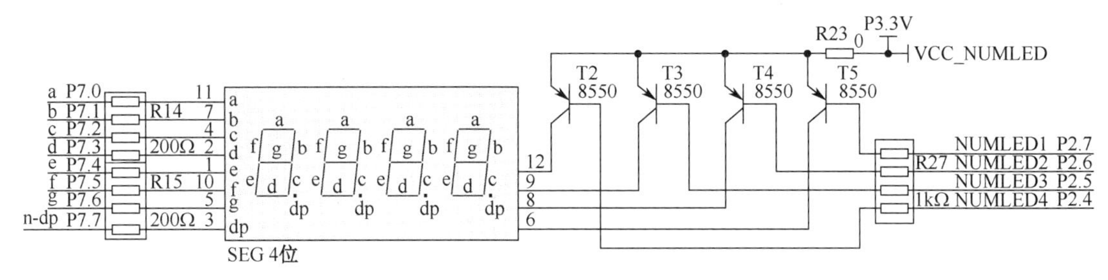

图 7.1.11　4 位共阳极数码管连接原理

（2）软件设计：

DigTube.c

```
    //共阳极数码管段位表
    u8 LED_data[] = {0xC0,0xF9,0xA4,0xB0,0x99,0x92,0x82,0xF8,0x80,0x90,0x88,
0x83,0xC6,
    0xA1,0x86,0x8E};
    //4位数码管显示的数
    //整数：0～9999
    u16 DigTubeNum =0;
    /* Timer_A递增模式配置参数 */
    const Timer_A_UpModeConfig upConfig =
    {
        TIMER_A_CLOCKSOURCE_ACLK,            //ACLK作为Timer_A时钟源，32kHz
    TIMER_A_CLOCKSOURCE_DIVIDER_1,           //Timer_A分频系数为1
        150,                                 //Timer_A计数值为150，约5ms
        TIMER_A_TAIE_INTERRUPT_DISABLE,      //禁止Timer_A计数器中断
        TIMER_A_CCIE_CCR0_INTERRUPT_ENABLE,  //使能CCR0中断
        TIMER_A_DO_CLEAR                     //计数器清零
    };
    //数码管驱动初始化函数
    //初始化定时器及数码管端口
    void DigTube_Init(void)
    {
        /*将数码管段选端口P7.0、P7.1、P7.2、P7.3、P7.4、P7.5、P7.6、P7.7设置为输出*/
        GPIO_setAsOutputPin(GPIO_PORT_P7, GPIO_PIN0 | GPIO_PIN1| GPIO_PIN2|
                GPIO_PIN3| GPIO_PIN4| GPIO_PIN5| GPIO_PIN6| GPIO_PIN7);
        /*将数码管位选端口P2.7、P2.6、P2.5、P2.4设置为输出*/
        GPIO_setAsOutputPin(GPIO_PORT_P2, GPIO_PIN7 | GPIO_PIN6| GPIO_PIN5|
    GPIO_PIN4);
        /*数码管位选端口P2.7、P2.6、P2.5、P2.4输出低电平,全不选中*/
        GPIO_setOutputLowOnPin(GPIO_PORT_P2, GPIO_PIN7);
        GPIO_setOutputLowOnPin(GPIO_PORT_P2, GPIO_PIN6);
        GPIO_setOutputLowOnPin(GPIO_PORT_P2, GPIO_PIN5);
        GPIO_setOutputLowOnPin(GPIO_PORT_P2, GPIO_PIN4);
        /*初始化Timer_A0*/
        Timer_A_configureUpMode(TIMER_A0_BASE, &upConfig);
        /*使能Timer_A0, CCR0中断 */
```

```
    Interrupt_enableInterrupt(INT_TA0_0);
    /*Timer_A0开始计数*/
    Timer_A_startCounter(TIMER_A0_BASE, TIMER_A_UP_MODE);
}
//数码管显示一个数字
//Position:显示位置1~4
//num: 数字 0~F
//dp:是否带小数点
void ShowOneNumOnTube(u8 Position,u8 num,bool dp)
{
    u8 temp = LED_data[num];
    if(dp)
        temp = LED_data[num] & 0x7f;
    switch(Position)
    {
        case 1:
            GPIO_setOutputLowOnPin(NUMLED4);  //选择第一个
            GPIO_setOutputHighOnPin(NUMLED3);
            GPIO_setOutputHighOnPin(NUMLED2);
            GPIO_setOutputHighOnPin(NUMLED1);
            P7->OUT =temp;
            break;
        case 2:
            GPIO_setOutputHighOnPin(NUMLED4); //选中第二个
            GPIO_setOutputLowOnPin(NUMLED3);
            GPIO_setOutputHighOnPin(NUMLED2);
            GPIO_setOutputHighOnPin(NUMLED1);
            P7->OUT =temp;
            break;
        case 3:
            GPIO_setOutputHighOnPin(NUMLED4); //选中第三个
            GPIO_setOutputHighOnPin(NUMLED3);
            GPIO_setOutputLowOnPin(NUMLED2);
            GPIO_setOutputHighOnPin(NUMLED1);
            P7->OUT =temp;
            break;
        case 4:
            GPIO_setOutputHighOnPin(NUMLED4); //选中第四个
            GPIO_setOutputHighOnPin(NUMLED3);
            GPIO_setOutputHighOnPin(NUMLED2);
            GPIO_setOutputLowOnPin(NUMLED1);
            P7->OUT =    temp;
            break;
    }
}
//Timer_A0中断服务程序
void TA0_0_IRQHandler(void)
{
    static u8 flag=0;
```

```
    /*清除Timer_A0中断标志*/
    Timer_A_clearCaptureCompareInterrupt(TIMER_A0_BASE,
  TIMER_A_CAPTURECOMPARE_REGISTER_0);
    switch(flag)
    {
       case 0:ShowOneNumOnTube(1,DigTubeNum/1000,false);     //显示第一位
          break;
       case 1:ShowOneNumOnTube(2,DigTubeNum%1000/100,false); //显示第二位
          break;
       case 2:ShowOneNumOnTube(3,DigTubeNum%100/10,false);  //显示第三位
          break;
       case 3:ShowOneNumOnTube(4,DigTubeNum%10,false);       //显示第四位
          break;
       default:
          break;
    }
    flag ++;           //flag计数
    if(flag == 4)
       flag =0;        //计数清零
}
```

main.c

```
int main()
{
    u32 ii;
    /*关闭看门狗*/
    WDT_A_holdTimer();
    /*P7.0配置为输出*/
    GPIO_setAsOutputPin(GPIO_PORT_P7, GPIO_PIN0);
    /*P7.0输出低电平，点亮LED*/
    GPIO_setOutputLowOnPin(GPIO_PORT_P7, GPIO_PIN0);
    /*P1.3配置为下拉输入*/
    GPIO_setAsInputPinWithPullDownResistor(GPIO_PORT_P1, GPIO_PIN3);
    /*清除P1.3中断标志*/
    GPIO_clearInterruptFlag(GPIO_PORT_P1, GPIO_PIN3);
    /*P1.3上升沿触发中断*/
    GPIO_interruptEdgeSelect ( GPIO_PORT_P1, GPIO_PIN3,
GPIO_LOW_TO_HIGH_TRANSITION );
    /*P1.3中断使能*/
    GPIO_enableInterrupt(GPIO_PORT_P1, GPIO_PIN3);
    /*设置DCO频率:12MHz*/
    CS_setDCOFrequency(12000000);
    /*时钟系统初始化，设置时钟源及分频系数*/
    CS_initClockSignal(CS_MCLK, CS_DCOCLK_SELECT, CS_CLOCK_DIVIDER_2);
//MCLK源于DCO，2分频
    CS_initClockSignal(CS_ACLK, CS_REFOCLK_SELECT, CS_CLOCK_DIVIDER_1);
//ACLK源于REFO，1分频
    CS_initClockSignal(CS_HSMCLK, CS_DCOCLK_SELECT,
CS_CLOCK_DIVIDER_4);//HSMCLK源于DCO，4分频
    CS_initClockSignal(CS_SMCLK, CS_DCOCLK_SELECT, CS_CLOCK_DIVIDER_4);
```

```
//SMCLK源于DCO，4分频
        CS_initClockSignal(CS_BCLK, CS_REFOCLK_SELECT, CS_CLOCK_DIVIDER_1);
//BCLK源于REFO，1分频
        /*数码管扫描初始化*/
        DigTube_Init();
        /*使能PORT1中断*/
        Interrupt_enableInterrupt(INT_PORT1);
        /*OLED初始化*/
        OLED_Init();
        /*OLED清屏*/
        OLED_Clear();
        /*OLED显示字符及汉字*/
        OLED_ShowString(0,0,"MSP432",16);
        OLED_ShowCHinese(48,0,11); //原
        OLED_ShowCHinese(64,0,12);//理
        OLED_ShowCHinese(80,0,13);//及
        OLED_ShowCHinese(96,0,14);//使
        OLED_ShowCHinese(112,0,15);//用
        OLED_ShowCHinese(0,2,18);//数
        OLED_ShowCHinese(16,2,19);//码
        OLED_ShowCHinese(32,2,20);//管
        OLED_ShowCHinese(48,2,21);//扫
        OLED_ShowCHinese(64,2,22);//描
        OLED_ShowCHinese(80,2,16);//实
        OLED_ShowCHinese(96,2,17);//验
        /*打开全局中断*/
        Interrupt_enableMaster();
        while(1)
        {
           PCM_gotoLPM0();    //进入睡眠状态
        }
     }
     //PORT1中断服务程序
     void PORT1_IRQHandler(void)
     {
        uint32_t ii;
        uint32_t status;
        /*关闭全局中断*/
        Interrupt_disableMaster ();
        /*读取P1中断状态*/
        status = GPIO_getEnabledInterruptStatus(GPIO_PORT_P1);
        /*清除P1中断标志*/
        GPIO_clearInterruptFlag(GPIO_PORT_P1, status);
        /*P1中断处理*/
        if(status & BIT3)
        {
           for (ii = 1000; ii > 0; ii--);  //计数延时按键消抖
           /*查询P1.3输入电平是否为高*/
           if(GPIO_getInputPinValue(GPIO_PORT_P1, GPIO_PIN3)==
```

```
GPIO_INPUT_PIN_HIGH)
                {
                    DigTubeNum ++;      //把显示的数加1
                    if(DigTubeNum > 9999)
                        DigTubeNum =0; //归零
                }
            }
            /*打开全局中断*/
            Interrupt_enableMaster();
        }
```

7.2　32 位定时器（Timer32）

7.2.1　Timer32 原理

Timer32 是 AMBA 兼容的外设，由 ARM 开发、测试和授权。Timer32 由两个可编程的 32 位或 16 位下置计数器组成，当达到 0 时可以生成中断。

Timer32 的主要特点：

- 两个独立的计数器，每个都可配置为 32 位或 16 位；
- 每个计数器支持 3 种不同的模式；
- 1、16、256 输入时钟分频；
- 每个计数器有独立的中断，还有一个联合中断。

1. 计数模式

每个计数器都支持 3 种操作模式。

（1）自由运行模式：计数器在达到 0 后进行覆盖，并继续从最大值向下计数，这是默认模式。

（2）周期性计数器模式：计数器以固定的间隔生成中断，在覆盖 0 之后重新装载原始值。

（3）一次性计数器模式：计数器只生成一次中断。当计数器达到 0 时，它会暂停，直到用户重新编程为止。这可以通过清除控制寄存器中的单次计数位来实现，在这种情况下，计数根据自由运行模式或周期性计数器模式的选择进行，或者向装载值寄存器写入一个新值。

每个计数器都有一组相同的寄存器，并且每个计数器的操作也相同。计数器通过写入装载寄存器来装载，如果使能，则会递减计数到 0。当计数器正在运行时，写入装载寄存器会导致计数器立即在新值处重新启动，写入背景装载寄存器对当前计数没有影响。如果在周期性计数器模式下，并且没有选择一次性计数器模式，则计数器继续递减到 0，然后从新的装载值重新开始。

当达到 0 时，将生成一个中断。可以通过写入清除寄存器来清除中断。如果选择一次性计数器模式，则计数器在达到 0 时停止，直到取消选择一次性计数器模式，或者写入一个新的装载值。否则，在达到 0 之后，如果计数器在自由运行模式下运行，则它将继续从最大值递减。如果选择周期性计数器模式，则计数器将从装载寄存器重新装载计数值并继续递减。在这种模式下，计数器有效地产生周期性中断。模式由定时器控制寄存器中的一个位来选择。在任何时候，都可以从当前值寄存器中读取当前计数器值。计数器由 T32CONTROLx 寄存器中的 ENABLE 位使能。

2. 时钟

Timer32 的时钟源是 MCLK，可进行 1、16 和 256 分频。

3. 中断

当完整的 32 位计数器达到 0 时将生成中断，并且仅当 T32INTCLRx 寄存器被写入时才会被清除。会有 1 个寄存器保存该值，直到中断被清除为止。计数器的进位检测计数器是否达到 0。

可以通过将 0 写入 T32CONTROLx 寄存器中的中断使能位来屏蔽中断，可以从状态寄存器读取屏蔽前的原始中断状态和屏蔽后的中断状态。在屏蔽之后，来自各个计数器的中断被逻辑或为一个中断 TIMINTC，它从 Timer32 外设提供了一个额外的中断条件。因此，Timer32 共支持 3 个中断——TIMINT1、TIMINT2 和 TIMINTC。

4. Timer32 相关寄存器

Timer32 相关寄存器列表如表 7.2.1 所示（Timer32 基地址：0x4000_C000）。

表 7.2.1 Timer32 相关寄存器列表

寄存器名称	缩　写	地址偏移
Timer 1 装载寄存器	T32LOAD1	00h
Timer 1 当前值	T32VALUE1	04h
Timer 1 计数器控制	T32CONTROL1	08h
Timer 1 清除中断	T32INTCLR1	0Ch
Timer 1 原始中断状态	T32RIS1	10h
Timer 1 中断状态	T32MIS1	14h
Timer 1 重载寄存器	T32BGLOAD1	18h
Timer 2 装载寄存器	T32LOAD2	20h
Timer 2 当前值	T32VALUE2	24h
Timer 2 计数器控制	T32CONTROL2	28h
Timer 2 清除中断	T32INTCLR2	2Ch
Timer 2 原始中断状态	T32RIS2	30h
Timer 2 中断状态	T32MIS2	34h
Timer 2 重载寄存器	T32BGLOAD2	38h

7.2.2 Timer32 库函数

（1）void Timer32_clearInterruptFlag (uint32_t timer)

功能：清除中断标志

参数 1：计数器编号

返回：无

使用举例：

```
Timer32_clearInterruptFlag(TIMER32_0_BASE);//清除定时器0中断标志
```

（2）void Timer32_disableInterrupt (uint32_t timer)

功能：禁止中断

参数 1：计数器编号

返回：无

使用举例：

```
Timer32_disableInterrupt (TIMER32_0_BASE);//禁止定时器0请求中断
```

（3）void Timer32_enableInterrupt (uint32_t timer)

功能：使能中断

参数 1：计数器编号

返回：无

使用举例：

```
Timer32_enableInterrupt (TIMER32_0_BASE);//允许定时器0请求中断
```

（4）uint32_t Timer32_getInterruptStatus (uint32_t timer)

功能：获取中断状态

参数 1：计数器编号

返回：当前的中断状态

使用举例：

```
Timer32_getInterruptStatus (TIMER32_0_BASE);//读取定时器0中断状态
```

（5）uint32_t Timer32_getValue (uint32_t timer)

功能：获取当前计数值

参数 1：计数器编号

返回：当前计数值

使用举例：

```
Timer32_getValue(TIMER32_0_BASE);//读取定时器0计数值
```

（6）void Timer32_haltTimer (uint32_t timer)

功能：暂停计数器

参数 1：计数器编号

返回：无

使用举例：

```
Timer32_haltTimer(TIMER32_0_BASE);//暂停定时器0
```

（7）void Timer32_initModule (uint32_t timer, uint32_t preScaler, uint32_t resolution, uint32_t mode)

功能：初始化 Timer32 模块

参数 1：计数器编号

参数 2：预分频

参数 3：计数器大小

参数 4：计数模式

返回：无

使用举例：

```
Timer32_initModule(TIMER32_0_BASE,TIMER32_PRESCALER_16,TIMER32_32BIT,
TIMER32_FREE_RUN_MODE);//初始化定时器0，16分频、32位计数、自由运行模式
```

（8）void Timer32_setCount (uint32_t timer, uint32_t count)

功能：设置计数值

参数 1：计数器编号

参数 2：计数值

返回：无

使用举例：

```
Timer32_setCount(TIMER32_0_BASE,1000);//设置定时器0计数值为1000
```

（9）void Timer32_setCountInBackground (uint32_t timer, uint32_t count)

功能：设置背景装载寄存器的值

参数 1：计数器编号

参数 2：计数值

返回：无

使用举例：

```
    Timer32_setCountInBackground(TIMER32_0_BASE,1000);
//设置定时器0重载计数值为1000
```

（10）void Timer32_startTimer (uint32_t timer, bool oneShot)

功能：启动计数器

参数 1：计数器编号

参数 2：是否是一次性计数模式

返回：无

使用举例：

```
    Timer32_startTimer(TIMER32_0_BASE,false);//非一次性计数模式
```

7.2.3　Timer32 编程实例

【例 7.2.1】 Timer32 的使用

使用按键触发 Timer32 开始计数，周期为 1s，按键按下时点亮 LED，Timer32 计数周期到时关闭 LED。

```
    int main()
    {
        /*关闭看门狗*/
        WDT_A_holdTimer();
        /*P7.0配置为输出*/
        GPIO_setAsOutputPin(GPIO_PORT_P7, GPIO_PIN0);
        /*P7.0输出低电平，关闭LED*/
        GPIO_setOutputHighOnPin(GPIO_PORT_P7, GPIO_PIN0);
        /*P1.3配置为下拉输入*/
        GPIO_setAsInputPinWithPullDownResistor(GPIO_PORT_P1, GPIO_PIN3);
        /*清除P1.3中断标志*/
        GPIO_clearInterruptFlag(GPIO_PORT_P1, GPIO_PIN3);
        /*P1.3上升沿触发中断*/
        GPIO_interruptEdgeSelect ( GPIO_PORT_P1, GPIO_PIN3,
    GPIO_LOW_TO_HIGH_TRANSITION );
        /*P1.3中断使能*/
        GPIO_enableInterrupt(GPIO_PORT_P1, GPIO_PIN3);
        /*设置DCO频率:12MHz*/
        CS_setDCOFrequency(12000000);
        /*时钟系统初始化，设置时钟源及分频系数*/
        CS_initClockSignal(CS_MCLK, CS_DCOCLK_SELECT, CS_CLOCK_DIVIDER_2);
//MCLK源于DCO，2分频
          CS_initClockSignal(CS_ACLK, CS_REFOCLK_SELECT, CS_CLOCK_DIVIDER_1);
//ACLK源于REFO，1分频
          CS_initClockSignal(CS_HSMCLK, CS_DCOCLK_SELECT,
CS_CLOCK_DIVIDER_4);//HSMCLK源于DCO，4分频
          CS_initClockSignal(CS_SMCLK, CS_DCOCLK_SELECT, CS_CLOCK_DIVIDER_4);
//SMCLK源于DCO，4分频
          CS_initClockSignal(CS_BCLK, CS_REFOCLK_SELECT, CS_CLOCK_DIVIDER_1);
```

```
//BCLK源于REFO，1分频
    /*初始化Timer32
     *时钟分频系数为1,
     *32位计数模式
     *时间段模式
     */
      Timer32_initModule(TIMER32_BASE, TIMER32_PRESCALER_1,
TIMER32_32BIT,TIMER32_PERIODIC_MODE);
    /*OLED初始化*/
    OLED_Init();
    /*OLED清屏*/
    OLED_Clear();
    /*OLED显示字符及汉字*/
    OLED_ShowString(0,0,"MSP432",16);
    OLED_ShowCHinese(48,0,11); //原
    OLED_ShowCHinese(64,0,12);//理
    OLED_ShowCHinese(80,0,13);//及
    OLED_ShowCHinese(96,0,14);//使
    OLED_ShowCHinese(112,0,15);//用
    OLED_ShowString(0,2,"Timer32",16);
    OLED_ShowString(0,2,"Timer32",16);
    OLED_ShowCHinese(56,2,16);//实
    OLED_ShowCHinese(72,2,17);//验
    /*使能PORT1中断*/
    Interrupt_enableInterrupt(INT_PORT1);
    /*使能Timer32中断*/
    Interrupt_enableInterrupt(INT_T32_INT1);
    /*打开全局中断*/
    Interrupt_enableMaster();
    while(1)
    {
        PCM_gotoLPM0();//进入睡眠状态
    }
}
//PORT1中断服务程序
void PORT1_IRQHandler(void)
{
    uint32_t ii;
    uint32_t status;
    /*关闭全局中断*/
    Interrupt_disableMaster ();
    /*读取P1中断状态*/
    status = GPIO_getEnabledInterruptStatus(GPIO_PORT_P1);
    /*清除P1中断标志*/
    GPIO_clearInterruptFlag(GPIO_PORT_P1, status);
    /*P1中断处理*/
    if(status & BIT3)
    {
        for (ii = 10000; ii > 0; ii--);  //计数延时按键消抖
```

```
        /*查询P1.3输入电平是否为高*/
        if(GPIO_getInputPinValue(GPIO_PORT_P1,
GPIO_PIN3)==GPIO_INPUT_PIN_HIGH)
        {
            /*先禁止P1.3外部中断*/
            GPIO_disableInterrupt(GPIO_PORT_P1, GPIO_PIN3);
            /*设置Timer32计数值6000000，定时1s*/
            Timer32_setCount(TIMER32_BASE,6000000);
            /*使能Timer32中断*/
            Timer32_enableInterrupt(TIMER32_BASE);
            /*启动Timer32*/
            Timer32_startTimer(TIMER32_BASE, true);
            /*P7.0输出低电平,点亮LED*/
            GPIO_setOutputLowOnPin(GPIO_PORT_P7, GPIO_PIN0);
        }
    }
    /*打开全局中断*/
    Interrupt_enableMaster();
}
/* Timer32 中断服务程序 */
void T32_INT1_IRQHandler(void)
{
    /*清除Timer32中断标志*/
    Timer32_clearInterruptFlag(TIMER32_BASE);
    /*P7.0输出低电平，关闭LED*/
    GPIO_setOutputHighOnPin(GPIO_PORT_P7, GPIO_PIN0);
    /*使能P1.3外部中断*/
GPIO_enableInterrupt(GPIO_PORT_P1, GPIO_PIN3);
}
```

7.3 滴答定时器（SysTick）

7.3.1 SysTick 原理

滴答定时器是 Cortex-M4 内部集成的定时器模块，它提供一个简单的 24 位计数器控制机制，常用于如下场合。

（1）操作系统的计时调度（如 100Hz）。

（2）作为系统时钟的高速闹钟。

（3）作为可变速率报警或信号定时器，其持续时间范围取决于所使用的参考时钟和计数器的动态范围。

（4）一个简单的计数器，用来测量完成的时间和使用的时间。

SysTick 由 3 个寄存器组成。

- SysTick Control and Status Register（STCSR）：控制和状态寄存器，用于配置时钟、启用计数器、启用 SysTick 中断和确定计数器状态。

- SysTick Reload Value Register（STRVR）：重装载值寄存器，用于提供计数器的新的计数值。
- SysTick Current Value Register（STCVR）：当前值寄存器。
- SysTick Calibration Value Register（STCR）：校准值寄存器。

SysTick 以 MCLK 为计数时钟，使能后，计数器在每个时钟上递减计数，又从装载值计数到 0，在下一个时钟边缘重新装载 STRVR 寄存器中的值，然后在随后的时钟上递减。清除 STRVR 寄存器在下一次装载时禁用计数器。当计数器达到 0 时，置位计数状态位 COUNT。COUNT 位在被读取时清除。

写入 STCVR 寄存器清除寄存器和计数状态位 COUNT。写入不会触发 SysTick 异常逻辑。在读取时，当前值是寄存器在被访问时的值。

SysTick 初始化顺序：编写 STRVR 寄存器的值；写入一个值到 STCVR 以清除它；按要求的操作配置 STCSR 寄存器。

SysTick 寄存器列表如表 7.3.1 所示。

表 7.3.1　SysTick 寄存器列表

寄存器名称	缩　写	地 址 偏 移
SysTick 控制和状态寄存器	STCSR	10h
SysTick 重装载值寄存器	STRVR	14h
SysTick 当前值寄存器	STCVR	18h
SysTick 校准值寄存器	STCR	1Ch

7.3.2　SysTick 库函数

（1）void SysTick_disableInterrupt (void)

功能：禁止中断

参数：无

返回：无

（2）void SysTick_disableModule (void)

功能：禁止模块

参数：无

返回：无

（3）void SysTick_enableInterrupt (void)

功能：使能中断

参数：无

返回：无

（4）void SysTick_enableModule (void)

功能：使能模块

参数：无

返回：无

（5）uint32_t SysTick_getPeriod (void)

功能：获取计数周期

参数：无

返回：SysTick 计数器周期

（6）uint32_t SysTick_getValue (void)

功能：获取当前的计数值

参数：无

返回：计数值

（7）void SysTick_setPeriod (uint32_t period)

功能：设置计数周期

参数：计数周期

返回：无

7.3.3　SysTick 编程实例

【例 7.3.1】 SysTick 定时中断

配置 SysTick，让其产生定时中断，中断间隔为 0.5s，每次进入中断翻转 LED，同时通过按键修改定时时间为 1s，可以看到 LED 闪烁变慢。

软件设计：

```
    int main()
    {
        /*关闭看门狗*/
        WDT_A_holdTimer();
        /*P7.0配置为输出*/
        GPIO_setAsOutputPin(GPIO_PORT_P7, GPIO_PIN0);
        /*P7.0输出低电平，关闭LED*/
        GPIO_setOutputHighOnPin(GPIO_PORT_P7, GPIO_PIN0);
        /*P1.3配置为下拉输入*/
        GPIO_setAsInputPinWithPullDownResistor(GPIO_PORT_P1, GPIO_PIN3);
        /*清除P1.3中断标志*/
        GPIO_clearInterruptFlag(GPIO_PORT_P1, GPIO_PIN3);
        /*P1.3上升沿触发中断*/
        GPIO_interruptEdgeSelect ( GPIO_PORT_P1, GPIO_PIN3,
     GPIO_LOW_TO_HIGH_TRANSITION );
        /*P1.3中断使能*/
        GPIO_enableInterrupt(GPIO_PORT_P1, GPIO_PIN3);
        /*设置DCO频率:12MHz*/
        CS_setDCOFrequency(12000000);
        /*时钟系统初始化，设置时钟源及分频系数*/
        CS_initClockSignal(CS_MCLK, CS_DCOCLK_SELECT, CS_CLOCK_DIVIDER_2);
//MCLK源于DCO，2分频
        CS_initClockSignal(CS_ACLK, CS_REFOCLK_SELECT, CS_CLOCK_DIVIDER_1);
//ACLK源于REFO，1分频
        CS_initClockSignal(CS_HSMCLK, CS_DCOCLK_SELECT,
CS_CLOCK_DIVIDER_4);//HSMCLK源于DCO，4分频
        CS_initClockSignal(CS_SMCLK, CS_DCOCLK_SELECT, CS_CLOCK_DIVIDER_4);
//SMCLK源于DCO，4分频
        CS_initClockSignal(CS_BCLK, CS_REFOCLK_SELECT, CS_CLOCK_DIVIDER_1);
    //BCLK源于REFO，1分频
        /*使能滴答定时器*/
        SysTick_enableModule();
        /*设置计数值为3000000,即时间间隔为0.5s*/
```

```
    SysTick_setPeriod(3000000);
    /*使能SysTick中断*/
    SysTick_enableInterrupt();
    /*OLED初始化*/
    OLED_Init();
    /*OLED清屏*/
    OLED_Clear();
    /*OLED显示字符及汉字*/
    OLED_ShowString(0,0,"MSP432",16);
    OLED_ShowCHinese(48,0,11); //原
    OLED_ShowCHinese(64,0,12);//理
    OLED_ShowCHinese(80,0,13);//及
    OLED_ShowCHinese(96,0,14);//使
    OLED_ShowCHinese(112,0,15);//用
    OLED_ShowString(0,2,"SysTick",16);
    OLED_ShowCHinese(56,2,16);//实
    OLED_ShowCHinese(72,2,17);//验
    OLED_ShowCHinese(0,4,18); //定
    OLED_ShowCHinese(16,4,19);//时
    OLED_ShowCHinese(32,4,19);//时
    OLED_ShowCHinese(48,4,20);//间
    OLED_ShowString(64,4,":0.5s",16);
    /*使能PORT1中断*/
    Interrupt_enableInterrupt(INT_PORT1);
    /*打开全局中断*/
    Interrupt_enableMaster();
    while(1)
    {
        PCM_gotoLPM0();//进入睡眠状态
    }
}
//PORT1中断服务程序
void PORT1_IRQHandler(void)
{
    uint32_t ii;
    uint32_t status;
    static u8 Flag = 0;
    /*关闭全局中断*/
    Interrupt_disableMaster ();
    /*读取P1中断状态*/
    status = GPIO_getEnabledInterruptStatus(GPIO_PORT_P1);
    /*清除P1中断标志*/
    GPIO_clearInterruptFlag(GPIO_PORT_P1, status);
    /*P1中断处理*/
    if(status & BIT3)
    {
        for (ii = 10000; ii > 0; ii--);  //计数延时按键消抖
```

```
        /*查询P1.3输入电平是否为高*/
        if(GPIO_getInputPinValue(GPIO_PORT_P1,
GPIO_PIN3)==GPIO_INPUT_PIN_HIGH)
        {
            if(Flag == 1)
            {
                Flag =0;
                /*设置计数值为3000000,即时间间隔为0.5s*/
                SysTick_setPeriod(3000000);
                OLED_ClrarPageColumn(4,64);
                OLED_ShowString(64,4,":0.5s",16);
            }
            else
            {
                Flag =1;
                /*设置计数值为6000000,即时间间隔为1s*/
                SysTick_setPeriod(6000000);
                OLED_ClrarPageColumn(4,64);
                OLED_ShowString(64,4,":1.0s",16);
            }
        }
    }
    /*打开全局中断*/
    Interrupt_enableMaster();
}
//SysTick中断服务程序
void SysTick_Handler(void)
{
    GPIO_toggleOutputOnPin(GPIO_PORT_P7, GPIO_PIN0);
}
```

7.4 看门狗定时器（WDT_A）

7.4.1 WDT_A 原理

看门狗定时器（简称 WDT_A）的基本功能是在程序“卡死”或跑飞时提供一种复位的机制，也可以用于产生时间间隔的中断。WDT_A 具有以下特点。

- 8 个软件可选的时间间隔。
- 看门狗模式。
- 间隔定时模式。
- 通过看门狗控制寄存器（WDTCTL）进行密码保护。
- 可选的时钟源。
- 能被终止以节省能源。

WDT_A 结构框图如图 7.4.1 所示。

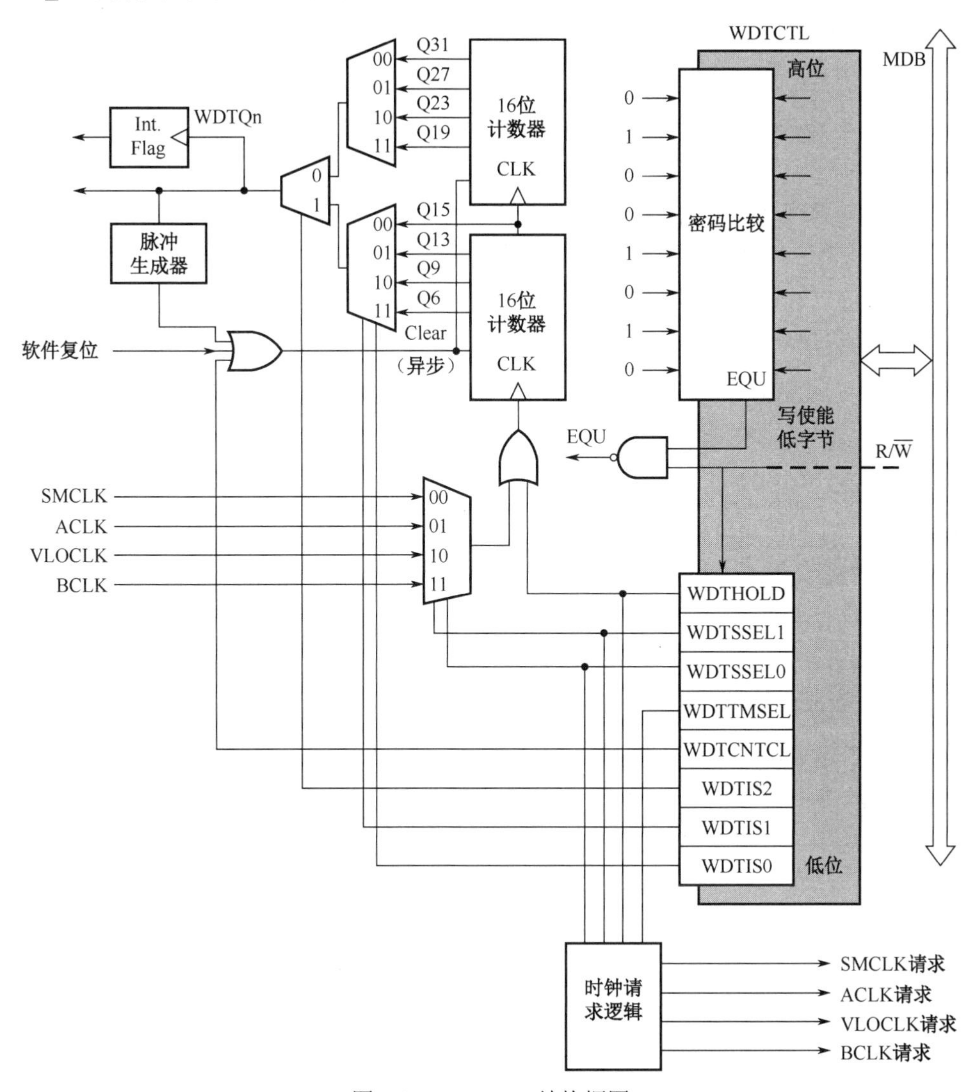

图 7.4.1 WDT_A 结构框图

1. WDT_A 简介

WDT_A 是 32 位向上定时器，定时器的值不能通过软件读取。WDT_A 的定时时间通过其 WDTIS 位进行选择。WDT_A 的时钟源来自 SMCLK、ACLK、VLOCLK 和 BCLK。

注意： WDT_A 被自动配置为在 CPU 停止时停止计数。这是为了启用代码开发和调试，而不必显式禁用 WDT_A，或者如果允许计数器在 CPU 停止的情况下继续运行，则不必经常遇到由 WDT_A 启动的重置。应用程序可以选择忽略 CPU 的停止条件。

2. 看门狗模式

系统复位后，WDT_A 默认为看门狗模式，初始化为 10.92ms 复位间隔，时钟使用 SMCLK。用户必须在产生复位之前设置、暂停或清除 WDT_A。在看门狗模式下，使用不正确的密码操作 WDTCTL 或所选时间间隔到期也会触发系统复位，这会将 WDT_A 复位到默认状态。

3. 间隔定时模式

把 WDTTMSEL 位写 1，WDT_A 工作在间隔定时模式，在每个时间间隔结束产生中断，可用于产生定时间隔中断。在单个指令中，WDT_A 间隔应与 WDTCNTCL=1 一起更改，以避免意外的立即系统重置或中断。在更改时钟源之前，应停止 WDT_A，以避免可能的错误间隔。

4. WDT_A 中断

当 WDT_A 工作在看门狗模式时，WDT_A 中断标志位 WDTIFG 来自于一个复位向量中断。复位中断程序可以查询中断标志位 WDTIFG 来判定 WDT_A 是否产生了一个系统复位信号。若 WDTIFG 置位，则表明 WDT_A 产生了一个复位条件，复位时间到或密码错误。

当 WDT_A 工作在间隔定时模式时，一旦定时时间到，将置位 WDT_A 中断标志位 WDTIFG。若 WDTIE 使能，则产生 WDT_A 计数中断请求。

5. 时钟故障保护功能

如果时钟源发生故障，则时钟系统（CS）会自动切换到适当的故障保护选项，以便 WDT_A 操作可以继续。

6. 低功耗模式下的 WDT_A 操作

MSP432 有几种活跃和低功耗的操作模式。应用程序的要求和使用的时钟类型决定了应如何配置 WDT_A。在活跃模式和 LPM0 下，WDT_A 可以正常使用；在 LPM3 和 LPM3.5 模式下，WDT_A 只能工作在间隔定时模式，而且时钟源只能是 BCLK 或 VLOCLK；在 LPM4 和 LPM4.5 模式下，WDT_A 不工作，不能使用 WDT_A。

7. WDT_A 相关寄存器

WDT_A 相关寄存器只有一个，如表 7.4.1 所示（WDT_A 基地址：0x4000_4800）。

表.7.4.1　WDT_A 相关寄存器

寄存器名称	缩　写	地 址 偏 移
看门狗控制寄存器	WDTCTL	0Ch

7.4.2　WDT_A 库函数

（1）void WDT_A_clearTimer (void)

功能：清空计数器

参数 1：无

返回：无

（2）void WDT_A_holdTimer (void)

功能：暂停计数

参数 1：无

返回：无

（3）void WDT_A_initIntervalTimer (uint_fast8_t clockSelect, uint_fast8_t clockDivider)

功能：间隔计时模式下初始化 WDT_A

参数 1：时钟源

参数 2：时钟脉冲个数

返回：无

使用举例：

```
WDT_A_initIntervalTimer(WDT_A_CLOCKSOURCE_SMCLK,WDT_A_ CLOCKITERATIONS_32K);
```

```
//间隔定时模式下，WDT_A选择SMCLK作为时钟源，时间间隔为32000个时钟周期
```

（4）void WDT_A_initWatchdogTimer (uint_fast8_t clockSelect, uint_fast8_t clockDivider)

功能：初始化 WDT_A

参数 1：时钟源

参数 2：时钟脉冲个数

返回：无

使用举例：

```
    WDT_A_initWatchdogTimer(WDT_A_CLOCKSOURCE_SMCLK,WDT_A_ CLOCKITERATIONS_32K);
//看门狗模式下，WDT_A选择SMCLK作为时钟源，32000个时钟脉冲
```

（5）void WDT_A_setPasswordViolationReset (uint_fast8_t resetType)

功能：设置密码错误时的复位类型

参数 1：复位类型

返回：无

使用举例：

```
    WDT_A_setPasswordViolationReset(WDT_A_HARD_RESET);//密码错误产生硬复位
```

（6）void WDT_A_setTimeoutReset (uint_fast8_t resetType)

功能：设置 WDT_A 超时复位类型

参数 1：复位类型

返回：无

使用举例：

```
    WDT_A_setTimeoutReset(WDT_A_HARD_RESET);//超时产生硬复位
```

（7）void WDT_A_startTimer (void)

功能：启动计数器

参数 1：无

返回：无

7.4.3　WDT_A 编程实例

1．WDT_A 复位

【例 7.4.1】 WDT_A 实验

使用滴答定时器定时唤醒 CPU 清除 WDT_A 计数值，滴答定时器的定时值要小于 WDT_A 计数周期以保证 WDT_A 不会溢出触发复位，还可以通过按键关闭滴答定时器中断，此时 WDT_A 计数器溢出触发复位，复位后 LED 一直闪烁。

软件设计：

```
#define WDT_A_TIMEOUT RESET_SRC_1
int main()
{
    u32 ii;
    /*关闭WDT_A*/
    WDT_A_holdTimer();
    /*查询是否从WDT_A中溢出复位*/
    if(ResetCtl_getSoftResetSource() & WDT_A_TIMEOUT)
    {
        /*P7.0配置为输出*/
```

```
            GPIO_setAsOutputPin(GPIO_PORT_P7, GPIO_PIN0);
            while(1)
            {
                GPIO_toggleOutputOnPin(GPIO_PORT_P7, GPIO_PIN0);
                for(ii=0;ii<200000;ii++);
            }
        }
        /*P7.0配置为输出*/
        GPIO_setAsOutputPin(GPIO_PORT_P7, GPIO_PIN0);
        /*P7.0输出低电平，关闭LED*/
        GPIO_setOutputHighOnPin(GPIO_PORT_P7, GPIO_PIN0);
        /*P1.3配置为下拉输入*/
        GPIO_setAsInputPinWithPullDownResistor(GPIO_PORT_P1, GPIO_PIN3);
        /*清除P1.3中断标志*/
        GPIO_clearInterruptFlag(GPIO_PORT_P1, GPIO_PIN3);
        /*P1.3上升沿触发中断*/
        GPIO_interruptEdgeSelect ( GPIO_PORT_P1, GPIO_PIN3,
    GPIO_LOW_TO_HIGH_TRANSITION );
        /*P1.3中断使能*/
        GPIO_enableInterrupt(GPIO_PORT_P1, GPIO_PIN3);
        /*设置DCO频率:12MHz*/
        CS_setDCOFrequency(12000000);
        /*时钟系统初始化，设置时钟源及分频系数*/
        CS_initClockSignal(CS_MCLK, CS_DCOCLK_SELECT, CS_CLOCK_DIVIDER_2);
//MCLK源于DCO，2分频
        CS_initClockSignal(CS_ACLK, CS_REFOCLK_SELECT, CS_CLOCK_DIVIDER_1);
//ACLK源于REFO，1分频
        CS_initClockSignal(CS_HSMCLK, CS_DCOCLK_SELECT,
CS_CLOCK_DIVIDER_4);//HSMCLK源于DCO，4分频
        CS_initClockSignal(CS_SMCLK, CS_DCOCLK_SELECT, CS_CLOCK_DIVIDER_4);
//SMCLK源于DCO，4分频
        CS_initClockSignal(CS_BCLK, CS_REFOCLK_SELECT, CS_CLOCK_DIVIDER_1);
//BCLK源于REFO，1分频
        /*设置WDT_A溢出复位方式为软复位*/
        SysCtl_setWDTTimeoutResetType(SYSCTL_SOFT_RESET);
        /*初始化WDT_A,SMCLK作为时钟源,计数值为512000*/
        WDT_A_initWatchdogTimer(WDT_A_CLOCKSOURCE_SMCLK,
    WDT_A_CLOCKITERATIONS_512K);
        /*使能系统滴答定时器*/
        SysTick_enableModule();
        /*设置计数值为100000*/
        SysTick_setPeriod(100000);
        /*使能SysTick中断*/
        SysTick_enableInterrupt();
        /*OLED初始化*/
        OLED_Init();
        /*OLED清屏*/
        OLED_Clear();
        /*OLED显示字符及汉字*/
```

```
    OLED_ShowString(0,0,"MSP432",16);
    OLED_ShowCHinese(48,0,11); //原
    OLED_ShowCHinese(64,0,12);//理
    OLED_ShowCHinese(80,0,13);//及
    OLED_ShowCHinese(96,0,14);//使
    OLED_ShowCHinese(112,0,15);//用
    OLED_ShowString(0,2,"WDT_A",16);
    OLED_ShowCHinese(40,2,16);//实
    OLED_ShowCHinese(56,2,17);//验
    OLED_ShowCHinese(0,4,18);//看
    OLED_ShowCHinese(16,4,19);//门
    OLED_ShowCHinese(32,4,20);//狗
    OLED_ShowCHinese(48,4,21);//复
    OLED_ShowCHinese(64,4,22);//位
    /*使能PORT1中断*/
    Interrupt_enableInterrupt(INT_PORT1);
    /*打开全局中断*/
    Interrupt_enableMaster();
    /*启动WDT_A*/
    WDT_A_startTimer();
    while(1)
    {
        PCM_gotoLPM0();//进入睡眠状态
        WDT_A_clearTimer();//WDT_A计数值清零
    }
}
//PORT1中断服务程序
void PORT1_IRQHandler(void)
{
    uint32_t ii;
    uint32_t status;
    /*关闭全局中断*/
    Interrupt_disableMaster ();
    /*读取P1中断状态*/
    status = GPIO_getEnabledInterruptStatus(GPIO_PORT_P1);
    /*清除P1中断标志*/
    GPIO_clearInterruptFlag(GPIO_PORT_P1, status);
    /*P1中断处理*/
    if(status & BIT3)
    {
        for (ii = 10000; ii > 0; ii--);  //计数延时按键消抖
        /*查询P1.3输入电平是否为高*/
        if(GPIO_getInputPinValue(GPIO_PORT_P1, GPIO_PIN3)==GPIO_INPUT_
PIN_HIGH)
        {
            /*禁止滴答定时器中断唤醒*/
            SysTick_disableInterrupt();
        }
    }
```

```
        /*打开全局中断*/
        Interrupt_enableMaster();
    }
    //SysTick中断服务程序
    void SysTick_Handler(void)
    {
        return;//只是唤醒CPU
    }
```

2. WDT_A 定时

【例 7.4.2】 WDT_A 定时

WDT_A 可以当作定时器使用，产生定时中断，在中断里翻转 LED，通过按键修改定时时间，可以看到 LED 闪烁频率发生变化。

软件设计：

```
    int main()
    {
        /*关闭WDT_A*/
        WDT_A_holdTimer();
        /*P7.0配置为输出*/
        GPIO_setAsOutputPin(GPIO_PORT_P7, GPIO_PIN0);
        /*P7.0输出低电平，关闭LED*/
        GPIO_setOutputHighOnPin(GPIO_PORT_P7, GPIO_PIN0);
        /*P1.3配置为下拉输入*/
        GPIO_setAsInputPinWithPullDownResistor(GPIO_PORT_P1, GPIO_PIN3);
        /*清除P1.3中断标志*/
        GPIO_clearInterruptFlag(GPIO_PORT_P1, GPIO_PIN3);
        /*P1.3上升沿触发中断*/
        GPIO_interruptEdgeSelect ( GPIO_PORT_P1, GPIO_PIN3,
    GPIO_LOW_TO_HIGH_TRANSITION );
        /*P1.3中断使能*/
        GPIO_enableInterrupt(GPIO_PORT_P1, GPIO_PIN3);
        /*设置DCO频率:12MHz*/
        CS_setDCOFrequency(12000000);
        /*时钟系统初始化，设置时钟源及分频系数*/
        CS_initClockSignal(CS_MCLK, CS_DCOCLK_SELECT, CS_CLOCK_DIVIDER_2);
//MCLK源于DCO，2分频
        CS_initClockSignal(CS_ACLK, CS_REFOCLK_SELECT, CS_CLOCK_DIVIDER_1);
//ACLK源于REFO，1分频
        CS_initClockSignal(CS_HSMCLK, CS_DCOCLK_SELECT,
CS_CLOCK_DIVIDER_4);//HSMCLK源于DCO，4分频
        CS_initClockSignal(CS_SMCLK, CS_DCOCLK_SELECT, CS_CLOCK_DIVIDER_4);
//SMCLK源于DCO，4分频
        CS_initClockSignal(CS_BCLK, CS_REFOCLK_SELECT, CS_CLOCK_DIVIDER_1);
//BCLK源于REFO，1分频
        /*初始化WDT_A,ACLK作为时钟源,计数值为32000,32000/32768≈0.98s*/
        WDT_A_initIntervalTimer(WDT_A_CLOCKSOURCE_ACLK,WDT_A_
CLOCKITERATIONS_32K);
        /*OLED初始化*/
        OLED_Init();
```

```
    /*OLED清屏*/
    OLED_Clear();
    /*OLED显示字符及汉字*/
    OLED_ShowString(0,0,"MSP432",16);
    OLED_ShowCHinese(48,0,11); //原
    OLED_ShowCHinese(64,0,12);//理
    OLED_ShowCHinese(80,0,13);//及
    OLED_ShowCHinese(96,0,14);//使
    OLED_ShowCHinese(112,0,15);//用
    OLED_ShowString(0,2,"WDT_A",16);
    OLED_ShowCHinese(40,2,16);//实
    OLED_ShowCHinese(56,2,17);//验
    OLED_ShowCHinese(0,4,18);//看
    OLED_ShowCHinese(16,4,19);//门
    OLED_ShowCHinese(32,4,20);//狗
    OLED_ShowCHinese(48,4,23);//定
    OLED_ShowCHinese(64,4,24);//时
    OLED_ShowCHinese(0,6,23);//
    OLED_ShowCHinese(16,6,24);//
    OLED_ShowCHinese(32,6,24);//时
    OLED_ShowCHinese(48,6,25);//间
    OLED_ShowString(64,6,":0.98s",16);
    /*使能PORT1中断*/
    Interrupt_enableInterrupt(INT_PORT1);
    /*使能WDT_A中断*/
    Interrupt_enableInterrupt(INT_WDT_A);
    /*打开全局中断*/
    Interrupt_enableMaster();
    /*启动WDT_A*/
    WDT_A_startTimer();
    while(1)
    {
        PCM_gotoLPM0();//进入睡眠状态
    }
}
//PORT1中断服务程序
void PORT1_IRQHandler(void)
{
    uint32_t ii;
    uint32_t status;
    static u8 Flag = 0;
    /*关闭全局中断*/
    Interrupt_disableMaster ();
    /*读取P1中断状态*/
    status = GPIO_getEnabledInterruptStatus(GPIO_PORT_P1);
    /*清除P1中断标志*/
    GPIO_clearInterruptFlag(GPIO_PORT_P1, status);
    /*P1中断处理*/
    if(status & BIT3)
```

```
        {
            for (ii = 10000; ii > 0; ii--);  //计数延时按键消抖
            /*查询P1.3输入电平是否为高*/
            if(GPIO_getInputPinValue(GPIO_PORT_P1, GPIO_PIN3)==GPIO_INPUT_
PIN_HIGH)
            {
                if(Flag ==0)
                {
                    Flag =1;
                    /*重新配置WDT_A,ACLK作为时钟源,计数值为32000,32000/32768≈0.98s*/
                    WDT_A_initIntervalTimer(WDT_A_CLOCKSOURCE_ACLK,WDT_A_
CLOCKITERATIONS_32K);
                    /*启动WDT_A*/
                    WDT_A_startTimer();
                    OLED_ClrarPageColumn(6,64);
                    OLED_ShowString(64,6,":0.98s",16);
                }
                else
                {
                    Flag =0;
                    /*重新配置WDT_A,ACLK作为时钟源,计数值为8192,8192/32768≈ 0.25s*/
                    WDT_A_initIntervalTimer(WDT_A_CLOCKSOURCE_ACLK,WDT_A_
CLOCKITERATIONS_8192);
                    /*启动WDT_A*/
                    WDT_A_startTimer();
                    OLED_ClrarPageColumn(6,64);
                    OLED_ShowString(64,6,":0.25s",16);
                }
            }
        }
        /*打开全局中断*/
        Interrupt_enableMaster();
    }
    //WDT_A中断服务程序
    void WDT_A_IRQHandler(void)
    {
      GPIO_toggleOutputOnPin(GPIO_PORT_P7, GPIO_PIN0);
    }
```

7.5　实时时钟（RTC_C）

7.5.1　RTC_C 原理

实时时钟（简称 RTC_C）提供可配置的时钟计数器。

RTC_C 的特点如下。

- 实时时钟和日历模式，提供秒、分钟、小时、星期、日、月和年（包括闰年修正）。
- 保护实时时钟寄存器。
- 中断能力。
- 可选 BCD 或二进制格式。
- 可编程的闹钟。
- 晶体偏移误差的实时时钟校准。
- 晶体温度漂移的实时时钟补偿。
- 在低功耗模式下工作：LPM3 和 LPM3.5。

RTC_C 框图如图 7.5.1 所示。

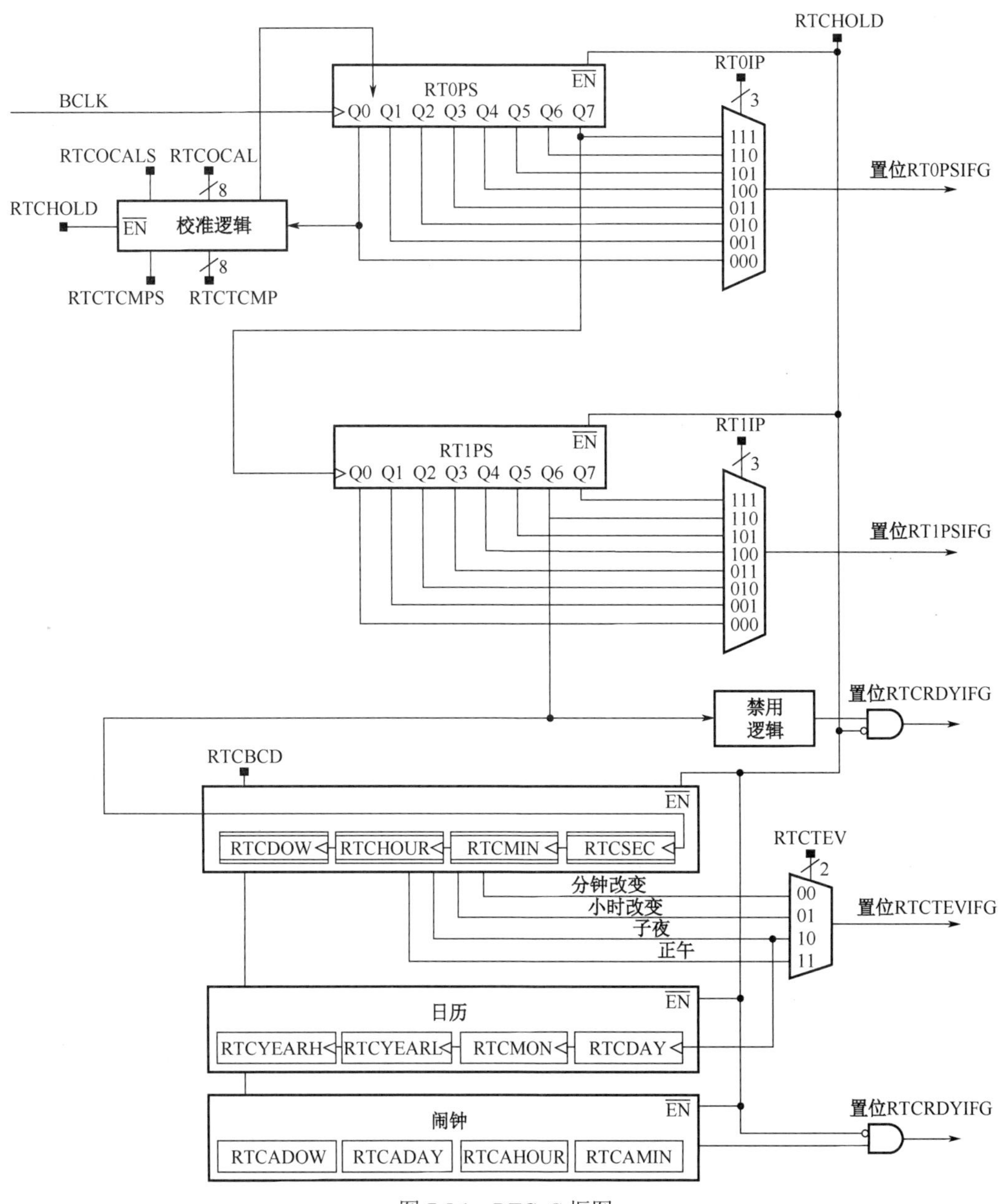

图 7.5.1 RTC_C 框图

RTC_C 以 BCD 或十六进制格式提供秒、分钟、小时、星期、日、月和年。日历包括一个闰年算法，该算法将所有年份除以 4 作为闰年。这个算法从 1901 年到 2099 年都是精确的。使用前，必须由用户软件配置 RTC_C 寄存器。

1. RTC_C 和预分频器

预分频器 RT0PS 和 RT1PS，被自动配置为 RTC_C 提供一个 1s 的时钟间隔。RTC_C 时钟源（BCLK）必须以 32768 Hz 的正常工作频率进行工作，以确保 RTC_C 正常工作。RT0PS 源于备份域时钟（BCLK）。RT0PS/256（Q7）的输出作为 RT1PS 的源。RT1PSs 是进一步的分频器，128 分频后作为实时时钟计数器的时钟源，提供需要的 1s 时间间隔。

当 RTCBCD=1 时，日历寄存器使用 BCD 格式。在 RTC 计数时切换 BCD 和二进制格式是有效的。设置 RTCHOLD 会暂停实时时钟计数器计数，并复位预分频器 RT0PS 和 RT1PS。

注意：为了可靠地更新所有日历模式寄存器，在写日历/预分频寄存器（RTCPS0/1、RTCSEC、RTCMIN、RTCHOUR、RTCDAY、RTCDOW、RTCMON、RTCYEAR）之前，保持 RTCBCD=1。

2. RTC_C 的闹钟功能

RTC_C 提供灵活的闹钟系统。有一个单独的、用户可编程闹钟，可在闹钟的分钟、小时、星期和日期寄存器的基础上进行编程设置。

每个闹钟寄存器包含一个闹钟使能（AE）位，可用于使能各自的闹钟寄存器。通过设置各个闹钟寄存器的 AE 位，可以生成各种闹钟事件。

- 示例 1：用户希望在每小时后的 15 分钟设置一个警报，即 00:15:00、01:15:00、02:15:00 等。可以将 RTCAMIN 设置为 15。通过设置 RTCAMIN 的 AE 位并清除闹钟寄存器的所有其他 AE 位，闹钟使能。使能后，当计数从 00:14:59 到 00:15:00、01:14:59 到 01:15:00、02:14:59 到 02:15:00 等时，会设置 RTCAIFG。
- 示例 2：用户希望每天 04:00:00 设置闹钟，可以通过将 RTCHOUR 设置为 4 来实现。通过设置 RTCHOUR 的 AE 位并清除闹钟寄存器的所有其他 AE 位，使能闹钟。使能后，当计数从 03:59:59 到 04:00:00 时，会设置 RTCAIFG。
- 示例 3：用户希望将闹钟设置为 06:30:00，将 RTCHOUR 设置为 6，RTCAMIN 设置为 30。通过设置 RTCHOUR 和 RTCAMIN 的 AE 位，使能闹钟。使能后，当时间计数从 06:29:59 到 06:30:00 时，会设置 RTCAIFG。在这种情况下，闹钟事件每天 06:30:00 发生。
- 示例 4：用户希望每周二 06:30:00 设置闹钟，将 RTCADOW 设置为 2，RTCHOUR 设置为 6，RTCAMIN 设置为 30。通过设置 RTCADOW、RTCHOUR 和 RTCAMIN 的 AE 位，使能闹钟。使能后，当时间计数从 06:29:59 到 06:30:00，并且 RTCADOW 从 1 到 2 时，会设置 RTCAIFG。
- 示例 5：用户希望在每月的第五天 06:30:00 设置闹钟，将 RTCADAY 设置为 5，RTCAHOUR 设置为 6，RTCAMIN 设置为 30。通过设置 RTCADAY、RTCAHOUR 和 RTCAMIN 的 AE 位，使能闹钟。使能后，当时间计数从 06:29:59 到 06:30:00 且 RTCDAY 等于 5 时，会设置 RTCAIFG。

3. 读写 RTC_C 寄存器

由于系统时钟实际上可能与实时时钟源异步，所以在访问 RTC_C 寄存器时必须特别小心。

RTC_C 寄存器每秒更新一次。为了防止在更新时读取 RTC_C 寄存器读到无效时间，提供了一个“禁止”窗口。“禁止”窗口以距离更新转换 128/32768s 为中心。只读 RTCRDY 位在“禁止”期间复位，并在“禁止”期间外置高电平。当 RTCRDY 复位时，对 RTC_C 寄存器的读取都被认为是无效的，读取的时间应该被忽略。

安全读取 RTC_C 寄存器的一个简单方法是使用 RTCRDYIFG 中断标志。设置 RTCRDYIE 将启用 RTCRDYIFG 中断。使能后，根据 RTCRDY 位的上升沿生成中断，从而设置 RTCRDYIFG。此时，应用程序已经几乎完成了第二次安全读取任何或所有 RTC_C 寄存器。此同步过程防止在转换期间读取时间值。当中断被服务或用软件复位时，RTCRDYIFG 标志自动清除。

注意：读写 RTC_C 寄存器

当计数器时钟与 CPU 时钟异步时，从任何 RTCSEC、RTCMIN、RTCHOUR、RTCDOW、RTCDAY、RTCMON、RTCYEARL、RTCYEARH 寄存器中读取的任何数据，当 RTCRDY 重置时，都可能导致读取无效数据。为了安全地读取寄存器，可以使用轮询 RTCRDY 位或前面描述的同步过程。或者，计数器可以在操作时多次读取，并在软件中以多数票决定正确读取。读取 RT0PS 和 RT1PS 只能通过多次读取寄存器和在软件中进行多数投票来确定正确读取。

对任何寄存器的任何写入都将立即生效。但是，时钟在写入期间停止。此外，RT0PS 和 RT1PS 寄存器被重置。这可能导致在写入过程中丢失 1 秒。在合法范围之外写入数据或无效的时间戳组合会导致不可预测的行为。

4．RTC_C 中断

RTC_C 有 6 个可用的中断标志：RT0PSIFG、RT1PSIFG、RTCRDYIFG、RTCTEVIFG、RTCAIFG 和 RTCOFIFG。这些标志被优先排序并组合起来以获得单个中断向量，中断向量寄存器（RTCIV）用于确定请求中断的标志。最高优先级并且使能的中断会在 RTCIV 中产生一个数，这个数用于确定是哪个中断发出的请求，禁止 RTC 中断并不会影响 RTCIV 中的值。写入 RTCIV 清除所有挂起的中断条件。从 RTCIV 中读取清除最高优先级挂起中断条件。如果设置了另一个中断标志，则在服务完上一个中断后立即生成另一个中断。此外，软件可以清除所有中断标志。

用户可编程的闹钟能产生一个事件中断，中断标志为 RTCAIFG。置位 RTCAIE 使能这个中断。除此之外，RTC_C 提供了一个间隔闹钟中断，中断标志为 RTCTEVIFG。这个中断能够被选择当 RTCMIN 或 RTCHOUR 改变，每一天的午夜（00:00:00）或正午（12:00:00）产生闹钟事件，通过 RTCTEV 位进行方式的选择，RTCTEVIE 位控制中断使能。

RTCRDY 位源于 RTC_C 中断 RTCRDYIFG，在同步时间寄存器的读取与系统时钟方面非常有用。设置 RTCRDYIE 位将使能中断。

RT0PSIFG 可用于生成 RT0IP 位选择的中断间隔。RT0PS 是由 BCLK 以 32768Hz 的频率提供的，因此可以间隔 16384Hz、8192Hz、4096Hz、2048Hz、1024Hz、512Hz、256Hz 或 128Hz。设置 RT0PSIE 位将使能中断。

RT1PSIFG 可用于生成由 RT1IP 位选择的中断间隔。RT1PS 来源于 RT0PS 的输出，即 128Hz（32768/256Hz）。因此，64Hz、32Hz、16Hz、8Hz、4Hz、2Hz、1Hz 或 0.5Hz 的间隔都是可能的。设置 RT1PSIE 位将使能中断。

如果应用使用了低功耗模式，连接到 BCLK 的 32kHz 晶体振荡器发生故障，则 RTCOFIFG 会置位来标记这种故障。当振荡器发生故障时，故障保护被激活，BCLK 的故障保护时钟提供给 RTC。这种故障保护机制在活跃模式和低功耗模式下都是有效的。RTCOFIFG 标志的主要目的是从低功耗运行模式中唤醒 CPU，因为如果发生振荡器故障，则 32kHz 振荡器对应的故障位不可用于低功耗模式下的 CPU 中断。

5．RTC_C 相关寄存器

RTC_C 相关寄存器如表 7.5.1 所示（RTC_C 基地址：0x4000_4400）。

表 7.5.1　RTC_C 相关寄存器

寄存器名称	缩　写	地 址 偏 移
RTC_C 控制寄存器 0	RTCCTL0	00h
RTC_C 控制寄存器 1、3	RTCCTL13	02h
RTC_C 偏移校准	RTCOCAL	04h
RTC_C 温度补偿	RTCTCMP	06h
实时预分频器 0 控制寄存器	RTCPS0CTL	08h
实时预分频器 1 控制寄存器	RTCPS1CTL	0Ah
实时预分频器 0、1 计数器	RTCPS	0Ch
RTC_C 中断向量	RTCIV	0Eh
RTC_C 秒、分	RTCTIM0	10h
RTC_C 小时、星期	RTCTIM1	12h
RTC_C 日	RTCDATE	14h
RTC_C 年	RTCYEAR	16h
RTC_C 闹钟的分、小时	RTCAMINHR	18h
RTC_C 闹钟的星期、日	RTCADOWDAY	1Ah
二进制数据转换为 BCD 格式	RTCBIN2BCD	1Ch
BCD 数据转换为二进制格式	RTCBCD2BIN	1Eh

7.5.2　RTC_C 库函数

（1）void RTC_C_clearInterruptFlag (uint_fast8_t interruptFlagMask)

功能：清除中断标志

参数 1：中断类型

返回：无

使用举例：

```
RTC_C_clearInterruptFlag(RTC_C_TIME_EVENT_INTERRUPT);//清除时间事件中断
```

（2）uint16_t RTC_C_convertBCDToBinary (uint16_t valueToConvert)

功能：把 BCD 数据转换为二进制格式

参数 1：BCD 格式数据

返回：二进制数据

（3）uint16_t RTC_C_convertBinaryToBCD (uint16_t valueToConvert)

功能：把二进制数据转换为 BCD 格式

参数 1：二进制数据

返回：BCD 数据

（4）void RTC_C_definePrescaleEvent (uint_fast8_t prescaleSelect, uint_fast8_t prescaleEventDivider)

功能：为预分频器设定中断条件

参数 1：预分频器编号

参数 2：分频系数

返回：无

使用举例：

```
    RTC_C_definePrescaleEvent(RTC_C_PRESCALE_0,RTC_C_PSEVENTDIVIDER_2);
//设置预分频器0分频系数为2
```

（5）void RTC_C_disableInterrupt (uint8_t interruptMask)

功能：禁止中断

参数 1：中断类型

返回：无

使用举例：

```
RTC_C_disableInterrupt(RTC_C_TIME_EVENT_INTERRUPT);//禁止时间事件中断
```

（6）void RTC_C_enableInterrupt (uint8_t interruptMask)

功能：使能中断

参数 1：中断类型

返回：无

使用举例：

```
RTC_C_enableInterrupt (RTC_C_TIME_EVENT_INTERRUPT);//使能时间事件中断
```

（7）RTC_C_Calendar RTC_C_getCalendarTime (void)

功能：返回日历时间

参数 1：无

返回：日历时间

（8）uint_fast8_t RTC_C_getEnabledInterruptStatus (void)

功能：读取使能的中断标志状态

参数 1：无

返回：中断标志状态

（9）uint_fast8_t RTC_C_getInterruptStatus (void)

功能：读取中断标志状态

参数 1：无

返回：中断标志状态

（10）uint_fast8_t RTC_C_getPrescaleValue (uint_fast8_t prescaleSelect)

功能：读取预分频值

参数 1：分频器编号

返回：分频值

使用举例：

```
RTC_C_getPrescaleValue(RTC_C_PRESCALE_0);//读取预分频器0的值
```

（11）void RTC_C_holdClock (void)

功能：暂停 RTC 时钟

参数 1：无

返回：无

（12）void RTC_C_initCalendar (const RTC_C_Calendar*calendarTime, uint_fast16_t formatSelect)

功能：日历模式下初始化 RTC

参数 1：日历时间

参数 2：数据格式

返回：无

（13）void RTC_C_setCalendarAlarm (uint_fast8_t minutesAlarm, uint_fast8_t hoursAlarm, uint_fast8_t dayOfWeekAlarm, uint_fast8_t dayOfmonthAlarm)

功能：设置闹钟

参数 1：分钟

参数 2：小时

参数 3：星期
参数 4：日
返回：无
使用举例：

```
    RTC_C_setCalendarAlarm(30,6,RTC_C_ALARMCONDITION_OFF,RTC_C_ALARMCONDITIO
N_OFF);//设置6:30的闹钟
```

（14）void RTC_C_setCalendarEvent (uint_fast16_t eventSelect)
功能：设置日历中断条件
参数 1：事件类型
返回：无
使用举例：

```
    RTC_C_setCalendarEvent(RTC_C_CALENDAREVENT_MINUTECHANGE);//分钟数改变请求中断
```

（15）void RTC_C_setCalibrationData (uint_fast8_t offsetDirection, uint_fast8_t offsetValue)
功能：设置校准数据
参数 1：偏移方向
参数 2：偏移值
返回：无
使用举例：

```
    RTC_C_setCalibrationData(RTC_C_CALIBRATION_DOWN1PPM,20);//向后偏移,因数为20
```

（16）void RTC_C_setCalibrationFrequency (uint_fast16_t frequencySelect)
功能：设置 RTC 校准频率输出
参数 1：频率选择
返回：无
使用举例：

```
    RTC_C_setCalibrationFrequency(RTC_C_CALIBRATIONFREQ_1HZ);
//设置1Hz频率输出用于校准
```

（17）void RTC_C_setPrescaleValue (uint_fast8_t prescaleSelect, uint_fast8_t prescaleCounterValue)
功能：设置预分频值
参数 1：分频器编号
参数 2：分频值
返回：无
使用举例：

```
    RTC_C_setPrescaleValue(RTC_C_PRESCALE_0,100);//预分频器0的分频值为100
```

（18）bool RTC_C_setTemperatureCompensation (uint_fast16_t offsetDirection, uint_fast8_t offsetValue)
功能：设置温度补偿
参数 1：方向
参数 2：值
返回：校准成功返回 true，失败返回 false
（19）void RTC_C_startClock (void)
功能：启动 RTC
参数 1：无
返回：无

7.5.3 RTC_C 编程实例

【例 7.5.1】RTC_C 实验

配置 RTC_C，设置闹钟，闹钟时间到后蜂鸣器开始鸣叫，通过按键关闭蜂鸣器。

（1）硬件设计：蜂鸣器控制引脚连接到 P9.3。蜂鸣器原理图如图 7.5.2 所示。

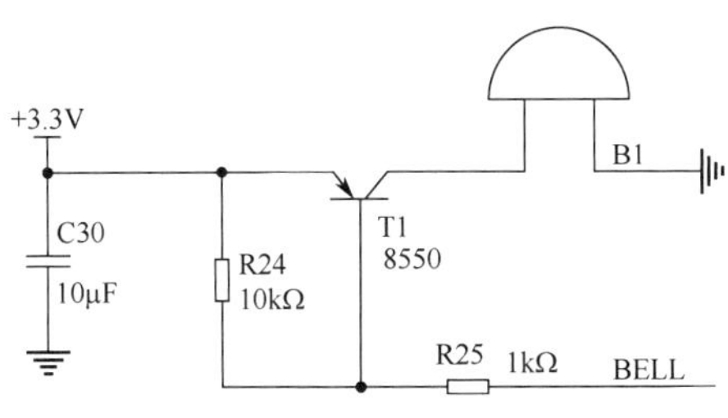

图 7.5.2　蜂鸣器原理图

（2）软件设计：

```
u8 AlarmFlag=0;//闹钟标志
/* 当前时间 */
const RTC_C_Calendar currentTime =
{
    50,     //秒
    0,      //分
    12,     //时
    1,      //星期
    1,      //日
    2019    //年
};
int main()
{
    u32 ii;
    /*关闭看门狗*/
    WDT_A_holdTimer();
    /*P7.0配置为输出*/
    GPIO_setAsOutputPin(GPIO_PORT_P7, GPIO_PIN0);
    /*P7.0输出低电平，点亮LED*/
    GPIO_setOutputLowOnPin(GPIO_PORT_P7, GPIO_PIN0);
    /*P9.3配置为输出*/
    GPIO_setAsOutputPin(GPIO_PORT_P9, GPIO_PIN3);
    /*P1.3配置为下拉输入*/
    GPIO_setAsInputPinWithPullDownResistor(GPIO_PORT_P1, GPIO_PIN3);
    /*清除P1.3中断标志*/
    GPIO_clearInterruptFlag(GPIO_PORT_P1, GPIO_PIN3);
    /*P1.3上升沿触发中断*/
    GPIO_interruptEdgeSelect ( GPIO_PORT_P1, GPIO_PIN3,
GPIO_LOW_TO_HIGH_TRANSITION );
    /*P1.3中断使能*/
    GPIO_enableInterrupt(GPIO_PORT_P1, GPIO_PIN3);
    /*设置DCO频率:12MHz*/
```

```
        CS_setDCOFrequency(12000000);
        /*时钟系统初始化，设置时钟源及分频系数*/
        CS_initClockSignal(CS_MCLK, CS_DCOCLK_SELECT, CS_CLOCK_DIVIDER_2);
//MCLK源于DCO，2分频
        CS_initClockSignal(CS_ACLK, CS_REFOCLK_SELECT, CS_CLOCK_DIVIDER_1);
//ACLK源于REFO，1分频
        CS_initClockSignal(CS_HSMCLK, CS_DCOCLK_SELECT,
CS_CLOCK_DIVIDER_4);//HSMCLK源于DCO，4分频
        CS_initClockSignal(CS_SMCLK, CS_DCOCLK_SELECT, CS_CLOCK_DIVIDER_4);
//SMCLK源于DCO，4分频
        CS_initClockSignal(CS_BCLK, CS_REFOCLK_SELECT, CS_CLOCK_DIVIDER_1);
//BCLK源于REFO，1分频
        /*数码管扫描初始化*/
        /*设置RTC当前时间,二进制格式*/
        RTC_C_initCalendar(&currentTime, RTC_C_FORMAT_BINARY);
        /*设置闹钟,12:01*/
        RTC_C_setCalendarAlarm(1, 12,
    RTC_C_ALARMCONDITION_OFF,RTC_C_ALARMCONDITION_OFF);
        /*清除RTC中断标志*/
        RTC_C_clearInterruptFlag(RTC_C_CLOCK_READ_READY_INTERRUPT |
    RTC_C_CLOCK_ALARM_INTERRUPT);
        /*使能RTC时钟中断和闹钟中断*/
        RTC_C_enableInterrupt(RTC_C_CLOCK_READ_READY_INTERRUPT |
     RTC_C_CLOCK_ALARM_INTERRUPT);
        /*启动RTC*/
        RTC_C_startClock();
        DigTube_Init();
        /*OLED初始化*/
        OLED_Init();
        /*OLED清屏*/
        OLED_Clear();
        /*OLED显示字符及汉字*/
        OLED_ShowString(0,0,"MSP432",16);
        OLED_ShowCHinese(48,0,11); //原
        OLED_ShowCHinese(64,0,12);//理
        OLED_ShowCHinese(80,0,13);//及
        OLED_ShowCHinese(96,0,14);//使
        OLED_ShowCHinese(112,0,15);//用
        OLED_ShowString(0,2,"RTC",16);
        OLED_ShowCHinese(24,2,16);//实
        OLED_ShowCHinese(40,2,17);//验
        /*使能PORT1中断*/
        Interrupt_enableInterrupt(INT_PORT1);
        /*使能RTC中断*/
        Interrupt_enableInterrupt(INT_RTC_C);
        /*打开全局中断*/
        Interrupt_enableMaster();
        while(1)
        {
```

```
        PCM_gotoLPM3();    //进入睡眠状态
    }
}
//PORT1中断服务程序
void PORT1_IRQHandler(void)
{
    uint32_t ii;
    uint32_t status;
    /*关闭全局中断*/
    Interrupt_disableMaster ();
    /*读取P1中断状态*/
    status = GPIO_getEnabledInterruptStatus(GPIO_PORT_P1);
    /*清除P1中断标志*/
    GPIO_clearInterruptFlag(GPIO_PORT_P1, status);
    /*P1中断处理*/
    if(status & BIT3)
    {
        for (ii = 1000; ii > 0; ii--);  //计数延时按键消抖
        /*查询P1.3输入电平是否为高*/
        if(GPIO_getInputPinValue(GPIO_PORT_P1, GPIO_PIN3)==GPIO_INPUT_
PIN_HIGH)
        {
            /*P9.3输出高电平,蜂鸣器停止鸣叫*/
            GPIO_setOutputHighOnPin(GPIO_PORT_P9, GPIO_PIN3);
            AlarmFlag =0;//清除闹钟标志
        }
    }
    /*打开全局中断*/
    Interrupt_enableMaster();
}
//RTC中断服务程序
void RTC_C_IRQHandler(void)
{
    uint32_t status;
    /*读取中断状态*/
    status = RTC_C_getEnabledInterruptStatus();
    /*清除中断标志*/
    RTC_C_clearInterruptFlag(status);
    /*RTC时钟中断*/
    if (status & RTC_C_CLOCK_READ_READY_INTERRUPT)
    {
            DigTubeNum ++;   //把显示的数加1
            if(DigTubeNum > 9999)
                DigTubeNum =0; //归零
            if(AlarmFlag)    //闹钟时间到,P9.3输出翻转,蜂鸣器鸣叫
                GPIO_toggleOutputOnPin(GPIO_PORT_P9, GPIO_PIN3);
    }
    /*闹钟中断*/
    if (status & RTC_C_CLOCK_ALARM_INTERRUPT)
```

```
        {
            AlarmFlag =1;//设置闹钟标志
        }
    }
```

7.6 小结与思考

本章介绍了 MSP432 内部的定时器资源，包括 16 位定时器、32 位定时器、滴答定时器、看门狗定时器和实时时钟，它们各有特点，但工作原理都是基于定时计数器的。16 位定时器具有捕获比较功能，可以输出 PWM 波，在工业控制中应用广泛，其输入功能可以用于测量，读者应理解并熟练应用 16 位定时器。32 位定时器和滴答定时器属于 ARM 内部寄存器，在其他 ARM 系列芯片中也存在，它们常用于系统计时。看门狗定时器用于防护系统异常卡死，实时时钟作为日历使用，功耗极低。

习题与思考

7-1 MSP432 有哪些定时器资源？它们有什么异同？

7-2 Timer_A 有哪几种计时模式？各有什么区别？

7-3 如何使用 Timer_A 输出 PWM 波？

7-4 如何使用 Timer_A 测量电平信号的周期？

7-5 Timer32 有几种工作模式？

7-6 看门狗定时器有哪几种模式？每种模式如何工作？

7-7 如何使用实时时钟设置闹钟事件？

第 8 章　增强型通用串行通信接口 eUSCI

MSP432 能与外围器件进行通信，支持常见的串行通信模式：UART、SPI 及 IIC。这些都是通过 MSP432 的外设模块增强型通用串行通信接口 eUSCI 实现的。除串行通信外，还可以配置数字 I/O 口实现并行通信，由于并行通信协议较多，这里不做介绍。

本章介绍 MSP432 中的 3 种串行通信模式，配合两块开发板实现通信实例，以方便读者理解。

本章导读：精度各节，动手实践并做好笔记，完成习题。

8.1　UART 模式

8.1.1　UART 模式原理

UART（Universal Asynchronous Receiver/Transmitter），通用异步收发传输，使用一根传输线将数据逐位地顺序传送。该总线双向通信，可以实现全双工发送和接收，它的通信线路简单，适合近距离传输，在远程传输时可靠性有所下降，且传输速度有限。

UART 通信时序如图 8.1.1 所示。

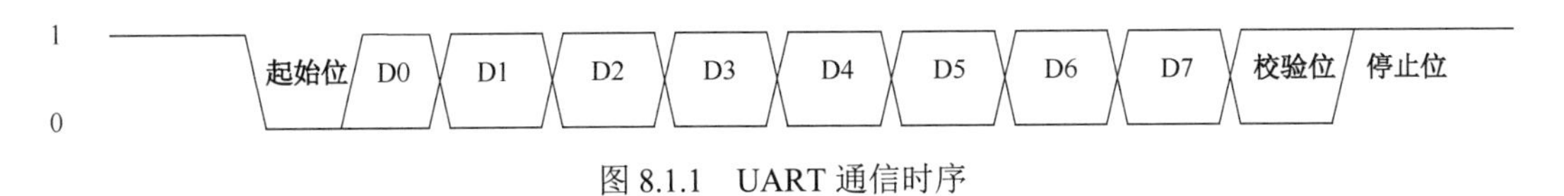

图 8.1.1　UART 通信时序

UART 传输线在空闲状态时保持高电平。

起始位：先发出一个逻辑“0”的信号，表示传输数据的开始。

数据位：一般为 8 个二进制位，也可以是 4、5、6、7 个。数据位可以是低位在前，也可以是高位在前。

校验位：为了检测出数据传输中的错误，在数据传送完毕后还传输 1 个二进制位进行校验，以确保数据传输的正确性。这里的校验分为奇校验和偶校验：所谓奇校验，就是数据位加上校验位中的“1”的个数为奇数，如传输 0110 0101，则校验位为 1，传输 0100 0101，则校验位为 0；所谓偶校验，就是数据位加上校验位中的“1”的个数为偶数，如传输 0110 0101，则校验位为 0，传输 0100 0101，则校验位为 1。校验位在不需要时可以去除。

停止位：它是一帧数据结束的标志，是 1 位、1.5 位、2 位的高电平。

UART 数据传输用波特率来表示，即每秒传输的符号数，如数据传输速度为 240bps，每个符号由 10 个二进制位组成（1 个起始位、1 个停止位、8 个数据位），这时的波特率为 240 Baud（波特），比特率为 240×10 = 2400bps。

MSP432 的 UART 模式有以下特点。

- 7 位或 8 位数据传输，奇校验、偶校验、无校验。
- 独立的发送和接收寄存器。
- 分散的发送和接收缓冲寄存器。
- 低位在前或高位在前的数据发送和接收。
- 用于多处理器系统的内建的空闲线和地址位通信保护。
- 可编程的波特率。
- 错误检查状态标志。
- 地址检查状态标志。
- 独立的接收、发送、起始位、发送完成中断能力。

UART 模式框图如图 8.1.2 所示。

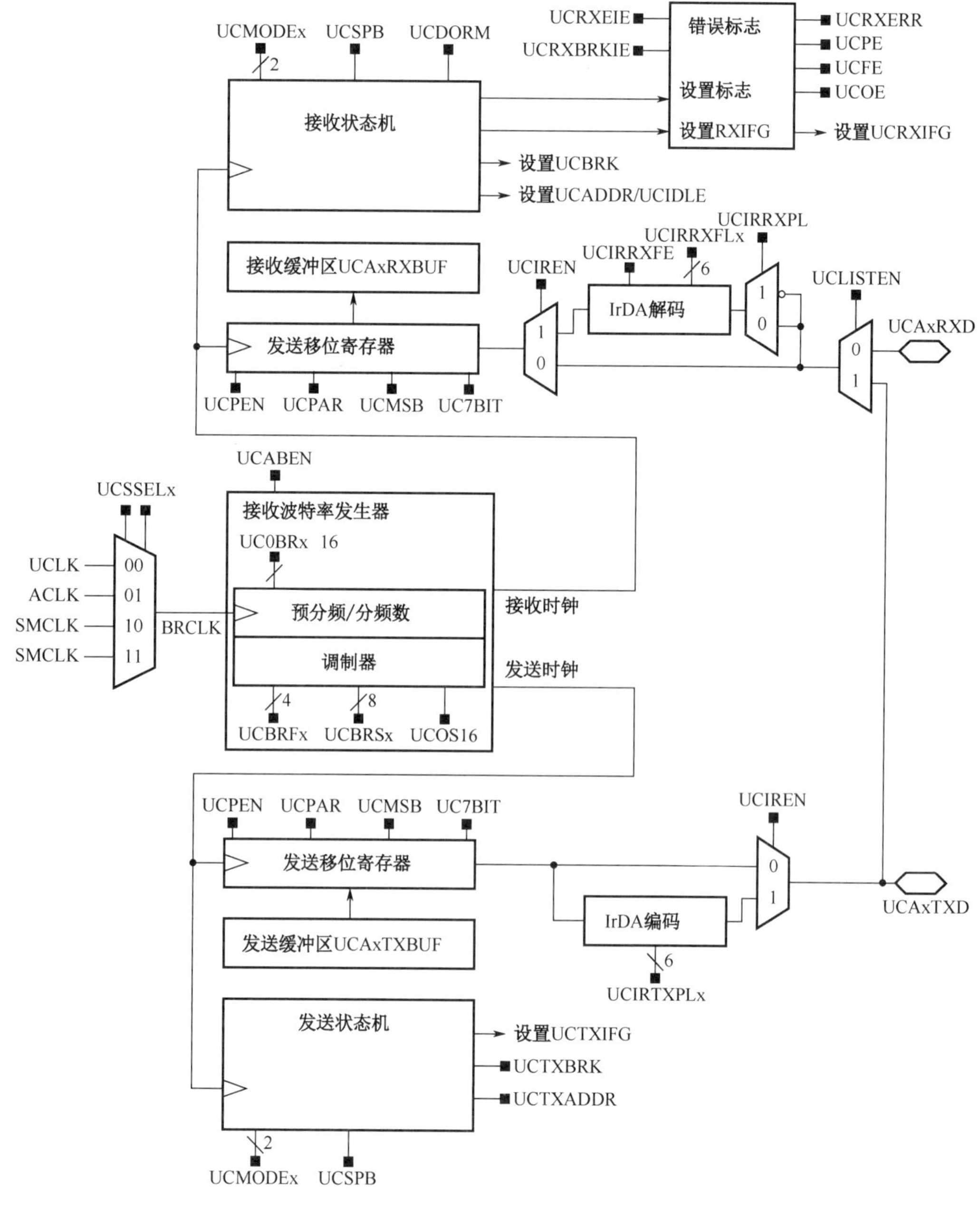

图 8.1.2　UART 模式框图

1. eUSCI_A 初始化和复位

硬件复位或设置 UCSWRST 都会导致 eUSCI_A 复位。硬件复位后，UCSWRST 位自动设置，使 eUSCI_A 保持复位状态。当设置时，UCSWRST 位置位 UCTXIFG 位并复位 UCRXEIE、UCTXIE、UCRXIFG、UCRXERR、UCBRK、UCPE、UCOE、UCFE、UCSTOE 和 UCBTOE 位。清除 UCSWRST 将进行 eUSCI_A 操作。

注意：初始化或重新配置 eUSCI_A。

建议的 eUSCI_A 初始化/重新配置过程如下。

（1）设置 UCSWRST。

（2）在 UCSWRST=1 的条件下初始化所有 eUSCI_A 寄存器（包括 UCAxCTL1）。

（3）配置端口。

（4）软件清除 UCSWRST。

（5）使用 UCRXEIE 或 UCTXIE 启用中断（可选）。

2. UART 字符格式

UART 字符格式包括起 1 个始位，7 或 8 个数据位，1 个奇/偶/无校验位，1 个地址位（地址位模式），1 个或 2 个停止位。UCMSB 位控制传输方向以及选择高位在前或低位在前，通常使用低位在前的通信方式，其字符格式如图 8.1.3 所示。

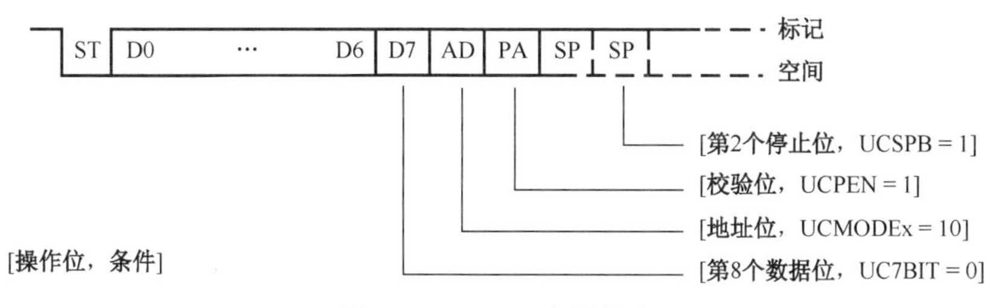

图 8.1.3 UART 字符格式

3. 异步通信格式

当两个设备异步通信时，协议不需要多处理器格式。当 3 个或更多设备通信时，eUSCI_A 支持空闲线路多处理器模式和地址位多处理器格式。

（1）空闲线路多处理器格式。

当 UCMODEx=01 时，选择空闲线路多处理器格式。数据块在发送或接收线上以空闲时间分隔（见图 8.1.4）。当 1 个字符的 1 个或 2 个停止位之后接收到 10 个或更多连续的（标记）时，检测到空闲接收行。波特率发生器在接收到空闲线路后关闭，直至检测到下一个起始边缘。当检测到空闲线路时，会设置 UCIDLE 位。

空闲期后收到的第 1 个字符是地址字符。UCIDLE 位用作每个字符块的地址标记。在空闲线路多处理器格式中，当接收字符是地址时，设置该位。

UCDORM 位用于以空闲线路多处理器格式控制数据接收。当 UCDORM=1 时，所有非地址字符都会被编制，但不会传输到 UCAxRXBUF 中，并且不会生成中断。当接收到 1 个地址字符时，该字符传输到 UCAxRXBUF，并设置 UCRXIFG，当 UCRXEIE=1 时会设置任何适用的错误标志。当 UCRXEIE=0 并接收到地址字符，但存在帧错误或奇偶校验错误时，该字符不会传输到 UCAxRXBUF，也不会设置 UCRXIFG。

如果接收到地址，则用户软件可以验证该地址，并且必须复位 UCDORM 才能继续接收数据。如果仍然设置 UCDORM，则只接收地址字符。当接收字符期间清除 UCDORM 时，接收中断标志在接收完成后设置。UCDORM 位不会被 eUSCI_A 硬件自动修改。

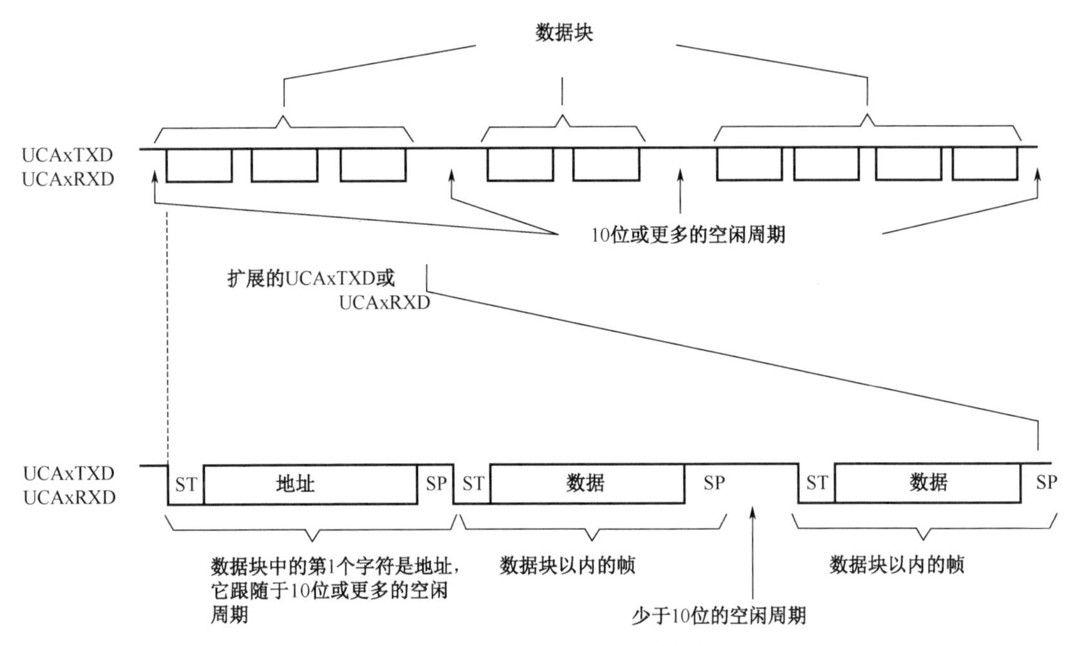

图 8.1.4　空闲线路多处理器格式

对于空闲线路多处理器格式的地址传输，eUSCI_A 可以生成一个精确的空闲周期，以在 UCAxTXD 上生成地址字符标识符。双缓冲的 UCTXADDR 标志指示加载到 UCAxTXBUF 中的下一个字符前面是否有 11 位的空闲行。当生成起始位时，UCTXADDR 会自动清除。

发送一个空闲帧的步骤如下。

- 设置 UCTXADDR，然后将地址字符写入 UCAxTXBUF。UCAxTXBUF 必须准备好接收新数据（UCTXIFG=1）。这将生成一个 11 位的空闲周期，后跟地址字符。当地址字符从 UCAxTXBUF 传输到移位寄存器时，UCTXADDR 会自动复位。
- 将所需的数据字符写入 UCAxTXBUF。UCAxTXBUF 必须准备好接收新数据（UCTXIFG=1）。

写入 UCAxTXBUF 的数据传输到移位寄存器，并在移位寄存器准备好新数据后立即传输。

地址和数据传输之间或数据传输之间不得超过空闲线路时间，否则，传输的数据会被错误地解释为地址。

（2）地址位多处理器格式。

当 UCMODEx=10 时，选择地址位多处理器格式。每个处理过的字符都包含一个额外的位，用作地址指示器（见图 8.1.5）。一组字符中的第 1 个字符携带一个设定的地址位，表明该字符是一个地址。当接收到的字符设置了地址位并传输到 UCAxRXBUF 时，将设置 UCTXADDR 位。

UCDORM 位用于以地址位多处理器格式控制数据接收。当 UCDORM=1 时，地址位为 0 的数据字符由接收器编制，但不传输到 UCAxRXBUF，不生成中断。当接收到包含设置地址位的字符时，该字符被传输到 UCAxRXBUF，设置 UCRXIFG，当 UCRXEIE=1 时会设置任何适用的错误标志。当 UCRXEIE=0 并接收到包含设置地址位的字符，但存在帧错误或奇偶校验错误时，该字符不会传输到 UCAxRXBUF，也不会设置 UCRXIFG。

如果接收到地址，则用户软件可以验证该地址，并且必须复位 UCDORM 才能继续接收数据。如果仍然设置 UCDORM，则只接收地址位为 1 的地址字符。UCDORM 位不会被 eUSCI_A 硬件自动修改。

当 UCDORM=0 时，所有接收到的字符设置接收中断标志 UCRXIFG。如果在接收字符期间清除了 UCDORM，则在接收完成后设置接收中断标志。

对于地址位多处理器模式下的地址传输，字符的地址位由 UCTXADDR 位控制。UCTXADDR 位的值加载到从 UCAxTXBUF 传输到传输移位寄存器的字符地址位中。当产生起始位时，

UCTXADDR 会自动清除。

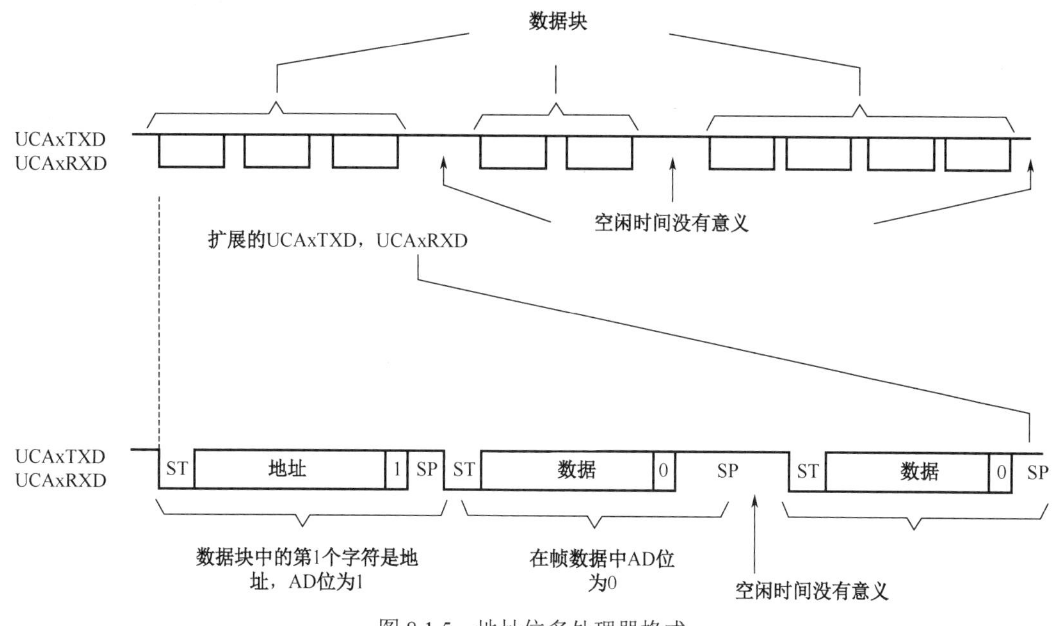

图 8.1.5　地址位多处理器格式

4. 自动波特率检测

当 UCMODEx=11 时，选择带自动波特率检测的 UART 模式。对于自动波特率检测，数据帧前面是一个由间断区和同步字段组成的同步序列。当接收到 11 个或更多连续 0（空白）时，检测到间断区。如果间断区长度超过 21 个位时间，则会设置间断超时错误标志 UCBTOE。在接收间断/同步字段时，eUSCI_A 无法发送数据。自动波特率检测——间断区/同步序列如图 8.1.6 所示。

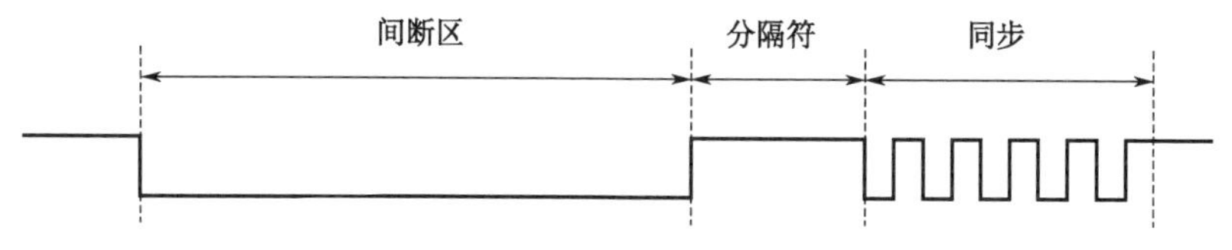

图 8.1.6　自动波特率检测——间断区/同步序列

为了保持一致性，字符格式应该设为 8 个数据位，低位在前，无校验位、无停止位、无地址位。

同步字段由字节字段内的数据 055h 组成（见图 8.1.7）。同步是基于该模式下的第一个下降沿和最后一个下降沿之间的时间测量。如果通过设置 UCABDEN 使能自动波特率检测，则传输波特率发生器用于测量。否则，它作为接收模式，但不测量。测量结果传输到波特率控制寄存器（UCAxBRW 和 UCAxMCTLW）。如果同步字段的长度超过可测量的时间，则设置同步超时错误标志 UCSTOE。设置接收中断标志 UCRXIFG 后，可以读取结果。

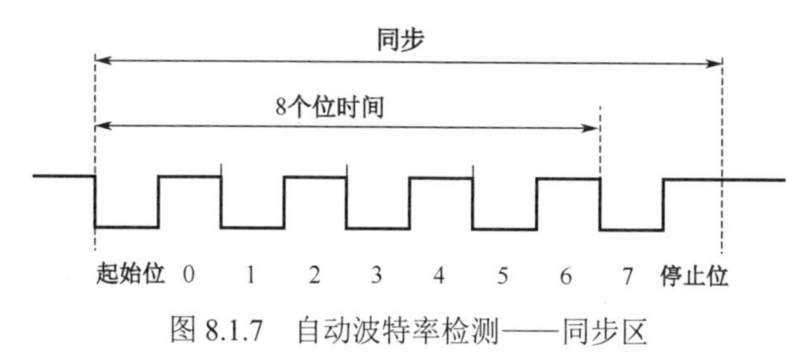

图 8.1.7　自动波特率检测——同步区

在此模式下，UCDORM 位用于控制数据接收。设置 UCDORM 时，接收所有字符，但不传输到 UCAxRXBUF 中，并且不生成中断。当检测到断开/同步字段时，将设置 UCBRK 标志。断开/同步字段后面的字符传输到 UCAxRXBUF 中，并设置 UCRXIFG 中断标志。还可以设置任何适用的错误标志。如果设置了 UCBRKIE 位，则断开/同步的接收将置位 UCRXIFG。UCBRK 由用户软件或通过读取接收缓冲区 UCAxRXBUF 清除。

当接收到断开/同步字段时，用户软件必须复位 UCDORM 才能继续接收数据。如果 UCDORM 保持置位，则仅接收下一次接收到断开/同步字段后的字符。UCDORM 位不会被 eUSCI_A 硬件自动修改。

当 UCDORM=0 时，所有接收到的字符设置接收中断标志 UCRXIFG。如果在接收字符期间清除了 UCDORM，则在接收完成后设置接收中断标志。

用于检测波特率的计数器限制为 0FFFF（2^{16}）计数。这意味着检测到的最小波特率在过采样模式下为 244，在低频模式下为 15。最高可检测波特率为 1Mbps。

在具有一定限制的全双工通信系统中，可以采用自动波特率检测方式。接收中断/同步字段时，eUSCI_A 无法传输数据，如果接收到带帧错误的 0h 字节，则在此期间传输的任何数据都已损坏。后一种情况可以通过检查接收的数据和 UCFE 位来发现。

发送一个间断/同步序列的步骤如下。

- 在 UMODEx=11 的条件下设置 UCTXBRK。
- 将 055h 写入 UCAxTXBUF。UCAxTXBUF 必须准备好接收新数据（UCTXIFG=1）。这将生成一个 13 位的间断字段，后面跟一个间断分隔符和同步字符。间断分隔符的长度由 UCDELIMx 位控制。当同步字符从 UCAxTXBUF 传输到移位寄存器时，UCTxBRK 自动复位。
- 将所需的数据字符写入 UCAxTXBUF。UCAxTXBUF 必须准备好接收新数据(UCTXIFG =1)。

写入 UCAxTXBUF 的数据传输到移位寄存器中，并在移位寄存器准备好新数据后立即传输。

5. IrDA 编码和解码

当 UCIREN 置位后，IrDA 编码和解码功能被使能，可以在进行红外通信中使用。

（1）IrDA 编码。

IrDA 编码器为来自 UART 的传输比特流中的每一个数据 0 发送一个脉冲（见图 8.1.8），而数据为 1 时保持低电平。脉冲持续时间由 UCIRTXPLx 位定义，指定为多少个 UCIRTXCLK 的半时钟周期数。

要将 IrDA 标准要求的脉冲时间设置为 3/16 位周期，可以设置 UCIRTXCLK=1，选择 BITCLK16 时钟，脉冲宽度设置为 6 个半时钟周期，UCIRTXPLx=6−1=5。当 UCIRTXCLK=0 时，脉冲宽度 t_{PULSE} 以 BRCLK 为基准，计算公式为：

$$UCIRTXPLx=t_{PULSE}\times 2\times f_{BRCLK}-1$$

当 UCIRTXCLK = 0 时，预分频器 UCBRx 必须大于或等于 5。

（2）IrDA 解码。

当 UCIRRXPL=0 时，解码器检测高脉冲。否则，它会检测到低脉冲。除滤除毛刺的模拟滤波器外，还可以通过置位 UCIRRXFE 位启用可编程数字滤波器。

当 UCIRRXFE 被置位时，只传递比程序滤波器长的脉冲，较短的脉冲被丢弃。计算滤波器长度 UCIRRXFLx 的公式为：

$$UCIRRXFLx=(t_{PULSE}-t_{WAKE})\times 2\times f_{BRCLK}-4$$

式中，t_{PULSE} 为最小接收脉冲持续时间；t_{WAKE} 为从任何低功耗模式唤醒的时间，当设备处于活动模式时为 0。

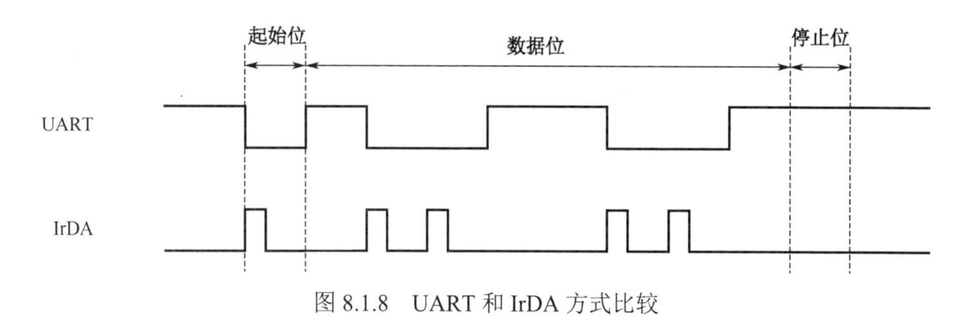

图 8.1.8　UART 和 IrDA 方式比较

6. 自动错误检测

故障抑制可以防止意外启动 eUSCI_A。在 UCAxRXD 上的脉冲时间短于滤波时间 t_t（通过 UCGLITx 选择）都将被忽略。

当 UCAxRXD 上的低电平周期小于 t_t 时，会判断它是否是起始位。如果被认定为无效的起始位，则 eUSCI_A 停止接收并等待 UCAxRXD 上的下一个低电平。这种判断机制在字节传输的每个比特位也适用。

在进行数据传输时，eUACI_A 自动检测帧错误、校验错误、溢出错误和打断状态。当检测到各自的状态时，UCFE、UCPE、UCOE 和 UCBRK 被相应地置位，同时错误标志 UCRXERR 也会被置位。UART 错误条件的含义如表 8.1.1 所示。

表 8.1.1　UART 错误条件的含义

错误条件	错误标志	含　义
帧错误	UCFE	当检测到一个低停止位时，会发生帧错误。当使用两个停止位时，会检查两个停止位是否有帧错误。当检测到帧错误时，设置 UCFE 位
校验错误	UCPE	奇偶校验错误是字符中 1 的数目与奇偶校验位的值不匹配。当一个地址位包含在字符中时，它就包含在奇偶校验计算中。当检测到奇偶校验错误时，设置 UCPE 位
接收溢出	UCOE	当在读取前一个字符之前将一个字符加载到 UCAxRXBUF 中时，就会发生溢出错误。当发生溢出错误时，设置 UCOE 位
打断	UCBRK	当不使用自动波特率检测时，如果所有数据位、奇偶校验位和停止位都为低，就会检测到打断条件。当检测到打断条件时，将设置 UCBRK 位。如果设置 UCBRKIE 使能了打断中断，则中断条件还会置位中断标志 UCRXIFG

当 UCRXEIE=0 且检测到帧错误或奇偶校验错误时，没有任何数据接收到 UCAxRXBUF 中。当 UCRXEIE=1 时，将字符接收到 UCAxRXBUF 中，并置位相应的错误位。

UCFE、UCPE、UCOE 和 UCBRK 被置位后只能通过软件清除，读取 UCAxRXBUF 时必须清除 UCOE 位，否则会出现不可预料的错误。为了可靠地检测溢出，建议使用以下方式。在接收到一个字符并且 UCAxRXIFG 被置位时，读取 UCAxSTATW 核查包括 UCOE 的错误标志，然后读取 UCAxRXBUF。如果 UCAxRXBUF 在对 UCAxSTATW 的读访问和对 UCAxRXBUF 的读访问之间被更新，则将清除除 UCOE 之外的所有错误标志。因此，应该在读取 UCAxRXBUF 后读取 UCOE 以检测这个错误条件。在这种情况下，UCRXERR 不会被置位。

7. eUSCI_A 接收使能

清除 UCSWRST 位使能 eUSCI_A，同时接收器就绪进入空闲状态。接收波特率发生器处于就绪状态但不会产生任何时钟。

起始位的下降沿会触发波特率发生器产生时钟，同时 UART 状态机核查一个有效的起始位。如果起始位无效，那么会返回到空闲状态，同时关闭波特率发生器。如果检测到有效的起始位，则一个字符被接收。

若设置 UCMODEx=01，则选择空闲线路多处理器模式，UART 状态机在接收到一个字符后检查空闲线。如果检测到起始位，就接收下一个字符。否则，在接收到 10 个时，UCIDLE 标志被置位，同时 UART 返回到空闲状态，波特率发生器被关闭。

故障抑制可以防止意外启动 eUSCI_A。UCAxRXD 上的任何位比故障时间 t_t 更短的毛刺都会被 eUSCI_A 忽略，并启动下一步的操作，如图 8.1.9 所示。使用 UCGLITx 位可以将去故障时间 t 设置为 4 个不同的值。

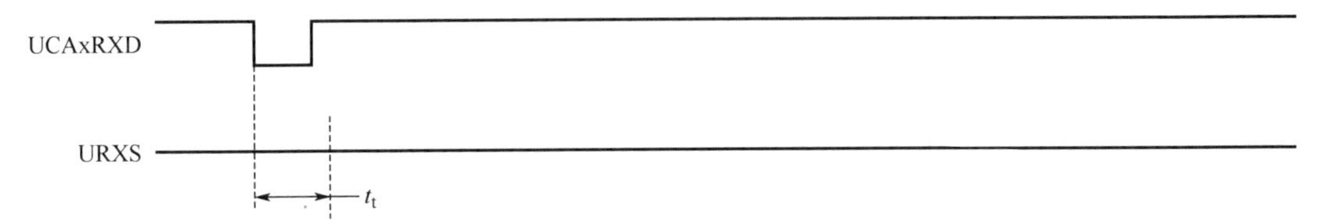

图 8.1.9　故障抑制 1

当毛刺比 t_t 更长或 UCAxRXD 上有一个有效的起始位时，eUSCI_A 接收操作被启动，并会进行判断，如图 8.1.10 所示。如果起始位判定失败，那么 eUSCI_A 停止接收操作。

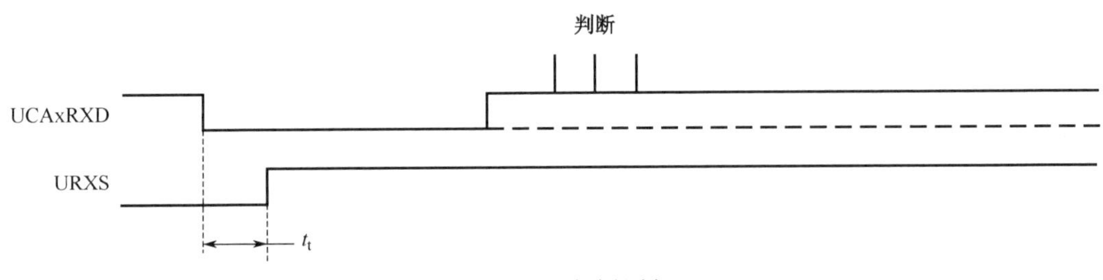

图 8.1.10　故障抑制 2

8. eUSCI_A 发送使能

清除 UCSWRST 位后，eUSCI_A 使能，同时发送器就绪处于空闲状态。发送波特率发生器就绪但并不产生任何时钟。

向 UCAxTXBUF 写入数据初始化发送。然后波特率发生器被使能，UCAxTXBUF 中的数据被送到发送移位寄存器中。如果新的数据能够写入 UCAxTXBUF，则 UCTXIFG 被置位。

如果不断有新数据写入 UCAxTXBUF，则发送会一直进行。如果数据发送完毕后没有新数据写入 UCAxTXBUF，则发送器回到空闲状态，同时波特率时钟也会被关闭。

9. UART 波特率的产生

eUSCI_A 波特率发生器能够通过非标准的时钟源频率产生标准的波特率。它提供两种操作模式，通过 UCOS16 进行选择。

（1）产生低频波特率。

UCOS16=0 时选择低频模式。这种模式允许从低频时钟源生成波特率（如从 32768Hz 晶体生成 9600bps 波特率）。通过使用较低的输入频率，降低了模块的功耗。使用更高频率和更高预分频器设置的这种模式会导致在小的窗口中进行判决，因此会减小判决带来的好处。

在低频模式下，波特率发生器使用一个分频器和一个调制器来产生比特时钟。这种组合支持分式除数的波特率生成。在这种模式下，最大 eUSCI_A 波特率是 UART 源时钟频率 BRCLK 的三分之一。

位时钟 BITCLK 时序如图 8.1.11 所示，对于每个接收到的位，会判决决定这个位值。采样发生在 $N/2-1/2$、$N/2$ 和 $N/2+1/2$ BRCLK 周期，N 是指每个位时钟 BITCLK 的 BRCLK 个数。

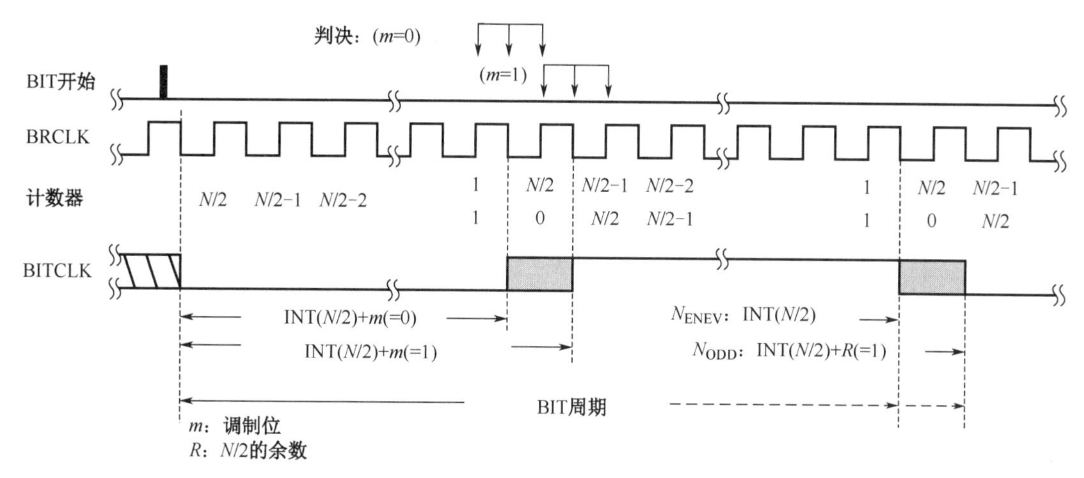

图 8.1.11　位时钟 BITCLK 时序

调制器基于 UCBRSx 设置，BRCLK 调制模式如表 8.1.2 所示。1 表示 m=1，相应 BITCLK 周期比 m=0 时多一个 BRCLK。调制在 8 位之后结束，但是在每一个新的开始位都会重新开始。

表 8.1.2　BRCLK 调制模式

UCBRSx	BIT0（起始位）	BIT1	BIT2	BIT3	BIT4	BIT5	BIT6	BIT7
0x00	0	0	0	0	0	0	0	0
0x01	0	0	0	0	0	0	0	1
…								
0x35	0	0	1	1	0	1	0	1
0x36	0	0	1	1	0	1	1	0
0x37	0	0	1	1	0	1	1	1
…								
0xFF	1	1	1	1	1	1	1	1

（2）产生过采样波特率。

UCOS16=1 时，选择过采样模式。该模式支持采样具有较高输入时钟频率的 UART 位流。

这导致判决总是 1/16 位时钟周期间隔。当启用 IrDA 编码器和解码器时，这种模式也支持 3/16 位时间的 IrDA 脉冲。

该模式使用一个分频器和一个调制器来生成比 BITCLK 快 16 倍的 BITCLK16 时钟。一个额外的 16 分频比的分频器和调制器从 BITCLK16 中产生 BITCLK。这种组合支持 BITCLK16 和 BITCLK 的小数部分，用于波特率生成。在这种模式下，最大 eUSCI_A 波特率是 UART 源时钟频率 BRCLK 的 1/16。

BITCLK16 的调制基于 UCBRFx 设置，BITCLK16 调制模式如表 8.1.3 所示。1 表示对应的 BITCLK16 周期比 $m = 0$ 的周期多一个 BRCLK 周期。调制在每一个新的位定时时重新启动。

表 8.1.3　BITCLK16 调制模式

UCBRFx	在上一个 BITCLK 下降沿后的 BITCLK16 时钟个数															
	0	1	2	3	4	5	6	7	8	9	10	11	12	13	14	15
00h	0	0	0	0	0	0	0	0	0	0	0	0	0	0	0	0
01h	0	1	0	0	0	0	0	0	0	0	0	0	0	0	0	0
02h	0	1	0	0	0	0	0	0	0	0	0	0	0	0	0	1
03h	0	1	1	0	0	0	0	0	0	0	0	0	0	0	0	1

续表

UCBRFx	在上一个 BITCLK 下降沿后的 BITCLK16 时钟个数															
	0	1	2	3	4	5	6	7	8	9	10	11	12	13	14	15
04h	0	1	1	0	0	0	0	0	0	0	0	0	0	0	1	1
05h	0	1	1	1	0	0	0	0	0	0	0	0	0	0	1	1
06h	0	1	1	1	0	0	0	0	0	0	0	0	0	1	1	1
07h	0	1	1	1	1	0	0	0	0	0	0	0	0	1	1	1
08h	0	1	1	1	1	0	0	0	0	0	0	0	1	1	1	1
09h	0	1	1	1	1	1	0	0	0	0	0	0	1	1	1	1
0Ah	0	1	1	1	1	1	0	0	0	0	0	1	1	1	1	1
0Bh	0	1	1	1	1	1	1	0	0	0	0	1	1	1	1	1
0Ch	0	1	1	1	1	1	1	0	0	0	1	1	1	1	1	1
0Dh	0	1	1	1	1	1	1	1	0	0	1	1	1	1	1	1
0Eh	0	1	1	1	1	1	1	1	0	1	1	1	1	1	1	1
0Fh	0	1	1	1	1	1	1	1	1	1	1	1	1	1	1	1

10．设置波特率

波特率计算方法如下。

记波特率时钟频率为 f，波特率为 B。

（1）$N=f/B$，如果 $N>16$，到第（3）步，否则进行第（2）步。

（2）OS16=0，UCBRx=INT(N)。

（3）OS16=1，UCBRx=INT(N/16)，UCBRFx = INT([(N/16)−INT(N/16)]×16)。

（4）根据 N−INT(N)的值查表 8.1.4 得到 UCBRSx 的值。

表 8.1.4　UCBRSx 设置的分数部分的 $N=f$ BRCLK/波特率

N 的小数部分	UCBRSx	N 的小数部分	UCBRSx
0.0000	0x00	0.5002	0xAA
0.0529	0x01	0.5715	0x6B
0.0715	0x02	0.6003	0xAD
0.0835	0x04	0.6254	0xB5
0.1001	0x08	0.6432	0xB6
0.1252	0x10	0.6667	0xD6
0.1430	0x20	0.7001	0xB7
0.1670	0x11	0.7147	0xBB
0.2147	0x21	0.7503	0xDD
0.2224	0x22	0.7861	0xED
0.2503	0x44	0.8004	0xEE
0.3000	0x25	0.8333	0xBF
0.3335	0x49	0.8464	0xDF
0.3575	0x4A	0.8572	0xEF
0.3753	0x52	0.8751	0xF7
0.4003	0x92	0.9004	0xFB
0.4286	0x53	0.9170	0xFD
0.4378	0x55	0.9288	0xFE

11. eUSCI_A 中断

eUSCI_A 提供一个中断向量用于发送和接收。

（1）eUSCI_A 发送中断操作。

发送器设置 UCTXIFG 中断标志，表示 UCAxTXBUF 准备接收另一个字符。如果设置了 UCTXIE，则会生成中断请求。如果将字符写入 UCAxTXBUF，则会自动重置 UCTXIFG。

UCTXIFG 是在硬件复位之后或 UCSWRST = 1 时设置的。UCTXIE 是在硬件复位或 UCSWRST = 1 时清除的。

（2）eUSCI_A 接收中断操作。

每次接收到一个字符并将其加载到 UCAxRXBUF 中时，都会设置 UCRXIFG 中断标志。如果设置了 UCRXEIE，则会生成中断请求。UCRXIFG 和 UCRXEIE 通过硬件复位信号或 UCSWRST = 1 清除。读取 UCAxRXBUF 时自动清除 UCRXIFG。

中断控制的特点如下。

- 当 UCAxRXEIE = 0 时，错误字符不会置位 UCRXIFG。
- 当 UCDORM = 1 时，非地址字符不会在多处理器模式下设置 UCRXIFG。在普通 UART 模式下，没有字符集置位 UCRXIFG。
- 当 UCBRKIE = 1 时，一个打断条件置位 UCBRK 位和 UCRXIFG 标志。

（3）eUSCI_A 接收中断操作标志。

UART 状态改变中断标志：

- UCSTTIFG 接收到开始字节中断，当 UART 模块接收到开始字节时置位这个中断；
- UCTXCPTIFG 发送完成中断，包括停止位在内的内部移位寄存器中的完整 UART 字节被移出并且 UCAxTXBUF 为空时，将置位此标志。

12. UART 模式相关寄存器

以 eUSCI_A0 为例列出相关寄存器，如表 8.1.5 所示（eUSCI_A0 基地址：0x4000_1000）。

表 8.1.5　eUSCI_A0 相关寄存器

寄存器名称	缩　写	地 址 偏 移
eUSCI_A0 控制字 0	UCA0CTLW0	00h
eUSCI_A0 控制字 1	UCA0CTLW1	02h
eUSCI_A0 波特率控制寄存器	UCA0BRW	06h
eUSCI_A0 调制控制寄存器	UCA0MCTLW	08h
eUSCI_A0 状态寄存器	UCA0STATW	0Ah
eUSCI_A0 接收缓冲器	UCA0RXBUF	0Ch
eUSCI_A0 发送缓冲器	UCA0TXBUF	0Eh
eUSCI_A0 自动波特率控制寄存器	UCA0ABCTL	10h
eUSCI_A0 IrDA 控制寄存器	UCA0IRCTL	12h
eUSCI_A0 中断使能寄存器	UCA0IE	1Ah
eUSCI_A0 中断标志寄存器	UCA0IFG	1Ch
eUSCI_A0 中断向量寄存器	UCA0IV	1Eh

8.1.2 UART 库函数

1. 结构体

UART 初始化配置：

typedef struct _eUSCI_eUSCI_UART_Config

```
    {
        uint_fast8_t selectClockSource;/*时钟源*/
        uint_fast16_t clockPrescalar;/*预分频系数*/
        uint_fast8_t firstModReg;/*波特率系数1*/
        uint_fast8_t secondModReg;/*波特率系数2*/
        uint_fast8_t parity;/*校验*/
        uint_fast16_t msborLsbFirst;/*第1位*/
        uint_fast16_t numberofStopBits;/*停止位*/
        uint_fast16_t uartMode;/*UART模式*/
        uint_fast8_t overSampling;/*过采样*/
    } eUSCI_UART_Config;
```

2. 库函数

（1）void UART_clearInterruptFlag (uint32_t moduleInstance, uint_fast8_t mask)

功能：清除 UART 中断标志

参数 1：串口模块编号

参数 2：中断类型

返回：无

使用举例：

```
    UART_clearInterruptFlag(EUSCI_A0_BASE,EUSCI_A_UART_RECEIVE_INTERRUPT);
//清除串口A0中断标志
```

（2）void UART_disableInterrupt (uint32_t moduleInstance, uint_fast8_t mask)

功能：禁止 UART 中断

参数 1：串口模块编号

参数 2：中断类型

返回：无

使用举例：

```
    UART_disableInterrupt(EUSCI_A0_BASE,EUSCI_A_UART_RECEIVE_INTERRUPT);
//禁止串口A0中断
```

（3）void UART_disableModule (uint32_t moduleInstance)

功能：禁止 UART 模块

参数 1：串口模块编号

返回：无

使用举例：

```
    UART_disableModule(EUSCI_A0_BASE);//禁止串口A0
```

（4）void UART_enableInterrupt (uint32_t moduleInstance, uint_fast8_t mask)

功能：允许 UART 中断

参数 1：串口模块编号

参数 2：中断类型

返回：无

使用举例：

```
    UART_enableInterrupt(EUSCI_A0_BASE,EUSCI_A_UART_RECEIVE_INTERRUPT);
//使能串口A0中断
```

（5）void UART_enableModule (uint32_t moduleInstance)

功能：允许 UART 模块

参数 1：串口模块编号

返回：无

使用举例：

```
UART_enableModule(EUSCI_A0_BASE);//使能串口A0
```

（6）uint_fast8_t UART_getEnabledInterruptStatus (uint32_t moduleInstance)

功能：读取 UART 模块使能的中断标志

参数 1：串口模块编号

返回：中断标志

使用举例：

```
UART_getEnabledInterruptStatus(EUSCI_A0_BASE);//读取串口A0使能的中断标志
```

（7）uint_fast8_t UART_getInterruptStatus (uint32_t moduleInstance, uint8_t mask)

功能：读取 UART 模块中断标志

参数 1：串口模块编号

参数 2：中断类型

返回：中断标志

使用举例：

```
UART_getInterruptStatus(EUSCI_A0_BASE);//读取串口A0中断标志
```

（8）uint32_t UART_getReceiveBufferAddressForDMA (uint32_t moduleInstance)

功能：读取接收缓冲区的地址用于 DMA 传输

参数 1：串口模块编号

返回：无

使用举例：

```
UART_getReceiveBufferAddressForDMA(EUSCI_A0_BASE);//读取串口A0接收缓冲区地址
```

（9）uint32_t UART_getTransmitBufferAddressForDMA (uint32_t moduleInstance)

功能：读取发送缓冲区的地址用于 DMA 传输

参数 1：串口模块编号

返回：无

使用举例：

```
UART_getTransmitBufferAddressForDMA(EUSCI_A0_BASE);//读取串口A0发送缓冲区地址
```

（10）bool UART_initModule (uint32_t moduleInstance, const eUSCI_UART_Config *config)

功能：初始化 UART

参数 1：串口模块编号

参数 2：UART 配置结构体

返回：初始化结果

（11）uint_fast8_t UART_queryStatusFlags (uint32_t moduleInstance, uint_fast8_t mask)

功能：读取 UART 状态标志

参数 1：串口模块编号

参数 2：状态位

返回：状态标志

使用举例：

```
UART_queryStatusFlags(EUSCI_A0_BASE,EUSCI_A_UART_PARITY_ERROR);
//读取串口A0校验错误位状态
```

（12）uint8_t UART_receiveData (uint32_t moduleInstance)

功能：读取 UART 接收到的数据

参数 1：串口模块编号

返回：无

使用举例：

```
UART_receiveData(EUSCI_A0_BASE);//读取串口A0接收到的数据
```

（13）void UART_resetDormant (uint32_t moduleInstance)

功能：复位 UART 休眠

参数 1：串口模块编号

返回：无

使用举例：

```
UART_resetDormant(EUSCI_A0_BASE);//复位串口A0休眠
```

（14）void UART_selectDeglitchTime (uint32_t moduleInstance, uint32_t deglitchTime)

功能：设置毛刺时间

参数 1：串口模块编号

参数 2：毛刺时间

返回：无

使用举例：

```
UART_selectDeglitchTime(EUSCI_A0_BASE,EUSCI_A_UART_DEGLITCH_TIME_2ns);
//设置串口A0毛刺时间为2ns
```

（15）void UART_setDormant (uint32_t moduleInstance)

功能：设置 UART 休眠

参数 1：串口模块编号

返回：无

使用举例：

```
UART_setDormant (EUSCI_A0_BASE);//设置串口A0休眠
```

（16）void UART_transmitAddress (uint32_t moduleInstance, uint_fast8_t transmitAddress)

功能：UART 发送地址

参数 1：串口模块编号

参数 2：地址数据

返回：无

使用举例：

```
UART_transmitAddress (EUSCI_A0_BASE,0x62);//串口A0发送一个地址
```

（17）void UART_transmitBreak (uint32_t moduleInstance)

功能：UART 传输暂停

参数 1：串口模块编号

返回：无

使用举例：

```
UART_transmitBreak(EUSCI_A0_BASE);//停止串口A0数据传输
```

（18）void UART_transmitData (uint32_t moduleInstance, uint_fast8_t transmitData)

功能：UART 传输数据

参数 1：串口模块编号

参数 2：数据

返回：无

使用举例：

```
UART_transmitData(EUSCI_A0_BASE,0x99);//停止串口A0数据传输一个数据
```

8.1.3　UART 应用实例

使用 UART 时要先配置好波特率，相关的系数按照前面提到的波特率计算步骤计算得到，然后是设置通信格式（传输方向、奇偶校验、停止位），最后是使能模块和相关中断，这样就可以进行数据收发了。

【例 8.1.1】UART 实验

配置串口，使用计算机串口助手向 MSP432 发送数据，MSP432 把接收到的数据回传给计算机，同时通过按键触发 MSP432 向计算机串口助手发送数据。

（1）硬件设计：串口连接计算机和 MSP432，这里使用板载的 USB 转串口连接（TTL 电平）。

（2）软件设计：

```
/*UART配置参数*/
const eUSCI_UART_Config uartConfig =
{
    EUSCI_A_UART_CLOCKSOURCE_SMCLK,          //UART时钟源为SMCLK
    19,                                      //时钟预分频值即UCBRx
    8,                                       //第1个波特调制值即UCBRFx
    0xAA,                                    //第2个波特调制值即UCBRSx
    EUSCI_A_UART_NO_PARITY,                  //无校验
    EUSCI_A_UART_LSB_FIRST,                  //低位在前
    EUSCI_A_UART_ONE_STOP_BIT,               //1个停止位
    EUSCI_A_UART_MODE,                       //UART模式
    EUSCI_A_UART_OVERSAMPLING_BAUDRATE_GENERATION  //OS16 = 1,过采样
};
u8 TxData =0;     //串口发送的数据
u8 RxData =0;     //串口接收的数据
u8 tbuf[40];
int main()
{
    /*关闭看门狗*/
    WDT_A_holdTimer();
    /*P7.0配置为输出*/
    GPIO_setAsOutputPin(GPIO_PORT_P7, GPIO_PIN0);
    /*P7.0输出低电平，关闭LED*/
    GPIO_setOutputHighOnPin(GPIO_PORT_P7, GPIO_PIN0);
    /*P1.1配置为上拉输入*/
    GPIO_setAsInputPinWithPullUpResistor(GPIO_PORT_P1, GPIO_PIN1);
    /*P1.2、P1.3复用为UART引脚功能*/
    GPIO_setAsPeripheralModuleFunctionInputPin(GPIO_PORT_P1,
            GPIO_PIN2 | GPIO_PIN3, GPIO_PRIMARY_MODULE_FUNCTION);
    /*清除P1.1中断标志*/
    GPIO_clearInterruptFlag(GPIO_PORT_P1, GPIO_PIN1);
    /*P1.1下降沿触发中断*/
    GPIO_interruptEdgeSelect ( GPIO_PORT_P1, GPIO_PIN1,
```

```
    GPIO_HIGH_TO_LOW_TRANSITION );
        /*P1.1中断使能*/
        GPIO_enableInterrupt(GPIO_PORT_P1, GPIO_PIN1);
        /*设置DCO频率:12MHz*/
        CS_setDCOFrequency(12000000);
        /*时钟系统初始化，设置时钟源及分频系数*/
        CS_initClockSignal(CS_MCLK, CS_DCOCLK_SELECT, CS_CLOCK_DIVIDER_2);
//MCLK源于DCO，2分频
        CS_initClockSignal(CS_ACLK, CS_REFOCLK_SELECT, CS_CLOCK_DIVIDER_1);
//ACLK源于REFO，1分频
        CS_initClockSignal(CS_HSMCLK, CS_DCOCLK_SELECT,
CS_CLOCK_DIVIDER_4);//HSMCLK源于DCO，4分频
        CS_initClockSignal(CS_SMCLK, CS_DCOCLK_SELECT, CS_CLOCK_DIVIDER_4);
//SMCLK源于DCO，4分频
        CS_initClockSignal(CS_BCLK, CS_REFOCLK_SELECT, CS_CLOCK_DIVIDER_1);
//BCLK源于REFO，1分频
        /*初始化UART模块*/
        UART_initModule(EUSCI_A0_BASE, &uartConfig);
        /*使能UART模块*/
        UART_enableModule(EUSCI_A0_BASE);
        /*使能UART接收中断*/
        UART_enableInterrupt(EUSCI_A0_BASE, EUSCI_A_UART_RECEIVE_INTERRUPT);
        /*OLED初始化*/
        OLED_Init();
        /*OLED清屏*/
        OLED_Clear();
        /*OLED显示字符及汉字*/
        OLED_ShowString(0,0,"MSP432",16);
        OLED_ShowCHinese(48,0,11); //原
        OLED_ShowCHinese(64,0,12);//理
        OLED_ShowCHinese(80,0,13);//及
        OLED_ShowCHinese(96,0,14);//使
        OLED_ShowCHinese(112,0,15);//用
        OLED_ShowString(0,2,"UART",16);
        OLED_ShowCHinese(32,2,16);//实
        OLED_ShowCHinese(48,2,17);//验
        OLED_ShowCHinese(0,4,18); //发
        OLED_ShowCHinese(16,4,19);//送
        OLED_ShowCHinese(0,6,20);//接
        OLED_ShowCHinese(16,6,21);//收
        sprintf((char*)tbuf,":%d",TxData);//显示发送的数据
        OLED_ShowString(32,4,tbuf,16);
        sprintf((char*)tbuf,":%d",RxData);//显示接收的数据
        OLED_ShowString(32,6,tbuf,16);
        /*使能EUSCIA0中断*/
        Interrupt_enableInterrupt(INT_EUSCIA0);
        /*使能PORT1中断*/
```

```
    Interrupt_enableInterrupt(INT_PORT1);
    /*打开全局中断*/
    Interrupt_enableMaster();
    while(1)
    {
        PCM_gotoLPM0();//进入睡眠状态
    }
}
//PORT1中断服务程序
void PORT1_IRQHandler(void)
{
    uint32_t ii;
    uint32_t status;
    static u8 Flag = 0;
    /*关闭全局中断*/
    Interrupt_disableMaster ();
    /*读取P1中断状态*/
    status = GPIO_getEnabledInterruptStatus(GPIO_PORT_P1);
    /*清除P1中断标志*/
    GPIO_clearInterruptFlag(GPIO_PORT_P1, status);
    /*P1中断处理*/
    if(status & BIT1)
    {
        for (ii = 1000; ii > 0; ii--);  //计数延时按键消抖
        /*查询P1.1输入电平是否为低*/
        if(GPIO_getInputPinValue(GPIO_PORT_P1, GPIO_PIN1)==GPIO_INPUT_PIN_LOW)
        {
            UART_transmitData(EUSCI_A0_BASE,TxData);  //串口发送数据
            OLED_ClrarPageColumn(4,32);
            sprintf((char*)tbuf,":%d",TxData);          //显示发送的数据
            OLED_ShowString(32,4,tbuf,16);
            TxData++;                                   //发送的数据值加1
            /*P7.0输出电平翻转*/
            GPIO_toggleOutputOnPin(GPIO_PORT_P7 ,GPIO_PIN0);
        }
    }
    /*打开全局中断*/
    Interrupt_enableMaster();
}
//EUSCIA0中断服务程序
void EUSCIA0_IRQHandler(void)
{
    uint32_t status;
    /*读取UART使能的中断状态*/
    status = UART_getEnabledInterruptStatus(EUSCI_A0_BASE);
    /*清除UART中断标志*/
    UART_clearInterruptFlag(EUSCI_A0_BASE, status);
```

```
        /*串口中断处理*/
        if(status & EUSCI_A_UART_RECEIVE_INTERRUPT_FLAG)
        {
            RxData = UART_receiveData(EUSCI_A0_BASE);//读取接收的数据
            UART_transmitData(EUSCI_A0_BASE,RxData); //把接收的数据发送出去
            OLED_ClrarPageColumn(6,32);
            sprintf((char*)tbuf,":%d",RxData);       //显示接收的数据
            OLED_ShowString(32,6,tbuf,16);
        }
    }
```

8.2 SPI 模式

8.2.1 SPI 模式原理

SPI（Serial Peripheral Interface），即串行外设接口，是一种高速的、全双工、同步的通信总线，只占用 4 根线，其简单易用，越来越多的芯片集成了 SPI。

SPI 通信以主从方式工作，这种模式通常有 1 个主机和 1 个或多个从机，需要 4 根线，分别是 CS、SCLK、MISO、MOSI。

CS：从机使能信号，由主机控制，它控制从机是否被选中，也就是说只有当片选信号为预先规定的使能信号时（高电位或低电位），主机对此从机的操作才有效。这就使在同一条总线上连接多个 SPI 设备成为可能。

SCLK：SCLK 提供时钟脉冲，MISO 和 MOSI 基于此脉冲完成数据传输，数据以串行方式在时钟上升沿或下降沿发生改变，在紧接着的下降沿或上升沿被读取。SCLK 信号线由主机控制，从机不能控制信号线。

MISO：主机数据输入、从机数据输出。

MOSI：主机数据输出、从机数据输入。

SPI 有 4 种不同的数据传输时序，取决于通信时钟（CPOL）和相位（CPHA）的组合。CPOL 用来决定 SCLK 时钟信号空闲时的电平，CPOL=0，空闲电平为低电平，CPOL=1，空闲电平为高电平。CPHA 用来决定采样时刻，CPHA=0，在每个周期的第一个时钟沿采样，CPHA=1，在每个周期的第二个时钟沿采样。

（1）CPOL=0、CPHA=0 时的时序如图 8.2.1 所示。

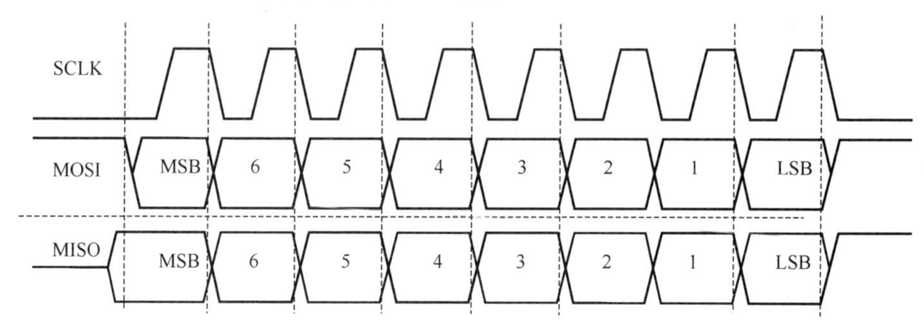

图 8.2.1　CPOL=0、CPHA=0 时的时序

（2）CPOL=0、CPHA=1 时的时序如图 8.2.2 所示。

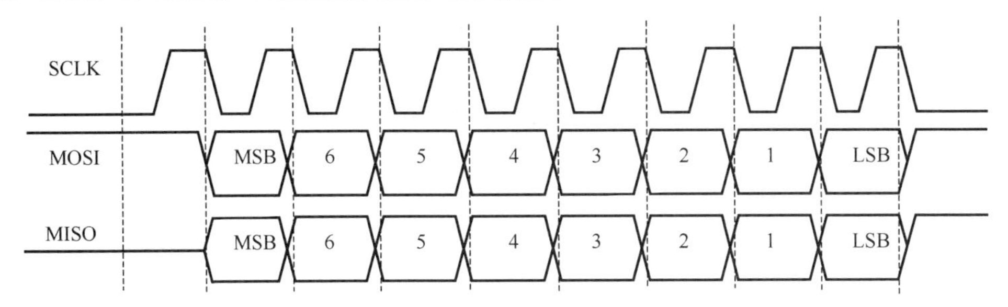

图 8.2.2 CPOL=0、CPHA=1 时的时序

（3）CPOL=1、CPHA=0 时的时序如图 8.2.3 所示。

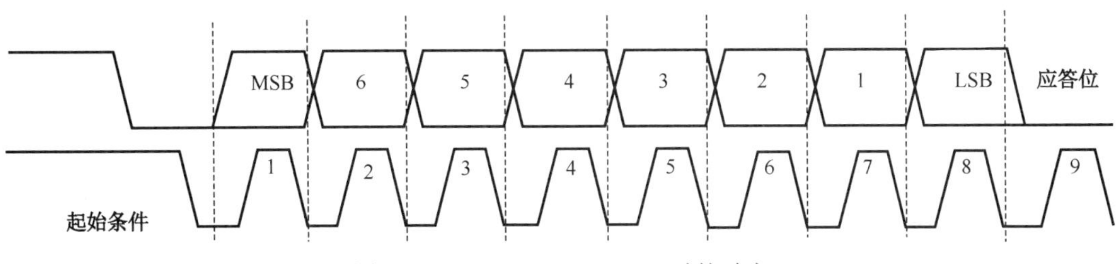

图 8.2.3 CPOL=1、CPHA=0 时的时序

（4）CPOL=1、CPHA=1 时的时序如图 8.2.4 所示。

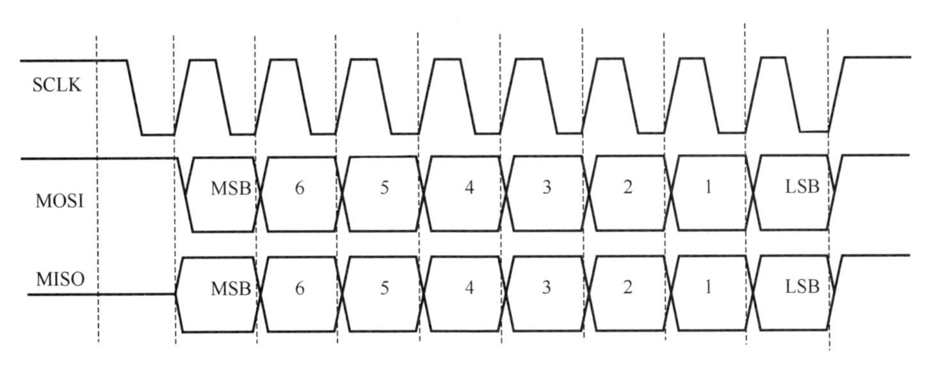

图 8.2.4 CPOL=1、CPHA=1 时的时序

MSP432 的 eUSCI_A 和 eUSCI_B 都支持 SPI 模式。在同步模式下，eUSCI 通过三四个引脚将设备连接到外部系统：UCxSIMO、UCxSOMI、UCxCLK 和 UCxSTE。置位 UCSYNC 位时选择 SPI 模式，使用 UCMODEx 位选择 SPI 模式（3 引脚或 4 引脚）。SPI 模式的特点如下。

- 7 位或 8 位数据长度。
- 发送和接收支持低位在前或高位在前。
- 3 引脚或 4 引脚模式。
- 主机模式或从机模式。
- 独立的发送和移位寄存器。
- 独立的发送和接收数据缓冲寄存器。
- 连续的发送和接收操作。
- 可选的时钟极性和相位控制。
- 主机模式下可编程的时钟频率。
- 独立的发送和接收中断能力。

SPI 模式框图如图 8.2.5 所示。在 SPI 模式下，串行数据通过主时钟提供的共享时钟由多个设备传输和接收，提供一个由主控制器控制的引脚 UCxSTE，用来使能一个设备接收和传输数据。

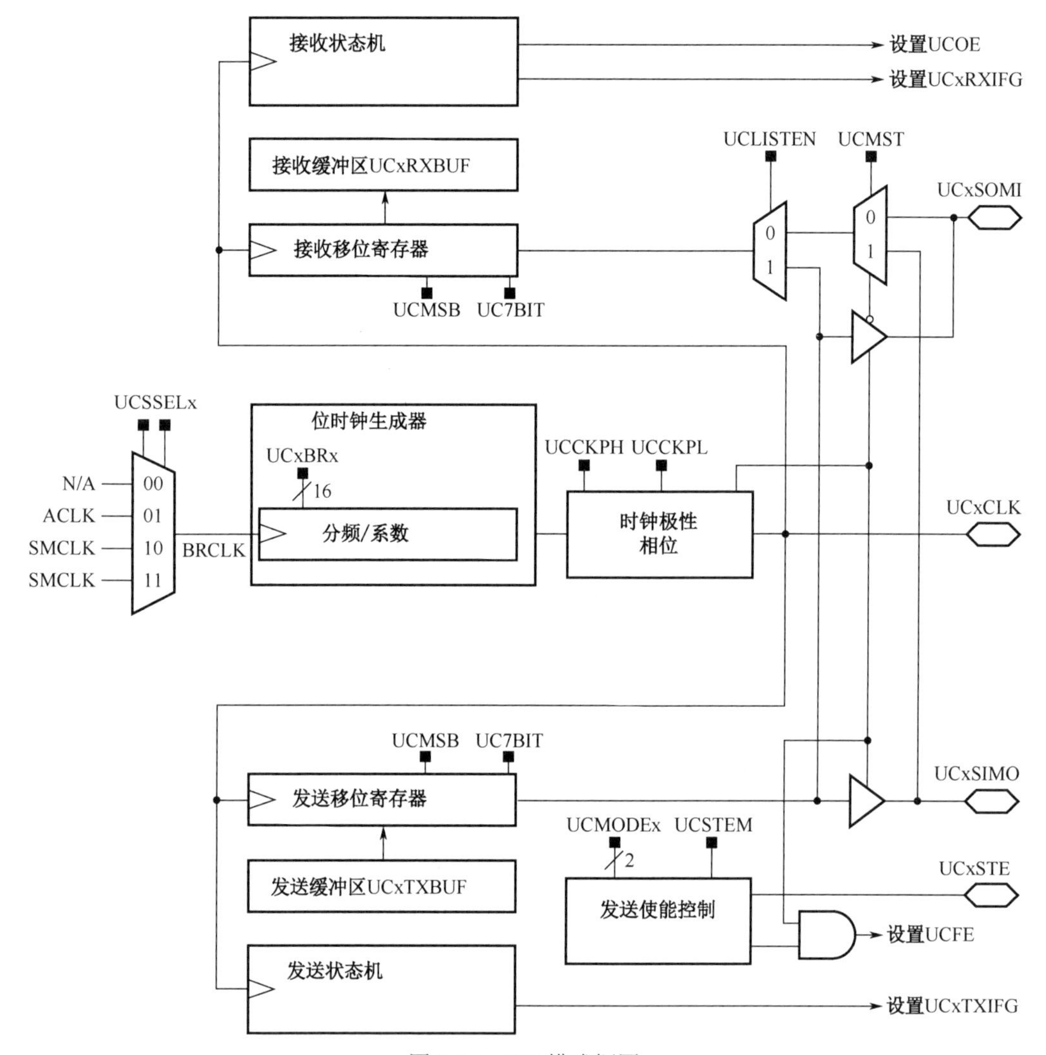

图 8.2.5　SPI 模式框图

4 引脚模式允许单总线上多个主机，UCxSTE 的操作描述如表 8.2.1 所示。

表 8.2.1　UCxSTE 的操作描述

UCMODEx	UCxSTE 活跃状态	UCxSTE	从　机	主　机
01	高电平	0	不活跃	活跃
		1	活跃	不活跃
10	低电平	0	活跃	不活跃
		1	不活跃	活跃

1. SPI 主机模式

SPI 主机模式如图 8.2.6 所示。当数据移动到传输数据缓冲区 UCxTXBUF 时，eUSCI 启动数据传输。当发送（TX）移位寄存器为空时，UCxTXBUF 数据被移动到发送移位寄存器，根据 UCMSB 设置，从 MSB 或 LSB 开始在 UCxSIMO 上启动数据传输。UCxSOMI 上的数据被转移到相反时钟边缘的接收移位寄存器中。当字符被接收时，接收数据从接收（RX）移位寄存器移动到接收数据缓冲区 UCxRXBUF，并设置接收中断标志 UCRXIFG，表示 RX 或 TX 操作完成。

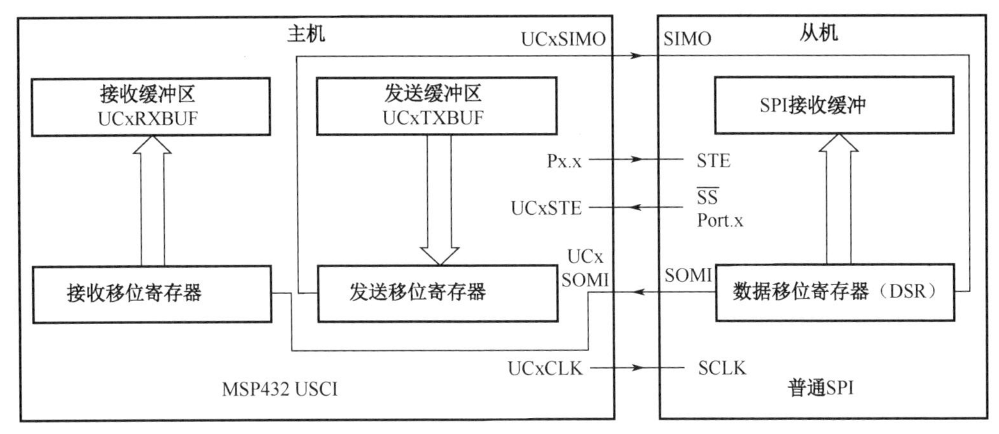

图 8.2.6　主机模式

UCTXIFG 标志置 1，表明数据从 UCxTXBUF 传输到发送移位寄存器，新的值能够写入 UCxTXBUF，但并不表明 RX 或 TX 完成。

为了接收数据，必须有值写入 UCxTXBUF，这是因为接收和发送操作是同时进行的。有两种不同的方式配置 eUSCI 4 引脚主机：

- 第 4 个引脚作为输入避免与其他主机发生冲突（UCSTEM = 0）;
- 第 4 个引脚作为输出生成从机使能信号（UCSTEM = 1）。

UCSTEM = 0，并且主机处于不活跃状态，UCxSIMO 和 UCxCLK 设置为输入且不驱动总线，同时置位错误位 UCFE，指示用户要处理的通信完整性冲突，将复位内部状态机并终止移位操作。如果数据被写入 UCxTXBUF，而主机被 UCxSTE 保持为非活动状态，那么一旦 UCxSTE 转换到主机活动状态，数据就被传输。如果一个活动传输被 UCxSTE 过渡到主机不活跃状态而中止，则必须将数据重新写入 UCxTXBUF，以便在 UCxSTE 转换回主机活跃状态时进行传输。UCxSTE 输入信号不用于 3 引脚主机模式。

UCSTEM = 1，UCxSTE 作为数字输出。UCxSTE 上自动生成从机使能信号。如果是多从机模式，则这个功能不再适用，需要使用软件控制产生从机使能信号。

2. SPI 从机模式

SPI 从机模式如图 8.2.7 所示。UCxCLK 用作 SPI 时钟的输入，必须由外部主机提供。数据传输速率由这个时钟决定，而不是由内部的位时钟生成器决定。在 UCxCLK 之前写到 UCxTXBUF 中的并被送到 TX 移位寄存器的数据在 UCxSOMI 上输出。UCxSIMO 上的数据在相反的 UCxCLK 边沿送到移位寄存器并被送至 UCxRXBUF。当数据从 RX 移位寄存器送至 UCxRXBUF 后，UCRXIFG 中断标志被置位，表明数据被接收。当在将新数据移动到 UCxRXBUF 之前，没有从 UCxRXBUF 中读取以前接收到的数据时，将置位溢出错误位 UCOE。

在 4 引脚从机模式中，UCxSTE 是一个数字输入用于使能从机发送和接收。当 UCxSTE 处于从机活跃状态时，从机操作正常进行。当 UCxSTE 处于从机非活跃状态时：UCxSIMO 上的任何接收操作都被暂停，UCxSOMI 被设为输入，移位操作被暂停直至 UCxSTE 进入从机发送活跃状态。

3 引脚从机模式下不使用 UCxSTE 输入信号。

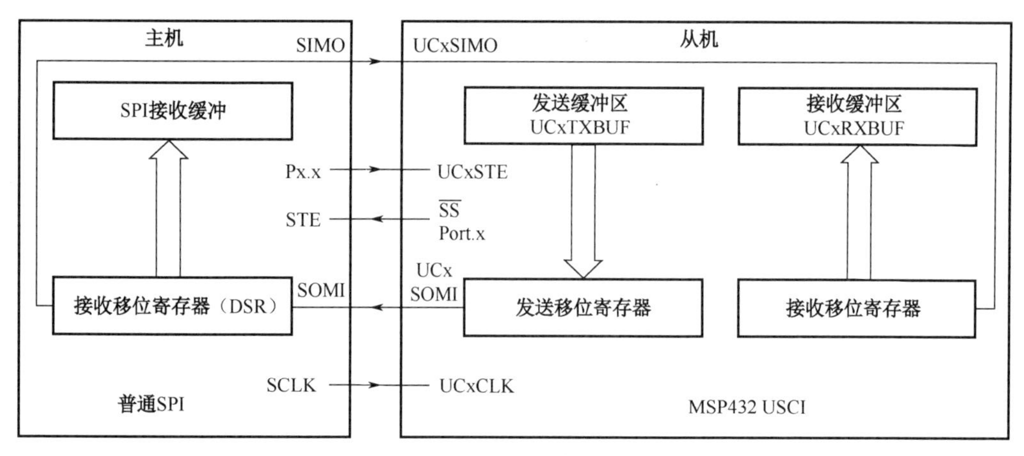

图 8.2.7　SPI 从机模式

3．串行时钟控制

UCxCLK 由 SPI 总线主机提供。当 UCMST = 1 时，位时钟由 eUSCI 位时钟生成器提供，在 UCxCLK 引脚上输出。UCSSELx 位选择用于生成位时钟的时钟，可以是 ACLK 或 SMCLK。当 UCMST = 0 时，主控器在 UCxCLK 引脚上提供 eUSCI 时钟，不使用位时钟生成器，UCSSELx 位忽略。SPI 接收器和发送器并行工作，使用相同的时钟源进行数据传输。

控制寄存器 UCxxBR1 和 UCxxBR0 中的 16 位值 UCBRx 是时钟源的分频系数。主机模式下能够产生的最大位时钟是 BRCLK。SPI 模式下不使用调制器，使用 eUSCI_A 的 SPI 模式时要清除 UCAxMCTLW 寄存器。

UCxCLK 的极性和相位通过 UCCKPL 和 UCCKPH 位独立地配置，SPI 时钟控制时序如图 8.2.8 所示。

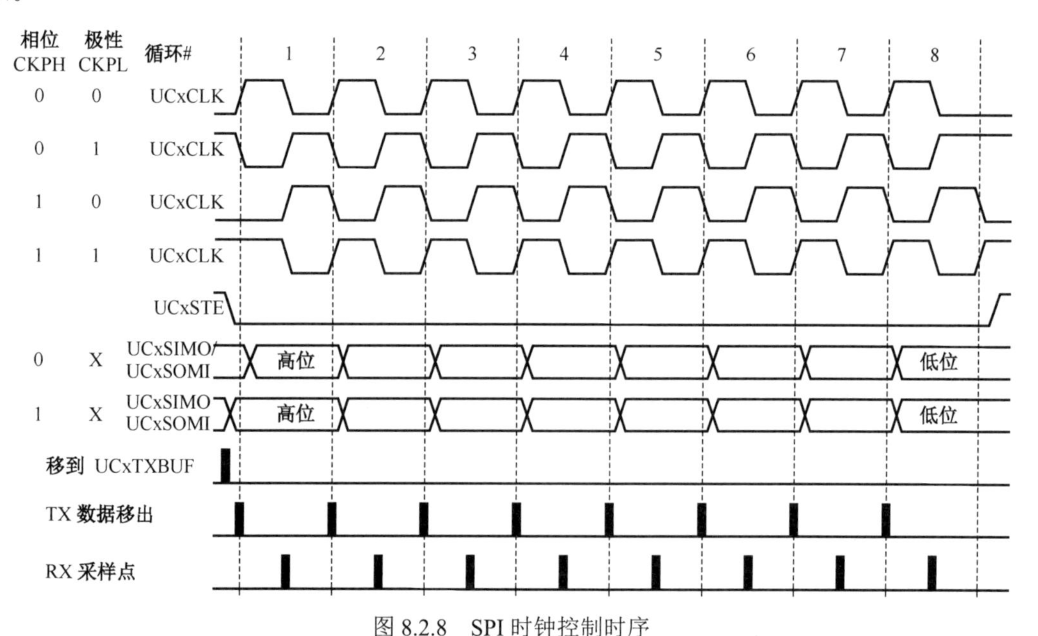

图 8.2.8　SPI 时钟控制时序

4．SPI 中断

发送中断标志 UCTXIFG，发送缓冲区 UCxTXBUF 为空时，该标志位置 1，通过置高 UCTXIE 使能发送中断，可以产生中断请求，数据写入 UCxTXBUF 后，UCTXIFG 自动清除。

接收中断标志 UCRXIFG，有数据被接收并存入 UCxRXBUF，该标志位置 1，通过置高 UCRXEIE

使能接收中断，可以产生中断请求，从 UCxRXBUF 读取数据后，UCRXIFG 自动清除。

5. SPI 模式相关寄存器

eUSCI_A 和 eUSCI_B 都支持 SPI 模式，寄存器相差不大，这里以 eUSCI_A1 为例列出相关寄存器，如表 8.2.2 所示（eUSCI_A1 基地址：0x4000_1400）。

表 8.2.2　eUSCI_AI 相关寄存器

寄存器名称	缩　写	地址偏移
eUSCI_A1 控制字 0	UCA1CTLW0	00h
eUSCI_A1 控制字 1	UCA1CTLW1	02h
eUSCI_A1 波特率控制寄存器	UCA1BRW	06h
eUSCI_A1 调整控制寄存器	UCA1MCTLW	08h
eUSCI_A1 状态寄存器	UCA1STATW	0Ah
eUSCI_A1 接收缓冲器	UCA1RXBUF	0Ch
eUSCI_A1 发送缓冲器	UCA1TXBUF	0Eh
eUSCI_A1 自动波特率控制寄存器	UCA1ABCTL	10h
eUSCI_A1 IrDA 控制寄存器	UCA1IRCTL	12h
eUSCI_A1 中断使能寄存器	UCA1IE	1Ah
eUSCI_A1 中断标志寄存器	UCA1IFG	1Ch
eUSCI_A1 中断向量寄存器	UCA1IV	1Eh

8.2.2　SPI 库函数

（1）void SPI_changeClockPhasePolarity (uint32_t moduleInstance, uint_fast16_t clockPhase, uint_fast16_t clockPolarity)

功能：改变 SPI 时钟极性和相位

参数 1：串口编号

参数 2：时钟相位

参数 3：时钟极性

返回：无

使用举例：

```
    SPI_changeClockPhasePolarity(EUSCI_A0_BASE,EUSCI_SPI_PHASE_DATA_CHANGED_
ONFIRST_CAPTURED_ON_NEXT,EUSCI_SPI_CLOCKPOLARITY_INACTIVITY_HIGH);
//设置串口A0的时钟极性和相位
```

（2）void SPI_changeMasterClock (uint32_t moduleInstance, uint32_t clockSourceFrequency, uint32_t desiredSpiClock)

功能：改变 SPI 主机模式时钟

参数 1：串口编号

参数 2：时钟源频率

参数 3：SPI 时钟频率

返回：无

使用举例：

```
    SPI_changeMasterClock(EUSCI_A0_BASE,2000000,100000);
//设置串口A0时钟频率为100kHz，时钟源频率为2MHz
```

（3）void SPI_clearInterruptFlag (uint32_t moduleInstance, uint_fast8_t mask)

功能：清除 SPI 模块中断标志
参数 1：串口编号
参数 2：中断类型
返回：无
使用举例：

```
    SPI_clearInterruptFlag(EUSCI_A0_BASE,EUSCI_SPI_RECEIVE_INTERRUPT);
//清除串口A0中断标志
```

（4）void SPI_disableInterrupt (uint32_t moduleInstance, uint_fast8_t mask)
功能：禁止 SPI 中断
参数 1：串口编号
参数 2：中断类型
返回：无
使用举例：

```
    SPI_disableInterrupt (EUSCI_A0_BASE,EUSCI_SPI_RECEIVE_INTERRUPT);
//禁止串口A0中断
```

（5）void SPI_disableModule (uint32_t moduleInstance)
功能：禁止 SPI 模块
参数 1：串口编号
返回：无
使用举例：

```
    SPI_disableModule(EUSCI_A0_BASE);//禁止串口A0
```

（6）void SPI_enableInterrupt (uint32_t moduleInstance, uint_fast8_t mask)
功能：使能 SPI 中断
参数 1：串口编号
参数 2：中断类型
返回：无
使用举例：

```
    SPI_enableInterrupt(EUSCI_A0_BASE,EUSCI_SPI_RECEIVE_INTERRUPT);
//使能串口A0中断
```

（7）void SPI_enableModule (uint32_t moduleInstance)
功能：使能 SPI 模块
参数 1：串口编号
返回：无
使用举例：

```
    SPI_enableModule(EUSCI_A0_BASE);//使能串口A0
```

（8）uint_fast8_t SPI_getEnabledInterruptStatus (uint32_t moduleInstance)
功能：读取 SPI 使能的中断状态
参数 1：串口编号
返回：中断状态
使用举例：

```
    SPI_getEnabledInterruptStatus(EUSCI_A0_BASE);//读取串口A0使能的中断状态
```

（9）uint_fast8_t SPI_getInterruptStatus (uint32_t moduleInstance, uint16_t mask)
功能：读取 SPI 中断状态
参数 1：串口编号

参数 2：中断类型

返回：中断状态

使用举例：

```
    SPI_getInterruptStatus(EUSCI_A0_BASE,EUSCI_SPI_RECEIVE_INTERRUPT);
//读取串口A0中断状态
```

（10）uint32_t SPI_getReceiveBufferAddressForDMA (uint32_t moduleInstance)

功能：读取 SPI 接收缓冲区地址

参数 1：串口编号

返回：接收缓冲区地址

使用举例：

```
    SPI_getReceiveBufferAddressForDMA(EUSCI_A0_BASE);//读取串口A0接收缓冲区地址
```

（11）uint32_t SPI_getTransmitBufferAddressForDMA (uint32_t moduleInstance)

功能：读取 SPI 发送缓冲区地址

参数 1：串口编号

返回：发送缓冲区地址

使用举例：

```
    SPI_getTransmitBufferAddressForDMA(EUSCI_A0_BASE);//读取串口A0发送缓冲区地址
```

（12）bool SPI_initMaster (uint32_t moduleInstance, const eUSCI_SPI_MasterConfig*config)

功能：初始化 SPI 主机模式

参数 1：串口编号

参数 2：SPI 主机模式配置

返回：true

（13）bool SPI_initSlave (uint32_t moduleInstance, const eUSCI_SPI_SlaveConfig *config)

功能：初始化 SPI 从机模式

参数 1：串口编号

参数 2：SPI 从机模式配置

返回：true

（14）uint_fast8_t SPI_isBusy (uint32_t moduleInstance)

功能：判断 SPI 是否繁忙

参数 1：串口编号

返回：繁忙返回 EUSCI_SPI_BUSY，否则返回 EUSCI_SPI_NOT_BUSY

使用举例：

```
    SPI_isBusy(EUSCI_A0_BASE);//判断串口A0是否繁忙
```

（15）uint8_t SPI_receiveData (uint32_t moduleInstance)

功能：读取 SPI 接收数据寄存器

参数 1：串口编号

返回：接收寄存器数据

使用举例：

```
    SPI_receiveData(EUSCI_A0_BASE);//读取串口A0接收的数据
```

（16）void SPI_selectFourPinFunctionality (uint32_t moduleInstance, uint_fast8_t select4PinFunctionality)

功能：设置 SPI 4 引脚模式

参数 1：串口编号

参数 2：4 引脚模式

返回：无

使用举例：

```
    SPI_selectFourPinFunctionality(EUSCI_A0_BASE,EUSCI_SPI_PREVENT_CONFLICTS
_WITH_OTHER_MASTERS);//设置串口A0主机4引脚模式
```

（17）void SPI_transmitData (uint32_t moduleInstance, uint_fast8_t transmitData)

功能：SPI 发送数据

参数 1：串口编号

参数 2：发送的数据

返回：无

使用举例：

```
    SPI_transmitData(EUSCI_A0_BASE,0x99) //串口A0发送一个数据
```

8.2.3　SPI 应用实例

使用 SPI 时，首先要配置好时钟，然后配置通信方式（第一位、极性、相位），使能模块，配置好相关中断，然后就可以进行通信了。

【例 8.2.1】 SPI 实验

使用两块开发板进行 SPI 通信，一块作为主机，另一块作为从机，通过按键触发主机发送数据，从机把接收的数据发送出去，通过液晶屏显示数据收发情况。

（1）硬件设计：连接两块开发板的 P3.5～P3.7。

（2）软件设计：

主机程序：

```
/*SPI主机配置参数*/
const eUSCI_SPI_MasterConfig spiMasterConfig =
{
    EUSCI_B_SPI_CLOCKSOURCE_SMCLK,          //SPI选择SMCLK作为时钟源
    3000000,                                //SMCLK时钟频率为3MHz
    400000,                                 //SPI速率为400kHz
    EUSCI_B_SPI_MSB_FIRST,                  //高位在前
    EUSCI_B_SPI_PHASE_DATA_CHANGED_ONFIRST_CAPTURED_ON_NEXT,//相位极性为0
    EUSCI_B_SPI_CLOCKPOLARITY_INACTIVITY_HIGH,              //时钟极性为1
    EUSCI_B_SPI_3PIN                                        //3引脚模式
};
u8 TxData =0;     //串口发送的数据
u8 RxData =0;     //串口接收的数据
u8 tbuf[40];
int main()
{
    /*关闭看门狗*/
    WDT_A_holdTimer();
    /*P7.0配置为输出*/
    GPIO_setAsOutputPin(GPIO_PORT_P7, GPIO_PIN0);
    /*P7.0输出低电平，关闭LED*/
    GPIO_setOutputHighOnPin(GPIO_PORT_P7, GPIO_PIN0);
    /*P1.1配置为上拉输入*/
    GPIO_setAsInputPinWithPullUpResistor(GPIO_PORT_P1, GPIO_PIN1);
```

```
        /*P3.5、P3.6、P3.7复用为SPI引脚功能*/
        GPIO_setAsPeripheralModuleFunctionInputPin(GPIO_PORT_P3,GPIO_PIN5 |
            GPIO_PIN6 | GPIO_PIN7, GPIO_PRIMARY_MODULE_FUNCTION);
        /*清除P1.1中断标志*/
        GPIO_clearInterruptFlag(GPIO_PORT_P1, GPIO_PIN1);
        /*P1.1下降沿触发中断*/
        GPIO_interruptEdgeSelect ( GPIO_PORT_P1, GPIO_PIN1,
    GPIO_HIGH_TO_LOW_TRANSITION );
        /*P1.1中断使能*/
        GPIO_enableInterrupt(GPIO_PORT_P1, GPIO_PIN1);
        /*设置DCO频率:12MHz*/
        CS_setDCOFrequency(12000000);
        /*时钟系统初始化，设置时钟源及分频系数*/
        CS_initClockSignal(CS_MCLK, CS_DCOCLK_SELECT, CS_CLOCK_DIVIDER_2);
//MCLK源于DCO，2分频
        CS_initClockSignal(CS_ACLK, CS_REFOCLK_SELECT, CS_CLOCK_DIVIDER_1);
//ACLK源于REFO，1分频
        CS_initClockSignal(CS_HSMCLK, CS_DCOCLK_SELECT,
CS_CLOCK_DIVIDER_4);//HSMCLK源于DCO，4分频
        CS_initClockSignal(CS_SMCLK, CS_DCOCLK_SELECT, CS_CLOCK_DIVIDER_4);
//SMCLK源于DCO，4分频
        CS_initClockSignal(CS_BCLK, CS_REFOCLK_SELECT, CS_CLOCK_DIVIDER_1);
//BCLK源于REFO，1分频
        /*初始化SPI模块*/
        SPI_initMaster(EUSCI_B2_BASE, &spiMasterConfig);
        /*使能SPI模块*/
        SPI_enableModule(EUSCI_B2_BASE);
        /*使能SPI接收中断*/
        SPI_enableInterrupt(EUSCI_B2_BASE, EUSCI_B_SPI_RECEIVE_INTERRUPT);
        /*OLED初始化*/
        OLED_Init();
        /*OLED清屏*/
        OLED_Clear();
        /*OLED显示字符及汉字*/
        OLED_ShowString(0,0,"MSP432",16);
        OLED_ShowCHinese(48,0,11); //原
        OLED_ShowCHinese(64,0,12);//理
        OLED_ShowCHinese(80,0,13);//及
        OLED_ShowCHinese(96,0,14);//使
        OLED_ShowCHinese(112,0,15);//用
        OLED_ShowString(0,2,"SPI",16);
        OLED_ShowCHinese(24,2,16);//实
        OLED_ShowCHinese(40,2,17);//验
        OLED_ShowString(56,2,"-",16);
        OLED_ShowCHinese(62,2,22);//主
        OLED_ShowCHinese(78,2,24);//机
        OLED_ShowCHinese(0,4,18); //发
        OLED_ShowCHinese(16,4,19);//送
        OLED_ShowCHinese(0,6,20);//接
```

```
    OLED_ShowCHinese(16,6,21);//收
    sprintf((char*)tbuf,":%d",TxData);   //显示发送的数据
    OLED_ShowString(32,4,tbuf,16);
    sprintf((char*)tbuf,":%d",RxData);   //显示接收的数据
    OLED_ShowString(32,6,tbuf,16);
    /*使能eUSCI_B2中断*/
    Interrupt_enableInterrupt(INT_EUSCIB2);
    /*使能PORT1中断*/
    Interrupt_enableInterrupt(INT_PORT1);
    /*打开全局中断*/
    Interrupt_enableMaster();
    while(1)
    {
        PCM_gotoLPM0();//进入睡眠状态
    }
}
//PORT1中断服务程序
void PORT1_IRQHandler(void)
{
    uint32_t ii;
    uint32_t status;
    static u8 Flag = 0;
    /*关闭全局中断*/
    Interrupt_disableMaster ();
    /*读取P1中断状态*/
    status = GPIO_getEnabledInterruptStatus(GPIO_PORT_P1);
    /*清除P1中断标志*/
    GPIO_clearInterruptFlag(GPIO_PORT_P1, status);
    /*P1中断处理*/
    if(status & BIT1)
    {
        for (ii = 1000; ii > 0; ii--);  //计数延时按键消抖
        /*查询P1.1输入电平是否为低*/
        if(GPIO_getInputPinValue(GPIO_PORT_P1, GPIO_PIN1)==GPIO_INPUT_PIN_LOW)
        {
            /*等待发送寄存器为空*/
            while (!(SPI_getInterruptStatus(EUSCI_B0_BASE,
EUSCI_B_SPI_TRANSMIT_INTERRUPT)));
            /*SPI主机发送数据 */
            SPI_transmitData(EUSCI_B2_BASE, TxData);
            OLED_ClrarPageColumn(4,32);
            sprintf((char*)tbuf,":%d",TxData);    //显示发送的数据
            OLED_ShowString(32,4,tbuf,16);
            TxData++;                             //发送的数据值加1
            /*P7.0输出电平翻转*/
            GPIO_toggleOutputOnPin(GPIO_PORT_P7 ,GPIO_PIN0);
        }
    }
    /*打开全局中断*/
```

```
        Interrupt_enableMaster();
    }
    //EUSCIB2中断服务程序
    void EUSCIB2_IRQHandler(void)
    {
        uint32_t status;
        /*读取SPI使能的中断状态*/
        status = SPI_getEnabledInterruptStatus(EUSCI_B2_BASE);
        /*清除SPI中断标志*/
        SPI_clearInterruptFlag(EUSCI_B2_BASE, status);
        /*SPI接收中断处理*/
        if(status & EUSCI_B_SPI_RECEIVE_INTERRUPT)
        {
            /*等待SPI发送寄存器为空*/
            while (!(SPI_getInterruptStatus(EUSCI_B2_BASE,
    EUSCI_B_SPI_TRANSMIT_INTERRUPT)));
            /*读取SPI接收的数据*/
            RxData = SPI_receiveData(EUSCI_B2_BASE);
            OLED_ClrarPageColumn(6,32);
            sprintf((char*)tbuf,":%d",RxData);        //显示接收的数据
            OLED_ShowString(32,6,tbuf,16);
        }
    }
```

从机程序：

```
    /*SPI从机配置参数*/
    const eUSCI_SPI_SlaveConfig spiSlaveConfig =
    {
    EUSCI_B_SPI_MSB_FIRST,                                        //高位在前
    EUSCI_B_SPI_PHASE_DATA_CHANGED_ONFIRST_CAPTURED_ON_NEXT,     //相位极性为0
    EUSCI_B_SPI_CLOCKPOLARITY_INACTIVITY_HIGH,                    //时钟极性为1
    EUSCI_B_SPI_3PIN                                              //3引脚模式
    };
    u8 TxData =0;     //串口发送的数据
    u8 RxData =0;     //串口接收的数据
    u8 tbuf[40];
    int main()
    {
        /*关闭看门狗*/
        WDT_A_holdTimer();
        /*P3.5、P3.6、P3.7复用为SPI引脚功能*/
        GPIO_setAsPeripheralModuleFunctionInputPin(GPIO_PORT_P3,GPIO_PIN5 |
    GPIO_PIN6 | GPIO_PIN7, GPIO_PRIMARY_MODULE_FUNCTION);
        /*设置DCO频率:12MHz*/
        CS_setDCOFrequency(12000000);
        /*时钟系统初始化，设置时钟源及分频系数*/
        CS_initClockSignal(CS_MCLK, CS_DCOCLK_SELECT, CS_CLOCK_DIVIDER_2);
//MCLK源于DCO，2分频
        CS_initClockSignal(CS_ACLK, CS_REFOCLK_SELECT, CS_CLOCK_DIVIDER_1);
//ACLK源于REFO，1分频
```

```
        CS_initClockSignal(CS_HSMCLK, CS_DCOCLK_SELECT,
CS_CLOCK_DIVIDER_4);//HSMCLK源于DCO，4分频
        CS_initClockSignal(CS_SMCLK, CS_DCOCLK_SELECT, CS_CLOCK_DIVIDER_4);
//SMCLK源于DCO，4分频
        CS_initClockSignal(CS_BCLK, CS_REFOCLK_SELECT, CS_CLOCK_DIVIDER_1);
//BCLK源于REFO，1分频
        /*初始化SPI模块*/
        SPI_initSlave(EUSCI_B2_BASE, &spiSlaveConfig);
        /*使能SPI模块*/
        SPI_enableModule(EUSCI_B2_BASE);
        /*使能SPI接收中断*/
        SPI_enableInterrupt(EUSCI_B2_BASE, EUSCI_B_SPI_RECEIVE_INTERRUPT);
        /*OLED初始化*/
        OLED_Init();
        /*OLED清屏*/
        OLED_Clear();
        /*OLED显示字符及汉字*/
        OLED_ShowString(0,0,"MSP432",16);
        OLED_ShowCHinese(48,0,11); //原
        OLED_ShowCHinese(64,0,12);//理
        OLED_ShowCHinese(80,0,13);//及
        OLED_ShowCHinese(96,0,14);//使
        OLED_ShowCHinese(112,0,15);//用
        OLED_ShowString(0,2,"SPI",16);
        OLED_ShowCHinese(24,2,16);//实
        OLED_ShowCHinese(40,2,17);//验
        OLED_ShowString(56,2,"-",16);
        OLED_ShowCHinese(62,2,23);//从
        OLED_ShowCHinese(78,2,24);//机
        OLED_ShowCHinese(0,4,18); //发
        OLED_ShowCHinese(16,4,19);//送
        OLED_ShowCHinese(0,6,20);//接
        OLED_ShowCHinese(16,6,21);//收
        sprintf((char*)tbuf,":%d",TxData);    //显示发送的数据
        OLED_ShowString(32,4,tbuf,16);
        sprintf((char*)tbuf,":%d",RxData);    //显示接收的数据
        OLED_ShowString(32,6,tbuf,16);
        /*使能eUSCI_B2中断*/
        Interrupt_enableInterrupt(INT_EUSCIB2);
        /*打开全局中断*/
        Interrupt_enableMaster();
        while(1)
        {
            PCM_gotoLPM0();                     //进入睡眠状态
        }
    }
    //EUSCIB2中断服务程序
    void EUSCIB2_IRQHandler(void)
    {
```

```
    uint32_t status;
    /*读取SPI使能的中断状态*/
    status = SPI_getEnabledInterruptStatus(EUSCI_B2_BASE);
    /*清除SPI中断标志*/
    SPI_clearInterruptFlag(EUSCI_B2_BASE, status);
    /*SPI接收中断处理*/
    if(status & EUSCI_B_SPI_RECEIVE_INTERRUPT)
    {
        TxData = RxData;                              //发送的数据
        OLED_ClrarPageColumn(4,32);
        sprintf((char*)tbuf,":%d",TxData);            //显示发送的数据
        OLED_ShowString(32,4,tbuf,16);
        /*读取SPI接收的数据*/
        RxData = SPI_receiveData(EUSCI_B2_BASE);
        /*等待SPI发送寄存器为空*/
        while (!(SPI_getInterruptStatus(EUSCI_B2_BASE,
EUSCI_B_SPI_TRANSMIT_INTERRUPT)));
        /*SPI从机发送数据*/
        SPI_transmitData(EUSCI_B2_BASE, RxData);
        OLED_ClrarPageColumn(6,32);
        sprintf((char*)tbuf,":%d",RxData);            //显示接收的数据
        OLED_ShowString(32,6,tbuf,16);
    }
}
```

【例 8.2.2】 W25Q64 实验

W25Q64 是华邦公司推出的大容量 SPI Flash 产品，W25Q64 的容量为 64Mb，也就是 8MB，除了 W25Q64，还有 W25Q16/32/128 等。

W25Q64 将 8MB 的容量分为 128 个块（Block），每个块的大小为 64KB，每个块分为 16 个扇区（Sector），每个扇区的大小为 4KB。W25Q64 的最小擦除单位为一个扇区，即每次必须擦除 4096 个字节。这里给 W25Q64 开辟一个至少 4KB 的缓冲区，对 SRAM 要求比较高，要求芯片必须有 4KB 以上 SRAM 才能很好地操作。

W25Q64 的擦写周期多达 10 万次，具有 20 年的数据保存期限，支持电压为 2.7～3.6V，W25Q64 支持标准的 SPI，最大的 SPI 时钟可以到 80MHz。

本实验的功能是使用 eUSCI 的 SPI 功能，对 W25Q64 进行读写操作，通过按键控制，并由 OLED 显示。

（1）硬件设计：W25Q64 连接原理如图 8.2.9 所示。

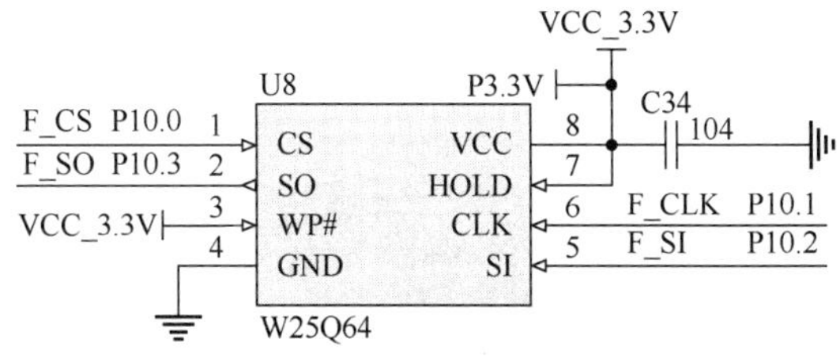

图 8.2.9　W25Q64 连接原理

（2）软件设计：新建 w25qxx.c 和为 w25qxx.h 文件，其内容是 w25qxx 芯片底层相关驱动函数，这里不详细介绍，main.c 文件内容如下。

```
#define WRAddr 0x000000 //读写的地址
u8 WriteData =0;//写入存储器的数据
u8 ReadData  =0; //从存储器读出的数据
u8 tbuf[40];
int main()
{
```

```
        /*关闭看门狗*/
        WDT_A_holdTimer();
        /*P7.0配置为输出*/
        GPIO_setAsOutputPin(GPIO_PORT_P7, GPIO_PIN0);
        /*P7.0输出低电平，关闭LED*/
        GPIO_setOutputHighOnPin(GPIO_PORT_P7, GPIO_PIN0);
        /*P1.1配置为上拉输入*/
        GPIO_setAsInputPinWithPullUpResistor(GPIO_PORT_P1, GPIO_PIN1);
        /*P1.3配置为下拉输入*/
        GPIO_setAsInputPinWithPullDownResistor(GPIO_PORT_P1, GPIO_PIN3);
        /*清除P1.1中断标志*/
        GPIO_clearInterruptFlag(GPIO_PORT_P1, GPIO_PIN1);
        /*P1.1下降沿触发中断*/
        GPIO_interruptEdgeSelect ( GPIO_PORT_P1, GPIO_PIN1,
    GPIO_HIGH_TO_LOW_TRANSITION );
        /*P1.1中断使能*/
        GPIO_enableInterrupt(GPIO_PORT_P1, GPIO_PIN1);
        /*清除P1.3中断标志*/
        GPIO_clearInterruptFlag(GPIO_PORT_P1, GPIO_PIN3);
        /*P1.3上升沿触发中断*/
        GPIO_interruptEdgeSelect ( GPIO_PORT_P1, GPIO_PIN3,
    GPIO_LOW_TO_HIGH_TRANSITION );
        /*P1.3中断使能*/
        GPIO_enableInterrupt(GPIO_PORT_P1, GPIO_PIN3);
        /*设置DCO频率:12MHz*/
        CS_setDCOFrequency(12000000);
        /*时钟系统初始化，设置时钟源及分频系数*/
        CS_initClockSignal(CS_MCLK, CS_DCOCLK_SELECT, CS_CLOCK_DIVIDER_2);
//MCLK源于DCO，2分频
        CS_initClockSignal(CS_ACLK, CS_REFOCLK_SELECT, CS_CLOCK_DIVIDER_1);
//ACLK源于REFO，1分频
        CS_initClockSignal(CS_HSMCLK, CS_DCOCLK_SELECT,
CS_CLOCK_DIVIDER_4);//HSMCLK源于DCO，4分频
        CS_initClockSignal(CS_SMCLK, CS_DCOCLK_SELECT, CS_CLOCK_DIVIDER_4);
//SMCLK源于DCO，4分频
        CS_initClockSignal(CS_BCLK, CS_REFOCLK_SELECT, CS_CLOCK_DIVIDER_1);
//BCLK源于REFO，1分频
    /*W25QXX初始化*/
        W25QXX_Init();
        /*OLED初始化*/
        OLED_Init();
        /*OLED清屏*/
        OLED_Clear();
        /*OLED显示字符及汉字*/
        OLED_ShowString(0,0,"MSP432",16);
        OLED_ShowCHinese(48,0,11); //原
        OLED_ShowCHinese(64,0,12);//理
        OLED_ShowCHinese(80,0,13);//及
        OLED_ShowCHinese(96,0,14);//使
        OLED_ShowCHinese(112,0,15);//用
```

```
    OLED_ShowString(0,2,"W25Q64",16);
    OLED_ShowCHinese(48,2,16);//实
    OLED_ShowCHinese(64,2,17);//验
    OLED_ShowCHinese(0,4,18); //写
    OLED_ShowCHinese(16,4,19);//入
    OLED_ShowCHinese(0,6,20);//读
    OLED_ShowCHinese(16,6,21);//取
    sprintf((char*)tbuf,":%d",WriteData);     //显示发送的数据
    OLED_ShowString(32,4,tbuf,16);
    sprintf((char*)tbuf,":%d",ReadData);      //显示接收的数据
    OLED_ShowString(32,6,tbuf,16);
    /*使能PORT1中断*/
    Interrupt_enableInterrupt(INT_PORT1);
    /*打开全局中断*/
    Interrupt_enableMaster();
    while(1)
    {
       PCM_gotoLPM0();//进入睡眠状态
    }
 }
 //PORT1中断服务程序
 void PORT1_IRQHandler(void)
 {
    uint32_t ii;
    uint32_t status;
    static u8 Flag = 0;
    /*关闭全局中断*/
    Interrupt_disableMaster ();
    /*读取P1中断状态*/
    status = GPIO_getEnabledInterruptStatus(GPIO_PORT_P1);
    /*清除P1中断标志*/
    GPIO_clearInterruptFlag(GPIO_PORT_P1, status);
    /*P1中断处理*/
    if(status & BIT1)
    {
       for (ii = 1000; ii > 0; ii--);  //计数延时按键消抖
       /*查询P1.1输入电平是否为低*/
       if(GPIO_getInputPinValue(GPIO_PORT_P1, GPIO_PIN1)==
GPIO_INPUT_PIN_LOW)
       {
          W25QXX_Read(&ReadData,WRAddr,1);          //从指定地址读取数据
          OLED_ClrarPageColumn(6,32);
          sprintf((char*)tbuf,":%d",ReadData);      //显示读取的数据
          OLED_ShowString(32,6,tbuf,16);
          /*P7.0输出电平翻转*/
          GPIO_toggleOutputOnPin(GPIO_PORT_P7 ,GPIO_PIN0);
       }
    }
    /*P1.3中断处理*/
    if(status & BIT3)
```

```
        {
            for (ii = 1000; ii > 0; ii--);  //计数延时按键消抖
            /*查询P1.3输入电平是否为高*/
            if(GPIO_getInputPinValue(GPIO_PORT_P1,
GPIO_PIN3)==GPIO_INPUT_PIN_HIGH)
            {

                W25QXX_Write(&WriteData,WRAddr,1);          //把数据写到指定地址
                OLED_ClrarPageColumn(4,32);
                sprintf((char*)tbuf,":%d",WriteData);       //显示写入的数据
                OLED_ShowString(32,4,tbuf,16);
                WriteData++;                                //写入的数据值加1
                /*P7.0输出电平翻转*/
                GPIO_toggleOutputOnPin(GPIO_PORT_P7 ,GPIO_PIN0);
            }
        }
        /*打开全局中断*/
        Interrupt_enableMaster();
    }
```

8.3 IIC 模式

8.3.1 IIC 模式原理

IIC（Inter-Integrated Circuit）总线，即集成电路总线，它是一种串行总线，使用多主从架构。IIC 总线有两根信号线，一根是双向的数据线 SDA，另一根是时钟线 SCL。所有接到 IIC 总线设备上的串行数据 SDA 都接到总线的 SDA 上，各设备的时钟线 SCL 接到总线的 SCL 上。

IIC 总线传输分为 3 个过程：起始条件、数据传输和停止条件。

起始条件：当 SCL 保持“高”时，SDA 由“高”变为“低”。

数据传输：SDA 线上的数据在时钟“高”期间必须是稳定的，只有当 SCL 线上的时钟信号为“低”时，数据线上的“高”或“低”状态才可以改变。输出到 SDA 线上的每个字节必须是 8 位，每次传输的字节不受限制，但每个字节必须有一个应答 ACK。如果接收器件在完成其他功能（如一内部中断）前不能接收另一数据的完整字节时，它可以保持时钟线 SCL 为“低”，以促使发送器进入等待状态；当接收器准备好接收数据的其他字节并释放时钟 SCL 后，数据传输继续进行。

停止条件：当 SCL 保持“高”时，SDA 由“低”变为“高”。

IIC 总线通信时序如图 8.3.1 所示。

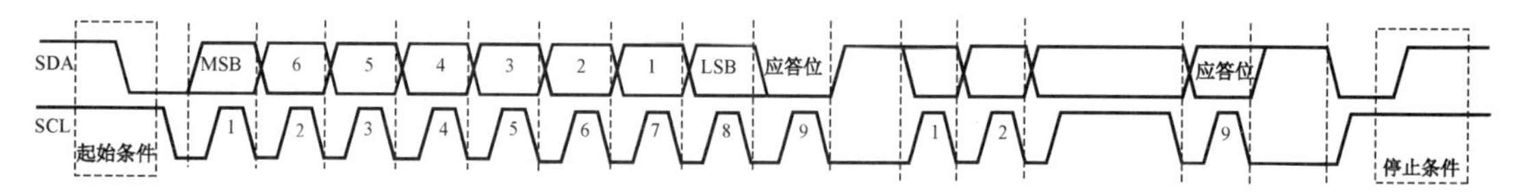

图 8.3.1 IIC 总线通信时序

MSP432 的 eUSCI_B 提供了设备和 IIC 兼容设备之间的接口，这些设备由两线 IIC 总线连接。连接到 IIC 总线的外部组件通过两线 IIC 接口串行地向 eUSCI_B 发送或接收串行数据。eUSCI_B 支持的 IIC 模式具有以下特点。

- 7 位或 10 位设备地址模式。
- 群呼。
- 开始，重新开始，停止。
- 多主机发送/接收模式。
- 从机接收/发送模式。
- 支持标准的 100kbps 模式、快速的 400kbps 模式，快速模式最快可至 1Mbps。
- 主机模式下可编程的时钟频率 UCxCLK。
- 低功耗设计。
- 具有中断和自动停止功能的 8 位字节计数器。
- 从机地址屏蔽寄存器和地址接收中断。
- 时钟低电平时间溢出中断能力。

eUSCI_B 工作在 IIC 模式下的框图如图 8.3.2 所示。

IIC 模式支持任何 IIC 兼容的主机或从机设备。一个 IIC 总线的例子（IIC 总线连接图）如图 8.3.3 所示。每个 IIC 设备都有唯一的地址，可以作为发送器或接收器使用。当执行数据传输时，连接到 IIC 总线的设备可以被认为是主机或从机。主机启动数据传输并生成时钟信号 SCL。任何被主机寻址的设备都被视为从机。

IIC 数据使用串行数据（SDA）引脚和串行时钟（SCL）引脚进行通信。SDA 和 SCL 都是双向的，必须使用上拉电阻连接到电源电压正极。

1. eUSCI_B 初始化和复位

硬件复位或置位 UCSWRST 都会复位 eUSCI_B。在硬件复位后，UCSWRST 会被自动置位，保持 eUSCI_B 处于复位状态。为选择 IIC 操作，UCMODEx 位必须是 11。在 eUSCI_B 初始化后，发送或接收操作就绪。清除 UCSWRST 释放 eUSCI_B 启动操作。

配置和重新配置 eUSCI_B 应该在 UCSWRST 置位时完成，以避免不可预料的结果。IIC 模式下置位 UCSWRST 会有如下影响。

- IIC 通信停止。
- SDA 和 SCL 是高阻抗。
- UCBxSTAT，15～9 和 6～4 位被清除。
- UCBxIE 和 UCBxIFG 寄存器被清除。
- 其余寄存器保持不变。

注意：建议初始化或再配置 eUSCI_B 的流程。

（1）置位 UCSWRST。

（2）在 UCSWRST = 1 的条件下初始化所有的 eUSCI_B 寄存器。

（3）配置端口。

（4）软件清除 UCSWRST。

（5）使能中断。

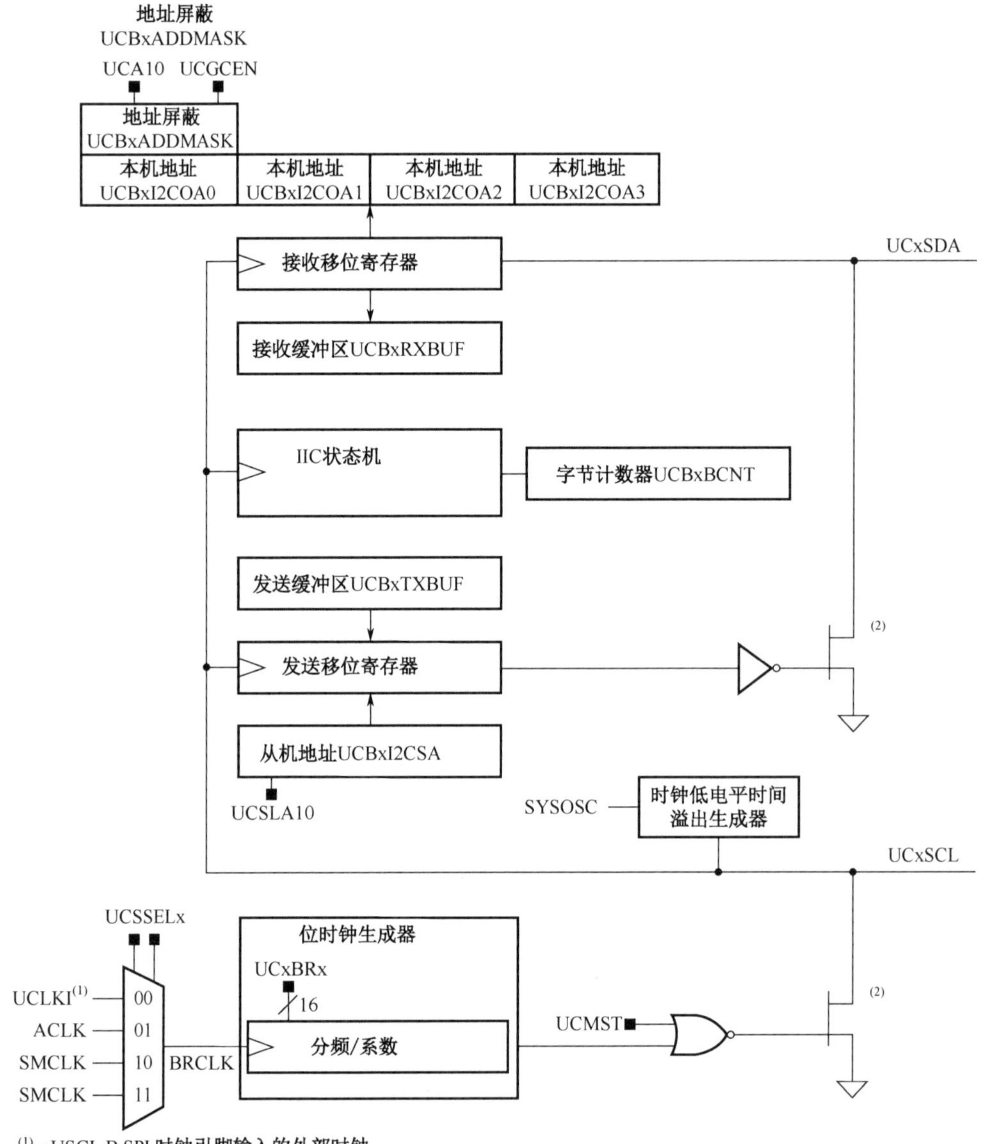

图 8.3.2 eUSCI_B 工作在 IIC 模式下的框图

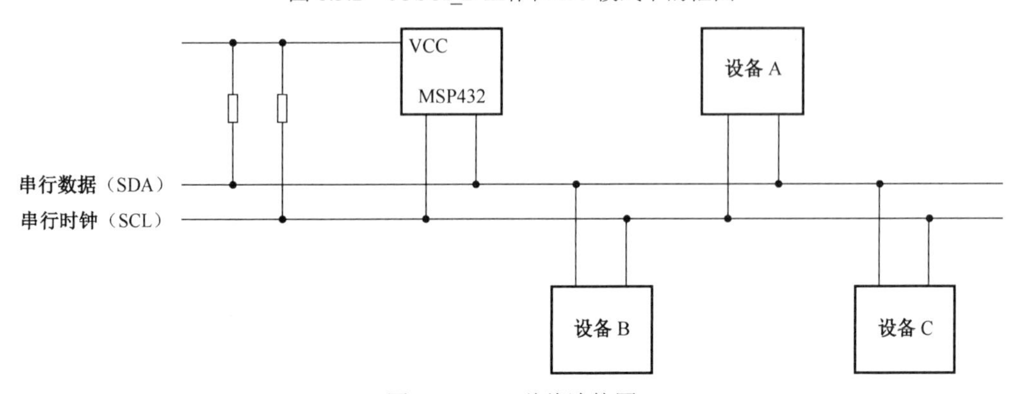

图 8.3.3 IIC 总线连接图

2. IIC 串行数据

主机为每个传输的数据位生成一个时钟脉冲。IIC 模式以字节方式传输数据。数据首先从高位传输，如图 8.3.4 所示。

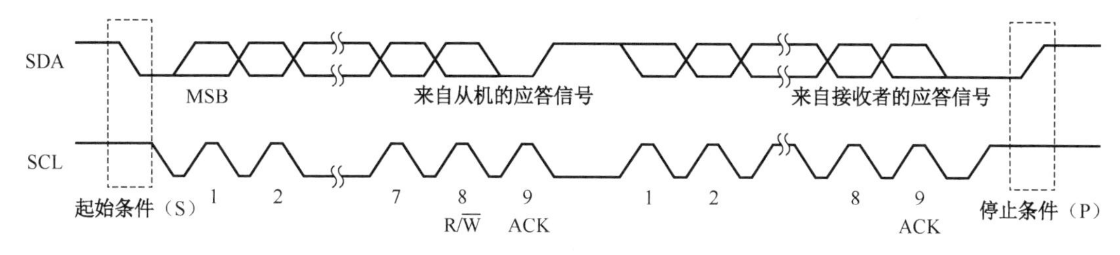

图 8.3.4　IIC 模式数据传输

起始条件后的第一个字节由 7 个地址位和 1 个读写位组成。当读写位为 0 时，主机发送数据给从机；当读写位为 1 时，主机接收从机发送的数据。ACK 位由接收者在每个字节的第 9 个 SCL 时钟发送。

起始条件和停止条件由主机产生。起始条件是在 SCL 为高电平条件下 SDA 由高到低的跳变，停止条件是在 SCL 为高电平条件下 SDA 由低到高的跳变。总线繁忙标志位（UCNNUSY），在一个起始条件之后置位，在一个停止条件之后清除。

SDA 上的数据必须在 SCL 高电平期间保持稳定，如图 8.3.5 所示。SDA 的高低状态只能在 SCL 为低时改变，否则会生成起始或停止条件。

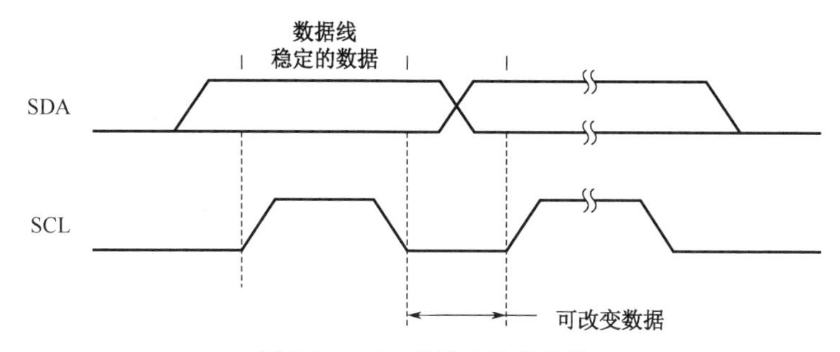

图 8.3.5　IIC 总线上的位传输

3. IIC 寻址模式

IIC 寻址模式支持 7 位和 10 位寻址模式。7 位寻址模式的数据格式如图 8.3.6 所示，第一个字节是 7 个地址位和读写位，ACK 由接收者在每个字节后发送。

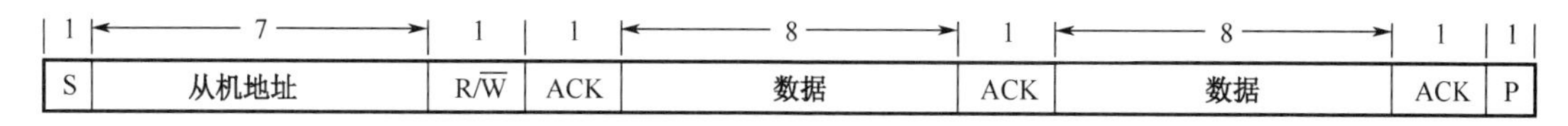

图 8.3.6　7 位寻址模式的数据格式

10 位寻址模式的数据格式如图 8.3.7 所示，第一个字节由 11110b 加上 10 位地址的高 2 位和读写位组成，ACK 由接收者在每个字节后发送。下一个字节是 10 位地址剩余的 8 位，后面是 ACK 和 8 位数据。

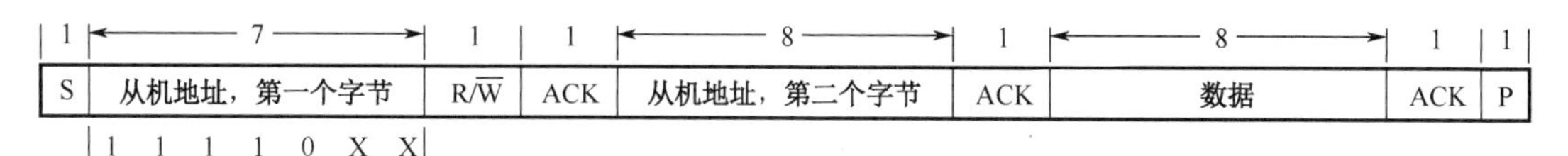

图 8.3.7　10 位寻址模式的数据格式

主机不用停止当前的传输，通过产生一个重复的起始条件就能改变 SDA 上的数据流方向，称之为 RESTART。在产生一个 RESTART 后，从机地址再次被发出，通过读写位控制的新的数据流方向也被发出，如图 8.3.8 所示。

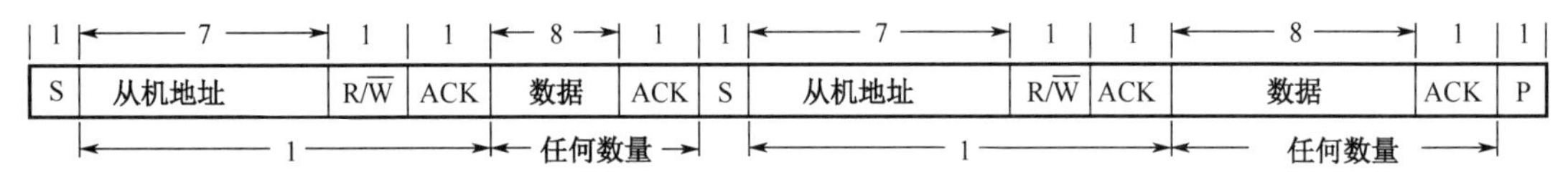

图 8.3.8　IIC 带重复起始位的寻址格式

4. IIC 模块操作模式

在 IIC 模式下，eUSCI_B 可以进行主机发送、主机接收、从机发送和从机接收操作。

（1）从机模式。

设置 UCMODEx = 11、UCSYNC = 1 和清除 UCMST 位配置 eUSCI_B 为 IIC 从机模式。首先，必须清除 UCTR 位配置 eUSCI_B 为接收模式接收 IIC 地址；然后，根据读写控制位自动控制发送和接收操作。eUSCI_B 从机地址通过 UCBxI2CCOA0 寄存器设置，还支持多从机地址模式。当 UCA10 = 0 时，选择 7 位寻址模式；当 UCA10 = 1 时，选择 10 位寻址模式。UCGCEN 位选择从机是否响应群呼。当检测到总线上的起始条件时，eUSCI_B 接收地址并和存储在 UCBxI2COA0 中的本机地址比较，如果能够匹配，那么会置位 UCSTTIFG 标志。

① 从机发送模式。

当主机发送的从机地址与它自己的地址相同且读写位为高时，将进入从机发送模式。从发送器通过主机产生的时钟脉冲将串行数据转移到 SDA 上。从机不产生时钟，但它拉低 SCL，在一个字节传输后，需要 CPU 的介入。

如果主机向从机请求数据，则 eUSCI_B 将自动配置为发送器，UCTR 和 UCTXIFG0 将被置位，然后确认地址并传输数据。一旦数据被传输到移位寄存器，UCTXIFG0 就会被再次置位。在主机响应之后，将传输写入 UCBxTXBUF 的下一个数据字节，或者，如果缓冲区是空的，则在确认周期中保持 SCL 为低，直到将新数据写入 UCBxTXBUF，否则总线将停止运行。如果主机发送一个 NACK，后面跟着一个 STOP 条件，则置位 UCSTPIFG 标志。如果 NACK 后面跟着一个重复的 START 条件，则 eUSCI_B 的 IIC 状态机返回到地址接收状态。

② 从机接收模式。

当主机发送的从机地址与它自己的地址相同且读写位为低时，将进入从机接收模式。在从机接收模式下，SDA 上接收到的串行数据位与主机产生的时钟脉冲一起移位。从机不生成时钟，但是如果在接收到一个字节后需要 CPU 的干预，它就将保持 SCL 为低。

如果从机接收来自主机的数据，则 eUSCI_B 将自动配置为接收器，并清除 UCTR。

接收到第一个数据字节后，设置接收中断标志 UCRXIFG0。eUSCI_B 自动响应接收到的数据，并可以接收下一个数据字节。如果在接收结束时没有从接收缓冲区 UCBxRXBUF 读取以前的数据，则总线将通过保持 SCL 为低而停止。一旦读取 UCBxRXBUF，新的数据就被传输到 UCBxRXBUF 中，向主机发送一个确认信号，然后即可接收下一个数据。置位 UCTXNACK 会导致在下一个确认周期中将一个 NACK 传输给主机。即使 UCBxRXBUF 还没有准备好接收最新数据，也会发送一个 NACK。如果保持 SCL 为低，设置 UCTXNACK 位，释放总线，就会立即传输一个 NACK，并且 UCBxRXBUF 装载最后接收到的数据。因为没有读取以前的数据，所以数据将丢失，为了避免数据丢失，必须在设置 UCTXNACK 位前读取 UCBxRXBUF。

当主机产生一个停止条件时，UCSTPIFG 标志被置位。如果主机产生一个重复起始条件，则 eUSCI_B IIC 状态机回到地址接收状态。

③ IIC 从机 10 位寻址模式。

UCA10 = 1 时选择 10 位寻址模式，在这种模式下，从机在收到完整地址后处于接收模式，eUSCI_B 在 UCTR 被清除时置位 UCSTTIFG 来指示这种状态。为了切换从机进入发送模式，主机发送一个重复起始位，紧跟的第一个字节读写位为高，这将置位 UCSTTIFG 标志（如果之前已被软件清除），eUSCI_B 切换到 UCTR = 1 的发送模式。

（2）主机模式。

设置 UCMODEx = 11、UCSYNC = 1 和置位 UCMST，eUSCI_B 被配置为一个主机。当主机处于多主机系统时，必须置位 UCMM，并将其自身的地址编写到 UCBxI2COA0 寄存器中。当 UCA10 = 0 时，选择 7 位寻址模式。当 UCA10 = 1 时，选择 10 位寻址模式。UCGCEN 位选择 eUSCI_B 是否响应群呼。

注意：地址和多主机系统。

在主机模式使能本机地址检测（UCOAEN = 1），尤其是在多主机系统，不允许识别本机地址寄存器和从机地址寄存器相同的地址（UCBxI2CSA = UCBxI2COAx），这意味着 eUSCI_B 会寻址到自己。软件程序必须确保这种情况不会发生，没有硬件检测这种情况，将会导致不可预料的结果。

① 主机发送模式。

初始化后，通过将所需的从机地址写入 UCBxI2CSA，使用 UCSLA10 位选择从机地址的大小，将 UCTR 设置为发送模式，并将 UCTXSTT 置位生成起始条件。eUSCI_B 等待总线可用，然后生成起始条件，并传输从机地址。在生成起始条件时置位 UCTXIFG0，并将传输的第一个数据写入 UCBxTXBUF。一旦地址传输完成，UCTXSTT 标志就立即被清除。

如果仲裁在从机地址的传输过程中没有丢失，那么写入 UCBxTXBUF 的数据将被传输。一旦数据从缓冲区传输到移位寄存器，就会再次置位 UCTXIFG0。如果在响应周期之前没有向 UCBxTXBUF 加载数据，则在响应周期中保持 SCL 为低位，直到将数据写入 UCBxTXBUF。数据被传输或总线被保持，只要没有自动停止位生成，UCTXSTP 位和 UCTXSTT 位就没有被置位。

置位 UCTXSTP 将在从机发出的下一个响应之后生成一个停止条件。如果在从机地址传输期间置位了 UCTXSTP，或者当 eUSCI_B 等待将数据写入 UCBxTXBUF 时，即使没有向从机传输数据，也会生成一个停止条件。在这种情况下，UCSTPIFG 会被置位。当传输单个字节的数据时，必须在传输字节时或传输开始后的任何时候置位 UCTXSTP，而不需要将新数据写入 UCBxTXBUF，否则，只传输地址。当数据从缓冲区转移到移位寄存器时，UCTXIFG0 被置位，这表明数据传输已经开始，这时可以置位 UCTXSTP。当 UCASTPx = 10 时，字节计数器用于生成停止条件，用户不需要置位 UCTXSTP。当只传输一个字节时，建议这样做。

设置 UCTXSTT 会生成一个重复的起始条件。在这种情况下，可以设置或清除 UCTR 来配置发送器或接收器，如果需要，还可以将不同的从机地址写入 UCBxI2CSA。如果从机不响应传输的数据，则置位无响应中断标志 UCNACKIFG。主机必须使用停止条件或重复起始条件进行回应。如果数据已经被写入 UCBxTXBUF，那么它将被丢弃。如果该数据应在重复起始条件后传输，就必须再次写入 UCBxTXBUF，任何 UCTXSTT 或 UCTXSTP 的置位也将被丢弃。

② 主机接收模式。

初始化后，将所需的从机地址写入 UCBxI2CSA 寄存器，使用 UCSLA10 位选择从机地址的大小，将 UCTR 清除设为接收模式，并置位 UCTXSTT 来生成起始条件。eUSCI_B 核查总线是否可用，产生起始条件并发送从机地址，地址发送完成后会立即清除 UCTXSTT 标志。

在从机响应地址后，接收来自从机的第一个字节并响应，同时置位 UCRXIFG 标志。接收从机发送的数据，只要没有自动停止条件生成，UCTXSTP 位和 UCTXSTT 位就没有被置位。如果

eUSCI_B 产生了停止条件，则置位 UCSTPIFG 标志。如果没有读取 UCBxRXBUF，则主机在接收最后一个数据位期间保持总线直到 UCBxRXBUF 被读取。

如果从机没有响应地址，无响应中断标志 UCNACKIFG 就会被置位，主机必须以停止条件或重复的起始条件回应。

停止条件通过自动或置位 UCTXSTP 产生。从机接收到的下一个字节后面跟着一个 NACK 和一个停止条件。如果 eUSCI_B 当前正在等待 UCBxRXBUF 被读取，则立即发生 NACK。

如果发送重复起始条件 RESTART，则可以置位或清除 UCTR 来配置发送器或接收器，如果需要，则可以将不同的从机地址写入 UCBxI2CSA。

（3）仲裁。

如果两个或多个主机发送器同时启动总线上的传输，则调用仲裁程序，仲裁过程如图 8.3.9 所示。仲裁程序使用相互竞争的发送器在 SDA 上提供的数据，生成逻辑高的第一个主机发送器被生成逻辑低的另一个主机发送器所否决，仲裁程序优先处理传输二进制值最低的串行数据流的设备。丢失仲裁的主机发送器切换到从机接收模式并设置仲裁丢失标志 UCALIFG。如果两个或多个设备发送相同的第一个字节，则仲裁将继续处理后面的字节。

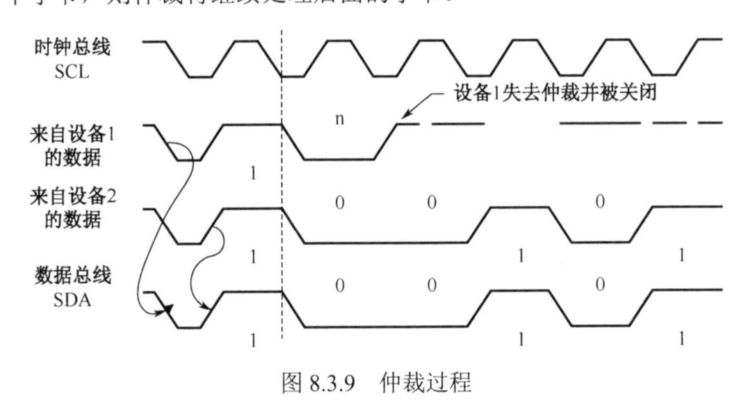

图 8.3.9 仲裁过程

5. IIC 时钟

IIC 时钟 SCL 由总线上的主机提供。eUSCI_B 作为主机时，由 eUSCI_B 位时钟生成器提供 BITCLK，并使用 UCSSELx 位选择时钟源。在从机模式下，不使用位时钟生成器，UCSSELx 位也不关心。

UCBxBRW 寄存器中的 16 位值 UCBRx 是 eUSCI_B 时钟源的分频因子。单主机模式下可以使用的最大位时钟是 $f_{BRCLK}/4$；多主机模式下最大位时钟频率是 $f_{BRCLK}/8$。BITCLK 的计算公式：$f_{BitClock}=f_{BRCLK}/UCBRx$。

6. 字节计数器

eUSCI_B 支持对接收或传输的字节进行硬件计数。计数器自动激活，在主机或从机模式下对总线上的每个字节进行计数。字节计数器在独立于每个字节的第二个位后的 ACK 或 NACK 位置递增。START 或 RESTART 条件将计数器值重置为零，地址字节不增加计数器。如果仲裁丢失发生在第一个位数据期间，则字节计数器也在第二个位的位置递增。

如果 UCASTPx = 01 或 10，则当在主机或从机模式下都达到字节计数器阈值 UCBxTBCNT 时置位 UCBCNTIFG。将 0 写入 UCBxTBCNT 不会生成中断。由于 UCBCNTIFG 的中断优先级低于 UCBTXIFG 和 UCBRXIFG，建议仅将其用于协议控制及 DMA 处理接收和传输的字节。否则，应用程序必须具有足够的处理器带宽，以确保及时执行 UCBCNT 中断程序。

当 eUSCI_B 被配置为一个主机时，字节计数器可以通过设置 UCASTPx = 10 来自动生成停止位。

在使用 UCTXSTT 启动传输之前，必须将字节计数器阈值 UCBxTBCNT 设置为要传输或接收的字节数。在传输 UCBxTBCNT 中配置的字节数之后，eUSCI_B 自动生成一个停止条件。

如果用户只想传输从机地址而不传输任何数据，则不能使用 UCBxTBCNT。在这种情况下，建议同时置位 UCTXSTT 和 UCTXSTP。

7. 多从机地址

eUSCI_B 支持两种不同的方式同时实现多从机地址：

- 硬件支持多达 4 个不同的从机地址，每个都有自己的中断标志和 DMA 触发器；
- 软件支持多达 2^{10} 个不同的从机地址共享一个中断。

寄存器 UCBxI2COA0、UCBxI2COA1、UCBxI2COA2 和 UCBxI2COA3 包含 4 个从机地址。最多 4 个地址寄存器与接收到的 7 位或 10 位地址进行比较。每个从机地址必须通过在相应的 UCBxI2COAx 寄存器中置位 UCOAEN 来激活。如果总线上接收的地址匹配多个从机地址寄存器，则寄存器 UCBxI2COA3 具有最高优先级。优先级随着地址寄存器索引数的增加而降低，UCBxI2COA0 具有最低的优先级。

当一个从寄存器与总线上的 7 位或 10 位地址匹配时，该地址将被响应。接下来相应的接收或发送中断标志（UCTXIFGx 和 UCRXIFGx）更新到接收地址。状态改变中断标志独立于地址比较结果，它们是根据总线状态更新的。

当 eUSCI_B 配置为从机模式或多主机模式时，可以使用地址掩码寄存器。要激活此功能，必须清除寄存器 UCBxADDMASK 中的至少一个地址掩码。

如果接收到的地址与 UCBxADDMASK 没有屏蔽的所有位上 UCBxI2COA0 中自己的地址匹配，则 eUSCI_B 会将总线上的地址视为自己的地址并响应。用户可以选择自动响应总线上的地址，也可以选择评估此地址并使用 UCTXACK 在软件中发送响应。这些选项之间的选择是使用 UCSWACK 位完成的。如果该软件用于生成从机地址的 ACK，建议使用 UCSTTIFG。接收到的地址可以在 UCBxADDRX 寄存器中找到。

如果总线上的地址和 UCBxI2COA1～UCBxI2COA3 中定义的任何从机地址相匹配，则 eUSCI_B 自动响应该地址。

8. IIC 模式中断

（1）发送操作。

当发送器能够接收一个新字节时，就置位 UCTXIFG0 中断标志。当作为一个拥有多个从机地址的从机运行时，UCTXIFGx 标志被设置为与之前接收到的地址相对应。例如，如果寄存器 UCBxI2COA3 中指定的从机地址与总线上的地址匹配，则 UCTXIFG3 表示 UCBxTXBUF 准备接收一个新字节。

在自动停止生成（UCASTPx = 10）的主模式下运行时，UCTXIFG0 的设置次数与 UCBxTBCNT 中定义的相同。

如果置位了 UCTXIEx，则生成中断请求。如果有写入 UCBxTXBUF 或 UCALIFG 被清除，则自动清除 UCTXIFGx。UCTXIFGx 会被置位：

- 主机模式，用户置位 UCTXSTT；
- 从机模式，接收到自己的地址（UCETXINT = 0）或接收到起始条件（UCETXINT = 1）。

UCTXIEx 在硬件复位或 UCSWRST = 1 时被清除。

（2）接收操作。

当接收到一个字符并将其加载到 UCBxRXBUF 中时，将置位 UCRXIFG0 中断标志。当作为具有多个从机地址的从机运行时，与之前接收的地址相对的 UCRXIFGx 标志被置位。

如果置位了 UCRXIEx，则会生成中断请求，硬件复位信号或 UCSWRST = 1 会清除 UCRXIEx。读取 UCxRXBUF 时会自动清除 UCRXIFGx。

（3）IIC 状态改变操作。

IIC 状态改变中断标志如表 8.3.1 所示。

表 8.3.1　IIC 状态改变中断标志

标　志	描　述
UCALIFG	丢失仲裁权。当有多个发送器同时发送，或者主机模式下的 eUSCI_B 接收到别的主机发送的地址时，会发生这种情况
UCNACKIFG	无响应中断。主机模式下本来该有的响应但是没有检测到会产生这个中断
UCCLTOIFG	时钟长时间处于拉低状态的标志
UCBIT9IFG	在一个字节传输周期的第 9 个时钟会产生该标志
UCBCNTIFG	字节计数器的值与 UCBxTBCNT 相等，同时 UCASTPx = 01 或 10，产生该标志
UCSTTIFG	从机模式下检测到开始条件的标志
UCSTPIFG	主机或从机模式下检测到停止条件的标志

9．IIC 模式相关寄存器

以 eUSCI_B0 为例列出相关寄存器，如表 8.3.2 所示（eUSCI_B0 基地址：0x4000_2000）。

表 8.3.2　eUSCI_B0 相关寄存器

寄存器名称	缩　写	地 址 偏 移
eUSCI_B0 控制字 0	UCB0CTLW0	00h
eUSCI_B0 控制字 1	UCB0CTLW1	02h
eUSCI_B0 位比特率控制字寄存器	UCB0BRW	06h
eUSCI_B0 状态字寄存器	UCB0STATW	08h
eUSCI_B0 字节计数阈值	UCB0TBCNT	0Ah
eUSCI_B0 接收缓冲器	UCB0RXBUF	0Ch
eUSCI_B0 发送缓冲器	UCB0TXBUF	0Eh
eUSCI_B0 I2C 本机地址 0	UCB0I2COA0	14h
eUSCI_B0 I2C 本机地址 1	UCB0I2COA1	16h
eUSCI_B0 I2C 本机地址 2	UCB0I2COA2	18h
eUSCI_B0 I2C 本机地址 3	UCB0I2COA3	1Ah
eUSCI_B0 接收器的地址	UCB0ADDRX	1Ch
eUSCI_B0 地址屏蔽	UCB0ADDMASK	1Eh
eUSCI_B0 I2C 从机地址	UCB0I2CSA	20h
eUSCI_B0 中断使能	UCB0IE	2Ah
eUSCI_B0 中断标志	UCB0IFG	2Ch
eUSCI_B0 中断向量	UCB0IV	2Eh

8.3.2　IIC 库函数

1．结构体

IIC 主机配置：

```
typedef struct
{
    uint_fast8_t selectClockSource;/*时钟源*/
```

```
    uint32_t i2cClk;/*时钟源频率*/
    uint32_t dataRate;/*IIC时钟频率*/
    uint_fast8_t byteCounterThreshold;/*字节计数*/
    uint_fast8_t autoSTOPGeneration;/*自动产生停止位*/
} eUSCI_I2C_MasterConfig;
```

2. 库函数

（1）void I2C_clearInterruptFlag (uint32_t moduleInstance, uint_fast16_t mask)

功能：清除 IIC 中断标志

参数 1：串口模块编号

参数 2：中断类型

返回：无

使用举例：

```
    I2C_clearInterruptFlag(EUSCI_B0_BASE,EUSCI_B_I2C_TRANSMIT_INTERRUPT0);
//清除串口B0发送中断标志0
```

（2）void I2C_disableInterrupt (uint32_t moduleInstance, uint_fast16_t mask)

功能：禁止 IIC 中断

参数 1：串口模块编号

参数 2：中断类型

返回：无

使用举例：

```
    I2C_disableInterrupt(EUSCI_B0_BASE,EUSCI_B_I2C_TRANSMIT_INTERRUPT0);
//禁止串口B0发送中断0
```

（3）void I2C_disableModule (uint32_t moduleInstance)

功能：禁止 IIC 模块

参数 1：串口模块编号

返回：无

使用举例：

```
    I2C_disableModule(EUSCI_B0_BASE);//禁止串口B0
```

（4）void I2C_disableMultiMasterMode (uint32_t moduleInstance)

功能：禁止 IIC 多主机模式

参数 1：串口模块编号

返回：无

使用举例：

```
    I2C_disableMultiMasterMode(EUSCI_B0_BASE);//禁止串口B0多主机模式
```

（5）void I2C_enableInterrupt (uint32_t moduleInstance, uint_fast16_t mask)

功能：使能 IIC 中断

参数 1：串口模块编号

参数 2：中断类型

返回：无

使用举例：

```
    I2C_enableInterrupt (EUSCI_B0_BASE,EUSCI_B_I2C_TRANSMIT_INTERRUPT0);
//使能串口B0接收中断0
```

（6）void I2C_enableModule (uint32_t moduleInstance)

功能：使能 IIC 模块

参数 1：串口模块编号

返回：无

使用举例：

```
I2C_enableModule(EUSCI_B0_BASE);//使能串口B0
```

（7）void I2C_enableMultiMasterMode (uint32_t moduleInstance)

功能：使能多主机模式

参数 1：串口模块编号

返回：无

使用举例：

```
I2C_enableMultiMasterMode(EUSCI_B0_BASE);//使能串口B0多主机模式
```

（8）uint_fast16_t I2C_getEnabledInterruptStatus (uint32_t moduleInstance)

功能：读取 IIC 使能的中断状态

参数 1：串口模块编号

返回：中断状态

使用举例：

```
I2C_getEnabledInterruptStatus(EUSCI_B0_BASE);//读取串口B0使能的中断状态
```

（9）uint_fast16_t I2C_getInterruptStatus (uint32_t moduleInstance, uint16_t mask）

功能：读取 IIC 中断状态

参数 1：串口模块编号

参数 2：中断状态

返回：中断状态

使用举例：

```
I2C_getInterruptStatus(EUSCI_B0_BASE,EUSCI_B_I2C_RECEIVE_INTERRUPT0);
//读取串口B0接收中断0中断状态
```

（10）uint_fast8_t I2C_getMode (uint32_t moduleInstance)

功能：读取当前 IIC 发送/接收模式

参数 1：串口模块编号

返回：发送/接收模式

使用举例：

```
I2C_getMode(EUSCI_B0_BASE);//读取串口B0的模式
```

（11）uint32_t I2C_getReceiveBufferAddressForDMA (uint32_t moduleInstance)

功能：读取接收缓冲区地址

参数 1：串口模块编号

返回：接收缓冲区地址

使用举例：

```
I2C_getReceiveBufferAddressForDMA(EUSCI_B0_BASE);//读取串口B0接收缓冲区地址
```

（12）uint32_t I2C_getTransmitBufferAddressForDMA (uint32_t moduleInstance)

功能：读取发送缓冲区地址

参数 1：串口模块编号

返回：发送缓冲区地址

使用举例：

```
I2C_getTransmitBufferAddressForDMA(EUSCI_B0_BASE);//读取串口B0发送缓冲区地址
```

（13）void I2C_initMaster (uint32_t moduleInstance, const eUSCI_I2C_MasterConfig*config)

功能：初始化 IIC 主机模式

参数 1：串口模块编号

参数 2：主机模式配置

返回：无

（14）void I2C_initSlave (uint32_t moduleInstance, uint_fast16_t slaveAddress, uint_fast8_t slaveAddressOffset, uint32_t slaveOwnAddressEnable)

功能：初始化从机模式

参数 1：串口模块编号

参数 2：从机地址

参数 3：从机地址偏移量

参数 4：从机地址使能

返回：无

使用举例：

```
I2C_initSlave(EUSCI_B0_BASE,0x70,EUSCI_B_I2C_OWN_ADDRESS_OFFSET0,EUSCI_B_I2C_OWN_ADDRESS_DISABLE);//初始化串口B0从机模式
```

（15）uint8_t I2C_isBusBusy (uint32_t moduleInstance)

功能：判断 IIC 是否繁忙

参数 1：串口模块编号

返回：IIC 主机模式繁忙返回 EUSCI_B_I2C_BUS_BUSY，否则返回 EUSCI_B_I2C_BUS_NOT_BUSY

使用举例：

```
I2C_isBusBusy(EUSCI_B0_BASE);//判断串口B0是否繁忙
```

（16）bool I2C_masterIsStartSent (uint32_t moduleInstance)

功能：判断是否发送了起始条件

参数 1：串口模块编号

返回：发送了起始条件返回 true，否则返回 false

使用举例：

```
I2C_masterIsStartSent(EUSCI_B0_BASE);//判断串口B0是否发送了起始条件
```

（17）uint8_t I2C_masterIsStopSent (uint32_t moduleInstance)

功能：判断是否发送了停止条件

参数 1：串口模块编号

返回：发送了停止条件返回 EUSCI_B_I2C_STOP_SEND_COMPLETE，否则返回 EUSCI_B_I2C_SENDING_STOP

使用举例：

```
I2C_masterIsStopSent(EUSCI_B0_BASE);//判断串口B0是否发送了停止条件
```

（18）uint8_t I2C_masterReceiveMultiByteFinish (uint32_t moduleInstance)

功能：停止多字节接收

参数 1：串口模块编号

返回：接收的数据

使用举例：

```
I2C_masterReceiveMultiByteFinish(EUSCI_B0_BASE);//串口B0停止多字节接收
```

（19）bool I2C_masterReceiveMultiByteFinishWithTimeout (uint32_t moduleInstance, uint8_t* txData, uint32_t timeout)

功能：超时停止多字节接收

参数 1：串口模块编号
参数 2：接收的数据
参数 3：超时
返回：无
（20）uint8_t I2C_masterReceiveMultiByteNext (uint32_t moduleInstance)
功能：开始多字节接收
参数 1：串口模块编号
返回：接收的数据
使用举例：

```
    I2C_masterReceiveMultiByteNext(EUSCI_B0_BASE);//串口B0接收一个字节
```

（21）void I2C_masterReceiveMultiByteStop (uint32_t moduleInstance)
功能：在多字节接收结束发送停止条件
参数 1：串口模块编号
返回：无
使用举例：

```
    I2C_masterReceiveMultiByteStop(EUSCI_B0_BASE);//串口B0发送停止条件
```

（22）uint8_t I2C_masterReceiveSingle (uint32_t moduleInstance)
功能：读取接收寄存器的数据
参数 1：串口模块编号
返回：接收寄存器的数据
使用举例：

```
    I2C_masterReceiveSingle(EUSCI_B0_BASE);//串口B0从主机接收一个字节
```

（23）uint8_t I2C_masterReceiveSingleByte (uint32_t moduleInstance)
功能：只接收一个字节数据
参数 1：串口模块编号
返回：接收的数据
使用举例：

```
    I2C_masterReceiveSingleByte(EUSCI_B0_BASE);//串口B0从从机接收一个字节
```

（24）void I2C_masterReceiveStart (uint32_t moduleInstance)
功能：开始接收（产生起始条件）
参数 1：串口模块编号
返回：无
使用举例：

```
    I2C_masterReceiveStart(EUSCI_B0_BASE);//串口B0发送起始条件
```

（25）void I2C_masterSendMultiByteFinish (uint32_t moduleInstance, uint8_t txData)
功能：结束多字节发送
参数 1：串口模块编号
参数 2：发送的数据
返回：无
使用举例：

```
    I2C_masterSendMultiByteFinish(EUSCI_B0_BASE,0x99);
//串口B0发送一个字节后结束发送
```

（26）bool I2C_masterSendMultiByteFinishWithTimeout (uint32_t moduleInstance, uint8_t txData, uint32_t timeout)

功能：超时结束多字节发送

参数 1：串口模块编号

参数 2：发送的数

参数 3：超时

返回：无

（27）void I2C_masterSendMultiByteNext (uint32_t moduleInstance, uint8_t txData)

功能：发送数据

参数 1：串口模块编号

参数 2：发送的数据

返回：无

使用举例：

```
    I2C_masterSendMultiByteNext(EUSCI_B0_BASE,0x99);//串口B0主机多字节发送数据
```

（28）bool I2C_masterSendMultiByteNextWithTimeout (uint32_t moduleInstance, uint8_t txData, uint32_t timeout)

功能：超时发送数据

参数 1：串口模块编号

参数 2：发送的数据

参数 3：超时

返回：无

（29）void I2C_masterSendMultiByteStart (uint32_t moduleInstance, uint8_t txData)

功能：开始发送多字节数据

参数 1：串口模块编号

参数 2：发送的数据

返回：无

使用举例：

```
    I2C_masterSendMultiByteStart(EUSCI_B0_BASE,0x99);
//串口B0发送起始条件并发送数据
```

（30）bool I2C_masterSendMultiByteStartWithTimeout (uint32_t moduleInstance, uint8_t txData, uint32_t timeout)

功能：开始发送多字节数据（超时）

参数 1：串口模块编号

参数 2：发送的数据

参数 3：超时

返回：无

（31）void I2C_masterSendMultiByteStop (uint32_t moduleInstance)

功能：发送停止条件

参数 1：串口模块编号

返回：无

使用举例：

```
    I2C_masterSendMultiByteStop(EUSCI_B0_BASE);//串口B0发送停止条件
```

（32）bool I2C_masterSendMultiByteStopWithTimeout (uint32_t moduleInstance, uint32_t timeout)

功能：发送停止条件（超时）

参数 1：串口模块编号

参数 2：超时
返回：无
（33）void I2C_masterSendSingleByte (uint32_t moduleInstance, uint8_t txData)
功能：发送一个字节数据
参数 1：串口模块编号
参数 2：发送的数据
返回：无
使用举例：

```
I2C_masterSendSingleByte(EUSCI_B0_BASE,0x99);//串口B0发送一个字节数据
```

（34）bool I2C_masterSendSingleByteWithTimeout (uint32_t moduleInstance, uint8_t txData, uint32_t timeout)
功能：发送一个字节数据（超时）
参数 1：串口模块编号
参数 2：发送的数据
参数 3：超时
返回：无
（35）void I2C_masterSendStart (uint32_t moduleInstance)
功能：发送一个起始条件
参数 1：串口模块编号
返回：无
使用举例：

```
I2C_masterSendStart(EUSCI_B0_BASE);//串口B0发送一个起始条件
```

（36）void I2C_setMode (uint32_t moduleInstance, uint_fast8_t mode)
功能：设置 IIC 模式
参数 1：串口模块编号
参数 2：发送/接收模式
返回：无
使用举例：

```
I2C_setMode(EUSCI_B0_BASE,EUSCI_B_I2C_TRANSMIT_MODE);//设置串口B0发送模式
```

（37）void I2C_setSlaveAddress (uint32_t moduleInstance, uint_fast16_t slaveAddress)
功能：设置从机地址
参数 1：串口模块编号
参数 2：从机地址
返回：无
使用举例：

```
I2C_setSlaveAddress(EUSCI_B0_BASE,0x70);//设置串口B0从机地址0x70
```

（38）uint8_t I2C_slaveGetData (uint32_t moduleInstance)
功能：从机读取接收的数据
参数 1：串口模块编号
返回：接收的数据
使用举例：

```
I2C_slaveGetData(EUSCI_B0_BASE);//读取串口B0从机地址
```

（39）void I2C_slavePutData (uint32_t moduleInstance, uint8_t transmitData)

功能：从机发送数据

参数 1：串口模块编号

参数 2：发送的数据

返回：无

使用举例：

```
I2C_slavePutData(EUSCI_B0_BASE,0x99);//串口B0从机发送一个数据
```

（40）void I2C_slaveSendNAK (uint32_t moduleInstance)

功能：从机发送 NAK

参数 1：串口模块编号

返回：无

使用举例：

```
I2C_slaveSendNAK(EUSCI_B0_BASE);//串口B0发送一个NAK
```

8.3.3 IIC 应用实例

使用 IIC 进行通信时，若是主机，首先要配置时钟频率，设定好从机地址，选择收发模式，然后产生起始位就能进行数据收发了，在通信结束时还需要产生停止条件。若是从机，就不必配置时钟了，设好本机地址，进行数据收发即可。

【例 8.3.1】 IIC 实验

使用两块开发板，一个当作主机，一个当作从机，使用按键触发主机发送数据，使用另一个按键触发主机读取数据，从机把接收的数据发送出去，通过液晶屏显示。

（1）硬件设计：连接两块开发板（P1.6 和 P1.7），SDA 和 SCL 分别上拉 10kΩ 电阻。

（2）软件设计：

主机：

```
#define SLAVE_ADDRESS 0x48                  //从机地址
/* IIC 主机配置参数 */
const eUSCI_I2C_MasterConfig i2cConfig =
{
    EUSCI_B_I2C_CLOCKSOURCE_SMCLK,          //IIC选择SMCLK作为时钟
    3000000,                                //SMCLK频率为3MHz
    EUSCI_B_I2C_SET_DATA_RATE_100KBPS,      //IIC通信速度为100kbps
    0,                                      //字节计数器阈值为0
    EUSCI_B_I2C_NO_AUTO_STOP                //没有自动停止
};
u8 TxData =0;//串口发送的数据
u8 RxData =0;//串口接收的数据
u8 tbuf[40];
int main()
{
    /*关闭看门狗*/
    WDT_A_holdTimer();
    /*P7.0配置为输出*/
    GPIO_setAsOutputPin(GPIO_PORT_P7, GPIO_PIN0);
    /*P7.0输出低电平，关闭LED*/
    GPIO_setOutputHighOnPin(GPIO_PORT_P7, GPIO_PIN0);
    /*P1.1配置为上拉输入*/
```

```
    GPIO_setAsInputPinWithPullUpResistor(GPIO_PORT_P1, GPIO_PIN1);
    /*P1.3配置为下拉输入*/
    GPIO_setAsInputPinWithPullDownResistor(GPIO_PORT_P1, GPIO_PIN3);
    /* P1.6、P1.7复用为IIC通信引脚  */
    GPIO_setAsPeripheralModuleFunctionInputPin(GPIO_PORT_P1,GPIO_PIN6 +
  GPIO_PIN7, GPIO_PRIMARY_MODULE_FUNCTION);
    /*清除P1.1中断标志*/
    GPIO_clearInterruptFlag(GPIO_PORT_P1, GPIO_PIN1);
    /*P1.1下降沿触发中断*/
    GPIO_interruptEdgeSelect ( GPIO_PORT_P1, GPIO_PIN1,
  GPIO_HIGH_TO_LOW_TRANSITION );
    /*P1.1中断使能*/
    GPIO_enableInterrupt(GPIO_PORT_P1, GPIO_PIN1);
    /*清除P1.3中断标志*/
    GPIO_clearInterruptFlag(GPIO_PORT_P1, GPIO_PIN3);
    /*P1.3上升沿触发中断*/
    GPIO_interruptEdgeSelect ( GPIO_PORT_P1, GPIO_PIN3,
  GPIO_LOW_TO_HIGH_TRANSITION );
    /*P1.3中断使能*/
    GPIO_enableInterrupt(GPIO_PORT_P1, GPIO_PIN3);
    /*设置DCO频率:12MHz*/
    CS_setDCOFrequency(12000000);
    /*时钟系统初始化，设置时钟源及分频系数*/
    CS_initClockSignal(CS_MCLK, CS_DCOCLK_SELECT, CS_CLOCK_DIVIDER_2);
//MCLK源于DCO，2分频
    CS_initClockSignal(CS_ACLK, CS_REFOCLK_SELECT, CS_CLOCK_DIVIDER_1);
//ACLK源于REFO，1分频
    CS_initClockSignal(CS_HSMCLK, CS_DCOCLK_SELECT,
CS_CLOCK_DIVIDER_4);//HSMCLK源于DCO，4分频
    CS_initClockSignal(CS_SMCLK, CS_DCOCLK_SELECT, CS_CLOCK_DIVIDER_4);
//SMCLK源于DCO，4分频
    CS_initClockSignal(CS_BCLK, CS_REFOCLK_SELECT, CS_CLOCK_DIVIDER_1);
  //BCLK源于REFO，1分频
    /* 初始化IIC,主机模式*/
    I2C_initMaster(EUSCI_B0_BASE, &i2cConfig);
    /* 装载IIC从机地址 */
    I2C_setSlaveAddress(EUSCI_B0_BASE, SLAVE_ADDRESS);
    /* 设置为IIC发送模式 */
    I2C_setMode(EUSCI_B0_BASE, EUSCI_B_I2C_TRANSMIT_MODE);
    /* 使能EUSCIB0模块 */
    I2C_enableModule(EUSCI_B0_BASE);
    /* 清除EUSCIB0发送和接收中断标志 */
    I2C_clearInterruptFlag(EUSCI_B0_BASE,EUSCI_B_I2C_TRANSMIT_INTERRUPT0
+ EUSCI_B_I2C_RECEIVE_INTERRUPT0);
    /* 使能IIC发送中断 */
    I2C_enableInterrupt(EUSCI_B0_BASE, EUSCI_B_I2C_TRANSMIT_INTERRUPT0 +
EUSCI_B_I2C_RECEIVE_INTERRUPT0);
    /*OLED初始化*/
    OLED_Init();
```

```
    /*OLED清屏*/
    OLED_Clear();
    /*OLED显示字符及汉字*/
    OLED_ShowString(0,0,"MSP432",16);
    OLED_ShowCHinese(48,0,11); //原
    OLED_ShowCHinese(64,0,12);//理
    OLED_ShowCHinese(80,0,13);//及
    OLED_ShowCHinese(96,0,14);//使
    OLED_ShowCHinese(112,0,15);//用
    OLED_ShowString(0,2,"IIC",16);
    OLED_ShowCHinese(24,2,16);//实
    OLED_ShowCHinese(40,2,17);//验
    OLED_ShowString(56,2,"-",16);
    OLED_ShowCHinese(62,2,22);//主
    OLED_ShowCHinese(78,2,24);//机
    OLED_ShowCHinese(0,4,18); //发
    OLED_ShowCHinese(16,4,19);//送
    OLED_ShowCHinese(0,6,20);//接
    OLED_ShowCHinese(16,6,21);//收
    sprintf((char*)tbuf,":%d",TxData);    //显示发送的数据
    OLED_ShowString(32,4,tbuf,16);
    sprintf((char*)tbuf,":%d",RxData);    //显示接收的数据
    OLED_ShowString(32,6,tbuf,16);
    /*使能eUSCI_B0中断*/
    Interrupt_enableInterrupt(INT_EUSCIB0);
    /*使能PORT1中断*/
    Interrupt_enableInterrupt(INT_PORT1);
    /*打开全局中断*/
    Interrupt_enableMaster();
    while(1)
    {
        PCM_gotoLPM0();//进入睡眠状态
    }
}
//PORT1中断服务程序
void PORT1_IRQHandler(void)
{
    uint32_t ii;
    uint32_t status;
    static u8 Flag = 0;
    /*关闭全局中断*/
    Interrupt_disableMaster ();
    /*读取P1中断状态*/
    status = GPIO_getEnabledInterruptStatus(GPIO_PORT_P1);
    /*清除P1中断标志*/
    GPIO_clearInterruptFlag(GPIO_PORT_P1, status);
    /*P1.1中断处理*/
    if(status & BIT1)
    {
```

```
        for (ii = 1000; ii > 0; ii--);  //计数延时按键消抖
        /*查询P1.1输入电平是否为低*/
        if(GPIO_getInputPinValue(GPIO_PORT_P1, GPIO_PIN1)==
GPIO_INPUT_PIN_LOW)
        {
            /*设置为IIC接收模式*/
            I2C_setMode(EUSCI_B0_BASE, EUSCI_B_I2C_RECEIVE_MODE);
            /*启动IIC传输,发送起始条件和从机地址*/
            I2C_masterReceiveStart(EUSCI_B0_BASE);
            /*在发送停止条件的前一个字节置高停止条件位*/
            I2C_masterReceiveMultiByteStop(EUSCI_B0_BASE);
            /*P7.0输出电平翻转*/
            GPIO_toggleOutputOnPin(GPIO_PORT_P7 ,GPIO_PIN0);
        }
    }
    /*P1.3中断处理*/
    if(status & BIT3)
    {
        for (ii = 1000; ii > 0; ii--);  //计数延时按键消抖
        /*查询P1.3输入电平是否为高*/
        if(GPIO_getInputPinValue(GPIO_PORT_P1, GPIO_PIN3)==
GPIO_INPUT_PIN_HIGH)
        {
            /*设置为IIC发送模式*/
            I2C_setMode(EUSCI_B0_BASE, EUSCI_B_I2C_TRANSMIT_MODE);
            /*启动IIC传输，发送起始条件和从机地址，并发送一个字节*/
            I2C_masterSendMultiByteStart(EUSCI_B0_BASE, TxData);
            /*刷新发送缓冲器*/
            I2C_masterSendMultiByteNext(EUSCI_B0_BASE, TxData);
            OLED_ClrarPageColumn(4,32);
            sprintf((char*)tbuf,":%d",TxData);    //显示发送的数据
            OLED_ShowString(32,4,tbuf,16);
            TxData++;                             //发送的数据值加1
            /*P7.0输出电平翻转*/
            GPIO_toggleOutputOnPin(GPIO_PORT_P7 ,GPIO_PIN0);
        }
    }
    /*打开全局中断*/
    Interrupt_enableMaster();
}
//EUSCIB0中断服务程序
void EUSCIB0_IRQHandler(void)
{
    uint32_t status;
    /*读取IIC使能的中断状态*/
    status= I2C_getEnabledInterruptStatus(EUSCI_B0_BASE);
    /*清除IIC中断标志*/
    I2C_clearInterruptFlag(EUSCI_B0_BASE, status);
    /*IIC发送中断处理*/
```

```
        if (status & EUSCI_B_I2C_TRANSMIT_INTERRUPT0)
        {
            I2C_masterSendMultiByteStop(EUSCI_B0_BASE);
        }
        /*IIC接收中断处理*/
        if (status & EUSCI_B_I2C_RECEIVE_INTERRUPT0)
        {
            /*读取接收的数据*/
            RxData = I2C_masterReceiveMultiByteNext(EUSCI_B0_BASE);
            OLED_ClrarPageColumn(6,32);
            sprintf((char*)tbuf,":%d",RxData);        //显示接收的数据
            OLED_ShowString(32,6,tbuf,16);
        }

    }
```

从机：

```
    #define SLAVE_ADDRESS  0x48  //本机地址
    u8 TxData =0;//串口发送的数据
    u8 RxData =0;//串口接收的数据
    u8 tbuf[40];
    int main()
    {
        /*关闭看门狗*/
        WDT_A_holdTimer();
        /*P1.6、P1.7复用为IIC引脚功能*/
        GPIO_setAsPeripheralModuleFunctionInputPin(GPIO_PORT_P1,
              GPIO_PIN6 | GPIO_PIN7, GPIO_PRIMARY_MODULE_FUNCTION);
        /*设置DCO频率:12MHz*/
        CS_setDCOFrequency(12000000);
        /*时钟系统初始化，设置时钟源及分频系数*/
        CS_initClockSignal(CS_MCLK, CS_DCOCLK_SELECT, CS_CLOCK_DIVIDER_2);
//MCLK源于DCO，2分频
        CS_initClockSignal(CS_ACLK, CS_REFOCLK_SELECT, CS_CLOCK_DIVIDER_1);
//ACLK源于REFO，1分频
        CS_initClockSignal(CS_HSMCLK, CS_DCOCLK_SELECT,
CS_CLOCK_DIVIDER_4);//HSMCLK源于DCO，4分频
        CS_initClockSignal(CS_SMCLK, CS_DCOCLK_SELECT, CS_CLOCK_DIVIDER_4);
//SMCLK源于DCO，4分频
        CS_initClockSignal(CS_BCLK, CS_REFOCLK_SELECT, CS_CLOCK_DIVIDER_1);
    //BCLK源于REFO，1分频
        /*初始化IIC模块，从机模式，无地址位屏蔽*/
        I2C_initSlave(EUSCI_B0_BASE, SLAVE_ADDRESS,
EUSCI_B_I2C_OWN_ADDRESS_OFFSET0,EUSCI_B_I2C_OWN_ADDRESS_ENABLE);
        /*使能IIC模块*/
        I2C_enableModule(EUSCI_B0_BASE);
        /*清除IIC接收中断和发送中断标志*/
        I2C_clearInterruptFlag(EUSCI_B0_BASE, EUSCI_B_I2C_RECEIVE_INTERRUPT0 |
EUSCI_B_I2C_TRANSMIT_INTERRUPT0);
        /*使能IIC接收中断和发送中断*/
        I2C_enableInterrupt(EUSCI_B0_BASE, EUSCI_B_I2C_RECEIVE_INTERRUPT0 |
```

```
EUSCI_B_I2C_TRANSMIT_INTERRUPT0);
        /*OLED初始化*/
        OLED_Init();
        /*OLED清屏*/
        OLED_Clear();
        /*OLED显示字符及汉字*/
        OLED_ShowString(0,0,"MSP432",16);
        OLED_ShowCHinese(48,0,11); //原
        OLED_ShowCHinese(64,0,12);//理
        OLED_ShowCHinese(80,0,13);//及
        OLED_ShowCHinese(96,0,14);//使
        OLED_ShowCHinese(112,0,15);//用
        OLED_ShowString(0,2,"IIC",16);
        OLED_ShowCHinese(24,2,16);//实
        OLED_ShowCHinese(40,2,17);//验
        OLED_ShowString(56,2,"-",16);
        OLED_ShowCHinese(62,2,23);//从
        OLED_ShowCHinese(78,2,24);//机
        OLED_ShowCHinese(0,4,18); //发
        OLED_ShowCHinese(16,4,19);//送
        OLED_ShowCHinese(0,6,20);//接
        OLED_ShowCHinese(16,6,21);//收
        sprintf((char*)tbuf,":%d",TxData);//显示发送的数据
        OLED_ShowString(32,4,tbuf,16);
        sprintf((char*)tbuf,":%d",RxData);//显示接收的数据
        OLED_ShowString(32,6,tbuf,16);
        /*使能eUSCI_B0中断*/
        Interrupt_enableInterrupt(INT_EUSCIB0);
        /*打开全局中断*/
        Interrupt_enableMaster();
        while(1)
        {
            PCM_gotoLPM0();//进入睡眠状态
        }
    }
    //EUSCIB0中断服务程序
    void EUSCIB0_IRQHandler(void)
    {
        uint32_t status;
        /*读取IIC使能的中断状态*/
        status= I2C_getEnabledInterruptStatus(EUSCI_B0_BASE);
        /*清除IIC中断标志*/
        I2C_clearInterruptFlag(EUSCI_B0_BASE, status);
        /*IIC接收中断处理*/
        if(status & EUSCI_B_I2C_RECEIVE_INTERRUPT0)
        {
            RxData = I2C_slaveGetData(EUSCI_B0_BASE);//读取接收的数据
            OLED_ClrarPageColumn(6,32);
              sprintf((char*)tbuf,":%d",RxData);       //显示接收的数据
              OLED_ShowString(32,6,tbuf,16);
        }
```

```
    /*IIC发送中断处理*/
    if (status & EUSCI_B_I2C_TRANSMIT_INTERRUPT0)
    {
        TxData = RxData;
        I2C_slavePutData(EUSCI_B0_BASE, TxData); //把接收的数据发送出去
        OLED_ClrarPageColumn(4,32);
          sprintf((char*)tbuf,":%d",TxData);        //显示发送的数据
          OLED_ShowString(32,4,tbuf,16);
    }
}
```

8.4　小结与思考

本章介绍了 MSP432 的串行通信，包括 UART、SPI 和 IIC，这都是通过增强型通用串行通信接口 eUSCI 实现的，除了基本的通信，每种通信还有更多的功能可以使用以适应更多的应用场合。读者应掌握每种通信的原理、基本的通信实验，熟悉更为复杂的辅助功能，进而能够针对应用场景进行合理设计。

习题与思考

8-1　UART 的波特率时钟参数怎么计算？

8-2　配置 UART 通信包括哪些步骤？

8-3　SPI 通信中的时钟极性相位是什么意思？

8-4　如何配置 SPI 主机和从机？

8-5　IIC 主机读写如何操作？

8-6　IIC 从机读写如何操作？

第9章 电 源 管 理

MSP432 以低功耗高性能为特色，低功耗是通过恰当的电源时钟配置实现的。本章围绕电源管理进行讲解，以便让读者理解低功耗的原理并能操作低功耗，为了更好地掌握本章内容，读者还应对照 6.2 节低功耗模式中的内容进行学习。

本章介绍 MSP432 电源管理相关内容，包括电源控制模块、供电系统和参考模块。

本章导读：9.1 节细读并理解，动手实践 9.2 节、9.3 节并做好笔记，完成习题。

9.1 电源控制模块（PCM）

9.1.1 PCM 原理

电源控制模块（简称 PCM）用于优化系统功耗，根据不同的应用选择合适的电源模式，让电源配置最佳，PCM 负责管理来自系统外设和处理器的各种请求，配置时钟系统（CS）和供电系统（PSS）是设置电源模式优化功耗的主要方式。PCM 结构框图如图 9.1.1 所示。

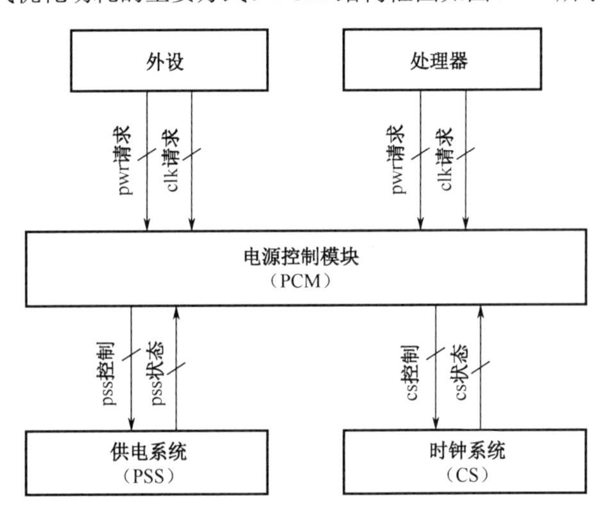

图 9.1.1 PCM 结构框图

1. 内核电压调节器

D_{VCC} 的电压可以在一个宽的范围内变化，但内核逻辑电路所需电压要比这个范围小得多，因此使用了线性稳压器（LDO）来产生所需的电压。除了线性稳压器，还可以使用开关电源（DC-DC）来产生所需电压，DC-DC 支持性能良好的 boost 提供大电流，常用于高级应用，而 LDO 效率更高，在很低的 V_{CC} 下也能工作，而且低功耗性能更好。在 MCLK 高频下的应用中，为了获得更好的性能，内核电压应适当提高；在 MCLK 低频工作时，为了功耗更低，可以降低内核电压。

2．工作模式

MSP432P401 的工作模式有 AM、LPM0、LPM3、LPM4、LPM3.5、LPM4.5，根据应用需求选择合适的模式以降低功耗。

（1）活动模式（AM）。

这种模式下可以执行 CPU 操作。有 6 种子模式，按支持的内核电压级别分成两组：内核电压电平 0 和内核电压电平 1。AM_LDO_VCORE0 基于内核电压电平 0 和 LDO 稳压器，AM_LDO_VCORE1 基于内核电压电平 1 和 LDO 稳压器。每种活动模式支持不同的最大操作频率。内核电压越高，支持的最高频率越大。如图 9.1.2 所示，在更改内核电压时，只能通过 AM_LDO_VCORE0 切换到 AM_LDO_VCORE1。

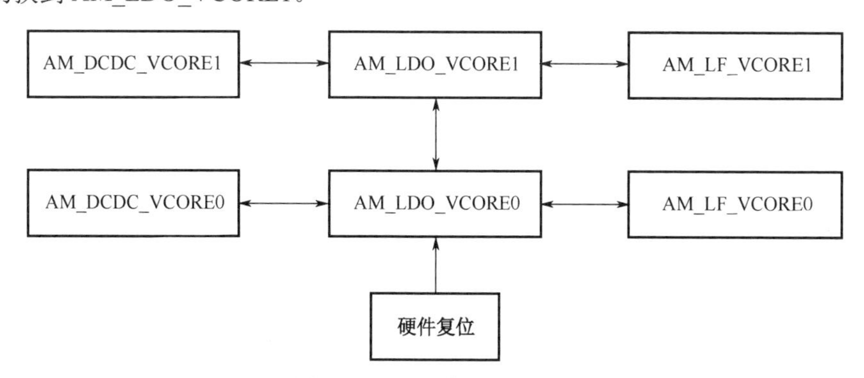

图 9.1.2　AM 模式间的转换

AM_DCDC_VCORE0 在内核电压电平为 0 时使用集成 DC-DC 稳压器进行操作。对于长时间的运行，DC-DC 稳压器很有用。DC-DC 稳压器的效率取决于 V_{CC} 电压、内核电压和工作频率。AM_DCDC_VCORE1 除了内核电压电平更高外其余和 AM_DCDC_VCORE0 相同，并且可以支持更高的操作频率。对于 AM_LDO_VCORE0 和 AM_DCDC_VCORE0 模式，最大 CPU 工作频率为 24MHz，外设的最大输入时钟频率为 12MHz。对于 AM_LDO_VCORE1 和 AM_DCDC_VCORE1 模式，最大 CPU 工作频率为 48MHz，最大输入外设的时钟频率为 24MHz。

AM_LF_VCORE0 和 AM_LF_VCORE1 是用于低频操作的有效模式。这两个模式下将最大工作频率限制在 128kHz。这时，应用程序禁止执行闪存编程、擦除操作或对 SRAM 存储区启用或保留使能配置进行修改。这允许电源管理系统进行优化以支持这些操作模式中的较低功率需求。低频活动模式仅基于 LDO 操作。

要使用 DC-DC 稳压器，应用程序必须首先转换到 AM_LDO_VCORE0 或 AM_LDO_VCORE1。由于 DC-DC 稳压器是一个开关稳压器，因此需要时间来稳定电压。器件上电复位后进入 AM_LDO_VCORE0 模式，在 ARM 术语中，AM 称为运行模式。AM 模式间的转换如图 9.1.2 所示。

（2）低功耗模式 0（LPM0）。

在 LPM0 期间，程序停止执行。可以从所有 AM 模式进入 LPM0。因此，LPM0 有效支持 6 种不同的操作模式，对应于每种活动模式（LPM0_LDO_VCORE0、LPM0_DCDC_VCORE0、LPM0_LF_VCORE0、LPM0_LDO_VCORE1、LPM0_DCDC_VCORE1 和 LPM0_LF_VCORE1）。LPM0 中的最大频率与进入 LPM0 时 AM 模式的最大频率相同。当处理器不需要执行程序时，LPM0 在节省电力时非常有用，而且唤醒时间短。退出 LPM0 后设备返回到进入 LPM0 时的模式。进入 LMP0，内核电压与 AM 模式的内核电压相同。在不同的 LPM0 之间转换时要先退出当前的 LMP0，进入 AM，然后进入需要的 LPM0。在 ARM 术语中，LPM0 称为睡眠模式。LPM0 模式间转换如图 9.1.3 所示。

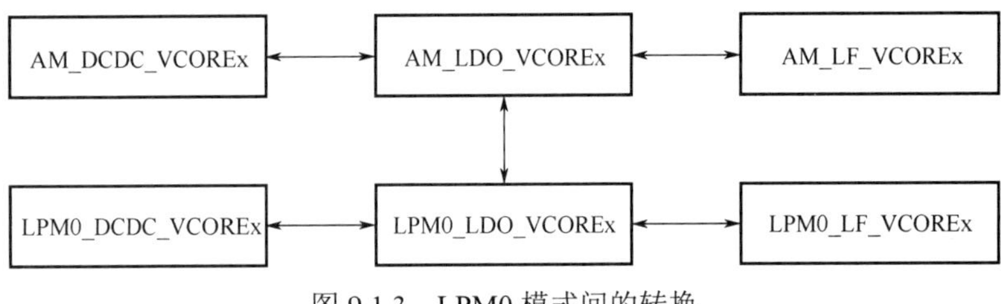

图 9.1.3　LPM0 模式间的转换

（3）低功耗模式 3 和低功耗模式 4（LPM3、LPM4）。

与 LPM0 类似，LPM3、LPM4 中程序停止执行。LPM3 和 LPM4 对于频率较低的处理器活动很有用，如果是长时间的低频活动效果更好。LPM3 和 LPM4 唤醒的时间比 LPM0 的唤醒时间长，但平均功耗低。在 LPM3 和 LPM4 下，不支持 DC-DC 稳压器操作。同 LPM0 一样，设备从 LPM3 和 LPM4 退出后是进入 LPM3 或 LPM4 时的活动模式。对于 MSP432P401R，LPM3 限制器件的最大频率为 32.768kHz。在 LPM3 下，只有 RTC 和 WDT 模块可以在低频时钟源（LFXT、REFO 和 VLO）下工作。在 LPM3 下，若 RTC 和 WDT 模块被禁用，而且所有其他外设都被禁用，则进入 LPM4。在 LPM4 下，所有时钟源关闭，没有外设功能可用。在 LPM3 和 LPM4 下，所有使能数据保护的 SRAM 区所有的外设寄存器数据被保留，而且设备 I/O 口状态也被锁存并保留。除了 AM_DCDC_VCOREx 模式，从其他的 AM 模式都可以进入 LPM3 和 LPM4。LPM3 和 LPM4 的内核电压与进入 LPM3 和 LPM4 时的 AM 模式内核电压相同。在 ARM 术语中，LPM3 和 LPM4 称为深度睡眠模式。LPM3 和 LPM4 的转换如图 9.1.4 所示。

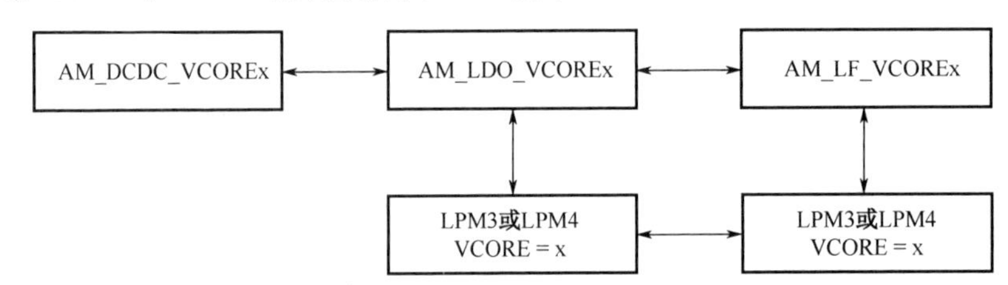

图 9.1.4　LPM3 和 LPM4 的转换

（4）LPM3.5 和 LPM4.5。

LPM3.5 和 LPM4.5 是最低功耗模式，但处理器性能下降。在 LPM3.5 下，除了 RTC 和 WDT 模块，其他所有外设都被禁止，而且不保留任何外设寄存器数据，但可以使用备份存储区保留 SRAM 的 BANK0 数据，而且 I/O 口的状态被锁存和保留。在 LPM4.5 下，所有外设和时钟源均关断，内部稳压器关闭，而且不保留任何外设寄存器和 SRAM 数据，但器件 I/O 口状态被锁存和保留。可以从所有的 AM 模式进入到 LPM3.5 和 LPM4.5，在这些模式下，内核电压电平总设置为最低，而且退出 LPM3.5 和 LPM4.5 总是返回到默认活动模式 AM_LDO_VCORE0。在 ARM 术语中，LPM3.5 和 LPM4.5 称为停止/关闭模式。LPM3.5 和 LPM4.5 的转换如图 9.1.5 所示。

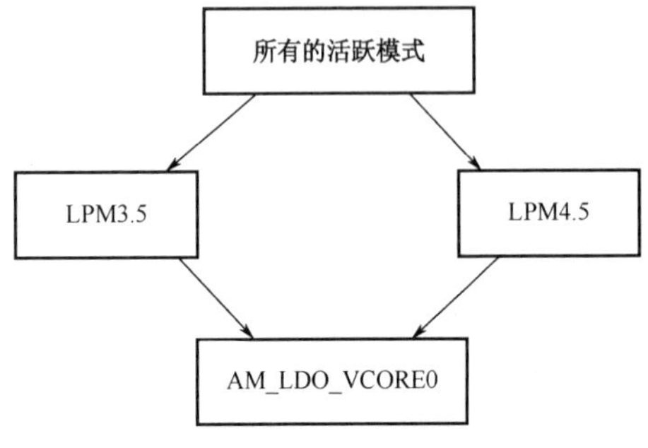

图 9.1.5　LPM3.5 和 LPM4.5 的转换

低功耗模式比较如表 9.1.1 所示。

表 9.1.1　低功耗模式比较

模　式	操 作 方 式	特　点
Active Mode（运行模式）	AM_LDO_VCORE0	基于 LDO 或 DC-DC 稳压器的内核电压电平为 0。CPU 是活跃的，并且所有的外设功能都能使用。CPU 和 DMA 的最大工作频率是 24MHz。AM_DCDC_VCORE0 外设最大输入时钟频率为 12MHz。所有低频和高频时钟源可以处于活动状态。闪存和所有使能的 SRAM 存储区都处于活动状态
	AM_DCDC_VCORE0	
	AM_LDO_VCORE1	基于 LDO 或 DC-DC 稳压器的内核电压电平为 1。CPU 处于活动状态，并且提供完整的外设功能。CPU 和 DMA 的最大工作频率是 48MHz。AM_DCDC_VCORE1 外设最大输入时钟频率为 24MHz。所有低频和高频时钟源可以处于活动状态。闪存和所有使能的 SRAM 存储区都处于活动状态
	AM_DCDC_VCORE1	
	AM_LF_VCORE0	内核电压为 0 或 1 时基于 LDO 的低频模式。CPU 处于活动状态，并且提供完整的外设功能。CPU、DMA 和外设最高工作频率为 128kHz。只有低频时钟源（LFXT、REFO 和 VLO）可以被激活。AM_LF_VCORE1 和所有高频时钟源必须通过应用程序禁用。闪存和所有使能的 SRAM 存储区都处于活动状态。Flash 擦除和编程操作及 SRAM bank 启用或保留启用配置更改不能由应用程序执行。DC-DC 稳压器不能使用
	AM_LF_VCORE1	
LPM0（睡眠模式）	LPM0_LDO_VCORE0	内核电压为 0 时基于 LDO 或 DC-DC 稳压器的工作模式。CPU 处于不活动状态，但完整的外设功能可用。LPM0_DCDC_VCORE0 的 DMA 最大工作频率为 24MHz。外设最大输入时钟频率是 12MHz。所有低频和高频时钟源可以处于活动状态。闪存和所有使能的 SRAM 存储区都处于活动状态
	LPM0_DCDC_VCORE0	
	LPM0_LDO_VCORE1	内核电压为 1 时基于 LDO 或 DC-DC 稳压器的工作模式。CPU 处于不活动状态，但完整的外设功能可用。LPM0_DCDC_VCORE1 的 DMA 最大工作频率为 48MHz。外设最大输入时钟频率为 24MHz。所有低频和高频时钟源可以处于活动状态。闪存和所有使能的 SRAM 存储区都处于活动状态
	LPM0_DCDC_VCORE1	
	LPM0_LF_VCORE0	内核电压为 0 或 1 时基于 LDO 的低频工作模式。CPU 处于不活动状态，但完整的外设功能可用。DMA 和外设的最大工作频率是 128kHz。只有低频时钟源（LFXT、REFO 和 VLO）可以被激活。LPM0_LF_VCORE1 所有高频时钟源需要通过应用程序禁用。闪存和所有使能的 SRAM 存储区都处于活动状态。Flash 擦除和编程操作及 SRAM bank 启用或保留，启用配置更改不能由应用程序执行。DC-DC 稳压器不能使用
	LPM0_LF_VCORE1	
LPM3（深度睡眠模式）	LDO_VCORE0	内核电压为 0 或 1 时基于 LDO 的工作模式。CPU 处于非活动状态并且外围功能降低。只有 RTC 和 WDT 模块可以使用，最大输入时钟频率为 32.768kHz。所有其他外设和保持启用的 SRAM bank 都保留。LDO_VCORE1 闪存被禁用。没有配置保留的 SRAM bank 禁用。只有低频时钟源（LFXT、REFO 和 VLO）可以被激活。所有高频时钟源都被禁用。器件 I/O 口状态被锁存并保留。DC-DC 稳压器不能使用
	LDO_VCORE1	
LPM4（深度睡眠模式）	LDO_VCORE0	内核电压为 0 或 1 时基于 LDO 的工作模式。通过禁用 RTC 和 WDT 模块来进入 LPM3。CPU 处于非活动状态，没有外设功能。所有外围设备和保持启用的 SRAM bank 都处于保留状态。LDO_VCORE1 的闪存被禁用。没有配置保留的 SRAM bank 禁用。所有低频和高频时钟源都被禁用。器件 I/O 口状态被锁存并保留。DC-DC 稳压器不能使用
	LDO_VCORE1	
LPM3.5（停止/关闭模式）	LDO_VCORE0	内核电压为 0 时基于 LDO 的工作模式。只有 RTC 和 WDT 模块可以使用，最大输入时钟频率为 32.768kHz。CPU 和所有其他外设都断电。只有 SRAM 的 Bank 0 处于数据保留状态。所有其他 SRAM 库和闪存内存断电。只有低频时钟源（LFXT、REFO 和 VLO）可以被激活。所有高频时钟源都被禁用。器件 I/O 口状态被锁存并保留。DC-DC 稳压器不能使用
LPM4.5（停止/关闭模式）	VCORE_OFF	核心电压被关闭。CPU、闪存、所有 SRAM 存储区和所有外设均断电。所有低频和高频时钟源都关闭。器件 I/O 口状态被锁存并保留

模式切换关系如图 9.1.6 所示。

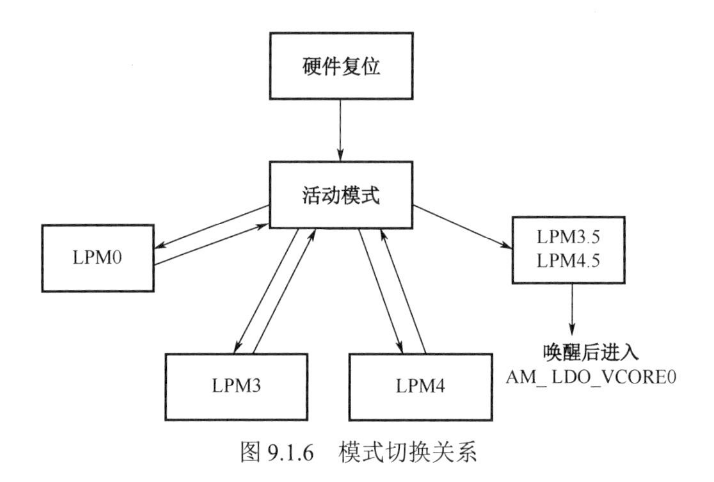

图 9.1.6　模式切换关系

3．睡眠模式控制

ARM Cortex 处理器提供两条汇编指令进入睡眠模式：WFI（等待中断）和 WFE（等待事件），即当执行到这两条指令时，程序暂停执行，直到有中断或事件发生。此外，ARM Cortex 处理器还支持退出中断后继续睡眠。

（1）WFI：

- 如果优先级屏蔽寄存器清零（PRIMASK=0），有一个中断请求发生，它的优先级比现在基础优先级（BASEPRI）高，那么设备就会从睡眠模式中醒来并执行中断程序；如果它的优先级比现在基础优先级（BASEPRI）低，那么设备就不会从睡眠模式中醒来，相应的中断程序也不会被执行。
- 如果优先级屏蔽寄存器置位（PRIMASK=1），有一个中断请求发生，它的优先级比现在基础优先级（BASEPRI）高，那么设备就会从睡眠模式中醒来但不会执行中断程序；如果它的优先级比现在基础优先级（BASEPRI）低，那么设备就不会从睡眠模式中醒来，而且也不会执行中断程序。

（2）WFE：

设备从睡眠唤醒的情况受系统控制寄存器（SCR）SEVONPEND 的影响，当 SEVONPEND=0 时，只有使能的中断或事件才能被唤醒，未使能的中断不可以。当 SEVONPEND=1 时，使能的事件或中断，包括未使能的中断，都能唤醒设备。

SEVONPEND=0 时：

- 如果优先级屏蔽寄存器清零（PRIMASK=0），有一个中断请求发生，它的优先级比现在基础优先级（BASEPRI）高，那么设备就会从睡眠模式中醒来并执行中断程序；如果它的优先级比现在基础优先级（BASEPRI）低，那么设备就不会从睡眠模式中醒来，相应的中断程序也不会被执行。
- 如果优先级屏蔽寄存器置位（PRIMASK=1），有一个中断请求发生，它的优先级比现在基础优先级（BASEPRI）高，那么设备就会从睡眠模式中醒来但不会执行中断程序；如果它的优先级比现在基础优先级（BASEPRI）低，那么设备就不会从睡眠模式中醒来，而且也不会执行中断程序。

SEVONPEND=1 时：

- 如果优先级屏蔽寄存器清零（PRIMASK=0），任何中断请求（使能及未使能）都会唤醒设备，但只有它的优先级比现在基础优先级（BASEPRI）高，才会执行中断程序。
- 如果优先级屏蔽寄存器置位（PRIMASK=1），任何中断请求（使能及未使能）都会唤醒设备，但不会执行中断程序。

此外，ARM 还提供一种让设备从中断退出后自动进入睡眠模式的途径。把系统控制寄存器（SCR）的 SLEEPONEXIT 位置 1 即可，这样设备只是在中断服务程序时才会工作，降低功耗。

4. 中断

- DCDC_ERROR_IFG，开关电源出错，如供电电压太低，当 DCDC_ERROR_IFG 置高时，PSS 自动切换到 LDO 稳压器。
- AM_INVALID_TR_IFG，不支持的活跃模式切换。
- LPM_INVALID_TR_IFG，不支持的睡眠模式切换。
- LPM_INVALID_CLK_IFG，睡眠模式下不支持的时钟请求，在切换模式前先把时钟配置到符合要求的状态。

5. 睡眠模式唤醒

当设备在低功耗模式时，可通过中断把设备从低功耗模式唤醒，唤醒是有条件限制的，不同工作模式下情况不尽相同，如表 9.1.2 所示。

表 9.1.2　低功耗唤醒

外　设	唤　醒　源	LPM0	LPM3	LPM4	LPM3.5	LPM4.5
串口 A	任何使能中断	√				
串口 B	任何使能中断	√				
定时器 A	任何使能中断	√				
32 位定时器	任何使能中断	√				
比较器 E	任何使能中断	√				
14 位 A/D 转换	任何使能中断	√				
AES256	任何使能中断	√				
DMA	任何使能中断	√				
时钟系统（CS）	任何使能中断	√				
电源控制模块（PCM）	任何使能中断	√				
FLCTL	任何使能中断	√				
WDT_A 看门狗模式	看门狗驱动复位	√				
RTC_C	任何使能中断	√	√		√	
WDT_A 间歇定时模式	使能中断	√	√		√	
I/O 口	任何使能中断	√	√	√	√	√
设备不可屏蔽引脚	外部不可屏蔽事件	√	√	√		
SVSMH 监视模式	使能中断	√	√	√		
调试器上电请求	SYSPWRUPREQ 事件		√	√	√	√
调试器复位请求	DBGRSTREQ 事件	√	√	√	√	√
引脚复位	外部复位事件	√	√	√	√	√
SVSMH 监督模式	SVSMH 驱动复位	√	√	√	√	√
电源	上电或掉电	√	√	√	√	√

CPU 被唤醒并执行完中断程序后，支持继续睡眠。

6. PCM 相关寄存器

PCM 相关寄存器如表 9.1.3 所示（PCM 基地址：0x4001_0000）。

表 9.1.3　PCM 相关寄存器

寄存器名称	缩　写	地址偏移
控制寄存器 0	PCMCTL0	00h
控制寄存器 1	PCMCTL1	04h
中断使能	PCMIE	08h
中断标志	PCMIFG	0Ch
清除中断标志	PCMCLRIFG	10h

9.1.2　PCM 库函数

（1）void PCM_clearInterruptFlag (uint32_t flags)

功能：清除电源控制模块中断标志

参数 1：中断标志

返回：无

使用举例：

```
PCM_clearInterruptFlag(PCM_DCDCERROR);//清除DCDC错误标志
```

（2）void PCM_disableInterrupt (uint32_t flags)

功能：禁止电源控制模块中断

参数 1：中断标志

返回：无

使用举例：

```
PCM_disableInterrupt(PCM_DCDCERROR);//禁止DCDC错误中断
```

（3）void PCM_disableRudeMode (void)

功能：禁止“粗鲁模式”

参数 1：无

返回：无

（4）void PCM_enableInterrupt (uint32_t flags)

功能：使能电源控制系统中断

参数 1：中断标志

返回：无

使用举例：

```
PCM_enableInterrupt(PCM_DCDCERROR);//使能DCDC错误中断
```

（5）void PCM_enableRudeMode (void)

功能：允许粗鲁模式

参数 1：无

返回：无

（6）uint8_t PCM_getCoreVoltageLevel (void)

功能：读取内核电压水平

参数 1：无

返回：现在的内核电压

（7）uint32_t PCM_getEnabledInterruptStatus (void)

功能：读取电源控制系统使能的中断状态

参数 1：无

返回：中断标志
（8）uint32_t PCM_getInterruptStatus (void)
功能：读取电源控制系统中断状态
参数 1：无
返回：中断标志
（9）uint8_t PCM_getPowerMode (void)
功能：读取电源模式
参数 1：无
返回：电源模式
（10）uint8_t PCM_getPowerState (void)
功能：读取电源状态
参数 1：无
返回：电源状态
（11）bool PCM_gotoLPM0 (void)
功能：进入 LPM0
参数 1：无
返回：不能进入睡眠模式返回 false，否则返回 true
（12）bool PCM_gotoLPM0InterruptSafe (void)
功能：进入 LPM0，该语句执行完成后总中断被禁止
参数 1：无
返回：不能进入睡眠模式返回 false，否则返回 true
（13）bool PCM_gotoLPM3 (void)
功能：进入 LPM3
参数 1：无
返回：不能进入睡眠模式返回 false，否则返回 true
（14）bool PCM_gotoLPM3InterruptSafe (void)
功能：进入 LPM3，该语句执行完成后总中断被禁止
参数 1：无
返回：不能进入睡眠模式返回 false，否则返回 true
（15）bool PCM_gotoLPM4 (void)
功能：进入 LPM4
参数 1：无
返回：不能进入睡眠模式返回 false，否则返回 true
（16）bool PCM_gotoLPM4InterruptSafe (void)
功能：进入 LPM4，该语句执行完成后总中断被禁止
参数 1：无
返回：不能进入睡眠模式返回 false，否则返回 true
（17）bool PCM_setCoreVoltageLevel (uint_fast8_t voltageLevel)
功能：设置内核电压
参数 1：内核电压
返回：成功设置返回 true，失败返回 false
使用举例：

```
    PCM_setCoreVoltageLevel(PCM_VCORE0);//设置内核电压水平为0
```

（18）bool PCM_setCoreVoltageLevelNonBlocking (uint_fast8_t voltageLevel)

功能：设置内核电压（不会轮询状态标志，转换一次即返回）

参数 1：内核电压

返回：成功返回 true，失败返回 false

使用举例：

```
    PCM_setCoreVoltageLevelNonBlocking(PCM_VCORE0);//无阻塞设置内核电压水平为0
```

（19）bool PCM_setCoreVoltageLevelWithTimeout (uint_fast8_t voltageLevel, uint32_t timeOut)

功能：设置内核电压（超时）

参数 1：内核电压

参数 2：超时

返回：成功返回 true，失败返回 false

使用举例：

```
    PCM_setCoreVoltageLevelWithTimeout(PCM_VCORE0,10);
//设置内核电压水平为0，超时为10个循环次数
```

（20）bool PCM_setPowerMode (uint_fast8_t powerMode)

功能：设置电源模式

参数 1：电源模式

返回：成功返回 true，失败返回 false

使用举例：

```
    PCM_setPowerMode(PCM_LDO_MODE);//设置电源为线性电源模式
```

（21）bool PCM_setPowerModeNonBlocking (uint_fast8_t powerMode)

功能：设置电源模式（不会轮询问状态标志，转换一次即返回）

参数 1：电源模式

返回：成功返回 true，失败返回 false

使用举例：

```
    PCM_setPowerModeNonBlocking(PCM_LDO_MODE);//无阻塞设置电源为线性电源模式
```

（22）bool PCM_setPowerModeWithTimeout (uint_fast8_t powerMode, uint32_t timeOut)

功能：设置电源模式（超时）

参数 1：电源模式

参数 2：超时

返回：成功返回 true，失败返回 false

使用举例：

```
    PCM_setPowerModeWithTimeout(PCM_LDO_MODE,10);
//设置线性电源模式，超时为10个循环次数
```

（23）bool PCM_setPowerState (uint_fast8_t powerState)

功能：设置电源状态

参数 1：电源状态

返回：成功返回 true，失败返回 false

使用举例：

```
    PCM_setPowerState(PCM_AM_LDO_VCORE0);//设置电源状态为PCM_AM_LDO_VCORE0
```

（24）bool PCM_setPowerStateNonBlocking (uint_fast8_t powerState)

功能：设置电源状态（不会轮询状态标志，转换一次即返回）

参数 1：电源状态

返回：成功返回 true，失败返回 false

使用举例：

```
    PCM_setPowerStateNonBlocking(PCM_AM_LDO_VCORE0);
//无阻塞设置电源状态PCM_AM_ LDO_VCORE0
```

（25）bool PCM_setPowerStateWithTimeout (uint_fast8_t powerState, uint32_t timeout)

功能：设置电源状态（超时）

参数 1：电源状态

参数 2：超时

返回：成功返回 true，失败返回 false

使用举例：

```
    PCM_setPowerStateWithTimeout(PCM_AM_LDO_VCORE0,10);
//设置电源状态PCM_AM_LDO_VCORE0，超时为10次循环
```

（26）bool PCM_shutdownDevice (uint32_t shutdownMode)

功能：进入 LPM3.5/LPM4.5

参数 1：关闭模式

返回：成功返回 true，失败返回 false

使用举例：

```
    PCM_shutdownDevice(PCM_LPM35_VCORE0);//进入LPM3.5
```

9.1.3　PCM 应用实例

1．LPM0 模式实验

系统初始化后进入 LPM0 睡眠模式，外部中断唤醒 CPU，执行完中断程序后继续睡眠。

【例 9.1.1】 LPM0 实验

软件设计：

```
    int main()
    {
        /*关闭看门狗*/
        WDT_A_holdTimer();
        /*P7.0配置为输出*/
        GPIO_setAsOutputPin(GPIO_PORT_P7, GPIO_PIN0);
        /*P7.0输出低电平，关闭LED*/
        GPIO_setOutputHighOnPin(GPIO_PORT_P7, GPIO_PIN0);
        /*P1.1配置为上拉输入*/
        GPIO_setAsInputPinWithPullUpResistor(GPIO_PORT_P1, GPIO_PIN1);
        /*清除P1.1中断标志*/
        GPIO_clearInterruptFlag(GPIO_PORT_P1, GPIO_PIN1);
        /*P1.1下降沿触发中断*/
        GPIO_interruptEdgeSelect ( GPIO_PORT_P1, GPIO_PIN1,
    GPIO_HIGH_TO_LOW_TRANSITION );
        /*P1.1中断使能*/
        GPIO_enableInterrupt(GPIO_PORT_P1, GPIO_PIN1);
        /*设置DCO频率:12MHz*/
        CS_setDCOFrequency(12000000);
        /*时钟系统初始化，设置时钟源及分频系数*/
        CS_initClockSignal(CS_MCLK, CS_DCOCLK_SELECT, CS_CLOCK_DIVIDER_2);
//MCLK源于DCO，2分频
```

```
        CS_initClockSignal(CS_ACLK, CS_REFOCLK_SELECT, CS_CLOCK_DIVIDER_1);
//ACLK源于REFO，1分频
        CS_initClockSignal(CS_HSMCLK, CS_DCOCLK_SELECT,
CS_CLOCK_DIVIDER_4);//HSMCLK源于DCO，4分频
        CS_initClockSignal(CS_SMCLK, CS_DCOCLK_SELECT, CS_CLOCK_DIVIDER_4);
//SMCLK源于DCO，4分频
        CS_initClockSignal(CS_BCLK, CS_REFOCLK_SELECT, CS_CLOCK_DIVIDER_1);
//BCLK源于REFO，1分频
        /*OLED初始化*/
        OLED_Init();
        /*OLED清屏*/
        OLED_Clear();
        /*OLED显示字符及汉字*/
        OLED_ShowString(0,0,"MSP432",16);
        OLED_ShowCHinese(48,0,11); //原
        OLED_ShowCHinese(64,0,12);//理
        OLED_ShowCHinese(80,0,13);//及
        OLED_ShowCHinese(96,0,14);//使
        OLED_ShowCHinese(112,0,15);//用
        OLED_ShowString(0,2,"LPM0",16);
        OLED_ShowCHinese(32,2,16);//实
        OLED_ShowCHinese(48,2,17);//验
        /*使能PORT1中断*/
        Interrupt_enableInterrupt(INT_PORT1);
        /*打开全局中断*/
        Interrupt_enableMaster();
        Interrupt_enableMaster();
        /*退出中断后继续睡眠*/
        Interrupt_enableSleepOnIsrExit();
        PCM_gotoLPM0();//进入LPM0睡眠模式
    }
    //PORT1中断服务程序
    void PORT1_IRQHandler(void)
    {
        uint32_t ii;
        uint32_t status;
        /*关闭全局中断*/
        Interrupt_disableMaster ();
        /*读取P1中断状态*/
        status = GPIO_getEnabledInterruptStatus(GPIO_PORT_P1);
        /*清除P1中断标志*/
        GPIO_clearInterruptFlag(GPIO_PORT_P1, status);
        /*P1中断处理*/
        if(status & BIT1)
        {
            for (ii = 1000; ii > 0; ii--);  //计数延时按键消抖
            /*查询P1.1输入电平是否为低*/
            if(GPIO_getInputPinValue(GPIO_PORT_P1, GPIO_PIN1)== GPIO_INPUT_PIN_LOW)
            {
```

```
                /*P7.0输出电平翻转*/
                GPIO_toggleOutputOnPin(GPIO_PORT_P7 ,GPIO_PIN0);
            }
        }
        /*打开全局中断*/
        Interrupt_enableMaster();
    }
```

2．LPM3 模式实验

【例 9.1.2】LPM3 实验

系统初始化后进入 LPM3，使用 WDT 间隔定时唤醒 CPU，翻转 LED 后继续睡眠，通过按键修改看门狗定时时间。

软件设计：

```
    int main()
    {
        /*关闭看门狗*/
        WDT_A_holdTimer();
        /*P7.0配置为输出*/
        GPIO_setAsOutputPin(GPIO_PORT_P7, GPIO_PIN0);
        /*P7.0输出低电平，关闭LED*/
        GPIO_setOutputHighOnPin(GPIO_PORT_P7, GPIO_PIN0);
        /*P1.3配置为下拉输入*/
        GPIO_setAsInputPinWithPullDownResistor(GPIO_PORT_P1, GPIO_PIN3);
        /*清除P1.3中断标志*/
        GPIO_clearInterruptFlag(GPIO_PORT_P1, GPIO_PIN3);
        /*P1.3上升沿触发中断*/
        GPIO_interruptEdgeSelect ( GPIO_PORT_P1, GPIO_PIN3,
      GPIO_LOW_TO_HIGH_TRANSITION );
        /*P1.3中断使能*/
        GPIO_enableInterrupt(GPIO_PORT_P1, GPIO_PIN3);
        /*设置DCO频率:12MHz*/
        CS_setDCOFrequency(12000000);
        /*时钟系统初始化，设置时钟源及分频系数*/
        CS_initClockSignal(CS_MCLK, CS_DCOCLK_SELECT, CS_CLOCK_DIVIDER_2);
//MCLK源于DCO，2分频
        CS_initClockSignal(CS_ACLK, CS_REFOCLK_SELECT, CS_CLOCK_DIVIDER_1);
//ACLK源于REFO，1分频
        CS_initClockSignal(CS_HSMCLK, CS_DCOCLK_SELECT,
CS_CLOCK_DIVIDER_4);//HSMCLK源于DCO，4分频
        CS_initClockSignal(CS_SMCLK, CS_DCOCLK_SELECT, CS_CLOCK_DIVIDER_4);
//SMCLK源于DCO，4分频
        CS_initClockSignal(CS_BCLK, CS_REFOCLK_SELECT, CS_CLOCK_DIVIDER_1);
//BCLK源于REFO，1分频
        /*初始化看门狗,ACLK作为时钟源,计数值为32000, 32000/32768≈0.98s*/
WDT_A_initIntervalTimer(WDT_A_CLOCKSOURCE_ACLK,WDT_A_CLOCKITERATIONS_32K);
        /*OLED初始化*/
        OLED_Init();
        /*OLED清屏*/
        OLED_Clear();
```

```
    /*OLED显示字符及汉字*/
    OLED_ShowString(0,0,"MSP432",16);
    OLED_ShowCHinese(48,0,11); //原
    OLED_ShowCHinese(64,0,12);//理
    OLED_ShowCHinese(80,0,13);//及
    OLED_ShowCHinese(96,0,14);//使
    OLED_ShowCHinese(112,0,15);//用
    OLED_ShowString(0,2,"LPM3",16);
    OLED_ShowCHinese(32,2,16);//实
    OLED_ShowCHinese(48,2,17);//验
    OLED_ShowCHinese(0,4,18);//看
    OLED_ShowCHinese(16,4,19);//门
    OLED_ShowCHinese(32,4,20);//狗
    OLED_ShowCHinese(48,4,21);//唤
    OLED_ShowCHinese(64,4,22);//醒
    OLED_ShowCHinese(0,6,23);//定
    OLED_ShowCHinese(16,6,24);//时
    OLED_ShowCHinese(32,6,24);//时
    OLED_ShowCHinese(48,6,25);//间
    OLED_ShowString(64,6,":0.98s",16);
    /*使能PORT1中断*/
    Interrupt_enableInterrupt(INT_PORT1);
    /*使能看门狗中断*/
    Interrupt_enableInterrupt(INT_WDT_A);
    /*打开全局中断*/
    Interrupt_enableMaster();
    /*启动看门狗*/
    WDT_A_startTimer();
    while(1)
    {
        PCM_gotoLPM3();//进入LPM3深度睡眠模式
    }
}
//PORT1中断服务程序
void PORT1_IRQHandler(void)
{
    uint32_t ii;
    uint32_t status;
    static u8 Flag = 0;
    /*关闭全局中断*/
    Interrupt_disableMaster ();
    /*读取P1中断状态*/
    status = GPIO_getEnabledInterruptStatus(GPIO_PORT_P1);
    /*清除P1中断标志*/
    GPIO_clearInterruptFlag(GPIO_PORT_P1, status);
    /*P1中断处理*/
    if(status & BIT3)
    {
        for (ii = 10000; ii > 0; ii--);  //计数延时按键消抖
```

```
            /*查询P1.3输入电平是否为高*/
            if(GPIO_getInputPinValue(GPIO_PORT_P1, GPIO_PIN3)== GPIO_INPUT_PIN_HIGH)
            {
                if(Flag ==0)
                {
                    Flag =1;
      /*重新配置看门狗,ACLK作为时钟源,计数值为32000,32000/32768≈0.98s*/
                    WDT_A_initIntervalTimer(WDT_A_CLOCKSOURCE_ACLK, WDT_A_
CLOCKITERATIONS_32K);
                    /*启动看门狗*/
                    WDT_A_startTimer();
                    OLED_ClrarPageColumn(6,64);
                    OLED_ShowString(64,6,":0.98s",16);
                }
                else
                {
                    Flag =0;
    /*重新配置看门狗,ACLK作为时钟源,计数值为8192,8192/32768≈0.25s*/
WDT_A_initIntervalTimer(WDT_A_CLOCKSOURCE_ACLK,WDT_A_CLOCKITERATIONS_8192);
                    /*启动看门狗*/
                    WDT_A_startTimer();
                    OLED_ClrarPageColumn(6,64);
                    OLED_ShowString(64,6,":0.25s",16);
                }
            }
        }
        /*打开全局中断*/
        Interrupt_enableMaster();
    }
    //看门狗中断服务程序
    void WDT_A_IRQHandler(void)
    {
       GPIO_toggleOutputOnPin(GPIO_PORT_P7, GPIO_PIN0);
    }
```

3. LPM4 模式实验

【例 9.1.3】 LPM4 实验

系统初始化后进入 LPM4，外部中断唤醒 CPU，在主函数里翻转 LED，然后继续睡眠。

软件设计：

```
    int main()
    {
        u32 ii;
        /*关闭看门狗*/
        WDT_A_holdTimer();
        /*P7.0配置为输出*/
        GPIO_setAsOutputPin(GPIO_PORT_P7, GPIO_PIN0);
        /*P7.0输出低电平，关闭LED*/
        GPIO_setOutputHighOnPin(GPIO_PORT_P7, GPIO_PIN0);
        /*P1.3配置为下拉输入*/
```

```
        GPIO_setAsInputPinWithPullDownResistor(GPIO_PORT_P1, GPIO_PIN3);
        /*清除P1.3中断标志*/
        GPIO_clearInterruptFlag(GPIO_PORT_P1, GPIO_PIN3);
        /*P1.3上升沿触发中断*/
        GPIO_interruptEdgeSelect ( GPIO_PORT_P1, GPIO_PIN3,
    GPIO_LOW_TO_HIGH_TRANSITION );
        /*P1.3中断使能*/
        GPIO_enableInterrupt(GPIO_PORT_P1, GPIO_PIN3);
        /*设置DCO频率:4MHz*/
        CS_setDCOFrequency(4000000);
        /*时钟系统初始化，设置时钟源及分频系数*/
        CS_initClockSignal(CS_MCLK, CS_DCOCLK_SELECT, CS_CLOCK_DIVIDER_2);
//MCLK源于DCO，2分频
        CS_initClockSignal(CS_ACLK, CS_REFOCLK_SELECT, CS_CLOCK_DIVIDER_1);
//ACLK源于REFO，1分频
        CS_initClockSignal(CS_HSMCLK, CS_DCOCLK_SELECT,
CS_CLOCK_DIVIDER_4);//HSMCLK源于DCO，4分频
        CS_initClockSignal(CS_SMCLK, CS_DCOCLK_SELECT, CS_CLOCK_DIVIDER_4);
//SMCLK源于DCO，4分频
        CS_initClockSignal(CS_BCLK, CS_REFOCLK_SELECT, CS_CLOCK_DIVIDER_1);
//BCLK源于REFO，1分频
        /*OLED初始化*/
        OLED_Init();
        /*OLED清屏*/
        OLED_Clear();
        /*OLED显示字符及汉字*/
        OLED_ShowString(0,0,"MSP432",16);
        OLED_ShowCHinese(48,0,11); //原
        OLED_ShowCHinese(64,0,12);//理
        OLED_ShowCHinese(80,0,13);//及
        OLED_ShowCHinese(96,0,14);//使
        OLED_ShowCHinese(112,0,15);//用
        OLED_ShowString(0,2,"LPM4",16);
        OLED_ShowCHinese(32,2,16);//实
        OLED_ShowCHinese(48,2,17);//验
        /*使能PORT1中断*/
        Interrupt_enableInterrupt(INT_PORT1);
        /*打开全局中断*/
        Interrupt_enableMaster();
        /*唤醒后不再睡眠*/
        Interrupt_disableSleepOnIsrExit();
        /*进入LPM4深度睡眠模式*/
        PCM_gotoLPM4();
        while(1)
        {
            GPIO_toggleOutputOnPin(GPIO_PORT_P7,GPIO_PIN0);
            /*进入LPM4深度睡眠模式*/
            PCM_gotoLPM4();
        }
```

```
}
//PORT1中断服务程序
void PORT1_IRQHandler(void)
{
    uint32_t status;
    /*读取P1中断状态*/
    status = GPIO_getEnabledInterruptStatus(GPIO_PORT_P1);
    /*清除P1中断标志*/
    GPIO_clearInterruptFlag(GPIO_PORT_P1, status);
}
```

4．LPM3.5 实验

【例 9.1.4】设置 RTC 闹钟，同时 MSP432 进入 LPM3.5，通过按键启动 RTC 定时器，闹钟时间到后 RTC 中断请求唤醒处理器，此时产生硬复位，通过 LED 闪烁表示 RTC 唤醒处理器并触发了复位。

软件设计：

```
/* 当前时间 */
const RTC_C_Calendar currentTime =
{
    55,     //秒
    0,      //分
    12,     //时
    2,      //星期
    1,      //日
    10,     //月
    2019    //年
};
int main()
{
    u32 ii;
    /*关闭看门狗*/
    WDT_A_holdTimer();
    /*判断是否从LPM3.5唤醒复位*/
    if (RSTCTL->PCMRESET_STAT & RSTCTL_PCMRESET_STAT_LPM35)
    {
        /*P7.0配置为输出*/
        GPIO_setAsOutputPin(GPIO_PORT_P7, GPIO_PIN0);
        /*解锁PCM->CTL1寄存器,以复位PCM*/
        PCM->CTL1 = PCM_CTL1_KEY_VAL;
        while (1)
        {
            /*P7.0输出翻转*/
            GPIO_toggleOutputOnPin(GPIO_PORT_P7, GPIO_PIN0);
            /*计数延时*/
            for(ii=0;ii<100000;ii++);
        }
    }
    /*P7.0配置为输出*/
    GPIO_setAsOutputPin(GPIO_PORT_P7, GPIO_PIN0);
```

```
        /*P7.0输出高电平，关闭LED*/
        GPIO_setOutputHighOnPin(GPIO_PORT_P7, GPIO_PIN0);
        /*P1.3配置为下拉输入*/
        GPIO_setAsInputPinWithPullDownResistor(GPIO_PORT_P1, GPIO_PIN3);
        /*设置DCO频率:4MHz*/
        CS_setDCOFrequency(4000000);
        /*时钟系统初始化，设置时钟源及分频系数*/
        CS_initClockSignal(CS_MCLK, CS_DCOCLK_SELECT, CS_CLOCK_DIVIDER_2);
//MCLK源于DCO，2分频
        CS_initClockSignal(CS_ACLK, CS_REFOCLK_SELECT, CS_CLOCK_DIVIDER_1);
//ACLK源于REFO，1分频
        CS_initClockSignal(CS_HSMCLK, CS_DCOCLK_SELECT,
CS_CLOCK_DIVIDER_4);//HSMCLK源于DCO，4分频
        CS_initClockSignal(CS_SMCLK, CS_DCOCLK_SELECT, CS_CLOCK_DIVIDER_4);
//SMCLK源于DCO，4分频
        CS_initClockSignal(CS_BCLK, CS_REFOCLK_SELECT, CS_CLOCK_DIVIDER_1);
//BCLK源于REFO，1分频
        /*设置RTC当前时间,二进制格式*/
        RTC_C_initCalendar(&currentTime, RTC_C_FORMAT_BINARY);
        /*设置闹钟,12:01*/
        RTC_C_setCalendarAlarm(1, 12, RTC_C_ALARMCONDITION_OFF,RTC_C_
ALARMCONDITION_OFF);
        /*清除RTC闹钟中断标志*/
        RTC_C_clearInterruptFlag(RTC_C_CLOCK_ALARM_INTERRUPT);
        /*使能RTC闹钟中断*/
        RTC_C_enableInterrupt(RTC_C_CLOCK_ALARM_INTERRUPT);
        /*OLED初始化*/
        OLED_Init();
        /*OLED清屏*/
        OLED_Clear();
        /*OLED显示字符及汉字*/
        OLED_ShowString(0,0,"MSP432",16);
        OLED_ShowCHinese(48,0,11); //原
        OLED_ShowCHinese(64,0,12);//理
        OLED_ShowCHinese(80,0,13);//及
        OLED_ShowCHinese(96,0,14);//使
        OLED_ShowCHinese(112,0,15);//用
        OLED_ShowString(0,2,"LPM3.5",16);
        OLED_ShowCHinese(48,2,16);//实
        OLED_ShowCHinese(64,2,17);//验
        OLED_ShowString(0,4,"RTC",16);
        OLED_ShowCHinese(24,4,21);//唤
        OLED_ShowCHinese(40,4,22);//醒
        /*使能RTC中断*/
        Interrupt_enableInterrupt(INT_RTC_C);
        /*打开全局中断*/
        Interrupt_enableMaster();
        /*等待P1.3输入高电平，即按键按下启动RTC*/
        while(GPIO_getInputPinValue(GPIO_PORT_P1, GPIO_PIN3) !=
```

```
GPIO_INPUT_PIN_HIGH);
        /*P7.0输出低电平，打开LED*/
        GPIO_setOutputLowOnPin(GPIO_PORT_P7, GPIO_PIN0);
        /*启动RTC计数器*/
        RTC_C_startClock();
        /*设置LPM3.5*/
        PCM->CTL0 = PCM_CTL0_KEY_VAL | PCM_CTL0_LPMR__LPM35;
        /*设置深度睡眠*/
        SCB->SCR |= (SCB_SCR_SLEEPDEEP_Msk);
        /*延时以确保深度睡眠立即生效*/
        __DSB();
        /*睡眠*/
        __sleep();
    }
    void RTC_C_IRQHandler(void)
    {
        uint32_t status;
        /*读取RTC中断标志*/
        status = RTC_C_getEnabledInterruptStatus();
        /*清除RTC中断标志*/
        RTC_C_clearInterruptFlag(status);
    }
```

5．LPM4.5 实验

【例 9.1.5】先进入 LPM4.5，外部中断唤醒处理器，产生复位，通过 LED 闪烁表示外部中断唤醒了处理器并触发了复位。

软件设计：

```
    int main()
    {
        u32 ii;
        /*关闭看门狗*/
        WDT_A_holdTimer();
        /*判断是否从LPM4.5唤醒复位*/
        if (RSTCTL->PCMRESET_STAT & RSTCTL_PCMRESET_STAT_LPM45)
        {
            /*P7.0配置为输出*/
            GPIO_setAsOutputPin(GPIO_PORT_P7, GPIO_PIN0);
            /*解锁PCM->CTL1寄存器,以复位PCM*/
            PCM->CTL1 = PCM_CTL1_KEY_VAL;
            while (1)
            {
                /*P7.0输出翻转*/
                GPIO_toggleOutputOnPin(GPIO_PORT_P7, GPIO_PIN0);
                /*计数延时*/
                for(ii=0;ii<100000;ii++);
            }
        }
        /*P7.0配置为输出*/
        GPIO_setAsOutputPin(GPIO_PORT_P7, GPIO_PIN0);
```

```
        /*P7.0输出高电平，关闭LED*/
        GPIO_setOutputHighOnPin(GPIO_PORT_P7, GPIO_PIN0);
        /*P1.3配置为下拉输入*/
        GPIO_setAsInputPinWithPullDownResistor(GPIO_PORT_P1, GPIO_PIN3);
        /*清除P1.3中断标志*/
        GPIO_clearInterruptFlag(GPIO_PORT_P1, GPIO_PIN3);
        /*P1.3上升沿触发中断*/
        GPIO_interruptEdgeSelect ( GPIO_PORT_P1, GPIO_PIN3,
    GPIO_LOW_TO_HIGH_TRANSITION );
        /*P1.3中断使能*/
        GPIO_enableInterrupt(GPIO_PORT_P1, GPIO_PIN3);
        /*设置DCO频率:4MHz*/
        CS_setDCOFrequency(4000000);
        /*时钟系统初始化，设置时钟源及分频系数*/
        CS_initClockSignal(CS_MCLK, CS_DCOCLK_SELECT, CS_CLOCK_DIVIDER_2);
//MCLK源于DCO，2分频
        CS_initClockSignal(CS_ACLK, CS_REFOCLK_SELECT, CS_CLOCK_DIVIDER_1);
//ACLK源于REFO，1分频
        CS_initClockSignal(CS_HSMCLK, CS_DCOCLK_SELECT,
CS_CLOCK_DIVIDER_4);//HSMCLK源于DCO，4分频
        CS_initClockSignal(CS_SMCLK, CS_DCOCLK_SELECT, CS_CLOCK_DIVIDER_4);
//SMCLK源于DCO，4分频
        CS_initClockSignal(CS_BCLK, CS_REFOCLK_SELECT, CS_CLOCK_DIVIDER_1);
//BCLK源于REFO，1分频
        /*OLED初始化*/
        OLED_Init();
        /*OLED清屏*/
        OLED_Clear();
        /*OLED显示字符及汉字*/
        OLED_ShowString(0,0,"MSP432",16);
        OLED_ShowCHinese(48,0,11); //原
        OLED_ShowCHinese(64,0,12);//理
        OLED_ShowCHinese(80,0,13);//及
        OLED_ShowCHinese(96,0,14);//使
        OLED_ShowCHinese(112,0,15);//用
        OLED_ShowString(0,2,"LPM4.5",16);
        OLED_ShowCHinese(48,2,16);//实
        OLED_ShowCHinese(64,2,17);//验
        OLED_ShowString(0,4,"I/O",16);
        OLED_ShowCHinese(24,4,21);//唤
        OLED_ShowCHinese(40,4,22);//醒
        /*使能PORT1中断*/
        Interrupt_enableInterrupt(INT_PORT1);
        /*打开全局中断*/
        Interrupt_enableMaster();
        /*设置LPM4.5*/
        PCM->CTL0 = PCM_CTL0_KEY_VAL | PCM_CTL0_LPMR__LPM45;
```

```
    /*设置深度睡眠*/
    SCB->SCR |= (SCB_SCR_SLEEPDEEP_Msk);
    /*延时以确保深度睡眠立即生效*/
    __DSB();
    /*睡眠*/
    __sleep();
}
//PORT1中断服务程序
void PORT1_IRQHandler(void)
{
    uint32_t status;
    /*读取P1中断状态*/
    status = GPIO_getEnabledInterruptStatus(GPIO_PORT_P1);
    /*清除P1中断标志*/
   GPIO_clearInterruptFlag(GPIO_PORT_P1, status);
}
```

9.2　供电系统（PSS）

9.2.1　PSS 原理

供电系统（PSS）负责控制系统供电，PSS 功能如下。

- 宽范围的电源电压：1.62～3.7V，开机时需要 1.65V。
- 通过 VCCDET 检测电源开关状态。
- 产生设备内核电压 V_{CORE}。
- 用于 V_{CC} 的电源电压监控器。
- 软件可通过复位控制寄存器访问电源故障指示器。

PSS 管理与电源相关的内容并提供监测机制。它的主要功能是为内核提供合适的电压并监测电源电压。PSS 使用集成稳压器从 V_{CC} 生成 V_{CORE}。V_{CORE} 为 CPU、存储器及各个数字模块供电，V_{CC} 为 I/O 口和模拟模块供电。V_{CORE} 输出通过一个专用参考源进行维持，V_{CORE} 的高低是可编程的，这样在运行速度不是很高时可以降低电压以节省能源。V_{CCS} 受 SVSMH 监控，当低于阈值电压（通常是 V_{CORE}）时，会产生相应的中断事件。PSS 结构框图如图 9.2.1 所示。

1. SVSMH

SVSMH 监控高压侧电压 V_{CC}。默认状态 SVSMH 处于全性能模式，可以通过 SVSMHOFF 位关闭 SVSMH。低功耗模式下 SVSMH 也可处于全性能模式，置位 SVSMHLP 即可，但这时响应时间会延长。

默认状态下（SVSMHS=0），SVSMH 用于监督功能，当电压低于预设的阈值电压时，会置位复位控制寄存器相应位，可以产生复位。

若 SVSMH 用于监控功能（SVSMHS=1），则电压低于阈值电压时会置位 SVSMHIFG 中断标志， SVSMHIE = 1 会请求中断。中断处理后如果它仍低于阈值电压，则 SVSMHIFG 会再次被置位直到被软件清除或发生复位为止。而且在这个模式下还可以通过置位 SVMHOE 把 SVSMHIFG 的状态输出到引脚 SVMHOUT 上，SVMHOUTPOLAL 选择是高电平有效还是低电平有效。如果清除了 SVMHOE 位，则 SVMHOUT 上输出正确的 DV_{CC} 电压。

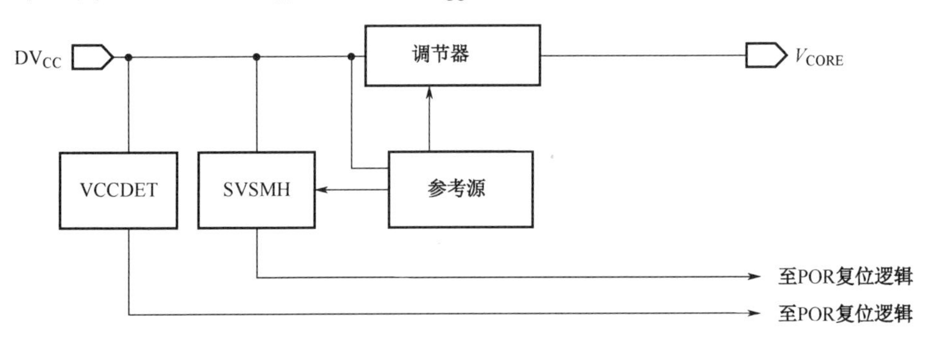

图 9.2.1　PSS 结构框图

2. VCCDET

VCCDET 是极低功耗的电路用于设备合理可靠的上电、断电功能。由于 VCCDET 阈值电压是不精确的，所以不建议把它用于片上供电电压监控，对于高精度电压监控的应用，应该使用 SVSMH。当 SVSMH 被禁止时发生了供电故障，或者故障速度超过 SVSMH 模块的响应速度时，VCCDET 会生成 POR 复位。该操作不保证设备的受控断电，而是会发生异步复位。当电源随后可用时，设备将上电，并在 POR 信号被取消后达到默认的活跃模式。

3. PSS 中断

PSS 只产生一个中断，SVSMH 在监控模式下触发，中断标志为 SVSMHIFG。该中断可以通过相应的 SYSCTL 和 NVIC 寄存器配置为可屏蔽中断或不可屏蔽中断。

4. PSS 相关寄存器

PSS 相关寄存器如表 9.2.1 所示（PPS 基地址：0x4001_0800）。

表 9.2.1　PSS 相关寄存器

寄存器名称	缩　写	地址偏移
控制寄存器 0	PCMCTL0	00h
控制寄存器 1	PCMCTL1	04h
中断使能	PCMIE	08h
中断标志	PCMIFG	0Ch
清除中断标志	PCMCLRIFG	10h

9.2.2　PSS 库函数

（1）void PSS_clearInterruptFlag (void)

功能：清除中断标志

参数 1：无

返回：无

（2）void PSS_disableForcedDCDCOperation (void)

功能：禁止 DC-DC 强制模式操作

参数 1：无

返回：无

（3）void PSS_disableHighSide (void)
功能：禁止高压侧监督/监测
参数 1：无
返回：无
（4）void PSS_disableHighSideMonitor (void)
功能：高压侧作为 supervisor
参数 1：无
返回：无
（5）void PSS_disableHighSidePinToggle (void)
功能：禁止高压侧中断标志在设备上的输出（SVMHOUT）
参数 1：无
返回：无
（6）void PSS_disableInterrupt (void)
功能：禁止中断
参数 1：无
返回：无
（7）void PSS_enableForcedDCDCOperation (void)
功能：使能 DC-DC 强制模式操作
参数 1：无
返回：无
（8）void PSS_enableHighSide (void)
功能：使能高压侧监督/监测
参数 1：无
返回：无
（9）void PSS_enableHighSideMonitor (void)
功能：使能高压侧 monitor 模式
参数 1：无
返回：无
（10）void PSS_enableHighSidePinToggle (bool activeLow)
功能：高压侧中断标志在设备上的输出（SVMHOUT）
参数 1：产生 SVSMHIFG 时输出逻辑低电平
返回：无
（11）void PSS_enableInterrupt (void)
功能：使能中断
参数 1：无
返回：无
（12）uint_fast8_t PSS_getHighSidePerformanceMode (void)
功能：读取高压侧稳压器操作模式
参数 1：无
返回：操作模式
（13）uint_fast8_t PSS_getHighSideVoltageTrigger (void)
功能：读取高压侧触发复位的电压
参数 1：无

返回：电压

（14）uint32_t PSS_getInterruptStatus (void)

功能：读取中断状态

参数 1：无

返回：中断状态

（15）void PSS_setHighSidePerformanceMode (uint_fast8_t powerMode)

功能：设置高压侧稳压器操作模式

参数 1：操作模式

返回：无

使用举例：

```
PSS_setHighSidePerformanceMode(PSS_FULL_PERFORMANCE_MODE);//全性能模式
```

（16）void PSS_setHighSideVoltageTrigger (uint_fast8_t triggerVoltage)

功能：设置高压侧触发复位的电压

参数 1：触发电压

返回：无

使用举例：

```
PSS_setHighSideVoltageTrigger(0);//触发复位电压为1.57V
```

9.2.3 PSS 应用实例

【例 9.2.1】 PSS 实验

测量比较 PSS 打开监控和关闭监控的两种条件下电流消耗，开始关闭 PSS 监控功能，按下按键后打开 PSS 监控功能，此时耗电会加快。

软件设计：

```
int main()
{
    /*关闭看门狗*/
    WDT_A_holdTimer();
    /*P7.0配置为输出*/
    GPIO_setAsOutputPin(GPIO_PORT_P7, GPIO_PIN0);
    /*P7.0输出低电平，关闭LED*/
    GPIO_setOutputHighOnPin(GPIO_PORT_P7, GPIO_PIN0);
    /*P1.1配置为上拉输入*/
    GPIO_setAsInputPinWithPullUpResistor(GPIO_PORT_P1, GPIO_PIN1);
    /*清除P1.1中断标志*/
    GPIO_clearInterruptFlag(GPIO_PORT_P1, GPIO_PIN1);
    /*P1.1下降沿触发中断*/
    GPIO_interruptEdgeSelect ( GPIO_PORT_P1, GPIO_PIN1,
GPIO_HIGH_TO_LOW_TRANSITION );
    /*P1.1中断使能*/
    GPIO_enableInterrupt(GPIO_PORT_P1, GPIO_PIN1);
    /*设置DCO频率:12MHz*/
    CS_setDCOFrequency(12000000);
    /*时钟系统初始化，设置时钟源及分频系数*/
    CS_initClockSignal(CS_MCLK, CS_DCOCLK_SELECT, CS_CLOCK_DIVIDER_2);
```

```
//MCLK源于DCO，2分频
        CS_initClockSignal(CS_ACLK, CS_REFOCLK_SELECT, CS_CLOCK_DIVIDER_1);
//ACLK源于REFO，1分频
        CS_initClockSignal(CS_HSMCLK, CS_DCOCLK_SELECT,
CS_CLOCK_DIVIDER_4);//HSMCLK源于DCO，4分频
        CS_initClockSignal(CS_SMCLK, CS_DCOCLK_SELECT, CS_CLOCK_DIVIDER_4);
//SMCLK源于DCO，4分频
        CS_initClockSignal(CS_BCLK, CS_REFOCLK_SELECT,
CS_CLOCK_DIVIDER_1);//BCLK源于REFO，1分频
        /*OLED初始化*/
        OLED_Init();
        /*OLED清屏*/
        OLED_Clear();
        /*OLED显示字符及汉字*/
        OLED_ShowString(0,0,"MSP432",16);
        OLED_ShowCHinese(48,0,11); //原
        OLED_ShowCHinese(64,0,12);//理
        OLED_ShowCHinese(80,0,13);//及
        OLED_ShowCHinese(96,0,14);//使
        OLED_ShowCHinese(112,0,15);//用
        OLED_ShowString(0,2,"PSS",16);
        OLED_ShowCHinese(24,2,16);//实
        OLED_ShowCHinese(40,2,17);//验
        /* 关闭高侧监控 */
        PSS_disableHighSide();
        /*使能PORT1中断*/
        Interrupt_enableInterrupt(INT_PORT1);
        /*打开全局中断*/
        Interrupt_enableMaster();
        while(1)
        {
            PCM_gotoLPM0();//进入LPM0睡眠状态
        }
    }
    //PORT1中断服务程序
    void PORT1_IRQHandler(void)
    {
        uint32_t ii;
        uint32_t status;
        /*关闭全局中断*/
        Interrupt_disableMaster ();
        /*读取P1中断状态*/
        status = GPIO_getEnabledInterruptStatus(GPIO_PORT_P1);
        /*清除P1中断标志*/
        GPIO_clearInterruptFlag(GPIO_PORT_P1, status);
        /*P1中断处理*/
        if(status & BIT3)
```

```
        {
            for (ii = 10000; ii > 0; ii--);  //计数延时按键消抖
            /*查询P1.3输入电平是否为高*/
            if(GPIO_getInputPinValue(GPIO_PORT_P1, GPIO_PIN3)==GPIO_INPUT_PIN_
HIGH)
            {
                /* 打开高侧监控 */
                PSS_enableHighSide();
                /*P7.0输出翻转*/
                GPIO_toggleOutputOnPin(GPIO_PORT_P7, GPIO_PIN0);
            }
        }
        /*打开全局中断*/
        Interrupt_enableMaster();
    }
```

9.3 参考模块（REF_A）

9.3.1 REF_A 原理

REF_A 产生参考电压，供 MSP432 中的各种模拟模块使用。REF_A 的核心来自其他参考电压的带隙，这些参考电压都是由统一级或非逆变增益级导出的。REF_A 中的 REFGEN 子系统由带隙、带隙偏置和产生系统中可用的主电压引用的非逆变缓冲级组成，生成基本的参考电压 1.2V、1.45V 和 2.5V。

REF_A 的功能如下。

- 集中式工厂校准带隙，具有良好的 PSRR、温度系数和精度。
- 1.2V、1.45V 或 2.5V 用户可选择的内部参考电压。
- 缓冲带隙电压可用于系统的其余部分。
- 节电功能。
- 硬件参考请求和带隙参考就绪信号及安全运行的可变参考电压。

REF_A 的内部结构如图 9.3.1 所示。

REF_A 提供 MSP432 上各模拟模块所需的参考电压。REF_A 包含一个高性能的带隙基准。该带隙具有良好的精度（出厂标定）、低温系数、低功率运行时的高 PSRR。带隙电压用于通过非逆变放大器级产生 1.2V、1.45V 和 2.5V 参考电压，一次可以选择一个电压。REF_A 的第二个输出提供缓冲带隙引用。置位 REFCTL0 寄存器的 REFON 位，使能带隙、带隙偏置、非逆变缓冲器级和单位增益缓冲器。

REF_A 可以支持低功耗的应用，如 LCD 的生成。与数据转换相比，这些程序中的许多应用并不需要非常精确的参考，但是低功耗是非常重要的。为了支持这类应用，可以在采样模式下使用带隙。在采样模式下，带隙电路在 VLO 时钟适当的占空比上计时。这大大降低了带隙电路的平均功率，但代价是精度。当不处于采样模式时，带隙处于静态模式，这种情况下功耗很高，同时精度也是最高的。

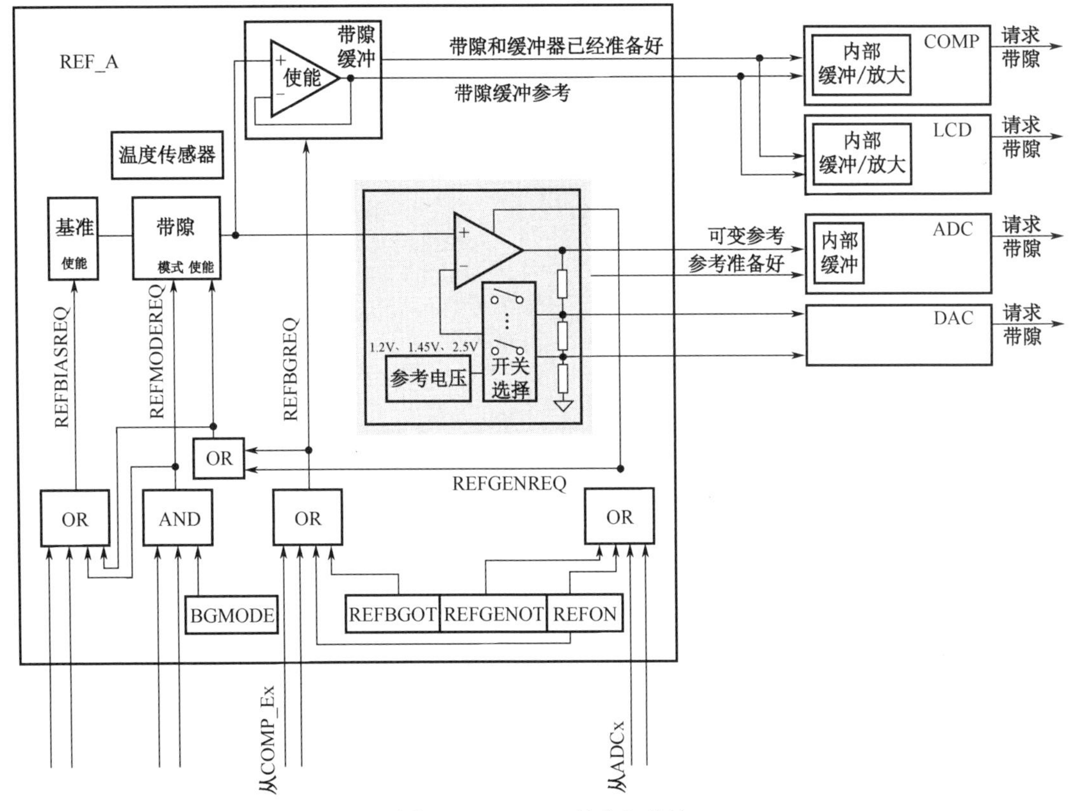

图 9.3.1　REF_A 的内部结构

模拟模块可以通过自己单独的请求行自动请求静态模式或采样模式。通过这种方式，每个模块决定哪种模式适合其适当的操作和性能。任何一个请求静态模式的活动模拟模块都会导致所有其他模拟模块使用静态模式，即使另一个模拟模块正在请求采样模式。换句话说，静态模式请求总是比采样模式请求具有更高的优先级。当参考位被设置时，带隙和带隙偏置在静态模式下工作。

REF_A 相关寄存器如表 9.3.1 所示（REF_A 基地址：0x4000_3000）。

表 9.3.1　REF_A 相关寄存器

寄存器名称	缩　写	地 址 偏 移
REF_A 控制寄存器 0	REFCTL0	00h

9.3.2　REF_A 库函数

（1）void REF_A_disableReferenceVoltage (void)

功能：禁止参考电压模块

参数 1：无

返回：无

（2）void REF_A_disableReferenceVoltageOutput (void)

功能：禁止参考电压输出

参数 1：无

返回：无

（3）void REF_A_disableTempSensor (void)
功能：禁止片上温度传感器
参数 1：无
返回：无
（4）void REF_A_enableReferenceVoltage (void)
功能：使能参考模块
参数 1：无
返回：无
（5）void REF_A_enableReferenceVoltageOutput (void)
功能：使能参考电压输出
参数 1：无
返回：无
（6）void REF_A_enableTempSensor (void)
功能：使能片上温度传感器
参数 1：无
返回：无
（7）uint_fast8_t REF_A_getBandgapMode (void)
功能：获取 REF 模块的带隙模式
参数 1：无
返回：静态模式返回 REF_A_STATICMODE，采样模式返回 REF_A_SAMPLEMODE
（8）bool REF_A_getBufferedBandgapVoltageStatus (void)
功能：获取 REF 模块中参考生成器的繁忙状态
参数 1：无
返回：如果缓冲带隙电压已就绪，则返回 true，否则返回 false
（9）bool REF_A_getVariableReferenceVoltageStatus (void)
功能：获取 REF 模块中可变参考电压的繁忙状态
参数 1：无
返回：如果使用可变带隙电压，则返回 true，否则返回 false
（10）bool REF_A_isBandgapActive (void)
功能：判断 REF 模块带隙是否活跃
参数 1：无
返回：带隙能被使用返回 true，否则返回 false
（11）bool REF_A_isRefGenActive (void)
功能：判断参考电压生成器是否活跃
参数 1：无
返回：活跃返回 true，否则返回 false
（12）bool REF_A_isRefGenBusy (void)
功能：获取参考电压生成器的繁忙状态
参数 1：无
返回：参考电压生成器正在被使用返回 true，否则返回 false
（13）void REF_A_setBufferedBandgapVoltageOneTimeTrigger (void)
功能：使能缓冲带隙电压的一次性触发器
参数 1：无

返回：无

（14）void REF_A_setReferenceVoltage (uint_fast8_t referenceVoltageSelect)

功能：设置基准电压大小

参数 1：基准电压

返回：无

使用举例：

```
REF_A_setReferenceVoltage(REF_A_VREF1_2V);//设置基准电压为1.2V
```

（15）void REF_A_setReferenceVoltageOneTimeTrigger (void)

功能：使能基准电压的一次性触发器

参数 1：无

返回：无

9.3.3　REF_A 应用实例

【例 9.3.1】REF 实验

使能 REF_A 参考电压生成模块，设置参考电压，通过 I/O 口输出，连接示波器测量参考电压，同时按键用于设定不同的参考电压，观察示波器测量的参考电压的变化。

（1）硬件设计：用示波器连接 REF_A 输出端口 P5.6，观察电压变化情况。

（2）软件设计：

```
    int main()
    {
        /*关闭看门狗*/
        WDT_A_holdTimer();
        /*P7.0配置为输出*/
        GPIO_setAsOutputPin(GPIO_PORT_P7, GPIO_PIN0);
        /*P7.0输出低电平，关闭LED*/
        GPIO_setOutputHighOnPin(GPIO_PORT_P7, GPIO_PIN0);
        /*P1.1配置为上拉输入*/
        GPIO_setAsInputPinWithPullUpResistor(GPIO_PORT_P1, GPIO_PIN1);
        /*P5.6复用为REF_A参考电压输出*/
        GPIO_setAsPeripheralModuleFunctionOutputPin(GPIO_PORT_P5,
    GPIO_PIN6,GPIO_TERTIARY_MODULE_FUNCTION);
        /*清除P1.1中断标志*/
        GPIO_clearInterruptFlag(GPIO_PORT_P1, GPIO_PIN1);
        /*P1.1下降沿触发中断*/
        GPIO_interruptEdgeSelect ( GPIO_PORT_P1, GPIO_PIN1,
    GPIO_HIGH_TO_LOW_TRANSITION );
        /*P1.1中断使能*/
        GPIO_enableInterrupt(GPIO_PORT_P1, GPIO_PIN1);
        /*设置DCO频率:12MHz*/
        CS_setDCOFrequency(12000000);
        /*时钟系统初始化，设置时钟源及分频系数*/
        CS_initClockSignal(CS_MCLK, CS_DCOCLK_SELECT, CS_CLOCK_DIVIDER_2);
//MCLK源于DCO，2分频
        CS_initClockSignal(CS_ACLK, CS_REFOCLK_SELECT, CS_CLOCK_DIVIDER_1);
//ACLK源于REFO，1分频
```

```
    CS_initClockSignal(CS_HSMCLK, CS_DCOCLK_SELECT,
CS_CLOCK_DIVIDER_4);//HSMCLK源于DCO，4分频
    CS_initClockSignal(CS_SMCLK, CS_DCOCLK_SELECT, CS_CLOCK_DIVIDER_4);
//SMCLK源于DCO，4分频
    CS_initClockSignal(CS_BCLK, CS_REFOCLK_SELECT, CS_CLOCK_DIVIDER_1);
  //BCLK源于REFO，1分频
    /*使能REF_A参考电压模块*/
    REF_A_enableReferenceVoltage();
    /*使能REF_A参考电压输出*/
    REF_A_enableReferenceVoltageOutput();
    /*设置参考电压为1.2V*/
    REF_A_setReferenceVoltage(REF_A_VREF1_2V);
    /*OLED初始化*/
    OLED_Init();
    /*OLED清屏*/
    OLED_Clear();
    /*OLED显示字符及汉字*/
    OLED_ShowString(0,0,"MSP432",16);
    OLED_ShowCHinese(48,0,11); //原
    OLED_ShowCHinese(64,0,12);//理
    OLED_ShowCHinese(80,0,13);//及
    OLED_ShowCHinese(96,0,14);//使
    OLED_ShowCHinese(112,0,15);//用
    OLED_ShowString(0,2,"REF_A",16);
    OLED_ShowCHinese(40,2,16);//实
    OLED_ShowCHinese(56,2,17);//验
    OLED_ShowString(0,4,"Vref:",16);
    OLED_ShowString(40,4,"1.2V",16);
    /*使能PORT1中断*/
    Interrupt_enableInterrupt(INT_PORT1);
    /*打开全局中断*/
    Interrupt_enableMaster();
    while(1)
    {
        PCM_gotoLPM0();//进入LPM0睡眠状态
    }
  }
  //PORT1中断服务程序
  void PORT1_IRQHandler(void)
  {
    uint32_t ii;
    uint32_t status;
    static u8 Flag =0;
    /*关闭全局中断*/
    Interrupt_disableMaster ();
    /*读取P1中断状态*/
    status = GPIO_getEnabledInterruptStatus(GPIO_PORT_P1);
    /*清除P1中断标志*/
    GPIO_clearInterruptFlag(GPIO_PORT_P1, status);
```

```
    /*P1中断处理*/
    if(status & BIT1)
    {
        for (ii = 2000; ii > 0; ii--);  //计数延时按键消抖
        /*查询P1.1输入电平是否为低*/
        if(GPIO_getInputPinValue(GPIO_PORT_P1,
GPIO_PIN1)==GPIO_INPUT_PIN_LOW)
        {
            switch(Flag)
            {
             case 0 :
                REF_A_setReferenceVoltage(REF_A_VREF1_2V);//参考电压1.2V
                OLED_ClrarPageColumn(4,40);
                OLED_ShowString(40,4,"1.2V",16);
                break;
             case 1 :
                REF_A_setReferenceVoltage(REF_A_VREF1_45V);//参考电压1.45V
                OLED_ClrarPageColumn(4,40);
                OLED_ShowString(40,4,"1.45V",16);
                break;
             case 2 :
                REF_A_setReferenceVoltage(REF_A_VREF2_5V);//参考电压2.5V
                OLED_ClrarPageColumn(4,40);
                OLED_ShowString(40,4,"2.5V",16);
                break;
             default:
                break;
            }
            Flag ++;
            if(Flag == 3) Flag =0;//计数限幅
            /*P7.0输出电平翻转*/
            GPIO_toggleOutputOnPin(GPIO_PORT_P7, GPIO_PIN0);
        }
    }
    /*打开全局中断*/
    Interrupt_enableMaster();
}
```

9.4　小结与思考

本章介绍了 MSP432 的电源管理相关资源的原理与应用实例，包括 PCM、PSS 和 REF_A。

PCM 用于优化系统功耗，根据不同的应用选择合适的电源模式，让电源配置最佳。

PSS 管理与电源相关的内容并提供监测机制。它的主要功能是为内核提供合适的电压并监测电源电压。

REF_A 模块产生参考电压，供 MSP432 中的各种模拟模块使用。

习题与思考

9-1 MSP432 低功耗原理是什么？有哪些低功耗模式？各有什么特点?

9-2 MSP432 处于 LPM3 时有哪些唤醒源？

9-3 PSS 的作用是什么？在哪些条件下可以使用？

9-4 REF_A 能生成哪几种电压？

第 10 章　内 部 存 储

内部存储是指 MSP432 处理器中和存储区相关联的模块，包括直接存储器访问（DMA）、闪存控制器（FlashCtl）、浮点处理单元（FPU）、内存保护单元（MPU），它们都涉及存储器相关操作，这也是 MSP432 处理器的高性能所在，本章重点讲述这些单元的结构、原理和功能。

本章介绍 MSP432 内部存储相关资源：DMA、FlashCtl、FPU、MPU。

本章导读：10.1 节细读并理解，动手实践 10.2 节、10.3 节、10.4 节并做好笔记，完成习题。对于 MSP432 初学者，一般应用场合可粗读本章内容，对于有过 MSP432 开发经历的读者，可以参考本章内容，实现 MSP432 的高级应用。

10.1　直接存储器访问（DMA）

10.1.1　DMA 原理

直接存储器访问（Direct Memory Access，DMA），通常情况下，外设寄存器与内部存储器的数据交换都需要通过 CPU 实现。例如，当需要把外设寄存器的内容写到某一块内存区时，先把数据传到 CPU 内部寄存器，再把数据传到目的内存区；同理，当把内存区的数据写到某一外设寄存器时，先把数据传到 CPU 寄存器，再把数据传到外设寄存器。在传输数据量较小时，这个过程的效率问题显得不是很突出，但当需要传输大量数据时，这种传输方式的效率很低。CPU 只是把数据缓存了一下然后传出去，实际上没有做任何有意义的事情，这不仅浪费了 CPU 的时间，还让传输数据的时间延长，而使用 DMA 进行数据传输就能避免这种情况的发生。DMA 将数据通过总线送至目的地，不经过 CPU，时间比之前的方式缩短一半，同时支持外设寄存器和内存区数据双向传输，两种方式的传输过程如图 10.1.1 所示。

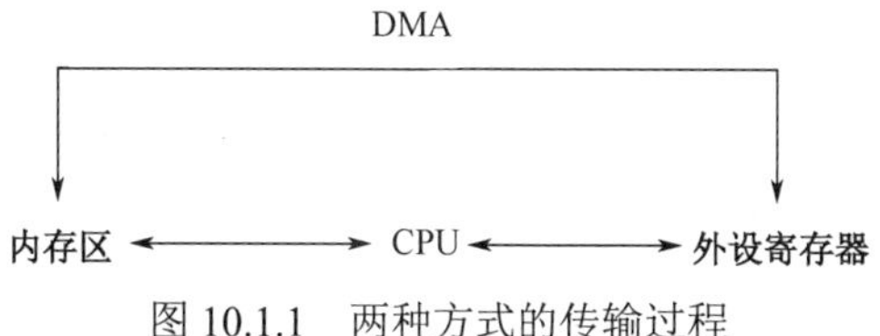

图 10.1.1　两种方式的传输过程

DMA 传输方式不经过 CPU，CPU 在数据传输期间可以做其他事情，但此时总线被 DMA 占据，总线相关的事情需要等 DMA 释放总线后才能进行。使用 DMA 方式进行数据传输能够满足大量数据的快速传输需求，提高传输效率，如摄像头图像数据，而且在数据传输期间，CPU 可以处理其他事情，能够提高系统的工作效率。

MSP432P4xx 系列微控制器的 DMA 是围绕 ARM PL230 微 DMA 控制器（μDMAC）构建的。

μDMAC 是一种先进的微控制器总线体系结构（AMBA）兼容的片上系统（SoC）外围设备，由 ARM 开发、测试和授权。

其主要特点如下。

- 与 AHB-Lite 兼容，用于 DMA 传输。
- 与 APB 兼容，用于寄存器编程。
- 使用 32 位地址总线和 32 位数据总线传输数据的单 AHB-Lite 主设备。
- 多个独立的 DMA 通道（DMA 通道的数量取决于设备）。
- 每个 DMA 通道都有专用的握手信号。
- 每个 DMA 通道都有一个可编程的优先级。
- 使用固定优先级仲裁具有相同优先级的多个通道，该优先级由 DMA 通道号决定。
- 支持多种传输类型：
  - 内存到内存传输；
  - 内存到外设传输；
  - 外设到内存传输。
- 支持多种 DMA 周期类型。
- 支持多个 DMA 传输数据宽度。
- 每个 DMA 通道都可以访问主通道和备用通道控制数据结构。
- 所有通道控制数据以小端格式存储在系统内存中。
- 使用单个 AHB-Lite 突发类型执行所有 DMA 传输。
- 目标数据宽度等于源数据宽度。
- 单个 DMA 周期内的传输数量可编程为 1～1024。
- 传输地址增量可以大于数据宽度。
- 单输出，用于指示 AHB 总线上何时出现错误情况。
- 不使用时自动进入低功耗模式。
- 用户可以选择每个通道的触发器。
- 支持每个通道的软件触发。
- 原始和屏蔽中断，以实现最佳中断处理。

DMA 内部结构如图 10.1.2 所示。

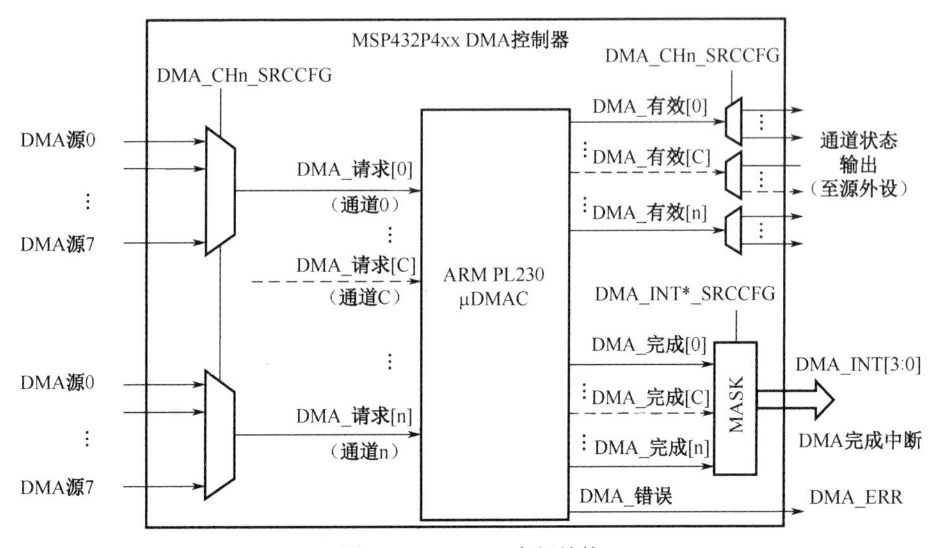

图 10.1.2　DMA 内部结构

1. 仲裁率

这里的“仲裁”指的是 DMA 通道优先级仲裁，当某个通道发出请求时，控制器将对所有发出请求的通道进行仲裁，并为其中优先级最高的通道提供数据传输服务。一旦开始传输，将传输一定的数据量，之后再对发出请求的通道仲裁，这里的传输数据的次数即为仲裁率。

控制器提供 4 个二进制位进行配置仲裁率，称为 R_power，这 4 位数决定了在下次仲裁前需要传输多少次数据。仲裁率在 1～1024 之间，仲裁率的大小为 2^R，例如，R=4，表明仲裁率为 2^4，意味着控制器每 16 个 DMA 传输仲裁一次。

建议不要给低优先级通道一个很大的仲裁率，因为这样做会阻止高优先级通道请求的快速响应。

2. 通道优先级

对于 MSP432P401R 而言，DMA 的外设分为 8 个通道进行管理，每个通道都有 7 个请求源可供选择，如表 10.1.1 所示。

表 10.1.1　DMA 请求源

	SRCCFG=0	SRCCFG=1	SRCCFG=2	SRCCFG=3	SRCCFG=4	SRCCFG=5	SRCCFG=6	SRCCFG=7
通道 0	保留	eUSCI_A0	eUSCI_B0	eUSCI_B3	eUSCI_B2	eUSCI_B1	TA0CCR0	AES256_触发 0
通道 1	保留	eUSCI_A0	eUSCI_B0	eUSCI_B3	eUSCI_B2	eUSCI_B1	TA0CCR2	AES256_触发 1
通道 2	保留	eUSCI_A1	eUSCI_B1	eUSCI_B0	eUSCI_B3	eUSCI_B2	TA1CCR0	AES256_触发 2
通道 3	保留	eUSCI_A1	eUSCI_B1	eUSCI_B0	eUSCI_B3	eUSCI_B2	TA1CCR2	保留
通道 4	保留	eUSCI_A2	eUSCI_B2	eUSCI_B1	eUSCI_B0	eUSCI_B3	TA2CCR0	保留
通道 5	保留	eUSCI_A2	eUSCI_B2	eUSCI_B1	eUSCI_B0	eUSCI_B3	TA2CCR2	保留
通道 6	保留	eUSCI_A3	eUSCI_B3	eUSCI_B2	eUSCI_B1	eUSCI_B0	TA3CCR0	DMAE0（外部引脚）
通道 7	保留	eUSCI_A3	eUSCI_B3	eUSCI_B2	eUSCI_B1	eUSCI_B0	TA3CCR2	高精度 ADC

对于这么多的通道请求，需要考虑请求的优先级。默认情况下通道标号越小，优先级越高，同时可以通过将 DMA_PRIOSET 寄存器对应通道位置 1，即可将该通道设为高优先级，DMA 通道请求优先级规则如表 10.1.2 所示。

表 10.1.2　DMA 通道请求优先级规则

通　道　号	是否设为高优先级	优　先　级
0	是	最高
1	是	
⋮	是	
7	是	
0	否	
⋮	否	
7	否	最低

3. 通道控制表数据结构

应用程序需要提供一段连续地址的内存区域来为每个通道存放控制数据结构，每个通道必须有一个主数据结构，而辅助数据结构是可选的，同时要求该区域的基址是通道控制数据结构总大小的整数倍。区域的大小取决于使用的 DMA 通道数和是否使用辅助数据结构。

控制表数据结构的内容包括 32 位数据源的地址、32 位目的数据地址、控制字，通道控制结构如表 10.1.3 所示。

表 10.1.3　通道控制结构

地址偏移	描　述
0x00	数据源的地址
0x04	目的数据地址
0408	控制字
0x0C	未使用

控制字各个位的定义及描述如下。

31:30	29:28	27:26	25:24	23:21	20:18	17:14	13:4	3	2:0
dst_inc	dst_size	src_inc	src_size	dst_prot_ctrl	src_prot_ctrl	*R*	*N*	next_useburst	cycle_ctrl

描述：

[31:30]目的地址递增量，00b 时递增量为 1 个字节宽度，01b 时为半字节宽度，10b 时为 1 个字宽度，11b 时地址保持不变。

[29:28]设定值同 dst_inc。

[27:26]数据源地址递增量，00b 时递增量为 1 个字节宽度，01b 时为半字节宽度，10b 时为 1 个字宽度，11b 时地址保持不变。

[25:24]数据源数据大小，00b 时为字节，01b 时为半字节，10b 时为字，11b 时保留。

[17:14]*R* 系数，定义仲裁率。

[13:4] DMA 传输次数。

[3]使用辅助数据结构。

[2:0]DMA 循环控制。

4．工作模式

DMA 提供 5 种工作模式，分别是基础模式、自动请求模式、乒乓模式、存储器分散-聚集模式、外设分散-聚集模式模式，下面分别简述这几种模式。

（1）基础模式。

基础模式下控制器使用主数据结构或从数据结构，当通道使能并且控制器接收到请求：

a．控制器传输 2^R 次数据。如果剩余待传输数据为 0，则执行 c。

b．控制器仲裁：如果有更高优先级的请求，则控制器服务于对应通道的传输；如果是目前通道发出的请求，则继续传输还没传输完的数据，执行 a。

c．控制器产生一个周期的 dma_done[]的高电平信号。如果通道使能中断，则请求中断。

（2）自动请求模式。

自动请求模式下只需要一个请求信号就能传输完所有的数据，而基础模式可能需要多个信号。同样，在这个模式下控制器使用主数据结构或从数据结构，当通道使能并且控制器接收到请求：

a．控制器传输 2^R 次数据。如果剩余待传输数据为 0，则执行 c。

b．控制器仲裁：如果有更高优先级的请求，则控制器服务于对应通道的传输；如果目前通道有最高优先级，则继续传输还没传输完的数据，执行 a。

c．控制器产生一个周期的 dma_done[]的高电平信号。如果通道使能中断，则请求中断。

（3）乒乓模式。

乒乓模式下使用两个数据结构中的一个，下次传输时使用另一个，如此交替循环，直到执行到无效模式或程序关闭通道。乒乓模式示例如图 10.1.3 所示。

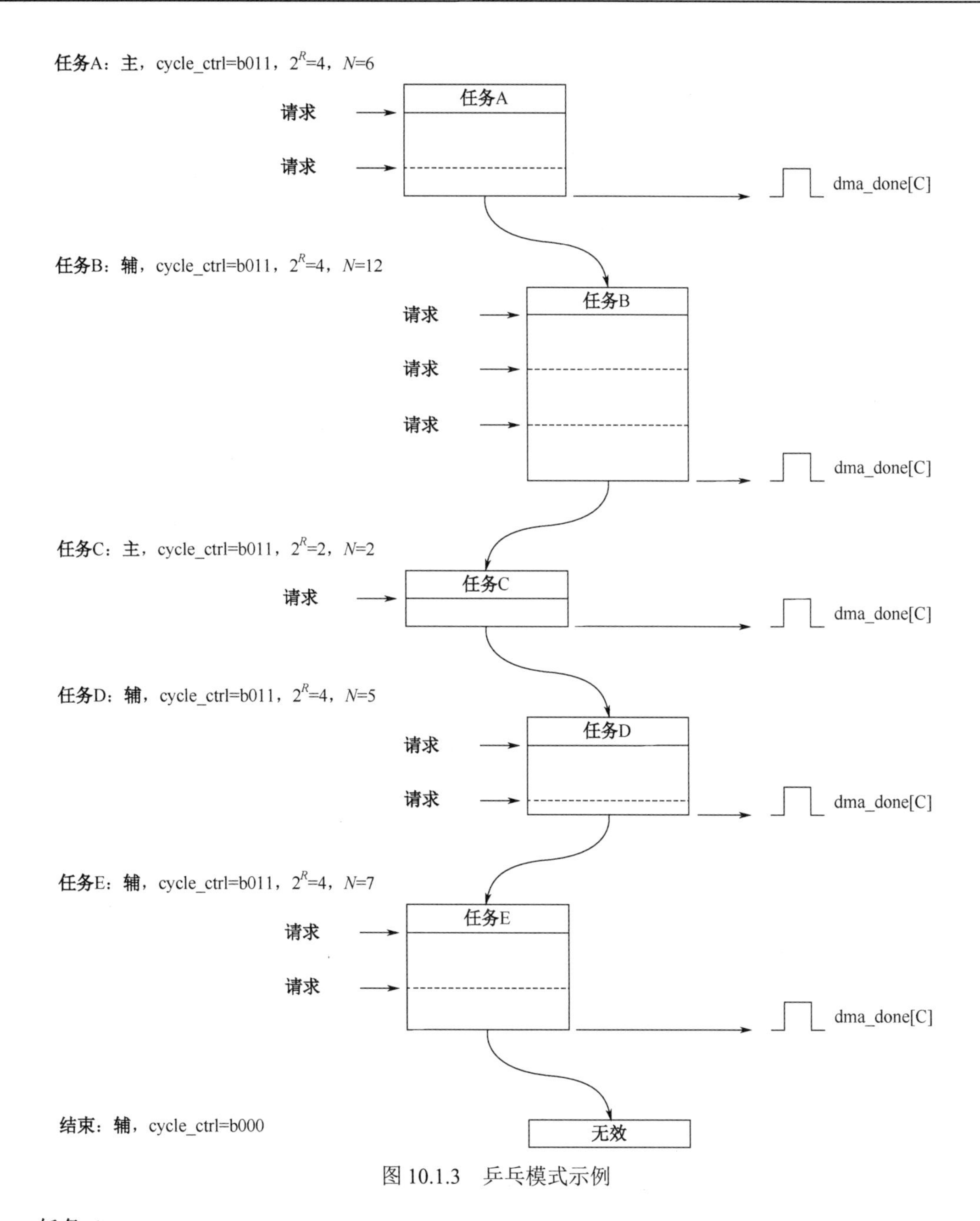

图 10.1.3　乒乓模式示例

任务 A：

① 主机处理器为任务 A 配置主数据结构。

② 主机处理器为任务配置备用数据结构。这使控制器能够在任务 A 完成后立即切换到任务 B，前提是更高优先级的通道不需要服务。

③ 控制器接收请求并执行 4 个 DMA 传输。

④ 控制器仲裁。在控制器收到该通道的请求后，如果该通道具有最高优先级，则数据流传输将继续。

⑤ 控制器执行剩下的 2 个 DMA 传输。

⑥ 控制器将 1 个 hclk 循环的 dma_done[C]设置为高，并进入仲裁过程。如果通道被启用中断，那么 DMA 根据中断配置中断主机处理器。

任务 A 完成后，主机处理器可以为任务 C 配置主数据结构。这使控制器能够在任务 B 完成后立即切换到任务 C，前提是更高优先级的通道不需要服务。

在控制器接收到对通道的新请求并具有最高优先级后，切换到任务 B。

任务 B：

① 控制器执行 4 个 DMA 传输。

② 控制器仲裁在控制器接收到对该通道的请求后，如果通道具有较高的优先级，则该数据流传输会持续。

③ 控制器再执行 4 个 DMA 传输。

④ 控制器仲裁在控制器接收到对该通道的请求后，如果通道具有较高的优先级，则该数据流传输会持续。

⑤ 控制器执行剩余的 4 个 DMA 传输。

⑥ 控制器将一个 hclk 循环的 dma_done[C]设置为高，并进入仲裁过程。如果通道被启用中断，那么 DMA 根据中断配置中断主机处理器。

任务 B 完成后，主机处理器可以为任务 D 配置备用数据结构。

在控制器接收到对通道的新请求并具有最高优先级后，切换到任务 C（如果没有更改数据结构，则任务 C 可以与任务 A 相同）。

任务 C：

① 控制器执行 2 个 DMA 传输。

② 控制器将 1 个 hclk 循环的 dma_done[C]设置为高，并进入仲裁过程。如果通道被启用中断，那么 DMA 根据中断配置中断主机处理器。

任务 C 完成后，主机处理器可以为任务 E 配置原始数据结构。

在控制器接收到对通道的新请求并具有最高优先级后，切换到任务 D。

任务 D：

① 控制器执行 4 个 DMA 传输。

② 控制器将 1 个 hclk 循环的 dma_done[C]设置为高，并进入仲裁过程。如果通道被启用中断，那么 DMA 根据中断配置中断主机处理器。

在控制器接收到对通道的新请求并具有最高优先级后，切换到任务 E。

任务 E：

① 控制器执行 4 个 DMA 传输。

② 控制器仲裁在控制器接收到对该通道的请求后，如果通道具有较高的优先级，则该数据流会持续。

③ 控制器执行剩余的 3 个 DMA 传输。

④ 控制器将 1 个 hclk 循环的 dma_done[C]设置为高，并进入仲裁过程。如果通道被启用中断，那么 DMA 根据中断配置中断主机处理器。

如果控制器接收到通道的新请求，并且具有最高优先级，则控制器将尝试启动下一个任务。但是，由于主机处理器没有配置备用数据结构，并且在完成了任务 D 后，控制器将周期控制位设置为 000B，乒乓模式 DMA 传输完成。

当数据以高速生成时（如具有快速采样率的 ADC），首选乒乓模式，并且在 CPU 仍在处理早期数据块时，DMA 应复制数据。

在许多应用中，ADC 输出数据由 CPU 以块的形式处理。考虑一个场景，当 DMA 将块数据复制到内存中并中断 CPU 来处理数据时，CPU 开始处理数据，但同时 ADC 准备好进行另一个转换并触发 DMA。DMA 无法复制到较早的目标地址，因为 CPU 尚未完成对先前数据的处理。乒乓模式允许 DMA 将数据复制到备用数据结构定义的新位置。因此，当 CPU 忙于处理使用主数据结构复制的数据时，DMA 开始使用备用数据结构填充新的块。当 CPU 处理来自备用数据结构的数据时，DMA

开始根据主数据结构填充内存。通过使用乒乓模式，应用程序可以防止因高数据速率要求而丢失任何数据。

（4）存储器分散-聚集模式。

该模式常用于把内存区不连续地址上的数据传输到另一块连续地址上去。控制器接收到传输请求后，先按照主数据结构进行 4 次传输，这 4 次传输是控制器按照主数据结构把下一个任务的数据结构传输到辅助数据结构，完成后按照辅助数据结构循环，循环结束后使用主数据结构进行 4 次传输，作用同上。这样控制器一直从主到辅之间切换直到发生下面的事件才结束：

- 程序将辅数据结构设为基础模式；
- 控制器读到数据结构是无效的。

在这种模式下，辅助数据结构控制字内容一部分是常量，另一部分是用户可以编写的。数据结构如表 10.1.4 所示。

表 10.1.4　数据结构

位	区	值	描　述
常量部分			
31:30	dst_inc	10b	地址偏移量为 1 个字
29:28	dst_size	10b	每次传输 1 个字
27:26	src_inc	10b	地址偏移量为 1 个字
25:24	src_size	10b	每次传输 1 个字
17:14	*R*	0010b	每 4 次仲裁请求
3	next_useburst	0	
2:0	cycle_ctrl	100b	存储器分散-聚集模式
用户可编写部分			
23:21	dst_prot_ctrl	—	写目的数据的保护方式
20:18	src_prot_ctrl	—	读数据源的保护方式
13:4	n_minus_1	4 的整数倍	传输次数

实际传输时，控制器使用主数据结构不断把下一个任务的数据结构复制到辅助数据结构，传输时按照辅助数据结构进行，存储器分散-聚集模式示例如图 10.1.4 所示。

初始化：

① 主机处理器将主数据结构的 cycle_ctrl 设置为 100b 以配置在存储器分散-聚集模式下运行。由于单个通道的数据结构由 4 个字组成，因此 2^R 必须设置为 4。在本例中，有 4 个任务，因此 N 设置为 16。

② 主机处理器将任务 A、B、C 和 D 的数据结构写入主 src_data_end_ptr 指定的内存位置。

③ 主机处理器启用通道。

当控制器从配置的外设接收到触发器或从主机处理器接收到软件触发器时，内存分散收集事务开始。传输持续如下。

主机，复制 A：

① 在收到请求后，控制器执行 4 个 DMA 传输。这些传输为任务 A 编写备用数据结构。

② 控制器为通道生成自动请求，然后进行仲裁。

任务 A：

控制器执行任务 A。完成任务后，它为通道生成自动请求，然后仲裁。

主机，复制 B：

① 控制器执行 4 个 DMA 传输。这些传输为任务 B 编写备用数据结构。

② 控制器为通道生成自动请求，然后进行仲裁。

初始化：1.设定主源，使能A、B、C、D复制操作，cydle_ ctrl= b100, 2^R=4, N=16
2.使用下表所示数据结构将主源数据写入内存

	src_data_end_ptr	dst_data_end_ptr	channek_cfg	Unused
任务A数据	0x0A000000	0x0AE00000	cycke_ctrl b101,2^R=4,N=3	0xXXXXXXXX
任务B数据	0x0B000000	0x0BE00000	cycke_ctrl b101,2^R=2,N=8	0xXXXXXXXX
任务C数据	0x0C000000	0x0CE00000	cycke_ctrl b101,2^R=8,N=5	0xXXXXXXXX
任务D数据	0x0D000000	0x0DE00000	cycke_ctrl b001,2^R=4,N=4	0xXXXXXXXX

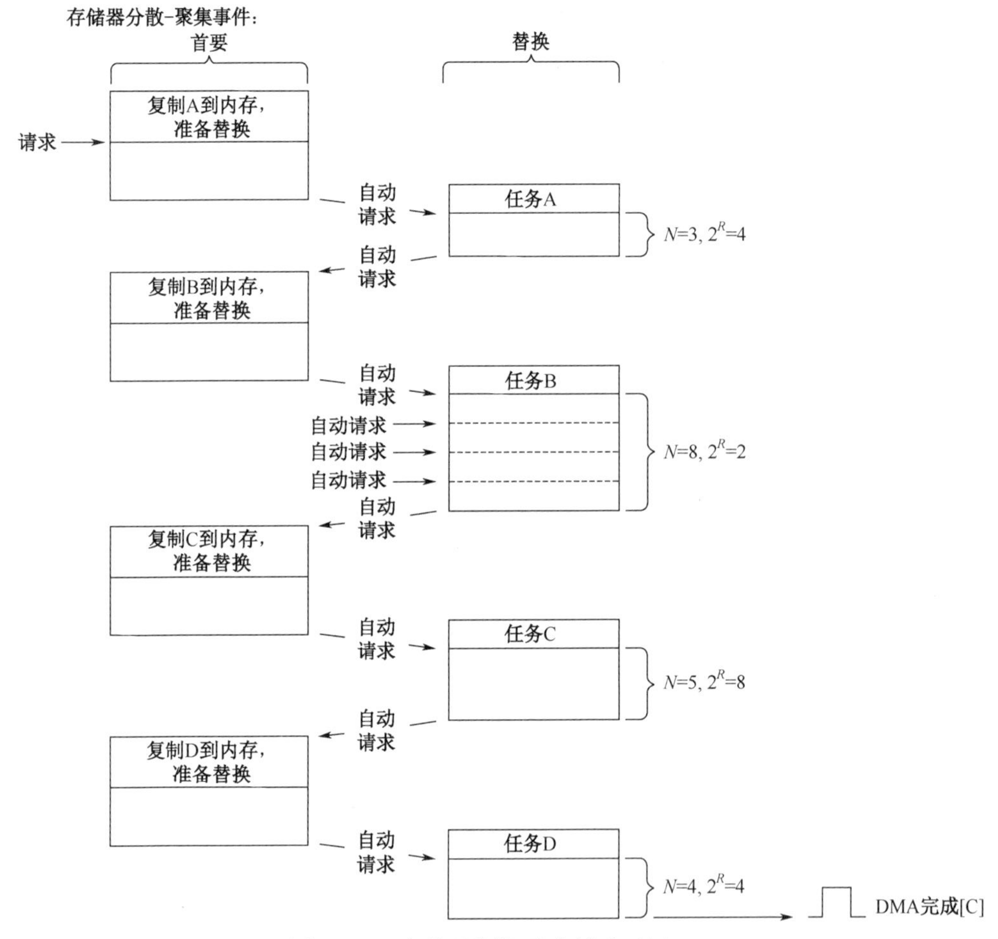

图 10.1.4 存储器分散-聚集模式示例

任务 B：

控制器执行任务 B，完成任务后，自动生成通道请求，然后进行仲裁。

主机，复制 C：

① 控制器执行 4 个 DMA 传输。这些传输为任务 C 编写备用数据结构。

② 控制器为通道生成自动请求，然后进行仲裁。

任务 C：

控制器执行任务 C，完成任务后，自动生成通道请求，然后进行仲裁。

主机，复制 D：

① 控制器执行 4 个 DMA 传输。这些传输为任务 D 编写备用数据结构。

② 控制器将主数据结构的循环控制位设置为 000B，以指示此数据结构现在无效。

③ 控制器为通道生成自动请求，然后进行仲裁。

任务 D：

① 控制器使用基础模式执行任务 D。

② DMA 根据中断配置中断主机处理器。

当用户希望在不需要多次配置 DMA 的情况下完成多个数据传输时，存储器分散-聚集模式非常有用。例如，当用户希望将非连续数据块从闪存复制到 SRAM 或从 SRAM 的一个位置复制到 SRAM 中的另一个位置时，内存中的每个连续数据块都可以是单独的任务。

（5）外设分散-聚集模式。

该模式与存储器分散-聚集模式类似，区别在于请求是外设发出的，同时 cycle_ctrl 为 110b，表示选择外设分散-聚集模式，next_useburst 可由用户编写，而且 dma_done[]是在最后一个任务完成后才拉高的。

5．DMA 相关的中断

DMA 相关的中断有原始中断（DMA_INT0）和蒙面中断（DMA_INT1、DMA_INT2、DMA_INT3）两种类型。其中原始中断对应于每一个通道，而蒙面中断需要配置特定的通道才能产生，如果一个通道选择蒙面中断，那么对应的原始中断不会产生。使用蒙面中断的特点是响应更快。此外，还有 DMA 错误中断，当在任何传输过程中，DMA 接收总线错误响应，会触发该中断。

6．DMA 相关寄存器

DMA 相关寄存器如表 10.1.5 所示（DMA 基地址：0x4000_E000）。

表 10.1.5　DMA 相关寄存器

寄存器名称	缩　写	地 址 偏 移
设备配置状态寄存器	DMA_DEVICE_CFG	000h
软件通道触发器	DMA_SW_CHTRIG	004h
通道 0 请求源配置	DMA_CH0_SRCCFG	010h
通道 1 请求源配置	DMA_CH1_SRCCFG	014h
通道 2 请求源配置	DMA_CH2_SRCCFG	018h
通道 3 请求源配置	DMA_CH3_SRCCFG	01Ch
通道 4 请求源配置	DMA_CH4_SRCCFG	020h
通道 5 请求源配置	DMA_CH5_SRCCFG	024h
通道 6 请求源配置	DMA_CH6_SRCCFG	028h
通道 7 请求源配置	DMA_CH7_SRCCFG	02Ch
中断 1 请求源通道配置	DMA_INT1_SRCCFG	100h
中断 2 请求源通道配置	DMA_INT2_SRCCFG	104h
中断 3 请求源通道配置	DMA_INT3_SRCCFG	108h
中断 0 请求源通道标志	DMA_INT0_SRCFLG	110h
中断 0 请求源通道清除标志	DMA_INT0_CLRFLG	114h
状态寄存器	DMA_STAT	1000h
配置寄存器	DMA_CFG	1004h
通道控制数据结构地址	DMA_CTLBASE	1008h
通道备用控制数据结构地址	DMA_ALTBASE	100Ch
通道等待请求状态	DMA_WAITSTAT	1010h
通道软件请求	DMA_SWREQ	1014h
通道使用突发模式置位	DMA_USEBURSTSET	1018h
通道使用突发模式清除	DMA_USEBURSTCLR	101Ch
通道请求屏蔽置位	DMA_REQMASKSET	1020h

续表

寄存器名称	缩 写	地 址 偏 移
通道请求屏蔽清除	DMA_REQMASKCLR	1024h
通道使能置位	DMA_ENASET	1028h
通道使能清除	DMA_ENACLR	102Ch
通道主-备用结构置位	DMA_ALTSET	1030h
通道主-备用结构清除	DMA_ALTCLR	1034h
通道极性置位	DMA_PRIOSET	1038h
通道极性清除	DMA_PRIOCLR	103Ch
总线错误清除	DMA_ERRCLR	104Ch

10.1.2 DMA 库函数

（1）void DMA_assignChannel (uint32_t mapping)

功能：注册通道，选择哪一个外设用于 DMA 传输

参数 1：UDMA_CHn_tttt，n 表示通道号，tttt 为外设名称

返回：无

使用举例：

```
DMA_assignChannel(UDMA_CH1_EUSCIA0RX);//将DMA通道0分配给eUSCIA0RX通道
```

（2）void DMA_assignInterrupt (uint32_t interruptNumber, uint32_t channel)

功能：注册中断

参数 1：中断号

参数 2：通道号

返回：无

使用举例：

```
DMA_assignInterrupt(DMA_INT1,0);//把DMA通道0的中断分配给DMA_INT1
```

（3）void DMA_clearErrorStatus (void)

功能：清除错误中断

参数 1：无

返回：无

（4）void DMA_clearInterruptFlag (uint32_t intChannel)

功能：清除中断标志

参数 1：通道号

参数 2：循环模式

返回：无

使用举例：

```
DMA_clearInterruptFlag(0);//清除通道0中断标志
```

（5）void DMA_disableChannel (uint32_t channelNum)

功能：禁止通道

参数 1：通道号

返回：无

使用举例：

```
DMA_disableChannel(0);//禁止通道0
```

（6）void DMA_disableChannelAttribute (uint32_t channelNum, uint32_t attr)

功能：禁止通道仲裁

参数 1：通道号

参数 2：类型

返回：无

使用举例：

```
    DMA_disableChannelAttribute(0,UDMA_ATTR_USEBURST);
//禁止通道0将传输限制为突发模式
```

（7）void DMA_disableInterrupt (uint32_t interruptNumber)

功能：禁止中断

参数 1：中断号

返回：无

使用举例：

```
    DMA_disableInterrupt(DMA_INT0);//禁止DMA中断0
```

（8）void DMA_disableModule (void)

功能：禁止 DMA 模块

参数 1：无

返回：无

（9）void DMA_enableChannel (uint32_t channelNum)

功能：使能 DMA 通道

参数 1：通道号

返回：无

使用举例：

```
    DMA_enableChannel(0);//使能DMA通道0
```

（10）void DMA_enableChannelAttribute (uint32_t channelNum, uint32_t attr)

功能：使能通道仲裁

参数 1：通道号

参数 2：类型

返回：无

使用举例：

```
    DMA_enableChannelAttribute(0,UDMA_ATTR_HIGH_PRIORITY);//使能通道0高优先级
```

（11）void DMA_enableInterrupt (uint32_t interruptNumber)

功能：使能中断

参数 1：中断号

返回：无

使用举例：

```
    DMA_enableInterrupt(DMA_INT0); //使能DMA中断0
```

（12）void DMA_enableModule (void)

功能：使能 DMA 模块

参数 1：无

返回：无

（13）uint32_t DMA_getChannelAttribute (uint32_t channelNum)

功能：读取通道的仲裁类型

参数 1：通道号

返回：仲裁类型

使用举例：

```
DMA_getChannelAttribute(0);//读取通道0的仲裁类型
```

（14）uint32_t DMA_getChannelMode (uint32_t channelStructIndex)

功能：读取通道基础结构工作模式

参数 1：通道号与 UDMA_PRI_SELECT 或 UDMA_ALT_SELECT 的逻辑或

返回：工作模式

使用举例：

```
DMA_getChannelMode(0+UDMA_PRI_SELECT);//读取通道0基础结构的模式
```

（15）uint32_t DMA_getChannelSize (uint32_t channelStructIndex)

功能：读取通道传输数据大小

参数 1：UDMA_PRI_SELECT 或 UDMA_ALT_SELECT

返回：剩余传输次数

使用举例：

```
DMA_getChannelSize(0+UDMA_PRI_SELECT);//读取通道0基础结构的传输数据大小
```

（16）void* DMA_getControlAlternateBase (void)

功能：读取辅助数据结构基地址

参数 1：无

返回：辅助数据结构基地址

（17）void* DMA_getControlBase (void)

功能：读取主数据结构基地址

参数 1：无

返回：主数据结构基地址

（18）uint32_t DMA_getErrorStatus (void)

功能：读取 DMA 错误状态

参数 1：无

返回：错误状态

（19）uint32_t DMA_getInterruptStatus (void)

功能：读取中断 0 中断状态

参数 1：无

返回：中断状态

（20）bool DMA_isChannelEnabled (uint32_t channelNum)

功能：判断一个 DMA 通道是否使能

参数 1：通道号

返回：使能返回 true，否则返回 false

使用举例：

```
DMA_isChannelEnabled(0);//判断通道0是否使能
```

（21）void DMA_requestChannel (uint32_t channelNum)

功能：通道请求以触发传输

参数 1：通道号

返回：无

使用举例：

```
DMA_requestChannel(0);//通道0请求触发传输
```

（22）void DMA_requestSoftwareTransfer (uint32_t channel)

功能：软件触发请求传输

参数 1：通道号

返回：无

使用举例：

```
DMA_requestSoftwareTransfer(0);//通道0软件请求触发传输
```

（23）void DMA_setChannelControl (uint32_t channelStructIndex, uint32_t control)

功能：设置 DMA 通道数据结构控制字内容

参数 1：通道号与 UDMA_PRI_SELECT 或 UDMA_ALT_SELECT 的逻辑或

参数 2：控制字内容

返回：无

使用举例：

```
DMA_setChannelControl(0+UDMA_PRI_SELECT,UDMA_SRC_INC_NONE+UDMA_SRC_INC_8
+UDMA_DST_INC_8+UDMA_ARB_8);
//设置通道0基础结构，1个字节传输，源地址不增长，目的地址增量为1个字节，每传输8次仲裁一次
```

（24）void DMA_setChannelScatterGather (uint32_t channelNum, uint32_t taskCount, void*taskList, uint32_t isPeriphSG)

功能：配置 DMA 通道为分散-聚集模式

参数 1：通道号

参数 2：任务数量

参数 3：任务列表指针

参数 4：外设模式或内存模式

返回：无

（25）void DMA_setChannelTransfer (uint32_t channelStructIndex, uint32_t mode, void*srcAddr, void*dstAddr, uint32_t transferSize)

功能：设置 DMA 通道数据结构内容

参数 1：通道号与 UDMA_PRI_SELECT 或 UDMA_ALT_SELECT 的逻辑或

参数 2：工作模式

参数 3：数据源地址

参数 4：目的地地址

参数 5：传输数据大小

返回：无

使用举例：

```
DMA_setChannelTransfer(0+UDMA_PRI_SELECT,UDMA_MODE_BASIC,0x00002000,0x00
004000,128);
//设置通道0基础结构、基础模式、源地址0x00002000、目的地址0x00004000、传输128次
```

（26）void DMA_setControlBase (void*controlTable)

功能：设置控制表基地址

参数 1：基地址

返回：无

10.1.3 DMA 应用实例

【例 10.1.1】DMA 实验

使用 DMA 进行内存到内存的数据传输。开辟两块内存空间，其中一块初始化为随机数，使用 DMA 数据传输方式传输到另一内存空间，由按键触发 DMA 传输，通过 OLED 显示内存区数据。

软件设计：

```
//DMA传输的目的数据内存
static uint8_t destinationArray[1024];
//DMA控制表
uint8_t controlTable[1024] __attribute__((section(".ARM.__at_0x20000000")));
//DMA传输的源数据内存
extern uint8_t data_array[];
static u8 tbuf[40];
int main()
{
    u32 ii;
    /*关闭看门狗*/
    WDT_A_holdTimer();
    /*P7.0配置为输出*/
    GPIO_setAsOutputPin(GPIO_PORT_P7, GPIO_PIN0);
    /*P7.0输出低电平，关闭LED*/
    GPIO_setOutputHighOnPin(GPIO_PORT_P7, GPIO_PIN0);
    /*P1.1配置为上拉输入*/
    GPIO_setAsInputPinWithPullUpResistor(GPIO_PORT_P1, GPIO_PIN1);
    /*清除P1.1中断标志*/
    GPIO_clearInterruptFlag(GPIO_PORT_P1, GPIO_PIN1);
    /*P1.1下降沿触发中断*/
    GPIO_interruptEdgeSelect ( GPIO_PORT_P1, GPIO_PIN1,
GPIO_HIGH_TO_LOW_TRANSITION );
    /*P1.1中断使能*/
    GPIO_enableInterrupt(GPIO_PORT_P1, GPIO_PIN1);
    /*设置DCO频率:12MHz*/
    CS_setDCOFrequency(12000000);
    /*时钟系统初始化，设置时钟源及分频系数*/
    CS_initClockSignal(CS_MCLK, CS_DCOCLK_SELECT, CS_CLOCK_DIVIDER_2);
//MCLK源于DCO，2分频
    CS_initClockSignal(CS_ACLK, CS_REFOCLK_SELECT, CS_CLOCK_DIVIDER_1);
//ACLK源于REFO，1分频
    CS_initClockSignal(CS_HSMCLK, CS_DCOCLK_SELECT,
CS_CLOCK_DIVIDER_4);//HSMCLK源于DCO，4分频
    CS_initClockSignal(CS_SMCLK, CS_DCOCLK_SELECT, CS_CLOCK_DIVIDER_4);
//SMCLK源于DCO，4分频
    CS_initClockSignal(CS_BCLK, CS_REFOCLK_SELECT, CS_CLOCK_DIVIDER_1);
//BCLK源于REFO，1分频
    memset(destinationArray, 0x00, 1024);    //初始化目的内存区为0
    DMA_enableModule();                      //使能DMA模块
```

```
        DMA_setControlBase(controlTable);          //设置DMA控制表
        /*配置DMA通道：主数据结构，
         *数据宽度为1个字节，
         *源地址增量为1个字节，
         *目的地址增量为1个字节，
         *每1024次仲裁一次*/
        DMA_setChannelControl(UDMA_PRI_SELECT,UDMA_SIZE_8 | UDMA_SRC_INC_8 |
UDMA_DST_INC_8 | UDMA_ARB_1024);
         /*主数据结构，
          *自动模式，
          *数据源地址，
          *目的内存地址，
          *传输1024次*/
        DMA_setChannelTransfer(UDMA_PRI_SELECT, UDMA_MODE_AUTO, data_array,
                       destinationArray, 1024);
        /* 注册通道0为DMA_INT1中断 */
        DMA_assignInterrupt(DMA_INT1, 0);
        /* 使能DMA通道0 */
        DMA_enableChannel(0);
        /*OLED初始化*/
        OLED_Init();
        /*OLED清屏*/
        OLED_Clear();
        /*OLED显示字符及汉字*/
        OLED_ShowString(0,0,"MSP432",16);
        OLED_ShowCHinese(48,0,11); //原
        OLED_ShowCHinese(64,0,12);//理
        OLED_ShowCHinese(80,0,13);//及
        OLED_ShowCHinese(96,0,14);//使
        OLED_ShowCHinese(112,0,15);//用
        OLED_ShowString(0,2,"DMA",16);
        OLED_ShowCHinese(32,2,16);//实
        OLED_ShowCHinese(48,2,17);//验
        OLED_ShowString(0,4,"DestData[0]=",16);
        sprintf((char*)tbuf,"%d",destinationArray[0]);
        OLED_ShowString(96,4,tbuf,16);
        OLED_ShowString(0,6,"DestData[1]=",16);
        sprintf((char*)tbuf,"%d",destinationArray[1]);
        OLED_ShowString(96,6,tbuf,16);
        /*使能PORT1中断*/
        Interrupt_enableInterrupt(INT_PORT1);
        /*使能DMA_INT1中断*/
        Interrupt_enableInterrupt(INT_DMA_INT1);
        /*打开全局中断*/
        Interrupt_enableMaster();
        /*退出中断后不再睡眠*/
        Interrupt_disableSleepOnIsrExit();
        PCM_gotoLPM0();//进入LPM0睡眠状态
```

```
    while(1)
    {
        for(ii =0;ii<100000;ii++);//计数延时
        /*P7.0输出电平翻转*/
        GPIO_toggleOutputOnPin(GPIO_PORT_P7 ,GPIO_PIN0);
    }
}
//PORT1中断服务程序
void PORT1_IRQHandler(void)
{
    uint32_t ii;
    uint32_t status;
    /*关闭全局中断*/
    Interrupt_disableMaster ();
    /*读取P1中断状态*/
    status = GPIO_getEnabledInterruptStatus(GPIO_PORT_P1);
    /*清除P1中断标志*/
  GPIO_clearInterruptFlag(GPIO_PORT_P1, status);
    /*P1中断处理*/
    if(status & BIT1)
    {
        for (ii = 1000; ii > 0; ii--);//计数延时按键消抖
        /*查询P1.1输入电平是否为低*/
        if(GPIO_getInputPinValue(GPIO_PORT_P1, GPIO_PIN1)==GPIO_INPUT_PIN_LOW)
        {
            /* 软件触发通道0传输 */
            DMA_requestSoftwareTransfer(0);
            /*P7.0输出电平翻转*/
            GPIO_toggleOutputOnPin(GPIO_PORT_P7 ,GPIO_PIN0);
        }
    }
    /*打开全局中断*/
    Interrupt_enableMaster();
}
//DMA中断服务程序
void DMA_INT1_IRQHandler(void)
{
    DMA_disableChannel(0);//禁止通道0
    /*显示目的内存部分数据*/
    OLED_ClrarPageColumn(4,96);
    sprintf((char*)tbuf,"%d",destinationArray[0]);
    OLED_ShowString(96,4,tbuf,16);
    OLED_ShowString(0,6,"DestData[1]=",16);
    sprintf((char*)tbuf,"%d",destinationArray[1]);
    OLED_ShowString(96,6,tbuf,16);
}
```

10.2　闪存控制器（FlashCtl）

10.2.1　FlashCtl 原理

Flash 是字节、字（4 字节）和全字（16 字节）寻址和编程的。FlashCtl 作为软件（应用程序）与设备上 Flash 所支持的各种功能之间的控制和访问接口。FlashCtl 的功能如下。

- 内部编程电压生成。
- 低功耗操作。
- 扇区擦除和整体擦除。
- 优化的读操作。
- 每个扇区可配置写和擦除保护。

1. 存储区

设备上的 Flash 由两个独立的大小相等的存储体组成，每个存储体包含如下两部分区域。

- 主存储区：这是主要的代码存储区，用于存储用户应用程序的代码和数据。
- 信息存储区：用于存储 TI 和用户的代码和数据。TI 使用了一些信息存储区，其他存储区可供用户使用。

上面两个存储区在两个存储体中平分，对于 MSP432P401R 而言，有 256KB 的主存储区和 16KB 的信息存储区。主存储区地址从 0h 映射到 3_FFFFh，0 到 1_FFFFh 在存储体 0（Bank0），2_0000h 到 3_FFFFh 在存储体 1（Bank1）。信息存储区地址从 20_0000h 到 20_3FFFh，0 到 20_1FFFh 在存储体 0（Bank0），20_2000h 到 20_3FFFh 在存储体 1。存储体（Bank0 和 Bank1）的所有参数都是可以访问的。

2. Flash 访问权限

Flash 能够被 CPU、DMA 和调试器访问。CPU 具有访问整个 Flash 存储区的权限，进行读写操作。DMA 对 Flash 的访问是有条件限制的，若设备没有启用安全保护或 JTAG 和 SWD 基于锁的安全性处于活动状态，则 DMA 对整个 Flash 具有访问权限；如果设备的 IP 保护处于活跃状态，则 DMA 只对 Bank1 具有访问权权限，DMA 对 Bank0 的访问将会导致总线错误。调试器能够启动对 Flash 的访问，如果设备没有启用安全保护，则调试器对整个 Flash 具有访问权限，但当启用安全保护后，调试器不能访问 Flash。

3. 读取 Flash

在 CPU 读取 Flash 时可能出现总线时钟频率高于 Flash 频率的情况，那么将会失速，这时需要设置合适的等待状态，保证读取的可靠性，以 MSP432P401R 为例，Flash 等待状态如表 10.2.1 所示。

表 10.2.1　Flash 等待状态

参　数	Flash 等待状态值	Flash 读取模式	允许的最大 MCLK 频率		单　位
			AM_LDO_VCORE0, AM_DCDC_VCORE0	AM_LDO_VCORE1, AM_DCDC_VCORE1	
$f_{MAX\_NRM\_FLWAIT0}$	0	正常读取模式	16	24	MHz
$f_{MAX\_NRM\_FLWAIT1}$	1	正常读取模式	24	48	MHz

续表

参　数	Flash 等待状态值	Flash 读取模式	允许的最大 MCLK 频率		单　位
			AM_LDO_VCORE0, AM_DCDC_VCORE0	AM_LDO_VCORE1, AM_DCDC_VCORE1	
$f_{MAX\_ORM\_FLWAIT0}$	0	其他读取模式	8	12	MHz
$f_{MAX\_ORM\_FLWAIT1}$	1	其他读取模式	16	24	MHz
$f_{MAX\_ORM\_FLWAIT2}$	2	其他读取模式	24	36	MHz
$f_{MAX\_ORM\_FLWAIT3}$	3	其他读取模式	24	48	MHz

MSP432P401R 内部 Flash 以 128 位的行大小组织。为了在主要连续的内存访问中提供最佳的功耗和性能，FlashCtl 提供了一个“读取缓冲”功能。如果启用了读取缓冲，则总是读取 Flash 行的整个 128 位，而不管访问大小是 8 位、16 位还是 32 位。128 位数据及其关联地址由 FlashCtl 在内部缓存，因此在相同的 128 位边界地址的后续访问由 FlashCtl 缓冲区提供。这样，只会在第一次 128 位边界访问出现等待现象，在由缓冲区提供访问服务时不会出现延迟现象。读取缓冲可以禁止，这样的话只能按照 8 位、16 位、32 位访问。在写和擦除操作时，读取缓冲是自动被旁路的，以确保数据连接。

4. Flash 编程

Falsh 中位的编程将目标位设置为 0。Flash 体系结构支持在一个程序操作中对从单个位到 4 个完整的 Flash 字宽（128 位）的位进行编程。

5. Flash 擦除

被擦除的 Flash 位的逻辑值为 1。每个位都可以单独从 1 到 0 进行编程，但从 0 重新编程到 1 需要一个擦除周期。可以在主内存区域和信息内存区域中擦除的最小 Flash 量是一个扇区（4KB）。Flash 提供两种擦除模式：扇区擦除和整体擦除。在扇区擦除模式下，可以将 FlashCtl 配置为擦除 Flash 的扇区，这个扇区可以是信息存储区或主存储区。在整体擦除模式下，FlashCtl 被设置为擦除整个 Flash，整体擦除同时应用于两个 Bank。

Flash 中的每个扇区提供了一个 PROT（写和擦除保护）位。如果将 PROT 位设置为 1，则该扇区将成为只读类型，该扇区中对地址的任何程序或擦除命令都不会被执行。FlashCtl 提供对主存储区域和信息存储区域的 PROT 配置寄存器的访问，每个 Flash 扇区占用一个位。使用这些位，应用程序可以保护扇区不受意外程序或擦除操作的影响。

6. FlashCtl 相关寄存器

FlashCtl 相关寄存器如表 10.2.2 所示（FlashCtl 基地址：0x4001_1000）。

表 10.2.2　FlashCtl 相关寄存器

寄存器名称	缩　写	地 址 偏 移
电源状态	FLCTL_POWER_STAT	000h
Bank 0 读控制	FLCTL_BANK0_RDCTL	010h
Bank 1 读控制	FLCTL_BANK1_RDCTL	014h
读取突发/比较控制和状态	FLCTL_RDBRST_CTLSTAT	020h
读取突发/比较起始地址	FLCTL_RDBRST_STARTADDR	024h
读取突发/比较长度	FLCTL_RDBRST_LEN	028h
读取突发/比较失败地址	FLCTL_RDBRST_FAILADDR	03Ch
读取突发/比较失败计数	FLCTL_RDBRST_FAILCNT	040h
编写控制和状态	FLCTL_PRG_CTLSTAT	050h

续表

寄存器名称	缩　写	地 址 偏 移
编写突发控制和状态	FLCTL_PRGBRST_CTLSTAT	054h
编写突发起始地址	FLCTL_PRGBRST_STARTADDR	058h
编写突发数据 0 0	FLCTL_PRGBRST_DATA0_0	060h
编写突发数据 0 1	FLCTL_PRGBRST_DATA0_1	064h
编写突发数据 0 2	FLCTL_PRGBRST_DATA0_2	068h
编写突发数据 0 3	FLCTL_PRGBRST_DATA0_3	06Ch
编写突发数据 1 0	FLCTL_PRGBRST_DATA1_0	070h
编写突发数据 1 1	FLCTL_PRGBRST_DATA1_1	074h
编写突发数据 1 2	FLCTL_PRGBRST_DATA1_2	078h
编写突发数据 1 3	FLCTL_PRGBRST_DATA1_3	07Ch
编写突发数据 2 0	FLCTL_PRGBRST_DATA2_0	080h
编写突发数据 2 1	FLCTL_PRGBRST_DATA2_1	084h
编写突发数据 2 2	FLCTL_PRGBRST_DATA2_2	088h
编写突发数据 2 3	FLCTL_PRGBRST_DATA2_3	08Ch
编写突发数据 3 0	FLCTL_PRGBRST_DATA3_0	090h
编写突发数据 3 1	FLCTL_PRGBRST_DATA3_1	094h
编写突发数据 3 2	FLCTL_PRGBRST_DATA3_2	098h
编写突发数据 3 3	FLCTL_PRGBRST_DATA3_3	09Ch
擦除控制和状态	FLCTL_ERASE_CTLSTAT	0A0h
擦除扇区地址	FLCTL_ERASE_SECTADDR	0A4h
信息存储区 Bank 0 写/擦除保护	FLCTL_BANK0_INFO_WEPROT	0B0h
主存储区 Bank 0 写/擦除保护	FLCTL_BANK0_MAIN_WEPROT	0B4h
信息存储区 Bank 1 写/擦除保护	FLCTL_BANK1_INFO_WEPROT	0C0h
主存储区 Bank 1 写/擦除保护	FLCTL_BANK1_MAIN_WEPROT	0C4h
基准控制和状态	FLCTL_BMRK_CTLSTAT	0D0h
基准指令拿取计数	FLCTL_BMRK_IFETCH	0D4h
基准数据读取计数	FLCTL_BMRK_DREAD	0D8h
基准计数比较	FLCTL_BMRK_CMP	0DCh
中断标志	FLCTL_IFG	0F0h
中断使能	FLCTL_IE	0F4h
清除中断标志	FLCTL_CLRIFG	0F8h
置位中断标志	FLCTL_SETIFG	0FCh
读取时序控制	FLCTL_READ_TIMCTL	100h
读取边沿时序控制	FLCTL_READMARGIN_TIMCTL	104h
编写验证时序控制	FLCTL_PRGVER_TIMCTL	108h
擦除验证时序控制	FLCTL_ERSVER_TIMCTL	10Ch
编写时序控制	FLCTL_PROGRAM_TIMCTL	114h
擦除时序控制	FLCTL_ERASE_TIMCTL	118h
大面积擦除时序控制	FLCTL_MASSERASE_TIMCTL	11Ch
突发编写时序控制	FLCTL_BURSTPRG_TIMCTL	120h

10.2.2 FlashCtl 库函数

（1）void FlashCtl_clearInterruptFlag (uint32_t flags)

功能：清除中断标志

参数 1：中断标志

返回：无

使用举例：

```
    FlashCtl_clearInterruptFlag(FLASH_PROGRAM_ERROR);//清除Flash编程错误标志
```

（2）void FlashCtl_clearProgramVerification (uint32_t verificationSetting)

功能：清除突发和常规 Flash 编程指令的预/后验证

参数 1：验证设置

返回：无

使用举例：

```
    FlashCtl_clearProgramVerification(FLASH_BURSTPOST);
//清除FLASH_BURSTPOST验证设置
```

（3）void FlashCtl_disableInterrupt (uint32_t flags)

功能：禁止中断源

参数 1：中断源

返回：无

使用举例：

```
    FlashCtl_disableInterrupt(FLASH_PROGRAM_ERROR);//清除编程中断
```

（4）void FlashCtl_disableReadBuffering (uint_fast8_t memoryBank, uint_fast8_t accessMethod)

功能：禁止读缓冲

参数 1：Bank 号

参数 2：访问方法

返回：无

使用举例：

```
    FlashCtl_disableReadBuffering(FLASH_BANK0,FLASH_DATA_READ);
//禁止Bank0数据读取缓冲
```

（5）void FlashCtl_disableWordProgramming (void)

功能：禁止字编程

参数 1：无

返回：无

（6）void FlashCtl_enableInterrupt (uint32_t flags)

功能：使能中断源

参数 1：中断源

返回：无

使用举例：

```
    FlashCtl_enableInterrupt(FLASH_PROGRAM_ERROR);//使能编程错误中断
```

（7）void FlashCtl_enableReadBuffering (uint_fast8_t memoryBank, uint_fast8_t accessMethod)

功能：使能读取缓冲

参数 1：Bank 编号

参数 2：访问方法

返回：无

使用举例：

```
    FlashCtl_enableReadBuffering(FLASH_BANK0,FLASH_DATA_READ);
//使能Bank0数据读取缓冲
```

（8）void FlashCtl_enableWordProgramming (uint32_t mode)

功能：使能字编程

参数 1：模式

返回：无

使用举例：

```
    FlashCtl_enableWordProgramming(FLASH_IMMEDIATE_WRITE_MODE);
//使能字编程立即写模式
```

（9）bool FlashCtl_eraseSector (uint32_t addr)

功能：擦除扇区

参数 1：地址

返回：成功返回 true，否则返回 false

（10）uint32_t FlashCtl_getEnabledInterruptStatus (void)

功能：获取当前使能的中断状态

参数 1：无

返回：中断状态

（11）uint32_t FlashCtl_getInterruptStatus (void)

功能：获取当前中断状态

参数 1：无

返回：中断状态

（12）void FlashCtl_getMemoryInfo (uint32_t addr, uint32_t *sectorNum, uint32_t *bankNum)

功能：计算给定地址的 Bank 和扇区号

参数 1：地址

参数 2：扇区号

参数 3：Bank 号

返回：无

（13）uint32_t FlashCtl_getReadMode (uint32_t flashBank)

功能：获取 Flash 读模式

参数 1：Bank 号

返回：读模式

使用举例：

```
    FlashCtl_getReadMode(FLASH_BANK0);//读取Bank0读取模式
```

（14）uint32_t FlashCtl_getWaitState (uint32_t bank)

功能：获取等待状态

参数 1：Bank 号

返回：等待状态

使用举例：

```
    FlashCtl_getWaitState(FLASH_BANK0);//读取Bank0等待模式
```

（15）void FlashCtl_initiateMassErase (void)
功能：启动整体擦除
参数 1：无
返回：无
（16）void FlashCtl_initiateSectorErase(uint32_t addr)
功能：启动扇区擦除
参数 1：地址
返回：无
（17）bool FlashCtl_isSectorProtected(uint_fast8_t memorySpace, uint32_t sector)
功能：判断扇区是否受保护
参数 1：存储区位置
参数 2：扇区编号
返回：扇区保护被启动返回 true，否则返回 false
使用举例：

```
    FlashCtl_isSectorProtected(FLASH_MAIN_MEMORY_SPACE_BANK0,FLASH_SECTOR0);
//判断主存储Flash扇区0是否受保护
```

（18）uint32_t FlashCtl_isWordProgrammingEnabled (void)
功能：判断字编程是否使能
参数 1：无
返回：编程模式
（19）bool FlashCtl_performMassErase (void)
功能：在不被保护的扇区启动整体擦除
参数 1：无
返回：擦除成功返回 true，否则返回 false
（20）bool FlashCtl_programMemory (void *src, void *dest, uint32_t length)
功能：用所提供的数据编写 Flash 的一部分存储区
参数 1：指向要编程到 Flash 中的数据源的指针
参数 2：指向 Flash 程序目标的指针
参数 3：长度，字节为单位
返回：编写是否成功
（21）bool FlashCtl_protectSector (uint_fast8_t memorySpace, uint32_t sectorMask)
功能：保护扇区
参数 1：扇区位置
参数 2：扇区号
返回：保护启动返回 true，否则返回 false
使用举例：

```
    FlashCtl_protectSector(FLASH_MAIN_MEMORY_SPACE_BANK0,FLASH_SECTOR0);
//保护主存储Flash扇区0
```

（22）void FlashCtl_registerInterrupt (void(*intHandler)(void))
功能：注册一个中断
参数 1：中断服务程序指针
返回：无

（23）void FlashCtl_setProgramVerification (uint32_t verificationSetting)

功能：设置前/后验证突发和常规 Flash 编程指令

参数 1：验证设置

返回：无

使用举例：

```
    FlashCtl_setProgramVerification(FLASH_BURSTPOST);
//设置编程验证方式为FLASH_BURSTPOST
```

（24）bool FlashCtl_setReadMode (uint32_t flashBank, uint32_t readMode)

功能：设置读取模式

参数 1：Bank 号

参数 2：读取模式

返回：无

使用举例：

```
    FlashCtl_setReadMode(FLASH_BANK0,FLASH_NORMAL_READ_MODE);
//设置Bank0读取模式为普通模式
```

（25）void FlashCtl_setWaitState (uint32_t bank, uint32_t waitState)

功能：设置等待状态

参数 1：Bank 号

参数 2：等待状态

返回：无

使用举例：

```
    FlashCtl_setWaitState(FLASH_BANK0,2);//设置Bank0等待状态为2
```

（26）bool FlashCtl_unprotectSector (uint_fast8_t memorySpace, uint32_t sectorMask)

功能：取消扇区保护

参数 1：扇区位置

参数 2：扇区编号

返回：取消成功返回 true，否则返回 false

使用举例：

```
    FlashCtl_unprotectSector(FLASH_MAIN_MEMORY_SPACE_BANK0,FLASH_SECTOR0);
//取消主存储Bank0扇区0的保护
```

（27）void FlashCtl_unregisterInterrupt (void)

功能：注销中断

参数 1：无

返回：无

（28）bool FlashCtl_verifyMemory (void *verifyAddr, uint32_t length, uint_fast8_t pattern)

功能：根据高（1）或低（0）状态验证给定的内存段

参数 1：验证起始地址

参数 2：验证字节长度

参数 3：验证模式

返回：验证成功返回 true，否则返回 false

10.2.3 FlashCtl 应用实例

【例 10.2.1】Flash 操作

先申请一块内存初始化，然后将这片内存区的值写入 Flash，再读取 Flash，看是否写成功，通过按键改变需要读取的 Flash 存储区地址，每按一次地址增加 1，由 OLED 显示读取的数据。

软件设计：

```
//编写的扇区首地址
#define CALIBRATION_START 0x0003F000
//写入的数据
uint8_t simulatedCalibrationData[4096];

u8 tbuf[40];
int main()
{
    u32 ii;
    /*关闭看门狗*/
    WDT_A_holdTimer();
    /*P7.0配置为输出*/
    GPIO_setAsOutputPin(GPIO_PORT_P7, GPIO_PIN0);
    /*P7.0输出低电平，关闭LED*/
    GPIO_setOutputHighOnPin(GPIO_PORT_P7, GPIO_PIN0);
    /*P1.1配置为上拉输入*/
    GPIO_setAsInputPinWithPullUpResistor(GPIO_PORT_P1, GPIO_PIN1);
    /*清除P1.1中断标志*/
    GPIO_clearInterruptFlag(GPIO_PORT_P1, GPIO_PIN1);
    /*P1.1下降沿触发中断*/
    GPIO_interruptEdgeSelect ( GPIO_PORT_P1, GPIO_PIN1,
GPIO_HIGH_TO_LOW_TRANSITION );
    /*P1.1中断使能*/
    GPIO_enableInterrupt(GPIO_PORT_P1, GPIO_PIN1);
    /*设置DCO频率:12MHz*/
    CS_setDCOFrequency(12000000);
    /*时钟系统初始化，设置时钟源及分频系数*/
    CS_initClockSignal(CS_MCLK, CS_DCOCLK_SELECT, CS_CLOCK_DIVIDER_2);
//MCLK源于DCO，2分频
    CS_initClockSignal(CS_ACLK, CS_REFOCLK_SELECT, CS_CLOCK_DIVIDER_1);
//ACLK源于REFO，1分频
    CS_initClockSignal(CS_HSMCLK, CS_DCOCLK_SELECT,
CS_CLOCK_DIVIDER_4);//HSMCLK源于DCO，4分频
    CS_initClockSignal(CS_SMCLK, CS_DCOCLK_SELECT, CS_CLOCK_DIVIDER_4);
//SMCLK源于DCO，4分频
    CS_initClockSignal(CS_BCLK, CS_REFOCLK_SELECT, CS_CLOCK_DIVIDER_1);
    //BCLK源于REFO，1分频
    /*设置内核电压等级为1，提高Flash编写效率*/
    PCM_setCoreVoltageLevel(PCM_VCORE1);
```

```
    /*设置等待状态为2*/
    FlashCtl_setWaitState(FLASH_BANK0, 2);
    FlashCtl_setWaitState(FLASH_BANK1, 2);
    /* 内存初始化 */
    memset(simulatedCalibrationData, 0xA5, 4096);
    /*OLED初始化*/
    OLED_Init();
    /*OLED清屏*/
    OLED_Clear();
    /*OLED显示字符及汉字*/
    OLED_ShowString(0,0,"MSP432",16);
    OLED_ShowCHinese(48,0,11); //原
    OLED_ShowCHinese(64,0,12);//理
    OLED_ShowCHinese(80,0,13);//及
    OLED_ShowCHinese(96,0,14);//使
    OLED_ShowCHinese(112,0,15);//用
    OLED_ShowString(0,2,"FlashCtl",16);
    OLED_ShowCHinese(64,2,16);//实
    OLED_ShowCHinese(80,2,17);//验
    /* 取消主存储区Bank1第31扇区读写保护 */
      FlashCtl_unprotectSector(FLASH_MAIN_MEMORY_SPACE_BANK1, FLASH_SECTOR31);
    /* 擦除该扇区 */
    if(!FlashCtl_eraseSector(CALIBRATION_START))
    {
        OLED_ShowString(0,4,"EraseFail",16);
        while(1);
    }
    /* 编写该扇区 */
    if(!FlashCtl_programMemory(simulatedCalibrationData,(void*)
CALIBRATION_START, 4096))
    {
        OLED_ShowString(0,4,"ProgramFail",16);
        while(1);
    }
    /*使能PORT1中断*/
    Interrupt_enableInterrupt(INT_PORT1);
    /*打开全局中断*/
    Interrupt_enableMaster();
    /*退出中断后继续睡眠*/
    Interrupt_enableSleepOnIsrExit();
    PCM_gotoLPM0();//进入LPM0睡眠状态
}
//PORT1中断服务程序
void PORT1_IRQHandler(void)
{
    uint32_t ii;
    uint32_t status;
```

```
    u8 data =0;
    static u16 count =0;
    /*关闭全局中断*/
    Interrupt_disableMaster ();
    /*读取P1中断状态*/
    status = GPIO_getEnabledInterruptStatus(GPIO_PORT_P1);
    /*清除P1中断标志*/
    GPIO_clearInterruptFlag(GPIO_PORT_P1, status);
    /*P1中断处理*/
    if(status & BIT1)
    {
        for (ii = 1000; ii > 0; ii--);//计数延时按键消抖
        /*查询P1.1输入电平是否为低*/
        if(GPIO_getInputPinValue(GPIO_PORT_P1,
GPIO_PIN1)==GPIO_INPUT_PIN_LOW)
        {
            if(count == 4095) count =0;//计数限幅
            data = *(u8 *)(CALIBRATION_START + count++ );//读取Flash数据
            sprintf((char*)tbuf,"Data[%d]=%d",count,data);
            OLED_ClrarPage(4);
            OLED_ShowString(0,4,tbuf,16);                //显示
            /*P7.0输出电平翻转*/
            GPIO_toggleOutputOnPin(GPIO_PORT_P7 ,GPIO_PIN0);
        }
    }
    /*打开全局中断*/
    Interrupt_enableMaster();
}
```

10.3 浮点处理单元（FPU）

10.3.1 FPU 原理

下面介绍浮点处理单元（FPU）及其使用的寄存器。

FPU 提供：

- 用于单精度（C 浮点数）数据处理操作的 32 位指令；
- 组合的乘法和累加指令，以提高精度（融合 MAC）；
- 硬件支持转换，加法、减法、乘法与可选的累加，以及除法和平方根；
- 硬件支持异常和所有 IEEE 舍入模式；
- 32 个专用的 32 位单精度寄存器，也可寻址为 16 个双字寄存器；
- 解耦的三级流水线。

Cortex-M4F FPU 完全支持单精度加、减、乘、除、连乘和累加及平方根运算。它还提供定点和浮点数据格式之间的转换，以及浮点常量指令。FPU 提供的浮点计算功能符合 ANSI/IEEE Std 754—2008，

即二进制浮点算术的 IEEE 标准，称为 IEEE 754 标准。FPU 的单精度扩展寄存器也可以作为 16 个双字寄存器进行访问，以进行加载、存储和移动操作。

1. FPU 寄存器块

FPU 提供了一个扩展寄存器文件，其中包含 32 个单精度寄存器，如图 10.3.1 所示。它们可以由如下方式访问。

- 16 个 64 位双字寄存器 D0～D15。
- 32 个 32 位单字寄存器 S0～S31。
- 以上方式的寄存器组合。

寄存器之间的映射如下。

- S <2*n*>映射到 D<*n*>的低有效部分。
- S <2*n*+1>映射到 D<*n*>的高有效部分。

例如，可以通过访问 S12 来访问 D6 中值的下半部分低有效值，而通过访问 S13 来访问 D6 中值的上半部分高有效值。

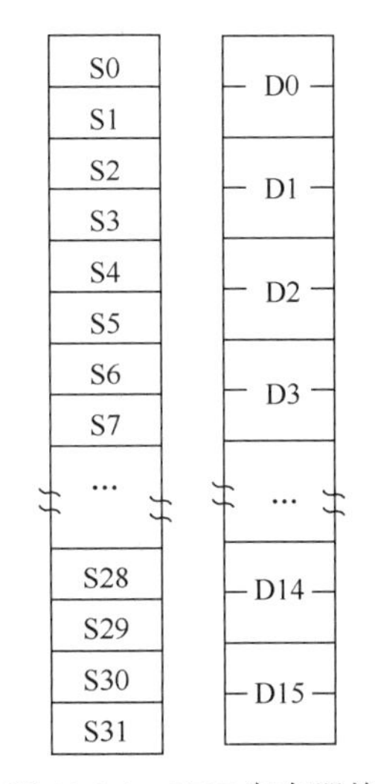

图 10.3.1　FPU 寄存器块

2. 操作模式

FPU 提供 3 种操作模式以适应各种应用。

（1）完全符合模式：在完全符合模式下，FPU 根据硬件中的 IEEE 754 标准处理所有操作。

（2）零位清零模式：将浮点状态和控制寄存器（FPSCR）的 FZ 位置 1 可以启用零位清零模式。在这种模式下，FPU 在运算中将算术 CDP 运算的所有次正规输入操作数视为零。由零操作数引起的异常会适当地发出信号。VABS、VNEG 和 VMOV 不被视为算术 CDP 运算，并且不受清零模式的影响。如 IEEE 754 标准中所述，结果很小，结果的精度在大小上比舍入前的最小标准值小，将其替换为零。FPSCR 中的 IDC 位指示何时发生输入刷新。FPSCR 中的 UFC 位指示何时发生结果刷新。

（3）默认 NaN 模式：将 FPSCR 中的 DN 位置 1，可启用默认 NaN 模式。在这种模式下，任何涉及输入 NaN 或生成 NaN 结果的算术数据处理操作的结果都将返回默认 NaN。分数位的传播仅通过 VABS、VNEG 和 VMOV 操作来维护。所有其他 CDP 运算将忽略输入 NaN 的小数位中的任何信息。

3. 符合 IEEE 754 标准

当禁用默认 NaN 模式和零位清零模式时，FPv4 功能与硬件中的 IEEE 754 标准兼容，无须支持代码即可实现此合规性。

4. 完整实施 IEEE 754 标准

Cortex-M4F 浮点指令集不支持 IEEE 754 标准中定义的所有操作。不支持的操作包括但不限于以下各项：

- 取余；
- 圆浮点数到整数浮点数；
- 二进制到十进制的转换；
- 十进制到二进制的转换；
- 直接比较单精度和双精度值。

如 IEEE 754 标准中所述，Cortex-M4 FPU 支持融合 MAC 操作。为了完全实现 IEEE 754 标准，必须通过库函数来增强浮点功能。

5. IEEE 754 标准实施选择

（1）NaN 处理。

具有最大指数字段值和非零分数字段的所有单精度值都是有效的 NaN。最高有效分数位 0 表示一个信令 NaN（SNaN），另一个表示静态的 NaN（QNaN）。如果两个 NaN 值的任何位不同，则将它们视为不同的 NaN。表 10.3.1 显示了默认的 NaN 值。

表 10.3.1　NaN 值

符　号	小　数	小　数
0	0xFF	位[22] = 1，位[21:0]全为 0

用于 ARM 浮点功能和库的输入 NaN 的处理定义如下。

- 在完全符合模式下，NaN 的处理方法如《ARM 体系结构参考手册》中所述。硬件直接处理 NaN 以获得算术 CDP 指令。对于数据传输操作，将在不引发“无效操作”异常的情况下传输 NaN。对于非算术 CDP 指令，如 VABS、VNEG 和 VMOV，将复制 NaN。如果在指令中指定，并更改符号，则不会导致无效操作异常。
- 在默认 NaN 模式下，涉及 NaN 操作数的算术 CDP 指令将返回默认 NaN，而不管任何 NaN 操作数的分数如何。算术 CDP 操作中的 SNaN 设置 IOC 标志 FPSCR [0]。数据传输和非算术 CDP 指令对 NaN 的处理与完全符合模式下的处理相同。

（2）比较。

比较结果将修改 FPSCR 中的标志。可以使用 MVRS APSR_nzcv 指令（以前称为 FMSTAT）将当前标志从 FPSCR 传输到 APSR。

（3）下溢。

如 IEEE 754 标准所述，Cortex-M4F FPU 使用小数前的舍入形式和精度损失的不精确结果形式来生成下溢异常。

在零位清零模式下，如 IEEE 754 标准所述，舍入前的结果很小，将其清零，并设置了 UFC 标志 FPSCR [3]。

当 FPU 不刷新至零位清零模式时，将对此正规操作数执行操作。如果该操作未产生微小结果，则它将返回计算结果，并且不会置位 UFC 标志 FPSCR [3]。如果操作不精确，则置位 IXC 标志 FPSCR [4]。如果操作产生的结果很小，则结果为次标准值或零值，并且如果结果也不精确，则设置 UFC 标志 FPSCR [3]。

6. 例外

FPU 根据 FPv4 体系结构，根据每条指令的需要在 FPSCR 寄存器中设置累积异常状态标志。FPU 不支持用户模式陷阱。FPSCR 中的异常使能位读取为零，并忽略写入。处理器还具有 6 个输出引脚（FPIXC、FPUFC、FPOFC、FPDZC、FPIDC 和 FPIOC），它们分别反映累积异常标志之一的状态。所有这些输出都经过“或”运算，并在 MSP432Pxx 的单个中断线上给出。

处理器可以通过使用惰性堆栈来减少异常延迟。这意味着处理器会在堆栈上为 FP 状态保留空间，但不会将该状态信息保存到堆栈中。

7. 启用 FPU

FPU 禁止复位。必须先启用它，然后才能使用任何浮点指令。

在许多编译器中，如在 TI 的 Code Composer Studio IDE 中，如果在编译器设置中选择了硬件 FPU 选项，则初始化代码会在进入 main()之前启用 FPU。在这种情况下，用户无须在主应用程序代码中手动打开 FPU。

10.3.2　FPU 库函数

（1）void FPU_disableModule (void)
功能：禁止 FPU 模块
参数 1：无
返回：无
（2）void FPU_disableStacking (void)
功能：禁用浮点寄存器的堆叠
参数 1：无
返回：无
（3）void FPU_enableLazyStacking (void)
功能：启用浮点寄存器的延迟堆积
参数 1：无
返回：无
（4）void FPU_enableModule (void)
功能：启动 FPU 模块
参数 1：无
返回：无
（5）void FPU_enableStacking (void)
功能：启用浮点寄存器的堆叠
参数 1：无
返回：无
（6）void FPU_setFlushToZeroMode (uint32_t mode)
功能：选择刷新到 0 模式
参数 1：模式
返回：无
使用举例：

```
FPU_setFlushToZeroMode(FPU_FLUSH_TO_ZERO_EN);//启用刷新到0模式，会牺牲精度
```

（7）void FPU_setHalfPrecisionMode (uint32_t mode)
功能：选择半精度浮点值的格式
参数 1：模式
返回：无
使用举例：

```
FPU_setHalfPrecisionMode(FPU_HALF_IEEE);//选择IEEE半精度浮点表示
```

（8）void FPU_setNaNMode (uint32_t mode)
功能：选择 NaN 模式
参数 1：模式
返回：无
使用举例：

```
FPU_setNaNMode(FPU_NAN_DEFAULT);//返回默认值
```

（9）void FPU_setRoundingMode (uint32_t mode)
功能：选择浮点结果的舍入模式

参数 1：模式

返回：无

使用举例：

```
    FPU_setRoundingMode(FPU_ROUND_POS_INF);//向正无穷四舍五入
```

10.3.3　FPU 应用实例

【例 10.3.1】 使用 FPU

若使用 FPU，则需要配置 IDE，以 MDK 为例，在 Option/Target 菜单栏下选择使用硬件乘法单元，编译器就会把浮点运算编译为硬件支持的机器指令，此时即可使用 PFU 进行浮点运算。

使能 FPU 模块，计算正弦函数值，按键每按下一次自变量增加 0.1，计算结果通过 OLED 显示。

软件设计：

```
    u8 tbuf[40];
    int main()
    {
        float result,t=0;
        /*关闭看门狗*/
        WDT_A_holdTimer();
        /*P7.0配置为输出*/
        GPIO_setAsOutputPin(GPIO_PORT_P7, GPIO_PIN0);
        /*P7.0输出低电平，关闭LED*/
        GPIO_setOutputHighOnPin(GPIO_PORT_P7, GPIO_PIN0);
        /*P1.1配置为上拉输入*/
        GPIO_setAsInputPinWithPullUpResistor(GPIO_PORT_P1, GPIO_PIN1);
        /*清除P1.1中断标志*/
        GPIO_clearInterruptFlag(GPIO_PORT_P1, GPIO_PIN1);
        /*P1.1下降沿触发中断*/
        GPIO_interruptEdgeSelect ( GPIO_PORT_P1, GPIO_PIN1, GPIO_HIGH_TO_
LOW_TRANSITION );
        /*P1.1中断使能*/
        GPIO_enableInterrupt(GPIO_PORT_P1, GPIO_PIN1);
        /*设置DCO频率:12MHz*/
        CS_setDCOFrequency(12000000);
        /*时钟系统初始化，设置时钟源及分频系数*/
        CS_initClockSignal(CS_MCLK, CS_DCOCLK_SELECT, CS_CLOCK_DIVIDER_2);
//MCLK源于DCO，2分频
        CS_initClockSignal(CS_ACLK, CS_REFOCLK_SELECT, CS_CLOCK_DIVIDER_1);
//ACLK源于REFO，1分频
        CS_initClockSignal(CS_HSMCLK, CS_DCOCLK_SELECT,
CS_CLOCK_DIVIDER_4);//HSMCLK源于DCO，4分频
        CS_initClockSignal(CS_SMCLK, CS_DCOCLK_SELECT, CS_CLOCK_DIVIDER_4);
//SMCLK源于DCO，4分频
        CS_initClockSignal(CS_BCLK, CS_REFOCLK_SELECT, CS_CLOCK_DIVIDER_1);
    //BCLK源于REFO，1分频
        /*使能FPU模块*/
        FPU_enableModule();
        /*OLED初始化*/
```

```
    OLED_Init();
    /*OLED清屏*/
    OLED_Clear();
    /*OLED显示字符及汉字*/
    OLED_ShowString(0,0,"MSP432",16);
    OLED_ShowCHinese(48,0,11); //原
    OLED_ShowCHinese(64,0,12);//理
    OLED_ShowCHinese(80,0,13);//及
    OLED_ShowCHinese(96,0,14);//使
    OLED_ShowCHinese(112,0,15);//用
    OLED_ShowString(0,2,"FPU",16);
    OLED_ShowCHinese(24,2,16);//实
    OLED_ShowCHinese(40,2,17);//验
    /*使能PORT1中断*/
    Interrupt_enableInterrupt(INT_PORT1);
    /*打开全局中断*/
    Interrupt_enableMaster();
    /*退出中断后不再睡眠*/
    Interrupt_disableSleepOnIsrExit();
    while(1)
    {
        PCM_gotoLPM0();//进入LPM0睡眠状态
        result = sin(t);    //计算正弦值
        sprintf((char*)tbuf,"sin(%.1f)=%.2f",t,result);
        OLED_ClrarPage(4);
        OLED_ShowString(0,4,tbuf,16);//显示
        t = t +0.1;
    }

}
//PORT1中断服务程序
void PORT1_IRQHandler(void)
{
    uint32_t ii;
    uint32_t status;
    /*关闭全局中断*/
    Interrupt_disableMaster ();
    /*读取P1中断状态*/
    status = GPIO_getEnabledInterruptStatus(GPIO_PORT_P1);
    /*清除P1中断标志*/
    GPIO_clearInterruptFlag(GPIO_PORT_P1, status);
    /*P1中断处理*/
    if(status & BIT1)
    {
        for (ii = 1000; ii > 0; ii--);//计数延时按键消抖
        /*查询P1.1输入电平是否为低*/
        if(GPIO_getInputPinValue(GPIO_PORT_P1,
GPIO_PIN1)==GPIO_INPUT_PIN_LOW)
        {
```

```
                /*P7.0输出电平翻转*/
                GPIO_toggleOutputOnPin(GPIO_PORT_P7 ,GPIO_PIN0);
            }
        }
        /*打开全局中断*/
        Interrupt_enableMaster();
    }
```

10.4　内存保护单元（MPU）

10.4.1　MPU 原理

MSP432P401x 上的 Cortex-M4 处理器包括一个紧密耦合的内存保护单元（MPU），支持多达 8 个保护区。应用程序可以使用 MPU 强制执行内存特权规则，这些规则将进程彼此隔离，或者强制执行内存访问规则。操作系统处理通常需要这些特性。

保护域的大小从 32B 到 4GB，同时允许存储空间的某一部分分配给多个区域，即区域可重叠，区域的编号越大，优先级越高。同时 MPU 自动把每个区域分为大小相等的 8 个子区域，子区域的大小为 256B 或更大。这 8 个子区域中的任何一个都可以禁用，从而允许在一个区域中创建“洞”，该区域可以保持打开状态，或者由另一个具有不同属性的区域覆盖。

读写访问权限分别应用于特权模式和用户模式。特权模式与用户模式是指 Cortex 内核的执行模式。它不是 MPU 的一部分，但与 MPU 单元有关联。当代码运行在特权模式中时，代码拥有所有的访问许可；若代码运行在用户模式，则访问权限受限制。限制既包括在系统设计阶段就定义的可运行指令限制、可访问内存及外设限制，也包括由 MPU 单元动态所定义的内存访问规则。

访问权限分为不可访问、读写和只读，可能的组合为：特权模式和用户模式不可访问、特权模式读写用户模式不可访问、特权模式读写用户模式只读、特权模式读写用户模式读写、特权模式只读用户模式不可访问、特权模式只读用户模式只读 6 种。如果在没有所需权限的情况下访问内存区域，则会引发权限错误。如果系统中启用了内存管理错误，那么它将成为一个内存管理错误中断处理器，否则它会升级为硬故障来中断处理器。为了避免意外行为，应在更新中断处理程序可能访问的区域的属性之前禁用中断。

MPU 除了对区域的读写访问进行保护，还能对区域是否进行代码执行控制使能。

MPU 相关寄存器如表 10.4.1 所示。

表 10.4.1　MPU 相关寄存器

寄存器名称	缩　写	地 址 偏 移
MPU 类型寄存器	TYPE	D90h
MPU 控制寄存器	CTRL	D94h
MPU 区域寄存器	RNR	D98h
MPU 区域基地址寄存器	RBAR	D9Ch
MPU 属性和大小寄存器	RASR	DA0h
MPU Alias 1 区域基地址寄存器	RBAR_A1	DA4h
MPU Alias 1 属性和大小寄存器	RASR_A1	DA8h
MPU Alias 2 区域基地址寄存器	RBAR_A2	DACh

续表

寄存器名称	缩　写	地 址 偏 移
MPU Alias 2 属性和大小寄存器	RASR_A2	DB0h
MPU Alias 3 区域基地址寄存器	RBAR_A3	DB4h
MPU Alias 3 属性和大小寄存器	RASR_A3	DB8h

10.4.2　MPU 库函数

（1）void MPU_disableInterrupt (void)

功能：禁止中断

参数 1：无

返回：无

（2）void MPU_disableModule (void)

功能：禁止 MPU 模块

参数 1：无

返回：无

（3）void MPU_disableRegion (uint32_t region)

功能：禁止区域

参数 1：区域号

返回：无

使用举例：

```
MPU_disableRegion(7);//禁止内存区域7
```

（4）void MPU_enableInterrupt (void)

功能：使能中断

参数 1：无

返回：无

（5）void MPU_enableModule (uint32_t mpuConfig)

功能：使能 MPU

参数 1：MPU 配置

返回：无

使用举例：

```
MPU_enableModule(MPU_CONFIG_HARDFLT_NMI);//在硬故障或NMI异常处理程序中启用MPU
```

（6）void MPU_enableRegion (uint32_t region)

功能：使能区域

参数 1：区域号

返回：无

使用举例：

```
MPU_enableRegion(7);//使能内存区域7
```

（7）void MPU_getRegion (uint32_t region, uint32_t *addr, uint32_t *pflags)

功能：获取一个区域的配置信息

参数 1：区域号

参数 2：区域基地址

参数 3：区域属性

返回：无

（8）uint32_t MPU_getRegionCount (void)

功能：获取 MPU 支持的区域数

参数 1：无

返回：供编程使用的内存保护区域的数量

（9）void MPU_setRegion (uint32_t region, uint32_t addr, uint32_t flags)

功能：设置区域访问权限

参数 1：区域号

参数 2：区域基地址

参数 3：区域属性

返回：无

10.4.3 MPU 应用实例

【例 10.4.1】 使用 MPU

使用 MPU 对一块内存区域进行写保护，然后尝试写操作触发 MPU 管理错误中断，通过 OLED 显示这种错误内存访问。

软件设计：

```
    //需要保护的存储区
    uint8_t memoryRegion[32];
    //MPU保护区配置，32B、可执行代码、只读权限、子域7不受区域属性控制、区域使能
    const uint32_t flagSet = MPU_RGN_SIZE_32B | MPU_RGN_PERM_EXEC
            | MPU_RGN_PERM_PRV_RO_USR_RO | MPU_SUB_RGN_DISABLE_7 | MPU_RGN_ENABLE;
    int main()
    {
        /*关闭看门狗*/
        WDT_A_holdTimer();
        /*P7.0配置为输出*/
        GPIO_setAsOutputPin(GPIO_PORT_P7, GPIO_PIN0);
        /*P7.0输出低电平，关闭LED*/
        GPIO_setOutputHighOnPin(GPIO_PORT_P7, GPIO_PIN0);
        /*P1.1配置为上拉输入*/
        GPIO_setAsInputPinWithPullUpResistor(GPIO_PORT_P1, GPIO_PIN1);
        /*清除P1.1中断标志*/
        GPIO_clearInterruptFlag(GPIO_PORT_P1, GPIO_PIN1);
        /*P1.1下降沿触发中断*/
        GPIO_interruptEdgeSelect ( GPIO_PORT_P1, GPIO_PIN1,
    GPIO_HIGH_TO_LOW_TRANSITION );
        /*P1.1中断使能*/
        GPIO_enableInterrupt(GPIO_PORT_P1, GPIO_PIN1);
        /*设置DCO频率:12M*/
        CS_setDCOFrequency(12000000);
        /*时钟系统初始化，设置时钟源及分频系数*/
        CS_initClockSignal(CS_MCLK, CS_DCOCLK_SELECT, CS_CLOCK_DIVIDER_2);
//MCLK源于DCO，2分频
        CS_initClockSignal(CS_ACLK, CS_REFOCLK_SELECT, CS_CLOCK_DIVIDER_1);
```

```
//ACLK源于REFO，1分频
        CS_initClockSignal(CS_HSMCLK, CS_DCOCLK_SELECT,
CS_CLOCK_DIVIDER_4);//HSMCLK源于DCO，4分频
        CS_initClockSignal(CS_SMCLK, CS_DCOCLK_SELECT, CS_CLOCK_DIVIDER_4);
//SMCLK源于DCO，4分频
        CS_initClockSignal(CS_BCLK, CS_REFOCLK_SELECT, CS_CLOCK_DIVIDER_1);
    //BCLK源于REFO，1分频
        /*设置区域属性 */
        MPU_setRegion(0,  (uint32_t)memoryRegion, flagSet);
        /*使能特权模式错误处理*/
        MPU_enableModule(MPU_CONFIG_PRIV_DEFAULT);
        /*OLED初始化*/
        OLED_Init();
        /*OLED清屏*/
        OLED_Clear();
        /*OLED显示字符及汉字*/
        OLED_ShowString(0,0,"MSP432",16);
        OLED_ShowCHinese(48,0,11); //原
        OLED_ShowCHinese(64,0,12);//理
        OLED_ShowCHinese(80,0,13);//及
        OLED_ShowCHinese(96,0,14);//使
        OLED_ShowCHinese(112,0,15);//用
        OLED_ShowString(0,2,"MPU",16);
        OLED_ShowCHinese(24,2,16);//实
        OLED_ShowCHinese(40,2,17);//验
        /*使能MPU中断*/
        Interrupt_enableInterrupt(FAULT_MPU);
        /*使能PORT1中断*/
        Interrupt_enableInterrupt(INT_PORT1);
        /*打开全局中断*/
        Interrupt_enableMaster();
        /*退出中断后不再睡眠*/
        Interrupt_disableSleepOnIsrExit();
        while(1)
        {
            PCM_gotoLPM0();//进入LPM0睡眠状态
            memoryRegion[0] = 0xA5;//尝试写操作
        }
    }
    //PORT1中断服务程序
    void PORT1_IRQHandler(void)
    {
        uint32_t ii;
        uint32_t status;
        /*关闭全局中断*/
        Interrupt_disableMaster ();
        /*读取P1中断状态*/
        status = GPIO_getEnabledInterruptStatus(GPIO_PORT_P1);
        /*清除P1中断标志*/
```

```
    GPIO_clearInterruptFlag(GPIO_PORT_P1, status);
    /*P1中断处理*/
    if(status & BIT1)
    {
        for (ii = 1000; ii > 0; ii--);//计数延时按键消抖
        /*查询P1.1输入电平是否为低*/
        if(GPIO_getInputPinValue(GPIO_PORT_P1,
GPIO_PIN1)==GPIO_INPUT_PIN_LOW)
        {
            /*P7.0输出电平翻转*/
            GPIO_toggleOutputOnPin(GPIO_PORT_P7 ,GPIO_PIN0);
        }
    }
    /*打开全局中断*/
    Interrupt_enableMaster();
}
//MPU中断服务程序
void MemManage_Handler(void)
{
    OLED_ShowString(0,4,"RAM Write Failed",16);
    while(1);
}
```

10.5 小结与思考

本章介绍了 MSP432 中内部存储的相关内容，包括闪存控制器（FlashCtl）和内存保护单元（MPU），以及直接存储访问器（DMA）和浮点处理单元（FPU）。

FlashCtl 主要用来实现对 Flash 的烧写程序、写入数据和擦除功能，可对 Flash 进行字节/字/长字的寻址和编程。

MPU 主要用来对内存区域的读写进行权限管理，还能对内存是否执行代码进行控制。

DMA 主要用于将数据从一个地址传输到另一个地址而无须 CPU 的干预，对于大量的数据传输能明显地提高效率。

FPU 能通过硬件实现浮点运算，可极大提高运算速度，在数字信号处理中应用广泛。

习题与思考

10-1 DMA 传输控制数据结构包含哪些内容？对数据结构存储的地址有何要求？

10-2 DMA 传输有哪几种模式？各有什么特点？

10-3 DMA 有哪几种寻址方式？

10-4 FlashCtl 的作用是什么？

10-5 编写程序，首先擦除一段 Flash 空间，然后采用高级编程模式将一个 128 位的数据写入 0x1800 地址空间。

10-6 MSP432 有哪几种内存访问权限？

第 11 章　模数转换器与模拟比较器

MSP432 的 I/O 口支持模拟信号输入，MSP432 片上集成模数转换器和模拟比较器，可用于模拟信号转换和处理，可简化外围电路设计，让开发变得更加容易。

本章介绍 MSP432 的模数转换器 ADC14 和模拟比较器 COMP_E。

本章导读：精读并掌握 11.1 节，动手实践 11.2 节并做好笔记，完成习题。

11.1　模数转换器（ADC14）

11.1.1　ADC14 原理

MSP432 的 ADC14（以下简称 ADC）提供 14 位的模数转换，通过软件过采样支持 16 位精度。ADC 通过一个 14 位的 SAR 核控制实现多达 32 个通道的转换，这 32 个通道的转换存储可以在不占用任何 CPU 资源的条件下完成。高精度 ADC 的特点如下。

- 在 14 位转换时最高 1Msps 的转换速度。
- 单调 14 位转换器，无漏码。
- 通过软件或定时器可编程采样保持时间。
- 通过软件或定时器启动转换。
- 片上软件可选的参考电压（1.2V、1.45V 和 2.5V）。
- 软件可选的内部或外部参考源。
- 多达 32 个独立的可配置的输入通道，单端输入或差分输入可选。
- 内部转换通道，连接温度传感器、$1/2AV_{CC}$ 和其他设备。
- 可选择的转换时钟源。
- 单通道、单通道循环、多通道和多通道循环转换模式。
- 用于快速解码的 38 个 ADC 中断的中断向量寄存器。
- 32 个转换结果存储寄存器。
- 窗口比较器，用于转换结果寄存器的输入信号低功耗监控。

高精度 ADC 结构框图如图 11.1.1 所示。

1. 14 位 ADC 内核

ADC 内核将模拟输入转换为 14 位数字表示。内核使用两个可编程电压（V_{R+}和 V_{R-}）来定义转换的上限和下限。当输入信号等于或高于 V_{R+}时，数字输出（N_{ADC}）为满刻度（3FFh），当输入信号等于或低于 V_{R-}时，数字输出为零。输入通道和参考电压水平（V_{R+}和 V_{R-}）在转换控制存储寄存器中定义。

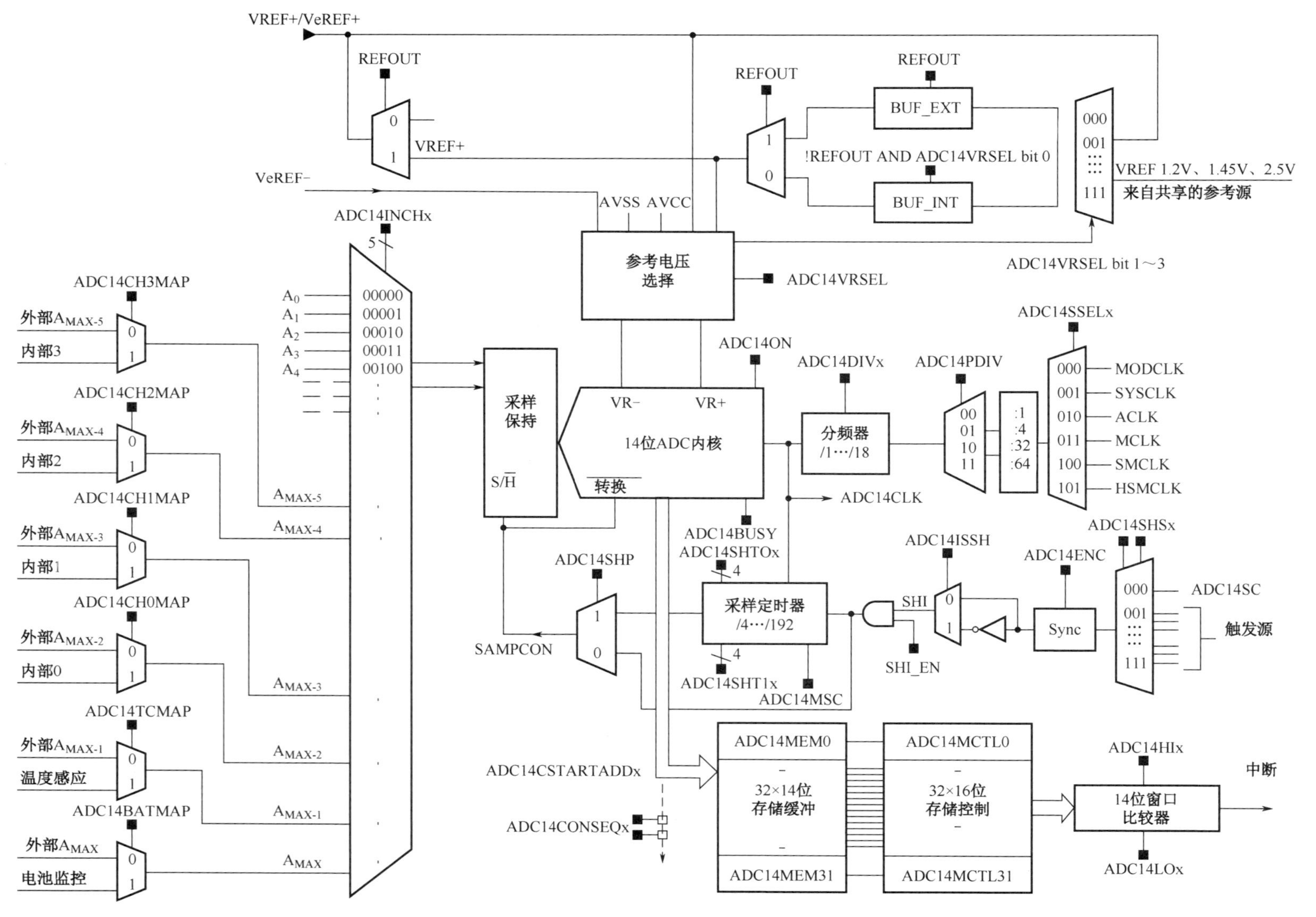

图 11.1.1　高精度 ADC 结构框图

单端模式模数转换结果的计算公式如下：

$$N_{\mathrm{ADC}} = 16384 \times \frac{V_{\mathrm{in+}} - V_{\mathrm{R-}}}{V_{\mathrm{R+}} - V_{\mathrm{R-}}}$$

差分模式下模数转换结果的计算公式如下：

$$N_{\mathrm{ADC}} = \left(8192 \times \frac{V_{\mathrm{in+}} - V_{\mathrm{in-}}}{V_{\mathrm{R+}} - V_{\mathrm{R-}}}\right) + 8192$$

高精度 ADC 内核由两个控制寄存器 ADC14CTL0 和 ADC14CTL1 配置。当 ADC14ON=0 时，内核复位。当 ADC14ON=1 时，复位被移除，当触发有效转换时，内核通电。不使用 ADC 时，可以关闭高精度 ADC 以节省电源。如果在转换过程中，ADC14ON 位设置为 0，则转换会突然退出，所有器件都会断电。只有当 ADC14ENC=0 时，才能修改高精度 ADC 控制位。在进行任何转换之前，必须将 ADC14ENC 设置为 1。

转换结果是以无符号二进制格式存储的。这意味着差分模式下的转换结果是加上 8192 偏置得到的。ADC14CTL1 寄存器的数据格式位 ADC14DF 允许用户以无符号二进制格式或有符号二进制格式读取转换结果。

2．转换时钟源选择

当选择脉冲采样模式时，ADC14CLK 既用作转换时钟，也用作生成采样周期。使用 ADC14SSELX 位选择高精度 ADC 时钟源。使用 ADC14PDIV 位可以将输入时钟进行 1、4、32 或 64 分频，然后使用 ADC14DIV 进行 1～8 分频。ADC14CLK 的时钟源可以是 MODCLK、SYSCLK、ACLK、MCLK、SMCLK、HSMCLK。

应用程序必须确保为 ADC14CLK 选择的时钟在转换结束前保持活跃状态。如果在转换过程中没有了时钟，则操作不会完成，并且任何结果都是无效的。

3．高精度 ADC 模拟输入和多路复用

多达 32 个外部和 6 个内部模拟信号可用，转换通道由模拟输入多路复用器选择。对于 MSP432P401R，提供 2 个内部通道和 24 个外部通道，ADC 外部通道连接关系如表 11.1.1 所示。

表 11.1.1　ADC 外部通道连接关系

外部通道	I/O	外部通道	I/O	外部通道	I/O
A0	P5.5	A8	P4.5	A16	P9.1
A1	P5.4	A9	P4.4	A17	P9.0
A2	P5.3	A10	P4.3	A18	P8.7
A3	P5.2	A11	P4.2	A19	P8.6
A4	P5.1	A12	P4.1	A20	P8.5
A5	P5.0	A13	P4.0	A21	P8.4
A6	P4.7	A14	P6.1	A22	P8.3
A7	P4.6	A15	P6.0	A23	P8.2

其中，外部通道 A22、通道 A23 和片上的温度传感器和电源监控连接到通道 22 和通道 23，通过 ADC14CTL1 寄存器的 ADC14TCMAP 和 ADC14BATMAP 位选择是外部通道还是内部通道，如表 11.1.2 所示。

表 11.1.2　ADC 通道

通道号	外部通道	内部通道	控制位
通道 22	A22	温度传感器	ADC14TCMAP
通道 23	A23	电源监控器	ADC14BATMAP

输入多路复用器是一个先断后合的类型，以减少由通道切换引起的噪声注入（模拟输入多路复用器见图 11.1.2）。输入多路复用器也是一个 T 形开关以最小化通道之间的耦合。未选择的通道与 A/D 隔离，中间节点连接到模拟接地（AVSS），以便杂散电容接地以消除串扰。

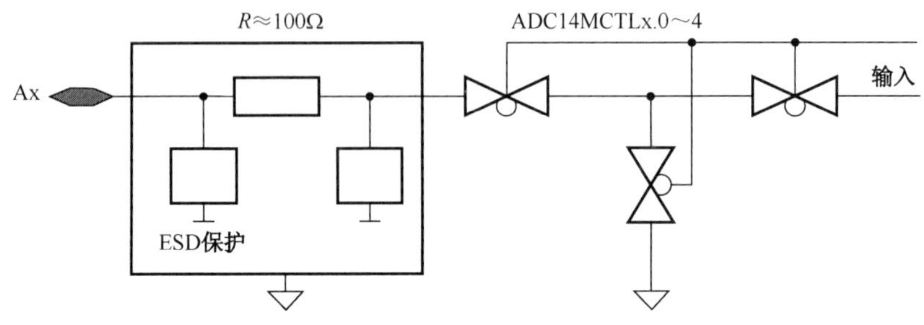

图 11.1.2 模拟输入多路复用器

高精度 ADC 采用电荷重分布方法。当输入被内部切换时，切换动作可能导致输入信号发生瞬变。这些瞬变在引起错误的转换之前会衰减和沉降。

4．参考电压

高精度 ADC 可以使用片上公用的参考电压生成模块产生的 3 个可选电压 1.2V、1.45V 和 2.5V 提供给 VR+和 VR−。这些参考电压可以在内部使用或输出到外部引脚 VREF+。或者，外部的参考电压通过 VREF+/VeREF+和 VeREF−引脚提供给 V_{R+}和 V_{R-}。建议在把 ADC14VRSEL 设置为 1110B 或 1111B 时，将 VeREF−接地。

注意：当内部参考电压与 BUF_EXT（ADC14VRSEL=0001b，REFOUT=1）一起使用时，高精度 ADC 的最大采样率限制为 200ksps。在所有其他参考电压设置中，高精度 ADC 采样率最高可达 1Msps。

5．供电

高精度 ADC 的设计充分考虑到低功耗应用需求。当 ADC 没有进行转换时，内核自动禁止，当需要转换时，内核自动使能。当 MODCLK 或 SYSCLK 作为高精度 ADC 的时钟时，MODOSC 和 SYSOSC 自动启动，而不使用时自动禁止。

高精度 ADC 支持两种供电模式，通过 ADC14CTL1 寄存器的 ADC14PWRMD 位进行控制。ADC14PWRMD = 00b 选择正常供电模式，ADC14PWRMD = 10b 选择低功耗模式。ADC14CTL1 寄存器的 ADC14RES 选择转换位数，支持 8 位、10 位、12 位、14 位转换结果。

6．采样与转换控制

模数转换包括采样和转换两个过程，SAMPCON 信号的上升沿开始采样，下降沿开始转换。SHI 信号的来源通过 SHSx 位选择：

- ADC14SC 位；
- 定时器输出信号。

如表 11.1.3 所示，ADC14SHSx 选择 SHI 信号源。

表 11.1.3 ADC14SHSx 选择 SHI 信号源

ADC14SHSx		触 发 源
二 进 制 数	十 进 制 数	
000	0	软件触发（ADC14SC）
001	1	TA0_C1
010	2	TA0_C2

续表

ADC14SHSx		触 发 源
二 进 制 数	十 进 制 数	
011	3	TA1_C1
100	4	TA1_C2
101	5	TA2_C1
110	6	TA2_C2
111	7	TA3_C1

从表 11.1.3 中可知，当 SHI 信号有效后，产生 ADC 时钟信号请求。对于 8 位、10 位、12 位和 14 位模拟数字转换需要 9、11、14 和 16 个 ADC14CLK 时钟周期，SHI 信号的极性可以通过 ADC14ISSH 位选择。SAMPCON 信号控制采样周期和起始转换。当 SAMPCON 信号为高电平状态时，采样有效。SAMPCON 信号从由高到低的跳变开始模拟数字转换。一旦转换完成，转换的结果存储在 ADC14MEMx 寄存器中。有以下两种不同的采样时序方案，通过 ADC14SHP 选择。

（1）扩展采样模式。

当 ADC14SHP=0 时，选择扩展采样模式，通过采样配置定时器选择采样时间。SHI 信号直接控制 SAMPCON 并定义采样周期 t_{sample} 采样的长度。如果使用了 ADC 内部缓冲区，应用程序应让采样触发器生效，等待设置 ADC14RDYIFG 标志，然后在采样周期之间保持采样触发器有效。或者，如果使用内部 ADC 缓冲区，用户可以把采样触发器有效时间设为在参考电压和缓冲区设置的最大采样脉冲时间。最大采样时间不得超过 420μs。当 ADC14VRSEL=0001 或 1111 时，使用 ADC 内部缓冲。由高到低的 SAMPCON 在与 ADC14CLK 相位对准后触发转换。14 位扩展采样模式如图 11.1.3 所示。

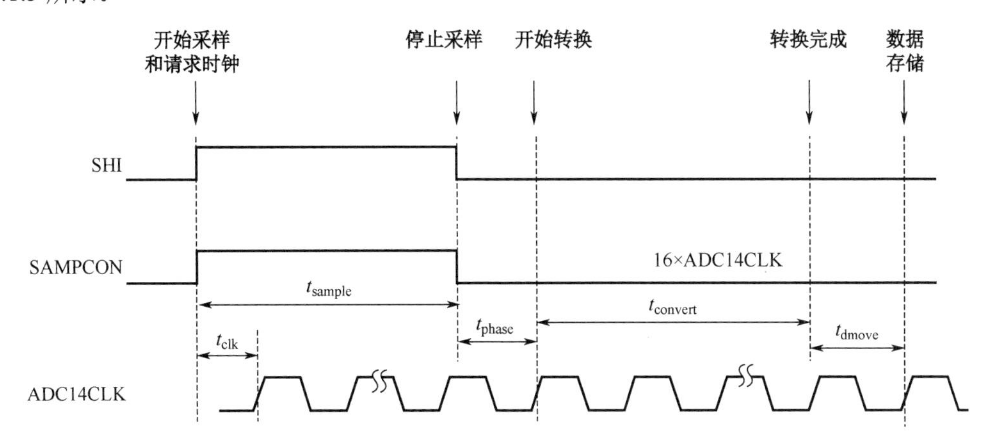

图 11.1.3　14 位扩展采样模式

（2）脉冲采样模式。

当 ADC14SHP=1 时，选择脉冲采样模式，此时 SHI 信号的高电平时间即为采样时间。SHI 信号用于触发采样定时器。ADC14CTL0 寄存器中的 ADC14SHT0x 和 ADC14SHT1x 位控制采样定时器定义的 SAMPCON 采样周期 t_{sample}。如果使用内部参考源，当参考源和内部缓冲器设定好后采样定时器产生 SAMPCON 信号。在产生 SAMPCON 信号之前，需要 t_{sync} 与 ADC14CLK 同步。

ADC14SHTX 位以 4 倍于 ADC14CLK 的倍数选择采样时间。采样定时器的可编程范围为 4～192 个 ADC14CLK 周期。ADC14SHT0x 为 ADC14MCTL8～ADC14MCTL23 选择采样时间，ADC14SHT1x 为 ADC14MCTL0～ADC14MCTL7 和 ADC14MCTL24～ADC14MCTL31 选择采样时间。14 位脉冲

采样模式如图 11.1.4 所示。

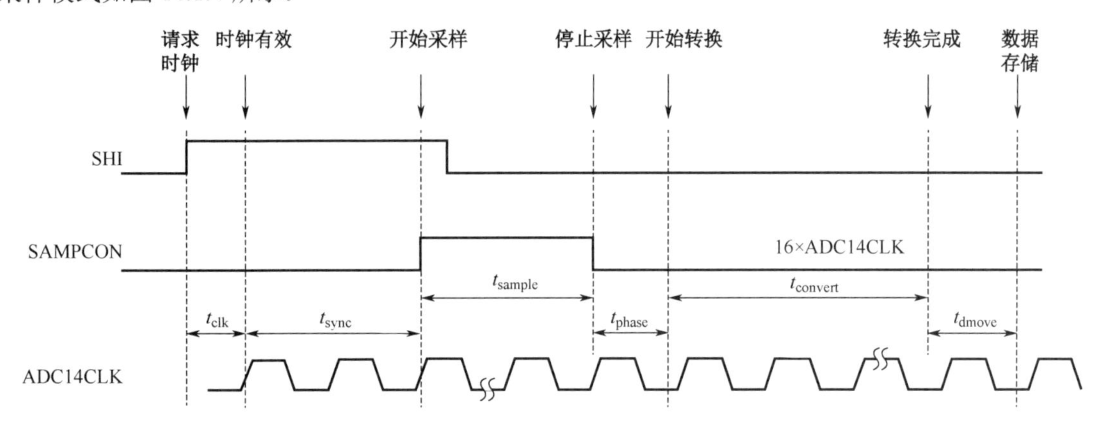

图 11.1.4 14 位脉冲采样模式

7. 转换结果存储

ADC 提供 32 个转换存储寄存器（ADC14MEMx）保存转换结果，每个存储寄存器都能由一个与之对应的控制寄存器 ADC14MCTLx 进行配置，ADC14VRSEL 位选择参考电压，ADC14INCHx 和 ADC14DIF 选择输入通道，ADC14EOS 确定序列转换何时结束。CSTARTADDx 确定用于转换控制的第一个 ADC14MCTLx。如果是单通道模式，则 CSTARTADDx 指向被使用的 ADC14MCTLx。如果选择的转换模式是通道序列或通道重复序列，则 CSTARTADDx 指向序列中要使用的第一个 ADC14MCTLx 位置。当每个转换完成时，一个对软件不可见的指针将自动递增到下一个 ADC14MCTLx。该序列继续进行，直到处理 ADC14MCTLx 中的 ADC14EOS 位，这是最后处理的控制字节。

当转换结果被写到选择的 ADC14MEMx 时，对应的 ADC14IFGRx 标志被置高。ADC14MCTLx 各位定义如表 11.1.4 所示。

表 11.1.4 ADC14MCTLx 各位定义

31	30	29	28	27	26	25	24
Reserved							
r-0	r-0	r-0	r-0	r-0	r-0	r-0	r-0
23	22	21	20	19	18	17	16
Reserved							
r-0	r-0	r-0	r-0	r-0	r-0	r-0	r-0
15	14	13	12	11	10	9	8
ADC14WINCTH	ADC14WINC	ADC14DIF	Reserved	ADC14VRSEK			
rw-0	rw-0	rw-0	rw-0	rw-0	rw-0	rw-0	rw-0
7	6	5	4	3	2	1	0
ADC14EOS	Reserved	ADC14INCHx					
rw-0	r-0	r-0	rw-0	rw-0	rw-0	rw-0	rw-0

位描述如表 11.1.5 所示。

表 11.1.5　位描述

ADC14WINCTH	窗比较阈值寄存器选择 0b=选择窗比较阈值寄存器 0，　ADC14LO0 和 ADC14HI0 1b=选择窗比较阈值寄存器 1，　ADC14LO1 和 ADC14HI1
ADC14WINC	窗口比较器使能 0b=窗口比较器禁止 1b=窗口比较器使能
ADC14DIF	差分模式 0b=单端模式 1b=差分模式
ADC14VRSEL	VR+和 VR-的选择，以及缓冲选择 0000b = VR+ = AVCC, VR-= AVSS 0001b = VR+ = VREF 缓冲, VR-= AVSS 0010b～1101b = 保留 1110b = VR+= VeREF+, VR-= VeREF- 1111b = VR+=VeREF+缓冲, VR-=VeREF-
ADC14EOS	序列结束，表明在序列转换中最后一个转换 0b=序列没有结束 1b=序列结束
ADC14INCHx	输入通道选择 00000b =如果 ADC14DIF = 0：A0；如果 ADC14DIF = 1：Ain + = A0，Ain- = A1 00001b =如果 ADC14DIF = 0：A1；如果 ADC14DIF = 1：Ain + = A0，Ain- = A1 00010b =如果 ADC14DIF = 0：A2；如果 ADC14DIF = 1：Ain + = A2，Ain- = A3 00011b =如果 ADC14DIF = 0：A3；如果 ADC14DIF = 1：Ain + = A2，Ain- = A3 00100b =如果 ADC14DIF = 0：A4；如果 ADC14DIF = 1：Ain + = A4，Ain- = A5 00101b =如果 ADC14DIF = 0：A5；如果 ADC14DIF = 1：Ain + = A4，Ain- = A5 00110b =如果 ADC14DIF = 0：A6；如果 ADC14DIF = 1：Ain + = A6，Ain- = A7 00111b =如果 ADC14DIF = 0：A7；如果 ADC14DIF = 1：Ain + = A6，Ain- = A7 01000b =如果 ADC14DIF = 0：A8；如果 ADC14DIF = 1：Ain + = A8，Ain- = A9 01001b =如果 ADC14DIF = 0：A9；如果 ADC14DIF = 1：Ain + = A8，Ain- = A9 01010b =如果 ADC14DIF = 0：A10；如果 ADC14DIF = 1：Ain + = A10，Ain- = A11 01011b =如果 ADC14DIF = 0：A11；如果 ADC14DIF = 1：Ain + = A10，Ain- = A11 01100b =如果 ADC14DIF = 0：A12；如果 ADC14DIF = 1：Ain + = A12，Ain- = A13 01101b =如果 ADC14DIF = 0：A13；如果 ADC14DIF = 1：Ain + = A12，Ain- = A13 01110b =如果 ADC14DIF = 0：A14；如果 ADC14DIF = 1：Ain + = A14，Ain- = A15 01111b =如果 ADC14DIF = 0：A15；如果 ADC14DIF = 1：Ain + = A14，Ain- = A15 10000b =如果 ADC14DIF = 0：A16；如果 ADC14DIF = 1：Ain + = A16，Ain- = A17 10001b =如果 ADC14DIF = 0：A17；如果 ADC14DIF = 1：Ain + = A16，Ain- = A17 10010b =如果 ADC14DIF = 0：A18；如果 ADC14DIF = 1：Ain + = A18，Ain- = A19 10011b =如果 ADC14DIF = 0：A19；如果 ADC14DIF = 1：Ain + = A18，Ain- = A19 10100b =如果 ADC14DIF = 0：A20；如果 ADC14DIF = 1：Ain + = A20，Ain- = A21 10101b =如果 ADC14DIF = 0：A21；如果 ADC14DIF = 1：Ain + = A20，Ain- = A21 10110b =如果 ADC14DIF = 0：A22；如果 ADC14DIF = 1：Ain + = A22，Ain- = A23 10111b =如果 ADC14DIF = 0：A23；如果 ADC14DIF = 1：Ain + = A22，Ain- = A23 11000b =如果 ADC14DIF = 0：A24；如果 ADC14DIF = 1：Ain + = A24，Ain- = A25 11001b =如果 ADC14DIF = 0：A25；如果 ADC14DIF = 1：Ain + = A24，Ain- = A25 11010b =如果 ADC14DIF = 0：A26；如果 ADC14DIF = 1：Ain + = A26，Ain- = A27 11011b =如果 ADC14DIF = 0：A27；如果 ADC14DIF = 1：Ain + = A26，Ain- = A27 11100b =如果 ADC14DIF = 0：A28；如果 ADC14DIF = 1：Ain + = A28，Ain- = A29 11101b =如果 ADC14DIF = 0：A29；如果 ADC14DIF = 1：Ain + = A28，Ain- = A29 11110b =如果 ADC14DIF = 0：A30；如果 ADC14DIF = 1：Ain + = A30，Ain- = A31 11111b =如果 ADC14DIF = 0：A31；如果 ADC14DIF = 1：Ain + = A30，Ain- = A31

8. 窗口比较器

窗口比较器允许在没有 CPU 参与的条件下监控模拟信号。通过 ADC14MCTLx 寄存器的 ADC14WINC 位使能 ADC14MEMx 转换结果进行窗口比较。窗口比较器的中断包括：

- 如果当前的转换结果比 ADC14LO 定义的低阈值更小，则产生 ADC14LOIFG 标志；
- 如果当前的转换结果比 ADC14HI 定义的高阈值更大，则产生 ADC14HIIFG 标志；
- 如果当前的转换结果比 ADC14LO 定义的低阈值更大，且比 ADC14HI 定义的高阈值更小，则产生 ADC14INIFG 标志。

这些中断的产生与转换模式无关，窗口比较器的中断更新发生在 ADC14IFGx 标志置位之后。窗口比较器的中断标志不会由硬件自动清除，需要用户用软件清除。

提供两套窗口比较阈值寄存器 ADC14LO0 和 ADC14HI0、ADC14LO1 和 ADC14HI1。ADC14MCTLx 的 ADC14WINCTH 位选择使用哪一套寄存器，为 0 时 ADC14LO0 和 ADC14HI0 阈值有效，为 1 时 ADC14LO1 和 ADC14HI1 阈值有效。

阈值寄存器的数据格式必须正确。如果 ADC14DF=0，即选择无符号二进制数据格式，ADC14LOx 和 ADC14HIx 阈值寄存器必须以无符号二进制数写入。如果 ADC14DF=1，即选择有符号二进制格式，阈值寄存器必须以有符号二进制数写入。改变 ADC14DF 位或 ADC14RES 位复位阈值寄存器。

9. ADC 中断

高精度 ADC 的中断源有如下几种。

- 转换结束中断 ADC14IFG0～ADC14IFG31。
  当转换结果写到转换存储寄存器（ADC14MEMx）中时，ADC14IFGx 标志位置 1，如果使能了相关中断，则会产生中断请求。
- 存储溢出中断 ADC14OV。
  如果在读取转换存储寄存器（ADC14MEMx）之前有新的值写入，则会发生存储溢出。
- 时间溢出中断 ADC14TOV。
  如果当前的转换还没有完成又有新的转换请求，则会产生 ADC14TOV。
- 窗口比较器中断 ADC14LOIFG、ADC14INIFG 和 ADC14HIIFG。
- 缓存参考就绪中断 ADC14RDYIFG。

当高精度 ADC 缓存参考准备就绪后，ADC14RDYFG 标志置位。这一点可以在扩展采样时使用，而不是在采样信号时间中增加最大缓冲参考稳定时间。

10. ADC 相关寄存器

ADC 相关寄存器如表 11.1.6 所示（ADC 基地址：0x4001_2000）。

表 11.1.6 ADC 相关寄存器

寄存器名称	缩 写	地 址 偏 移
控制寄存器 0	ADC14CTL0	00h
控制寄存器 1	ADC14CTL1	04h
窗口比较器低阈值 0	ADC14LO0	08h
窗口比较器高阈值 0	ADC14HI0	0Ch
窗口比较器低阈值 1	ADC14LO1	10h
窗口比较器高阈值 1	ADC14HI1	14h
存储控制寄存器 0	ADC14MCTL0	18h
存储控制寄存器 1	ADC14MCTL1	1Ch
存储控制寄存器 2	ADC14MCTL2	20h

续表

寄存器名称	缩　写	地 址 偏 移
存储控制寄存器 3	ADC14MCTL3	24h
存储控制寄存器 4	ADC14MCTL4	28h
存储控制寄存器 5	ADC14MCTL5	2Ch
存储控制寄存器 6	ADC14MCTL6	30h
存储控制寄存器 7	ADC14MCTL7	34h
存储控制寄存器 8	ADC14MCTL8	38h
存储控制寄存器 9	ADC14MCTL9	3Ch
存储控制寄存器 10	ADC14MCTL10	40h
存储控制寄存器 11	ADC14MCTL11	44h
存储控制寄存器 12	ADC14MCTL12	48h
存储控制寄存器 13	ADC14MCTL13	4Ch
存储控制寄存器 14	ADC14MCTL14	50h
存储控制寄存器 15	ADC14MCTL15	54h
存储控制寄存器 16	ADC14MCTL16	58h
存储控制寄存器 17	ADC14MCTL17	5Ch
存储控制寄存器 18	ADC14MCTL18	60h
存储控制寄存器 19	ADC14MCTL19	64h
存储控制寄存器 20	ADC14MCTL20	68h
存储控制寄存器 21	ADC14MCTL21	6Ch
存储控制寄存器 22	ADC14MCTL22	70h
存储控制寄存器 23	ADC14MCTL23	74h
存储控制寄存器 24	ADC14MCTL24	78h
存储控制寄存器 25	ADC14MCTL25	7Ch
存储控制寄存器 26	ADC14MCTL26	80h
存储控制寄存器 27	ADC14MCTL27	84h
存储控制寄存器 28	ADC14MCTL28	88h
存储控制寄存器 29	ADC14MCTL29	8Ch
存储控制寄存器 30	ADC14MCTL30	90h
存储控制寄存器 31	ADC14MCTL31	94h
存储器 0	ADC14MEM0	98h
存储器 1	ADC14MEM1	9Ch
存储器 2	ADC14MEM2	A0h
存储器 3	ADC14MEM3	A4h
存储器 4	ADC14MEM4	A8h
存储器 5	ADC14MEM5	ACh
存储器 6	ADC14MEM6	B0h
存储器 7	ADC14MEM7	B4h
存储器 8	ADC14MEM8	B8h
存储器 9	ADC14MEM9	BCh
存储器 10	ADC14MEM10	C0h
存储器 11	ADC14MEM11	C4h
存储器 12	ADC14MEM12	C8h

续表

寄存器名称	缩　写	地址偏移
存储器 13	ADC14MEM13	CCh
存储器 14	ADC14MEM14	D0h
存储器 15	ADC14MEM15	D4h
存储器 16	ADC14MEM16	D8h
存储器 17	ADC14MEM17	DCh
存储器 18	ADC14MEM18	E0h
存储器 19	ADC14MEM19	E4h
存储器 20	ADC14MEM20	E8h
存储器 21	ADC14MEM21	ECh
存储器 22	ADC14MEM22	F0h
存储器 23	ADC14MEM23	F4h
存储器 24	ADC14MEM24	F8h
存储器 25	ADC14MEM25	FCh
存储器 26	ADC14MEM26	100
存储器 27	ADC14MEM27	104
存储器 28	ADC14MEM28	108
存储器 29	ADC14MEM29	10C
存储器 30	ADC14MEM30	110h
存储器 31	ADC14MEM31	114h
中断使能寄存器 0	ADC14IER0	13Ch
中断使能寄存器 1	ADC14IER1	140h
中断标志寄存器 0	ADC14IFGR0	144h
中断标志寄存器 1	ADC14IFGR1	148h
清除中断标志 0	ADC14CLRIFGR0	14Ch
清除中断标志 1	ADC14CLRIFGR1	150h
中断向量寄存器	ADC14IV	154h

11.1.2　ADC14 库函数

（1）void ADC14_clearInterruptFlag (uint_fast64_t mask)

功能：清除中断标志

参数 1：中断名称

返回：无

使用举例：

```
ADC14_clearInterruptFlag(ADC_INT0);//清除ADC_INT0中断标志
```

（2）bool ADC14_configureConversionMemory (uint32_t memorySelect, uint32_t refSelect,uint32_t channelSelect, bool differntialMode)

功能：配置转换存储区

参数 1：存储区编号

参数 2：参考源选择

参数 3：输入通道选择

参数 4：差分模式

返回：配置结果

使用举例：

```
    ADC14_configureConversionMemory(ADC_MEM0,ADC_VREFPOS_AVCC_VREFNEG_VSS,ADC_INPUT_A0,ADC_NONDIFFERENTIAL_INPUTS);
//配置存储器0，高参考电压为AVCC，低参考电压为VSS，通道为A0，非差分输入
```

（3）bool ADC14_configureMultiSequenceMode (uint32_t memoryStart, uint32_t memoryEnd, bool repeatMode)

功能：配置多通道转换

参数 1：起始存储区

参数 2：终止存储区

参数 3：循环模式

返回：配置结果

使用举例：

```
    ADC14_configureMultiSequenceMode(ADC_MEM0,ADC_MEM4,false);
//配置存储器0至存储器4连续转换，不重复转换
```

（4）bool ADC14_configureSingleSampleMode (uint32_t memoryDestination, bool repeatMode)

功能：配置单通道转换

参数 1：转换结果存储区

参数 2：循环模式

返回：无

使用举例：

```
    ADC14_configureSingleSampleMode(ADC_MEM0,false);//配置存储器0，不重复转换
```

（5）bool ADC14_disableComparatorWindow (uint32_t memorySelect)

功能：禁止窗口比较器

参数 1：转换结果存储区

返回：在转换过程中设置返回失败

使用举例：

```
    ADC14_disableComparatorWindow(ADC_MEM0);//禁止存储器0窗口比较
```

（6）void ADC14_disableConversion (void)

功能：禁止转换

参数 1：无

返回：无

（7）void ADC14_disableInterrupt (uint_fast64_t mask)

功能：禁止 ADC 中断

参数 1：中断名称

返回：无

使用举例：

```
    ADC14_disableInterrupt(ADC_INT0);//禁止存储器0请求中断
```

（8）bool ADC14_disableModule (void)

功能：禁止 ADC 模块

参数 1：无

返回：在转换过程中设置返回失败

（9）bool ADC14_disableReferenceBurst (void)

功能：禁止电压参考器

参数 1：无
返回：在转换过程中设置返回失败
（10）bool ADC14_disableSampleTimer (void)
功能：禁止采样定时器
参数 1：无
返回：在转换过程中设置返回失败
（11）bool ADC14_enableComparatorWindow (uint32_t memorySelect, uint32_t windowSelect)
功能：使能窗口比较器
参数 1：存储区
参数 2：窗口
返回：在转换过程中设置返回失败
使用举例：

```
    ADC14_enableComparatorWindow(ADC_MEM0,AD-COMP_WINDOW0);
//使能存储器0进行窗口比较，选择窗口0
```

（12）bool ADC14_enableConversion (void)
功能：使能转换
参数 1：无
返回：在转换过程中设置返回失败
（13）void ADC14_enableInterrupt (uint_fast64_t mask)
功能：使能 ADC 中断
参数 1：中断名称
返回：无
使用举例：

```
    ADC14_enableInterrupt(ADC_INT0);//使能存储器0请求中断
```

（14）void ADC14_enableModule (void)
功能：使能 ADC 模块
参数 1：无
返回：无
（15）bool ADC14_enableReferenceBurst (void)
功能：使能参考源突发模式
返回：无
（16）bool ADC14_enableSampleTimer (uint32_t multiSampleConvert)
功能：使能采样定时器
参数 1：触发方式
返回：无
使用举例：

```
    ADC14_enableSampleTimer(ADC_MANUAL_ITERATION);//采样定时器手动触发
```

（17）uint_fast64_t ADC14_getEnabledInterruptStatus (void)
功能：读取 ADC 使能的中断标志
参数 1：无
返回：中断标志
（18）uint_fast64_t ADC14_getInterruptStatus (void)
功能：读取 ADC 中断标志

参数 1：无

返回：中断标志

（19）void ADC14_getMultiSequenceResult (uint16_t*res)

功能：读取序列转换结果

参数 1：结果首地址

返回：无

（20）uint_fast32_t ADC14_getResolution (void)

功能：获取转换精度

参数 1：无

返回：转换精度

（21）uint_fast16_t ADC14_getResult (uint32_t memorySelect)

功能：读取转换结果

参数 1：存储区

返回：转换结果

使用举例：

```
ADC14_getResult(ADC_MEM0);//读取存储器0的值
```

（22）void ADC14_getResultArray (uint32_t memoryStart, uint32_t memoryEnd, uint16_t*res)

功能：读取转换结果

参数 1：起始存储区

参数 2：终止存储区

参数 3：转换结果

返回：无

使用举例：

```
    ADC14_getResultArray(ADC_MEM0,ADC_MEM4,res);
//读取存储器0至存储器4的值，保存在res中
```

（23）bool ADC14_initModule (uint32_t clockSource, uint32_t clockPredivider, uint32_t clockDivider, uint32_t internalChannelMask)

功能：初始化 ADC 模块

参数 1：时钟源

参数 2：时钟预分频

参数 3：时钟分频

参数 4：内部通道

返回：在转换过程中设置返回失败

使用举例：

```
    ADC14_initModule(ADC_CLOCKSOURCE_SMCLK,ADC_PREDIVIDER_1,ADC_DIVIDER_2,AD
C_MAPINTCH0);//初始化ADC模块，SMCLK为时钟，时钟预分频系数为2，分频系数为2，通道0
```

（24）bool ADC14_isBusy (void)

功能：读取是否正在采样转换

参数 1：无

返回：正在转换返回 true，否则 false

（25）bool ADC14_setComparatorWindowValue (uint32_t window, int16_t low, int16_t high)

功能：设置窗口比较器的值

参数 1：窗口

参数 2：窗口下限值

参数 3：窗口上限值

返回：无

使用举例：

```
    ADC14_setComparatorWindowValue(ADC_COMP_WINDOW0,0x00f0,0x0fff);
//设置窗口比较器下限值为0x00f0，上限值为0x0fff
```

（26）bool ADC14_setPowerMode (uint32_t powerMode)

功能：电源模式

参数 1：电源模式

返回：在转换过程中设置返回失败

使用举例：

```
    ADC14_setPowerMode(ADC_LOW_POWER_MODE);//设置ADC电源模式为低功耗模式
```

（27）void ADC14_setResolution (uint32_t resolution)

功能：设置转换精度

参数 1：转换精度

返回：无

使用举例：

```
    ADC14_setResolution(ADC_14BIT);//设置ADC为14位
```

（28）bool ADC14_setResultFormat (uint32_t resultFormat)

功能：设置转换结果的格式

参数 1：结果格式

返回：在转换过程中设置返回失败

使用举例：

```
    ADC14_setResultFormat(ADC_UNSIGNED_BINARY);//设置转换结果为无符号二进制数
```

（29）bool ADC14_setSampleHoldTime (uint32_t firstPulseWidth, uint32_t secondPulseWidth)

功能：设置采样保持时间

参数 1：脉宽 1(MEMORY_0～MEMORY_7、MEMORY_24～MEMORY_31)

参数 2：脉宽 2(MEMORY_8～MEMORY_23)

返回：在转换过程中设置返回失败

使用举例：

```
    ADC14_setSampleHoldTime(ADC_PULSE_WIDTH_4,ADC_PULSE_WIDTH_4);
//设置采样保持时间脉宽为4个ADCCLK
```

（30）bool ADC14_setSampleHoldTrigger (uint32_t source, bool invertSignal)

功能：设置采样保持触发源

参数 1：触发源

参数 2：信号反向

返回：在转换过程中设置返回失败

使用举例：

```
    ADC14_setSampleHoldTrigger(ADC_TRIGGER_ADCSC,false);
//设置采样触发源为软件触发，信号不反向
```

（31）bool ADC14_toggleConversionTrigger (void)

功能：翻转转换触发位

参数 1：无

返回：在转换过程中设置返回失败

11.1.3　ADC14 应用实例

1. 单通道模式

单通道模式的工作过程如图 11.1.5 所示。

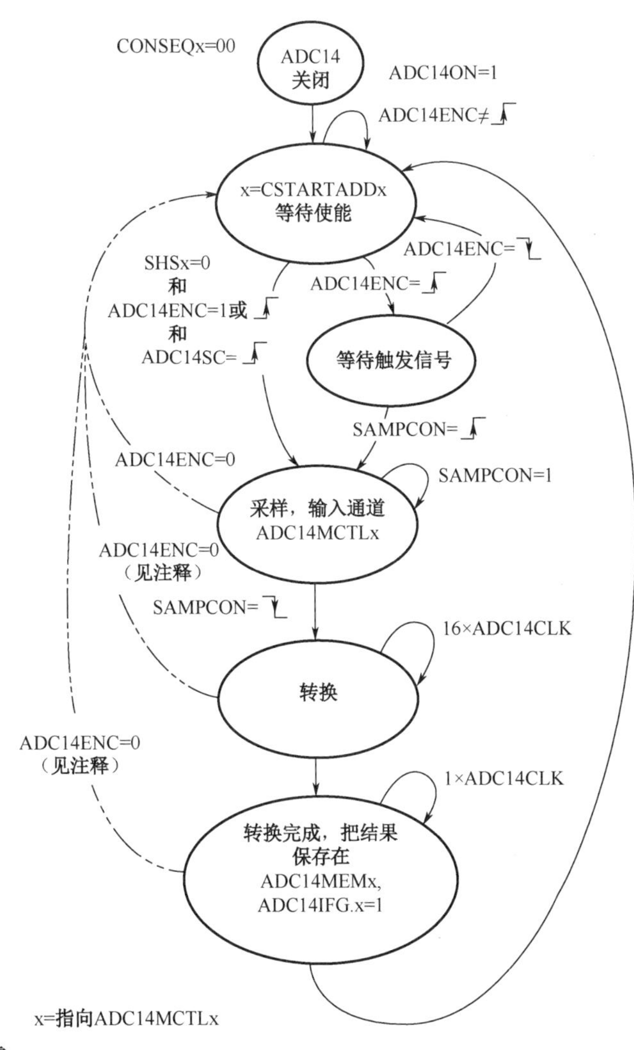

图 11.1.5　单通道模式的工作过程

在单通道模式下，转换结果存储到由 CSTARTADDx 定义的 ADC14MEMx 中。如果使用 ADC14SC 触发转换，则通过 ADC14SC 位就能转换多次；如果使用其他触发源，则每一次转换都需要翻转 ADC14ENC，ADC14ENC 的低电平时间不能小于 3 个 ADC14CLK 时钟周期。

【例 11.1.1】单通道采集

ADC 配置为单通道采集模式，按键按下一次触发一次采样转换，采集电位器分压，转换结果由 OLED 显示，调节电位器，可以看到转换结果及电压发生的变化。

（1）硬件设计：ADC 电路原理图如图 11.1.6 所示。

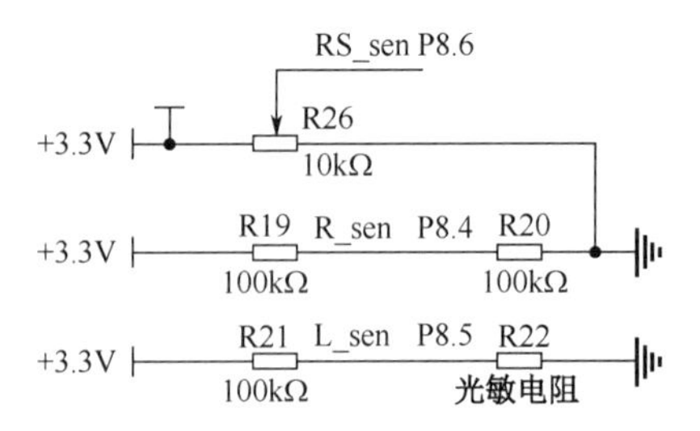

图 11.1.6 ADC 电路原理图

（2）软件设计：

```
    u16 adcResult=0; //转换结果
    float Voltage=0; //转换为电压
    u8 tbuf[40];
    int main()
    {
    u32 ii =0;
        /*关闭看门狗*/
        WDT_A_holdTimer();
        /*P7.0配置为输出*/
        GPIO_setAsOutputPin(GPIO_PORT_P7, GPIO_PIN0);
        /*P7.0输出低电平，关闭LED*/
        GPIO_setOutputHighOnPin(GPIO_PORT_P7, GPIO_PIN0);
        /*P1.1配置为上拉输入*/
        GPIO_setAsInputPinWithPullUpResistor(GPIO_PORT_P1, GPIO_PIN1);
        /*P8.6复用为A19引脚功能*/
        GPIO_setAsPeripheralModuleFunctionInputPin(GPIO_PORT_P8,
              GPIO_PIN6 , GPIO_TERTIARY_MODULE_FUNCTION);
        /*清除P1.1中断标志*/
        GPIO_clearInterruptFlag(GPIO_PORT_P1, GPIO_PIN1);
        /*P1.1下降沿触发中断*/
        GPIO_interruptEdgeSelect ( GPIO_PORT_P1, GPIO_PIN1,
    GPIO_HIGH_TO_LOW_TRANSITION );
        /*P1.1中断使能*/
        GPIO_enableInterrupt(GPIO_PORT_P1, GPIO_PIN1);
        /*设置DCO频率:12MHz*/
        CS_setDCOFrequency(12000000);
        /*时钟系统初始化，设置时钟源及分频系数*/
        CS_initClockSignal(CS_MCLK, CS_DCOCLK_SELECT, CS_CLOCK_DIVIDER_2);
//MCLK源于DCO，2分频
        CS_initClockSignal(CS_ACLK, CS_REFOCLK_SELECT, CS_CLOCK_DIVIDER_1);
//ACLK源于REFO，1分频
        CS_initClockSignal(CS_HSMCLK, CS_DCOCLK_SELECT,
CS_CLOCK_DIVIDER_4);//HSMCLK源于DCO，4分频
        CS_initClockSignal(CS_SMCLK, CS_DCOCLK_SELECT, CS_CLOCK_DIVIDER_4);
//SMCLK源于DCO，4分频
        CS_initClockSignal(CS_BCLK, CS_REFOCLK_SELECT, CS_CLOCK_DIVIDER_1);
//BCLK源于REFO，1分频
        ADC14_enableModule();//使能ADC模块
```

```
//初始化ADC模块,SMCLK作为时钟源，时钟预分频为4，时钟分频为3，单通道
    ADC14_initModule(ADC_CLOCKSOURCE_SMCLK, ADC_PREDIVIDER_4,
  ADC_DIVIDER_3,ADC_NOROUTE);
    /*转换结果存储区0为单通道单次模式*/
    ADC14_configureSingleSampleMode(ADC_MEM0, false);
    /*转换结果存储区0的参考电压为AVcc和Vss，A19通道，非差分模式*/
    ADC14_configureConversionMemory(ADC_MEM0,
ADC_VREFPOS_AVCC_VREFNEG_VSS, ADC_INPUT_A19, false);
    /*手动触发采样转换*/
    ADC14_enableSampleTimer(ADC_MANUAL_ITERATION);
    /*使能ADC转换结果存储区0的中断*/
    ADC14_enableInterrupt(ADC_INT0);
    /*使能ADC转换*/
    ADC14_enableConversion();
    /*OLED初始化*/
    OLED_Init();
    /*OLED清屏*/
    OLED_Clear();
    /*OLED显示字符及汉字*/
    OLED_ShowString(0,0,"MSP432",16);
    OLED_ShowCHinese(48,0,11); //原
    OLED_ShowCHinese(64,0,12);//理
    OLED_ShowCHinese(80,0,13);//及
    OLED_ShowCHinese(96,0,14);//使
    OLED_ShowCHinese(112,0,15);//用
    OLED_ShowString(0,2,"ADC",16);
    OLED_ShowCHinese(24,2,16);//单
    OLED_ShowCHinese(40,2,18);//通
    OLED_ShowCHinese(56,2,19);//道
    OLED_ShowCHinese(72,2,24);//实
    OLED_ShowCHinese(88,2,25);//验
    OLED_ShowString(0,4,"Result:",16);
    OLED_ShowString(0,6,"Voltage:",16);
    sprintf((char*)tbuf,"%d",adcResult);
    OLED_ShowString(56,4,tbuf,16);
    sprintf((char*)tbuf,"%.2fV",Voltage);
    OLED_ShowString(64,6,tbuf,16);
    /*使能ADC中断*/
    Interrupt_enableInterrupt(INT_ADC14);
    /*使能PORT1中断*/
    Interrupt_enableInterrupt(INT_PORT1);
    /*打开全局中断*/
    Interrupt_enableMaster();
    /*退出中断后不再睡眠*/
    Interrupt_disableSleepOnIsrExit();
    while(1)
    {
        PCM_gotoLPM0();//进入LPM0睡眠状态
```

```
for(ii=0;ii<2000;ii++);//计数延时等待转换结束
        sprintf((char*)tbuf,"%d",adcResult);//显示转换结果
        OLED_ClrarPageColumn(4,56);
        OLED_ShowString(56,4,tbuf,16);
        sprintf((char*)tbuf,"%.2fV",Voltage);//显示电压
        OLED_ClrarPageColumn(6,64);
        OLED_ShowString(64,6,tbuf,16);
    }

}
//PORT1中断服务程序
void PORT1_IRQHandler(void)
{
    uint32_t ii;
    uint32_t status;
    /*关闭全局中断*/
    Interrupt_disableMaster ();
    /*读取P1中断状态*/
    status = GPIO_getEnabledInterruptStatus(GPIO_PORT_P1);
    /*清除P1中断标志*/
    GPIO_clearInterruptFlag(GPIO_PORT_P1, status);
    /*P1中断处理*/
    if(status & BIT1)
    {
        for (ii = 1000; ii > 0; ii--);  //计数延时按键消抖
        /*查询P1.1输入电平是否为低*/
        if(GPIO_getInputPinValue(GPIO_PORT_P1, GPIO_PIN1)==GPIO_INPUT_PIN_LOW)
        {
            /* 软件触发ADC采样转换 */
            ADC14_toggleConversionTrigger();
            /*P7.0输出电平翻转*/
            GPIO_toggleOutputOnPin(GPIO_PORT_P7 ,GPIO_PIN0);
        }
    }
    /*打开全局中断*/
    Interrupt_enableMaster();
}
//ADC中断服务程序
void ADC14_IRQHandler(void)
{
    uint64_t status;
    /*读取ADC中断状态*/
    status = ADC14_getEnabledInterruptStatus();
    /*清除ADC中断标志*/
    ADC14_clearInterruptFlag(status);
    /*ADC中断处理*/
    if(status & ADC_INT0)
    {
```

```
        adcResult = ADC14_getResult(ADC_MEM0); //读取转换结果
        Voltage = adcResult * 3.3f / 16384.0f; //转换为电压
    }
}
```

2. 单通道循环模式

单通道循环模式的工作过程如图 11.1.7 所示。

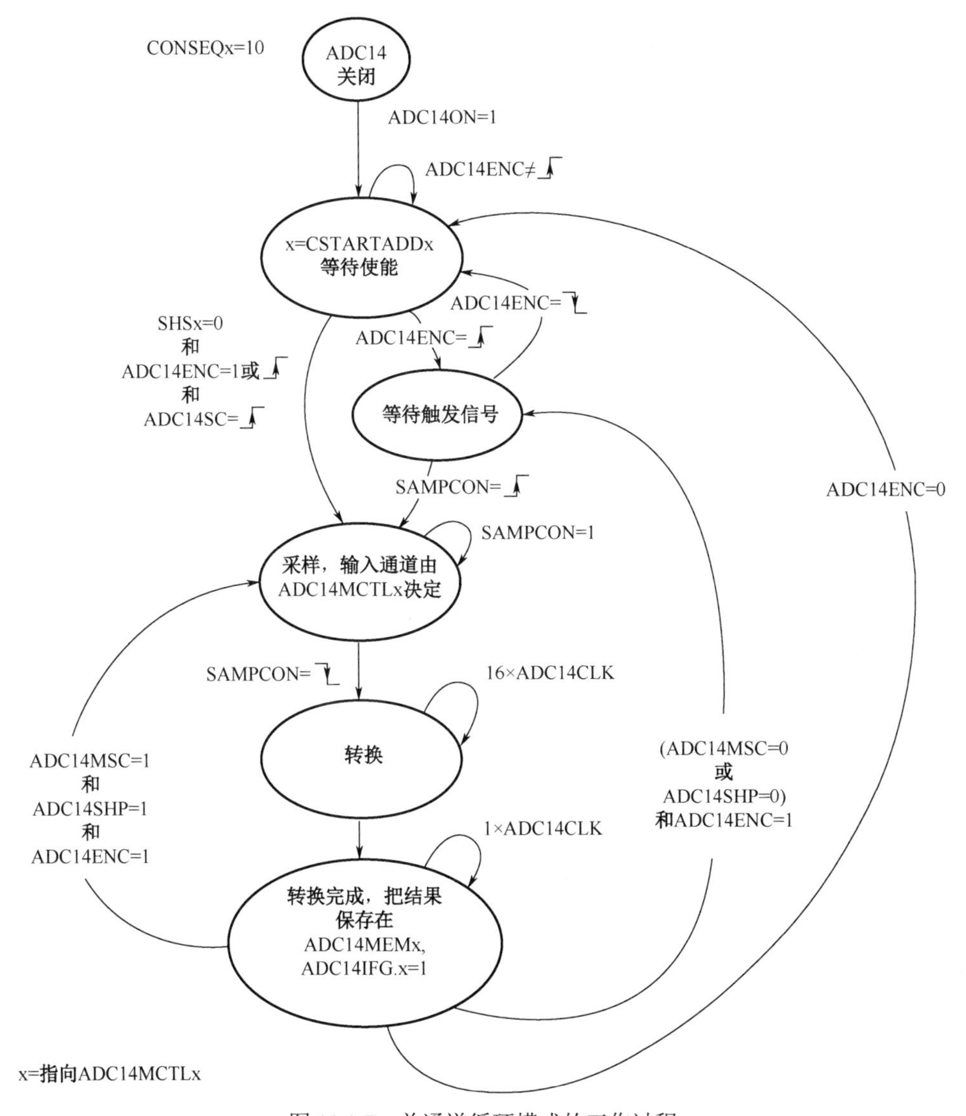

图 11.1.7　单通道循环模式的工作过程

一个通道连续进行采样和转换，转换结果存储到由 CSTARTADDx 定义的 ADC14MEMx 中。在转换完成后应该立即读取结果，这是因为 ADC14MEMx 会被下一次的结果覆盖。

【例 11.1.2】单通道循环采集

ADC 配置为单通道循环模式，按键触发采样转换，循环 10 次后停止转换，求取 10 次转换结果的平均值，由 OLED 显示。

软件设计：

```
u16 adcResult[10];   //转换结果
u16 AverAdcRes = 0;
```

```
    float Voltage=0;     //转换为电压
    u8 tbuf[40];
    int main()
    {
        u32 ii =0;
        /*关闭看门狗*/
        WDT_A_holdTimer();
        /*P7.0配置为输出*/
        GPIO_setAsOutputPin(GPIO_PORT_P7, GPIO_PIN0);
        /*P7.0输出低电平，关闭LED*/
        GPIO_setOutputHighOnPin(GPIO_PORT_P7, GPIO_PIN0);
        /*P1.1配置为上拉输入*/
        GPIO_setAsInputPinWithPullUpResistor(GPIO_PORT_P1, GPIO_PIN1);
        /*P8.6复用为A19引脚功能*/
        GPIO_setAsPeripheralModuleFunctionInputPin(GPIO_PORT_P8,
                GPIO_PIN6 , GPIO_TERTIARY_MODULE_FUNCTION);
        /*清除P1.1中断标志*/
        GPIO_clearInterruptFlag(GPIO_PORT_P1, GPIO_PIN1);
        /*P1.1下降沿触发中断*/
        GPIO_interruptEdgeSelect ( GPIO_PORT_P1, GPIO_PIN1,
    GPIO_HIGH_TO_LOW_TRANSITION );
        /*P1.1中断使能*/
        GPIO_enableInterrupt(GPIO_PORT_P1, GPIO_PIN1);
        /*设置DCO频率:12MHz*/
        CS_setDCOFrequency(12000000);
        /*时钟系统初始化，设置时钟源及分频系数*/
        CS_initClockSignal(CS_MCLK, CS_DCOCLK_SELECT, CS_CLOCK_DIVIDER_2);
//MCLK源于DCO，2分频
        CS_initClockSignal(CS_ACLK, CS_REFOCLK_SELECT, CS_CLOCK_DIVIDER_1);
//ACLK源于REFO，1分频
        CS_initClockSignal(CS_HSMCLK, CS_DCOCLK_SELECT,
CS_CLOCK_DIVIDER_4);//HSMCLK源于DCO，4分频
        CS_initClockSignal(CS_SMCLK, CS_DCOCLK_SELECT, CS_CLOCK_DIVIDER_4);
//SMCLK源于DCO，4分频
        CS_initClockSignal(CS_BCLK, CS_REFOCLK_SELECT, CS_CLOCK_DIVIDER_1);
//BCLK源于REFO，1分频
        ADC14_enableModule();//使能ADC模块
        //初始化ADC模块,SMCLK作为时钟源，时钟预分频为4，时钟分频为3，单通道
        ADC14_initModule(ADC_CLOCKSOURCE_SMCLK, ADC_PREDIVIDER_4,
    ADC_DIVIDER_3,ADC_NOROUTE);
        /*转换结果存储区0为单通道循环模式*/
        ADC14_configureSingleSampleMode(ADC_MEM0, true);
        /*转换结果存储区0的参考电压为AVCC和VSS，A19通道，非差分模式*/
        ADC14_configureConversionMemory(ADC_MEM0,
    ADC_VREFPOS_AVCC_VREFNEG_VSS,ADC_INPUT_A19, false);
        /*自动触发采样转换*/
        ADC14_enableSampleTimer(ADC_AUTOMATIC_ITERATION);
        /*使能ADC转换结果存储区0的中断*/
        ADC14_enableInterrupt(ADC_INT0);
```

```
    /*使能ADC转换*/
    ADC14_enableConversion();
    /*OLED初始化*/
    OLED_Init();
    /*OLED清屏*/
    OLED_Clear();
    /*OLED显示字符及汉字*/
    OLED_ShowString(0,0,"MSP432",16);
    OLED_ShowCHinese(48,0,11); //原
    OLED_ShowCHinese(64,0,12);//理
    OLED_ShowCHinese(80,0,13);//及
    OLED_ShowCHinese(96,0,14);//使
    OLED_ShowCHinese(112,0,15);//用
    OLED_ShowString(0,2,"ADC",16);
    OLED_ShowCHinese(24,2,16);//单
    OLED_ShowCHinese(40,2,18);//通
    OLED_ShowCHinese(56,2,19);//道
    OLED_ShowCHinese(72,2,22);//循
    OLED_ShowCHinese(88,2,23);//环
    OLED_ShowString(0,4,"Result:",16);
    OLED_ShowString(0,6,"Voltage:",16);
    sprintf((char*)tbuf,"%d",AverAdcRes);
    OLED_ShowString(56,4,tbuf,16);
    sprintf((char*)tbuf,"%.2fV",Voltage);
    OLED_ShowString(64,6,tbuf,16);
    /*使能ADC中断*/
    Interrupt_enableInterrupt(INT_ADC14);
    /*使能PORT1中断*/
    Interrupt_enableInterrupt(INT_PORT1);
    /*打开全局中断*/
    Interrupt_enableMaster();
    /*退出中断后不再睡眠*/
    Interrupt_disableSleepOnIsrExit();
    while(1)
    {
        PCM_gotoLPM0();//进入LPM0睡眠状态
        for(ii=0;ii<4000;ii++);//计数延时等待转换结束
        sprintf((char*)tbuf,"%d",AverAdcRes);//显示转换结果
        OLED_ClrarPageColumn(4,56);
        OLED_ShowString(56,4,tbuf,16);
        sprintf((char*)tbuf,"%.2fV",Voltage);//显示电压
        OLED_ClrarPageColumn(6,64);
        OLED_ShowString(64,6,tbuf,16);
    }

}
//PORT1中断服务程序
void PORT1_IRQHandler(void)
{
```

```
    uint32_t ii;
    uint32_t status;
    /*关闭全局中断*/
    Interrupt_disableMaster ();
    /*读取P1中断状态*/
    status = GPIO_getEnabledInterruptStatus(GPIO_PORT_P1);
    /*清除P1中断标志*/
    GPIO_clearInterruptFlag(GPIO_PORT_P1, status);
    /*P1中断处理*/
    if(status & BIT1)
    {
        for (ii = 1000; ii > 0; ii--);  //计数延时按键消抖
        /*查询P1.1输入电平是否为低*/
        if(GPIO_getInputPinValue(GPIO_PORT_P1, GPIO_PIN1)==GPIO_INPUT_PIN_LOW)
        {
            /*使能ADC转换*/
            ADC14_enableConversion();
            /* 软件触发ADC采样转换 */
            ADC14_toggleConversionTrigger();
            /*P7.0输出电平翻转*/
            GPIO_toggleOutputOnPin(GPIO_PORT_P7 ,GPIO_PIN0);
        }
    }
    /*打开全局中断*/
    Interrupt_enableMaster();
}
//ADC中断服务程序
void ADC14_IRQHandler(void)
{
    uint64_t status;
    u8 i =0;
    static u8 count=0;
    /*读取ADC中断状态*/
    status = ADC14_getEnabledInterruptStatus();
    /*清除ADC中断标志*/
    ADC14_clearInterruptFlag(status);
    /*ADC中断处理*/
    if(status & ADC_INT0)
    {
        adcResult[count] = ADC14_getResult(ADC_MEM0); //读取转换结果
        count++;
        if(count == 10) //转换了10次
        {
            ADC14_disableConversion();//停止转换
            count =0;
            AverAdcRes =0;
            for(i =0;i<10;i++)
            AverAdcRes += adcResult[i] * 0.1; //求转换结果的加权平均值
            Voltage = AverAdcRes *  3.3f / 16384.0f;//转换为电压
```

```
            }
        }
    }
```

3．多通道模式

多通道模式的工作过程如图 11.1.8 所示。

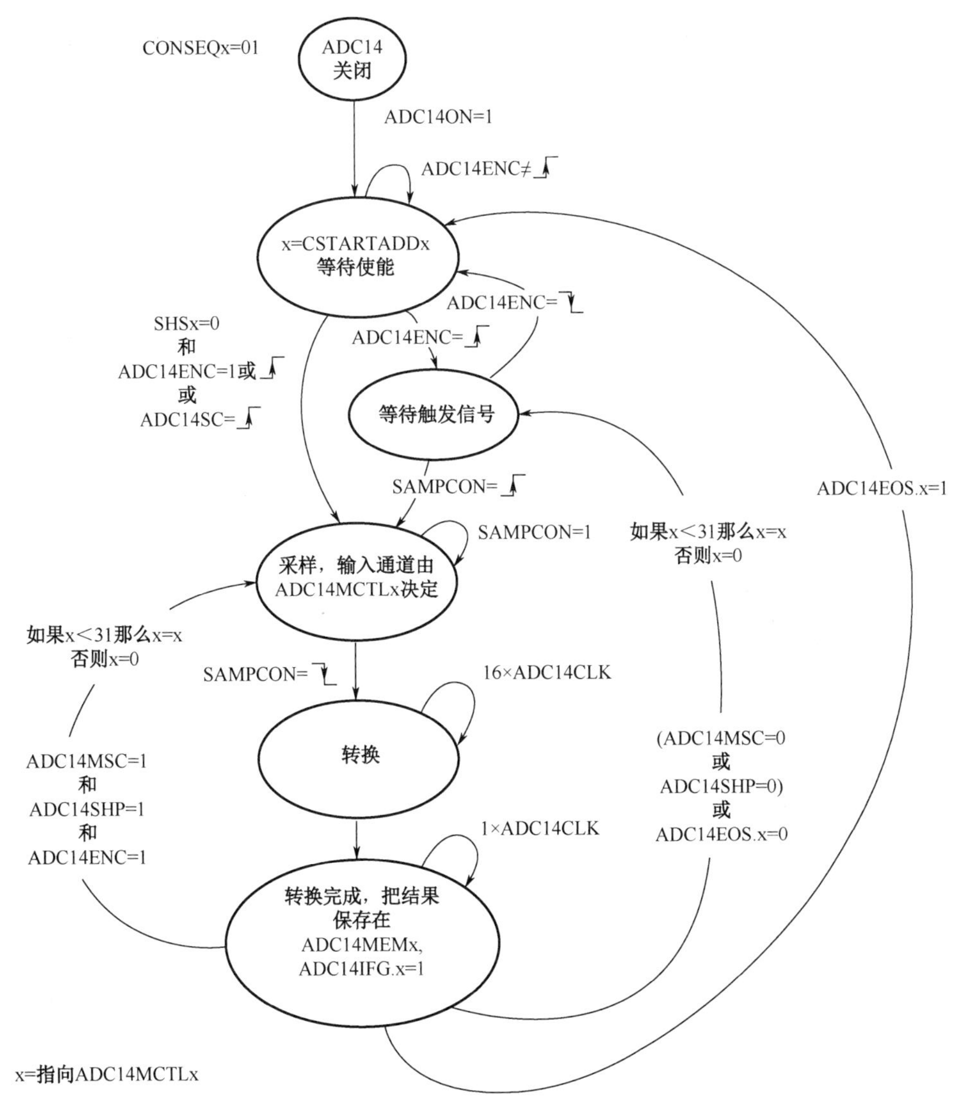

图 11.1.8　多通道模式的工作过程

在多通道模式下，一个通道序列被连续地采样和转换，转换结果从由 CSTARTADDx 定义的 ADC14MEMx 开始存储，当通道的 ADC14EOS 置 1 时，表示该序列结束。如果使用 ADC14SC 触发转换，则更多的序列也能通过 ADC14SC 触发；如果使用其他触发源，则每一个序列转换都需要翻转 ADC14ENC，ADC14ENC 的低电平时间不能小于 3 个 ADC14CLK 时钟周期。

【例 11.1.3】多通道采集

配置 ADC 多个通道，采集电位器和光敏电阻分压，按键按下一次触发一次采样转换结果并由 OLED 显示。

软件设计：

```
    u16 adcResult[2]; //转换结果
    u16 AverAdcRes = 0;
    float VoltageA19 =0 ,VoltageA20 =0 ; //转换为电压
    u8 tbuf[40];
    int main()
    {
        u32 ii =0;
        /*关闭看门狗*/
        WDT_A_holdTimer();
        /*P7.0配置为输出*/
        GPIO_setAsOutputPin(GPIO_PORT_P7, GPIO_PIN0);
        /*P7.0输出低电平，关闭LED*/
        GPIO_setOutputHighOnPin(GPIO_PORT_P7, GPIO_PIN0);
        /*P1.1配置为上拉输入*/
        GPIO_setAsInputPinWithPullUpResistor(GPIO_PORT_P1, GPIO_PIN1);
        /*P8.6复用为A19引脚功能*/
        GPIO_setAsPeripheralModuleFunctionInputPin(GPIO_PORT_P8,
                GPIO_PIN6 , GPIO_TERTIARY_MODULE_FUNCTION);
        /*P8.5复用为A20引脚功能*/
        GPIO_setAsPeripheralModuleFunctionInputPin(GPIO_PORT_P8,
                GPIO_PIN5 , GPIO_TERTIARY_MODULE_FUNCTION);
        /*清除P1.1中断标志*/
        GPIO_clearInterruptFlag(GPIO_PORT_P1, GPIO_PIN1);
        /*P1.1下降沿触发中断*/
        GPIO_interruptEdgeSelect ( GPIO_PORT_P1, GPIO_PIN1,
    GPIO_HIGH_TO_LOW_TRANSITION );
        /*P1.1中断使能*/
        GPIO_enableInterrupt(GPIO_PORT_P1, GPIO_PIN1);
        /*设置DCO频率:12MHz*/
        CS_setDCOFrequency(12000000);
        /*时钟系统初始化，设置时钟源及分频系数*/
        CS_initClockSignal(CS_MCLK, CS_DCOCLK_SELECT, CS_CLOCK_DIVIDER_2);
//MCLK源于DCO，2分频
        CS_initClockSignal(CS_ACLK, CS_REFOCLK_SELECT, CS_CLOCK_DIVIDER_1);
//ACLK源于REFO，1分频
        CS_initClockSignal(CS_HSMCLK, CS_DCOCLK_SELECT,
CS_CLOCK_DIVIDER_4);//HSMCLK源于DCO，4分频
        CS_initClockSignal(CS_SMCLK, CS_DCOCLK_SELECT, CS_CLOCK_DIVIDER_4);
//SMCLK源于DCO，4分频
        CS_initClockSignal(CS_BCLK, CS_REFOCLK_SELECT, CS_CLOCK_DIVIDER_1);
//BCLK源于REFO，1分频
        ADC14_enableModule();//使能ADC模块
        /*初始化ADC模块,SMCLK作为时钟源，时钟预分频为4，时钟分频为3，单通道*/
        ADC14_initModule(ADC_CLOCKSOURCE_SMCLK, ADC_PREDIVIDER_4,
    ADC_DIVIDER_3,ADC_NOROUTE);
        /*转换结果存储区0、1为多通道模式*/
        ADC14_configureMultiSequenceMode(ADC_MEM0, ADC_MEM1, false);
        /*转换结果存储区0的参考电压为AVCC和VSS，A19通道，非差分模式*/
```

```
    ADC14_configureConversionMemory(ADC_MEM0,
ADC_VREFPOS_AVCC_VREFNEG_VSS, ADC_INPUT_A19, false);
    /*转换结果存储区1的参考电压为AVCC和VSS，A20通道，非差分模式*/
    ADC14_configureConversionMemory(ADC_MEM1,
ADC_VREFPOS_AVCC_VREFNEG_VSS, ADC_INPUT_A20, false);
    /*自动触发采样转换*/
    ADC14_enableSampleTimer(ADC_AUTOMATIC_ITERATION);
    /*使能ADC转换结果存储区1的中断*/
    ADC14_enableInterrupt(ADC_INT1);
    /*使能ADC转换*/
    ADC14_enableConversion();
    /*OLED初始化*/
    OLED_Init();
    /*OLED清屏*/
    OLED_Clear();
    /*OLED显示字符及汉字*/
    OLED_ShowString(0,0,"MSP432",16);
    OLED_ShowCHinese(48,0,11); //原
    OLED_ShowCHinese(64,0,12);//理
    OLED_ShowCHinese(80,0,13);//及
    OLED_ShowCHinese(96,0,14);//使
    OLED_ShowCHinese(112,0,15);//用
    OLED_ShowString(0,2,"ADC",16);
    OLED_ShowCHinese(24,2,17);//多
    OLED_ShowCHinese(40,2,18);//通
    OLED_ShowCHinese(56,2,19);//道
    OLED_ShowCHinese(72,2,24);//实
    OLED_ShowCHinese(88,2,25);//验
    OLED_ShowString(0,4,"A19:",16);
    OLED_ShowString(0,6,"A20:",16);
    sprintf((char*)tbuf,"%.2fV",VoltageA19);//显示电压
    OLED_ShowString(32,4,tbuf,16);
    sprintf((char*)tbuf,"%.2fV",VoltageA20);//显示电压
    OLED_ShowString(32,6,tbuf,16);
    /*使能ADC中断*/
    Interrupt_enableInterrupt(INT_ADC14);
    /*使能PORT1中断*/
    Interrupt_enableInterrupt(INT_PORT1);
    /*打开全局中断*/
    Interrupt_enableMaster();
    /*退出中断后不再睡眠*/
    Interrupt_disableSleepOnIsrExit();
    while(1)
    {
        PCM_gotoLPM0();//进入LPM0睡眠状态
        for(ii=0;ii<4000;ii++);//计数延时等待转换结束
        sprintf((char*)tbuf,"%.2fV",VoltageA19);//显示电压
        OLED_ClrarPageColumn(4,32);
        OLED_ShowString(32,4,tbuf,16);
```

```
            sprintf((char*)tbuf,"%.2fV",VoltageA20);//显示电压
            OLED_ClrarPageColumn(6,32);
            OLED_ShowString(32,6,tbuf,16);
        }
    }
    //PORT1中断服务程序
    void PORT1_IRQHandler(void)
    {
        uint32_t ii;
        uint32_t status;
        /*关闭全局中断*/
        Interrupt_disableMaster ();
        /*读取P1中断状态*/
        status = GPIO_getEnabledInterruptStatus(GPIO_PORT_P1);
        /*清除P1中断标志*/
        GPIO_clearInterruptFlag(GPIO_PORT_P1, status);
        /*P1中断处理*/
        if(status & BIT1)
        {
            for (ii = 1000; ii > 0; ii--);  //计数延时按键消抖
            /*查询P1.1输入电平是否为低*/
            if(GPIO_getInputPinValue(GPIO_PORT_P1, GPIO_PIN1)==GPIO_INPUT_
PIN_LOW)
            {
                /* 软件触发ADC采样转换 */
                ADC14_toggleConversionTrigger();
                /*P7.0输出电平翻转*/
                GPIO_toggleOutputOnPin(GPIO_PORT_P7 ,GPIO_PIN0);
            }
        }
        /*打开全局中断*/
        Interrupt_enableMaster();
    }
    //ADC中断服务程序
    void ADC14_IRQHandler(void)
    {
        uint64_t status;
        /*读取ADC中断状态*/
        status = ADC14_getEnabledInterruptStatus();
        /*清除ADC中断标志*/
        ADC14_clearInterruptFlag(status);
        /*ADC中断处理*/
        if(status & ADC_INT1)
        {
            ADC14_getMultiSequenceResult(adcResult);//读取转换结果
            VoltageA19 = adcResult[0] * 3.3f / 16384.0f;//转换为电压
            VoltageA20 = adcResult[1] * 3.3f / 16384.0f;//转换为电压
        }
    }
```

4．多通道循环模式

多通道循环模式的工作过程如图 11.1.9 所示。

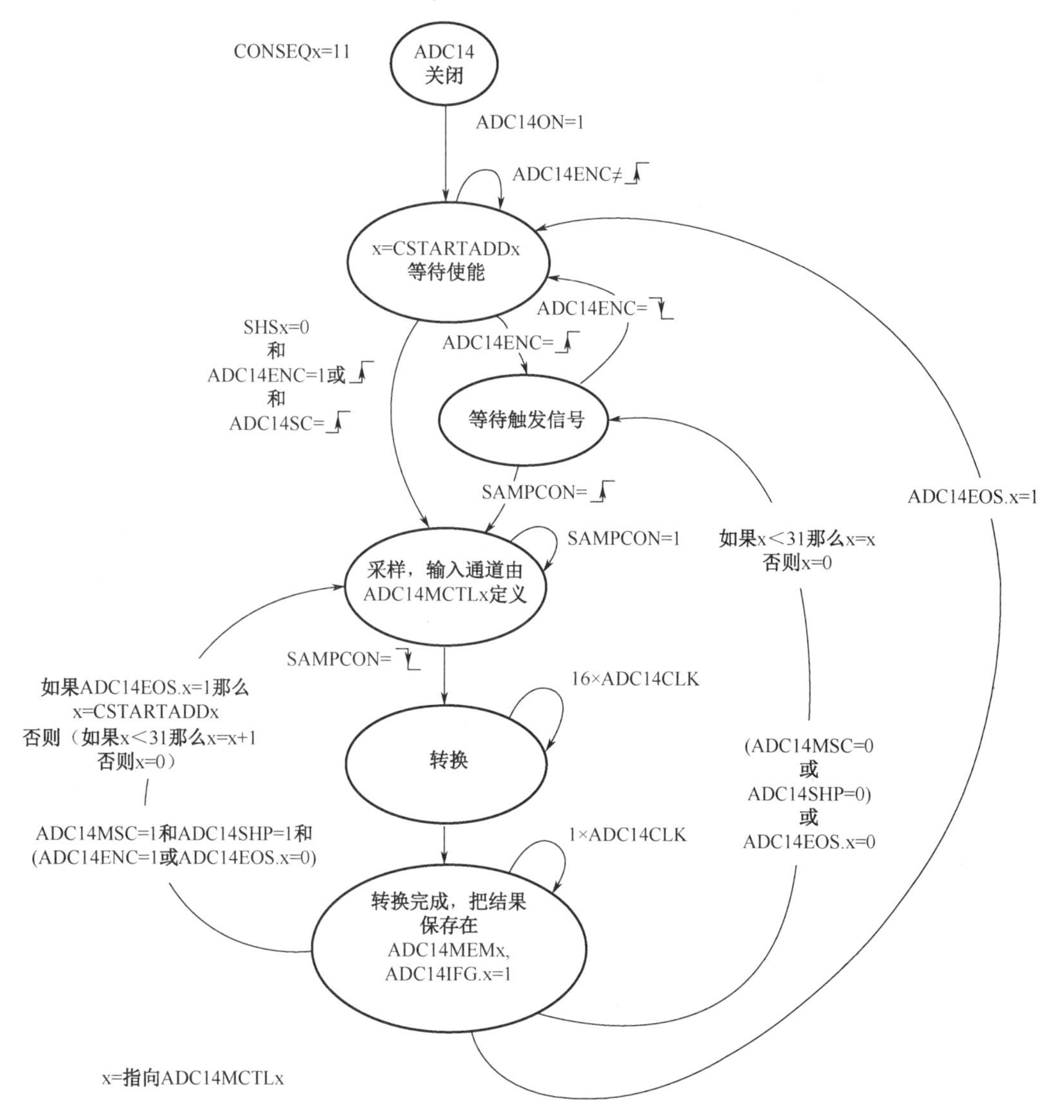

图 11.1.9　多通道循环模式的工作过程

在多通道循环模式下，一通道序列被连续重复地采样和转换，转换结果从由 CSTARTADDx 定义的 ADC14MEMx 开始存储，当通道的 ADC14EOS 置 1 时，该序列转换暂停；当下一个触发信号产生时，序列又重新开始转换。ADC14ENC 的低电平时间不能小于 3 个 ADC14CLK 时钟周期。

【例 11.1.4】多通道循环采集

配置 ADC 多通道循环采集，采集电位器和光敏电阻分压，按键触发采样转换，循环 10 次后停止，转换结果由 OLED 显示。

```
u16 adcResult[10][2];                        //转换结果
u16 AverAdcResA19,AverAdcResA20;
float VoltageA19 =0 ,VoltageA20 =0 ;         //转换为电压
u8 tbuf[40];
int main()
{
```

```
        u32 ii =0;
        /*关闭看门狗*/
        WDT_A_holdTimer();
        /*P7.0配置为输出*/
        GPIO_setAsOutputPin(GPIO_PORT_P7, GPIO_PIN0);
        /*P7.0输出低电平，关闭LED*/
        GPIO_setOutputHighOnPin(GPIO_PORT_P7, GPIO_PIN0);
        /*P1.1配置为上拉输入*/
        GPIO_setAsInputPinWithPullUpResistor(GPIO_PORT_P1, GPIO_PIN1);
        /*P8.6复用为A19引脚功能*/
        GPIO_setAsPeripheralModuleFunctionInputPin(GPIO_PORT_P8,
              GPIO_PIN6 , GPIO_TERTIARY_MODULE_FUNCTION);
        /*P8.5复用为A20引脚功能*/
        GPIO_setAsPeripheralModuleFunctionInputPin(GPIO_PORT_P8,
              GPIO_PIN5 , GPIO_TERTIARY_MODULE_FUNCTION);
        /*清除P1.1中断标志*/
        GPIO_clearInterruptFlag(GPIO_PORT_P1, GPIO_PIN1);
        /*P1.1下降沿触发中断*/
        GPIO_interruptEdgeSelect ( GPIO_PORT_P1, GPIO_PIN1,
      GPIO_HIGH_TO_LOW_TRANSITION );
        /*P1.1中断使能*/
        GPIO_enableInterrupt(GPIO_PORT_P1, GPIO_PIN1);
        /*设置DCO频率:12MHz*/
        CS_setDCOFrequency(12000000);
        /*时钟系统初始化，设置时钟源及分频系数*/
        CS_initClockSignal(CS_MCLK, CS_DCOCLK_SELECT, CS_CLOCK_DIVIDER_2);
//MCLK源于DCO，2分频
        CS_initClockSignal(CS_ACLK, CS_REFOCLK_SELECT, CS_CLOCK_DIVIDER_1);
//ACLK源于REFO，1分频
        CS_initClockSignal(CS_HSMCLK, CS_DCOCLK_SELECT,
CS_CLOCK_DIVIDER_4);//HSMCLK源于DCO，4分频
        CS_initClockSignal(CS_SMCLK, CS_DCOCLK_SELECT, CS_CLOCK_DIVIDER_4);
//SMCLK源于DCO，4分频
        CS_initClockSignal(CS_BCLK, CS_REFOCLK_SELECT, CS_CLOCK_DIVIDER_1);
//BCLK源于REFO，1分频
        ADC14_enableModule();//使能ADC模块
        /*初始化ADC模块,SMCLK作为时钟源，时钟预分频为4，时钟分频为3，单通道*/
        ADC14_initModule(ADC_CLOCKSOURCE_SMCLK, ADC_PREDIVIDER_4,
     ADC_DIVIDER_3,ADC_NOROUTE);
        /*转换结果存储区0、1为多通道循环模式*/
        ADC14_configureMultiSequenceMode(ADC_MEM0, ADC_MEM1, true);
        /*转换结果存储区0的参考电压为AVcc和Vss，A19通道，非差分模式*/
        ADC14_configureConversionMemory(ADC_MEM0,
     ADC_VREFPOS_AVCC_VREFNEG_VSS, ADC_INPUT_A19, false);
        /*转换结果存储区1的参考电压为AVcc和Vss，A20通道，非差分模式*/
        ADC14_configureConversionMemory(ADC_MEM1,
     ADC_VREFPOS_AVCC_VREFNEG_VSS,ADC_INPUT_A20, false);
        /*自动触发采样转换*/
        ADC14_enableSampleTimer(ADC_AUTOMATIC_ITERATION);
```

```
    /*使能ADC转换结果存储区1的中断*/
    ADC14_enableInterrupt(ADC_INT1);
    /*使能ADC转换*/
    ADC14_enableConversion();
    /*OLED初始化*/
    OLED_Init();
    /*OLED清屏*/
    OLED_Clear();
    /*OLED显示字符及汉字*/
    OLED_ShowString(0,0,"MSP432",16);
    OLED_ShowCHinese(48,0,11); //原
    OLED_ShowCHinese(64,0,12);//理
    OLED_ShowCHinese(80,0,13);//及
    OLED_ShowCHinese(96,0,14);//使
    OLED_ShowCHinese(112,0,15);//用
    OLED_ShowString(0,2,"ADC",16);
    OLED_ShowCHinese(24,2,17);//多
    OLED_ShowCHinese(40,2,18);//通
    OLED_ShowCHinese(56,2,19);//道
    OLED_ShowCHinese(72,2,22);//循
    OLED_ShowCHinese(88,2,23);//环
    OLED_ShowString(0,4,"A19:",16);
    OLED_ShowString(0,6,"A20:",16);
    sprintf((char*)tbuf,"%.2fV",VoltageA19);//显示电压
    OLED_ShowString(32,4,tbuf,16);
    sprintf((char*)tbuf,"%.2fV",VoltageA20);//显示电压
    OLED_ShowString(32,6,tbuf,16);
    /*使能ADC中断*/
    Interrupt_enableInterrupt(INT_ADC14);
    /*使能PORT1中断*/
    Interrupt_enableInterrupt(INT_PORT1);
    /*打开全局中断*/
    Interrupt_enableMaster();
    /*退出中断后不再睡眠*/
    Interrupt_disableSleepOnIsrExit();
    while(1)
    {
        PCM_gotoLPM0();//进入LPM0睡眠状态
        for(ii=0;ii<4000;ii++);//计数延时等待转换结束
        sprintf((char*)tbuf,"%.2fV",VoltageA19);//显示电压
        OLED_ClrarPageColumn(4,32);
        OLED_ShowString(32,4,tbuf,16);
        sprintf((char*)tbuf,"%.2fV",VoltageA20);//显示电压
        OLED_ClrarPageColumn(6,32);
        OLED_ShowString(32,6,tbuf,16);
    }
}
//PORT1中断服务程序
void PORT1_IRQHandler(void)
```

```
{
    uint32_t ii;
    uint32_t status;
    /*关闭全局中断*/
    Interrupt_disableMaster ();
    /*读取P1中断状态*/
    status = GPIO_getEnabledInterruptStatus(GPIO_PORT_P1);
    /*清除P1中断标志*/
    GPIO_clearInterruptFlag(GPIO_PORT_P1, status);
    /*P1中断处理*/
    if(status & BIT1)
    {
        for (ii = 1000; ii > 0; ii--);  //计数延时按键消抖
        /*查询P1.1输入电平是否为低*/
        if(GPIO_getInputPinValue(GPIO_PORT_P1, GPIO_PIN1)==GPIO_INPUT_PIN_LOW)
        {
            /*使能ADC转换*/
            ADC14_enableConversion();
            /* 软件触发ADC采样转换 */
            ADC14_toggleConversionTrigger();
            /*P7.0输出电平翻转*/
            GPIO_toggleOutputOnPin(GPIO_PORT_P7 ,GPIO_PIN0);
        }
    }
    /*打开全局中断*/
    Interrupt_enableMaster();
}
//ADC中断服务程序
void ADC14_IRQHandler(void)
{
    uint64_t status;
    static u8 count =0;
    u8 i=0;
    /*读取ADC中断状态*/
    status = ADC14_getEnabledInterruptStatus();
    /*清除ADC中断标志*/
    ADC14_clearInterruptFlag(status);
    /*ADC中断处理*/
    if(status & ADC_INT1)
    {
        ADC14_getMultiSequenceResult(&adcResult[count][0]);//读取转换结果
        count++;
        if(count == 10)//ADC转换了10次
        {
            ADC14_disableConversion(); //停止ADC转换
            count = 0 ;
            AverAdcResA19 = 0;
            AverAdcResA20 = 0;
            for(i = 0;i<10;i++)
```

```
            {
                AverAdcResA19 += adcResult[i][0] * 0.1; //求取10次转换结果的
                                                        //平均值
                AverAdcResA20 += adcResult[i][1] * 0.1; //求取10次转换结果的
                                                        //平均值
                VoltageA19 = AverAdcResA19 * 3.3f / 16384.0f;//转换为电压
                VoltageA20 = AverAdcResA20 * 3.3f / 16384.0f;//转换为电压
            }
        }
    }
}
```

11.2　模拟比较器（COMP_E）

11.2.1　COMP_E 原理

模拟比较器是将两个模拟电压相比较的电路，它有两个输入端，即同向端和反向端，都是模拟信号，输出则为二进制信号 0 或 1，当输入电压的差值增大或减小且正负符号不变时，其输出保持恒定。

当同向端输入电压大于反向端输入电压时，输出高电平，当同向端输入电压小于反向端输入电压时，输出低电平，其工作原理如图 11.2.1 所示。

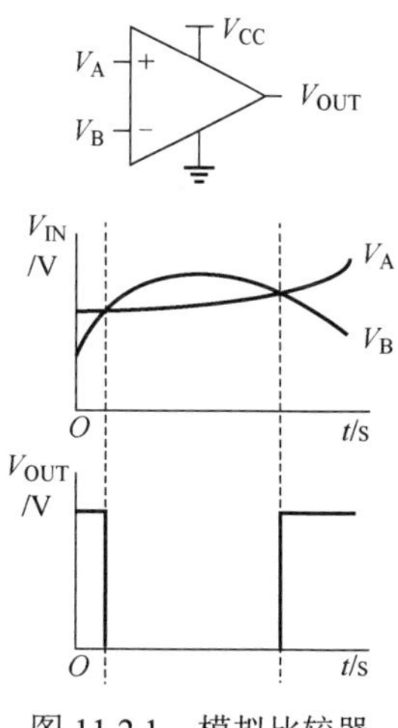

图 11.2.1　模拟比较器工作原理

MSP432 的模拟比较器 COMP_E（简称比较器）比较两路模拟信号，支持精确的模数转换、电源电压监控和外部模拟信号监控。

COMP_E 的特点如下。

- 反向端和同向端多路输入复用器。
- 用于比较输出的软件可选的 RC 滤波器。
- 输出连接至 Timer_A 捕获输入。
- 软件控制的端口输入缓冲。
- 中断能力。
- 可选的参考电压发生器，电压滞环发生器。
- 来自共享参考源的参考电压。
- 超低功耗比较器模式。
- 低功率运行支持中断驱动测量系统。

COMP_E 结构框图如图 11.2.2 所示。

比较器比较同向输入端（+）和反向输入端（-）的模拟电压，如果同向输入端的电压高于反向输入端的电压，则比较器输出信号 CEOUT 为高。比较器能够通过 CEON 打开或关闭，在不使用比较器时关闭它以降低功耗。当比较器处于关闭状态，且 CEOUTPOL 设为 0 时输出信号 CEOUT 为低，当 CEOUTPOL 设为 1 时输出信号 CEOUT 为高。

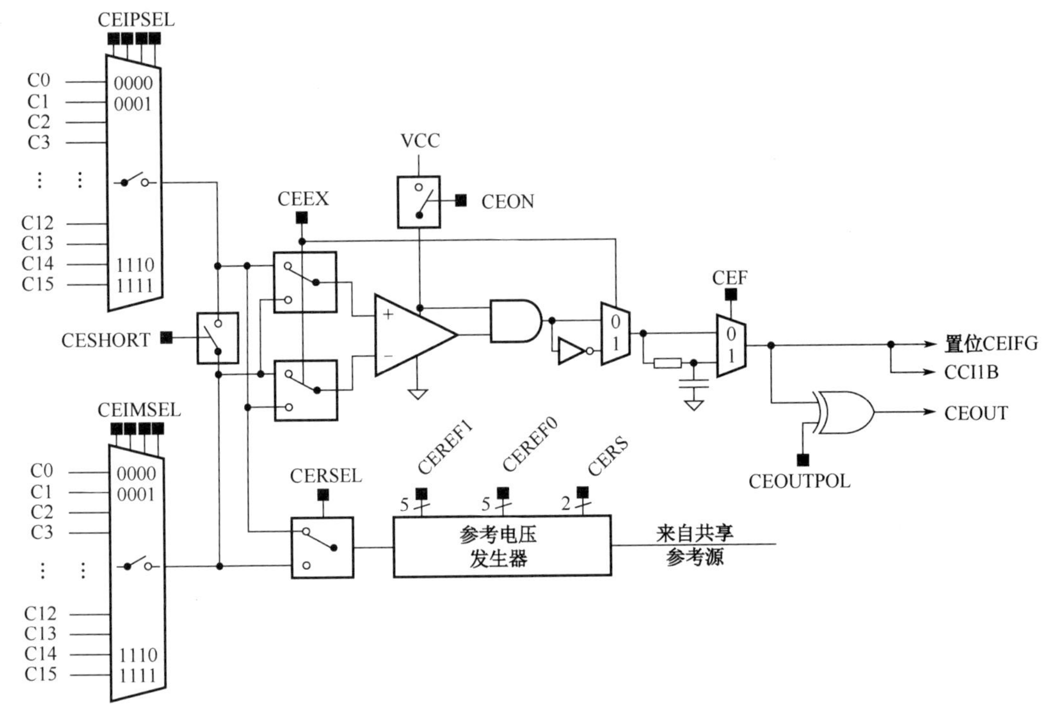

图 11.2.2　COMP_E 结构框图

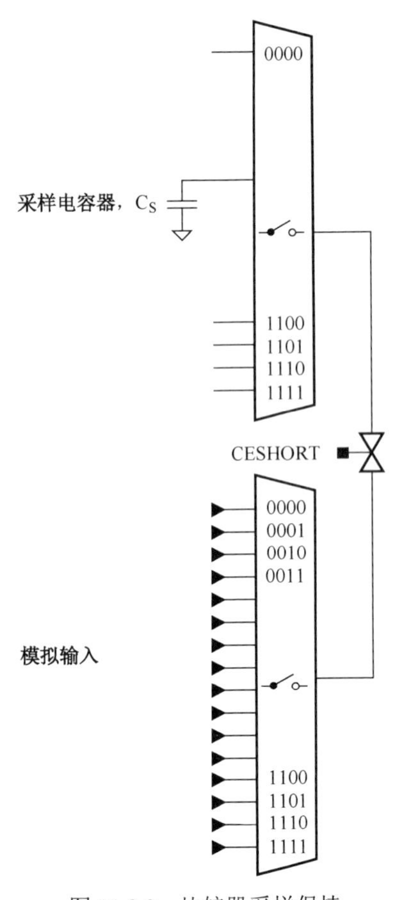

图 11.2.3　比较器采样保持

应用程序为了优化电流消耗，低功耗模式应该满足比较器速度需求，可通过 CEPWRMD 位进行选择。CEPWRMD 默认为 0x0，是最大的电流消耗和最快的速度，当配置 CEPWRMD 为 0x2 时是最小的电流消耗和最慢的速度。

1．模拟输入开关

模拟输入开关使用 CEIPSELX 和 CEIMSELX 位将两个比较器输入端子连接或断开至相关端子引脚。比较器终端输入可以单独控制。CEIPSELX 和 CEIMSELX 位允许：

- 将外部信号应用于比较器的 V+和 V−端子；
- 将内部参考电压路由至相关输出端子引脚；
- 在比较器的 V+或 V−端子上应用外部电流源（如电阻器）；
- 将内部多路复用器的两个终端映射到外部。

注意：比较器输入连接

当比较器打开时，输入端子应连接到信号、电源或接地。否则，浮动电平可能导致意外中断和增加电流消耗。

CEEX 位控制输入多路复用器，排列比较器 V+和 V−终端的输入信号。此外，当比较器终端排列时，来自比较器的输出信号也会反转。这允许用户确定或补偿比较器输入偏移电压。

2．输入短路开关

CESHORT 位短路比较器输入端。这个功能可以为比较器建立一个简单的采样保持，如图 11.2.3 所示。

所需的采样时间与采样电容（C_S）、开关的电阻（R_i）和外部电源的电阻（R_S）成比例。采样电容器的电容应大于 100 pF。

对采样电容器充电的时间常数 T_{au} 可用 T_{au}=（R_i+R_S）×C 计算。

根据要求的精度，应使用（3～10）T_{au} 作为采样时间。对于 3T_{au}，采样电容器充电至输入信号电压水平的 95%左右，对于 5T_{au}，充电至 99%以上，对于 10T_{au}，采样电压足以满足 12 位精度。

3．输出滤波器

比较器的输出可以使用内部滤波器。当 CEF 为高时，比较器输出信号经过片上的 RC 滤波器后再输出。滤波器的延迟可以通过 4 个不同的步骤进行调整。

如果输入端之间的电压差很小，则所有比较器输出都会振荡，如图 11.2.4 所示。内部和外部寄生效应以及信号线、电源线和系统其他部分之间的交叉耦合是造成这种行为的原因。比较器输出振荡会降低比较结果的精度和分辨率。选择输出滤波器可以减少与比较器振荡相关的误差。

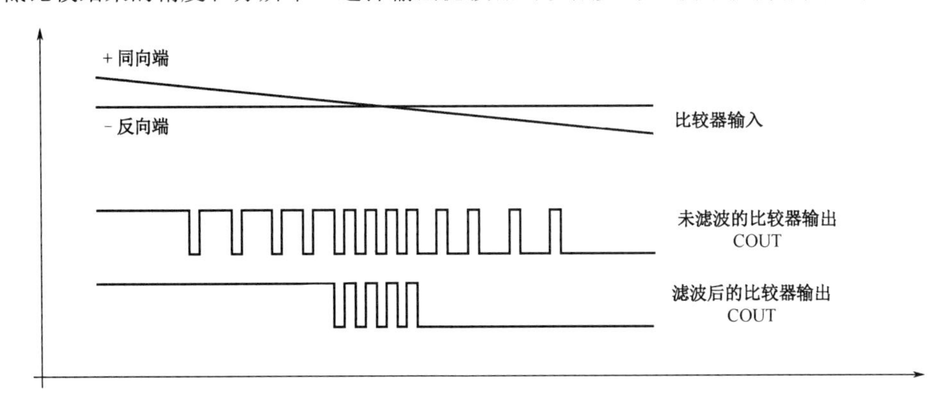

图 11.2.4　比较器滤波后输出

4．参考电压发生器

参考电压发生器结构框图如图 11.2.5 所示。

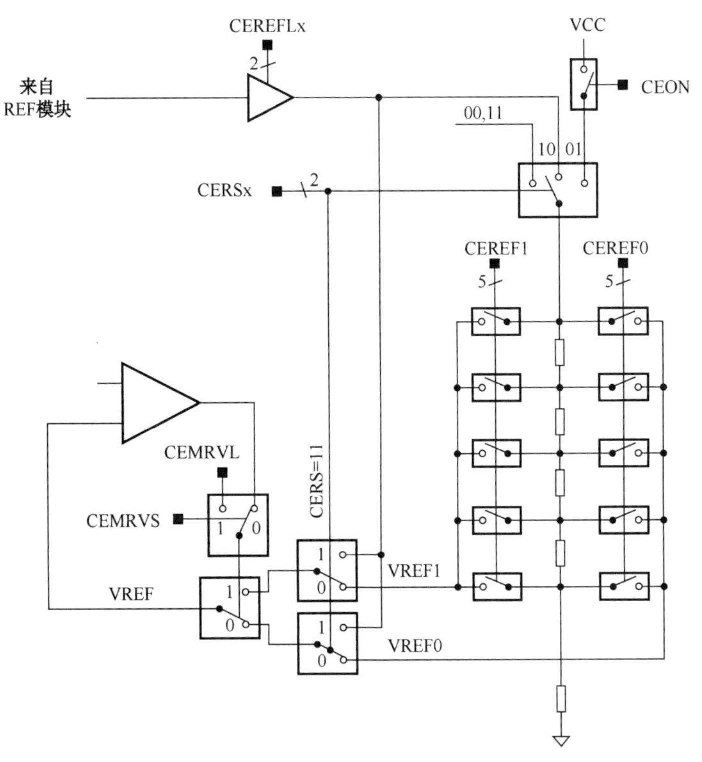

图 11.2.5　参考电压发生器结构框图

参考电压发生器用于产生 VREF，可应用于比较器输入端。CEREF1x（VREF1）和 CEREF0x（VREF0）位控制电压发生器的输出。CERSEL 位选择应用 VREF 的比较器终端。如果比较器两个输入端都有外部信号，则应关闭内部基准发生器以降低电流消耗。电压基准发生器可以产生设备的 VCC 的一部分或集成精密电压基准源的电压基准的一部分。CEOUT 为 1 时使用 VREF1，CEOUT 为 0 时使用 VREF0。这允许在不使用外部组件的情况下产生滞后。

5. 比较器中断

比较器模块输出信号的上升沿或下降沿会设置中断标志 CEIFG，通过 CEIES 位来选择。当 CEIFG 和 CEIES 都为 1 时会产生中断请求。

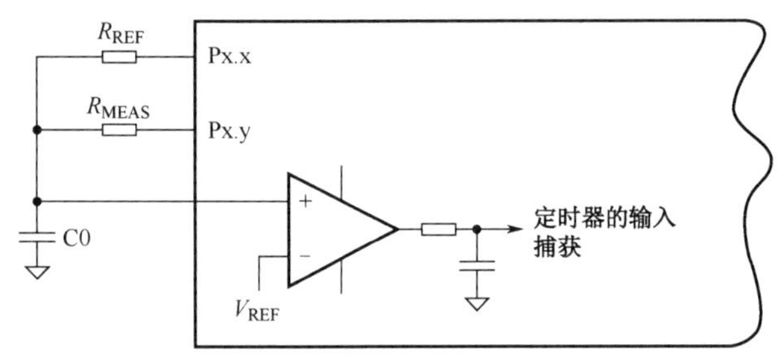

图 11.2.6　电阻测量

6. 比较器用于测量电阻

比较器可以优化为使用单斜率模数转换精确测量电阻。例如，通过比较热敏电阻的电容放电时间与参考电阻的电容放电时间，可以将温度转换为数字数据（见图 11.2.6）。将参考电阻 R_{REF} 与 R_{MEAS} 进行比较。

用于计算 R_{MEAS} 感测温度的资源如下。

- 两个数字 I/O 口对电容器充电和放电。
- I/O 口设置为输出高（V_{CC}），对电容器充电，重置为放电。
- I/O 口切换到高阻抗输入，不使用时设置 CEPDX。
- 一个输出通过 R_{REF} 对电容器充电和放电。
- 一个输出通过 R_{MEAS} 放电电容器。
- 同向端与电容器的正极相连。
- 反向端连接到参考电压，如 $0.25 \times V_{CC}$。
- 应使用输出滤波器将开关噪声降至最低。
- CEOUT 连接捕捉电容器放电时间的定时器输入。

可以测量多个电阻。附加电阻通过可用的 I/O 口连接到 C0，在不测量时切换到高阻抗。

热敏电阻的测量基于比率转换原理。利用两个电容器放电次数之比来计算电阻，电容器充放电示意图如图 11.2.7 所示。

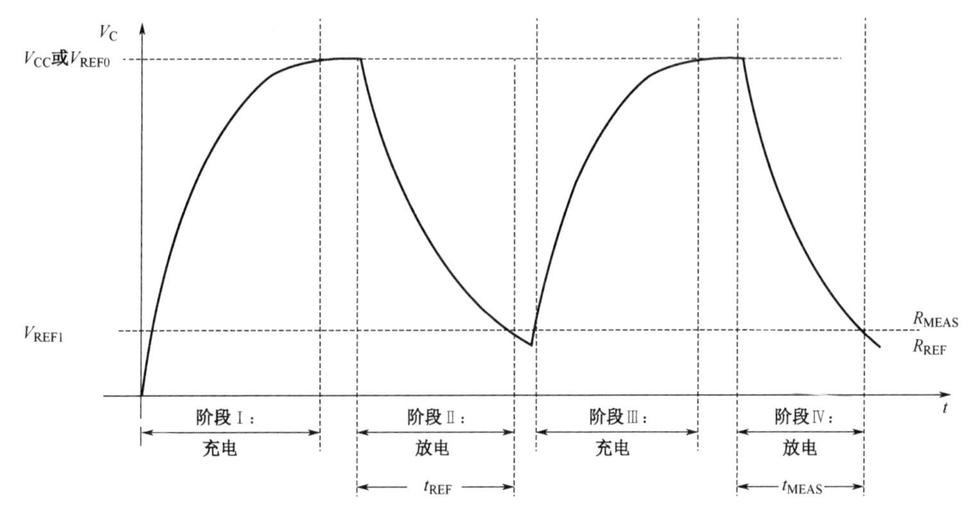

图 11.2.7　电容器充放电示意图

被测电阻的计算公式如下：

$$\frac{N_{\text{MEAS}}}{N_{\text{REF}}}=\frac{-R_{\text{MEAS}}\times C\times\ln\dfrac{V_{\text{REF1}}}{V_{\text{CC}}}}{-R_{\text{REF}}\times C\times\ln\dfrac{V_{\text{REF1}}}{V_{\text{CC}}}}$$

$$\frac{N_{\text{MEAS}}}{N_{\text{REF}}}=\frac{R_{\text{MEAS}}}{R_{\text{REF}}}$$

$$R_{\text{MEAS}}=R_{\text{REF}}\times\frac{N_{\text{MEAS}}}{N_{\text{REF}}}$$

7. 比较器寄存器

以 COMP_E0 为例列出比较器模块的相关寄存器，如表 11.2.1 所示（COMP_E0 基地址：0x4000_3400）。

表 11.2.1　COMP_E0 相关寄存器

寄存器名称	缩　写	地址偏移
COMP_E0 控制寄存器 0	CE0CTL0	00h
COMP_E0 控制寄存器 1	CE0CTL1	02h
COMP_E0 控制寄存器 2	CE0CTL2	04h
COMP_E0 控制寄存器 3	CE0CTL3	06h
COMP_E0 中断寄存器	CE0INT	0Ch
COMP_E0 中断向量字寄存器	CE0IV	0Eh

11.2.2 COMP_E 库函数

1. 结构体

比较器配置：

```
typedef struct _COMP_E_Config
{
    uint_fast16_t positiveTerminalInput;/*同向输入端*/
    uint_fast16_t negativeTerminalInput;/*反向输入端*/
    uint_fast8_t outputFilterEnableAndDelayLevel;/*输出滤波等级*/
    uint_fast8_t invertedOutputPolarity;/*输出极性*/
    uint_fast16_t powerMode;/*电源模式*/
} COMP_E_Config;
```

2. 库函数

（1）void COMP_E_clearInterruptFlag (uint32_t comparator, uint_fast16_t mask)

功能：清除中断标志

参数 1：比较器编号

参数 2：中断类型

返回：无

使用举例：

```
    COMP_E_clearInterruptFlag(COMP_E0_BASE,COMP_E_INTERRUPT_FLAG);
//清除比较器0输出中断标志
```

（2）void COMP_E_disableInputBuffer (uint32_t comparator, uint_fast16_t inputPort)

功能：禁止输入缓冲

参数 1：比较器编号

参数 2：输入端口

返回：无

使用举例：

```
    COMP_E_disableInputBuffer(COMP_E0_BASE,COMP_E_INPUT0);
//禁止比较器0输入通道0输入缓冲
```

（3）void COMP_E_disableInterrupt (uint32_t comparator, uint_fast16_t mask)

功能：禁止中断

参数 1：比较器编号

参数 2：中断类型

返回：无

使用举例：

```
    COMP_E_disableInterrupt(COMP_E0_BASE,COMP_E_OUTPUT_INTERRUPT);
//清除比较器0输出中断
```

（4）void COMP_E_disableModule (uint32_t comparator)

功能：禁止比较器模块

参数 1：比较器编号

返回：无

使用举例：

```
    COMP_E_disableModule(COMP_E0_BASE);//禁止比较器0
```

（5）void COMP_E_enableInputBuffer (uint32_t comparator, uint_fast16_t inputPort)

功能：使能输入缓冲

参数 1：比较器编号

参数 2：输入端口

返回：无

使用举例：

```
    COMP_E_enableInputBuffer(COMP_E0_BASE,COMP_E_INPUT0);
//使能比较器0输入通道0输入缓冲
```

（6）void COMP_E_enableInterrupt (uint32_t comparator, uint_fast16_t mask)

功能：使能中断

参数 1：比较器编号

参数 2：中断类型

返回：无

使用举例：

```
    COMP_E_enableInterrupt(COMP_E0_BASE,COMP_E_OUTPUT_INTERRUPT);
//使能比较器0输出中断
```

（7）void COMP_E_enableModule (uint32_t comparator)

功能：使能模块

参数 1：比较器编号

返回：无

使用举例：

```
    COMP_E_enableModule(COMP_E0_BASE);//使能比较器0
```

（8）uint_fast16_t COMP_E_getEnabledInterruptStatus (uint32_t comparator)

功能：读取使能的中断状态

参数 1：比较器编号

返回：中断状态

（9）uint_fast16_t COMP_E_getInterruptStatus (uint32_t comparator)

功能：读取中断状态

参数 1：比较器编号

返回：中断状态

（10）bool COMP_E_initModule (uint32_t comparator, const COMP_E_Config *config)

功能：初始化比较器模块

参数 1：比较器编号

参数 2：比较器配置

返回：成功返回 true，否则返回 false

（11）uint8_t COMP_E_outputValue (uint32_t comparator)

功能：读取比较器输出值

参数 1：比较器编号

返回：比较器输出值

（12）void COMP_E_setInterruptEdgeDirection (uint32_t comparator, uint_fast8_t edgeDirection)

功能：设置中断触发边沿

参数 1：比较器编号

参数 2：边沿

返回：无

使用举例：

```
    COMP_E_setInterruptEdgeDirection(COMP_E0_BASE,COMP_E_FALLINGEDGE);
//设置比较器0下降沿中断
```

（13）void COMP_E_setPowerMode (uint32_t comparator, uint_fast16_t powerMode)

功能：设置电源模式

参数 1：比较器编号

参数 2：电源模式

返回：无

使用举例：

```
    COMP_E_setPowerMode(COMP_E0_BASE,COMP_E_HIGH_SPEED_MODE);
//设置比较器0为高速模式
```

（14）void COMP_E_setReferenceAccuracy (uint32_t comparator, uint_fast16_t referenceAccuracy)

功能：设置参考电源精度

参数 1：比较器编号

参数 2：参考源精度

返回：无

使用举例：

```
    COMP_E_setReferenceAccuracy(COMP_E0_BASE,COMP_E_ACCURACY_STATIC);
//设置比较器0参考电源低精度
```

（15）void COMP_E_setReferenceVoltage (uint32_t comparator, uint_fast16_t supplyVoltageReferenceBase, uint_fast16_t lowerLimitSupplyVoltageFractionOf32, uint_fast16_t upperLimitSupplyVoltageFractionOf32)

功能：设置参考电压

参数 1：比较器编号

参数 2：参考电压

参数 3：生成上限参考电压的公式的分子，有效值介于 0～32 之间

参数 4：产生下限参考电压的公式的分子，有效值介于 0～32 之间

返回：无

使用举例：

```
    COMP_E_setReferenceVoltage(COMP_E0_BASE,COMP_E_VREFBASE1_2V,20,10);
//设置比较器0参考电压为1.2V，并设置上限和下限参考电压
```

（16）void COMP_E_shortInputs (uint32_t comparator)

功能：两输入通道短路

参数 1：比较器编号

返回：无

使用举例：

```
    COMP_E_shortInputs(COMP_E0_BASE);//短路比较器0的两输入通道
```

（17）void COMP_E_swapIO (uint32_t comparator)

功能：切换交换输入端的位，同时反转比较器的输出

参数 1：比较器编号

返回：无

使用举例：

```
    COMP_E_swapIO(COMP_E0_BASE);//切换比较器0的两输入通道
```

（18）void COMP_E_toggleInterruptEdgeDirection (uint32_t comparator)

功能：翻转中断触发边沿

参数 1：比较器编号

返回：无

使用举例：

```
    COMP_E_toggleInterruptEdgeDirection(COMP_E0_BASE);//翻转比较器0的中断触发边沿
```

（19）void COMP_E_unshortInputs (uint32_t comparator)

功能：禁止两输入通道短路

参数 1：比较器编号

返回：无

使用举例：

```
    COMP_E_unshortInputs(COMP_E0_BASE);//禁止比较器0两输入通道短路
```

11.2.3　COMP_E 应用实例

【例 11.2.1】比较器使用

使用比较器 0，选择内部基准电压 2.5V 为反向端输入，电位器分压（P8.1，C0.0）同向端输入，使用比较器输出中断，读取比较器输出结果，当电位器分压高于基准电压时，点亮 LED，低于基准电压时，关闭 LED，同时把比较结果显示在 OLED 上。

软件设计：

```
    //比较器配置参数
    const COMP_E_Config compConfig =
    {
```

```
        COMP_E_INPUT0,                          //同向端选择通道0
        COMP_E_VREF,                            //反向端选择基准电压
        COMP_E_FILTEROUTPUT_DLYLVL1,            //输出滤波等级为1
        COMP_E_NORMALOUTPUTPOLARITY             //电源模式为低功耗模式
    };
    u8 CompareResult =0;//比较器输出结果
    int main()
    {
        /*关闭看门狗*/
        WDT_A_holdTimer();
        /*P7.0配置为输出*/
        GPIO_setAsOutputPin(GPIO_PORT_P7, GPIO_PIN0);
        /*P7.0输出高电平，关闭LED*/
        GPIO_setOutputHighOnPin(GPIO_PORT_P7, GPIO_PIN0);
        /*P8.1复用为C0.0输入 */
        GPIO_setAsPeripheralModuleFunctionInputPin(GPIO_PORT_P8, GPIO_PIN1,
                    GPIO_TERTIARY_MODULE_FUNCTION);
        /*设置DCO频率:12MHz*/
        CS_setDCOFrequency(12000000);
        /*时钟系统初始化，设置时钟源及分频系数*/
        CS_initClockSignal(CS_MCLK, CS_DCOCLK_SELECT, CS_CLOCK_DIVIDER_2);
//MCLK源于DCO，2分频
         CS_initClockSignal(CS_ACLK, CS_REFOCLK_SELECT, CS_CLOCK_DIVIDER_1);
//ACLK源于REFO，1分频
        CS_initClockSignal(CS_HSMCLK, CS_DCOCLK_SELECT,
CS_CLOCK_DIVIDER_4);//HSMCLK源于DCO，4分频
        CS_initClockSignal(CS_SMCLK, CS_DCOCLK_SELECT, CS_CLOCK_DIVIDER_4);
//SMCLK源于DCO，4分频
        CS_initClockSignal(CS_BCLK, CS_REFOCLK_SELECT,
CS_CLOCK_DIVIDER_1);//BCLK源于REFO，1分频
        /* 初始化比较器模块*/
        COMP_E_initModule(COMP_E0_BASE, &compConfig);
        /*选择参考电压为2.5V
         *下限：2.5×(32/32) = 2.5V
         *上限：2.5×(32/32) = 2.5V  */
        COMP_E_setReferenceVoltage(COMP_E0_BASE, COMP_E_VREFBASE2_0V, 32, 32);
        /*使能比较结果上升沿中断*/
        COMP_E_setInterruptEdgeDirection(COMP_E0_BASE, COMP_E_RISINGEDGE);
        /*清除比较器输出中断标志*/
        COMP_E_clearInterruptFlag(COMP_E0_BASE, COMP_E_OUTPUT_INTERRUPT);
        /*使能比较器输出中断*/
        COMP_E_enableInterrupt(COMP_E0_BASE, COMP_E_OUTPUT_INTERRUPT);
        /*使能比较器0*/
        COMP_E_enableModule(COMP_E0_BASE);
        /*OLED初始化*/
        OLED_Init();
        /*OLED清屏*/
        OLED_Clear();
        /*OLED显示字符及汉字*/
```

```
    OLED_ShowString(0,0,"MSP432",16);
    OLED_ShowCHinese(48,0,11); //原
    OLED_ShowCHinese(64,0,12);//理
    OLED_ShowCHinese(80,0,13);//及
    OLED_ShowCHinese(96,0,14);//使
    OLED_ShowCHinese(112,0,15);//用
    OLED_ShowString(0,2,"COMP_E",16);
    OLED_ShowCHinese(48,2,16);//实
    OLED_ShowCHinese(64,2,17);//验
    OLED_ShowCHinese(0,4,18);//比
    OLED_ShowCHinese(16,4,19);//较
    OLED_ShowCHinese(32,4,20);//器
    OLED_ShowCHinese(48,4,21);//输
    OLED_ShowCHinese(64,4,22);//出
    /*使能比较器0中断*/
    Interrupt_enableInterrupt(INT_COMP_E0);
    /*打开全局中断*/
    Interrupt_enableMaster();
    /*退出中断后不再睡眠*/
    Interrupt_disableSleepOnIsrExit();
    while(1)
    {
        PCM_gotoLPM0();//进入LPM0睡眠状态
        /*比较器输出为高*/
        if(CompareResult == COMP_E_HIGH)
        {
            /*P7.0输出低电平，点亮LED*/
            GPIO_setOutputLowOnPin(GPIO_PORT_P7, GPIO_PIN0);
            OLED_ClrarPageColumn(4,80);
            OLED_ShowString(80,4,":1",16);
        }
        else
        {
            /*P7.0输出高电平，关闭LED*/
            GPIO_setOutputHighOnPin(GPIO_PORT_P7, GPIO_PIN0);
            OLED_ClrarPageColumn(4,80);
            OLED_ShowString(80,4,":0",16);
        }
    }
}
//比较器中断服务程序
void COMP_E0_IRQHandler(void)
{
    /* 翻转比较器输出触发中断的方向 */
    COMP_E_toggleInterruptEdgeDirection(COMP_E0_BASE);
    /*清除比较器输出中断标志*/
    COMP_E_clearInterruptFlag(COMP_E0_BASE, COMP_E_OUTPUT_INTERRUPT_FLAG);
    /*读取比较器输出结果*/
    CompareResult = COMP_E_outputValue(COMP_E0_BASE);
}
```

11.3 小结与思考

本章介绍了 MSP432 中与模拟电路相关的部分，模数转换器和模拟比较器。ADC14 是高精度模数转换器，多达 32 个通道，可以单端或差分采样转换，同时还具有窗口比较器对转换结果进行快速处理。模拟比较器可以对模拟信号进行比较得到比较结果并进行数字方式的处理，可对模拟信号进行监控。

习题与思考

11-1　ADC 转换时钟源有哪些？ADC 转换频率能到多少？

11-2　ADC 转换结果存储器是一个存储控制器控制对应通道吗？还是可以按需求配置？

11-3　如何配置 ADC 连续转换？如何配置 ADC 序列转换？

11-4　ADC 相关的中断有哪些？如何使用？

11-5　模拟比较器的参考电压如何配置？

11-6　用模拟比较器测量电阻的原理是什么？

第 12 章 高级加密标准模块与循环冗余校验模块

MSP432 除具有微控制器的一般功能外，还在数据安全性和可靠性方面表现突出。MSP432 具有高级加密标准模块（AES256）和循环冗余校验模块（CRC32），都提供硬件支持，不用通过编写软件算法来实现。

本章介绍高级加密标准模块和循环冗余校验模块。

本章导读：建议动手实践各节并做好笔记，完成习题。

12.1 高级加密标准模块（AES256）

12.1.1 AES256 原理

AES（Advanced Encryption Standard）即高级加密标准，是一种区块加密算法，目前应用广泛。根据密钥长度，AES 算法分为 128 位、192 位、256 位，密钥越长，安全强度越高，但同时运算量越大。

AES 算法有 5 种加密模式，即 CBC（Cipher Block Chaining，加密块链）、ECB（Electronic Code Book，电子密码本）、CTR（Counter，计数）、OFB（Output FeedBack，输出反馈）、CFB（Cipher FeedBack，加密反馈），这几种加密模式各不相同，各有优缺点。

MSP432 的 AES256 根据先进的加密标准（AES）（FIPS PUB 197）在硬件上使用 128 位、192 位或 256 位密钥对 128 位数据进行加密和解密。AES256 的主要特点如下。

- AES 加密：
  168 个循环的 128 位数据；
  204 个循环的 192 位数据；
  234 个循环的 256 位数据。
- AES 解密：
  168 个循环的 128 位数据；
  204 个循环的 192 位数据；
  234 个循环的 256 位数据。
- 动态密钥扩展，用于加密和解密。
- 离线密钥生成以进行解密。
- 影子寄存器，用于存储所有密钥长度的初始密钥。
- DMA 支持 ECB、CBC、OFB 和 CFB 密码模式。
- 输入数据和输出数据的字节和半字访问。
- AES 就绪中断标志。

AES256 结构框图如图 12.1.1 所示。

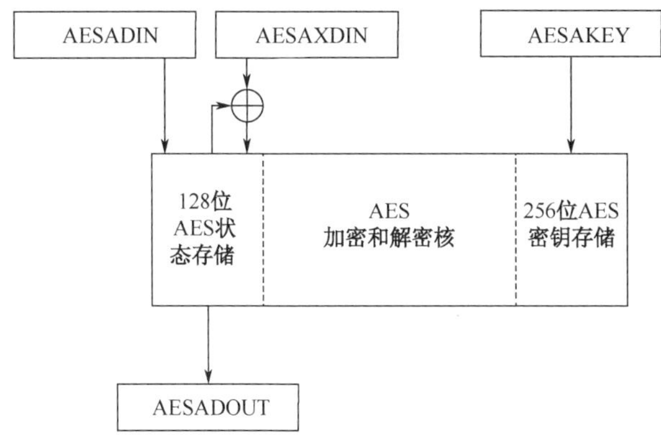

图 12.1.1　AES256 结构框图

AES256 通过用户软件配置。AESKLx 位决定是 AES128、AES192 或 AES256，AESOPx 位用于选择操作模式，AES 操作模式如表 12.1.1 所示。

表 12.1.1　AES 操作模式

AESOPx	AESKLx	操　作	时 钟 周 期
00	00	AES128 加密	168
	01	AES192 加密	204
	10	AES256 加密	234
01	00	AES128 解密（带初始轮的密钥）	215
	01	AES192 解密（带初始轮的密钥）	255
	10	AES256 解密（带初始轮的密钥）	292
10	00	AES128 加密密钥进程	53
	01	AES192 加密密钥进程	57
	10	AES256 加密密钥进程	68
11	00	AES128（带最后一轮密钥）解密	168
	01	AES192（带最后一轮密钥）解密	206
	10	AES256（带最后一轮密钥）解密	234

当 AES256 工作时，AESBUSY 位为 1，AES256 操作结束时，AESRDYIFG 位置位。

在内部，AES 算法的操作在称为状态字节的二维数组上执行。如果执行 AES128、AES192 或 AES256，则状态由 4 行字节组成，每行包含 4 字节。如图 12.1.2 所示，将输入分配给 State 数组，in [0]是写入一个 AES 加速器输入寄存器（AESADIN、AESAXDIN 和 AESAXIN）的第一个数据字节。 对状态数组进行加密或解密操作，然后可以从输出中读取其最终值，其中，out[0]是从 AES 加速器数据输出寄存器（AESADOUT）读取的第一个数据字节。

输入字节

in[0]	in[4]	in[8]	in[12]
in[1]	in[5]	in[9]	in[13]
in[2]	in[6]	in[10]	in[14]
in[3]	in[7]	in[11]	in[15]

→

状态矩阵

s[0,0]	s[0,1]	s[0,2]	s[0,3]
s[1,0]	s[1,1]	s[1,2]	s[1,3]
s[2,0]	s[2,1]	s[2,2]	s[2,3]
s[3,0]	s[3,1]	s[3,2]	s[3,3]

→

输出字节

out[0]	out[4]	out[8]	out[12]
out[1]	out[5]	out[9]	out[13]
out[2]	out[6]	out[10]	out[14]
out[3]	out[7]	out[11]	out[15]

图 12.1.2　AES 状态矩阵输入和输出

如果要执行加密操作，则初始状态称为纯文本。如果要执行解密操作，则初始状态称为密文。

该模块允许半字和字节访问所有数据寄存器 AESAKEY、AESADIN、AESAXDIN、AESAXIN 和 AESADOUT。在读取或写入其中一个寄存器时，不能混用半字和字节访问。但是，可以使用字节访问方式写入其中一个寄存器，而使用半字访问方式写入另一个寄存器。

1. 装载密钥（128 位、192 位或 256 位密钥长度）

可以通过写入 AESAKEY 寄存器或通过设置 AESKEYWR 来加载密钥。根据所选的密钥长度（AESKLx），必须加载不同数量的位：

- 如果 AESKLx=00，则必须使用对 AESAKEY 的 16 个字节写入或 8 个半字写入来加载 128 位密钥。
- 如果 AESKLx=01，则必须使用 24 个字节写入或 12 个半字写入 AESAKEY 来加载 192 位密钥。
- 如果 AESKLx=10，则必须使用对 AESAKEY 的 32 个字节写入或 16 个半字写入来加载 256 位密钥。

更改 AESKLx 后，密钥存储器将重置。

如果之前已加载密钥而未更改 AESOPx，则使用对 AESAKEY 的首次写访问清除 AESKEYWR 标志。

如果在未写入新密钥的情况下触发了转换，则使用最后一个密钥。在写入数据之前，必须始终写入密钥。

2. 装载数据（128 位状态矩阵）

可以通过 16 个字节或 8 个半字写入 AESADIN、AESAXDIN 或 AESAXIN 来加载状态矩阵。写入状态矩阵时，不要混合使用字节和半字模式。允许使用相同的字节或半字数据格式混合写入 AESADIN、AESAXDIN 和 AESAXIN。当写入状态矩阵的第 16 个字节或第 8 个半字时，将设置 AESDINWR。

写入 AESADIN 时，状态矩阵的相应字节或半字将被覆盖。如果使用 AESADIN 写入状态矩阵的最后一个字节或半字，则加密或解密会自动开始。

写入 AESAXDIN 时，会将相应的字节或半字与状态的当前字节或半字异或。如果使用 AESAXDIN 写入状态矩阵的最后一个字节或半字，则加密或解密会自动开始。

写入 AESAXIN 的行为与写入 AESAXDIN 的行为相同：将相应的字节或半字与状态矩阵的当前字节或半字进行 XOR 运算。但是，使用 AESAXIN 写入状态矩阵的最后一个字节或半字不会启动加密或解密。

3. 读取数据（128 位状态矩阵）

如果 AESBUSY = 0（使用 16 个字节读取或 8 个半字读取 AESADOUT），则可以读取状态矩阵。读取所有 16 个字节时，AESDOUTRD 标志指示完成。

4. 触发转换

如果状态矩阵已完全写入 AESADIN 或 AESAXDIN 寄存器，则将触发 AES 模块的加密或解密操作。另外，如果 AESCMEN = 0，则可以将 AESDINWR 位置 1 以触发操作。

5. 加密

图 12.1.3 所示为 128 位密钥加密过程，该加密过程是一系列转换，将写入 AESADIN 寄存器的纯文本转换为可以使用 AESAKEY 寄存器提供的加密密钥从 AESADOUT 寄存器读取的加密文本。

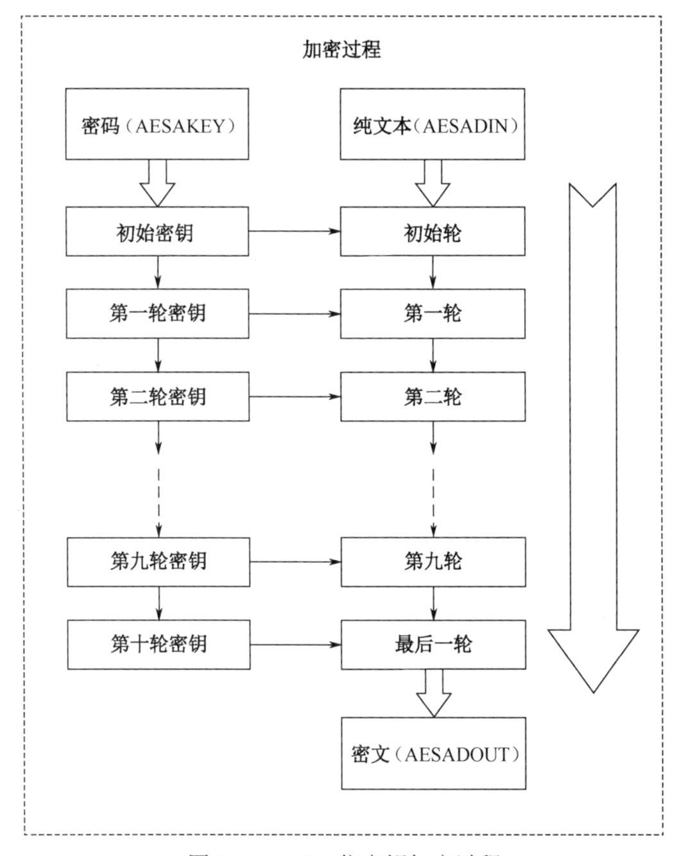

图 12.1.3　128 位密钥加密过程

执行加密的步骤如下。

（1）设置 AESOPx = 00 以选择加密。更改 AESOPx 位将清除 AESKEYWR 标志，并且下一步必须加载新密钥。

（2）加载密钥。

（3）加载状态矩阵（数据）。加载数据后，AES 模块将开始加密。

（4）加密准备就绪后，可以从 AESADOUT 读取结果。

（5）要使用在步骤（2）中加载的相同密钥对其他数据进行加密，可先从 AESADOUT 中读取对先前数据的操作结果，然后将新数据写入 AESADIN 中。当再写入 16 个数据字节时，模块将使用步骤（2）中加载的密钥自动开始加密。

例如，在实施输出反馈（OFB）密码块链接模式时，设置 AESDINWR 标志将触发下一次加密，并且模块将使用来自先前加密的输出数据作为输入数据开始加密。

6．解密

图 12.1.4 所示为 128 位密钥解密过程，该解密过程是一系列转换，这些转换将写入 AESADIN 寄存器的密文转换为可以使用 AESAKEY 寄存器中提供的密钥从 AESADOUT 寄存器读取的明文。

执行解密的步骤如下。

（1）设置 AESOPx = 01，使用与加密相同的密钥选择解密。如果解密所需的第一轮密钥（最后一个轮密钥）已经生成并将在步骤（2）中加载，则将 AESOPx 设置为 11。更改 AESOPx 位会清除 AESKEYWR 标志，并且必须在其中加载新密钥。

（2）加载密钥。

（3）加载状态矩阵（数据）。加载数据后，AES256 开始解密。

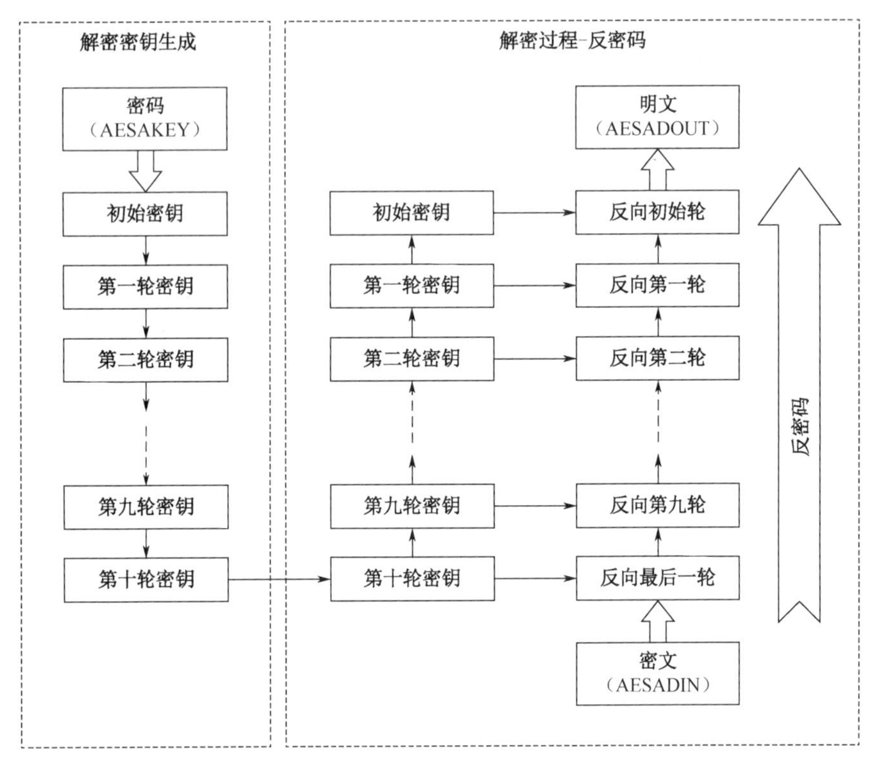

图 12.1.4 128 位密钥解密过程

（4）解密就绪后，可以从 AESADOUT 读取结果。

（5）如果使用在步骤（2）中加载的相同密钥解密其他数据，则在从 AESADOUT 读取对之前数据的操作结果之后，可以将新数据写入 AESADIN 中。当再写入 16 个数据字节时，模块将使用在步骤（2）中加载的密钥自动开始解密。

7. 解密密钥生成

图 12.1.5 所示为使用预生成的解密密钥进行的解密过程。在这种情况下，首先使用 AESOPx = 10 计算解密密钥，然后将预先计算的密钥与解密操作 AESOPx = 11 一起使用。

其步骤如下。

（1）设置 AESOPx = 10 选择解密密钥生成。更改 AESOPx 位将清除 AESKEYWR 标志，并且必须在步骤（2）中加载新密钥。

（2）加载密钥。解密所需的第一轮密钥的生成操作立即开始。

（3）虽然 AES256 正在执行密钥生成，但 AESBUSY 位为 1。需要 128 个 CPU 时钟周期来完成 128 位密钥的生成（其他密钥长度见表 12.1.1）。完成后，将设置 AESRDYIFG，并且可以从 AESADOUT 中读取结果。读取所有 16 个字节时，AESDOUTRD 标志指示完成。读取 AESADOUT 或写入 AESAKEY 或 AESADIN 时，会清除 AESRDYIFG 标志。

（4）如果应用使用生成的密钥解密数据，则必须将 AESOPx 设置为 11。然后必须加载生成的密钥，或者，如果只是使用 AESOPx = 10 生成了该密钥，则可以通过软件设置 AESKEYWR 标志以指示该密钥有效。

8. AES256 相关寄存器

AES256 相关寄存器如表 12.1.2 所示（AES256 基地址：0x4000_3C00）。

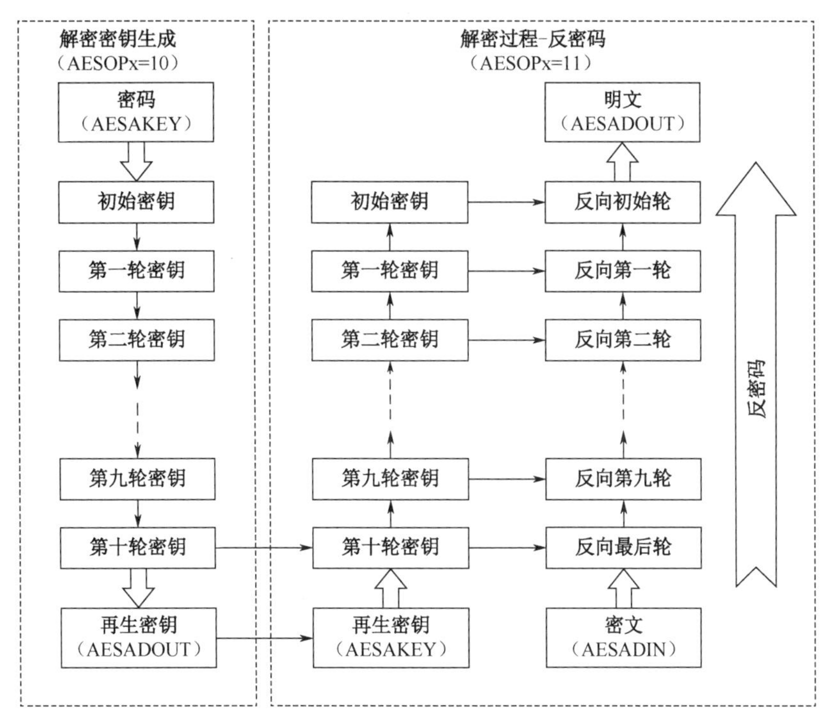

图 12.1.5　使用预生成的解密密钥进行的解密过程

表 12.1.2　AES256 相关寄存器

寄存器名称	缩　写	地 址 偏 移
AES 加密控制寄存器 0	AESACTL0	00h
AES 加密控制寄存器 1	AESACTL1	02h
AES 加密状态	AESASTAT	04h
AES 密钥	AESAKEY	06h
AES 数据输入	AESADIN	08h
AES 数据输出	AESADOUT	0Ah
AES 异或数据输入	AESAXDIN	0Ch
AES 异或数据输入（无触发）	AESAXIN	0Eh

12.1.2　AES256 库函数

（1）void AES256_clearErrorFlag (uint32_t moduleInstance)

功能：清除错误标志

参数 1：AES256 编号

返回：无

使用举例：

```
AES256_clearErrorFlag(AES256_BASE);//清除AES256错误标志
```

（2）void AES256_clearInterruptFlag (uint32_t moduleInstance)

功能：清除中断标志

参数 1：AES256 编号

返回：无

使用举例：

```
AES256_clearInterruptFlag(AES256_BASE);//清除AES256中断标志
```

（3）void AES256_decryptData (uint32_t moduleInstance, const uint8_t*data, uint8_t*decryptedData)
功能：通过 AES256 解密
参数 1：AES256 编号
参数 2：加密的数据
参数 3：解密的数据
返回：无
（4）void AES256_disableInterrupt (uint32_t moduleInstance)
功能：禁止中断
参数 1：AES256 编号
返回：无
使用举例：

```
AES256_disableInterrupt(AES256_BASE);//禁止AES256中断
```

（5）void AES256_enableInterrupt (uint32_t moduleInstance)
功能：使能中断
参数 1：AES256 编号
返回：无
（6）void AES256_encryptData (uint32_t moduleInstance, const uint8_t*data, uint8_t*encryptedData)
功能：加密
参数 1：AES256 编号
参数 2：待加密的数据
参数 3：加密后的数据
返回：无
（7）bool AES256_getDataOut (uint32_t moduleInstance, uint8_t*outputData)
功能：读取 AES256 输出数据
参数 1：AES256 编号
参数 2：输出数据
返回：有效返回 true，无效返回 false
（8）uint32_t AES256_getErrorFlagStatus (uint32_t moduleInstance)
功能：读取错误标志状态
参数 1：AES256 编号
返回：错误标志状态
（9）uint32_t AES256_getInterruptFlagStatus (uint32_t moduleInstance)
功能：读取使能的中断状态
参数 1：AES256 编号
返回：中断状态
（10）uint32_t AES256_getInterruptStatus (uint32_t moduleInstance)
功能：读取中断状态
参数 1：AES256 编号
返回：无
（11）bool AES256_isBusy (uint32_t moduleInstance)
功能：判断 AES256 是否繁忙
参数 1：AES256 编号
返回：繁忙返回 true，否则返回 false

（12）void AES256_reset (uint32_t moduleInstance)
功能：复位 AES256
参数 1：AES256 编号
返回：无
（13）bool AES256_setCipherKey (uint32_t moduleInstance, const uint8_t*cipherKey,uint_fast16_t keyLength)
功能：设置加密密码
参数 1：AES256 编号
参数 2：密码
参数 3：密码长度
返回：设置正确返回 true，否则返回 false
（14）bool AES256_setDecipherKey (uint32_t moduleInstance, const uint8_t cipherKey,uint_fast16_t keyLength)
功能：设置解密密码
参数 1：AES256 编号
参数 2：密码
参数 3：密码长度
返回：无
（15）void AES256_startDecryptData (uint32_t moduleInstance, const uint8_t * data)
功能：开始解密
参数 1：AES256 编号
参数 2：待解密的数据
返回：无
（16）void AES256_startEncryptData (uint32_t moduleInstance, const uint8_t * data)
功能：开始加密
参数 1：AES256 编号
参数 2：待加密的数据
返回：无
（17）bool AES256_startSetDecipherKey (uint32_t moduleInstance, const uint8_t*cipherKey,uint_fast16_t keyLength)
功能：设置解密密码
参数 1：AES256 编号
参数 2：密码
参数 3：长度
返回：无

12.1.3　AES256 应用实例

【例 12.1.1】 AES256 应用

给定一组数据，使用 AES256 先加密再解密，通过按键控制，把加密后的密文和解密后的明文通过 OLED 显示出来。

软件设计：

```
    //明文
    static uint8_t Data[16] =
    { 0x00, 0x11, 0x22, 0x33, 0x44, 0x55, 0x66, 0x77, 0x88, 0x99, 0xaa, 0xbb,
0xcc,0xdd, 0xee, 0xff };
    //密码
    static uint8_t CipherKey[32] =
    { 0x00, 0x01, 0x02, 0x03, 0x04, 0x05, 0x06, 0x07, 0x08, 0x09, 0x0a, 0x0b,
0x0c,0x0d, 0x0e, 0x0f, 0x10, 0x11, 0x12, 0x13, 0x14, 0x15, 0x16, 0x17, 0x18,0x19,
0x1a, 0x1b, 0x1c, 0x1d, 0x1e, 0x1f };
    static uint8_t DataAESencrypted[16];      // 加密后的数据
    static uint8_t DataAESdecrypted[16];      // 解密后的数据
    u8 tbuf[40];
    int main()
    {
        /*关闭看门狗*/
        WDT_A_holdTimer();
        /*P7.0配置为输出*/
        GPIO_setAsOutputPin(GPIO_PORT_P7, GPIO_PIN0);
        /*P7.0输出低电平，关闭LED*/
        GPIO_setOutputHighOnPin(GPIO_PORT_P7, GPIO_PIN0);
        /*P1.1配置为上拉输入*/
        GPIO_setAsInputPinWithPullUpResistor(GPIO_PORT_P1, GPIO_PIN1);
        /*清除P1.1中断标志*/
        GPIO_clearInterruptFlag(GPIO_PORT_P1, GPIO_PIN1);
        /*P1.1下降沿触发中断*/
        GPIO_interruptEdgeSelect ( GPIO_PORT_P1, GPIO_PIN1,
    GPIO_HIGH_TO_LOW_TRANSITION );
        /*P1.1中断使能*/
        GPIO_enableInterrupt(GPIO_PORT_P1, GPIO_PIN1);
        /*设置DCO频率:12MHz*/
        CS_setDCOFrequency(12000000);
        /*时钟系统初始化，设置时钟源及分频系数*/
        CS_initClockSignal(CS_MCLK, CS_DCOCLK_SELECT, CS_CLOCK_DIVIDER_2);
//MCLK源于DCO，2分频
        CS_initClockSignal(CS_ACLK, CS_REFOCLK_SELECT, CS_CLOCK_DIVIDER_1);
//ACLK源于REFO，1分频
        CS_initClockSignal(CS_HSMCLK, CS_DCOCLK_SELECT,
CS_CLOCK_DIVIDER_4);//HSMCLK源于DCO，4分频
        CS_initClockSignal(CS_SMCLK, CS_DCOCLK_SELECT, CS_CLOCK_DIVIDER_4);
//SMCLK源于DCO，4分频
        CS_initClockSignal(CS_BCLK, CS_REFOCLK_SELECT, CS_CLOCK_DIVIDER_1);
//BCLK源于REFO，1分频
        /*OLED初始化*/
        OLED_Init();
        /*OLED清屏*/
        OLED_Clear();
        /*OLED显示字符及汉字*/
        OLED_ShowString(0,0,"MSP432",16);
```

```
    OLED_ShowCHinese(48,0,11); //原
    OLED_ShowCHinese(64,0,12);//理
    OLED_ShowCHinese(80,0,13);//及
    OLED_ShowCHinese(96,0,14);//使
    OLED_ShowCHinese(112,0,15);//用
    OLED_ShowString(0,2,"AES256",16);
    OLED_ShowCHinese(48,2,16);//实
    OLED_ShowCHinese(64,2,17);//验
    OLED_ShowCHinese(0,4,18);//原
    OLED_ShowCHinese(16,4,19);//始
    OLED_ShowCHinese(32,4,20);//数
    OLED_ShowCHinese(48,4,21);//据
    sprintf((char *)tbuf,":%d",Data[0]);
    OLED_ShowString(64,4,tbuf,16);
    /*使能PORT1中断*/
    Interrupt_enableInterrupt(INT_PORT1);
    /*打开全局中断*/
    Interrupt_enableMaster();
    Interrupt_enableMaster();
    /*退出中断后不再睡眠*/
    Interrupt_disableSleepOnIsrExit();
    while(1)
    {
        PCM_gotoLPM0();//进入LPM0睡眠状态
    }
}
//PORT1中断服务程序
void PORT1_IRQHandler(void)
{
    uint32_t ii;
    uint32_t status;
    static u8 Flag =0;
    /*关闭全局中断*/
    Interrupt_disableMaster ();
    /*读取P1中断状态*/
    status = GPIO_getEnabledInterruptStatus(GPIO_PORT_P1);
    /*清除P1中断标志*/
    GPIO_clearInterruptFlag(GPIO_PORT_P1, status);
    /*P1中断处理*/
    if(status & BIT1)
    {
        for (ii = 1000; ii > 0; ii--);  //计数延时按键消抖
        /*查询P1.1输入电平是否为低*/
        if(GPIO_getInputPinValue(GPIO_PORT_P1, GPIO_PIN1)== GPIO_INPUT_PIN_LOW)
        {
            if(Flag == 0)
            {
                Flag =1;
                /* 加载密码，256位长度 */
```

```
                AES256_setCipherKey(AES256_BASE, CipherKey,
AES256_KEYLENGTH_256BIT);
                /* 加密数据 */
                AES256_encryptData(AES256_BASE, Data, DataAESencrypted);
                OLED_ClrarPage(6);
                OLED_ClrarPage(7);
                OLED_ShowCHinese(0,6,22);//密
                OLED_ShowCHinese(16,6,23);//文
                sprintf((char *)tbuf,":%d",DataAESencrypted[0]);//显示密文
                OLED_ShowString(32,6,tbuf,16);
            }
            else
            {
                Flag =0;
                /* 加载密钥，256位长度 */
                AES256_setDecipherKey(AES256_BASE,
CipherKey,AES256_KEYLENGTH_256BIT);
                /* 解密 */
                AES256_decryptData(AES256_BASE, DataAESencrypted,
DataAESdecrypted);
                OLED_ClrarPage(6);
                OLED_ClrarPage(7);
                OLED_ShowCHinese(0,6,24);//明
                OLED_ShowCHinese(16,6,23);//文
                sprintf((char *)tbuf,":%d",DataAESdecrypted[0]);//显示明文
                OLED_ShowString(32,6,tbuf,16);
            }
            /*P7.0输出电平翻转*/
            GPIO_toggleOutputOnPin(GPIO_PORT_P7 ,GPIO_PIN0);
        }
    }
    /*打开全局中断*/
    Interrupt_enableMaster();
}
```

12.2　循环冗余校验模块（CRC32）

12.2.1　CRC32 原理

CRC（Cyclic Redundancy Check）即循环冗余校验，是一种常用的、具有检错、纠错能力的校验码，常用于外存储器和计算机同步通信的数据校验。

MSP432 的 CRC32 为给定的数据值序列生成校验码。这些校验码是在各种标准规范中定义的串行数据。对于 CRC16-CCITT，将生成来自数据位 4、11 和 15 的反馈路径（见图 12.2.1）。此 CRC 码基于 CRC16-CCITT 中给出的多项式，其中 $f(x)=x^{15}+x^{12}+x^{5}+1$。

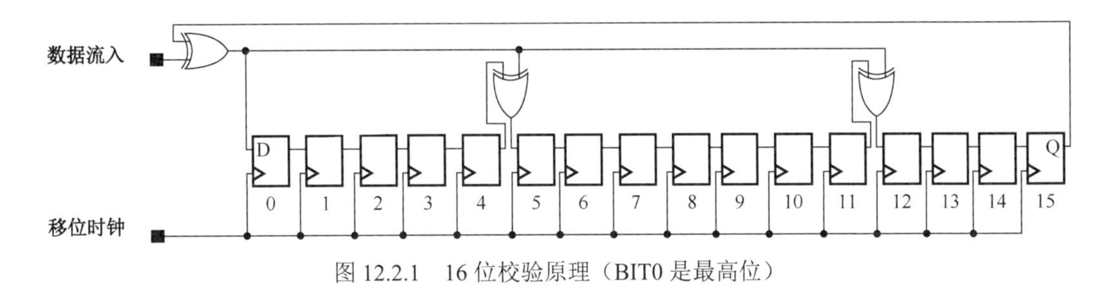

图 12.2.1　16 位校验原理（BIT0 是最高位）

对于 CRC32-IS3309，将生成来自数据位 0、1、3、4、6、7、9、10、11、15、21、22、26 和 31 的反馈路径(见图 12.2.2)。此 CRC 码基于 CRC32-ISO3309 中给出的多项式，其中 $f(x)=x^{32}+x^{26}+x^{23}+x^{22}+x^{16}+x^{12}+x^{11}+x^{10}+x^{8}+x^{7}+x^{5}+x^{4}+x^{2}+x+1$。

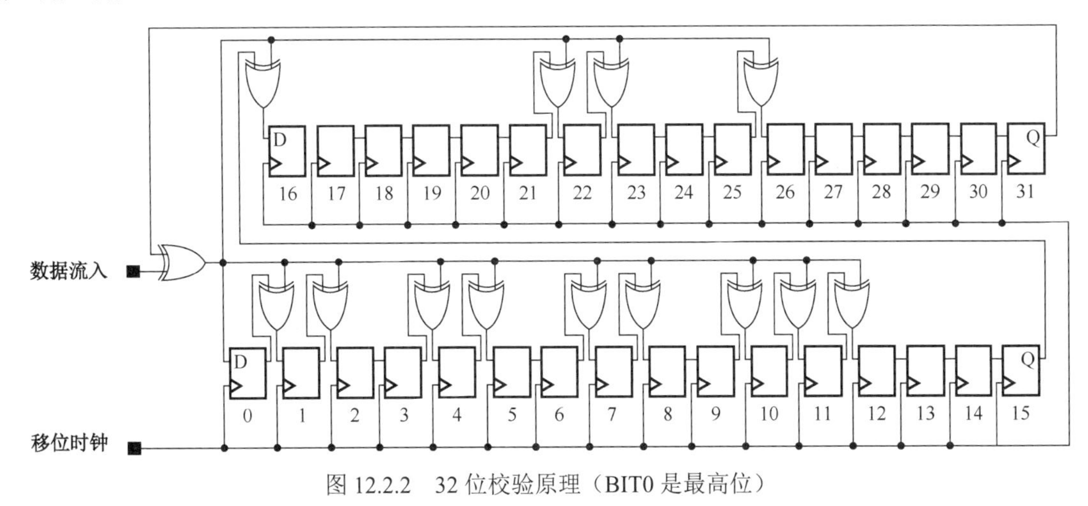

图 12.2.2　32 位校验原理（BIT0 是最高位）

当使用固定的种子值初始化 CRC 时，相同的输入数据序列会产生相同的校验码，而对于给定的 CRC 函数，输入数据的不同序列通常会导致不同的校验码。

1. CRC 校验和生成

首先将种子写入 CRC 初始化和结果（CRC16INIRES 或 CRC32INIRES）寄存器来初始化 CRC 生成器，包含在 CRC 计算中的所有数据都必须按照计算原始 CRC 的相同顺序写入 CRC 数据输入（CRC16DI 或 CRC32DI）寄存器。可以从 CRC16INIRES 或 CRC32INIRES 寄存器中读取实际校验码，以将计算出的校验和与期望的校验进行比较。校验生成描述了一种有关如何计算校验操作结果的方法。

2. CRC 标准和位顺序

各种 CRC 标准的定义都是在大型计算机时代完成的。那时，BIT0 被视为 MSB，现在，BIT0 通常表示 LSB。MSP432 将 BIT0 视为 LSB，这在现代 CPU 和 MCU 中很常见。

有些人将 BIT0 视为 LSB，而另一些人将其视为 MSB，为避免混淆，CRC32 模块为 CRC16 和 CRC32 操作提供了一个位反转寄存器对，以支持这两种情况。

3. CRC 校验的实现

为了更快地处理 CRC，线性反馈移位寄存器（LFSR）的功能是用一组异或树实现。此实现显示了与 LFSR 方法相同的行为。通过写入 CRC16DI 或 CRC32DI 寄存器将一组 8 位、16 位或 32 位提供给 CRC32 模块后，将对整个输入位进行计算。CPU 或 DMA 都可以写入存储器映射的数据输入寄存器中。最后的值被写入 CRC16DI 或 CRC32DIRB，在一个时钟周期（完成最后一个写入值的计算）之后，可以从 CRC16INIRES 或 CRC32INIRES_LO 和 CRC32INIRES_HI 寄存器中读取校验码。CRC16 和 CRC32 生成器接收对输入寄存器 CRC16DI 和 CRC32DI 的字节和 16 位访问。

对于数据位反向的情况，需要将数据字节写入 CRC16DIRB 或 CRC32DIRB 寄存器。

通过写入 CRC 来完成初始化，并且 CRC 引擎将它们添加到校验码中。每个字节之间的位被反转。在使用 CRC 引擎之前，不会以 16 位模式写入 CRCDI 的数据字节或以字节模式写入数据的字节。如果校验和本身（具有相反的位顺序）包含在 CRC 操作中（作为写入 CRCDI 或 CRCDIRB 的数据），则 CRCINIRES 和 CRCRESR 寄存器中的结果必须为零。

4. CRC32 相关寄存器

CRC32 相关寄存器如表 12.2.1 所示（CRC32 基地址：0x4000_4000）。

表 12.2.1 CRC32 相关寄存器

寄存器名称	缩　写	地址偏移
CRC32 低位数据输入	CRC32DI	000h
CRC32 低位数据反向输入	CRC32DIRB	004h
CRC32 低位初值和结果	CRC32INIRES_LO	008h
CRC32 高位初值和结果	CRC32INIRES_HI	00Ah
CRC32 低位反向结果	CRC32RESR_LO	00Ch
CRC32 高位反向结果	CRC32RESR_HI	00Eh
CRC16 低位数据输入	CRC16DI	010h
CRC16 低位数据反向输入	CRC16DIRB	014h
CRC16 初值和结果	CRC16INIRES	018h
CRC16 反向结果	CRC16RESR	01Eh

12.2.2 CRC32 库函数

（1）uint32_t CRC32_getResult (uint_fast8_t crcType)

功能：读取 CRC 校验的结果（第 0 位为最低位）

参数 1：16 位模式还是 32 位模式

返回：校验结果

使用举例：

```
CRC32_getResult(CRC16_MODE);//16位模式读取校验结果
```

（2）uint32_t CRC32_getResultReversed (uint_fast8_t crcType)

功能：读取 CRC 校验的结果（第 0 位为最高位）

参数 1：16 位模式还是 32 位模式

返回：校验结果

使用举例：

```
CRC32_getResultReversed(CRC16_MODE);//16位模式读取转换结果
```

（3）void CRC32_set16BitData (uint16_t dataIn, uint_fast8_t crcType)

功能：设置 16 位数据（第 0 位为最低位）

参数 1：16 位数据

参数 2：16 位模式还是 32 位模式

返回：无

使用举例：

```
CRC32_set16BitData(data,CRC16_MODE);//设置CRC16模式16位数据data
```

（4）void CRC32_set16BitDataReversed (uint16_t dataIn, uint_fast8_t crcType)

功能：设置 16 位数据（翻转 16 位数据中的位，然后添加到 CRC 模块）

参数 1：16 位数据

参数 2：16 位模式还是 32 位模式

返回：无

使用举例：

```
CRC32_set16BitDataReversed(data,CRC16_MODE);//设置CRC16模式16位数据data
```

（5）void CRC32_set32BitData (uint32_t dataIn)

功能：设置 32 位数据（第 0 位为最低位）

参数 1：32 位数据

返回：无

使用举例：

```
CRC32_set32BitData(data);//设置32位数据
```

（6）void CRC32_set32BitDataReversed (uint32_t dataIn)

功能：设置 32 位数据（第 0 位为最高位）

参数 1：32 位数据

返回：无

使用举例：

```
CRC32_set32BitDataReversed(data);//设置32位数据
```

（7）void CRC32_set8BitData (uint8_t dataIn, uint_fast8_t crcType)

功能：设置 8 位数据（第 0 位为最低位）

参数 1：8 位数据

参数 2：16 位模式还是 32 位模式

返回：无

使用举例：

```
CRC32_set8BitData(data,CRC16_MODE);//设置CRC16模式8位数据
```

（8）void CRC32_set8BitDataReversed (uint8_t dataIn, uint_fast8_t crcType)

功能：设置 8 位数据（第 0 位为最高位）

参数 1：设置 8 位数据

参数 2：16 位模式还是 32 位模式

返回：无

使用举例：

```
CRC32_set8BitDataReversed(data,);//设置CRC16模式8位数据
```

（9）void CRC32_setSeed (uint32_t seed, uint_fast8_t crcType)

功能：设置种子

参数 1：16 位模式还是 32 位模式

返回：无

使用举例：

```
CRC32_setSeed(seed,CRC16_MODE);//设置CRC16模式种子
```

12.2.3　CRC32 应用实例

【例 12.2.1】 CRC32 应用

给定一数据序列，使用 CRC32 生成校验码，通过按键切换 16 位模式或 32 位模式，校验码通过 OLED 显示。

软件设计：

```
    //CRC16初值
    #define CRC16_INIT      0xFFFF
    //CRC32初值
    #define CRC32_INIT      0xFFFFFFFF
    //数据序列
    static const uint8_t myData[9] =
{0x31,0x32,0x33,0x34,0x35,0x36,0x37,0x38,0x39};
    u8 tbuf[40];
    int main()
    {
        /*关闭看门狗*/
        WDT_A_holdTimer();
        /*P7.0配置为输出*/
        GPIO_setAsOutputPin(GPIO_PORT_P7, GPIO_PIN0);
        /*P7.0输出低电平，关闭LED*/
        GPIO_setOutputHighOnPin(GPIO_PORT_P7, GPIO_PIN0);
        /*P1.1配置为上拉输入*/
        GPIO_setAsInputPinWithPullUpResistor(GPIO_PORT_P1, GPIO_PIN1);
        /*清除P1.1中断标志*/
        GPIO_clearInterruptFlag(GPIO_PORT_P1, GPIO_PIN1);
        /*P1.1下降沿触发中断*/
        GPIO_interruptEdgeSelect ( GPIO_PORT_P1, GPIO_PIN1,
    GPIO_HIGH_TO_LOW_TRANSITION );
        /*P1.1中断使能*/
        GPIO_enableInterrupt(GPIO_PORT_P1, GPIO_PIN1);
        /*设置DCO频率:12MHz*/
        CS_setDCOFrequency(12000000);
        /*时钟系统初始化，设置时钟源及分频系数*/
        CS_initClockSignal(CS_MCLK, CS_DCOCLK_SELECT, CS_CLOCK_DIVIDER_2);
//MCLK源于DCO，2分频
        CS_initClockSignal(CS_ACLK, CS_REFOCLK_SELECT, CS_CLOCK_DIVIDER_1);
//ACLK源于REFO，1分频
        CS_initClockSignal(CS_HSMCLK, CS_DCOCLK_SELECT,
CS_CLOCK_DIVIDER_4);//HSMCLK源于DCO，4分频
        CS_initClockSignal(CS_SMCLK, CS_DCOCLK_SELECT, CS_CLOCK_DIVIDER_4);
//SMCLK源于DCO，4分频
        CS_initClockSignal(CS_BCLK, CS_REFOCLK_SELECT,
CS_CLOCK_DIVIDER_1);//BCLK源于REFO，1分频
        /*OLED初始化*/
        OLED_Init();
        /*OLED清屏*/
```

```
    OLED_Clear();
    /*OLED显示字符及汉字*/
    OLED_ShowString(0,0,"MSP432",16);
    OLED_ShowCHinese(48,0,11); //原
    OLED_ShowCHinese(64,0,12);//理
    OLED_ShowCHinese(80,0,13);//及
    OLED_ShowCHinese(96,0,14);//使
    OLED_ShowCHinese(112,0,15);//用
    OLED_ShowString(0,2,"CRC32",16);
    OLED_ShowCHinese(40,2,16);//实
    OLED_ShowCHinese(56,2,17);//验
    /*使能PORT1中断*/
    Interrupt_enableInterrupt(INT_PORT1);
    /*打开全局中断*/
    Interrupt_enableMaster();
    Interrupt_enableMaster();
    /*退出中断后不再睡眠*/
    Interrupt_disableSleepOnIsrExit();
    while(1)
    {
        PCM_gotoLPM0();//进入LPM0睡眠状态
    }
}
//PORT1中断服务程序
void PORT1_IRQHandler(void)
{
    uint32_t ii;
    uint32_t status;
    u32 CalculatedCRC;
    static u8 Flag =0;
    /*关闭全局中断*/
    Interrupt_disableMaster ();
    /*读取P1中断状态*/
    status = GPIO_getEnabledInterruptStatus(GPIO_PORT_P1);
    /*清除P1中断标志*/
    GPIO_clearInterruptFlag(GPIO_PORT_P1, status);
    /*P1中断处理*/
    if(status & BIT1)
    {
        for (ii = 1000; ii > 0; ii--);  //计数延时按键消抖
        /*查询P1.1输入电平是否为低*/
        if(GPIO_getInputPinValue(GPIO_PORT_P1, GPIO_PIN1)==GPIO_INPUT_PIN_LOW)
        {
            if(Flag == 0)
            {
                Flag =1;
                /*CRC16位模式装载种子*/
                CRC32_setSeed(CRC16_INIT, CRC16_MODE);
                /*8位数据循环10次反向写入*/
```

```
                for(ii=0;ii<9;ii++)
                    CRC32_set8BitDataReversed(myData[ii], CRC16_MODE);
                /*读取CRC16位模式计算结果*/
                CalculatedCRC = CRC32_getResult(CRC16_MODE);
                OLED_ClrarPage(4);
                OLED_ClrarPage(5);
                OLED_ShowString(0,4,"16",16);
                OLED_ShowCHinese(16,4,18);//位
                sprintf((char *)tbuf,":0x%x",CalculatedCRC);//显示16位校验码
                OLED_ShowString(32,4,tbuf,16);
            }
            else
            {
                Flag =0;
                /*CRC32位模式装载种子*/
                CRC32_setSeed(CRC32_INIT, CRC32_MODE);
                /*8位数据循环10次写入*/
                for(ii=0;ii<9;ii++)
                    CRC32_set8BitData(myData[ii], CRC32_MODE);
                /*读取CRC32位模式计算结果*/
                CalculatedCRC = CRC32_getResultReversed(CRC32_MODE) ^
    0xFFFFFFFF ;
                OLED_ClrarPage(4);
                OLED_ClrarPage(5);
                OLED_ShowString(0,4,"32",16);
                OLED_ShowCHinese(16,4,18);//位
                sprintf((char *)tbuf,":0x%x",CalculatedCRC);//显示32位校验码
                OLED_ShowString(32,4,tbuf,16);
            }
            /*P7.0输出电平翻转*/
            GPIO_toggleOutputOnPin(GPIO_PORT_P7 ,GPIO_PIN0);
        }
    }
    /*打开全局中断*/
    Interrupt_enableMaster();
}
```

12.3 小结与思考

本章介绍了 MSP432 在数据安全性和可靠性方面的特色内容，高级加密标准模块和循环冗余校验模块。AES256 在硬件上执行高级加密标准（AES）加密或解密，它支持 128 位、192 位和 256 位的密钥长度；16 位或 32 位循环冗余校验模块（CRC32）为给定的数据序列提供签名，在数据可靠性方面应用广泛。

习题与思考

12-1　AES256 支持哪几种数据长度的加密和解密操作？

12-2　AES256 对数据进行加密包含哪些步骤？

12-3　AES256 对数据进行解密包含哪些步骤？

12-4　CRC32 的 16 位校验码时执行的标准是什么？公式是什么？

12-5　CRC32 的 32 位校验码时执行的标准是什么？公式是什么？

12-6　如何使用 CRC32 生成校验码？

第 13 章　MSP432E401 设计与开发

在 MSP432 系列微控制器中，MSP432E4 系列是带有以太网的微控制器，可方便实现有线和无线连接融合，将传感器或数据连接到云端。但其程序设计与 MSP432P4 系列不兼容。

MSP432E4 系列微控制器具有单独的软件开发包，其硬件电路设计与 MSP432P4 系列也有区别，因此本章简要介绍 MSP432E4 系列，以 MSP432E401 为例，介绍其原理、硬件电路设计、软件设计。

鉴于读者学习完 MSP432P4 系列已具有了一定的基础，所以本章不对 MSP432E4 系列具体的寄存器等内容进行介绍，而是以多个实例的形式介绍 MSP432E401 的开发设计，使读者快速掌握 MSP432E401 的开发设计。

本章导读：建议初学者粗读 13.1 节与 13.2 节，动手实践 13.3 节、13.4 节并做好笔记，完成习题。

13.1　MSP432E401 概述

MSP432E4 系列是 TI 公司专门推出针对物联网应用，以便捷实现有线和无线连接融合，将传感器连接到云的微控制器，其集成有以太网 MAC 和 PHY，具有带加密加速器的 120MHz CPU。这里以 MSP432E401Y 为例，简要介绍其特性。

SimpleLink MSP432E401 ARM Cortex-M4F 微控制器具有顶级性能和高级集成功能。该系列用于需要强大的控制处理和连接功能且具有成本效益的应用。

MSP432E401 集成了大量丰富的通信特性，以实现全新的高度互连设计，在性能和功耗之间实现重要的实时控制。这些微控制器具有集成式通信外设和其他高性能的模拟和数字功能，为开发从人机界面（HMI）到联网系统管理控制器在内的许多不同目标应用奠定了坚实的基础。

此外，MSP432E401 为基于 ARM 的微控制器提供了诸多优势，如广泛可用的开发工具、片上系统（SoC）基础架构，以及一个庞大的用户社区。另外，这些微控制器使用 ARM Thumb 兼容的 Thumb-2 指令集来减少内存要求，并以此达到降低成本的目的。当使用 SimpleLink MSP432 SDK 时，MSP432E401 与 SimpleLink 系列的所有成员的代码兼容，因此使用灵活，可满足各类具体需求。

MSP432E401 是 SimpleLink 微控制器（MCU）平台的一部分，该平台包含 WiFi、低功耗 Bluetooth、低于 1GHz、以太网、ZigBee、线程和主机 MCU，它们均公用一个通用、简单易用的开发环境，其中包含单核软件开发套件（SDK）和丰富的工具集。借助一次性集成的 SimpleLink 平台，可以将产品组合中的任何器件组合添加至用户的设计中，从而在设计要求变更时实现 100%代码重用。

13.1.1　MSP432E401 特性

- 内核
  - 120MHz ARM Cortex：具有浮点处理单元（FPU）的 M4F 处理器内核。

- 连接
  - 以太网 MAC：具有集成以太网 PHY 的 10/100Mbps 以太网 MAC。
  - 以太网 PHY：具有 IEEE 1588 PTP 硬件支持的 PHY。
  - 通用串行总线（USB）：具有 ULPI 接口选项和链路层电源管理（LPM）的 USB 2.0 OTG、主机或器件。
  - 8 个通用异步接收器/发送器（UART），每个具有独立计时的发送器和接收器。
  - 4 个四通道同步串行接口（QSSI）：提供双通道、四通道和高级 SSI 支持。
  - 提供高速模式支持的 10 个内部集成电路（IIC）模块。
  - 2 个 CAN 2.0 A 和 B 控制器：多播共享串行总线标准。
- 存储器
  - 具有 4 个存储体的 1024KB 闪存存储器配置支持对每个存储体提供独立代码保护。
  - 具有单周期访问的 256KB SRAM 以 120MHz 时钟频率提供近 2GB/s 的内存带宽。
  - 6KB EEPROM：每 2 个页块写入 500KB、矫正、锁定保护。
  - 内部 ROM：搭载有 SimpleLink™SDK 软件。
    - 外设驱动程序库。
    - 引导加载程序。
  - 外部外设接口（EPI）：8 位、16 位或 32 位专用并行接口访问外部器件和存储器（SDRAM、闪存或 SRAM）。
- 安全性
  - 高级加密标准（AES）：基于 128 位、192 位和 256 位密钥的硬件加速数据加密和解密。
  - 数据加密标准（DES）：具有 168 位有效密钥长度并支持块密码实施的硬件加速数据加密和解密。
  - 安全哈希算法/消息摘要算法（SHA/MD5）：支持 SHA-1、SHA-2 和 MD5 哈希算法的高级哈希引擎。
  - 循环冗余校验（CRC）硬件。
  - 篡改：支持 4 个篡改输入和可配置篡改事件响应。
- 模拟
  - 2 个基于 12 位 SAR 的 ADC 模块，每个模块支持高达 200 万次/秒的采样率（2Msps）。
  - 3 个独立的模拟比较器控制器。
  - 16 个数字比较器。
- 系统管理
  - JTAG 和串行线调试（SWD）：一个具有集成 ARM SWD 的 JTAG 提供访问和控制测试设计特性的途径，如 I/O 口监督和控制、扫描测试和调试。
- 开发套件和软件（请参阅工具和软件）
  - SimpleLink™MSP-EXP432E401Y LaunchPad™开发套件。
  - SimpleLink MSP432E4 软件开发套件（SDK）。
- 封装信息
  - 封装：128 引脚 TQFP（PDT）。
  - 扩展工作温度（环境）范围：–40～105℃。

13.1.2 MSP432E401 内部结构

MSP432E104 内部功能框图如图 13.1.1 所示。

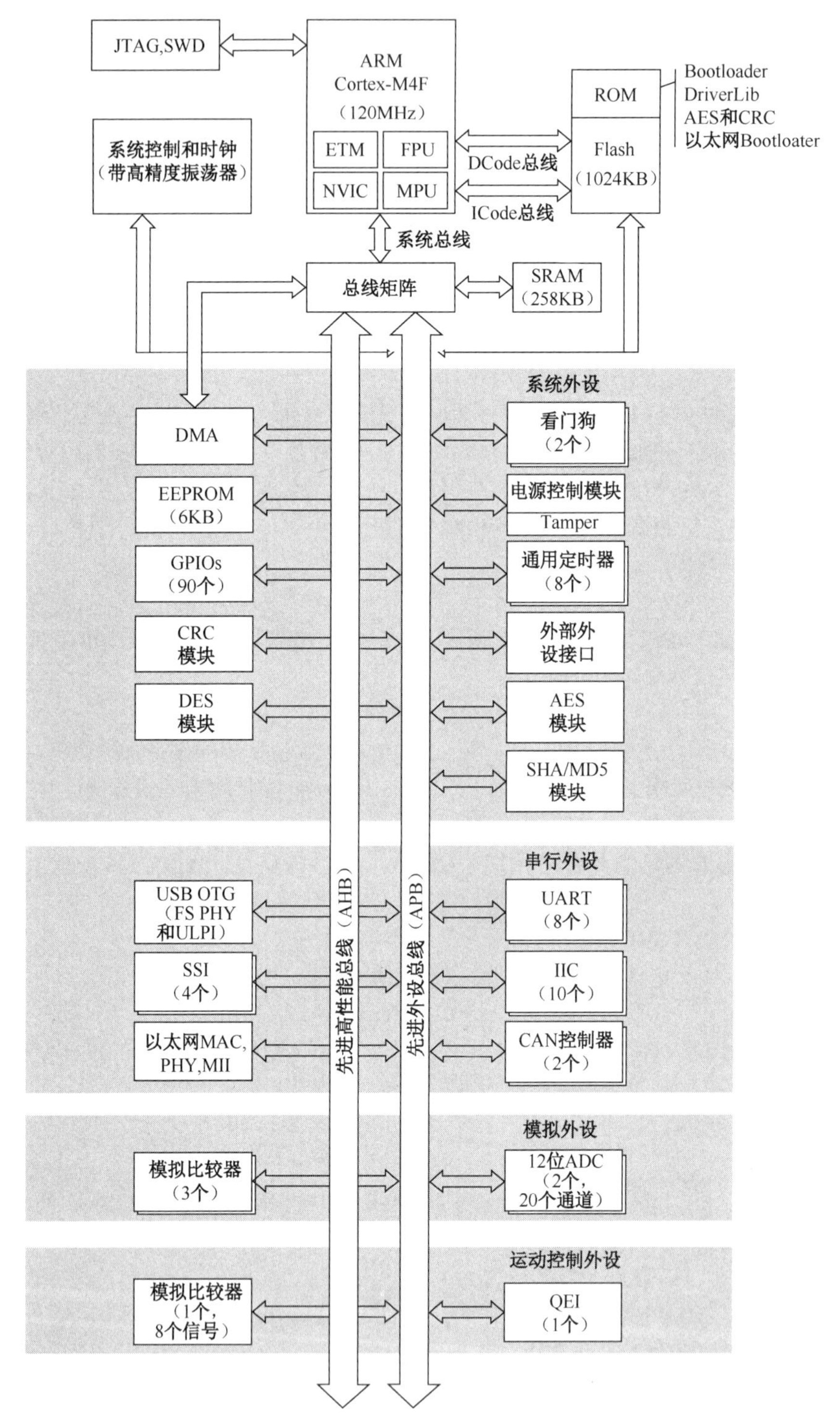

图 13.1.1　MSP432E401 内部功能框图

MSP432E401 引脚排列如图 13.1.2 所示。

MSP432E401 大部分引脚默认状态被配置为高阻抗状态下的 GPIO 功能（GPIOAFSEL=0、GPIODEN=0、GPIOPDR=0、GPIOPUR=0 和 GPIOPCTL =0），一些特殊的引脚被配置为非 GPIO 功能，或者这些引脚有特殊状态，如表 13.1.1 所示。需要注意的是，POR 会导致这些 GPIO 回到它们原始特殊功能状态。

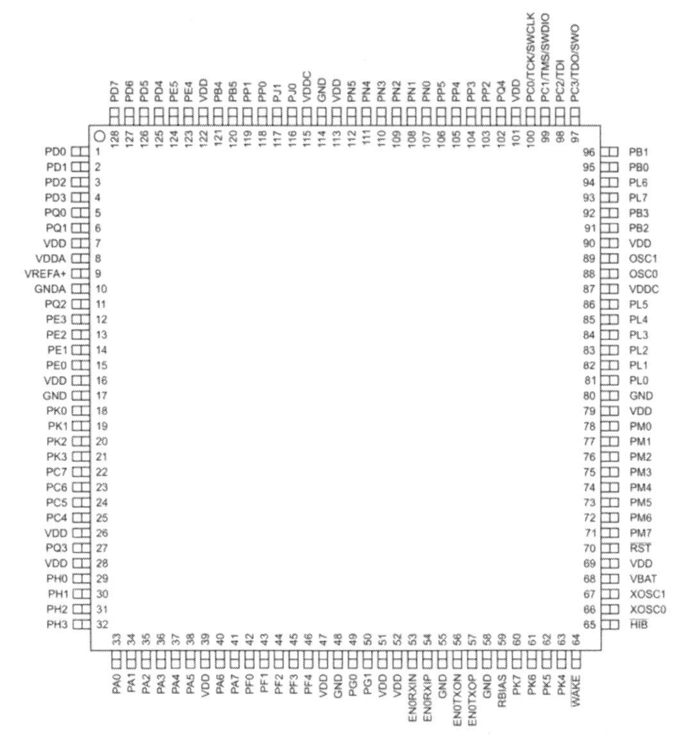

图 13.1.2　MSP432E401 引脚排列

表 13.1.1　特殊状态的引脚

GPIO 引脚	默认复位状态	GPIOAFSEL	GPIODEN	GPIOPDR	GPIOPUR	GPIOPCTL	GPIOCR
PC[3:0]	JTAG/SWD	1	1	0	1	0x1	0
PD[7]	GPIO①	0	0	0	0	0x0	0
PE[7]	GPIO①	0	0	0	0	0x0	0

① 该引脚被默认配置为 GPIO，但是被锁定，只能通过在 GPIOLOCK 寄存器解锁该引脚并通过设置 GPIOCR 寄存器来重新编程。

以第 1 号引脚为例，其具有的功能如表 13.1.2 所示。

表 13.1.2　MSP432E401 的第 1 号引脚功能

引脚号	信号名称	信号类型	缓冲类型	引脚复用编码	供电	复位状态
1	PD0	I/O	LVCMOS	—	VDD	OFF
	AIN15	I	模拟	PD0		N/A
	C0o	O	LVCMOS	PD0(5)		N/A
	I2C7SCL	I/O	LVCMOS	PD0(2)		N/A
	SSI2XDAT1	I/O	LVCMOS	PD0(15)		N/A
	T0CCP0	I/O	LVCMOS	PD0(3)		N/A

表 13.1.2 中，I 表示输入，O 表示输出，I/O 表示输入或输出。LVCMOS 表示缓冲的电压为低电平 CMOS（一般为 3.0V）。复位状态：PU 表示有效上拉电阻下的高阻抗状态（该表中无），OFF 表示高阻抗状态，N/A 表示不可用。

第 1 号引脚复位后默认的功能为通用输入/输出端口（I/O），也可通过配置变为模数转换器的第 15 通道（AIN15）、比较器 0 的输出（C0o）、I2C 7 的时钟引脚（I2C7SCL）、SSI 2 的数据 1 引脚（SSI2XDAT1）、定时器 0 的捕获比较器 0 通道。其余各引脚详细功能描述请查阅控制器的数据手册。

13.2　MSP432E401 电路设计

和 MSP432P401 一样，MSP432E401 的最小系统部分电路包括电源电路、复位电路、晶振电路和调试接口电路，读者可以翻阅第 1 章的内容，这里不再赘述。对于 MSP432E401 而言，与 MSP432P4 系列相比，MSP432E401 具有更丰富的外部通信接口，这里以最典型的以太网、USB、CAN 总线接口电路进行说明，如图 13.2.1～图 13.2.3 所示。

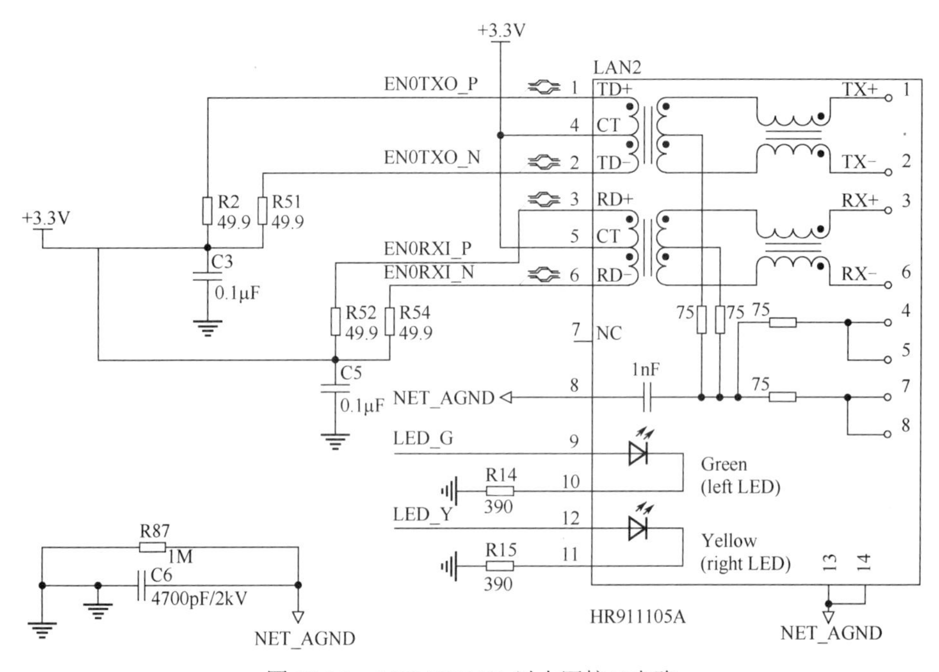

图 13.2.1　MSP432E401 以太网接口电路

如图 13.2.1 所示，MSP432E401 由于集成有以太网通信的 MAC 和 PHY，所以外部只需连接网络变压电路即可实现接入以太网。

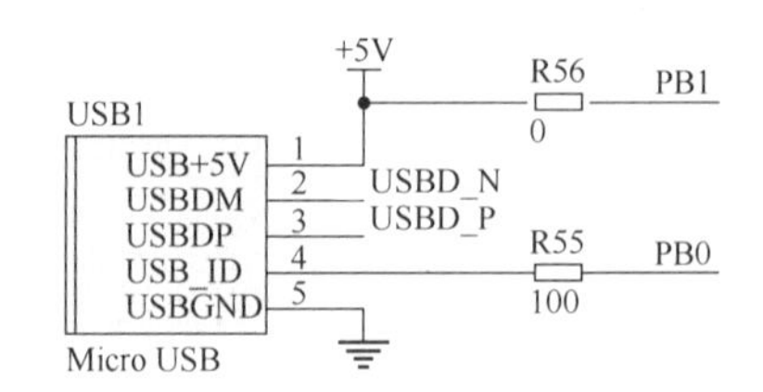

图 13.2.2　MSP432E401 的 USB 接口电路

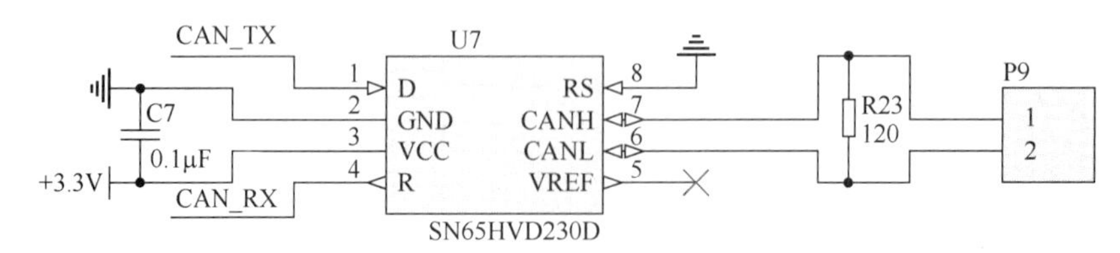

图 13.2.3　MSP432E401 的 CAN 总线接口电路

MSP432E401 具有一个 USB 控制器，支持高速和全速多点通信，符合 USB 2.0 标准的高速功能。具有 USB 2.0 控制器 OTG、主机或设备，以及通过 ULPI 接口可高速连接高速外部物理层。这里以

USB 设备为例，通过 Micro USB 连接到计算机。

MSP432E401 具有 2 个 CAN 口，其支持协议 2.0 A/B，具有比特率为 1Mbps、32 个带有独立标识符掩码的消息对象、可屏蔽中断等特点。这里采用 SN65HVD230D 高速 CAN 收发器作为 MSP432E401 的 CAN 外部接口电路，并连接终端电阻 120Ω。

本书所使用的 MSP432E401 硬件平台是自主开发的。板载仿真器，只需要一根 USB 线就能给开发板供电及编程。这个硬件平台设有丰富的外设，除了按键、电容触摸、LED、蜂鸣器、温/湿度计、光敏电阻、舵机、红外通信接口、液晶屏等基本外设，还有蓝牙、WiFi、USB、以太网、CAN 等外设，足以满足学习开发需求，MSP432E401 硬件平台实物图如图 13.2.4 所示。

图 13.2.4 MSP432E401 硬件平台实物图

13.3 MSP432E401 库函数

MSP432E401 库函数众多，这里简要介绍常用的 GPIO、UART、SSI、定时器、ADC 相关库函数，并且对重要函数进行举例说明。

13.3.1 GPIO 相关库函数

（1）void GPIODirModeSet (uint32_t ui32Port, uint8_t ui8Pins, uint32_t ui32PinIO)

函数功能：设定指定引脚的方向和模式

入口参数：ui32Port 为 GPIO 端口的地址；ui8Pins 为引脚的位表示；ui32PinIO 为设定方向和/或模式

返回参数：无

使用举例：

```
    GPIODirModeSet (GPIO_PORTA_BASE,GPIO_PIN_0,GPIO_DIR_MODE_OUT);
//PA0设置为输出
```

（2）void GPIOIntTypeSet (uint32_t ui32Port, uint8_t ui8Pins, uint32_t ui32IntType)

函数功能：设定指定引脚的中断类型

入口参数：ui32Port 为 GPIO 端口的地址；ui8Pins 为引脚的位表示；ui32IntType 为设定中断触发类型

返回参数：无

使用举例：

```
    GPIOIntTypeSet(GPIO_PORTA_BASE, GPIO_PIN_0, GPIO_FALLING_EDGE);
//PA0中断设置为下降沿
```

（3）void GPIOPadConfigSet (uint32_t ui32Port, uint8_t ui8Pins, uint32_t ui32Strength, uint32_t ui32PinType)

函数功能：设置引脚输出驱动高低

入口参数：ui32Port 为 GPIO 端口的地址；ui8Pins 为引脚的位表示；ui32Strength 为设定引脚输出驱动高低；ui32PinType 为引脚类型

返回参数：无

使用举例：

```
    GPIOPadConfigSet(GPIO_PORTA_BASE, GPIO_PIN_0,GPIO_STRENGTH_8MA, GPIO_PIN_
TYPE_STD_WPU);//设置PA0输出驱动电流为8mA，弱上拉
```

（4）void GPIOIntEnable (uint32_t ui32Port, uint32_t ui32IntFlags)

函数功能：允许指定 GPIO 端口的中断

入口参数：ui32Port 为 GPIO 端口的地址；ui32IntFlags 为中断位

返回参数：无

使用举例：

```
    GPIOIntEnable(GPIO_PORTA_BASE,GPIO_INT_PIN_0);//使能PA0中断
```

（5）void GPIOIntDisable (uint32_t ui32Port, uint32_t ui32IntFlags)

函数功能：禁止指定 GPIO 端口的中断

入口参数：ui32Port 为 GPIO 端口的地址；ui32IntFlags 为中断位

返回参数：无

使用举例：

```
    GPIOIntDisable (GPIO_PORTA_BASE,GPIO_INT_PIN_0);//禁止PA0中断
```

（6）uint32_t GPIOIntStatus (uint32_t ui32Port, bool bMasked)

函数功能：获取指定 GPIO 端口的中断状态

入口参数：ui32Port 为 GPIO 端口的地址；bMasked 为决定返回屏蔽中断状态或原始中断状态

返回参数：无

使用举例：

```
    GPIOIntStatus (GPIO_PORTA_BASE,false);//返回原始中断状态
```

（7）void GPIOIntClear (uint32_t ui32Port, uint32_t ui32IntFlags)

函数功能：清除指定中断标志位

入口参数：ui32Port 为 GPIO 端口的地址；ui32IntFlags 为被屏蔽的中断源的屏蔽位

返回参数：无

使用举例：

```
    GPIOIntClear(GPIO_PORTA_BASE,GPIO_INT_PIN_0);//清除PA0中断标志
```

（8）int32_t GPIOPinRead (uint32_t ui32Port, uint8_t ui8Pins)

函数功能：读取指定引脚的值

入口参数：ui32Port 为 GPIO 端口的地址；ui8Pins 为引脚的位表示

返回参数：返回提供指定引脚状态的位压缩字节，其中，该字节的 BIT0 表示 GPIO 端口引脚 0，BIT1 表示 GPIO 端口引脚 1，以此类推；任何未被 ui8Pins 指定的位都返回为 0；应忽略 BIT31:8

使用举例：

```
    GPIOPinRead (GPIO_PORTA_BASE, GPIO_PIN_0);//读取PA0引脚输入电平状态
```

（9）void GPIOPinWrite (uint32_t ui32Port, uint8_t ui8Pins, uint8_t ui8Val)

函数功能：向指定引脚写值

入口参数：ui32Port 为 GPIO 端口的地址；ui8Pins 为引脚的位表示；ui8Val 为向引脚写入的值

返回参数：无

使用举例：

```
    GPIOPinWrite (GPIO_PORTA_BASE, GPIO_PIN_0,0x01);//向PA0写1，PA0引脚输出高电平
```

（10）void GPIOPinTypeADC (uint32_t ui32Port, uint8_t ui8Pins)

函数功能：引脚设置为模数转换输入

入口参数：ui32Port 为 GPIO 端口的地址；ui8Pins 为引脚的位表示

返回参数：无

使用举例：

```
    GPIOPinTypeADC (GPIO_PORTD_BASE, GPIO_PIN_0);//设置PD0为模数转换器AIN15输入
```

（11）void GPIOPinTypeCAN (uint32_t ui32Port, uint8_t ui8Pins)

函数功能：引脚设置为 CAN 通信

入口参数：ui32Port 为 GPIO 端口的地址；ui8Pins 为引脚的位表示

返回参数：无

使用举例：

```
    GPIOPinTypeCAN(GPIO_PORTB_BASE, GPIO_PIN_0);
//设置PB0为CAN通信模块的CAN1Rx引脚
```

（12）void GPIOPinTypeComparator (uint32_t ui32Port, uint8_t ui8Pins)

函数功能：引脚设置为模拟比较器输入

入口参数：ui32Port 为 GPIO 端口的地址；ui8Pins 为引脚的位表示

返回参数：无

使用举例：

```
    GPIOPinTypeComparator (GPIO_PORTC_BASE, GPIO_PIN_4);
//设置PC4为模拟比较器C1的输入引脚
```

（13）void GPIOPinTypeComparatorOutput (uint32_t ui32Port, uint8_t ui8Pins)

函数功能：引脚设置为模拟比较器输出

入口参数：ui32Port 为 GPIO 端口的地址；ui8Pins 为引脚的位表示

返回参数：无

使用举例：

```
    GPIOPinTypeComparatorOutput (GPIO_PORTD_BASE, GPIO_PIN_0);
//设置PD0为模拟比较器C0o的输出引脚
```

（14）void GPIOPinTypeDIVSCLK (uint32_t ui32Port, uint8_t ui8Pins)

函数功能：引脚设置为时钟输出

入口参数：ui32Port 为 GPIO 端口的地址；ui8Pins 为引脚的位表示

返回参数：无

使用举例：

```
    GPIOPinTypeDIVSCLK (GPIO_PORTQ_BASE, GPIO_PIN_4);
//设置PQ4为时钟DIVSCLK输出引脚
```

（15）void GPIOPinTypeEPI (uint32_t ui32Port, uint8_t ui8Pins)

函数功能：引脚设置为外部外围接口

入口参数：ui32Port 为 GPIO 端口的地址；ui8Pins 为引脚的位表示

返回参数：无

使用举例：

```
    GPIOPinTypeEPI (GPIO_PORTM_BASE, GPIO_PIN_0);//设置PM0为EPI接口EPI0S15引脚
```

（16）void GPIOPinTypeEthernetLED (uint32_t ui32Port, uint8_t ui8Pins)

函数功能：引脚设置为供外围以太网设备用作 LED 信号的接口

入口参数：ui32Port 为 GPIO 端口的地址；ui8Pins 为引脚的位表示

返回参数：无

使用举例：

```
    GPIOPinTypeEthernetLED (GPIO_PORTK_BASE, GPIO_PIN_4);
//设置PK4为以太网EN0LED0接口引脚
```

（17）void GPIOPinTypeGPIOInput (uint32_t ui32Port, uint8_t ui8Pins)

函数功能：引脚设置为 GPIO 输入

入口参数：ui32Port 为 GPIO 端口的地址；ui8Pins 为引脚的位表示

返回参数：无

使用举例：

```
    GPIOPinTypeGPIOInput (GPIO_PORTA_BASE, GPIO_PIN_0);//设置PA0为GPIO输入引脚
```

（18）void GPIOPinTypeGPIOOutput (uint32_t ui32Port, uint8_t ui8Pins)

函数功能：引脚设置为 GPIO 输出

入口参数：ui32Port 为 GPIO 端口的地址；ui8Pins 为引脚的位表示

返回参数：无

使用举例：

```
    GPIOPinTypeGPIOOutput (GPIO_PORTA_BASE, GPIO_PIN_0);
//设置PA0为GPIO输出引脚
```

（19）void GPIOPinTypeGPIOOutputOD (uint32_t ui32Port, uint8_t ui8Pins)

函数功能：引脚设置为 GPIO 开漏输出

入口参数：ui32Port 为 GPIO 端口的地址；ui8Pins 为引脚的位表示

返回参数：无

使用举例：

```
    GPIOPinTypeGPIOOutput (GPIO_PORTA_BASE, GPIO_PIN_0);//设置PA0为开漏输出引脚
```

（20）void GPIOPinTypeHibernateRTCCLK (uint32_t ui32Port, uint8_t ui8Pins)

函数功能：引脚设置为休眠时钟

入口参数：ui32Port 为 GPIO 端口的地址；ui8Pins 为引脚的位表示

返回参数：无

使用举例：

```
    GPIOPinTypeHibernateRTCCLK (GPIO_PORTP_BASE, GPIO_PIN_3);
//设置PP3为RTCCLK时钟引脚
```

（21）void GPIOPinTypeI2C (uint32_t ui32Port, uint8_t ui8Pins)
函数功能：引脚设置为连接外围 IIC 设备的串行数据线
入口参数：ui32Port 为 GPIO 端口的地址；ui8Pins 为引脚的位表示
返回参数：无
使用举例：

```
GPIOPinTypeI2C(GPIO_PORTN_BASE, GPIO_PIN_4);//设置PN4为I2C2SDA引脚
```

（22）void GPIOPinTypeI2CSCL (uint32_t ui32Port, uint8_t ui8Pins)
函数功能：引脚设置为连接外围 IIC 设备的时钟
入口参数：ui32Port 为 GPIO 端口的地址；ui8Pins 为引脚的位表示
返回参数：无
使用举例：

```
GPIOPinTypeI2CSCL (GPIO_PORTN_BASE, GPIO_PIN_5);//设置PN5为I2C2SCL引脚
```

（23）void GPIOPinTypePWM (uint32_t ui32Port, uint8_t ui8Pins)
函数功能：为外围脉宽调控设备配置引脚
入口参数：ui32Port 为 GPIO 端口的地址；ui8Pins 为引脚的位表示
返回参数：无
使用举例：

```
GPIOPinTypePWM (GPIO_PORTF_BASE, GPIO_PIN_0);//设置PF0为M0PWM0引脚
```

（24）void GPIOPinTypeQEI (uint32_t ui32Port, uint8_t ui8Pins)
函数功能：引脚设置为正交编码器 QEI 接口
入口参数：ui32Port 为 GPIO 端口的地址；ui8Pins 为引脚的位表示
返回参数：无
使用举例：

```
GPIOPinTypeQEI(GPIO_PORTL_BASE, GPIO_PIN_1); //设置PF0为PA0引脚
```

（25）void GPIOPinTypeSSI (uint32_t ui32Port, uint8_t ui8Pins)
函数功能：引脚设置为 SSI 接口
入口参数：ui32Port 为 GPIO 端口的地址；ui8Pins 为引脚的位表示
返回参数：无
使用举例：

```
GPIOPinTypeSSI (GPIO_PORTA_BASE, GPIO_PIN_2);//设置PA2为SSI0Clk引脚
```

（26）void GPIOPinTypeTimer(uint32_t ui32Port, uint8_t ui8Pins)
函数功能：引脚配置为定时器捕获比较通道接口
入口参数：ui32Port 为 GPIO 端口的地址；ui8Pins 为引脚的位表示
返回参数：无
使用举例：

```
GPIOPinTypeTimer(GPIO_PORTA_BASE, GPIO_PIN_0);//设置PA0为定时器T0CCP0引脚
```

（27）void GPIOPinTypeUART (uint32_t ui32Port, uint8_t ui8Pins)
函数功能：为通用异步收发传输器配置引脚（UART 通信）
入口参数：ui32Port 为 GPIO 端口的地址；ui8Pins 为引脚的位表示
返回参数：无
使用举例：

```
GPIOPinTypeUART (GPIO_PORTA_BASE, GPIO_PIN_0);//设置PA0为U0Rx引脚
```

13.3.2 UA-RT 相关库函数

（1）void UARTParityModeSet(uint32_t ui32Base, uint32_t ui32Parity)

函数功能：设置奇偶校验类型

入口参数：ui32Base 为 UART 接口的基地址；ui32Parity 为奇偶校验类型

返回参数：无

使用举例：

```
    UARTParityModeSet(UART0_BASE,UART_CONFIG_PAR_NONE);//设置UART0无校验
```

（2）void UARTConfigSetExpClk(uint32_t ui32Base, uint32_t, ui32UARTClk, uint32_t ui32Baud, uint32_t ui32Config)

函数功能：设置一个 UART 的相关配置

入口参数：ui32Base 为 UART 接口的基地址；ui32UARTClk 为 UART 模组的时钟速率；ui32Baud 为期望设置的波特率；ui32Config 为 UART 接口的数据格式（数据位数、停止位数、奇偶校验）

返回参数：无

使用举例：

```
    UARTConfigSetExpClk(UART0_BASE,16000000, 115200,(UART_CONFIG_WLEN_8 |
UART_CONFIG_STOP_ONE |UART_CONFIG_PAR_NONE));
//配置串口0，波特率为115200bps，长度为8位，一个停止位，无校验
```

（3）void UARTEnable(uint32_t ui32Base)

函数功能：使能串口发送和接收

入口参数：ui32Base 为 UART 接口的基地址

返回参数：无

使用举例：

```
    UARTEnable(UART0_BASE);//使能串口0
```

（4）UARTDisable(uint32_t ui32Base)

函数功能：禁止串口

入口参数：ui32Base 为 UART 接口的基地址

返回参数：无

使用举例：

```
    UARTDisable(UART0_BASE);//禁止串口0
```

（5）void UARTTxIntModeSet(uint32_t ui32Base, uint32_t ui32Mode)

函数功能：设置 UART 发送中断的运行模式

入口参数：ui32Base 为 UART 接口的基地址；ui32Mode 为发送中断的运行模式

返回参数：无

使用举例：

```
    UARTTxIntModeSet(UART0_BASE, UART_TXINT_MODE_EOT);
//设置串口0发送器空闲时触发发送中断
```

（6）bool UARTCharsAvail(uint32_t ui32Base)

函数功能：判定接收 FIFO 是否有字符

入口参数：ui32Base 为 UART 接口的基地址

返回参数：true 表示接收 FIFO 有数据，false 表示接收 FIFO 没有数据

（7）bool UARTSpaceAvail(uint32_t ui32Base)

函数功能：判定发送 FIFO 是否有空间

入口参数：ui32Base 为 UART 接口的基地址

返回参数：true 表示发送 FIFO 有空间，false 表示发送 FIFO 没有空间

（8）int32_t UARTCharGetNonBlocking(uint32_t ui32Base)

函数功能：从指定接口（无等待）接收一个字符

入口参数：ui32Base 为 UART 接口的基地址

返回参数：返回从指定接口读到的字符，以 int32_t 格式传输；如果返回-1 则说明现在接收 FIFO 没有字符

（9）int32_t UARTCharGet(uint32_t ui32Base)

函数功能：在指定接口等待一个字符，这个函数在指定接口获取一个字符，如果没有字符可获得，则该函数会一直等待一个字符

入口参数：ui32Base 为 UART 接口的基地址

返回参数：读到的字符（int32_t 格式）

（10）bool UARTCharPutNonBlocking(uint32_t ui32Base, unsigned char ucData)

函数功能：向指定接口发送一个字符，这个函数向指定接口的发送 FIFO 中写 ucData；该函数不阻塞，所以如果发送 FIFO 没有可用空间，则该函数将返回 false，应用程序需稍后重新尝试调用此函数

入口参数：ui32Base 为 UART 接口的基地址；ucData 为将要发送的字符

返回参数：true 表示字符成功放入发送 FIFO 中，false 表示发送 FIFO 无可用空间

使用举例：

```
UARTCharPutNonBlocking(UART0_BASE, 'x');//向串口0发送缓冲区写入字符x
```

（11）void UARTCharPut(uint32_t ui32Base, unsigned char ucData)

函数功能：等待向指定接口发送一个字符，这个函数向指定接口的发送 FIFO 中写 ucData；如果发送 FIFO 无可用空间，则该函数会一直等到有可用空间才返回

入口参数：ui32Base 为 UART 接口的基地址；ucData 为将要发送的字符

返回参数：无

使用举例：

```
UARTCharPut(UART0_BASE, 't')//发送字符t到串口0
```

（12）void UARTIntEnable(uint32_t ui32Base, uint32_t ui32IntFlags）

函数功能：使能特定的 UART 中断源，该函数使能指定 UART 中断源；只有使能的中断源能反映到处理器中断，未使能的中断源对处理器没有影响

入口参数：ui32Base 为 UART 接口的基地址；ui32IntFlags 为将要被使能的中断源位掩码

返回参数：无

使用举例：

```
UARTIntEnable(UART0_BASE, UART_INT_RX);//使能串口0接收中断
```

（13）uint32_t UARTIntStatus(uint32_t ui32Base, bool bMasked)

函数功能：获取当前串口中断状态

入口参数：ui32Base 为 UART 接口的基地址；bMasked 为决定返回屏蔽中断状态或原始中断状态

返回参数：返回指定 UART 的中断状态

（14）void　UARTIntClear(uint32_t ui32Base, uint32_t ui32IntFlags)

函数功能：清除 UART 中断源

入口参数：ui32Base 为 UART 接口的基地址；ui32IntFlags 为将要被清除的中断源位掩码

返回参数：无

使用举例：

```
UARTIntClear(UART0_BASE, UART_INT_RX);//清除串口0接收中断
```

（15）void UARTClockSourceSet(uint32_t ui32Base, uint32_t ui32Source)

函数功能：设置指定 UART 的波特时钟源

入口参数：ui32Base 为 UART 接口的基地址；ui32Source 为 UART 的波特时钟源

返回参数：无

使用举例：

```
UARTClockSourceSet(UART0_BASE, UART_CLOCK_SYSTEM);//设定串口0使用系统时钟源
```

13.3.3　SSI 相关库函数

（1）void SSIConfigSetExpClk (uint32_t ui32Base, uint32_t ui32SSIClk, uint32_t ui32Protocol, uint32_t ui32Mode, uint32_t ui32BitRate, uint32_t ui32DataWidth)

函数功能：配置 SSI 模块。

入口参数：ui32Base 为 SSI 模块基地址；ui32SSIClk 为时钟频率；ui32Protocol 为指定数据传输协议；ui32Mode 为指定操作模式；ui32BitRate 为时钟频率；ui32DataWidth 为数据宽度

返回参数：无

使用举例：

```
SSIConfigSetExpClk(SSI0_BASE,120000000, SSI_FRF_MOTO_MODE_0,SSI_MODE_MASTER,
(120000000/2),8);//配置SSI0，时钟源频率为120MHz，传输协议极性为0，相位为0，主机模式，通信
                    //位频率为60MHz，8位数据长度
```

（2）void SSIEnable (uint32_t ui32Base)

函数功能：使能 SSI 模块

入口参数：ui32Base 为 SSI 模块基地址

返回参数：无

使用举例：

```
SSIEnable(SSI0_BASE);//使能SSI0模块
```

（3）void SSIDisable (uint32_t ui32Base)

函数功能：禁止 SSI 模块

入口参数：ui32Base 为 SSI 模块基地址

返回参数：无

使用举例：

```
SSIDisable(SSI0_BASE);//禁止SSI0模块
```

（4）void SSIIntEnable (uint32_t ui32Base, uint32_t ui32IntFlags)

函数功能：使能 SSI 中断

入口参数：ui32Base 为 SSI 模块基地；ui32IntFlags 为中断源

返回参数：无

使用举例：

```
SSIIntEnable(SSI0_BASE, SSI_TXFF);//使能SSI0发送中断
```

（5）void SSIIntDisable (uint32_t ui32Base, uint32_t ui32IntFlags)

函数功能：禁止 SSI 中断

入口参数：ui32Base 为 SSI 模块基地址；ui32IntFlags 为中断源

返回参数：无

使用举例：

```
    SSIIntDisable(SSI0_BASE,SSI_TXFF);//禁止SSI0发送中断
```

（6）uint32_t SSIIntStatus (uint32_t ui32Base, bool bMasked)

函数功能：获取当前中断状态

入口参数：ui32Base 为 SSI 模块基地址；bMasked 为 true 返回屏蔽的中断状态，为 false 返回原始的中断状态

返回参数：当前的中断状态

使用举例：

```
    uint32_t SSI0_IntStatus;
    IntStatus= SSIIntStatus(SSI0_BASE, TRUE);//获取SSI0当前中断状态
```

（7）void SSIIntClear (uint32_t ui32Base, uint32_t ui32IntFlags)

函数功能：清除中断标志位

入口参数：ui32Base 为 SSI 模块基地址；ui32IntFlags 为中断源

返回参数：无

使用举例：

```
    SSIIntClear(SSI0_BASE, SSI_TXFF);//清除SSI0发送中断标志
```

（8）void SSIDataPut (uint32_t ui32Base, uint32_t ui32Data)

函数功能：写数据到 FIFO

入口参数：ui32Base 为 SSI 模块基地址；ui32Data 为要写入的数据

返回参数：无

使用举例：

```
    SSIDataPut(SSI0_BASE,0X55AAFF00);//将数55AAFF00写入SSI0的FIFO等待发送
```

（9）int32_t SSIDataPutNonBlocking (uint32_t ui32Base, uint32_t ui32Data)

函数功能：写数据到 FIFO

入口参数：ui32Base 为 SSI 模块基地址；ui32Data 为要写入的数据

返回参数：返回现在 FIFO 的元素个数

使用举例：

```
    int32_t Num;
    Num = SSIDataPutNonBlocking(SSI0_BASE,0X55AAFF00);
//将数55AAFF00写入SSI0的FIFO等待发送，并检查当前的数据个数
```

（10）void SSIDataGet (uint32_t ui32Base, uint32_t* pui32Data)

函数功能：从 FIFO 中读数据

入口参数：ui32Base 为 SSI 模块基地址；pui32Data 为存储数据的指针

返回参数：无

使用举例：

```
    uint32_t pRecieve[10];
    SSIDataGet(SSI0_BASE, pRecieve);//将SSI0的FIFO中的数读入pRecieve指针的位置
```

（11）int32_t SSIDataGetNonBlocking (uint32_t ui32Base, uint32_t* pui32Data)

函数功能：从 FIFO 中读数据

入口参数：ui32Base 为 SSI 模块基地址；pui32Data 为储存数据的指针

返回参数：返回现在 FIFO 的元素个数

使用举例：

```
    uint32_t pRecieve[10];
    int32_t Num;
```

```
    Num = SSIDataPutNonBlocking(SSI0_BASE, pRecieve);
//将SSI0的FIFO中的数读入pRecieve指针的位置，并获取当前FIFO中接收的数据量
```

13.3.4 定时器相关库函数

（1）void TimerEnable(uint32_t ui32Base, uint32_t ui32Timer)

函数功能：使能定时器

入口参数：ui32Base 为定时器模块的基地址；ui32Timer 为指定要使能的定时器

返回参数：无

使用举例：

```
    TimerEnable(TIMER0_BASE, TIMER_A);//使能定时器
```

（2）void TimerDisable(uint32_t ui32Base, uint32_t ui32Timer)

函数功能：禁止定时器

入口参数：ui32Base 为定时器模块的基地址；ui32Timer 为指定要禁止的定时器

返回参数：无

使用举例：

```
    TimerDisable(TIMER0_BASE, TIMER_A);//禁止定时器
```

（3）void TimerConfigure(uint32_t ui32Base, uint32_t ui32Config)

函数功能：配置定时器

入口参数：ui32Base 为定时器模块的基地址；ui32Config 为定时器的配置

返回参数：无

使用举例：

```
    TimerConfigure(TIMER0_BASE, TIMER_CFG_PERIODIC_UP);
//配置定时器0为向上计数的32位周期定时器
```

（4）void TimerControlTrigger(uint32_t ui32Base, uint32_t ui32Timer, bool bEnable)

函数功能：使能或禁止定时器触发 ADC 输出

入口参数：ui32Base 为定时器模块的基地址；ui32Timer 为指定要调整的定时器；bEnable 为指定 ADC 的触发状态

返回参数：无

使用举例：

```
    TimerControlTrigger(TIMER0_BASE, TIMER_A, 1);//使能定时器触发ADC
```

（5）void TimerControlEvent(uint32_t ui32Base, uint32_t ui32Timer, uint32_t ui32Event)

函数功能：控制事件类型，配置捕获模式的信号边沿触发定时器

入口参数：ui32Base 为定时器模块的基地址；ui32Timer 为指定要调整的定时器；ui32Event 为指定事件类型

返回参数：无

使用举例：

```
    TimerControlEvent(TIMER0_BASE, TIMER_A, TIMER_EVENT_POS_EDGE);
//配置定时器捕获上升沿触发
```

（6）void TimerClockSourceSet(uint32_t ui32Base, uint32_t ui32Source)

函数功能：设置指定定时器模块的时钟源

入口参数：ui32Base 为定时器模块的基地址；ui32Source 为时钟源

返回参数：无

使用举例：

```
    TimerClockSourceSet(TIMER0_BASE, TIMER_CLOCK_SYSTEM);
//设置定时器0的时钟源为系统时钟
```

（7）void TimerPrescaleSet(uint32_t ui32Base, uint32_t ui32Timer, uint32_t ui32Value)

函数功能：设置定时器时钟预分频值

入口参数：ui32Base 为定时器模块的基地址；ui32Timer 为指定要调整的定时器；ui32Value 为 16/32 位定时器的预分频值，取值范围为 0～255

返回参数：无

使用举例：

```
    TimerPrescaleSet(TIMER0_BASE, TIMER_A, 255);//设置定时器的预分频值为255
```

（8）void TimerLoadSet(uint32_t ui32Base, uint32_t ui32Timer, uint32_t ui32Value)

函数功能：设置定时器重载值

入口参数：ui32Base 为定时器模块的基地址；ui32Timer 为指定要调整的定时器；ui32Value 为重载值

返回参数：无

使用举例：

```
    TimerLoadSet(TIMER0_BASE, TIMER_A, 65535);//配置定时器Timer0A重载值为65535
```

（9）uint32_t TimerValueGet(uint32_t ui32Base, uint32_t ui32Timer)

函数功能：获取当前定时器计数值

入口参数：ui32Base 为定时器模块的基地址；ui32Timer 为指定要调整的定时器

返回参数：返回当前定时器的值

使用举例：

```
    uint32_t timer0_val;
    timer0_val = TimerValueGet(TIMER0_BASE, TIMER_A);//获取定时器Timer0A的值
```

（10）void TimerIntEnable(uint32_t ui32Base, uint32_t ui32IntFlags)

函数功能：使能单独定时器中断源

入口参数：ui32Base 为定时器模块的基地址；ui32IntFlags 为要使能中断源的位掩码

返回参数：无

使用举例：

```
    TimerIntEnable(TIMER0_BASE, TIMER_TIMA_TIMEOUT);//使能定时器0超时中断
```

（11）void TimerIntDisable(uint32_t ui32Base, uint32_t ui32IntFlags)

函数功能：禁止单独的定时器中断源

入口参数：ui32Base 为定时器模块的基地址；ui32IntFlags 为要使能中断源的位掩码

返回参数：无

使用举例：

```
    TimerIntDisable(TIMER0_BASE, TIMER_TIMA_TIMEOUT);//禁止定时器0超时中断
```

（12）uint32_t TimerIntStatus(uint32_t ui32Base, bool bMasked)

函数功能：获取定时器当前中断状态

入口参数：ui32Base 为定时器模块的基地址；bMasked 为 false，返回原始的中断状态，为 true，返回中断状态掩码

返回参数：定时器当前中断状态

使用举例：

```
    uint32_t timer0_intsta;
    timer0_intsta = TimerIntStatus(TIMER0_BASE, 1);//获取定时器0当前中断状态
```

（13）void TimerIntClear(uint32_t ui32Base, uint32_t ui32IntFlags)

函数功能：清除定时器中断源

入口参数：ui32Base 为定时器模块的基地址；ui32IntFlags 为要清除中断源的位掩码

返回参数：无

使用举例：

```
TimerIntClear(TIMER0_BASE, TIMER_TIMA_TIMEOUT);//清除定时器0超时中断
```

（14）void TimerADCEventSet(uint32_t ui32Base, uint32_t ui32ADCEvent)

函数功能：使能可以导致 ADC 触发事件的事件

入口参数：ui32Base 为定时器模块的基地址；ui32ADCEvent 为可以导致 ADC 触发事件的事件位掩码

返回参数：无

使用举例：

```
TimerADCEventSet(TIMER0_BASE, TIMER_ADC_TIMEOUT_A);//设置定时器超时触发ADC
```

13.3.5 ADC 相关库函数

（1）void ADCIntDisable (uint32_t ui32Base, uint32_t ui32SequenceNum)

函数功能：禁止 ADC 采样序列的中断

入口参数：ui32Base 为 ADC 模块基地址；ui32SequenceNum 为采样序列编号

返回参数：无

使用举例：

```
ADCIntDisable(ADC0_BASE, 1);//禁止ADC0序列1产生中断
```

（2）void ADCIntEnable (uint32_t ui32Base, uint32_t ui32SequenceNum)

函数功能：使能 ADC 采样序列的中断

入口参数：ui32Base 为 ADC 模块基地址；ui32SequenceNum 为采样序列编号

返回参数：无

使用举例：

```
ADCIntEnsable(ADC0_BASE, 1);//使能ADC0序列1产生中断
```

（3）uint32_t ADCIntStatus (uint32_t ui32Base, uint32_t ui32SequenceNum, bool bMasked)

函数功能：获取 ADC 采样序列的中断状态

入口参数：ui32Base 为 ADC 模块基地址；ui32SequenceNum 为采样序列编号；bMasked 为 false，获取原始的中断状态，为 true，获取屏蔽的中断状态

返回参数：当前原始的或屏蔽的中断状态

使用举例：

```
uint32_t  ADC0_1_status;
ADC0_1_status = ADCIntStatus (ADC0_BASE, 1,false);//读取ADC0序列1原始中断状态
```

（4）void ADCIntClear (uint32_t ui32Base, uint32_t ui32SequenceNum)

函数功能：清除 ADC 采样序列的中断状态

入口参数：ui32Base 为 ADC 模块基地址；ui32SequenceNum 为采样序列编号

返回参数：无

使用举例：

```
ADCIntClear(ADC0_BASE, 1);//清除ADC0序列1中断状态
```

（5）void ADCSequenceEnable (uint32_t ui32Base, uint32_t ui32SequenceNum)

函数功能：使能一个 ADC 采样序列

入口参数：ui32Base 为 ADC 模块基地址；ui32SequenceNum 为采样序列编号

返回参数：无

使用举例：

```
    ADCSequenceEnable(ADC0_BASE, 1);//使能ADC0序列1采样
```

（6）void ADCSequenceDisable (uint32_t ui32Base, uint32_t ui32SequenceNum)

函数功能：使能一个 ADC 采样序列

入口参数：ui32Base 为 ADC 模块基地址；ui32SequenceNum 为采样序列编号

返回参数：无

使用举例：

```
    ADCSequenceDisable(ADC0_BASE, 1);//禁止ADC0序列1采样
```

（7）void ADCSequenceConfigure (uint32_t ui32Base, uint32_t ui32SequenceNum, uint32_t ui32Trigger, uint32_t ui32Priority)

入口参数：ui32Base 为 ADC 模块基地址；ui32SequenceNum 为采样序列编号；ui32Trigger 为启动采样序列的触发源；ui32Priority 为相对于其他采样序列的优先级 0、1、2、3

返回参数：无

使用举例：

```
    ADCSequenceConfigure(ADC0_BASE, 1,ADC_TRIGGER_PROCESSOR,3);
//配置ADC0序列1由处理器触发采样，优先级为3
```

（8）void ADCSequenceStepConfigure (uint32_t ui32Base, uint32_t ui32SequenceNum, uint32_t ui32Step, uint32_t ui32Config)

函数功能：配置 ADC 采样序列发生器的步进

入口参数：ui32Base 为 ADC 模块基地址；ui32SequenceNum 为采样序列编号；ui32Step 为步值决定触发器发生时 ADC 捕获样本的顺序；ui32Config 为步进的配置或运算

返回参数：无

使用举例：

```
    ADCSequenceStepConfigure (ADC0_BASE, 1,0,ADC_CTL_CH0| ADC_CTL_END| ADC_CTL_IE);
//配置ADC0序列1步进为0，通道为0，序列终点，并使能中断
```

（9）int32_t ADCSequenceOverflow (uint32_t ui32Base, uint32_t ui32SequenceNum)

函数功能：确定 ADC 采样序列是否发生上溢

入口参数：ui32Base 为 ADC 模块基地址；ui32SequenceNum 为采样序列编号

返回参数：如果不存在溢出，则返回 0；如果存在溢出，则返回 1

使用举例：

```
    uint32_t  IsOverflow;
    IsOverflow = ADCSequenceOverflow(ADC0_BASE, 1);//判断ADC0序列1是否发生上溢
```

（10）void ADCSequenceOverflowClear (uint32_t ui32Base, uint32_t ui32SequenceNum)

函数功能：清除 ADC 采样序列的上溢条件

入口参数：ui32Base 为 ADC 模块基地址；ui32SequenceNum 为采样序列编号

返回参数：无

使用举例：

```
    ADCSequen ceOverflowClear(ADC0_BASE, 1);//清除ADC0序列1上溢条件
```

（11）int32_t ADCSequenceUnderflow (uint32_t ui32Base, uint32_t ui32SequenceNum)

函数功能：确定 ADC 采样序列是否发生下溢

入口参数：ui32Base 为 ADC 模块基地址；ui32SequenceNum 为采样序列编号

返回参数：溢出返回 0，无溢出返回非 0

使用举例：

```
uint32_t  IsUnderflow;
pIsUnderflow = ADCSequenceUnderflow(ADC0_BASE, 1);//判断ADC0序列1是否发生下溢
```

（12）void ADCSequenceUnderflowClear (uint32_t ui32Base, uint32_t ui32SequenceNum)

函数功能：清除 ADC 采样序列的下溢条件

入口参数：ui32Base 为 ADC 模块基地址；ui32SequenceNum 为采样序列编号

返回参数：无

使用举例：

```
ADCSequenceUnderflowClear(ADC0_BASE, 1);//清除ADC0序列1下溢条件
```

（13）int32_t ADCSequenceDataGet(uint32_t ui32Base, uint32_t ui32SequenceNum, uint32_t *pui32Buffer)

函数功能：从 ADC 采样序列里获取捕获到的数据

入口参数：ui32Base 为 ADC 模块基地址；ui32SequenceNum 为采样序列编号；*pui32Buffer 为无符号长整型指针，指向保存数据的缓冲区

返回参数：复制到缓冲区的采样数

使用举例：

```
uint32_t AdcResult;
ADCSequenceDataGet(ADC0_BASE, 1,&AdcResult);//读取ADC0序列0转换结果
```

（14）void ADCProcessorTrigger (uint32_t ui32Base, uint32_t ui32SequenceNum)

函数功能：引起一次处理器触发 ADC 采样

入口参数：ui32Base 为 ADC 模块基地址；ui32SequenceNum 为采样序列编号

返回参数：无

使用举例：

```
ADCProcessorTrigger (ADC0_BASE, 1); //触发ADC0序列1采样转换
```

（15）void ADCSoftwareOversampleConfigure (uint32_t ui32Base, uint32_t ui32SequenceNum, uint32_t ui32Factor)

函数功能：配置 ADC 软件过采样的因数

入口参数：ui32Base 为 ADC 模块基地址；ui32SequenceNum 为采样序列编号；ui32Factor 为采样平均数

返回参数：无

使用举例：

```
ADCSoftwareOversampleConfigure (ADC0_BASE, 1,2);//配置ADC0序列1软件过采样2次
```

（16）void　ADCHardwareOversampleConfigure (uint32_t ui32Base, uint32_t ui32Factor)

函数功能：配置 ADC 硬件过采样

入口参数：ui32Base 为 ADC 模块基地址；ui32Factor 为采样平均数

返回参数：无

使用举例：

```
ADCHardwareOversampleConfigure(ADC0_BASE, 2);//配置ADC0硬件过采样2次
```

（17）void　ADCIntDisableEx (uint32_t ui32Base, uint32_t ui32IntFlags)

函数功能：禁用指定 ADC 中断源

入口参数：ui32Base 为 ADC 模块基地址；ui32IntFlags 为禁用的中断标志位

返回参数：无

使用举例：

```
ADCIntDisableEx(ADC0_BASE, ADC_INT_SS0);//禁用ADC0采样序列0的中断
```

（18）void ADCIntEnableEx (uint32_t ui32Base, uint32_t ui32IntFlags)

函数功能：使能指定 ADC 中断源

入口参数：ui32Base 为 ADC 模块基地址；ui32IntFlags 为启用的中断标志位

返回参数：无

使用举例：

```
ADCIntEnableEx(ADC0_BASE, ADC_INT_SS0);//使能ADC0采样序列0的中断
```

（19）uint32_t ADCIntStatusEx (uint32_t ui32Base, bool bMasked)

函数功能：获取指定 ADC 的中断状态

入口参数：ui32Base 为 ADC 模块基地址；bMasked 为 false，获取原始的中断状态，为 true，获取屏蔽的中断状态

返回参数：当前原始的或屏蔽的中断状态

使用举例：

```
uint32_t  ADC0_IntStatus;
ADC0_IntStatus = ADCIntStatus(ADC0_BASE, FALSE);//读取ADC0中断状态
```

（20）void ADCIntClearEx (uint32_t ui32Base, uint32_t ui32IntFlags)

函数功能：清除指定 ADC 中断源

入口参数：ui32Base 为 ADC 模块基地址；ui32IntFlags 为要清除的中断标志位

返回参数：无

使用举例：

```
ADCIntClearEx(ADC0_BASE, ADC_INT_SS0);//清除ADC0序列0中断状态
```

（21）void ADCReferenceSet (uint32_t ui32Base, uint32_t ui32Ref)

函数功能：选择 ADC 基准源

入口参数：ui32Base 为 ADC 模块基地址；ui32Ref 为所用基准源（内部基准源或外部基准源）

返回参数：无

使用举例：

```
ADCReferenceSet(ADC0_BASE, ADC_REF_INT);//设置ADC0选择内部基准
```

（22）void ADCPhaseDelaySet (uint32_t ui32Base, uint32_t ui32Phase)

函数功能：设置触发和启动序列之间的相位延迟

入口参数：ui32Base 为 ADC 模块基地址；ui32Phase 为相位延迟取值

返回参数：无

使用举例：

```
ADCPhaseDelaySet(ADC0_BASE, ADC_PHASE_90);//设置ADC0相位延迟为90°
```

（23）void ADCSequenceDMAEnable (uint32_t ui32Base, uint32_t ui32SequenceNum)

函数功能：使能 ADC 采样序列 DMA

入口参数：ui32Base 为 ADC 模块基地址；ui32SequenceNum 为采样序列编号

返回参数：无

使用举例：

```
ADCSequenceDMAEnable(ADC0_BASE, 1);/使能ADC0序列1的DMA请求
```

（24）void ADCSequenceDMADisable (uint32_t ui32Base, uint32_t ui32SequenceNum)

函数功能：禁用 ADC 采样序列 DMA

入口参数：ui32Base 为 ADC 模块基地址；ui32SequenceNum 为采样序列编号

返回参数：无

使用举例：

```
ADCSequenceDMADisable(ADC0_BASE, 1);//禁止ADC0序列1的DMA请求
```

（25）void ADCClockConfigSet (uint32_t ui32Base, uint32_t ui32Config, uint32_t ui32ClockDiv)

函数功能：设置 ADC 的时钟

入口参数：ui32Base 为 ADC 模块基地址；ui32Config 为时钟源即分频；ui32ClockDiv 为时钟分频器

返回参数：无

使用举例：

```
ADCClockConfigSet(ADC0_BASE, ADC_CLOCK_SRC_ALTCLK | ADC_CLOCK_ RATE_HALF, 1);//设置ADC0时钟源为ALTCLK、2次采样、时钟分频系数为1
```

13.4　MSP432E401 程序设计实例

13.4.1　GPIO 实例

配置 GPIO，实现用按键控制 LED 亮灭的功能，按键通过中断检测，每检测到一次按键按下则翻转 LED。

（1）硬件设计：LED 电路原理图和按键原理图如图 13.4.1 和图 13.4.2 所示。

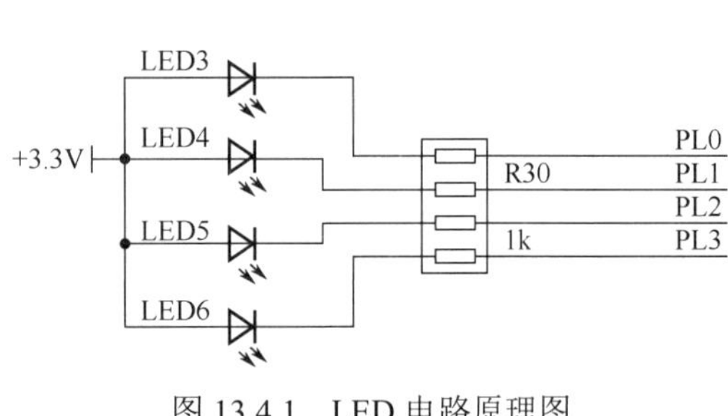

图 13.4.1　LED 电路原理图

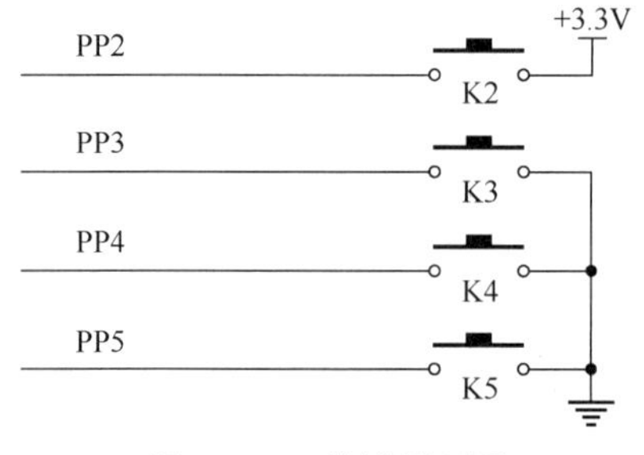

图 13.4.2　按键原理图

（2）软件设计：

```
uint32_t g_ui32SysClock;//系统时钟频率
int main(void)
{
    /*配置系统时钟*/
   g_ui32SysClock =
        SysCtlClockFreqSet(( SYSCTL_XTAL_25MHZ |        //25MHz晶振
                         SYSCTL_OSC_MAIN |              //外部时钟
                         SYSCTL_USE_PLL |               //PLL输出为系统时钟
                         SYSCTL_CFG_VCO_480),           //PLL VCO 输出480MHz
                         120000000);                    //系统主频为120MHz
    /*使能外设 GPIOL*/
    SysCtlPeripheralEnable(SYSCTL_PERIPH_GPIOL);
    /*使能外设 GPIOP*/
    SysCtlPeripheralEnable(SYSCTL_PERIPH_GPIOP);
```

```
        /*PL0配置为输出*/
        GPIOPinTypeGPIOOutput(GPIO_PORTL_BASE, GPIO_PIN_0);
        /*PP5配置为输入*/
        GPIOPinTypeGPIOInput(GPIO_PORTP_BASE, GPIO_PIN_5);
        /*PP5配置上拉电阻*/
        GPIOPadConfigSet(GPIO_PORTP_BASE, PIO_PIN_5,GPIO_STRENGTH_8MA,
GPIO_PIN_TYPE_STD_WPU);
        /*PP5中断类型为下降沿*/
        GPIOIntTypeSet(GPIO_PORTP_BASE, GPIO_PIN_5,GPIO_FALLING_EDGE);
        /*使能PP5中断*/
        GPIOIntEnable(GPIO_PORTP_BASE, GPIO_PIN_5);
        /*使能P5中断*/
        IntEnable(INT_GPIOP5);
        while(1)
        {
            SysCtlSleep();//进入睡眠模式
        }
    }
    //P5中断服务程序
    void GPIOP5_IRQHandler(void)
    {
        uint32_t getIntStatus;
        u32 ii = 0;
        u8 PL0Value;
        /* 读取P5中断状态*/
        getIntStatus = GPIOIntStatus(GPIO_PORTP_BASE, true);
        /*清除P5中断状态*/
        GPIOIntClear(GPIO_PORTP_BASE, getIntStatus);
        /*P5中断处理*/
        if((getIntStatus & GPIO_PIN_5) == GPIO_PIN_5)
        {
            for(ii =0;ii < 1000; ii++);//计数延时
            /*读取P5输入电平*/
            if(GPIOPinRead(GPIO_PORTP_BASE, GPIO_PIN_5) != BIT5)
            {
                /*读取PL0引脚电平*/
                PL0Value = GPIOPinRead(GPIO_PORTL_BASE, GPIO_PIN_0);
                /*对PL0取反，翻转PL0输出电平*/
                GPIOPinWrite(GPIO_PORTL_BASE, GPIO_PIN_0,~PL0Value);
            }
        }
    }
```

13.4.2　液晶显示实例

MSP432E401 的高速 SPI 接口性能优异，本实例使用它与一个 2.2in（1in=25.4mm）TFT 液晶屏通信，用来显示汉字、字符串、变量等。

（1）硬件设计：液晶屏连接原理图如图 13.4.3 所示。

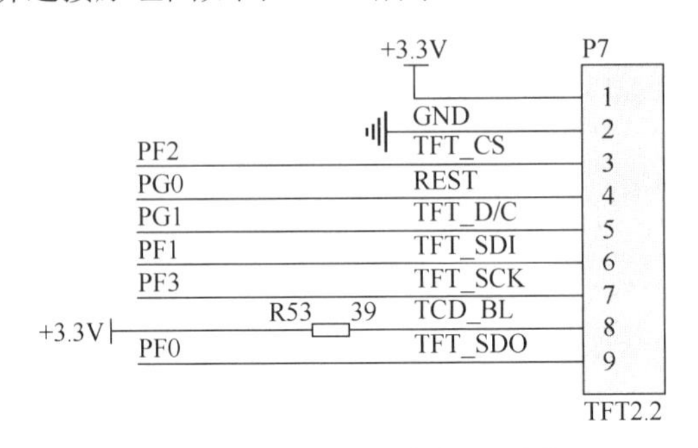

图 13.4.3　液晶屏连接原理图

（2）软件设计：新建 mylcd.c、mylcd.h 和 font.h 这 3 个文件，其中 mylcd.c 是液晶屏底层驱动实现函数，mylcd.h 是一些宏定义和函数声明，font.h 是字库文件，这里不再赘述，读者可查看源码。main.c 文件代码如下。

```
    uint32_t g_ui32SysClock;//系统时钟频率
    u8 tbuf[40];
    int KEYVALUE =0;
    int main(void)
    {
        u32 ii=0;
        /*配置系统时钟*/
        g_ui32SysClock =
            SysCtlClockFreqSet(( SYSCTL_XTAL_25MHZ |          //25MHz晶振
                                SYSCTL_OSC_MAIN |              //外部时钟
                                SYSCTL_USE_PLL |               //PLL输出为系统时钟
                                SYSCTL_CFG_VCO_480),           //PLL VCO 输出480MHz
                                120000000);                    //系统主频为120MHz
        /*使能外设 GPIOL*/
        SysCtlPeripheralEnable(SYSCTL_PERIPH_GPIOL);
        /*使能外设 GPIOP*/
        SysCtlPeripheralEnable(SYSCTL_PERIPH_GPIOP);
        /*PL0配置为输出*/
        GPIOPinTypeGPIOOutput(GPIO_PORTL_BASE, GPIO_PIN_0);
        /*PP5配置为输入*/
        GPIOPinTypeGPIOInput(GPIO_PORTP_BASE, GPIO_PIN_5);
        /*PP5配置上拉电阻*/
        GPIOPadConfigSet(GPIO_PORTP_BASE, GPIO_PIN_5,GPIO_STRENGTH_8MA,
GPIO_PIN_TYPE_STD_WPU);
        /*PP5中断类型为下降沿*/
        GPIOIntTypeSet(GPIO_PORTP_BASE, GPIO_PIN_5,GPIO_FALLING_EDGE);
        /*使能PP5中断*/
        GPIOIntEnable(GPIO_PORTP_BASE, GPIO_PIN_5);
        /*使能P5中断*/
        IntEnable(INT_GPIOP5);
        /*SSI3接口初始化*/
        ssi3_init();
        /*初始化液晶屏*/
        Lcd_Init();
```

```
    LCD_Clear(BLACK);
    for(ii =0;ii<1000000;ii++);
    LCD_Clear(RED);
    for(ii =0;ii<1000000;ii++);
    LCD_Clear(GREEN);
    for(ii =0;ii<1000000;ii++);
    LCD_Clear(WHITE);
    for(ii =0;ii<1000000;ii++);
    BACK_COLOR = WHITE;
    POINT_COLOR = RED;
    LCD_ShowString(10,20,"***********MSP432E401Y***********");
    POINT_COLOR = BLACK;
    LCD_Show_Hanz(10,40,0);//液
    LCD_Show_Hanz(26,40,1);//晶
    LCD_Show_Hanz(42,40,2);//显
    LCD_Show_Hanz(58,40,3);//示
    sprintf((char *)tbuf,"Value:%d",KEYVALUE);
    LCD_ShowString(10,60,tbuf);
    while(1)
    {
        SysCtlSleep();//进入睡眠模式
        sprintf((char *)tbuf,"Value:%d",KEYVALUE);
        LCD_ShowString(10,60,tbuf);
    }
}
//P5中断服务程序
void GPIOP5_IRQHandler(void)
{
    uint32_t getIntStatus;
    u32 ii = 0;
    u8 PL0Value;
    /* 读取P5中断状态*/
    getIntStatus = GPIOIntStatus(GPIO_PORTP_BASE, true);
    /*清除P5中断状态*/
    GPIOIntClear(GPIO_PORTP_BASE, getIntStatus);
    /*P5中断处理*/
    if((getIntStatus & GPIO_PIN_5) == GPIO_PIN_5)
    {
        for(ii =0;ii < 1000; ii++);//计数延时
        /*读取P5输入电平*/
        if(GPIOPinRead(GPIO_PORTP_BASE, GPIO_PIN_5) != BIT5)
        {
            KEYVALUE ++;//修改变量值
            /*读取PL0引脚电平*/
            PL0Value = GPIOPinRead(GPIO_PORTL_BASE, GPIO_PIN_0);
            /*对PL0取反，翻转PL0输出电平*/
            GPIOPinWrite(GPIO_PORTL_BASE, GPIO_PIN_0,~PL0Value);
        }
    }
}
```

13.4.3 UART 通信实例

配置 UART，连接 MSP432 的 UART 接口和计算机，实现 MCU 和计算机异步通信，使用串口调试助手向 MCU 发送数据，MCU 把接收的数据回传到计算机，同时通过按键修改发送的数据，并把相关结果显示在液晶屏上。

（1）硬件设计：

通过 USB 转 TTL 连接串口和计算机，这里用的是 UART0、PQ4-U1RX、PB1-U1TX。

（2）软件设计：

```
uint32_t g_ui32SysClock;//系统时钟频率
u8 tbuf[40];
u8 RxData = 0,TxData = 0;
int main(void)
{
    u32 ii=0;
    /*配置系统时钟*/
    g_ui32SysClock =
        SysCtlClockFreqSet(( SYSCTL_XTAL_25MHZ |          //25MHz晶振
                            SYSCTL_OSC_MAIN |             //外部时钟
                            SYSCTL_USE_PLL |              //PLL输出为系统时钟
                            SYSCTL_CFG_VCO_480),          //PLL VCO 输出480MHz
                            120000000);                   //系统主频为120MHz
    /*使能外设 GPIOL*/
    SysCtlPeripheralEnable(SYSCTL_PERIPH_GPIOL);
    /*使能外设 GPIOP*/
    SysCtlPeripheralEnable(SYSCTL_PERIPH_GPIOP);
    /*使能外设UART1*/
    SysCtlPeripheralEnable(SYSCTL_PERIPH_UART1);
    /*使能外设 GPIOQ*/
    SysCtlPeripheralEnable(SYSCTL_PERIPH_GPIOQ);
    /*使能外设 GPIOB*/
    SysCtlPeripheralEnable(SYSCTL_PERIPH_GPIOB);
    /*PB1配置为U1TX引脚*/
    GPIOPinConfigure(GPIO_PB1_U1TX);
    GPIOPinTypeUART(GPIO_PORTB_BASE, GPIO_PIN_1);
    /*PQ4配置为U1RX引脚*/
    GPIOPinConfigure(GPIO_PQ4_U1RX);
    GPIOPinTypeUART(GPIO_PORTQ_BASE, GPIO_PIN_4);
    /*配置串口UART1
     *系统时钟
     *波特率9600bps
     *数据长度为8位、1个停止位、无奇偶校验
     */
    UARTConfigSetExpClk(UART1_BASE, g_ui32SysClock, 9600,
                        (UART_CONFIG_WLEN_8 | UART_CONFIG_STOP_ONE |
                         UART_CONFIG_PAR_NONE));
    /*禁止使用UART1的FIFO*/
    UARTFIFODisable(UART1_BASE);
```

```
        /*使能串口1接收中断*/
        UARTIntEnable(UART1_BASE, UART_INT_RX);
        /*PL0配置为输出*/
        GPIOPinTypeGPIOOutput(GPIO_PORTL_BASE, GPIO_PIN_0);
        /*PP5配置为输入*/
        GPIOPinTypeGPIOInput(GPIO_PORTP_BASE, GPIO_PIN_5);
        /*PP5配置上拉电阻*/
        GPIOPadConfigSet(GPIO_PORTP_BASE, GPIO_PIN_5,GPIO_STRENGTH_8MA,
GPIO_PIN_TYPE_STD_WPU);
        /*PP5中断类型为下降沿*/
        GPIOIntTypeSet(GPIO_PORTP_BASE, GPIO_PIN_5,GPIO_FALLING_EDGE);
        /*使能PP5中断*/
        GPIOIntEnable(GPIO_PORTP_BASE, GPIO_PIN_5);
        /*使能P5中断*/
        IntEnable(INT_GPIOP5);
        /*使能串口1中断*/
        IntEnable(INT_UART1);
        /*SSI3接口初始化*/
        ssi3_init();
        /*初始化液晶屏*/
        Lcd_Init();
        LCD_Clear(BLACK);
        for(ii =0;ii<1000000;ii++);
        LCD_Clear(RED);
        for(ii =0;ii<1000000;ii++);
        LCD_Clear(GREEN);
        for(ii =0;ii<1000000;ii++);
        LCD_Clear(WHITE);
        for(ii =0;ii<1000000;ii++);
        BACK_COLOR = WHITE;
        POINT_COLOR = RED;
        LCD_ShowString(10,20,"***********MSP432E401***********");
        POINT_COLOR = BLACK;
        LCD_ShowString(10,40,"UART");
        LCD_Show_Hanz(42,40,0);//通
        LCD_Show_Hanz(58,40,1);//信
        LCD_Show_Hanz(74,40,2);//实
        LCD_Show_Hanz(90,40,3);//验
        LCD_Show_Hanz(10,60,4);//接
        LCD_Show_Hanz(26,60,5);//收
        sprintf((char *)tbuf,":0x%0.2x",RxData);
        LCD_ShowString(42,60,tbuf); //显示接收到的数据
        LCD_Show_Hanz(10,80,6);//发
        LCD_Show_Hanz(26,80,7);//送
        sprintf((char *)tbuf,":0x%0.2x",TxData);
        LCD_ShowString(42,80,tbuf); //显示发送的数据
        while(1)
        {
           SysCtlSleep();//进入睡眠模式
```

```
        sprintf((char *)tbuf,":0x%0.2x",RxData);
        LCD_ShowString(42,60,tbuf); //显示接收的数据
        sprintf((char *)tbuf,":0x%0.2x",TxData);
      LCD_ShowString(42,80,tbuf); //显示发送的数据
    }
}
//P5中断服务程序
void GPIOP5_IRQHandler(void)
{
    uint32_t getIntStatus;
    u32 ii = 0;
    u8 PL0Value;
    /*读取P5中断状态*/
    getIntStatus = GPIOIntStatus(GPIO_PORTP_BASE, true);
    /*清除P5中断状态*/
    GPIOIntClear(GPIO_PORTP_BASE, getIntStatus);
    /*P5中断处理*/
    if((getIntStatus & GPIO_PIN_5) == GPIO_PIN_5)
    {
        for(ii =0;ii < 1000; ii++);//计数延时
        /*读取P5输入电平*/
        if(GPIOPinRead(GPIO_PORTP_BASE, GPIO_PIN_5) != BIT5)
        {
            TxData ++;//递增发送的数据
            /*通过UART1发送数据*/
            UARTCharPut(UART1_BASE,TxData);
            /*读取PL0引脚电平*/
            PL0Value = GPIOPinRead(GPIO_PORTL_BASE, GPIO_PIN_0);
            /*对PL0取反，翻转PL0输出电平*/
            GPIOPinWrite(GPIO_PORTL_BASE, GPIO_PIN_0,~PL0Value);
        }
    }
}
//UART1中断服务程序
void UART1_IRQHandler(void)
{
    uint32_t ui32Status;
    /*读取UART1当前中断状态*/
    ui32Status = UARTIntStatus(UART1_BASE, true);
    /*清除UART1中断标志*/
    UARTIntClear(UART1_BASE, ui32Status);
    while(UARTCharsAvail(UART1_BASE))
    {
        /*读取UART1收到的数据*/
        RxData = UARTCharGet(UART1_BASE);
        TxData = RxData;
        /*把接收到的数据通过UART1发送出去*/
        UARTCharPut(UART1_BASE,TxData);
    }
}
```

13.4.4　定时器实例

配置定时器，产生间隔定时，在定时中断里翻转 LED，同时通过按键修改定时间隔，可观察到 LED 闪烁快慢发生了变化。

软件设计：

```
    uint32_t g_ui32SysClock;//系统时钟频率
    u8 tbuf[40];
    int main(void)
    {
        u32 ii=0;
        /*配置系统时钟*/
        g_ui32SysClock =
            SysCtlClockFreqSet(( SYSCTL_XTAL_25MHZ |        //25MHz晶振
                        SYSCTL_OSC_MAIN |                   //外部时钟
                        SYSCTL_USE_PLL |                    //PLL输出为系统时钟
                        SYSCTL_CFG_VCO_480),                //PLL VCO 输出480MHz
                        120000000);                         //系统主频为120MHz
        /*使能外设 GPIOL*/
        SysCtlPeripheralEnable(SYSCTL_PERIPH_GPIOL);
        /*使能外设 GPIOP*/
        SysCtlPeripheralEnable(SYSCTL_PERIPH_GPIOP);
        /*使能外设定时器 Timer0*/
        SysCtlPeripheralEnable(SYSCTL_PERIPH_TIMER0);
        /*配置定时器Timer0为间隔定时*/
        TimerConfigure(TIMER0_BASE, TIMER_CFG_PERIODIC);
        /*设置定时器Timer0A装载值为 g_ui32SysClock/2 ,即0.5s*/
        TimerLoadSet(TIMER0_BASE, TIMER_A, g_ui32SysClock/2);
        /*PL0配置为输出*/
        GPIOPinTypeGPIOOutput(GPIO_PORTL_BASE, GPIO_PIN_0);
        /*PP5配置为输入*/
        GPIOPinTypeGPIOInput(GPIO_PORTP_BASE, GPIO_PIN_5);
        /*PP5配置上拉电阻*/
        GPIOPadConfigSet(GPIO_PORTP_BASE, GPIO_PIN_5,GPIO_STRENGTH_8MA,
GPIO_PIN_TYPE_STD_WPU);
        /*PP5中断类型为下降沿*/
        GPIOIntTypeSet(GPIO_PORTP_BASE, GPIO_PIN_5,GPIO_FALLING_EDGE);
        /*使能PP5中断*/
        GPIOIntEnable(GPIO_PORTP_BASE, GPIO_PIN_5);
        /*使能P5中断*/
        IntEnable(INT_GPIOP5);
        /*使能定时器Timer0A溢出中断*/
        TimerIntEnable(TIMER0_BASE, TIMER_TIMA_TIMEOUT);
        /*使能定时器Timer0A中断*/
        IntEnable(INT_TIMER0A);
        /*使能定时器Timer0A*/
        TimerEnable(TIMER0_BASE, TIMER_A);
        /*SSI3接口初始化*/
```

```
    ssi3_init();
    /*初始化液晶屏*/
    Lcd_Init();
    LCD_Clear(BLACK);
    for(ii =0;ii<1000000;ii++);
    LCD_Clear(RED);
    for(ii =0;ii<1000000;ii++);
    LCD_Clear(GREEN);
    for(ii =0;ii<1000000;ii++);
    LCD_Clear(WHITE);
    for(ii =0;ii<1000000;ii++);
    BACK_COLOR = WHITE;
    POINT_COLOR = RED;
    LCD_ShowString(10,20,"**********MSP432E401Y**********");
    POINT_COLOR = BLACK;
    LCD_Show_Hanz(10,40,0);//定
    LCD_Show_Hanz(26,40,1);//时
    LCD_Show_Hanz(42,40,2);//器
    LCD_Show_Hanz(58,40,3);//实
    LCD_Show_Hanz(74,40,4);//验
    LCD_Show_Hanz(10,60,5);//定
    LCD_Show_Hanz(26,60,6);//时
    LCD_Show_Hanz(42,60,7);//间
    LCD_Show_Hanz(58,60,8);//隔
    sprintf((char *)tbuf,":0.5s");
    LCD_ShowString(74,60,tbuf);
    while(1)
    {
        SysCtlSleep();//进入睡眠模式
    }
}
//P5中断服务程序
void GPIOP5_IRQHandler(void)
{
    uint32_t getIntStatus;
    u32 ii = 0;
    static u8 Flag =0;
    /* 读取P5中断状态*/
    getIntStatus = GPIOIntStatus(GPIO_PORTP_BASE, true);
    /*清除P5中断状态*/
    GPIOIntClear(GPIO_PORTP_BASE, getIntStatus);
    /*P5中断处理*/
    if((getIntStatus & GPIO_PIN_5) == GPIO_PIN_5)
    {
        for(ii =0;ii < 1000; ii++);//计数延时
        /*读取P5输入电平*/
        if(GPIOPinRead(GPIO_PORTP_BASE, GPIO_PIN_5) != BIT5)
        {
            if(Flag == 0)
```

```
            {
                Flag = 1;
                /*设置定时器Timer0A装载值为 g_ui32SysClock ,即1s*/
                TimerLoadSet(TIMER0_BASE, TIMER_A, g_ui32SysClock);
                sprintf((char *)tbuf,":1.0s");
                LCD_ShowString(74,60,tbuf);
            }
            else
            {
                Flag =0;
                /*设置定时器Timer0A装载值为 g_ui32SysClock/2 ,即0.5s*/
                TimerLoadSet(TIMER0_BASE, TIMER_A, g_ui32SysClock/2);
                sprintf((char *)tbuf,":0.5s");
                LCD_ShowString(74,60,tbuf);
            }
        }
    }
}
//定时器Timer0A中断服务程序
void TIMER0A_IRQHandler(void)
{
    u8 PL0Value;
    /*清除定时器Timer0A溢出中断标志*/
    TimerIntClear(TIMER0_BASE, TIMER_TIMA_TIMEOUT);
    /*读取PL0引脚电平*/
    PL0Value = GPIOPinRead(GPIO_PORTL_BASE, GPIO_PIN_0);
    /*对PL0取反，翻转PL0输出电平*/
    GPIOPinWrite(GPIO_PORTL_BASE, GPIO_PIN_0,~PL0Value);
}
```

13.4.5　ADC 实例

ADC 的引脚连接某一电位器的分压，配置 ADC，采集对应引脚上的电压，按键按下一次触发一次采样，把转换结果显示在液晶屏上，调节电位器，观察转换结果发生的变化。

（1）硬件设计：电位器连接原理图如图 13.4.4 所示。

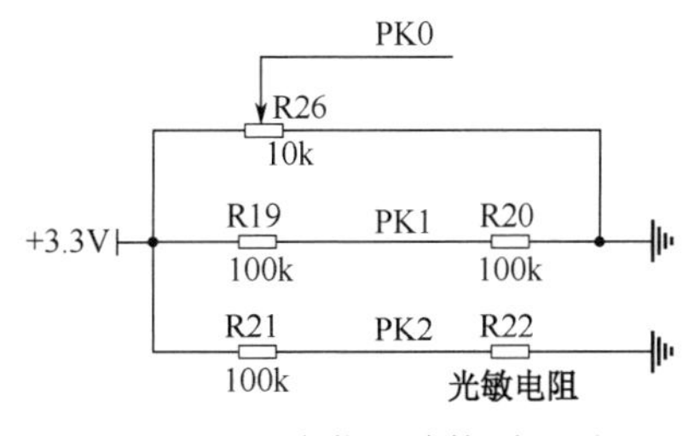

图 13.4.4　电位器连接原理图

（2）软件设计：

```
uint32_t g_ui32SysClock; //系统时钟频率
u8 tbuf[40];
uint32_t AdcResult =0;    //转换结果
```

```
    float AdcVoltage =0;//电压
    int main(void)
    {
        u32 ii=0;
        /*配置系统时钟*/
        g_ui32SysClock =
            SysCtlClockFreqSet(( SYSCTL_XTAL_25MHZ |         //25MHz晶振
                                SYSCTL_OSC_MAIN |            //外部时钟
                                SYSCTL_USE_PLL |             //PLL输出为系统时钟
                                SYSCTL_CFG_VCO_480),         //PLL VCO 输出480MHz
                                120000000);                  //系统主频为120MHz
        /*使能外设 GPIOL*/
        SysCtlPeripheralEnable(SYSCTL_PERIPH_GPIOL);
        /*使能外设 GPIOP*/
        SysCtlPeripheralEnable(SYSCTL_PERIPH_GPIOP);
        /*使能外设 GPIOK*/
        SysCtlPeripheralEnable(SYSCTL_PERIPH_GPIOK);
        /*PK0设置为ADC输入引脚*/
        GPIOPinTypeADC(GPIO_PORTK_BASE, GPIO_PIN_0);
        /*使能外设ADC0*/
        SysCtlPeripheralEnable(SYSCTL_PERIPH_ADC0);
        /*配置ADC0序列3采样16通道*/
        ADCSequenceStepConfigure(ADC0_BASE, 3, 0, ADC_CTL_CH16 | ADC_CTL_IE |
                                 ADC_CTL_END);
        /*配置ADC0序列3软件触发采样*/
        ADCSequenceConfigure(ADC0_BASE, 3, ADC_TRIGGER_PROCESSOR, 0);
        /*使能ADC0序列3*/
        ADCSequenceEnable(ADC0_BASE, 3);
        /*清除ADC0序列3中断标志*/
        ADCIntClear(ADC0_BASE, 3);
        /*PL0配置为输出*/
        GPIOPinTypeGPIOOutput(GPIO_PORTL_BASE, GPIO_PIN_0);
        /*PP5配置为输入*/
        GPIOPinTypeGPIOInput(GPIO_PORTP_BASE, GPIO_PIN_5);
        /*PP5配置上拉电阻*/
        GPIOPadConfigSet(GPIO_PORTP_BASE, GPIO_PIN_5,GPIO_STRENGTH_8MA,
GPIO_PIN_TYPE_STD_WPU);
        /*PP5中断类型为下降沿*/
        GPIOIntTypeSet(GPIO_PORTP_BASE, GPIO_PIN_5,GPIO_FALLING_EDGE);
        /*使能PP5中断*/
        GPIOIntEnable(GPIO_PORTP_BASE, GPIO_PIN_5);
        /*使能P5中断*/
        IntEnable(INT_GPIOP5);
        /*SSI3接口初始化*/
        ssi3_init();
        /*初始化液晶屏*/
        Lcd_Init();
        LCD_Clear(BLACK);
        for(ii =0;ii<1000000;ii++);
```

```
    LCD_Clear(RED);
    for(ii =0;ii<1000000;ii++);
    LCD_Clear(GREEN);
    for(ii =0;ii<1000000;ii++);
    LCD_Clear(WHITE);
    for(ii =0;ii<1000000;ii++);
    BACK_COLOR = WHITE;
    POINT_COLOR = RED;
    LCD_ShowString(10,20,"***********MSP432E401***********");
    POINT_COLOR = BLACK;
    LCD_ShowString(10,40,"ADC");
    LCD_Show_Hanz(34,40,0);//实
    LCD_Show_Hanz(50,40,1);//验
    LCD_Show_Hanz(10,60,2);//转
    LCD_Show_Hanz(26,60,3);//换
    LCD_Show_Hanz(42,60,4);//结
    LCD_Show_Hanz(58,60,5);//果
    sprintf((char *)tbuf,":%4d  ",AdcResult);
    LCD_ShowString(74,60,tbuf); //显示转换结果
    LCD_Show_Hanz(10,80,6);//电
    LCD_Show_Hanz(26,80,7);//压
    sprintf((char *)tbuf,":%4.2fV  ",AdcVoltage);
    LCD_ShowString(42,80,tbuf); //显示电压
    while(1)
    {
        SysCtlSleep();//进入睡眠模式
        /*触发ADC0序列3采样转换*/
        ADCProcessorTrigger(ADC0_BASE, 3);
        /*等待ADC0序列3转换完成*/
        while(!ADCIntStatus(ADC0_BASE, 3, false));
        /*清除ADC0序列3中断标志*/
        ADCIntClear(ADC0_BASE, 3);
        /*读取ADC0序列3转换结果*/
        ADCSequenceDataGet(ADC0_BASE, 3, &AdcResult);
        /*把转换结果转换为电压表示*/
        AdcVoltage = (float)AdcResult * 3.3f/ 4096;
        sprintf((char *)tbuf,":%4d  ",AdcResult);
        LCD_ShowString(74,60,tbuf); //显示转换结果
        LCD_Show_Hanz(10,80,6);//电
        LCD_Show_Hanz(26,80,7);//压
        sprintf((char *)tbuf,":%4.2fV  ",AdcVoltage);
        LCD_ShowString(42,80,tbuf); //显示电压
  }
}
//P5中断服务程序
void GPIOP5_IRQHandler(void)
{
    uint32_t getIntStatus;
    u32 ii = 0;
```

```
    u8 PL0Value;
    static u8 Flag =0;
    /* 读取P5中断状态*/
    getIntStatus = GPIOIntStatus(GPIO_PORTP_BASE, true);
    /*清除P5中断状态*/
    GPIOIntClear(GPIO_PORTP_BASE, getIntStatus);
    /*P5中断处理*/
    if((getIntStatus & GPIO_PIN_5) == GPIO_PIN_5)
    {
        for(ii =0;ii < 1000; ii++);//计数延时
        /*读取P5输入电平*/
        if(GPIOPinRead(GPIO_PORTP_BASE, GPIO_PIN_5) != BIT5)
        {
            /*读取PL0引脚电平*/
            PL0Value = GPIOPinRead(GPIO_PORTL_BASE, GPIO_PIN_0);
            /*对PL0取反，翻转PL0输出电平*/
            GPIOPinWrite(GPIO_PORTL_BASE, GPIO_PIN_0,~PL0Value);
        }
    }
}
```

13.5　小结与思考

本章介绍 MSP432 另一个系列 MSP432Exx。相比于 MSP432Pxx 系列，MSP432Exx 系列在性能上进一步提高，其主频可以达到 120MHz，同时外设也更加多样，除了基本的定时器、串口、ADC 等，还片上集成了以太网接口、USB 接口、CAN 总线及外部存储器接口，这样能省去外围电路，为开发带来便捷。MSP432Exx 系列的软件开发和 MSP432Pxx 系列虽然不兼容，但有类似之处，在学习中要触类旁通，本章只是对部分常用功能进行了介绍，对于 MSP432Exx 系列其他功能的使用，需要读者查阅 TI 官方相关文档以及参考本书前面章节的内容。

习题与思考

13-1　画出 MSP432E401 的功能框图，指出各部分的功能。

13-2　MSP432E401 的 GPIO 端口有哪些复用功能？如何复用？

13-3　UART 初始化有哪些步骤？具体怎么实现？

13-4　如何配置 MSP432E401 的 SSI 接口？

13-5　如何使用 MSP432E401 的定时器实现间隔中断？

13-6　MSP432E401 的 ADC 如何使用？

第 14 章 简易电路特性测试仪 ——2019 年全国大学生电子设计竞赛最高奖（TI 杯）

14.1 赛题要求

简易电路特性测试仪（D 题）

一、任务

设计并制作一个简易电路特性测试仪。用来测量特定放大器电路的特性，进而判断该放大器由于元器件变化而引起故障或变化的原因。该测试仪仅有一个输入端口和一个输出端口，与特定放大器电路连接，如图 14.1.1 所示。

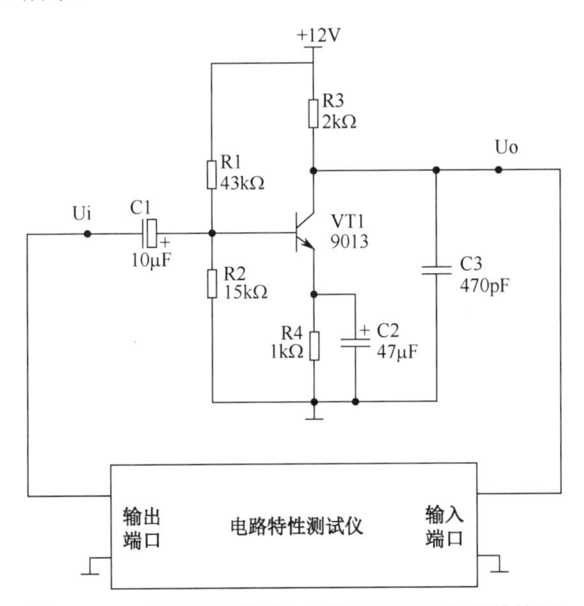

图 14.1.1 电路特性测试仪与特定放大器电路连接图

制作图 14.1.1 中被测放大器电路，该电路板上的元器件按电路图布局，保留元器件引脚，尽量采用可靠的插接方式接入电路，确保每个元器件可以容易替换。电路中采用的电阻相对误差的绝对值不超过 5%，电容相对误差的绝对值不超过 20%。晶体管型号为 9013，其 β 值在 60～300 之间。电路特性测试仪的输出端口接放大器的输入端口 Ui，电路特性测试仪的输入端口接放大器的输出端口 Uo。

二、要求

1．基本要求

（1）电路特性测试仪输出 1kHz 正弦波信号，自动测量并显示该放大器的输入电阻。输入电阻测量范围为 1～50kΩ，相对误差的绝对值不超过 10%。

（2）电路特性测试仪输出 1kHz 正弦波信号，自动测量并显示该放大器的输出电阻。输出电阻测量范围为 500Ω～5kΩ，相对误差的绝对值不超过 10%。

（3）自动测量并显示该放大器在输入 1kHz 频率时的增益。相对误差的绝对值不超过 10%。

（4）自动测量并显示该放大器的频幅特性曲线。显示上限频率值，相对误差的绝对值不超过 25%。

2．发挥部分

（1）该电路特性测试仪能判断放大器电路元器件变化而引起故障或变化的原因。任意开路或短路 R1～R4 中的一个电阻，电路特性测试仪能够判断并显示故障原因。

（2）任意开路 C1～C3 中的一个电容，电路特性测试仪能够判断并显示故障原因。

（3）任意增大 C1～C3 中的一个电容的容量，使其达到原来值的两倍。电路特性测试仪能够判断并显示该变化的原因。

（4）在判断准确的前提下，提高判断速度，每项判断时间不超过 2s。

（5）其他。

三、说明

（1）不得采用成品仪器搭建电路特性测试仪。电路特性测试仪输入端口、输出端口必须有明确标识，不得增加除此之外的输入端口、输出端口。

（2）在测试发挥部分（1）～（4）的过程中，电路特性测试仪能全程自动完成，中途不得人工介入设置该测试仪。

14.2 方案比较与选择

本系统主要由单片机模块、显示模块、DDS 模块、放大器模块、检波模块、电阻衰减网络和跟随器模块等组成。单片机模块作为整个系统的核心处理器，控制 DDS 产生激励信号，使用跟随器进行输入/输出的阻抗变换，提高带负载能力。跟随器输出后连接采样电阻，将采样电阻两端信号经过放大器进行放大，然后使用单片机 ADC 采集信号。采样电阻后连接待测放大器输入端口，放大电路输出端口连接 MOS 开关电路，使用单片机控制 MOS 开关电路控制是否接入负载。随后信号经过电阻网络衰减，衰减后的信号经过跟随器驱动单片机 ADC 进行采样。同时另一路信号经过跟随器隔离后输入到检波器进行检波。检波器输出端口经过单片机 ADC 采集。该方案一共需要单片机采集 4 路模拟信号，经过单片机分析计算后，可以分别求出单管放大器的输入阻抗、输出阻抗、交流特性和直流特性，根据这些特性和特定的算法即可判断出电路中电阻和电容的通断、短路及电容加倍的情况。

系统结构框图如图 14.2.1 所示。

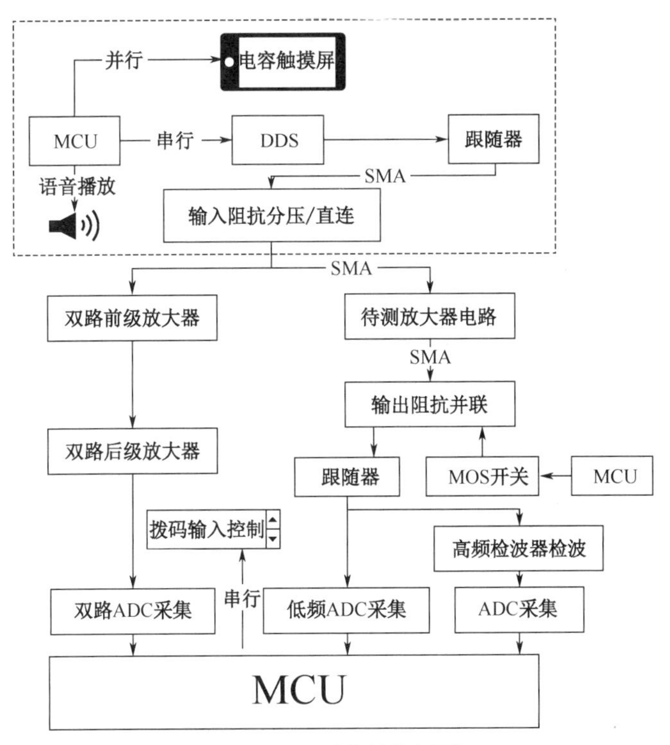

图 14.2.1　系统结构框图

对系统中主要部分的方案进行如下讨论和选择。

1．单片机模块的论证与选择

方案一：选择传统 MCS-51 系列单片机作为主控芯片。MCS-51 系列单片机体系成熟、资料丰富，但是调试较困难，且时钟频率较低，无法满足较大规模的运算功能。

方案二：选择 MSP430F5529 作为主控芯片。MSP430F5529 具备非常成熟的在线调试系统和硬件模块，其主时钟频率可达到 25MHz。但是经过调试发现，MSP4305529 在控制 DDS 点频和 ADC 采样处理过程中会出现 CPU 处理能力饱和的现象，对于 FFT 等运算使用压力较大。

方案三：选择 MSP432E401Y 作为主控芯片。总线频率可以达到 120MHz 及以上，处理能力较强，反应速度快，2 个基于 12 位 SAR 的 ADC 模块，每个模块支持高达 200 万次/秒的采样率（2Msps），具备高效率的 FFT 运算库，完全可以满足本题目要求的分析和运算。

综合以上三种方案，选择方案三。

2．信号发生器模块的论证与选择

方案一：使用单片机外接 DA8571 输出。DAC8571 是德州仪器推出的 16 位高精度 DAC，其通信协议简洁，可以使用速率高达 3.4MHz 的 IIC 接口进行通信。但题目中要求的幅频特性需要较高的扫频，经测试 DAC 至少要产生 300kHz 的正弦信号，综合以上分析，DAC8571 无法满足要求。

方案二：使用直接数字式频率合成器（DDS）产生正弦信号。直接数字合成技术的集成芯片能够产生高达数百兆的正弦信号，且频率分辨率可以小于 0.1Hz，输出电压幅值分辨率可达 14 位，经过高阶滤波器后可产生失真度较低的正弦信号。通过单片机控制 DDS 产生信号，可以满足测试系统的扫频需求。

综合以上两种方案，选择方案二。

3．信号调理电路的论证与选择

方案一：使用压控放大器对输入信号进行放大和衰减。VCA810 压控放大器增益为 35MHz，可以实现±40dB 的增益，完全满足题目的要求。但是由于经过放大器后的输出信号非常小，放大器输出端口易受噪声干扰，此外 VCA810 还需加入一路电压控制，硬件成本较高。

方案二：使用 DDS 直接控制信号幅值，使用运算放大器作为跟随器实现驱动能力增强，要求使用的运算放大器具有较高的带宽增益与电流输出能力，从而用作跟随器可以提高驱动能力，降低噪声影响，且符合系统的频率要求。

综合以上两种方案，选择方案二。

4. 信号处理方案论证与选择

方案一：直接检测 ADC 采样检波。软件通过阈值方式获得信号的最大值和最小值，从而求得正弦信号的峰峰值，实现增益的测量。该测量方法硬件成本低，但运算量比较大，测量精度较低。

方案二：使用专用检波器集成芯片，将正弦信号幅值变为直流电平，然后使用 ADC 采集，获得信号的幅值。该测量方法软件成本低，但检波器芯片精度较低，适用于对高频信号的处理，对于低频信号来说频率特性较难保证。

方案三：对 ADC 采样值进行傅里叶变换，在频域里寻找 1kHz 信号对应的峰值。该方法硬件成本低，但对处理器的性能有较高要求，对低频信号的分析精度很高。可使用 ARM 的运算库实现快速傅里叶变换，从而解析出该频点对应的电压峰值的大小，实现电压峰值信号的测量。

综合以上三种方案，选择方案二与方案三结合使用。

14.3 理论分析与计算

1. 输入/输出阻抗分析计算

题目中的三极管放大电路为共射极放大电路，其电路如图 14.3.1（同图 14.1.1）所示。其等效电路如图 14.3.2 所示，其输入电阻几乎不受负载的影响，主要取决于 R_1、R_2 和 r_{be}。其中，R_1 和 R_2 的值为 43kΩ 和 15kΩ，电路正常工作时，r_{be} 的值在千欧数量级。输入电阻约为三者电阻的并联值。

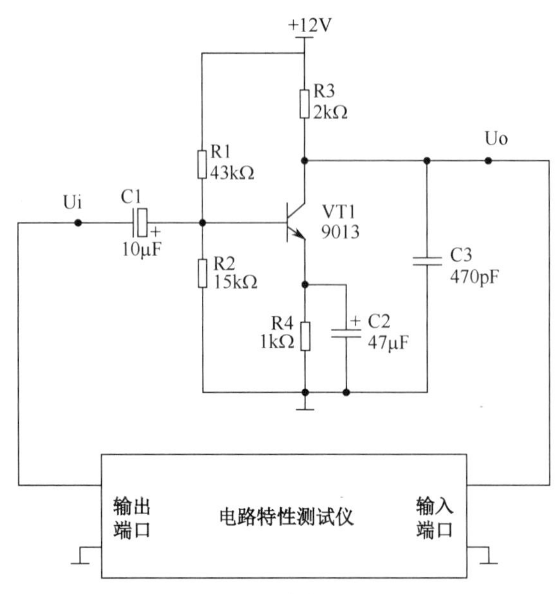

图 14.3.1 共射极放大电路

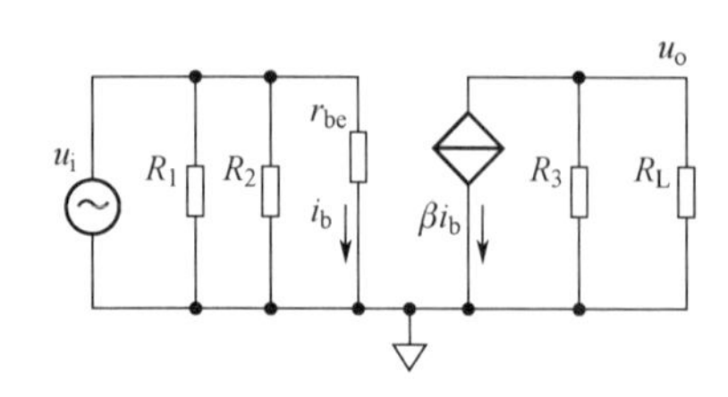

图 14.3.2 共射极放大电路等效电路

电阻等效测量电路如图 14.3.3 所示，u_s 信号源产生正弦波信号。T_1、T_2 为两个测试点，虚线框内是待测放大电路，R 和 R_L 是采样电阻。对放大电路供电后，测量 T_1、T_2 两个测试点电压，R 一般需要接近实际输入电阻才会得到最高的测量精度。经测试，该三极管放大电路的输入电阻为 2kΩ 左右，根据题目要求的 1～50kΩ 的测量精度，最终选取采样电阻为 7.5kΩ，以保证最大的测量范围，并且精度依然可以满足要求。

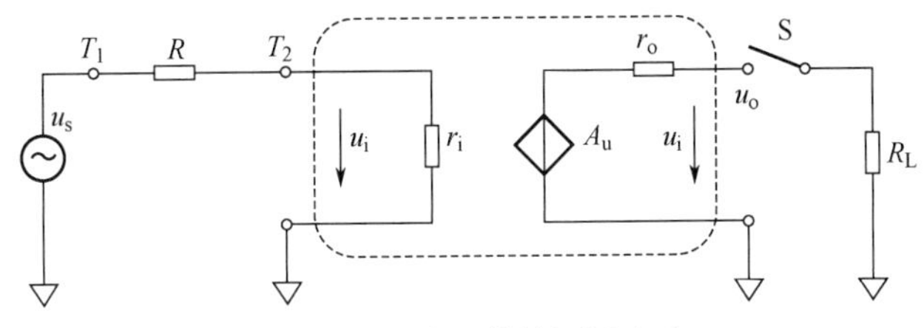

图 14.3.3　电阻等效测量电路

U_1、U_2 分别为 T_1、T_2 两点测得的电压值，R 为采样电阻的阻值（7.5kΩ）。在实际测试过程中，可以通过测量 T_1、T_2 两点的电压，以及已知采样电阻值，求出放大电路的输入阻抗。通过基尔霍夫定律可以简单计算得到：

$$r_i = \frac{U_2}{U_1 - U_2} R \tag{14.3.1}$$

输出电阻测量电路如图 14.3.4 所示，r_o 为输出电阻。r_o 可通过电路接入负载与不接入负载时，放大器的输出电压峰峰值与负载电阻阻值的关系求得。设接入负载时，电压为 U_{on}，不接入负载时电压为 U_{off}。已知负载电阻值为 R_L，根据基尔霍夫定律可以得到：

$$r_o = \frac{U_{off} - U_{on}}{U_{on}} R_L \tag{14.3.2}$$

按照题目要求，输出电阻测量范围是 500Ω～5kΩ，为了保证测量的精度，选择 R_L 的值为 1.6Ω。

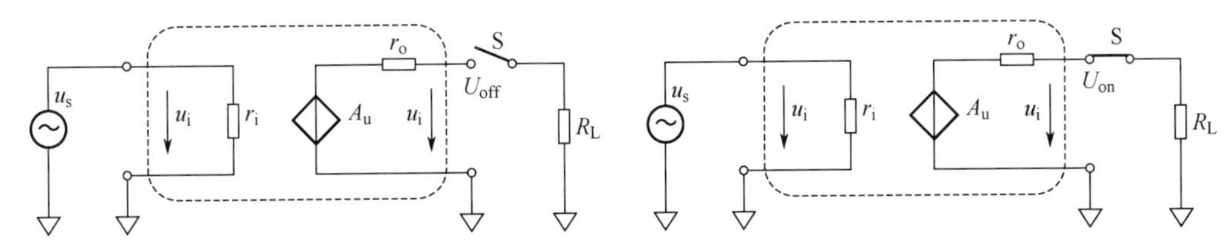

图 14.3.4　输出电阻测量电路

2．增益和幅频特性分析计算

三极管放大电路的增益等于输入信号的峰峰值与输出信号的峰峰值的比值。因为测量过程在 1kHz 的激励信号下进行，所以通过 ADC 采样和 FFT 变换即可实现增益的高精度测量。电压增益的单位换算关系为：

$$\text{dB} = 20\log\frac{V_{in}}{V_{out}} \tag{14.3.3}$$

进行幅频特性测量时，由于需要扫频至高频，而 ADC 的采样频率有限，频率较高会导致直接采样结果失真，使用 ADC 直接采样得到的数据不稳定，所以通过检波器进行幅值检测。根据检波器输出电压幅值与输入的信号功率增益（单位是 dBm）是线性关系，其中：

$$\text{dBm}=10\log\left(\frac{W_a}{1mW}\right) \tag{14.3.4}$$

而功率与信号的有效值和波形系数有关，正弦信号的有效值与峰峰值之间是线性关系，故可采用这些换算关系实现幅频特性的测试。

3. 故障测试分析计算

故障测试分析通过电路仿真得到，为方便设计与汇总，电路原理图元件编号与题目一致。经过电路仿真，得到仿真结果参数，如表 14.3.1 所示（输入信号为 20mVpp，频率为 1kHz 的正弦信号，放大器供电电压为 12V）。

表 14.3.1　仿真结果参数

故障情况	V_{out}(DC)	V_{out}(AC)	输入电阻（kΩ）
正常情况	7.35V	5.99Vpp	2 098.21
R1 断路	12V	0	14952.28
R2 断路	4.16V	287mVpp	124.56
R3 断路	204mV	0	194.483
R4 断路	12V	0	111102.36
R1 短路	10.6V	0	15.67
R2 短路	12V	0	15.67
R3 短路	12V	0	2234.55
R4 短路	53.6mV	97mVpp	104.44
C1 断路	7.35V	0	—
C2 断路	7.35V	78.2mVpp	10522.39
C3 断路	7.35V	6.02Vpp	2098.21
C1 加倍	7.35V	6.02Vpp	2098.21
C2 加倍	7.35V	6.18Vpp	2046.44
C3 加倍	7.35V	5.97Vpp	2098.21

通过分析放大器的直流偏置电路和交流微变等效电路可以得到如下结果。

当三极管放大器的偏置电阻、反馈电阻发生故障时，会导致电路的输入阻抗、输出直流电平发生变化，通过这些变化可判断出电路中电阻的故障原因。

电容的作用主要是影响交流信号的传输特性。

C1 的作用是隔直通交，耦合交流信号，当 C1 断路时，三极管失去输入信号，从而输出直流电平，且输入阻抗改变。当 C1 加倍时，输入信号与输出信号的相位差发生改变，且频率越低，这种相位滞后现象越明显。

C2 的作用是形成放大器的交流通路，提供反馈。当 C2 断路时，电路的交流通路发生改变，输入阻抗和输出交流信号的幅值也发生变化。当 C2 加倍时，输入阻抗和电容输出信号幅值发生变化。

C3 主要影响高频信号，即其容值越大，对高频信号的吸收能力越强，则三极管放大器的幅频特性曲线下降越快，C3 断路时，高频信号的幅值会提高，而 C3 加倍则会导致高频信号的放大倍数降低，系统频带变窄。

通过上述仿真值和理论分析，可以得到以下检测思路。

电阻的断路和短路会导致输入电阻和输出的直流电平变化，输出峰值电压与放大电路中电容的通断有关。电容断路会导致其对交流信号的导通作用减小，从而影响输出电压。C1 断路会直接导致输入阻抗趋近于无穷大，C1 加倍会导致低频信号相位滞后的增加。C2 断路或加倍会导致交流阻抗的变化，从而反映到测量的输入阻抗上。C3 断路会导致高频放大倍数的提高，C3 加倍会导致高频放大倍数降低。通过以上分析，即可较为清晰地设计出硬件电路和软件算法。

14.4　系统具体设计

14.4.1　硬件电路设计

硬件电路设计内容包括信号源模块设计、待测放大电路设计、输入端测量模块设计和输出端测量模块设计，在信号源模块和输出端模块中，又包含跟随器电路设计等。在输入端模块中包含放大器电路设计等，输出端模块包含 MOS 开关电路设计等。图 14.4.1 所示为硬件总体框图。

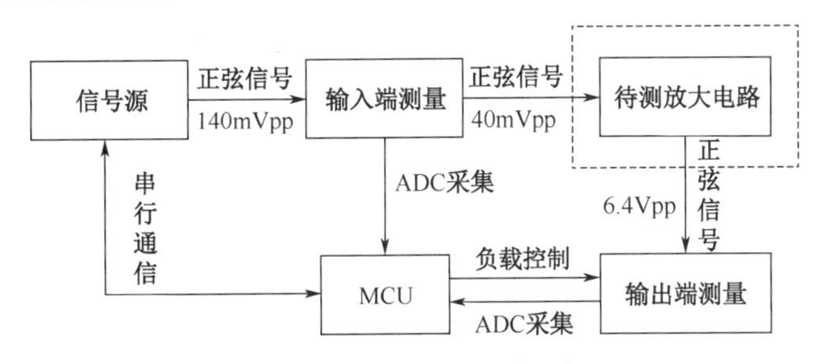

图 14.4.1　硬件总体框图

1．信号源模块设计

信号源采用直接数字式频率合成器（DDS）作为信号发生器，通过 7 阶无源低通椭圆滤波器进行重构滤波，之后采用跟随器进行阻抗变换，提高信号源驱动能力。其中 DDS 使用 AD9954 芯片，其频率分辨率可达 0.01Hz，可以产生 0～180MHz 的正弦信号，具备 14 位的幅值分辨率和 8 位的相位分辨率，DDS 输出端需要添加高阶滤波器来提高输出信号的完整性。根据数据手册原理电路即可进行设计，图 14.4.2 所示为信号源模块的总体框图。

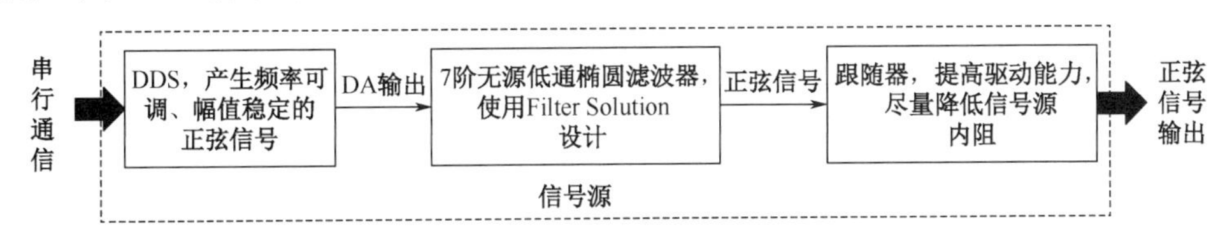

图 14.4.2　信号源模块的总体框图

跟随器电路通过负反馈回路实现对同向输入端的输入电压进行跟随，同时提高输入阻抗，降低输出阻抗，在电路的隔离应用中起到重要作用。图 14.4.3 所示为单路运放电路板原理图。其中 R23 焊接 0Ω 电阻，芯片采用单运放 OPA211（1.1nV/$\sqrt{\text{Hz}}$ 噪声、低功耗、精密运算放大器）。

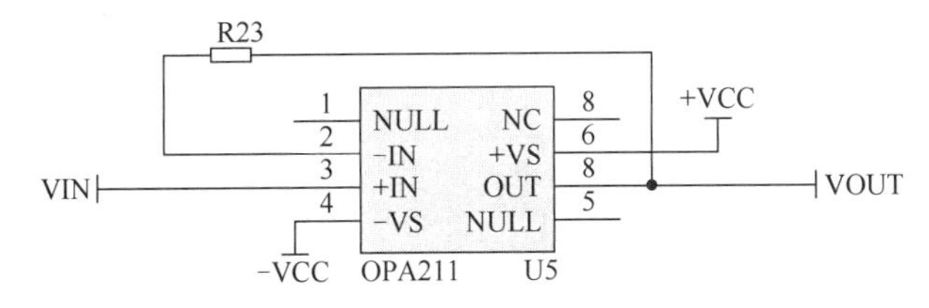

图 14.4.3　单运放电路板原理图

2. 输入端模块设计

输入端通过串联一个采样电阻来测量待测放大电路的输入电阻。通过运算放大器对信号进行放大，然后使用单片机的 ADC 进行采集。运算放大器电路采用双路低噪声运算放大器，将采样电阻的高侧电压和低侧电压经过两级运放进行放大，该放大器输入/输出口采用 SMA 接头进行连接，设置放大倍数为 20 倍，放大后可产生大于 2V 的无失真电压信号，完全可以满足单片机采集需要。电压放大器的基本电路如图 14.4.4 所示。

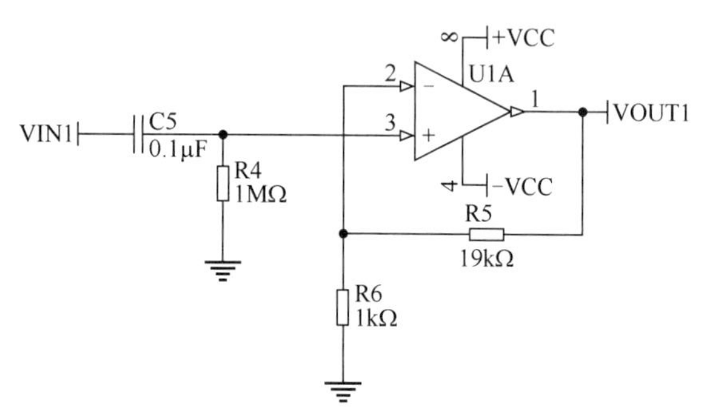

图 14.4.4 电压放大器的基本电路

3. 输出端模块设计

输出端模块需要对待测放大电路的输出信号进行调理。通过单片机控制负载电阻的接入和断开，实现待测放大电路输出电阻的测量。通过分压及电压跟随器阻抗变换后，使用 ADC 采集，另一路通过检波器将信号的幅值变为直流电平输出，使用 ADC 进行采集。输出端模块的硬件框图如图 14.4.5 所示。

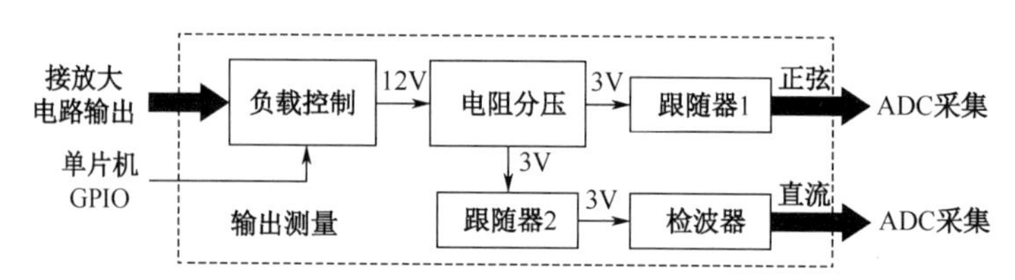

图 14.4.5 输出端模块的硬件框图

负载控制开关使用 N 沟道场效晶体管（NMOS）。NMOS 开关电路如图 14.4.6 所示，其中通过向控制接口输入高低电平即可实现控制 NMOS 的导通与截止，从而控制负载电阻的接入与否，实现放大器电路输出电阻的测量。同时，信号经 NMOS 开关电路输出后，再经过衰减和跟随器，输入到单片机的 ADC 进行采样。

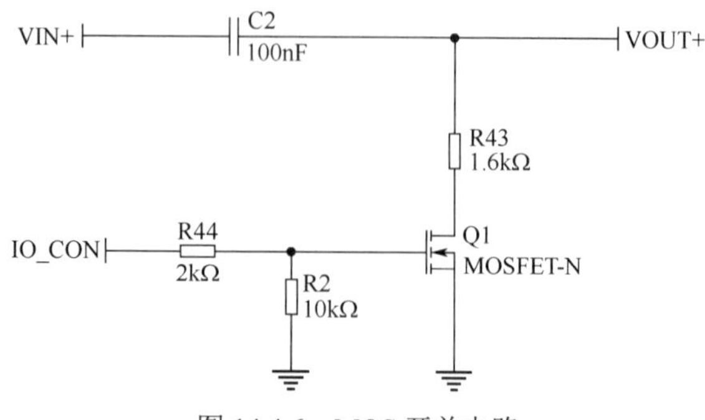

图 14.4.6 MOS 开关电路

14.4.2 软件程序设计

软件程序设计采用主函数轮询调度功能函数的结构框架。通过分配每个函数的处理时间来实现程序的有序进行，通过拨码切换每一种工作状态。程序的核心算法是快速傅里叶变换（FFT），以较高的精度测量低频正弦信号的幅值。

主函数经过初始化后，显示人机交互显示界面，通过拨码实现模式的选择。程序的总体结构如图 14.4.7 所示。

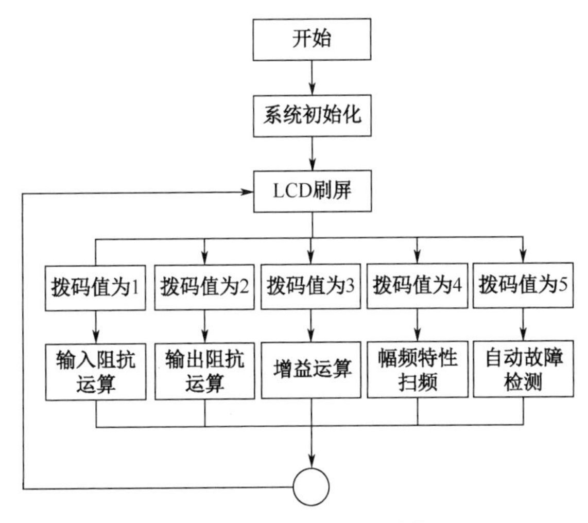

图 14.4.7 程序的总体结构

1. 基础项程序方案

在基础项程序方案中，ADC 的采样频率设置为 20kHz，每一路 ADC 获取 4000 个采样值，然后使用快速傅里叶变换实现幅值的测量，接着根据原理公式计算得出输入电阻、输出电阻和增益。测量幅频特性时，不使用快速傅里叶变换，而使用 ADC 采集检波器的输出，通过相应运算，实现增益测量。单片机控制 DDS 产生不同的频点，同时 ADC 同步采集检波器输出，并在 LCD 上绘图，从而完成频率特性的测量。基础项程序方案流程如图 14.4.8 所示。

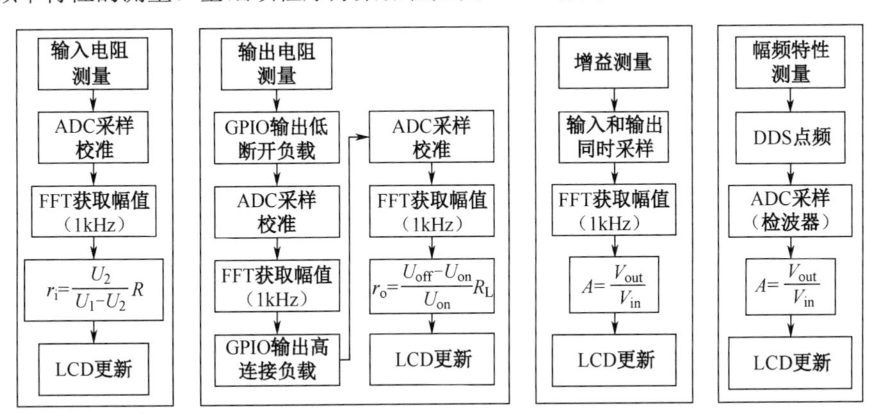

图 14.4.8 基础项程序方案流程

2. 发挥项程序方案

为了能够迅速对故障进行反应，采用故障排除的思想对故障进行测量。信号源默认产生 1kHz 的正弦信号，单片机分析输出直流电压，若输出直流电压偏离正常范围，则认定为电阻故障，进而采集及分析输入和输出信号，通过模式识别算法，将所有电阻故障计算出来。若输出直流电压在正常范围内，则排除电阻故障，进而分析输入电阻是否正常，根据输入电阻的变化，分析 C1 断路、C2 断路及 C2 的电容值增加的故障。若输入电阻正常，则单片机控制 DDS 产生 1MHz 正弦信号，ADC 采集检波器输出，并进行分析，得出 C3 的故障信息。C3 影响待测放大电路的频带，在 1MHz 下所采集的幅值有较大差别。若采集检波器输出也正常，则单片机控制 DDS 产生 30Hz 正弦信号，单片机的两个 ADC 同步采集输入和输出信号，使用快速傅里叶变换分析其相位差变化。至此即可分析出所有故障信息，发挥项程序方案流程如图 14.4.9 所示。

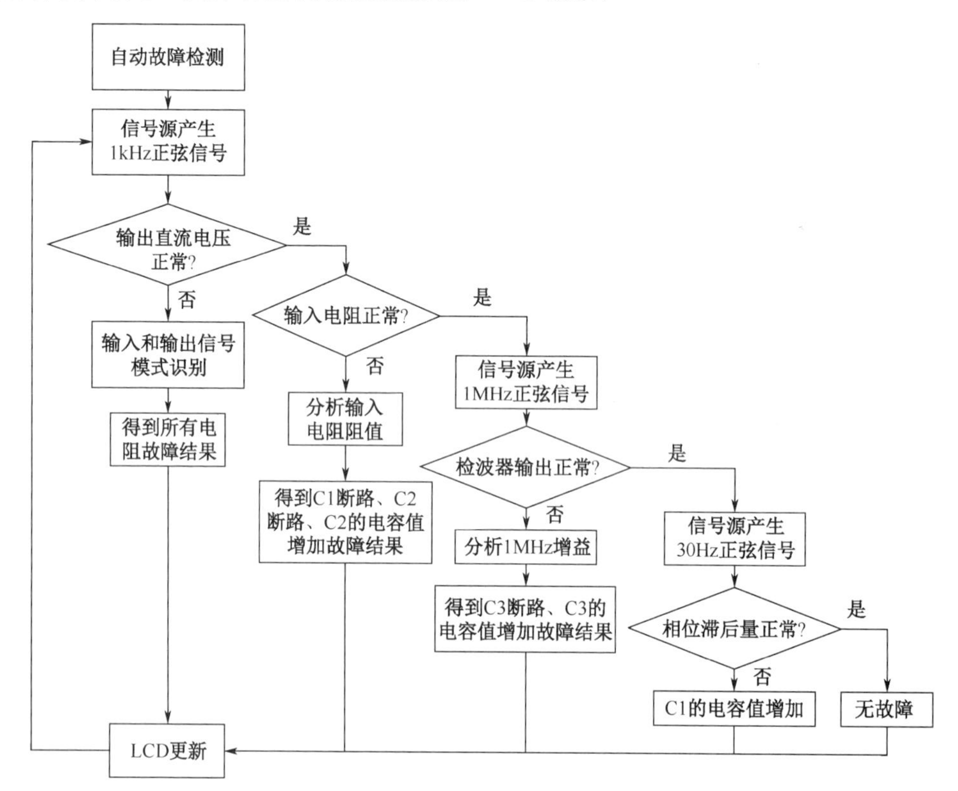

图 14.4.9 发挥项程序方案流程

输入电阻运算部分通过 ADC 采集两路电压信号，经过 FFT 运算得到 1kHz 下的峰峰值，经过公式运算并矫正后，得到实际的输入电阻。输出电阻部分的思路与输入电阻的相同，通过控制 NMOS 的导通接入和断开负载电阻。增益运算功能的完成则通过测量三极管放大器输入和输出电压的峰峰值实现。幅频特性测试通过 DDS 点频方式实现，通过使用有效值检波电路对信号有效值进行检测，并使用 ADC 采集信息，同步在 LCD 上绘图。自动故障检测模块要求所有任务全部自动完成，故设计为一个功能模块运行，可以满足所有故障的检测和辨认。

14.5 系统调试与测试结果

1. 测试方案

输入和输出电阻通过间隔标定的方法测试，将测量值汇总和拟合，降低非线性因素从而提高测量精度。增益测量同时采用示波器校准，输入信号与输出信号直接通过示波器显示并统计，通过更换三极管和电阻，切换不同增益，从而精确获知增益计算参数。幅频特性测试通过信号源、示波器比较校准，观察输出信号的包络值与测试仪显示屏的显示是否一致。发挥项程序方案部分通过拨码切换模式后直接进行断路和短路以及电容值翻倍的检测。逐个短路和断路电阻，逐个断路电容，翻倍电容值。观察测试仪的显示信息是否与实际现象一致。

测试仪器包括：RIGOL DS4054 四通道数字型示波器（500MHz 带宽）、TFG3605 数字信号发生器（500MHz 带宽）、MPS-3003L-3 直流稳压电源、DM3058 数字万用表。

2. 测试结果

输入信号峰峰值为 20mV，测试其各项输入及输出指标，如表 14.5.1 所示。

表 14.5.1　基础项程序方案部分测试结果

测 量 项 目	输入阻抗（1kHz）	输出阻抗（1kHz）	输出电压有效值（1kHz）	增益（1kHz）	截止频率（1kHz）
理论值	2kHz	2.869kHz	7.43V	43dB	164kHz
测试值	1.836kHz	2kHz	7.35V	35dB	159kHz

发挥项程序方案部分测试结果如表 14.5.2 所示。

表 14.5.2　发挥项程序方案部分测试结果

故 障 条 件	检 测 结 果	故 障 条 件	检 测 结 果
正常情况	显示正常	R4 短路	R4 短路
R1 断路	R1 断路	C1 断路	C1 断路
R2 断路	R2 断路	C2 断路	C2 断路
R3 断路	R3 断路	C3 断路	C3 断路
R4 断路	R4 断路	C1 加倍	C1 加倍
R1 短路	R1 短路	C2 加倍	C2 加倍
R2 短路	R2 短路	C3 加倍	C3 加倍
R3 短路	R3 短路		

每项故障条件的测量过程均小于 2s，性能稳定可靠，符合题目要求。此外，系统还具有 LCD 同步波形显示、语音播报故障等功能。

14.6　小结与思考

根据上述设计方案，简易电路特性测试仪能满足题目所有功能指标（发挥要求的测量过程小于 50ms），但还有可以改进的空间。

（1）采用 FPGA 进行信号的采集与处理，可实现更快的速度与并行处理。

（2）不采用人工特征的方案（幅值、相位等），而是直接采用神经网络的方式进行各故障的学习训练，可适应更广泛的场景。

（3）系统的功耗与成本本章未讨论。依题目要求，可进行低功耗设计（如非处理时刻进入低功耗模式、采用静态电流小的芯片与电路等），从而对系统进一步完善。

总而言之，采用不同的方案具有各自的优缺点，在竞赛时需要根据自身技术掌握情况与相关材料准备情况来选择。

参 考 文 献

[1] Texas Instruments Incorporated. MSP432P401R, MSP432P401M datasheet (Rev.H) [J]. http://www.ti.com/, 2020.

[2] Texas Instruments Incorporated. MSP432P4xx SimpleLink™ Microcontrollers Technical Reference Manual (Rev. I) [J]. http://www.ti.com/, 2020.

[3] Texas Instruments Incorporated. MSP432P401R Device Erratasheet[J]. http://www.ti.com/, 2020.

[4] Texas Instruments Incorporated. MSP432E401Y SimpleLink™ Ethernet Microcontroller datasheet [J]. http://www.ti.com/, 2020.

[5] Texas Instruments Incorporated. MSP432E4 SimpleLink™ Microcontrollers Technical Reference Manual[J]. http://www.ti.com/, 2020.

[6] 叶国阳，刘铮，徐科军．基于 ARM Cortex-M4F 内核的 MSP432 MCU 开发实践[M]．北京：机械工业出版社，2018．

[7] 沈建华，张超，李晋．MSP432 系列超低功耗 ARM Cortex-M4 微控制器原理与实践[M]．北京：北京航空航天大学出版社，2017．